T0234285

CAMBRIDGE LIBRARY COLLECTION

Books of enduring scholarly value

Mathematical Sciences

From its pre-historic roots in simple counting to the algorithms powering modern desktop computers, from the genius of Archimedes to the genius of Einstein, advances in mathematical understanding and numerical techniques have been directly responsible for creating the modern world as we know it. This series will provide a library of the most influential publications and writers on mathematics in its broadest sense. As such, it will show not only the deep roots from which modern science and technology have grown, but also the astonishing breadth of application of mathematical techniques in the humanities and social sciences, and in everyday life.

Oeuvres complètes

Augustin-Louis, Baron Cauchy (1789-1857) was the pre-eminent French mathematician of the nineteenth century. He began his career as a military engineer during the Napoleonic Wars, but even then was publishing significant mathematical papers, and was persuaded by Lagrange and Laplace to devote himself entirely to mathematics. His greatest contributions are considered to be the Cours d'analyse de l'École Royale Polytechnique (1821), Résumé des leçons sur le calcul infinitésimal (1823) and Leçons sur les applications du calcul infinitésimal à la géométrie (1826-8), and his pioneering work encompassed a huge range of topics, most significantly real analysis, the theory of functions of a complex variable, and theoretical mechanics. Twenty-six volumes of his collected papers were published between 1882 and 1958. The first series (volumes 1–12) consists of papers published by the Académie des Sciences de l'Institut de France; the second series (volumes 13–26) of papers published elsewhere.

Cambridge University Press has long been a pioneer in the reissuing of out-of-print titles from its own backlist, producing digital reprints of books that are still sought after by scholars and students but could not be reprinted economically using traditional technology. The Cambridge Library Collection extends this activity to a wider range of books which are still of importance to researchers and professionals, either for the source material they contain, or as landmarks in the history of their academic discipline.

Drawing from the world-renowned collections in the Cambridge University Library, and guided by the advice of experts in each subject area, Cambridge University Press is using state-of-the-art scanning machines in its own Printing House to capture the content of each book selected for inclusion. The files are processed to give a consistently clear, crisp image, and the books finished to the high quality standard for which the Press is recognised around the world. The latest print-on-demand technology ensures that the books will remain available indefinitely, and that orders for single or multiple copies can quickly be supplied.

The Cambridge Library Collection will bring back to life books of enduring scholarly value across a wide range of disciplines in the humanities and social sciences and in science and technology.

Oeuvres complètes

Series 1

Volume 1

Augustin Louis Cauchy

Cambridge
University Press

CAMBRIDGE UNIVERSITY PRESS

Cambridge New York Melbourne Madrid Cape Town Singapore São Paolo Delhi

Published in the United States of America by Cambridge University Press, New York

www.cambridge.org
Information on this title: www.cambridge.org/9781108002493

© in this compilation Cambridge University Press 2009

This edition first published 1882
This digitally printed version 2009

ISBN 978-1-108-00249-3

This book reproduces the text of the original edition. The content and language reflect the beliefs, practices and terminology of their time, and have not been updated.

INSTITUT DE FRANCE.

—

ACADÉMIE DES SCIENCES.

—

ŒUVRES COMPLÈTES

D'AUGUSTIN CAUCHY.

Paris, le 27 février 1882.

MONSIEUR LE PRÉSIDENT,

Nous avons l'honneur d'offrir à votre Compagnie, au nom de l'Académie des Sciences, un exemplaire du Tome Premier des Œuvres complètes d'Augustin Cauchy.

L'Académie a pris les dispositions nécessaires pour que les Volumes composant cette collection vous parviennent régulièrement, lors de leur publication.

Veuillez agréer, monsieur le Président, l'assurance de notre considération la plus distinguée.

Les Secrétaires perpétuels de l'Académie des Sciences,

Bertrand Dumas

A l'Université de Cambridge

ŒUVRES

COMPLÈTES

D'AUGUSTIN CAUCHY

PARIS. — IMPRIMERIE DE GAUTHIER-VILLARS, SUCCESSEUR DE MALLET-BACHELIER,
5050 Quai des Augustins, 55.

ŒUVRES

COMPLÈTES

D'AUGUSTIN CAUCHY

PUBLIÉES SOUS LA DIRECTION SCIENTIFIQUE

DE L'ACADÉMIE DES SCIENCES

ET SOUS LES AUSPICES

DE M. LE MINISTRE DE L'INSTRUCTION PUBLIQUE.

Ire SÉRIE. — TOME I.

PARIS,

GAUTHIER-VILLARS, IMPRIMEUR-LIBRAIRE

DU BUREAU DES LONGITUDES, DE L'ÉCOLE POLYTECHNIQUE,

SUCCESSEUR DE MALLET-BACHELIER,

Quai des Augustins, 55.

MDCCCLXXXII

AVERTISSEMENT.

L'Académie des Sciences a décidé la publication des *Œuvres de Cauchy* et l'a confiée aux Membres de la Section de Géométrie. Cette publication comprendra, dans une première Série, les Mémoires extraits des Recueils de l'Académie, et, dans une seconde Série, les Mémoires publiés dans diverses collections, les Leçons de l'École Polytechnique, l'Analyse algébrique, les anciens et les nouveaux Exercices d'Analyse et de Physique mathématique, enfin les Mémoires séparés.

Pour répondre à un désir souvent exprimé, l'Académie a voulu publier immédiatement, à la suite du présent Volume, les articles insérés dans les Comptes rendus de 1836 à 1857, que leur dispersion rend si difficiles à retrouver, et dont la réunion fera comme une œuvre nouvelle où revivra le génie du grand Géomètre et qui ajoutera encore à l'éclat de son nom. Leur reproduction sera faite en suivant l'ordre chronologique, sans notes ni commentaires, mais après avoir été revue avec le plus grand soin, pour les corrections indispensables, par les Membres de la Section de Géométrie, auxquels ont été adjoints MM. Valson et Collet. Nos collaborateurs se sont consacrés à cette tâche difficile avec un zèle et un dévouement qui leur mériteront la reconnaissance des géomètres.

En entreprenant la publication des travaux de Cauchy,

l'Académie n'a pas été guidée seulement par le désir de faire une œuvre utile à la Science; elle a pensé rendre, à l'un de ses plus illustres Membres, un hommage qui témoignerait mieux que tout monument funèbre de son respect pour sa mémoire.

Pour réaliser ses intentions, elle a rencontré dans M. Gauthier-Villars un concours généreux et désintéressé que nous portons à la connaissance des amis de la Science, en publiant les lettres qui suivent.

« *A Monsieur le Président de l'Académie des Sciences.*

» Paris, 21 mars 1877.

» Monsieur le Président,

» La Section de Géométrie a bien voulu me signaler l'importance que présente pour la Science et la gloire du pays la » publication des OEuvres complètes de Cauchy : aussi je n'hé- » site pas à entreprendre ce grand travail, et je demande seu- » lement que l'Académie consente à en prendre la direction » scientifique.

» Le format et la disposition typographique seront les mêmes » que pour les volumes déjà parus de Fresnel, Lavoisier, » Lagrange; les OEuvres de Cauchy viendront ainsi prendre » place dans la collection qui réunit les travaux de ces savants » immortels.

» Veuillez agréer, Monsieur le Président, l'expression de mon » profond respect.

» Gauthier-Villars. »

« *A Monsieur Gauthier-Villars.*

« Paris, 10 juillet 1877.

» L'Académie sait, Monsieur, tout ce qu'on doit attendre de
» votre zèle et des connaissances approfondies que vous avez
» acquises dans votre art.

» Les belles publications que la Science doit à vos soins et
» qui vous ont acquis, dans le monde savant, un renom si
» justement mérité, lui sont un sûr garant que l'exécution des
» Œuvres de Cauchy, que vous désirez entreprendre, ne le
» cédera en rien à celles de Laplace et Lagrange, que vous avez
» su mener à bien.

» L'Académie accepte donc, Monsieur, avec le plus vif
» empressement, de prendre la direction scientifique de cette
» importante et difficile publication, et elle nous charge de vous
» exprimer sa profonde reconnaissance pour le désintéressement
» que vous avez montré dans cette circonstance.

» Veuillez agréer, Monsieur, l'assurance de notre considéra-
» tion la plus distinguée.

» *Les Secrétaires perpétuels,*

» Dumas,

» Bertrand. »

PREMIÈRE SÉRIE.

MÉMOIRES, NOTES ET ARTICLES

EXTRAITS DES

RECUEILS DE L'ACADÉMIE DES SCIENCES

DE L'INSTITUT DE FRANCE.

I.

MÉMOIRES

EXTRAITS DES

MÉMOIRES PRÉSENTÉS PAR DIVERS SAVANTS

A L'ACADÉMIE DES SCIENCES DE L'INSTITUT DE FRANCE

ET IMPRIMÉS PAR SON ORDRE.

SCIENCES MATHÉMATIQUES ET PHYSIQUES.

AVERTISSEMENT.

Le Mémoire qu'on va lire se trouve imprimé tel qu'il a été couronné par l'Institut, et d'après le manuscrit remis au concours en septembre 1815. Toutefois on a pensé que, pour éclaircir les difficultés qui peuvent s'offrir au lecteur, il serait utile d'ajouter quelques Notes nouvelles à celles qui faisaient déjà partie de l'Ouvrage; mais, afin que ces nouvelles Notes puissent être facilement distinguées des autres, on a marqué chacune d'elles d'un astérisque.

THÉORIE

DE LA

PROPAGATION DES ONDES

A LA SURFACE D'UN FLUIDE PESANT

D'UNE PROFONDEUR INDÉFINIE (*).

PRIX D'ANALYSE MATHÉMATIQUE

REMPORTÉ PAR M. AUGUSTIN-LOUIS CAUCHY, INGÉNIEUR DES PONTS ET CHAUSSÉES.

(CONCOURS DE 1815.)

Nosse quot Ionii veniant ad littora fluctus.
VIRG., *Georg.*, lib. II, v. 108.

Le problème qu'il s'agit de résoudre est celui-ci :

Une masse fluide pesante, primitivement en repos, et d'une profondeur indéfinie, a été mise en mouvement par l'effet d'une cause donnée. On demande, au bout d'un temps déterminé, la forme de la surface extérieure du fluide et la vitesse de chacune des molécules situées à cette même surface.

Pour plus de généralité, je déterminerai à chaque instant non-seulement l'état de la surface, mais aussi celui de toute la masse fluide.

(*) *Mémoires présentés par divers savants à l'Académie royale des Sciences de l'Institut de France et imprimés par son ordre. Sciences mathématiques et physiques.* Tome I. Imprimé par autorisation du Roi à l'Imprimerie royale; 1827.

Comme tout, dans ce problème, dépend de la cause à laquelle est dû le mouvement du fluide, il faut commencer par fixer les idées sur cet objet. Cette cause peut être, ou l'action d'une partie de la masse fluide qui, soulevée ou déprimée dans l'origine par une force quelconque, a été ensuite abandonnée à elle-même, ou l'action de forces impulsives (*) primitivement appliquées à la surface. On peut même supposer les deux causes réunies, afin de donner à la question toute la généralité dont elle est susceptible. Lorsque la première cause existe seule, les vitesses initiales des molécules fluides sont nulles. Mais, lorsque la seconde agit sans la première, ou se joint avec elle, les molécules acquièrent dès le premier instant des vitesses sensibles; en sorte que, dans le cas le plus général, c'est déjà un problème à résoudre que de déterminer l'état initial du fluide. Au reste, comme cet état dépend absolument des causes qui produisent le mouvement du fluide, et que ces causes peuvent varier d'un point à l'autre suivant une infinité de lois fort différentes, on ne peut évidemment obtenir rien de général à cet égard, si ce n'est pour les parties du fluide situées hors de l'influence immédiate des causes que l'on considère.

Quant à l'état du fluide au bout d'un temps déterminé, il sera lui-même très-irrégulier dans les différents points de la masse fluide primitivement soumis à l'influence immédiate des causes qui ont produit le mouvement. Mais, si l'on s'éloigne de ces mêmes points à des distances de plus en plus grandes, on verra le mouvement devenir de plus en plus régulier. La distance à laquelle cette régularité deviendra sensible sera d'autant moins considérable que la portion de surface immédiatement soumise à l'influence des causes motrices était moins étendue et que ces causes elles-mêmes étaient moins actives. Par suite, les lois du mouvement seront très-régulières à une distance finie, si les causes motrices avaient peu d'intensité et n'embrassaient originairement dans leur action qu'une très-petite étendue de la masse fluide. De ces remarques nous pouvons conclure qu'il sera fort utile de considérer en

(*) *Voir* la Note XIV.

particulier le cas où la hauteur des ondes et les vitesses initiales des molécules fluides sont très-petites. La détermination des lois relatives à cette hypothèse est en effet le point le plus essentiel de la théorie que nous avons à établir. C'est ainsi que, dans la théorie du son, on s'attache particulièrement à déterminer les lois du mouvement relatives au cas où les vitesses des molécules d'air sont supposées très-petites.

L'état de la question étant suffisamment établi par ce qui précède, je vais maintenant la résoudre. Pour plus de commodité, je diviserai la solution, c'est-à-dire le Mémoire qui la renferme, en trois Parties.

Dans la première Partie, je ferai voir comment, lorsqu'on connaît à l'origine la forme de la surface extérieure et les forces qui agissent sur elle, on peut en déduire les équations qui expriment l'état initial du fluide.

Je donnerai dans la seconde les équations qui déterminent, à une époque quelconque du mouvement, l'état de la masse fluide et celui de sa surface.

Enfin, dans la troisième Partie, j'établirai les lois générales qui résultent des formules données dans la seconde, et je déterminerai les valeurs numériques des constantes qui entrent dans l'expression de ces lois.

Pour plus de facilité, je renverrai à la fin du Mémoire, dans les Notes séparées (*), les démonstrations de diverses formules analytiques que j'ai fait servir à la solution du problème.

(*) Les treize premières Notes sont celles qui faisaient partie du Mémoire couronné; les suivantes, marquées chacune d'un astérisque, ont été ajoutées depuis, comme il est dit dans l'Avertissement.

PREMIÈRE PARTIE.

DE L'ÉTAT INITIAL.

SECTION PREMIÈRE.

DES ÉQUATIONS QUI DÉTERMINENT L'ÉTAT INITIAL DE LA MASSE FLUIDE.

1. Considérons un fluide pesant, homogène, d'une densité constante et d'une profondeur indéfinie, et supposons que, ayant été primitivement en repos, il commence à se mouvoir à partir d'un instant déterminé que je prendrai pour origine des temps. Les causes qui déterminent ce mouvement peuvent être, comme on l'a déjà remarqué, de deux espèces, savoir : 1° l'action d'une partie de la masse fluide qui, après avoir été soulevée ou déprimée par une force quelconque, a été ensuite abandonnée à elle-même ; 2° l'action de forces impulsives primitivement appliquées à la surface extérieure. Si la première cause agit isolément, les vitesses initiales seront nulles ; mais, si la seconde cause se joint à la première, les diverses molécules de fluide acquerront, dès le premier instant, des vitesses sensibles, et ces vitesses satisferont, dans toute l'étendue de la masse fluide, à certaines équations de condition qu'il s'agit d'établir. On y parvient à l'aide des considérations suivantes.

2. Lorsqu'on applique aux différents points de la surface d'un fluide des pressions et des impulsions données, les impulsions, ainsi que les pressions, se transmettent en partie aux diverses molécules dont le fluide se compose ; en sorte que chaque molécule, considérée comme un parallélépipède rectangle, éprouve sur ses six faces des pressions et

des impulsions déterminées. Ces pressions et ces impulsions peuvent être variables d'un point à l'autre. Mais, en vertu de la propriété caractéristique des fluides, elles sont pour chaque point égales dans tous les sens. Cela posé, rapportons les positions des molécules du fluide à trois plans rectangulaires entre eux, ayant pour intersections respectives les axes horizontaux des x et z, et l'axe vertical des y. Désignons par m une de ces molécules, par δ sa densité, par a, b, c les coordonnées d'un de ses sommets dans le premier instant, et par $a + da$, $b + db$, $c + dc$ les coordonnées du sommet opposé, que nous supposerons être le plus éloigné de l'origine. Les trois dimensions de la molécule étant alors respectivement égales à

$$da,\quad db,\quad dc,$$

son volume sera $da\,db\,dc$, et sa masse aura pour mesure le produit

$$\delta\, da\,db\,dc.$$

Soient, en outre, u_0, v_0, w_0 les vitesses initiales de la molécule dans le sens des coordonnées, et q_0 l'impulsion qui, à l'origine du mouvement, se fait sentir également dans toutes les directions au point de la masse fluide dont les coordonnées sont a, b, c, cette impulsion étant rapportée à l'unité de surface, ainsi que cela se pratique relativement aux pressions. La molécule m éprouvera sur ses six faces des impulsions qui, prises deux à deux, seront dirigées en sens contraires, et dont les différences respectives, rapportées à l'unité de surface, seront

$$-\frac{\partial q_0}{\partial a}da,\quad -\frac{\partial q_0}{\partial b}db,\quad -\frac{\partial q_0}{\partial c}dc.$$

De plus, comme les faces de la molécule perpendiculaires aux axes des x, y et z ont respectivement pour mesures les produits

$$db\,dc,\quad da\,dc,\quad da\,db,$$

les différences des impulsions que supportent, à raison de leur étendue, les faces opposées, seront évidemment

$$-\frac{\partial q_0}{\partial a}da\,db\,dc,\quad -\frac{\partial q_0}{\partial b}da\,db\,dc,\quad -\frac{\partial q_0}{\partial c}da\,db\,dc.$$

D'ailleurs ces différences d'impulsions doivent nécessairement faire équilibre aux quantités de mouvement qui résultent des vitesses u_0, v_0, w_0 acquises par la molécule, prises en signe contraire; car il suffirait de lui imprimer ces vitesses dans des directions opposées à celles qu'elles ont effectivement pour qu'elle restât en repos; et, comme les quantités de mouvement dues à ces vitesses, considérées dans leurs propres directions, sont respectivement égales aux produits de u_0, v_0, w_0 par la masse $\delta\, da\, db\, dc$ de la molécule, c'est-à-dire à

$$\delta\, u_0\, da\, db\, dc,\quad \delta\, v_0\, da\, db\, dc,\quad \delta\, w_0\, da\, db\, dc,$$

si on les égale aux différences trouvées, afin de satisfaire à la condition énoncée, on aura les équations

$$(1)\qquad u_0\delta + \frac{\partial q_0}{\partial a} = 0,\quad v_0\delta + \frac{\partial q_0}{\partial b} = 0,\quad w_0\delta + \frac{\partial q_0}{\partial c} = 0.$$

3. Ces équations cesseraient d'être exactes si, à l'origine du mouvement, une cause quelconque agissait, non pas sur les faces, mais sur la masse même de la molécule que l'on considère, de manière à imprimer directement à cette masse une vitesse déterminée. Mais cette cause n'aurait évidemment d'autre effet que d'ajouter aux valeurs de u_0, v_0, w_0 tirées des équations (1) les composantes de la vitesse en question, parallèles aux axes des coordonnées. Si donc on désigne par

$$\mathfrak{U},\ \mathfrak{V},\ \mathfrak{W}$$

ces trois composantes, les valeurs de u_0, v_0, w_0 relatives à la nouvelle hypothèse qu'on vient de faire seront respectivement

$$u_0 = \mathfrak{U} - \frac{1}{\delta}\frac{\partial q_0}{\partial a},\quad v_0 = \mathfrak{V} - \frac{1}{\delta}\frac{\partial q_0}{\partial b},\quad w_0 = \mathfrak{W} - \frac{1}{\delta}\frac{\partial q_0}{\partial c}.$$

Ces dernières équations, qu'on peut aussi présenter sous la forme suivante :

$$(2)\quad (u_0 - \mathfrak{U})\delta + \frac{\partial q_0}{\partial a} = 0,\quad (v_0 - \mathfrak{V})\delta + \frac{\partial q_0}{\partial b} = 0,\quad (w_0 - \mathfrak{W})\delta + \frac{\partial q_0}{\partial c} = 0,$$

sont applicables à la théorie d'un fluide entraîné par le mouvement d'un corps solide sur lequel il repose, par exemple, à l'état initial de la mer que la Terre, supposée d'abord immobile et mise ensuite en mouvement autour de son centre, emporterait avec elle dans l'espace. Mais, lorsque l'on considère un fluide libre, on ne voit aucun moyen d'imprimer directement à ses molécules, et indépendamment des impulsions que sa surface peut éprouver, des vitesses instantanées. En conséquence, nous supposerons dans ce qui va suivre

$$\mathfrak{U} = 0, \quad \mathfrak{V} = 0, \quad \mathfrak{W} = 0,$$

ce qui réduira les équations (2) aux équations (1).

4. Comme nous considérons un fluide homogène et d'égale densité, δ est une quantité constante. Dans cette hypothèse, on déduit facilement des équations (1) les trois suivantes :

$$(3) \qquad \frac{\partial u_0}{\partial b} = \frac{\partial v_0}{\partial a}, \quad \frac{\partial u_0}{\partial c} = \frac{\partial w_0}{\partial a}, \quad \frac{\partial v_0}{\partial c} = \frac{\partial w_0}{\partial b}.$$

Toutefois, il est bon de remarquer que ces équations de condition n'auraient plus généralement lieu si la densité variait d'un point à l'autre de la masse fluide. Il est d'ailleurs facile de reconnaître que les équations (3) expriment les conditions nécessaires pour que la quantité

$$u_0\,da + v_0\,db + w_0\,dc$$

soit une différentielle complète relativement aux trois variables indépendantes a, b, c.

5. Il est encore une équation de condition à laquelle doivent satisfaire les vitesses

$$u_0, \quad v_0, \quad w_0.$$

En effet, puisque la densité du fluide est invariable par hypothèse, non-seulement d'un point à l'autre, mais encore avec le temps, chaque molécule, ne pouvant changer de masse, doit conserver le même volume pendant toute la durée du mouvement. Cela posé, concevons que le sommet de la molécule m, auquel appartenaient, dans le premier instant, les trois coordonnées a, b, c, se trouve, au bout du temps t, transporté en un point dont les coordonnées soient x, y, z. Les trois arêtes de la molécule qui aboutissaient au sommet dont il s'agit, et qui, dans l'origine, se trouvaient parallèles aux trois axes des coordonnées, auront alors cessé de l'être, et les projections de ces mêmes arêtes sur les axes dont il s'agit, projections qui dans l'origine étaient respectivement égales,

pour la première arête, à... da, o, o,
pour la seconde, à......... o, db, o,
pour la troisième, à....... o, o, dc,

seront alors devenues

pour la première arête... $\frac{\partial x}{\partial a}da$, $\frac{\partial y}{\partial a}da$, $\frac{\partial z}{\partial a}da$,
pour la seconde......... $\frac{\partial x}{\partial b}db$, $\frac{\partial y}{\partial b}db$, $\frac{\partial z}{\partial b}db$,
pour la troisième........ $\frac{\partial x}{\partial c}dc$, $\frac{\partial y}{\partial c}dc$, $\frac{\partial z}{\partial c}dc$.

Il est aisé d'en conclure (*voir* la Note I) que le volume de la molécule, qui était primitivement égal à

$$da\,db\,dc,$$

sera devenu, au bout du temps t,

$$\left(\frac{\partial x}{\partial a}\frac{\partial y}{\partial b}\frac{\partial z}{\partial c}-\frac{\partial x}{\partial a}\frac{\partial y}{\partial c}\frac{\partial z}{\partial b}+\frac{\partial x}{\partial b}\frac{\partial y}{\partial a}\frac{\partial z}{\partial c}-\frac{\partial x}{\partial b}\frac{\partial y}{\partial c}\frac{\partial z}{\partial a}+\frac{\partial x}{\partial c}\frac{\partial y}{\partial b}\frac{\partial z}{\partial a}-\frac{\partial x}{\partial c}\frac{\partial y}{\partial a}\frac{\partial z}{\partial b}\right)da\,db\,dc;$$

et, comme ces deux volumes doivent être équivalents, on aura, par suite,

$$(4)\quad \frac{\partial x}{\partial a}\frac{\partial y}{\partial b}\frac{\partial z}{\partial c}-\frac{\partial x}{\partial a}\frac{\partial y}{\partial c}\frac{\partial z}{\partial b}+\frac{\partial x}{\partial b}\frac{\partial y}{\partial a}\frac{\partial z}{\partial c}-\frac{\partial x}{\partial b}\frac{\partial y}{\partial c}\frac{\partial z}{\partial a}+\frac{\partial x}{\partial c}\frac{\partial y}{\partial b}\frac{\partial z}{\partial a}-\frac{\partial x}{\partial c}\frac{\partial y}{\partial a}\frac{\partial z}{\partial b}=1.$$

Si, pour plus de simplicité, on fait usage de la notation adoptée par M. Cauchy dans son *Mémoire sur les fonctions symétriques* (*), l'équa-

(*) Le Mémoire dont il est ici question a été imprimé en partie dans le XVIIe Cahier du *Journal de l'École Polytechnique*. Si, en citant ce Mémoire, je me suis nommé à la troisième personne, c'est que je devais garder l'anonyme.

tion (4) prendra la forme suivante :

$$S\left(\pm \frac{\partial x}{\partial a}\frac{\partial y}{\partial b}\frac{\partial z}{\partial c}\right) = 1, \tag{5}$$

le signe S étant relatif à la permutation des trois lettres a, b, c.

Lorsqu'on suppose $t = 0$, on a évidemment

$$x = a, \quad y = b, \quad z = c,$$

et, par suite, le premier membre de l'équation (5) se réduit à l'unité, ainsi qu'on devait s'y attendre.

Pour introduire dans l'équation (5) les vitesses u_0, v_0, w_0 à la place des coordonnées variables x, y, z, il suffit d'observer qu'on a, pour de très-petites valeurs de t,

$$x = a + u_0 t, \quad y = b + v_0 t, \quad z = c + w_0 t.$$

En substituant ces valeurs de x, y, z dans l'équation (5), et négligeant les puissances de t supérieures à la première, on trouve que le premier membre de cette équation se réduit à

$$1 + \left(\frac{\partial u_0}{\partial a} + \frac{\partial v_0}{\partial b} + \frac{\partial w_0}{\partial c}\right) t,$$

et, par suite, l'équation elle-même, à

$$\frac{\partial u_0}{\partial a} + \frac{\partial v_0}{\partial b} + \frac{\partial w_0}{\partial c} = 0. \tag{6}$$

Telle est la relation qui doit exister entre les vitesses initiales pour que chaque molécule conserve, dans le second instant du mouvement, le même volume qu'elle avait à l'origine. C'est en cela que consiste ce qu'on appelle l'*incompressibilité du fluide*.

6. Si dans l'équation (6) on substitue à la place des vitesses u_0, v_0, w_0 leurs valeurs tirées des équations (1), on trouvera

$$\frac{\partial^2 q_0}{\partial a^2} + \frac{\partial^2 q_0}{\partial b^2} + \frac{\partial^2 q_0}{\partial c^2} = 0. \tag{7}$$

Réciproquement, on pourrait déduire l'équation (6) de l'équation (7), en substituant dans cette dernière, à la place de

$$\frac{\partial q_0}{\partial a}, \quad \frac{\partial q_0}{\partial b}, \quad \frac{\partial q_0}{\partial c},$$

leurs valeurs tirées des équations (1).

7. Les équations (3) et (6) sont les seules auxquelles les vitesses doivent satisfaire pour que le mouvement initial puisse être censé résulter d'impulsions appliquées dans le premier instant à la surface du fluide. La considération même de la surface, ainsi qu'on le verra dans la Section suivante, ne fournit à cet égard aucune condition nouvelle. Cela posé, concevons que dans un instant déterminé, au bout du temps t par exemple, on trouve le fluide déjà mis en mouvement par une cause quelconque, et soient, à cette époque, u, v, w les vitesses de la molécule qui a pour coordonnées x, y, z. Si les expressions des vitesses en x, y et z satisfont aux équations (3) et (6), ou, ce qui revient au même, si l'on a

$$\frac{\partial u}{\partial y} = \frac{\partial v}{\partial x}, \quad \frac{\partial u}{\partial z} = \frac{\partial w}{\partial x}, \quad \frac{\partial v}{\partial z} = \frac{\partial w}{\partial y}, \tag{8}$$

$$\frac{\partial u}{\partial x} + \frac{\partial v}{\partial y} + \frac{\partial w}{\partial z} = 0, \tag{9}$$

on pourra, sans craindre d'altérer les équations du mouvement, supposer ces mêmes vitesses produites à l'instant même par l'action de forces impulsives appliquées à la surface du fluide. Au reste, il sera facile de déterminer, dans cette hypothèse, la valeur de l'impulsion, non-seulement à la surface, mais encore dans toute l'étendue de la masse fluide, à l'aide des considérations suivantes.

Puisque les vitesses u, v, w satisfont aux équations (8), elles sont nécessairement les dérivées partielles d'une même fonction de x, y, z, et, si l'on désigne cette fonction par s, on aura

$$u = \frac{\partial s}{\partial x}, \quad v = \frac{\partial s}{\partial y}, \quad w = \frac{\partial s}{\partial z}. \tag{10}$$

De plus, si l'on désigne par q l'impulsion au point dont les coordonnées sont x, y, z, les seules équations auxquelles la valeur générale de q devra satisfaire seront les suivantes :

$$(11) \qquad u = -\frac{1}{\delta}\frac{\partial q}{\partial x}, \quad v = -\frac{1}{\delta}\frac{\partial q}{\partial y}, \quad w = -\frac{1}{\delta}\frac{\partial q}{\partial z}.$$

Nous ne parlons pas de l'équation

$$(12) \qquad \frac{\partial^2 q}{\partial x^2} + \frac{\partial^2 q}{\partial y^2} + \frac{\partial^2 q}{\partial z^2} = 0,$$

qui est une suite nécessaire des équations (9) et (11). Cela posé, puisque les valeurs de u, v, w vérifient les formules (10), il suffira évidemment, pour satisfaire aux équations (11), de supposer

$$(13) \qquad q = -\delta s.$$

Mais on y satisfera également si l'on fait

$$(14) \qquad q = -\delta s + h,$$

h étant une constante arbitraire. Ainsi, l'on pourra non-seulement résoudre, mais résoudre même d'une infinité de manières, la question proposée, et les diverses solutions différeront uniquement l'une de l'autre par cette seule circonstance que, dans tous les points de la masse fluide à la fois, l'impulsion se trouvera augmentée ou diminuée d'une quantité constante.

La remarque précédente sur la faculté qu'on a d'ajouter à l'impulsion une constante arbitraire, sans altérer le mouvement, étant applicable à l'état initial, ainsi qu'à tout autre, il en résulte que le mouvement initial lui-même pourrait être attribué, soit aux impulsions qui ont été primitivement appliquées à la surface du fluide, soit aux mêmes impulsions augmentées d'une quantité constante.

Résumé. — En réunissant les formules (1) et (7), on a

$$(15) \qquad \left\{ \begin{aligned} &\frac{\partial^2 q_0}{\partial a^2} + \frac{\partial^2 q_0}{\partial b^2} + \frac{\partial^2 q_0}{\partial c^2} = 0, \\ &u_0 = -\frac{1}{\delta}\frac{\partial q_0}{\partial a}, \\ &v_0 = -\frac{1}{\delta}\frac{\partial q_0}{\partial b}, \\ &w_0 = -\frac{1}{\delta}\frac{\partial q_0}{\partial c}. \end{aligned} \right.$$

Si l'on fait abstraction d'une des trois dimensions du fluide, par exemple de celle qui correspond à la coordonnée c, les trois quantités q_0, u_0, v_0 seront indépendantes de c; la vitesse w_0 sera constamment nulle et les trois premières équations (15) se réduiront simplement à

$$(16)\quad \left\{\begin{aligned} &\frac{\partial^2 q_0}{\partial a^2}+\frac{\partial^2 q_0}{\partial b^2}=0,\\ &u_0=-\frac{1}{\delta}\frac{\partial q_0}{\partial a},\\ &v_0=-\frac{1}{\delta}\frac{\partial q_0}{\partial b}.\end{aligned}\right.$$

Les formules (15) ou (16), selon que l'on considère ou trois dimensions ou deux seulement, sont les seules qui, sans renfermer la variable t, soient communes à toutes les molécules de la masse fluide. Elles ne suffisent pas pour déterminer complétement l'état initial de cette masse, mais elles peuvent servir à déduire cet état de l'état initial de la surface extérieure. C'est pourquoi, avant de procéder à l'intégration des équations (15) et (16), nous allons rechercher celles qui conviennent en particulier aux molécules situées à la surface du fluide que l'on considère.

SECTION DEUXIÈME.

DES ÉQUATIONS QUI DÉTERMINENT L'ÉTAT INITIAL DE LA SURFACE.

1. Lorsque l'on considère les molécules situées à la surface du fluide, les trois variables a, b, c ne sont plus indépendantes entre elles; mais l'une d'elles, b par exemple, devient fonction des deux autres a et c. Si l'on substitue cette valeur de b dans les expressions générales des vitesses et de l'impulsion

$$u_0,\ v_0,\ w_0,\ q_0,$$

celles-ci deviendront également de simples fonctions de a et de c; et, si l'on désigne par

$$U_0,\ V_0,\ W_0,\ Q_0$$

ces mêmes fonctions, U_0, V_0, W_0 représenteront les vitesses initiales correspondantes au point de la surface dont les coordonnées sont a et c, et Q_0 l'impulsion primitive que cette surface a reçue suivant la normale au point dont il s'agit. Cela posé, il est facile de voir qu'on aura, pour toutes les molécules situées à la surface du fluide,

$$(17)\qquad \left\{\begin{aligned} \frac{\partial Q_0}{\partial a} &= \frac{\partial q_0}{\partial a} + \frac{\partial q_0}{\partial b}\frac{\partial b}{\partial a}, \\ \frac{\partial Q_0}{\partial c} &= \frac{\partial q_0}{\partial c} + \frac{\partial q_0}{\partial b}\frac{\partial b}{\partial c}. \end{aligned}\right.$$

Les mêmes relations subsisteront aussi entre les différences partielles des quantités U_0 et u_0, V_0 et v_0, W_0 et w_0.

2. Parmi les cinq quantités

$$b,\ U_0,\ V_0,\ W_0,\ Q_0,$$

considérées comme fonctions de a et de c, il y en a deux qui doivent être immédiatement déterminées par la nature même de la question. Ce sont les quantités

$$b \quad \text{et} \quad Q_0.$$

En effet, pour que l'état initial de la surface du fluide soit complétement déterminé, il faut que l'on connaisse à l'origine du mouvement : 1° la forme de cette surface; 2° la valeur de l'impulsion en chaque point, ou, ce qui revient au même, les fonctions des variables a et c qui représentent : 1° l'ordonnée b, 2° l'impulsion Q_0. Si l'on désigne par

$$F(a, c), \quad \mathcal{F}(a, c)$$

les fonctions dont il s'agit, les deux premières équations relatives à la surface du fluide seront

$$(18)\qquad \left\{\begin{aligned} b &= F(a, c), \\ Q_0 &= \mathcal{F}(a, c). \end{aligned}\right.$$

3. Supposons maintenant que la surface initiale du fluide diffère peu d'une surface plane; les quantités

$$\frac{\partial b}{\partial a}, \quad \frac{\partial b}{\partial c}$$

seront fort petites. Si l'on suppose, en outre, que les impulsions primitivement appliquées aux différents points de la surface soient elles-mêmes peu considérables, les valeurs des quantités

$$Q_0,\ U_0,\ V_0,\ W_0,$$
$$q_0,\ u_0,\ v_0,\ w_0$$

seront aussi très-faibles; et, en considérant ces diverses quantités comme très-petites du premier ordre, on pourra négliger dans les équations (17) les termes du second ordre

$$\frac{\partial q_0}{\partial b}\frac{\partial b}{\partial a},\quad \frac{\partial q_0}{\partial b}\frac{\partial b}{\partial c},$$

ce qui réduit ces mêmes équations à

$$(19)\qquad \frac{\partial Q_0}{\partial a}=\frac{\partial q_0}{\partial a},\quad \frac{\partial Q_0}{\partial c}=\frac{\partial q_0}{\partial c}.$$

Par conséquent, si l'on se borne à considérer les molécules situées à la surface du fluide, on pourra, dans la seconde et la quatrième des équations (15), remplacer q_0 par Q_0; et, comme on a dans cette hypothèse

$$u_0=U_0,\quad w_0=W_0,$$

la seconde et la quatrième des équations (15) deviendront

$$(20)\qquad \begin{cases} U_0 = -\dfrac{1}{\delta}\dfrac{\partial Q_0}{\partial a}, \\ W_0 = -\dfrac{1}{\delta}\dfrac{\partial Q_0}{\partial c}. \end{cases}$$

Résumé. — En réunissant les formules (18) et (20), on a

$$(21)\qquad \begin{cases} b = F(a, c), \\ Q_0 = \mathcal{F}(a, c), \\ U_0 = -\dfrac{1}{\delta}\dfrac{\partial Q_0}{\partial a}, \\ W_0 = -\dfrac{1}{\delta}\dfrac{\partial Q_0}{\partial c}. \end{cases}$$

De ces quatre formules, les deux dernières ne subsistent que dans l'hypothèse où l'on considère les coefficients différentiels des fonctions $F(a, c)$, $\mathfrak{F}(a, c)$ comme des quantités très-petites.

Il resterait à déterminer la valeur de V_0. Mais on ne peut la trouver qu'après avoir fixé d'abord la valeur générale de v_0 ; et, pour y parvenir, il faut commencer par intégrer la première des équations (15). C'est pourquoi nous renvoyons la détermination de V_0 à la Section suivante.

Si l'on se borne à considérer deux dimensions dans le fluide, b, Q_0, U_0 deviendront constantes relativement à c, la vitesse W_0 sera nulle, et les trois premières équations (21) prendront la forme suivante :

$$(22) \qquad \begin{cases} b = F(a), \\ Q_0 = \mathfrak{F}(a), \\ U_0 = -\frac{1}{\delta}\frac{\partial Q_0}{\partial a}. \end{cases}$$

SECTION TROISIÈME.

INTÉGRATION DES ÉQUATIONS OBTENUES DANS LES SECTIONS PRÉCÉDENTES.

1. L'état initial du fluide et celui de sa surface se trouvent complétement déterminés par les équations (15) et les deux premières équations (21). Mais il reste à déduire de ces mêmes équations les valeurs des inconnues du problème, c'est-à-dire, à donner les expressions générales de

$$q_0,\ u_0,\ v_0,\ w_0$$

en a, b, c, et celles de

$$U_0,\ V_0,\ W_0$$

en a et c. Cette dernière partie de la solution est tout entière du domaine de l'Analyse et fournit une application remarquable du Calcul intégral aux différences partielles.

Pour fixer les idées, je supposerai dorénavant que le plan des x et z

se confond avec le niveau des parties du fluide situées hors de l'influence immédiate des causes motrices, c'est-à-dire, avec le plan qui termine les parties de sa surface dont le niveau n'a point été altéré, et je compterai les ordonnées positives au-dessus de ce plan et les ordonnées négatives au-dessous. Cela posé, si l'on veut considérer le cas où les causes motrices ont peu d'intensité et agissent sur une portion peu étendue de la masse fluide, l'ordonnée b de la surface et l'impulsion Q_0 n'auront de valeurs sensibles qu'entre des limites très-resserrées des variables a et c, et leurs valeurs entre ces mêmes limites resteront toujours très-petites. On sait d'ailleurs que le cas dont il s'agit est celui que nous avons particulièrement en vue.

2. Pour plus de simplicité, je ferai d'abord abstraction d'une des trois dimensions du fluide. Alors les équations (15) et (21) feront place aux équations (16) et (22), et la question se trouvera réduite à déterminer, au moyen des formules

$$(23)\quad \begin{cases} b = F(a), \\ Q_0 = \mathcal{F}(a), \\ \dfrac{\partial^2 q_0}{\partial a^2} + \dfrac{\partial^2 q_0}{\partial b^2} = 0, \\ u_0 = -\dfrac{1}{\delta}\dfrac{\partial q_0}{\partial a}, \\ v_0 = -\dfrac{1}{\delta}\dfrac{\partial q_0}{\partial b}, \end{cases}$$

les valeurs générales de q_0, u_0, v_0, w_0 en a et b, et celles de U_0, V_0 en a seulement. Quant à l'ordonnée b de la surface et à l'impulsion Q_0, elles se trouvent immédiatement déterminées par les deux premières équations (23). De plus, pour obtenir les vitesses U_0, V_0 relatives aux divers points de la surface, il suffira évidemment de remplacer, dans les expressions générales des vitesses u_0 et v_0, b par $F(a)$. Toute la difficulté consistera donc à déterminer les valeurs de

$$q_0,\ u_0,\ v_0$$

en a et b. On y parvient de la manière suivante.

3. La troisième des équations (23) (*voir* la Note IX) a pour intégrale générale

$$(24)\quad q_0 = \sum \int_0^\infty \cos am\, e^{bm} f(m)\, dm + \sum \int_0^\infty \cos am\, e^{-bm} f_1(m)\, dm,$$

chaque signe Σ indiquant, pour abréger, la somme faite de l'intégrale renfermée sous ce signe, et de celle qu'on peut en déduire, en substituant $\sin am$ à $\cos am$ et changeant de fonction arbitraire. Quant aux limites des intégrales, elles sont respectivement $m = 0$, $m = \infty$. Cela posé, la condition évidente que l'impulsion q_0 ne devienne point infinie à de très-grandes profondeurs, c'est-à-dire, pour des valeurs infinies et négatives de b, fait disparaître immédiatement le second terme de cette valeur et réduit, en conséquence, l'équation (24) à

$$(25)\quad q_0 = \sum \int_0^\infty \cos am\, e^{bm} f(m)\, dm.$$

Les valeurs correspondantes de u_0 et de v_0, données par les deux dernières équations (23), sont respectivement

$$(26)\quad \begin{cases} u_0 = \dfrac{1}{\delta} \sum \displaystyle\int_0^\infty \sin am\, e^{bm} f(m)\, m\, dm, \\ v_0 = -\dfrac{1}{\delta} \sum \displaystyle\int_0^\infty \cos am\, e^{bm} f(m)\, m\, dm. \end{cases}$$

On doit toutefois observer que, dans la première équation (26), il faut, pour obtenir la seconde des deux intégrales que le signe Σ indique, remplacer $\sin am$ par $-\cos am$, et non pas seulement par $\cos am$. C'est une attention qu'il faudra toujours avoir dorénavant lorsque le signe Σ, placé devant une intégrale définie, sera relatif à un sinus et non à un cosinus.

Si, dans les équations (25) et (26), on suppose

$$b = \mathrm{F}(a),$$

les quantités q_0, u_0, v_0 deviendront respectivement égales à $Q_0 = \mathcal{F}(a)$, U_0, V_0. Si, de plus, on considère l'ordonnée de la surface $b = \mathrm{F}(a)$ et l'impulsion $Q_0 = \mathcal{F}(a)$ comme des quantités très-petites du premier ordre, on aura, aux quantités près de cet ordre,

$$e^{bm} = 1;$$

et, par suite, en négligeant les termes du second ordre, on réduira les valeurs de Q_0, U_0, V_0, tirées des équations (25) et (26), à

$$(27) \qquad Q_0 = \sum \int_0^\infty \cos am f(m)\, dm,$$

$$(28) \qquad \begin{cases} U_0 = \dfrac{1}{\delta} \sum \displaystyle\int_0^\infty \sin am f(m)\, m\, dm, \\ V_0 = -\dfrac{1}{\delta} \sum \displaystyle\int_0^\infty \cos am f(m)\, m\, dm. \end{cases}$$

On conclut de la formule (27)

$$(29) \qquad \sum \int_0^\infty \cos am f(m)\, dm = \mathfrak{F}(a).$$

Cette dernière équation suffit pour déterminer entièrement la valeur de la fonction $f(m)$, ou, pour mieux dire, les formes des deux fonctions arbitraires que le signe Σ indique (*voir* la Note VIII). Ces fonctions étant une fois déterminées, les équations (25), (26) et (28) suffiront pour établir d'une manière complète l'état initial du fluide que l'on considère.

On peut remarquer que la première des formules (28), comparée avec l'équation (27), donne

$$(30) \qquad U_0 = -\frac{1}{\delta} \frac{\partial Q_0}{\partial a},$$

ce qui s'accorde parfaitement avec la troisième des équations (22) (Section II).

4. Si, dans la valeur de q_0 donnée par l'équation (25), on introduit la fonction $\mathfrak{F}$ à la place de f, en ayant égard à l'équation (29), on trouvera (*voir* la Note XI)

$$(31) \qquad q_0 = \frac{(-b)}{\pi} \int_{-\infty}^{+\infty} \mathfrak{F}(\varpi) \frac{d\varpi}{b^2 + (\varpi - a)^2}.$$

Il est facile de s'assurer, *a posteriori*, que cette dernière valeur de q_0 satisfait à la troisième des équations (23). Car, si l'on fait, pour abréger,

$$B = \frac{b}{b^2 + (\varpi - a)^2} = \frac{1}{2}\left(\frac{1}{b + (\varpi - a)\sqrt{-1}} + \frac{1}{b - (\varpi - a)\sqrt{-1}}\right),$$

on aura évidemment

$$\frac{\partial^2 B}{\partial a^2} + \frac{\partial^2 B}{\partial b^2} = 0;$$

et, par suite,

$$\frac{\partial^2 q_0}{\partial a^2} + \frac{\partial^2 q_0}{\partial b^2} = -\frac{1}{\pi}\int\left(\frac{\partial^2 B}{\partial a^2} + \frac{\partial^2 B}{\partial b^2}\right)\mathcal{F}(\varpi)\,d\varpi = 0.$$

La même valeur de q_0 sera rigoureusement exacte si l'on suppose le fluide de niveau à l'origine du mouvement, c'est-à-dire,

$$F(a) = 0.$$

Alors, en effet, pour obtenir la valeur de q_0 relative à la surface, il suffira de faire, dans le second membre de l'équation (31),

$$(-b) = 0;$$

et, comme dans cette hypothèse l'intégrale

$$\int \mathcal{F}(\varpi)\frac{(-b)\,d\varpi}{b^2 + (\varpi - a)^2}$$

se réduit (*voir* la Note XI) à

$$\pi\mathcal{F}(a),$$

on en conclura

$$Q_0 = \mathcal{F}(a),$$

ce qui est parfaitement d'accord avec la seconde des équations (23).

Lorsque l'ordonnée initiale de la surface n'est pas rigoureusement nulle, mais seulement très-petite, alors l'équation (31) donne seulement la valeur approchée de q_0, aux quantités près du second ordre.

5. Supposons maintenant que l'impulsion Q_0, ou, ce qui revient au même, la fonction $\mathcal{F}(a)$ qui la représente, n'ait de valeur sensible qu'entre des limites très-resserrées de a et pour des valeurs de cette

variable très-peu différentes de zéro. Faisons de plus, entre ces mêmes limites,

$$(32) \qquad \int \mathcal{F}(\varpi)\,d\varpi = \mathrm{H}.$$

L'intégrale renfermée dans le second membre de l'équation (31) n'ayant elle-même de valeur sensible qu'entre ces limites, on pourra y supposer, à très-peu près,

$$\frac{1}{b^2 + (\varpi - a)^2} = \frac{1}{b^2 + a^2};$$

et l'on aura, par suite,

$$\int \mathcal{F}(\varpi)\frac{d\varpi}{b^2 + (\varpi - a)^2} = \frac{\mathrm{H}}{b^2 + a^2},$$

excepté dans le cas où $(b^2 + a^2)^{\frac{1}{2}}$ serait une quantité très-petite et du même ordre que les limites en question, c'est-à-dire, où le point que l'on considère dans la masse fluide serait peu éloigné de l'origine des coordonnées. Ainsi, pour tous les points situés à une distance sensible de cette origine, la valeur de q_0 deviendra

$$(33) \qquad q_0 = \frac{\mathrm{H}}{\pi}\,\frac{(-b)}{b^2 + a^2}.$$

Les valeurs correspondantes des vitesses u_0, v_0 seront

$$(34) \qquad \left\{ \begin{aligned} u_0 &= \frac{\mathrm{H}}{\pi\delta}\,\frac{2a(-b)}{(a^2 + b^2)^2}, \\ v_0 &= \frac{\mathrm{H}}{\pi\delta}\,\frac{a^2 - b^2}{(a^2 + b^2)^2}. \end{aligned} \right.$$

Enfin, s'il s'agit des points situés à la surface du fluide, on aura $q_0 = \mathrm{Q}_0$, $u_0 = \mathrm{U}_0$, $v_0 = \mathrm{V}_0$; et, l'ordonnée b devenant alors une quantité très-petite, les équations (33) et (34) se réduiront sensiblement à

$$(35) \qquad \mathrm{Q}_0 = 0, \quad \mathrm{U}_0 = 0, \quad \mathrm{V}_0 = \frac{\mathrm{H}}{\pi\delta}\,\frac{1}{a^2}.$$

La première de ces trois équations est une suite nécessaire de l'hypothèse que nous avons admise, et en vertu de laquelle la valeur de Q_0 devient insensible pour des valeurs de a tant soit peu considérables.

Quant à la seconde des équations (35), savoir $U_0 = 0$, elle se déduit immédiatement de la première à l'aide de la formule (30).

Je discuterai, dans la troisième Partie de ce Mémoire, les diverses formules que je viens d'obtenir. Je passe maintenant au cas où l'on considère à la fois les trois dimensions de la masse fluide.

6. En restituant au fluide ses trois dimensions, on a, pour déterminer l'état initial ou les valeurs de

$$q_0,\ u_0,\ v_0,\ w_0,$$
$$b,\ Q_0,\ U_0,\ V_0,\ W_0,$$

les formules

$$(36)\quad \left\{\begin{aligned} b &= F(a, c),\\ Q_0 &= \mathfrak{F}(a, c),\\ \frac{\partial^2 q_0}{\partial a^2} + \frac{\partial^2 q_0}{\partial b^2} + \frac{\partial^2 q_0}{\partial c^2} &= 0,\\ u_0 &= -\frac{1}{\delta}\frac{\partial q_0}{\partial a},\\ v_0 &= -\frac{1}{\delta}\frac{\partial q_0}{\partial b},\\ w_0 &= -\frac{1}{\delta}\frac{\partial q_0}{\partial c}.\end{aligned}\right.$$

Les deux premières équations déterminent immédiatement l'ordonnée b relative à la surface et l'impulsion Q_0. Quant aux valeurs de U_0, V_0, W_0, il suffit évidemment, pour les obtenir, de remplacer dans celles de u_0, v_0, w_0 l'ordonnée b par $F(a, c)$. Enfin, les trois dernières équations (36) font connaître les valeurs générales de u_0, v_0, w_0 lorsqu'on a celle de q_0. Ainsi, toute la question se réduit à trouver l'expression générale de l'impulsion q_0. On y parvient de la manière suivante.

7. La troisième des équations (35) a pour intégrale générale (*voir* la Note IX)

$$(37)\quad \left\{\begin{aligned} q_0 = &\sum\int_0^\infty\int_0^\infty \cos am \cos cn\, e^{b(m^2+n^2)^{\frac{1}{2}}} f(m, n)\, dm\, dn\\ &+\sum\int_0^\infty\int_0^\infty \cos am \cos cn\, e^{-b(m^2+n^2)^{\frac{1}{2}}} f_1(m, n)\, dm\, dn,\end{aligned}\right.$$

chaque signe Σ indiquant, pour abréger, la somme faite de l'intégrale qu'il renferme et des trois qu'on peut en déduire en substituant successivement au produit

$$\cos am \cos cn$$

les suivants

$$\cos am \sin cn,$$
$$\sin am \cos cn,$$
$$\sin am \sin cn,$$

et changeant à chaque fois de fonction arbitraire. La condition évidente que la valeur de q_0 ne devienne point infinie à de très-grandes profondeurs, c'est-à-dire, pour des valeurs infinies et négatives de b, réduit cette même valeur à

$$(38) \qquad q_0 = \sum \int_0^\infty \int_0^\infty \cos am \cos cn \, e^{b(m^2+n^2)^{\frac{1}{2}}} f(m, n) \, dm \, dn.$$

Les valeurs correspondantes de u_0, v_0, w_0 sont respectivement

$$(39) \left\{ \begin{aligned} u_0 &= \frac{1}{\delta} \sum \int_0^\infty \int_0^\infty \sin am \cos cn \, e^{b(m^2+n^2)^{\frac{1}{2}}} f(m, n) m \, dm \, dn, \\ v_0 &= -\frac{1}{\delta} \sum \int_0^\infty \int_0^\infty \cos am \cos cn \, e^{b(m^2+n^2)^{\frac{1}{2}}} f(m, n) (m^2+n^2)^{\frac{1}{2}} \, dm \, dn, \\ w_0 &= \frac{1}{\delta} \sum \int_0^\infty \int_0^\infty \cos am \sin cn \, e^{b(m^2+n^2)^{\frac{1}{2}}} f(m, n) n \, dm \, dn, \end{aligned} \right.$$

les quantités $\sin am$ et $\sin cn$ devant être, dans les développements que le signe Σ laisse à effectuer, remplacées par $-\cos am$ et $-\cos cn$, tandis que $\cos am$ et $\cos cn$ doivent être remplacés simplement par $\sin am$ et $\sin cn$.

Si, dans les équations (38) et (39), on suppose

$$b = \mathrm{F}(a, c),$$

les quantités q_0, u_0, v_0, w_0 deviendront respectivement égales à Q_0, U_0, V_0, W_0; et si, de plus, on considère l'ordonnée $b = \mathrm{F}(a, c)$ et l'impulsion $\mathrm{Q}_0 = \mathcal{F}(a, c)$ comme des quantités très-petites du premier ordre, on aura, aux quantités près de cet ordre,

$$e^{b(m^2+n^2)^{\frac{1}{2}}} = 1.$$

Par suite, en négligeant les termes du second ordre, on réduira les valeurs de Q_0, U_0, V_0, W_0 tirées des équations (38) et (39) à

(40) $$Q_0 = \sum \int_0^\infty \int_0^\infty \cos am \cos cn f(m, n)\, dm\, dn,$$

(41) $$\left\{\begin{aligned} U_0 &= \frac{1}{\delta} \sum \int_0^\infty \int_0^\infty \sin am \cos cn f(m, n) m\, dm\, dn,\\ V_0 &= -\frac{1}{\delta} \sum \int_0^\infty \int_0^\infty \cos am \cos cn f(m, n)(m^2 + n^2)^{\frac{1}{2}} dm\, dn,\\ W_0 &= \frac{1}{\delta} \sum \int_0^\infty \int_0^\infty \cos am \sin cn f(m, n) n\, dm\, dn. \end{aligned}\right.$$

On conclut de l'équation (40)

(42) $$\sum \int_0^\infty \int_0^\infty \cos am \cos cn f(m, n)\, dm\, dn = \mathfrak{F}(a, c).$$

Cette dernière formule suffit pour déterminer entièrement la valeur de $f(m, n)$, ou, pour mieux dire, celles des quatre fonctions arbitraires que renferme implicitement le signe Σ (*voir* la Note VIII). Ces quatre fonctions étant une fois déterminées, les équations (38), (39) et (41) suffiront pour établir d'une manière complète l'état initial du fluide que l'on considère.

On peut remarquer que la première et la dernière des équations (41), comparées à l'équation (40), donnent

(43) $$\left\{\begin{aligned} U_0 &= -\frac{1}{\delta} \frac{\partial Q_0}{\partial a},\\ V_0 &= -\frac{1}{\delta} \frac{\partial Q_0}{\partial c}, \end{aligned}\right.$$

ce qui s'accorde avec les deux dernières équations (21) (Section II).

8. Si l'on se sert de l'équation (42) pour introduire dans le second membre de l'équation (38) la fonction $\mathfrak{F}$ à la place de f, la valeur générale de q_0 prendra la forme suivante (*voir* la Note XI)

(44) $$q_0 = \frac{(-b)}{2\pi} \int_{-\infty}^\infty \int_{-\infty}^\infty \mathfrak{F}(\varpi, \rho) \frac{d\varpi\, d\rho}{[b^2 + (\varpi - a)^2 + (\rho - c)^2]^{\frac{3}{2}}}.$$

Il est aisé de s'assurer, *a posteriori*, que cette valeur de q_0 vérifie la troisième des équations (36); car, si l'on fait, pour abréger,

$$B = \frac{b}{[b^2 + (\varpi - a)^2 + (\rho - c)^2]^{\frac{3}{2}}},$$

on trouvera

$$\frac{\partial^2 B}{\partial a^2} + \frac{\partial^2 B}{\partial b^2} + \frac{\partial^2 B}{\partial c^2} = 0;$$

et, par suite,

$$\frac{\partial^2 q_0}{\partial a^2} + \frac{\partial^2 q_0}{\partial b^2} + \frac{\partial^2 q_0}{\partial c^2} = -\frac{1}{2\pi}\int_{-\infty}^{\infty}\int_{-\infty}^{\infty}\left(\frac{\partial^2 B}{\partial a^2} + \frac{\partial^2 B}{\partial b^2} + \frac{\partial^2 B}{\partial c^2}\right)\mathcal{F}(\varpi, \rho)\, d\varpi\, d\rho = 0.$$

La même valeur de q_0 sera rigoureusement exacte si l'on suppose le fluide de niveau à l'origine du mouvement, et, par suite,

$$F(a, c) = 0.$$

Alors, en effet, pour obtenir la valeur de q_0 relative à la surface, il suffira de faire dans le second membre de l'équation (44)

$$(-b) = 0;$$

et comme, dans cette hypothèse, l'intégrale

$$\int_{-\infty}^{\infty}\int_{-\infty}^{\infty}\mathcal{F}(\varpi, \rho)\frac{(-b)\, d\varpi\, d\rho}{[b^2 + (\varpi - a)^2 + (\rho - c)^2]^{\frac{3}{2}}}$$

se réduit (*voir* la Note XI) à

$$2\pi\mathcal{F}(a, c),$$

on en conclura

$$Q_0 = \mathcal{F}(a, c).$$

Lorsque la forme initiale de la surface n'est pas rigoureusement plane, mais seulement peu différente d'un plan, l'équation (44) donne seulement la valeur approchée de q_0, aux quantités près du second ordre.

9. Supposons maintenant que l'impulsion Q_0, ou, ce qui revient au

même, la fonction $\mathfrak{f}(a, c)$ qui la représente, n'ait de valeur sensible qu'entre des limites très-resserrées de a et de c, et pour des valeurs de ces variables peu différentes de zéro. Faisons, de plus, entre ces mêmes limites,

$$(45) \qquad \int\int \mathfrak{f}(\varpi, \rho)\, d\varpi\, d\rho = \mathrm{H}.$$

L'intégrale renfermée dans le second membre de l'équation (44) n'ayant elle-même de valeur qu'entre les limites dont il s'agit, on pourra supposer dans cette intégrale

$$\frac{1}{[b^2 + (\varpi - a)^2 + (\rho - c)^2]^{\frac{3}{2}}} = \frac{1}{(a^2 + b^2 + c^2)^{\frac{3}{2}}},$$

et l'on aura, par suite, à très-peu près,

$$\int\int \mathfrak{f}(\varpi, \rho) \frac{d\varpi\, d\rho}{[b^2 + (\varpi - a)^2 + (\rho - c)^2]^{\frac{3}{2}}} = \frac{\mathrm{H}}{(a^2 + b^2 + c^2)^{\frac{3}{2}}},$$

à moins toutefois que $(a^2 + b^2 + c^2)^{\frac{1}{2}}$ ne soit une quantité très-petite et de même ordre que les limites en question, c'est-à-dire à moins que l'on ne considère dans la masse fluide un point très-peu éloigné de l'origine des coordonnées. Ainsi, pour tous les points situés à une distance sensible de cette origine, la valeur de q_0 deviendra

$$(46) \qquad q_0 = \frac{\mathrm{H}}{2\pi} \frac{(-b)}{(a^2 + b^2 + c^2)^{\frac{3}{2}}}.$$

Les valeurs correspondantes des vitesses u_0, v_0, w_0 seront

$$(47) \qquad \left\{ \begin{aligned} u_0 &= \frac{\mathrm{H}}{2\pi\delta} \frac{3a(-b)}{(a^2 + b^2 + c^2)^{\frac{5}{2}}}, \\ v_0 &= \frac{\mathrm{H}}{2\pi\delta} \frac{a^2 + c^2 - 2b^2}{(a^2 + b^2 + c^2)^{\frac{5}{2}}}, \\ w_0 &= \frac{\mathrm{H}}{2\pi\delta} \frac{3c(-b)}{(a^2 + b^2 + c^2)^{\frac{5}{2}}}. \end{aligned} \right.$$

Enfin, s'il est question des points situés à la surface du fluide, on aura

$$q_0 = Q_0, \quad u_0 = U_0, \quad v_0 = V_0, \quad w_0 = W_0;$$

et, l'ordonnée b devenant alors très-petite, les équations (46) et (47) se réduiront sensiblement à

$$(48) \qquad Q_0 = 0, \quad U_0 = 0, \quad V_0 = \frac{H}{2\pi\delta} \frac{1}{(a^2+c^2)^{\frac{3}{2}}}, \quad W_0 = 0.$$

L'équation $Q_0 = 0$ est une suite nécessaire de l'hypothèse qu'on a faite, et en vertu de laquelle la valeur de Q_0 devait être insensible à des distances finies de l'origine des coordonnées. Quant aux deux équations $U_0 = 0$, $W_0 = 0$, elles se déduisent immédiatement de l'équation $Q_0 = 0$ par le moyen des formules (43).

Il est bon d'observer que la valeur de H déterminée par l'équation (45) reste la même, soit qu'on prenne l'intégrale

$$\int\int \mathscr{F}(\varpi, \rho)\, d\varpi\, d\rho$$

entre les limites de ϖ et de ρ, en dedans desquelles la fonction $\mathscr{F}(\varpi, \rho)$ conserve une valeur sensible, soit qu'on étende la même intégrale à toutes les valeurs réelles possibles des deux variables ϖ et ρ. On peut donc supposer, dans l'équation (45), les intégrations faites entre les limites $-\infty$ et $+\infty$ de chaque variable. La même remarque s'applique à l'équation (32) du n° 5.

Je réserverai pour la troisième Partie du Mémoire la discussion des formules que nous venons de trouver. Je me bornerai pour l'instant à réunir les plus remarquables dans un seul tableau.

Résumé. — Supposons que la surface initiale du fluide diffère peu d'une surface plane, et que les impulsions appliquées aux différents points de cette surface, étant nulles à une distance sensible de l'origine des coordonnées, acquièrent seulement près de cette origine de très-petites valeurs. Alors, pour tous les points de la masse fluide et de la surface situés à une distance sensible de l'origine des coordonnées, l'état initial sera déterminé par les formules suivantes.

1° Si l'on se borne à considérer deux dimensions dans le fluide, en désignant par $\mathcal{F}(a)$ la valeur de l'impulsion à la surface pour le point dont l'abscisse est égale à a, et faisant, pour abréger,

$$H = \int_{-\infty}^{\infty} \mathcal{F}(\varpi)\, d\varpi, \tag{49}$$

on aura

$$\left\{\begin{aligned} q_0 &= \frac{H}{\pi}\,\frac{(-b)}{a^2+b^2}, & Q_0 &= 0,\\ u_0 &= \frac{H}{\pi\delta}\,\frac{2a(-b)}{(a^2+b^2)^2}, & U_0 &= 0,\\ v_0 &= \frac{H}{\pi\delta}\,\frac{a^2-b^2}{(a^2+b^2)^2}, & V_0 &= \frac{H}{\pi\delta}\,\frac{1}{a^2}. \end{aligned}\right. \tag{50}$$

2° Si l'on considère à la fois les trois dimensions du fluide, en désignant par $\mathcal{F}(a, c)$ la valeur de l'impulsion reçue par la surface dans le point dont les coordonnées sont a et c, et faisant, pour abréger,

$$H = \int_{-\infty}^{\infty}\int_{-\infty}^{\infty} \mathcal{F}(\varpi, \rho)\, d\varpi\, d\rho, \tag{51}$$

on aura

$$\left\{\begin{aligned} q_0 &= \frac{H}{2\pi}\,\frac{(-b)}{(a^2+b^2+c^2)^{\frac{3}{2}}}, & Q_0 &= 0,\\ u_0 &= \frac{H}{2\pi\delta}\,\frac{3a(-b)}{(a^2+b^2+c^2)^{\frac{5}{2}}}, & U_0 &= 0,\\ v_0 &= \frac{H}{2\pi\delta}\,\frac{a^2+c^2-2b^2}{(a^2+b^2+c^2)^{\frac{5}{2}}}, & V_0 &= \frac{H}{2\pi\delta}\,\frac{1}{(a^2+c^2)^{\frac{3}{2}}},\\ w_0 &= \frac{H}{2\pi\delta}\,\frac{3c(-b)}{(a^2+b^2+c^2)^{\frac{5}{2}}}, & W_0 &= 0. \end{aligned}\right. \tag{52}$$

Quant à l'ordonnée b relative à la surface, sa valeur $F(a)$ dans le cas de deux dimensions, ou $F(a, c)$ dans le cas de trois, se trouve immédiatement déterminée par la nature même de la question, et si, dans le premier instant, le niveau naturel du fluide n'est altéré que sur une très-petite étendue de surface autour de l'origine des coordonnées, on aura, pour des points de la surface situés à une distance sensible de l'origine,

$$b = 0.$$

Au reste, pour que les équations (50) et (52) subsistent, il n'est pas nécessaire que cette dernière condition soit remplie. Il suffit que tous les points de la surface initiale soient élevés ou abaissés d'une quantité très-petite au-dessus ou au-dessous de son niveau moyen.

SECONDE PARTIE.

SUR L'ÉTAT DU FLUIDE A UNE ÉPOQUE QUELCONQUE DU MOUVEMENT.

SECTION PREMIÈRE.

DES ÉQUATIONS QUI SUBSISTENT A CHAQUE INSTANT DU MOUVEMENT POUR TOUS LES POINTS DE LA MASSE FLUIDE.

1. Conservons les mêmes notations que dans la Section I de la première Partie; et, pour que l'on puisse fixer d'une manière précise l'état du fluide au bout du temps t compté à partir de l'origine du mouvement, soient, à cette époque, x, y, z les nouvelles coordonnées de la molécule m, toujours rapportées aux mêmes axes rectangulaires, et u, v, w ses vitesses parallèles aux trois axes dont il s'agit. Si l'on suppose $t=0$, on aura

$$x=a,\quad y=b,\quad z=c,\quad u=u_0,\quad v=v_0,\quad w=w_0. \tag{1}$$

Mais, si l'on donne à t une valeur différente de zéro, les équations (1) ne seront plus exactes, et les six quantités

$$x,\ y,\ z,\ u,\ v,\ w$$

pourront être des fonctions quelconques des quatre variables indépendantes

$$a,\ b,\ c,\ t.$$

Il s'agit maintenant de faire connaître les relations qu'établissent entre ces mêmes fonctions les données du problème. C'est ce dont nous allons nous occuper.

2. Lorsque nous avons eu à déterminer l'état initial de la masse fluide, il a suffi d'avoir égard aux forces de la nature de celles qui agissent instantanément sur les mobiles. C'est pourquoi, dans l'examen qu'il a fallu faire des forces qui agissaient sur la molécule m prise au hasard dans cette masse, pour arriver aux équations (2) (Ire Partie), nous nous sommes borné à considérer : 1° les impulsions que la molécule m éprouvait sur toutes ses faces; 2° les vitesses qui avaient pu lui être imprimées; 3° les vitesses acquises par elle dans le premier instant du mouvement; et nous avons fait abstraction des pressions et de toutes les forces dont l'action instantanée ne produit sur les mobiles qu'une simple tendance au mouvement. Mais, lorsqu'au lieu de rechercher les équations qui expriment l'état initial de la masse fluide on se propose d'établir le changement d'état que cette masse éprouve d'un instant à l'autre, alors c'est uniquement à la dernière espèce de forces qu'il est nécessaire d'avoir égard. Dans ce dernier cas, comme dans l'autre, on devra distinguer trois forces différentes relativement à une molécule fluide m, et pour établir les équations du mouvement il faudra considérer : 1° les pressions que cette molécule éprouve sur toutes ses faces à un instant déterminé; 2° les forces accélératrices qui lui sont imprimées dans l'instant dont il s'agit; 3° les forces accélératrices acquises par la molécule dans le même instant. Cela posé, soient, au bout du temps t, p la pression relative à l'unité de surface pour le point dont les coordonnées sont x, y et z, $\mathfrak{X}$, $\mathfrak{Y}$, $\mathfrak{Z}$ les forces accélératrices imprimées à la molécule m dans le sens des coordonnées, et X, Y, Z les forces accélératrices acquises par cette même molécule. Désignons toujours par δ la densité du fluide, et supposons pour un moment que les forces accélératrices et la pression soient exprimées en fonction de x, y, z et de t. Comme tout ce qu'on démontre à l'égard des forces accélératrices qui agissent instantanément sur les mobiles est également applicable à celles qui produisent une simple tendance au mouvement, les relations établies par les équations (2) (Ire Partie) entre les sept quantités

$$q_0,\ \mathfrak{U},\ \mathfrak{V},\ \mathfrak{W},\ u_0,\ v_0,\ w_0,$$

considérées comme fonctions des coordonnées initiales a, b, c, auront également lieu entre les quantités

$$p,\ \mathfrak{X},\ \mathfrak{Y},\ \mathfrak{Z},\ \mathrm{X},\ \mathrm{Y},\ \mathrm{Z},$$

considérées comme fonctions de x, y, z. Par suite, en prenant x, y, z et t pour variables indépendantes, on aura

$$(2)\qquad (\mathrm{X}-\mathfrak{X})\delta+\frac{\partial p}{\partial x}=0,\quad (\mathrm{Y}-\mathfrak{Y})\delta+\frac{\partial p}{\partial y}=0,\quad (\mathrm{Z}-\mathfrak{Z})\delta+\frac{\partial p}{\partial z}=0.$$

D'ailleurs, les vitesses de la molécule m au bout du temps t dans le sens des coordonnées étant désignées par u, v, w, si l'on considère ces mêmes vitesses comme des fonctions de x, y, z et t, et que l'on fasse croître t d'une quantité très-petite θ, x, y, z deviendront respectivement

$$x+u\theta,\ y+v\theta,\ z+w\theta,$$

et, par suite, les accroissements des vitesses divisés par θ, ou, ce qui revient au même, les forces accélératrices acquises par la molécule parallèlement aux axes des coordonnées seront respectivement

$$(3)\qquad \begin{cases} \dfrac{\partial u}{\partial t}+u\dfrac{\partial u}{\partial x}+v\dfrac{\partial u}{\partial y}+w\dfrac{\partial u}{\partial z}=\mathrm{X},\\[2mm] \dfrac{\partial v}{\partial t}+u\dfrac{\partial v}{\partial x}+v\dfrac{\partial v}{\partial y}+w\dfrac{\partial v}{\partial z}=\mathrm{Y},\\[2mm] \dfrac{\partial w}{\partial t}+u\dfrac{\partial w}{\partial x}+v\dfrac{\partial w}{\partial y}+w\dfrac{\partial w}{\partial z}=\mathrm{Z}. \end{cases}$$

En substituant les valeurs précédentes de X, Y, Z dans les équations (2), on aura

$$(4)\qquad \begin{cases} \left(\dfrac{\partial u}{\partial t}+u\dfrac{\partial u}{\partial x}+v\dfrac{\partial u}{\partial y}+w\dfrac{\partial u}{\partial z}-\mathfrak{X}\right)\delta+\dfrac{\partial p}{\partial x}=0,\\[2mm] \left(\dfrac{\partial v}{\partial t}+u\dfrac{\partial v}{\partial x}+v\dfrac{\partial v}{\partial y}+w\dfrac{\partial v}{\partial z}-\mathfrak{Y}\right)\delta+\dfrac{\partial p}{\partial y}=0,\\[2mm] \left(\dfrac{\partial w}{\partial t}+u\dfrac{\partial w}{\partial x}+v\dfrac{\partial w}{\partial y}+w\dfrac{\partial w}{\partial z}-\mathfrak{Z}\right)\delta+\dfrac{\partial p}{\partial z}=0. \end{cases}$$

Ces dernières formules coïncident avec celles que M. Lagrange a obtenues par une autre méthode dans la seconde Partie de la *Mécanique analytique* (1re édition, p. 453).

Si l'on prend a, b, c et t pour variables indépendantes, au lieu de x, y, z et t, les forces accélératrices acquises par la molécule seront données immédiatement par les équations

$$(5) \qquad X = \frac{\partial^2 x}{\partial t^2}, \quad Y = \frac{\partial^2 y}{\partial t^2}, \quad Z = \frac{\partial^2 z}{\partial t^2}.$$

D'ailleurs, si dans la valeur de p en x, y, z et t on considère x, y et z comme fonctions de a, b, c, t, on aura

$$(6) \qquad \begin{cases} \dfrac{\partial p}{\partial a} = \dfrac{\partial p}{\partial x}\dfrac{\partial x}{\partial a} + \dfrac{\partial p}{\partial y}\dfrac{\partial y}{\partial a} + \dfrac{\partial p}{\partial z}\dfrac{\partial z}{\partial a}, \\ \dfrac{\partial p}{\partial b} = \dfrac{\partial p}{\partial x}\dfrac{\partial x}{\partial b} + \dfrac{\partial p}{\partial y}\dfrac{\partial y}{\partial b} + \dfrac{\partial p}{\partial z}\dfrac{\partial z}{\partial b}, \\ \dfrac{\partial p}{\partial c} = \dfrac{\partial p}{\partial x}\dfrac{\partial x}{\partial c} + \dfrac{\partial p}{\partial y}\dfrac{\partial y}{\partial c} + \dfrac{\partial p}{\partial z}\dfrac{\partial z}{\partial c}. \end{cases}$$

Supposons maintenant que dans ces dernières formules on substitue pour $\frac{\partial p}{\partial x}$, $\frac{\partial p}{\partial y}$, $\frac{\partial p}{\partial z}$ leurs valeurs tirées des équations (2), et que l'on remplace en même temps X, Y, Z par $\frac{\partial^2 x}{\partial t^2}$, $\frac{\partial^2 y}{\partial t^2}$, $\frac{\partial^2 z}{\partial t^2}$, on trouvera

$$(7) \qquad \begin{cases} \left(\dfrac{\partial^2 x}{\partial t^2} - \mathfrak{X}\right)\dfrac{\partial x}{\partial a} + \left(\dfrac{\partial^2 y}{\partial t^2} - \mathfrak{Y}\right)\dfrac{\partial y}{\partial a} + \left(\dfrac{\partial^2 z}{\partial t^2} - \mathfrak{Z}\right)\dfrac{\partial z}{\partial a} + \dfrac{1}{\delta}\dfrac{\partial p}{\partial a} = 0, \\ \left(\dfrac{\partial^2 x}{\partial t^2} - \mathfrak{X}\right)\dfrac{\partial x}{\partial b} + \left(\dfrac{\partial^2 y}{\partial t^2} - \mathfrak{Y}\right)\dfrac{\partial y}{\partial b} + \left(\dfrac{\partial^2 z}{\partial t^2} - \mathfrak{Z}\right)\dfrac{\partial z}{\partial b} + \dfrac{1}{\delta}\dfrac{\partial p}{\partial b} = 0, \\ \left(\dfrac{\partial^2 x}{\partial t^2} - \mathfrak{X}\right)\dfrac{\partial x}{\partial c} + \left(\dfrac{\partial^2 y}{dt^2} - \mathfrak{Y}\right)\dfrac{\partial y}{\partial c} + \left(\dfrac{\partial^2 z}{\partial t^2} - \mathfrak{Z}\right)\dfrac{\partial z}{\partial c} + \dfrac{1}{\delta}\dfrac{\partial p}{\partial c} = 0. \end{cases}$$

Telle est la forme que prennent les équations (2) lorsque l'on considère a, b, c, t comme variables indépendantes. Dans le même cas, les vitesses de la molécule m dans le sens des coordonnées sont respectivement déterminées par les équations

$$(8) \qquad u = \frac{\partial x}{\partial t}, \quad v = \frac{\partial y}{\partial t}, \quad w = \frac{\partial z}{\partial t}.$$

3. Il est encore une condition qui doit être remplie dans tous les instants pour tous les points de la masse fluide, lorsqu'on suppose la densité constante. Cette condition consiste dans l'invariabilité de volume que doit conserver chaque molécule pendant toute la durée du mouvement. Nous avons, dans la première Partie du Mémoire, déduit de cette considération deux formules différentes. La première, savoir

$$\text{S}\left(\pm\frac{\partial x}{\partial a}\frac{\partial y}{\partial b}\frac{\partial z}{\partial c}\right)=1 \tag{9}$$

[Ire Partie, équation (5)], est immédiatement applicable à toutes les époques du mouvement et suppose que l'on prenne *a*, *b*, *c*, *t* pour variables indépendantes. La seconde, savoir l'équation (6) (Ire Partie), se rapporte à l'état initial du fluide. Mais, pour la généraliser de manière à la rendre applicable à tous les instants, il suffit évidemment d'y substituer aux différences partielles des vitesses u_0, v_0, w_0 prises par rapport aux coordonnées a, b, c les différences partielles des vitesses u, v, w prises par rapport aux coordonnées x, y, z. On aura donc, en prenant x, y, z, t pour variables indépendantes,

$$\frac{\partial u}{\partial x}+\frac{\partial v}{\partial y}+\frac{\partial w}{\partial z}=0. \tag{10}$$

Les équations (7) et (9), et celles que l'on peut en déduire, comme, par exemple, les formules (4) et (10), sont les seules qui conviennent indistinctement à tous les points de la masse fluide. Elles ne sont pas intégrables, du moins en général. Mais, dans le cas particulier où

$$\mathfrak{X}\,dx+\mathfrak{Y}\,dy+\mathfrak{Z}\,dz$$

est une différentielle complète, on peut intégrer une première fois les équations (7), ainsi qu'on va le faire voir.

4. Supposons que, $\mathfrak{X}$, $\mathfrak{Y}$, $\mathfrak{Z}$ étant considérées comme fonctions de x, y, z et t,

$$\mathfrak{X}\,dx+\mathfrak{Y}\,dy+\mathfrak{Z}\,dz$$

soit une différentielle complète. On aura par suite

$$(11) \qquad \mathfrak{X} = \frac{\partial \lambda}{\partial x}, \quad \mathfrak{Y} = \frac{\partial \lambda}{\partial y}, \quad \mathfrak{Z} = \frac{\partial \lambda}{\partial z},$$

λ étant une seule et même fonction de x, y, z, t; d'où l'on conclura

$$(12) \quad \begin{cases} \mathfrak{X}\dfrac{\partial x}{\partial a} + \mathfrak{Y}\dfrac{\partial y}{\partial a} + \mathfrak{Z}\dfrac{\partial z}{\partial a} = \dfrac{\partial \lambda}{\partial a}, \\ \mathfrak{X}\dfrac{\partial x}{\partial b} + \mathfrak{Y}\dfrac{\partial y}{\partial b} + \mathfrak{Z}\dfrac{\partial z}{\partial b} = \dfrac{\partial \lambda}{\partial b}, \\ \mathfrak{X}\dfrac{\partial x}{\partial c} + \mathfrak{Y}\dfrac{\partial y}{\partial c} + \mathfrak{Z}\dfrac{\partial z}{\partial c} = \dfrac{\partial \lambda}{\partial c}. \end{cases}$$

En vertu de ces équations, les formules (7) se réduiront à

$$(13) \quad \begin{cases} \dfrac{\partial^2 x}{\partial t^2}\dfrac{\partial x}{\partial a} + \dfrac{\partial^2 y}{\partial t^2}\dfrac{\partial y}{\partial a} + \dfrac{\partial^2 z}{\partial t^2}\dfrac{\partial z}{\partial a} - \dfrac{\partial \lambda}{\partial a} + \dfrac{1}{\delta}\dfrac{\partial p}{\partial a} = 0, \\ \dfrac{\partial^2 x}{\partial t^2}\dfrac{\partial x}{\partial b} + \dfrac{\partial^2 y}{\partial t^2}\dfrac{\partial y}{\partial b} + \dfrac{\partial^2 z}{\partial t^2}\dfrac{\partial z}{\partial b} - \dfrac{\partial \lambda}{\partial b} + \dfrac{1}{\delta}\dfrac{\partial p}{\partial b} = 0, \\ \dfrac{\partial^2 x}{\partial t^2}\dfrac{\partial x}{\partial c} + \dfrac{\partial^2 y}{\partial t^2}\dfrac{\partial y}{\partial c} + \dfrac{\partial^2 z}{\partial t^2}\dfrac{\partial z}{\partial c} - \dfrac{\partial \lambda}{\partial c} + \dfrac{1}{\delta}\dfrac{\partial p}{\partial c} = 0. \end{cases}$$

Cela posé, si l'on retranche la seconde des équations (13) différentiée par rapport à a de la première différentiée par rapport à b, puis la troisième différentiée par rapport à a de la première différentiée par rapport à c, puis encore la troisième différentiée par rapport à b de la seconde différentiée par rapport à c, on trouvera, toutes réductions faites,

$$(14) \quad \begin{cases} \dfrac{\partial^3 x}{\partial t^2 \partial b}\dfrac{\partial x}{\partial a} - \dfrac{\partial^3 x}{\partial t^2 \partial a}\dfrac{\partial x}{\partial b} + \dfrac{\partial^3 y}{\partial t^2 \partial b}\dfrac{\partial y}{\partial a} - \dfrac{\partial^3 y}{\partial t^2 \partial a}\dfrac{\partial y}{\partial b} + \dfrac{\partial^3 z}{\partial t^2 \partial b}\dfrac{\partial z}{\partial a} - \dfrac{\partial^3 z}{\partial t^2 \partial a}\dfrac{\partial z}{\partial b} = 0, \\ \dfrac{\partial^3 x}{\partial t^2 \partial c}\dfrac{\partial x}{\partial a} - \dfrac{\partial^3 x}{\partial t^2 \partial a}\dfrac{\partial x}{\partial c} + \dfrac{\partial^3 y}{\partial t^2 \partial c}\dfrac{\partial y}{\partial a} - \dfrac{\partial^3 y}{\partial t^2 \partial a}\dfrac{\partial y}{\partial c} + \dfrac{\partial^3 z}{\partial t^2 \partial c}\dfrac{\partial z}{\partial a} - \dfrac{\partial^3 z}{\partial t^2 \partial a}\dfrac{\partial z}{\partial c} = 0, \\ \dfrac{\partial^3 x}{\partial t^2 \partial c}\dfrac{\partial x}{\partial b} - \dfrac{\partial^3 x}{\partial t^2 \partial b}\dfrac{\partial x}{\partial c} + \dfrac{\partial^3 y}{\partial t^2 \partial c}\dfrac{\partial y}{\partial b} - \dfrac{\partial^3 y}{\partial t^2 \partial b}\dfrac{\partial y}{\partial c} + \dfrac{\partial^3 z}{\partial t^2 \partial c}\dfrac{\partial z}{\partial b} - \dfrac{\partial^3 z}{\partial t^2 \partial b}\dfrac{\partial z}{\partial c} = 0. \end{cases}$$

Si maintenant on a égard aux formules (8), on reconnaîtra sans peine que les premiers membres des équations (14) sont respectivement les coefficients différentiels, pris relativement à t, des trois quantités suivantes :

$$\frac{\partial u}{\partial b}\frac{\partial x}{\partial a}-\frac{\partial u}{\partial a}\frac{\partial x}{\partial b}+\frac{\partial v}{\partial b}\frac{\partial y}{\partial a}-\frac{\partial v}{\partial a}\frac{\partial y}{\partial b}+\frac{\partial w}{\partial b}\frac{\partial z}{\partial a}-\frac{\partial w}{\partial a}\frac{\partial z}{\partial b},$$

$$\frac{\partial u}{\partial c}\frac{\partial x}{\partial a}-\frac{\partial u}{\partial a}\frac{\partial x}{\partial c}+\frac{\partial v}{\partial c}\frac{\partial y}{\partial a}-\frac{\partial v}{\partial a}\frac{\partial y}{\partial c}+\frac{\partial w}{\partial c}\frac{\partial z}{\partial a}-\frac{\partial w}{\partial a}\frac{\partial z}{\partial c},$$

$$\frac{\partial u}{\partial c}\frac{\partial x}{\partial b}-\frac{\partial u}{\partial b}\frac{\partial x}{\partial c}+\frac{\partial v}{\partial c}\frac{\partial y}{\partial b}-\frac{\partial v}{\partial b}\frac{\partial y}{\partial c}+\frac{\partial w}{\partial c}\frac{\partial z}{\partial b}-\frac{\partial w}{\partial b}\frac{\partial z}{\partial c}.$$

Ces trois quantités doivent donc être indépendantes du temps, et, comme dans le cas où l'on suppose $t=0$ elles se réduisent, en vertu des équations (1), à

$$\frac{\partial u_0}{\partial b}-\frac{\partial v_0}{\partial a},$$

$$\frac{\partial u_0}{\partial c}-\frac{\partial w_0}{\partial a},$$

$$\frac{\partial v_0}{\partial c}-\frac{\partial w_0}{\partial b},$$

on en conclura

$$(15)\quad\left\{\begin{aligned}
&\frac{\partial u}{\partial b}\frac{\partial x}{\partial a}-\frac{\partial u}{\partial a}\frac{\partial x}{\partial b}+\frac{\partial v}{\partial b}\frac{\partial y}{\partial a}-\frac{\partial v}{\partial a}\frac{\partial y}{\partial b}+\frac{\partial w}{\partial b}\frac{\partial z}{\partial a}-\frac{\partial w}{\partial a}\frac{\partial z}{\partial b}=\frac{\partial u_0}{\partial b}-\frac{\partial v_0}{\partial a},\\
&\frac{\partial u}{\partial c}\frac{\partial x}{\partial a}-\frac{\partial u}{\partial a}\frac{\partial x}{\partial c}+\frac{\partial v}{\partial c}\frac{\partial y}{\partial a}-\frac{\partial v}{\partial a}\frac{\partial y}{\partial c}+\frac{\partial w}{\partial c}\frac{\partial z}{\partial a}-\frac{\partial w}{\partial a}\frac{\partial z}{\partial c}=\frac{\partial u_0}{\partial c}-\frac{\partial w_0}{\partial a},\\
&\frac{\partial u}{\partial c}\frac{\partial x}{\partial b}-\frac{\partial u}{\partial b}\frac{\partial x}{\partial c}+\frac{\partial v}{\partial c}\frac{\partial y}{\partial b}-\frac{\partial v}{\partial b}\frac{\partial y}{\partial c}+\frac{\partial w}{\partial c}\frac{\partial z}{\partial b}-\frac{\partial w}{\partial b}\frac{\partial z}{\partial c}=\frac{\partial v_0}{\partial c}-\frac{\partial w_0}{\partial b}.
\end{aligned}\right.$$

Telles sont les intégrales que nous avions annoncées. Si l'on y considère u, v, w comme fonctions de x, y, z, t et comme ne devant renfermer les variables a, b, c qu'autant que ces dernières sont elles-mêmes contenues dans x, y, z, les coefficients différentiels partiels

$$\frac{\partial u}{\partial a},\ \frac{\partial u}{\partial b},\ \frac{\partial u}{\partial c},\ \frac{\partial v}{\partial a},\ \ldots,\ \frac{\partial w}{\partial c}$$

seront donnés en fonction des suivants,

$$\frac{\partial u}{\partial x},\ \frac{\partial u}{\partial y},\ \frac{\partial u}{\partial z},\ \frac{\partial v}{\partial x},\ \ldots,\ \frac{\partial w}{\partial z},$$

par neuf équations semblables aux équations (6); et, si l'on substitue les valeurs des premiers dans les formules (15), les premiers membres de ces formules deviendront

$$\left(\frac{\partial u}{\partial y}-\frac{\partial v}{\partial x}\right)\left(\frac{\partial y}{\partial b}\frac{\partial x}{\partial a}-\frac{\partial y}{\partial a}\frac{\partial x}{\partial b}\right)+\left(\frac{\partial u}{\partial z}-\frac{\partial w}{\partial x}\right)\left(\frac{\partial z}{\partial b}\frac{\partial x}{\partial a}-\frac{\partial z}{\partial a}\frac{\partial x}{\partial b}\right)+\left(\frac{\partial v}{\partial z}-\frac{\partial w}{\partial y}\right)\left(\frac{\partial z}{\partial b}\frac{\partial y}{\partial a}-\frac{\partial z}{\partial a}\frac{\partial y}{\partial b}\right),$$

$$\left(\frac{\partial u}{\partial y}-\frac{\partial v}{\partial x}\right)\left(\frac{\partial y}{\partial c}\frac{\partial x}{\partial a}-\frac{\partial y}{\partial a}\frac{\partial x}{\partial c}\right)+\left(\frac{\partial u}{\partial z}-\frac{\partial w}{\partial x}\right)\left(\frac{\partial z}{\partial c}\frac{\partial x}{\partial a}-\frac{\partial z}{\partial a}\frac{\partial x}{\partial c}\right)+\left(\frac{\partial v}{\partial z}-\frac{\partial w}{\partial y}\right)\left(\frac{\partial z}{\partial c}\frac{\partial y}{\partial a}-\frac{\partial z}{\partial a}\frac{\partial y}{\partial c}\right),$$

$$\left(\frac{\partial u}{\partial y}-\frac{\partial v}{\partial x}\right)\left(\frac{\partial y}{\partial c}\frac{\partial x}{\partial b}-\frac{\partial y}{\partial b}\frac{\partial x}{\partial c}\right)+\left(\frac{\partial u}{\partial z}-\frac{\partial w}{\partial x}\right)\left(\frac{\partial z}{\partial c}\frac{\partial x}{\partial b}-\frac{\partial z}{\partial b}\frac{\partial x}{\partial c}\right)+\left(\frac{\partial v}{\partial z}-\frac{\partial w}{\partial y}\right)\left(\frac{\partial z}{\partial c}\frac{\partial y}{\partial b}-\frac{\partial z}{\partial b}\frac{\partial y}{\partial c}\right).$$

Cette substitution étant effectuée, on déduira facilement des formules (15) les valeurs des trois quantités

$$\frac{\partial u}{\partial y}-\frac{\partial v}{\partial x},\quad \frac{\partial w}{\partial x}-\frac{\partial u}{\partial z},\quad \frac{\partial v}{\partial z}-\frac{\partial w}{\partial y},$$

qui seront respectivement

$$(16)\quad\begin{cases}\dfrac{\partial u}{\partial y}-\dfrac{\partial v}{\partial x}=\dfrac{1}{S\left(\pm\dfrac{\partial x}{\partial a}\dfrac{\partial y}{\partial b}\dfrac{\partial z}{\partial c}\right)}\left[\left(\dfrac{\partial u_0}{\partial b}-\dfrac{\partial v_0}{\partial a}\right)\dfrac{\partial z}{\partial c}+\left(\dfrac{\partial w_0}{\partial a}-\dfrac{\partial u_0}{\partial c}\right)\dfrac{\partial z}{\partial b}+\left(\dfrac{\partial v_0}{\partial c}-\dfrac{\partial w_0}{\partial b}\right)\dfrac{\partial z}{\partial a}\right],\\[2ex] \dfrac{\partial w}{\partial x}-\dfrac{\partial u}{\partial z}=\dfrac{1}{S\left(\pm\dfrac{\partial x}{\partial a}\dfrac{\partial y}{\partial b}\dfrac{\partial z}{\partial c}\right)}\left[\left(\dfrac{\partial u_0}{\partial b}-\dfrac{\partial v_0}{\partial a}\right)\dfrac{\partial y}{\partial c}+\left(\dfrac{\partial w_0}{\partial a}-\dfrac{\partial u_0}{\partial c}\right)\dfrac{\partial y}{\partial b}+\left(\dfrac{\partial v_0}{\partial c}-\dfrac{\partial w_0}{\partial b}\right)\dfrac{\partial y}{\partial a}\right],\\[2ex] \dfrac{\partial v}{\partial z}-\dfrac{\partial w}{\partial y}=\dfrac{1}{S\left(\pm\dfrac{\partial x}{\partial a}\dfrac{\partial y}{\partial b}\dfrac{\partial z}{\partial c}\right)}\left[\left(\dfrac{\partial u_0}{\partial b}-\dfrac{\partial v_0}{\partial a}\right)\dfrac{\partial x}{\partial c}+\left(\dfrac{\partial w_0}{\partial a}-\dfrac{\partial u_0}{\partial c}\right)\dfrac{\partial x}{\partial b}+\left(\dfrac{\partial v_0}{\partial c}-\dfrac{\partial w_0}{\partial b}\right)\dfrac{\partial x}{\partial a}\right].\end{cases}$$

Ces dernières formules se simplifient encore, lorsqu'on a égard à l'équation (9), et se réduisent alors à

$$(17)\quad\begin{cases}\dfrac{\partial u}{\partial y}-\dfrac{\partial v}{\partial x}=\left(\dfrac{\partial u_0}{\partial b}-\dfrac{\partial v_0}{\partial a}\right)\dfrac{\partial z}{\partial c}+\left(\dfrac{\partial w_0}{\partial a}-\dfrac{\partial u_0}{\partial c}\right)\dfrac{\partial z}{\partial b}+\left(\dfrac{\partial v_0}{\partial c}-\dfrac{\partial w_0}{\partial b}\right)\dfrac{\partial z}{\partial a},\\[2ex] \dfrac{\partial w}{\partial x}-\dfrac{\partial u}{\partial z}=\left(\dfrac{\partial u_0}{\partial b}-\dfrac{\partial v_0}{\partial a}\right)\dfrac{\partial y}{\partial c}+\left(\dfrac{\partial w_0}{\partial a}-\dfrac{\partial u_0}{\partial c}\right)\dfrac{\partial y}{\partial b}+\left(\dfrac{\partial v_0}{\partial c}-\dfrac{\partial w_0}{\partial b}\right)\dfrac{\partial y}{\partial a},\\[2ex] \dfrac{\partial v}{\partial z}-\dfrac{\partial w}{\partial y}=\left(\dfrac{\partial u_0}{\partial b}-\dfrac{\partial v_0}{\partial a}\right)\dfrac{\partial x}{\partial c}+\left(\dfrac{\partial w_0}{\partial a}-\dfrac{\partial u_0}{\partial c}\right)\dfrac{\partial x}{\partial b}+\left(\dfrac{\partial v_0}{\partial c}-\dfrac{\partial w_0}{\partial b}\right)\dfrac{\partial x}{\partial a}.\end{cases}$$

5. Les diverses équations qui précèdent conviennent à toutes les

hypothèses possibles sur la manière dont le fluide peut avoir été mis en mouvement. Mais, si l'on suppose que les vitesses initiales soient nulles, ou si ces mêmes vitesses, ayant des valeurs sensibles, résultent uniquement de forces impulsives appliquées à la surface du fluide, les équations (3) (Ire Partie) étant alors satisfaites, les équations (17) deviendront

$$\frac{\partial u}{\partial y}=\frac{\partial v}{\partial x},\quad \frac{\partial w}{\partial x}=\frac{\partial u}{\partial z},\quad \frac{\partial v}{\partial z}=\frac{\partial w}{\partial y}. \tag{18}$$

Il suit de ces dernières que, à chaque instant du mouvement, la quantité

$$u\,dx+v\,dy+w\,dz$$

est une différentielle complète.

Les équations (18) réunies à l'équation (10) expriment, ainsi qu'on l'a fait voir dans la première Partie (Section I, n° 7), les seules conditions nécessaires pour qu'à chaque instant du mouvement les vitesses u, v, w puissent être censées produites par l'action de forces impulsives appliquées dans cet instant même à la surface extérieure du fluide. Dans cette hypothèse, chaque point de la masse fluide éprouverait une impulsion déterminée; et, si l'on désigne par q la valeur de cette impulsion pour le point dont les coordonnées sont x, y, z, on aura

$$\left\{\begin{aligned} u&=-\frac{1}{\delta}\frac{\partial q}{\partial x},\\ v&=-\frac{1}{\delta}\frac{\partial q}{\partial y},\\ w&=-\frac{1}{\delta}\frac{\partial q}{\partial z},\\ \frac{\partial^2 q}{\partial x^2}&+\frac{\partial^2 q}{\partial y^2}+\frac{\partial^2 q}{\partial z^2}=0. \end{aligned}\right. \tag{19}$$

Au reste, la valeur de q ne sera pas complétement déterminée à chaque instant du mouvement; mais on pourra lui ajouter une constante arbitraire qui pourra être une fonction quelconque de t. Si, pour plus de simplicité, on suppose que la valeur initiale de q, ou celle qui correspond à $t = 0$, soit précisément l'impulsion qu'éprouvait dans le premier instant la molécule m, et que nous avons désignée par q_0, la fonction arbitraire dont il s'agit devra s'évanouir avec t; mais celle qu'il faudra, dans la même hypothèse, ajouter à $\frac{\partial q}{\partial t}$ ne sera plus assujettie à la même condition et restera totalement indéterminée. Cette remarque nous sera fort utile, comme on va le voir tout à l'heure.

6. En ayant à la fois égard aux équations (11) et aux trois premières équations (19), on trouve que les formules (4), divisées par δ, se réduisent à

$$(20)\qquad \left\{\begin{aligned} &\frac{\partial\left[\frac{1}{\delta}\left(p-\frac{\partial q}{\partial t}\right)+\frac{u^2+v^2+w^2}{2}-\lambda\right]}{\partial x}=0,\\ &\frac{\partial\left[\frac{1}{\delta}\left(p-\frac{\partial q}{\partial t}\right)+\frac{u^2+v^2+w^2}{2}-\lambda\right]}{\partial y}=0,\\ &\frac{\partial\left[\frac{1}{\delta}\left(p-\frac{\partial q}{\partial t}\right)+\frac{u^2+v^2+w^2}{2}-\lambda\right]}{\partial z}=0. \end{aligned}\right.$$

Il résulte de celles-ci que la quantité

$$\frac{1}{\delta}\left(p-\frac{\partial q}{\partial t}\right)+\frac{u^2+v^2+w^2}{2}-\lambda$$

est indépendante des variables x, y, z, c'est-à-dire, égale à une simple fonction de t que je désignerai par T. D'ailleurs, en vertu de ce qu'on a dit à la fin du paragraphe précédent, on peut, sans altérer les équations du mouvement, ajouter à la valeur de $\frac{\partial q}{\partial t}$ une fonction arbitraire. Si donc on dispose de cette fonction arbitraire de manière à faire évanouir T, on aura simplement

$$(21)\qquad \frac{1}{\delta}\left(p-\frac{\partial q}{\partial t}\right)+\frac{u^2+v^2+w^2}{2}-\lambda=0.$$

La valeur de λ dans cette dernière équation n'est pas elle-même complétement déterminée. Il suffit que cette valeur soit une de celles qui satisfont aux équations (11).

7. Si le fluide n'est point soumis à d'autres forces accélératrices qu'à celle de la pesanteur g, agissant parallèlement à l'axe des y et tendant à diminuer les ordonnées, les équations (11) deviendront

$$\frac{\partial \lambda}{\partial x} = 0, \quad \frac{\partial \lambda}{\partial y} = -g, \quad \frac{\partial \lambda}{\partial z} = 0. \tag{22}$$

La valeur de λ pouvant être prise à volonté parmi toutes celles qui satisfont aux équations précédentes, on pourra supposer

$$\lambda = -gy. \tag{23}$$

Cela posé, l'équation (21) se trouvera réduite à

$$\frac{1}{\delta}\left(p - \frac{\partial q}{\partial t}\right) + \frac{u^2 + v^2 + w^2}{2} + gy = 0. \tag{24}$$

En réunissant cette dernière formule aux équations (19), on aura les seules qui conviennent à tous les points d'une masse fluide homogène, pesante et incompressible, dans laquelle les vitesses initiales, supposé qu'elles ne fussent pas nulles, résultaient uniquement d'impulsions appliquées à la surface extérieure.

Si l'on considère les vitesses u, v, w comme des quantités très-petites du premier ordre, en négligeant dans l'équation (24) les quantités du second ordre, on réduira cette même équation à

$$\frac{1}{\delta}\left(p - \frac{\partial q}{\partial t}\right) + gy = 0. \tag{25}$$

8. Avant de passer à la recherche des équations relatives à la surface, il sera bon de fixer les idées sur les conséquences qui résultent du principe d'incompressibilité, tel que nous l'avons exposé dans la première Partie de ce Mémoire (Section I, n° 5), ou, ce qui revient au même, tel qu'il se trouve exprimé par l'équation (9). Ce principe con-

siste, ainsi qu'on l'a dit, en ce qu'une molécule m de fluide peut changer de forme avec le temps, mais jamais de volume, en sorte que ses dimensions ne peuvent croître dans un sens sans diminuer dans un autre. On doit toutefois observer que la molécule m dont il s'agit n'est point une de ces parties du fluide qu'on désigne ordinairement sous le nom de *molécules intégrantes* et dont on suppose la forme invariable, mais seulement une très-petite portion de fluide qui peut renfermer elle-même une infinité de molécules intégrantes. Si, pour éviter toute espèce d'équivoque, on désigne ici cette molécule m sous le nom d'*élément*, et si l'on suppose en outre que chaque élément reste toujours composé de la même manière, on reconnaîtra sans peine que deux molécules intégrantes séparées à l'origine du mouvement par une distance très-petite, pourvu que cette distance ne soit pas nulle, ne parviendront jamais à se toucher. En effet, si par chacune de ces molécules intégrantes on fait passer trois plans parallèles à ceux des coordonnées, on obtiendra en tout six plans parallèles deux à deux, qui comprendront entre eux un élément du fluide ayant la forme d'un parallélépipède rectangle, et les deux molécules que l'on considère se trouveront placées aux deux extrémités d'une même diagonale de ce parallélépipède. Si donc les deux molécules dont il s'agit venaient à se toucher au bout d'un certain temps, la diagonale du parallélépipède se réduirait alors à zéro, et par suite le volume deviendrait nul aussi, tandis qu'en vertu de la condition d'incompressibilité il doit conserver toujours la même valeur.

On peut arriver au même résultat par l'analyse. En effet, soient, à l'origine du mouvement,

$$a,\ b,\ c,$$

$$a+da,\ b+db,\ c+dc$$

les coordonnées respectives de deux molécules intégrantes très-voisines. Au bout du temps t, les coordonnées de la première molécule intégrante seront devenues

$$x,\ y,\ z,$$

et celles de la seconde

$$x + \frac{\partial x}{\partial a} da + \frac{\partial x}{\partial b} db + \frac{\partial x}{\partial c} dc,$$

$$y + \frac{\partial y}{\partial a} da + \frac{\partial y}{\partial b} db + \frac{\partial y}{\partial c} dc,$$

$$z + \frac{\partial z}{\partial a} da + \frac{\partial z}{\partial b} db + \frac{\partial z}{\partial c} dc.$$

Par suite, les deux molécules ne pourront coïncider à cette seconde époque, à moins que l'on n'ait à la fois les trois équations

$$\frac{\partial x}{\partial a} da + \frac{\partial x}{\partial b} db + \frac{\partial x}{\partial c} dc = 0,$$

$$\frac{\partial y}{\partial a} da + \frac{\partial y}{\partial b} db + \frac{\partial y}{\partial c} dc = 0,$$

$$\frac{\partial z}{\partial a} da + \frac{\partial z}{\partial b} db + \frac{\partial z}{\partial c} dc = 0,$$

d'où résulte la suivante

$$S\left(\pm \frac{\partial x}{\partial a} \frac{\partial y}{\partial b} \frac{\partial z}{\partial c}\right) = 0.$$

Cette dernière équation, étant directement contraire à l'équation (9), ne peut subsister avec elle, d'où il suit que, dans un fluide incompressible, deux molécules intégrantes, séparées d'abord l'une de l'autre par une distance très-petite, ne parviendront jamais à se toucher.

Au reste, la conclusion précédente subsiste soit que l'on compare l'état du fluide au bout du temps t avec l'état initial ou bien avec l'un quelconque des états intermédiaires. Elle aurait encore lieu si l'on comparait l'état relatif au temps t avec les états suivants. Ainsi, dans tout fluide pour lequel l'équation (9) est satisfaite, on peut affirmer que deux molécules intégrantes, qui dans un instant quelconque se trouvent séparées l'une de l'autre, ne se sont jamais touchées et ne se toucheront jamais.

Il paraît suivre immédiatement de ces observations que, à moins de mouvements brusques et d'une espèce de scission dans la masse fluide, une molécule située à une petite distance de la surface extérieure n'atteindra jamais les molécules situées à cette surface, et à plus forte raison la surface elle-même. Seulement, elle pourra s'approcher ou s'éloigner de la surface dont il s'agit à des distances plus ou moins considérables. Dans ce cas, les mêmes molécules que renfermait dans le premier instant la surface extérieure y demeureront toujours. Cette remarque est également applicable à toutes les molécules qui terminent la masse fluide, par exemple, si le fluide est contenu dans un vase, aux molécules qui avoisinent les parois.

Résumé. — En réunissant les formules (19) et (25), on a

$$(26)\quad \left\{\begin{aligned} &\frac{\partial^2 q}{\partial x^2}+\frac{\partial^2 q}{\partial y^2}+\frac{\partial^2 q}{\partial z^2}=0,\\ &u=-\frac{1}{\delta}\frac{\partial q}{\partial x},\\ &v=-\frac{1}{\delta}\frac{\partial q}{\partial y},\\ &w=-\frac{1}{\delta}\frac{\partial q}{\partial z},\\ &p=\frac{\partial q}{\partial t}-g\delta y.\end{aligned}\right.$$

Si l'on se borne à considérer deux dimensions dans le fluide, ces équations se réduiront à

$$(27)\quad \left\{\begin{aligned} &\frac{\partial^2 q}{\partial x^2}+\frac{\partial^2 q}{\partial y^2}=0,\\ &u=-\frac{1}{\delta}\frac{\partial q}{\partial x},\\ &v=-\frac{1}{\delta}\frac{\partial q}{\partial y},\\ &p=\frac{\partial q}{\partial t}-g\delta y.\end{aligned}\right.$$

Toutefois il est bon d'observer que la dernière des équations (26) et la dernière des équations (27) se rapportent uniquement au cas où l'on considère les vitesses u, v, w comme des quantités très-petites.

On doit remarquer aussi que les équations (15) (Ire Partie) se déduisent immédiatement des quatre premières équations (26), et les équations (16) (Ire Partie) des trois premières équations (27), par la supposition $t = 0$. En effet, a, b, c, q_0, u_0, v_0, w_0 ne sont autre chose que les valeurs de x, y, z, q, u, v, w relatives au premier instant du mouvement.

SECTION DEUXIÈME.

DES ÉQUATIONS QUI DÉTERMINENT, A CHAQUE INSTANT DU MOUVEMENT, L'ÉTAT DE LA SURFACE.

1. Lorsque l'on considère les molécules situées à la surface du fluide, les quatre variables x, y, z, t ne sont plus indépendantes entre elles, ainsi qu'on doit le supposer dans les équations (26) de la Section précédente; mais l'une d'elles, y par exemple, devient une fonction des trois autres x, z et t. Si l'on substitue cette valeur de y dans les expressions générales des quantités

$$u, \; v, \; w, \; p, \; q$$

en x, y, z, t, ces quantités deviendront de simples fonctions des trois variables x, z et t; et, si l'on désigne ces mêmes fonctions par

$$\mathrm{U}, \; \mathrm{V}, \; \mathrm{W}, \; \mathrm{P}, \; \mathrm{Q},$$

U, V, W représenteront, au bout du temps t, les vitesses correspondantes au point de la surface dont les coordonnées sont x et z. P sera la valeur de la pression au même point et Q celle de l'impulsion que nous avons imaginée, afin de pouvoir représenter le mouvement du fluide à une époque quelconque comme instantanément produit par l'action de forces impulsives appliquées à la surface.

Cela posé, il est facile de voir qu'on aura pour tous les points de cette surface

$$(28)\quad \begin{cases} \dfrac{\partial Q}{\partial x} = \dfrac{\partial q}{\partial x} + \dfrac{\partial q}{\partial y}\dfrac{\partial y}{\partial x}, \\ \dfrac{\partial Q}{\partial z} = \dfrac{\partial q}{\partial z} + \dfrac{\partial q}{\partial y}\dfrac{\partial y}{\partial z}, \\ \dfrac{\partial Q}{\partial t} = \dfrac{\partial q}{\partial t} + \dfrac{\partial q}{\partial y}\dfrac{\partial y}{\partial t}. \end{cases}$$

Les mêmes relations subsisteront aussi entre les différences partielles des quantités

$$\text{U et } u, \quad \text{V et } v, \quad \text{W et } w, \quad \text{P et } p.$$

2. De même que, pour fixer l'état initial de la surface du fluide, nous avons supposé connues les impulsions primitivement appliquées à chacun de ses points, de même, pour établir le changement d'état que cette surface éprouve d'un instant à l'autre, nous devons considérer comme données les pressions qu'elle supporte à chaque instant. Si l'on suppose, pour plus de simplicité, que la pression soit la même à chaque instant sur tous les points de la surface, P sera une fonction de t seulement, et la forme de la surface, au bout du temps t, sera déterminée par l'équation

$$(29)\qquad p = \text{P}.$$

De plus, si l'on admet, conformément au n° 8 de la Section précédente, que les molécules situées à la surface dans le premier instant s'y maintiennent pendant toute la durée du mouvement, il suffira de substituer dans p, à la place de x, y, z, leurs valeurs en a, b, c, t pour déduire de l'équation (29) celle de la surface initiale; et, comme cette dernière équation doit être indépendante du temps, il faudra nécessairement que la substitution dont il s'agit donne constamment la même valeur de

$$p - \text{P},$$

quelle que soit celle de t, ce qui entraîne pour tous les points de la surface l'équation de condition

$$(30)\qquad \frac{\partial p}{\partial t} + u\frac{\partial p}{\partial x} + v\frac{\partial p}{\partial y} + w\frac{\partial p}{\partial z} = \frac{\partial \text{P}}{\partial t}.$$

Lorsqu'on suppose $P = 0$, les équations (29) et (30) se réduisent à

$$(31)\qquad \begin{cases} p = 0, \\ \dfrac{\partial p}{\partial t} + u\dfrac{\partial p}{\partial x} + v\dfrac{\partial p}{\partial y} + w\dfrac{\partial p}{\partial z} = 0. \end{cases}$$

Au reste, on doit remarquer : 1° que les équations (24), (29) et (30) sont, parmi les équations relatives au mouvement du fluide (même en y comprenant les équations relatives aux limites), les seules qui renferment la pression p; 2° que l'équation (24) conserve la forme sous laquelle nous l'avons présentée, et que les équations (29) et (30) se réduisent aux équations (31), lorsqu'après y avoir substitué $p - P$ au lieu de p on y change $\frac{\partial q}{\partial t}$ en $\frac{\partial q}{\partial t} - P$, ce qui est permis, en vertu du n° 5 (Section I), et n'altère en rien les valeurs de u, v, w. Il suit de cette remarque que les lois du mouvement restent les mêmes, soit qu'on suppose la pression à la surface nulle, ou déterminée, à chaque instant, par l'équation $p = P$ (P étant une fonction de t), à cette différence près que la valeur générale de p est plus grande dans le second cas que dans le premier d'une quantité égale à P. C'est pourquoi nous nous bornerons désormais à considérer le cas où l'on suppose

$$P = 0.$$

Dans ce cas, les deux équations (31) ayant lieu simultanément pour tous les points de la surface, si l'on substitue à la pression p sa valeur déduite de l'équation (24), et que l'on remplace u, v, w par U, V, W, on trouvera, pour ces mêmes points,

$$(32)\qquad \begin{cases} 0 = gy - \dfrac{1}{\delta}\dfrac{\partial q}{\partial t} + \dfrac{U^2 + V^2 + W^2}{2}, \\ 0 = gV - \dfrac{1}{\delta}\left(\begin{array}{l} \dfrac{\partial^2 q}{\partial t^2} + 2U\dfrac{\partial^2 q}{\partial x\,\partial t} + 2V\dfrac{\partial^2 q}{\partial y\,\partial t} + 2W\dfrac{\partial^2 q}{\partial z\,\partial t} + U^2\dfrac{\partial^2 q}{\partial x^2} + V^2\dfrac{\partial^2 q}{\partial y^2} + W^2\dfrac{\partial^2 q}{\partial z^2} \\ \quad + 2UV\dfrac{\partial^2 q}{\partial x\,\partial y} + 2UW\dfrac{\partial^2 q}{\partial x\,\partial z} + 2VW\dfrac{\partial^2 q}{\partial y\,\partial z} \end{array}\right). \end{cases}$$

Ces deux dernières équations doivent donc fournir la même valeur de y en x, z et t. Cette considération va bientôt nous procurer les moyens de déterminer les quantités

$$Q,\ U,\ V,\ W$$

et l'ordonnée y de la surface, en fonction de x, z et t. Mais, pour ne pas compliquer inutilement les calculs, je vais d'abord simplifier les équations (32), en les adaptant au cas où les vitesses U, V, W sont très-petites.

3. Supposons que la surface initiale du fluide ait peu différé d'une surface plane, et que les impulsions primitivement appliquées aux différents points de cette surface aient eu des valeurs peu considérables. Concevons de plus, comme nous l'avons fait dans la première Partie (Section III, n° 1), que le plan des x et z se confonde avec celui qui terminait, dans l'origine, les parties de la surface dont le niveau n'avait point été altéré. Alors les quantités

$$b,\ q_0,\ u_0,\ v_0,\ w_0,$$

dans le premier instant, et les suivantes

$$y,\quad u = -\frac{1}{\delta}\frac{\partial q}{\partial x},\quad v = -\frac{1}{\delta}\frac{\partial q}{\partial y},\quad w = -\frac{1}{\delta}\frac{\partial q}{\partial z},$$

au bout du temps t, seront des quantités très-petites du premier ordre pour tous les points de la surface, et même, si l'on en excepte les ordonnées y et b, pour tous les points de la masse fluide. Les carrés de ces mêmes quantités et leurs produits, soit entre elles, soit par leurs coefficients différentiels respectifs, seront du second ordre et pourront être négligés vis-à-vis des quantités elles-mêmes. Cela posé, les équations (32) deviendront

$$(33)\qquad \left\{\begin{aligned} & gy - \frac{1}{\delta}\frac{\partial q}{\partial t} = 0, \\ & gV - \frac{1}{\delta}\frac{\partial^2 q}{\partial t^2} = 0. \end{aligned}\right.$$

Dans la même hypothèse, les équations (28) se réduiront à

$$(34) \qquad \frac{\partial Q}{\partial x} = \frac{\partial q}{\partial x}, \quad \frac{\partial Q}{\partial z} = \frac{\partial q}{\partial z}, \quad \frac{\partial Q}{\partial t} = \frac{\partial q}{\partial t},$$

et l'on trouvera encore, en différentiant ces dernières formules et négligeant les quantités du second ordre,

$$(35) \qquad \frac{\partial^2 Q}{\partial x^2} = \frac{\partial^2 q}{\partial x^2}, \quad \frac{\partial^2 Q}{\partial z^2} = \frac{\partial^2 q}{\partial z^2}, \quad \frac{\partial^2 Q}{\partial t^2} = \frac{\partial^2 q}{\partial t^2}.$$

La première des équations (33), jointe à la dernière des équations (34), donne, pour tous les points de la surface,

$$(36) \qquad y = \frac{1}{g\delta} \frac{\partial Q}{\partial t}.$$

De plus, si, dans les valeurs générales de u et de w que fournissent les équations (26), on suppose y égale à l'ordonnée de la surface, on obtiendra évidemment les valeurs générales de U et de W; et, comme pour tous les points de la surface on peut, en vertu des équations (34), remplacer

$$\frac{\partial q}{\partial x} \text{ par } \frac{\partial Q}{\partial x} \quad \text{et} \quad \frac{\partial q}{\partial z} \text{ par } \frac{\partial Q}{\partial z},$$

les valeurs de U et de W deviendront respectivement

$$(37) \qquad \begin{cases} U = -\frac{1}{\delta} \frac{\partial Q}{\partial x}, \\ W = -\frac{1}{\delta} \frac{\partial Q}{\partial z}. \end{cases}$$

Quant à la valeur de V, elle est immédiatement donnée par la seconde des équations (33), combinée avec la dernière des équations (35), et se réduit à

$$(38) \qquad V = \frac{1}{g\delta} \frac{\partial^2 Q}{\partial t^2}.$$

Les valeurs de y, U, V, W étant, pour tous les points de la surface, déterminées en fonction de Q par les formules (36), (37) et (38), il ne reste plus qu'à donner l'équation qui doit servir à déterminer la valeur générale de Q en x, z et t. On y parvient (*) de la manière suivante.

4. Le problème qu'il s'agit de résoudre est celui-ci :

q étant une fonction de x, y, z, t assujettie, 1° à vérifier l'équation

$$\frac{\partial^2 q}{\partial x^2} + \frac{\partial^2 q}{\partial y^2} + \frac{\partial^2 q}{\partial z^2} = 0, \tag{39}$$

2° à rendre les équations (33), ou, ce qui revient au même, les deux suivantes

$$\begin{cases} gy - \dfrac{1}{\delta}\dfrac{\partial q}{\partial t} = 0, \\ g\dfrac{\partial q}{\partial y} + \dfrac{\partial^2 q}{\partial t^2} = 0, \end{cases} \tag{40}$$

susceptibles d'être vérifiées par une seule et même valeur de y en x, z et t, la quantité y, ses divers coefficients différentiels et ceux de la fonction q étant d'ailleurs considérés comme très-petits, déterminer la valeur que cette fonction acquiert dans le cas où l'on y substitue la valeur de y en x, z et t.

Ce problème est évidemment compris dans un autre plus général, dont voici l'énoncé :

q étant une fonction de x, $\alpha + y$, z et t assujettie, 1° à vérifier l'équation (39), 2° à rendre les équations (40) susceptibles d'être vérifiées par une seule et même valeur de y en x, α, z et t, la quantité y, ses divers coefficients différentiels et ceux de la fonction q étant d'ailleurs considérés comme très-petits, déterminer la valeur que cette fonction acquiert lorsqu'on y substitue la valeur de y en x, α, z et t.

Soit Q la valeur particulière de q qui doit résoudre ce dernier problème. Par un raisonnement tout à fait semblable à celui dont on s'est

(*) *Voir* la Note XV.

servi pour établir les équations (34) et (35), on prouvera facilement que, en supposant la valeur de y en x, z, α et t substituée dans les coefficients différentiels de q, on a, aux quantités près du second ordre,

$$(41)\quad \begin{cases} \dfrac{\partial Q}{\partial x} = \dfrac{\partial q}{\partial x}, \quad \dfrac{\partial Q}{\partial z} = \dfrac{\partial q}{\partial z}, \quad \dfrac{\partial Q}{\partial t} = \dfrac{\partial q}{\partial t}, \quad \dfrac{\partial Q}{\partial \alpha} = \dfrac{\partial q}{\partial \alpha}, \\ \dfrac{\partial^2 Q}{\partial x^2} = \dfrac{\partial^2 q}{\partial x^2}, \quad \dfrac{\partial^2 Q}{\partial z^2} = \dfrac{\partial^2 q}{\partial z^2}, \quad \dfrac{\partial^2 Q}{\partial t^2} = \dfrac{\partial^2 q}{\partial t^2}, \quad \dfrac{\partial^2 Q}{\partial \alpha^2} = \dfrac{\partial^2 q}{\partial \alpha^2}. \end{cases}$$

D'ailleurs, q étant par hypothèse une fonction de $\alpha + y$, on a, pour toutes les valeurs possibles de y,

$$(42)\quad \frac{\partial q}{\partial \alpha} = \frac{\partial q}{\partial y}, \quad \frac{\partial^2 q}{\partial \alpha^2} = \frac{\partial^2 q}{\partial y^2}.$$

Cela posé, si, par le moyen des équations (41) réunies aux équations (42), on substitue dans les formules (39) et (40), au lieu des coefficients différentiels de la fonction q par rapport à x, y, z et t, ceux de la fonction Q pris par rapport à x, α, z et t, les formules dont il s'agit deviendront respectivement

$$(43)\quad \begin{cases} \dfrac{\partial^2 Q}{\partial x^2} + \dfrac{\partial^2 Q}{\partial \alpha^2} + \dfrac{\partial^2 Q}{\partial z^2} = 0, \\ gy - \dfrac{1}{\delta}\dfrac{\partial Q}{\partial t} = 0, \\ g\dfrac{\partial Q}{\partial \alpha} + \dfrac{\partial^2 Q}{\partial t^2} = 0. \end{cases}$$

On conclut de la dernière

$$\frac{\partial^2 Q}{\partial \alpha^2} = -\frac{1}{g}\frac{\partial^3 Q}{\partial \alpha\, \partial t^2} = \frac{1}{g^2}\frac{\partial^4 Q}{\partial t^4}.$$

En substituant cette valeur de $\dfrac{\partial^2 Q}{\partial \alpha^2}$ dans la première des équations (43), on trouve

$$(44)\quad \frac{\partial^4 Q}{\partial t^4} + g^2\left(\frac{\partial^2 Q}{\partial x^2} + \frac{\partial^2 Q}{\partial z^2}\right) = 0.$$

Cette dernière équation détermine la valeur de Q qui résout le second problème. Pour en conclure celle qui résout le premier, il suffira évidemment de faire $\alpha = 0$, ce qui ne change en rien ni la forme de l'équation (44) ni la seconde des équations (43). Au reste, la seconde des formules (43) ne nous apprend rien de nouveau, puisqu'elle coïncide avec l'équation (36). Quant à la formule (44), elle servira dans la suite à déterminer la valeur générale de Q en x, z et t.

Résumé. — En réunissant les formules (36), (37), (38) et (44), on a, pour tous les points de la surface,

$$(45)\qquad \left\{\begin{aligned} &\frac{\partial^4 Q}{\partial t^4} + g^2\left(\frac{\partial^2 Q}{\partial x^2} + \frac{\partial^2 Q}{\partial z^2}\right) = 0, \\ &y = \frac{1}{g\delta}\frac{\partial Q}{\partial t}, \\ &U = -\frac{1}{\delta}\frac{\partial Q}{\partial x}, \\ &V = \frac{1}{g\delta}\frac{\partial^2 Q}{\partial t^2}, \\ &W = -\frac{1}{\delta}\frac{\partial Q}{\partial z}. \end{aligned}\right.$$

Si l'on se borne à considérer deux dimensions dans le fluide, ces formules deviendront

$$(46)\qquad \left\{\begin{aligned} &\frac{\partial^4 Q}{\partial t^4} + g^2\frac{\partial^2 Q}{\partial x^2} = 0, \\ &y = \frac{1}{g\delta}\frac{\partial Q}{\partial t}, \\ &U = -\frac{1}{\delta}\frac{\partial Q}{\partial x}, \\ &V = \frac{1}{g\delta}\frac{\partial^2 Q}{\partial t^2}. \end{aligned}\right.$$

Quant à la valeur générale de P, c'est-à-dire, de la pression relative à la surface, nous la supposerons constamment nulle en vertu de ce qui a été dit ci-dessus (n° 2), et nous aurons en conséquence, pour le cas de deux et de trois dimensions,

$$(47)\qquad P = 0.$$

Il est bon de remarquer que, pour obtenir les deux dernières équations (21) (Ire Partie), il suffit de faire, dans la troisième et la cinquième des équations (45), $t = 0$. La dernière des équations (22) (Ire Partie) se déduit par la même supposition de la troisième équation (46).

En joignant cette observation à celle que nous avons déjà eu occasion de faire à la fin de la Section II, on en conclura que les équations relatives à l'état initial sont toutes comprises, comme on devait s'y attendre, parmi celles qui expriment l'état du fluide au bout du temps t. On doit seulement excepter les deux premières équations (21) ou (22) (Ire Partie), qui déterminent, pour le premier instant seulement, la forme de la surface et la valeur des impulsions qu'elle supporte en chacun de ses points.

SECTION TROISIÈME.

INTÉGRATION DES ÉQUATIONS OBTENUES DANS LES SECTIONS PRÉCÉDENTES.

1. Si aux formules (26), (45) et (47) on réunit les formules (18) (Ire Partie), on aura toutes les équations nécessaires pour déterminer, à une époque quelconque du mouvement, l'état de la masse fluide et celui de sa surface, et il ne restera plus qu'à déduire de ces mêmes équations les inconnues du problème, c'est-à-dire, à donner les expressions générales de

$$p, \ q, \ u, \ v, \ w$$

en x, y, z, t et celles de

$$y, \ \mathrm{Q}, \ \mathrm{U}, \ \mathrm{V}, \ \mathrm{W}$$

en x, z et t. Je fais abstraction de la quantité P, que nous supposerons toujours nulle en vertu de l'équation (47). Quant aux valeurs des autres quantités, leur détermination à l'aide des équations (26), (45) et (18) (Ire Partie) est tout entière du ressort de l'Analyse et fournit une nouvelle application du Calcul intégral aux différences partielles.

Dans ce qui va suivre, on doit se rappeler : 1° que le plan des x et z se confond avec celui qui terminait, à l'origine du mouvement, les parties de la surface fluide dont le niveau n'avait point été altéré; 2° que les ordonnées doivent être comptées positivement au-dessus de ce plan et négativement au-dessous; 3° enfin que, pour établir les équations (26) et (45), nous avons considéré la surface initiale du fluide comme peu différente d'une surface plane et les impulsions initiales comme très-petites, ou, ce qui revient au même, les deux quantités b et Q_0 comme ayant de très-faibles valeurs. Dans cette hypothèse, les oscillations des molécules fluides seront elles-mêmes peu considérables à toutes les époques du mouvement, et, par suite, les valeurs générales de

$$p, \; q, \; u, \; v, \; w$$

relatives à un point quelconque de la masse fluide, ainsi que celles de

$$y, \; Q, \; U, \; V, \; W$$

relatives à un point quelconque de la surface, demeureront toujours peu sensibles. S'il pouvait rester quelques doutes à cet égard, on les dissiperait en observant que les formules déduites de cette considération fournissent elles-mêmes, pour les valeurs générales des inconnues dont il s'agit, des quantités fort petites.

2. Afin de commencer par le cas le plus simple, je ferai d'abord abstraction d'une des trois dimensions du fluide. Alors, aux équations (26) et (45) il faudra substituer les équations (27) et (46). Cela posé, en raisonnant comme dans la première Partie (Section III, n° 3) et adoptant les mêmes notations, on trouvera que, pour satisfaire à la première équation (27), on doit supposer

$$(48) \qquad q = \sum \int_0^\infty \cos mx \, e^{my} f(m, t) \, dm.$$

Pour obtenir cette dernière formule, il suffit de remplacer dans la formule (25) (Ire Partie) a, b, q_0 par x, y, q. Seulement nous avons dû changer $f(m)$ en $f(m, t)$, afin d'indiquer que la fonction $f(m)$, nécessairement constante par rapport aux coordonnées x et y, peut néanmoins être variable par rapport au temps.

La valeur générale de q étant déterminée par l'équation (48), on en déduit, par le moyen des trois dernières équations (27), les valeurs correspondantes de u, v, p; et si, pour obtenir celles de Q, U, V, on suppose, dans les expressions générales de q, u, v, que y soit égal à l'ordonnée de la surface, en regardant les quantités q, u, v, y comme très-petites du premier ordre et négligeant les termes du second ordre, on trouvera

$$(49)\quad \left\{\begin{aligned} Q &= \sum\int_0^\infty \cos mx\, f(m, t)\, dm,\\ U &= \frac{1}{\delta}\sum\int_0^\infty \sin mx\, f(m, t)\, m\, dm,\\ V &= -\frac{1}{\delta}\sum\int_0^\infty \cos mx\, f(m, t)\, m\, dm. \end{aligned}\right.$$

Ces dernières formules sont tout à fait semblables aux équations (27) et (28) de la première Partie. Mais, comme ni la valeur générale de Q, ni celles des vitesses U et V, ne sont données *a priori*, on ne peut faire servir ces formules à la détermination de la fonction arbitraire $f(m, t)$ qu'après avoir intégré préalablement la première des équations (46). C'est ce que nous allons faire.

3. La première des équations (46) a pour intégrale générale (*voir* la Note X)

$$(50)\quad \left\{\begin{aligned} Q = &\sum\int_0^\infty \cos mx\, e^{m^{\frac{1}{2}} g^{\frac{1}{2}} t}\, \zeta(m)\, dm + \sum\int_0^\infty \cos mx\, e^{-m^{\frac{1}{2}} g^{\frac{1}{2}} t}\, \xi(m)\, dm\\ &+ \sum\int_0^\infty \cos mx \cos m^{\frac{1}{2}} g^{\frac{1}{2}} t\, \varphi(m)\, dm + \sum\int_0^\infty \cos mx \sin m^{\frac{1}{2}} g^{\frac{1}{2}} t\, \psi(m)\, dm, \end{aligned}\right.$$

$\zeta(m)$, $\xi(m)$, $\varphi(m)$, $\psi(m)$ étant quatre fonctions de m, dont chacune, à cause du signe Σ, représente à elle seule deux fonctions arbitraires. La condition que la valeur précédente de Q, et par suite celles de y, U, V qu'on en déduit par la différentiation, ne deviennent point infinies pour des valeurs infinies de t, entraîne l'équation

$$\zeta(m) = 0,$$

en vertu de laquelle la formule (50) se réduit à

$$(51)\quad \left\{ \begin{aligned} Q = \sum \int_0^\infty \cos mx\, e^{-m^{\frac{1}{2}} g^{\frac{1}{2}} t}\, \xi(m)\, dm + \sum \int_0^\infty \cos mx \cos m^{\frac{1}{2}} g^{\frac{1}{2}} t\, \varphi(m)\, dm \\ + \sum \int_0^\infty \cos mx \sin m^{\frac{1}{2}} g^{\frac{1}{2}} t\, \psi(m)\, dm. \end{aligned} \right.$$

De cette dernière on déduit, à l'aide des équations (46),

$$(52)\quad \left\{ \begin{aligned} U &= \frac{1}{\delta} \sum \int_0^\infty \sin mx \left[e^{-m^{\frac{1}{2}} g^{\frac{1}{2}} t}\, \xi(m) + \cos m^{\frac{1}{2}} g^{\frac{1}{2}} t\, \varphi(m) + \sin m^{\frac{1}{2}} g^{\frac{1}{2}} t\, \psi(m) \right] m\, dm, \\ V &= \frac{1}{\delta} \sum \int_0^\infty \cos mx \left[e^{-m^{\frac{1}{2}} g^{\frac{1}{2}} t}\, \xi(m) - \cos m^{\frac{1}{2}} g^{\frac{1}{2}} t\, \varphi(m) - \sin m^{\frac{1}{2}} g^{\frac{1}{2}} t\, \psi(m) \right] m\, dm. \end{aligned} \right.$$

Les valeurs de Q, U, V données par les équations (49) doivent nécessairement être identiques avec celles que fournissent les équations (51) et (52). D'ailleurs, pour rendre égales entre elles, 1° les deux valeurs de Q, 2° les deux valeurs de U, il suffira de supposer

$$f(m, t) = \cos m^{\frac{1}{2}} g^{\frac{1}{2}} t\, \varphi(m) + \sin m^{\frac{1}{2}} g^{\frac{1}{2}} t\, \psi(m) + e^{-m^{\frac{1}{2}} g^{\frac{1}{2}} t}\, \xi(m).$$

De même, les deux valeurs de V deviendront égales entre elles si l'on suppose

$$f(m, t) = \cos m^{\frac{1}{2}} g^{\frac{1}{2}} t\, \varphi(m) + \sin m^{\frac{1}{2}} g^{\frac{1}{2}} t\, \psi(m) - e^{-m^{\frac{1}{2}} g^{\frac{1}{2}} t}\, \xi(m).$$

Des deux équations précédentes on conclut

$$(53)\quad \left\{ \begin{aligned} &\xi(m) = 0, \\ &f(m, t) = \cos m^{\frac{1}{2}} g^{\frac{1}{2}} t\, \varphi(m) + \sin m^{\frac{1}{2}} g^{\frac{1}{2}} t\, \psi(m). \end{aligned} \right.$$

Cela posé, les équations (48) et (51) deviennent respectivement

$$(54)\quad\begin{cases} q = \sum \int_0^\infty \cos mx\, e^{my} \cos m^{\frac{1}{2}} g^{\frac{1}{2}} t\, \varphi(m)\, dm + \sum \int_0^\infty \cos mx\, e^{my} \sin m^{\frac{1}{2}} g^{\frac{1}{2}} t\, \psi(m)\, dm, \\ Q = \sum \int_0^\infty \cos mx \cos m^{\frac{1}{2}} g^{\frac{1}{2}} t\, \varphi(m)\, dm + \sum \int_0^\infty \cos mx \sin m^{\frac{1}{2}} g^{\frac{1}{2}} t\, \psi(m)\, dm. \end{cases}$$

On pourrait douter encore de la généralité de ces dernières formules et demander si l'accord qui doit exister entre les équations (49), (51) et (52) entraîne nécessairement la disparition de la fonction arbitraire $\xi(m)$. Mais on peut lever cette incertitude en opérant sur les intégrales elles-mêmes et non sur les fonctions arbitraires (*voir* la Note XII).

Les valeurs de q et de Q étant déterminées par les équations (54), on en déduira facilement celles des inconnues u, v, w, p relatives à un point quelconque de la masse fluide, ainsi que les valeurs des quantités y, U, V, W relatives à un point quelconque de la surface; et il ne restera plus qu'à déterminer les deux fonctions arbitraires $\varphi(m)$, $\psi(m)$ par la condition que les valeurs initiales de y et de Q, savoir b et Q_0, soient, conformément au n° 2 de la Section III (Ire Partie), celles que fournissent les deux équations

$$(55)\quad\begin{cases} b = F(a), \\ Q_0 = \mathfrak{F}(a). \end{cases}$$

4. Si dans la seconde des équations (46) on substitue la valeur générale de Q tirée des équations (54), on trouvera

$$(56)\quad y = \frac{1}{g^{\frac{1}{2}}\delta} \sum \int_0^\infty \cos mx \left[\cos m^{\frac{1}{2}} g^{\frac{1}{2}} t\, \psi(m) - \sin m^{\frac{1}{2}} g^{\frac{1}{2}} t\, \varphi(m)\right] m^{\frac{1}{2}}\, dm.$$

Si, dans cette dernière et dans la valeur générale de Q, on fait $t = 0$, on trouvera, en ayant égard aux équations (55),

$$(57)\quad\begin{cases} F(a) = \frac{1}{g^{\frac{1}{2}}\delta} \sum \int_0^\infty \cos am\, \psi(m)\, m^{\frac{1}{2}}\, dm, \\ \mathfrak{F}(a) = \sum \int_0^\infty \cos am\, \varphi(m)\, dm. \end{cases}$$

Celles-ci déterminent complétement (*voir* la Note VIII) les valeurs des fonctions $\psi(m)$, $\varphi(m)$, ou, pour mieux dire, des deux fonctions arbitraires que chaque signe Σ indique. Au reste, comme la fonction ψ dépend uniquement de la fonction F, et φ de $\mathcal{F}$, il suit évidemment de la forme linéaire des équations (54), (56) et de celles qui s'en deduisent que, pour obtenir les valeurs générales des inconnues du problème dans le cas où l'on suppose

$$b = F(a), \quad Q_0 = \mathcal{F}(a),$$

il suffit de faire la somme des valeurs qu'on trouverait pour ces mêmes inconnues, 1° dans le cas où l'on supposerait

$$b = F(a), \quad Q_0 = 0,$$

2° dans celui où l'on supposerait

$$b = 0, \quad Q_0 = \mathcal{F}(a).$$

C'est pourquoi nous allons examiner successivement chacune de ces deux hypothèses.

5. Admettons d'abord la première hypothèse, ou, ce qui revient au même, supposons

$$\mathcal{F}(a) = 0.$$

On aura, par suite,

$$\varphi(m) = 0,$$

ou du moins, en vertu de la Note XII, la fonction $\varphi(m)$ disparaîtra des valeurs de toutes les inconnues. Par conséquent, l'équation (56) deviendra

$$y = \frac{1}{g^{\frac{1}{2}}\delta} \sum \int \cos mx \cos m^{\frac{1}{2}} g^{\frac{1}{2}} t \, \psi(m) m^{\frac{1}{2}} dm.$$

Si dans cette dernière on introduit la fonction F à la place de ψ, en ayant égard à la première des équations (57), on trouvera (*voir* la Note XI)

$$(58) \qquad y = \frac{1}{\pi} \int_{-\infty}^{\infty} \int_{0}^{\infty} \cos \mu^{\frac{1}{2}} g^{\frac{1}{2}} t \cos \mu(\varpi - x) \, F(\varpi) \, d\varpi \, d\mu.$$

Cela posé, la seconde des équations (46) donnera

$$(59)\qquad Q = g\delta \int y\,dt = \frac{g^{\frac{1}{2}}\delta}{\pi} \int\int \sin \mu^{\frac{1}{2}} g^{\frac{1}{2}} t \cos \mu(\varpi - x)\, F(\varpi)\, d\varpi \frac{d\mu}{\mu^{\frac{1}{2}}},$$

l'intégrale $\int y\,dt$ étant prise depuis $t = 0$, puisque Q doit s'évanouir avec t.

Si maintenant on suppose que $F(\varpi)$ n'a de valeur sensible qu'entre des limites très-resserrées et pour de très-petites valeurs de ϖ, et que l'on fasse, pour abréger,

$$G = \int_{-\infty}^{\infty} F(\varpi)\, d\varpi,$$

il sera indifférent de prendre les intégrales

$$\int F(\varpi)\, d\varpi, \qquad \int \cos \mu(\varpi - x)\, F(\varpi)\, d\varpi$$

entre les limites $\varpi = -\infty$, $\varpi = \infty$, ou bien entre les limites hors desquelles la fonction $F(\varpi)$ n'a plus de valeur sensible; et, par suite, on aura à très-peu près

$$\int \cos \mu(\varpi - x)\, F(\varpi)\, d\varpi = G \cos \mu x,$$

d'où l'on conclura

$$(60)\qquad \begin{cases} y = \dfrac{G}{\pi} \displaystyle\int \cos \mu^{\frac{1}{2}} g^{\frac{1}{2}} t \cos \mu x\, d\mu, \\[2ex] Q = \dfrac{G g^{\frac{1}{2}} \delta}{\pi} \displaystyle\int \sin \mu^{\frac{1}{2}} g^{\frac{1}{2}} t \cos \mu x \dfrac{d\mu}{\mu^{\frac{1}{2}}}. \end{cases}$$

On aura ensuite, par le moyen des équations (46), les valeurs de U et de V. Enfin, pour obtenir la valeur générale de q, on pourra employer la méthode dont nous nous sommes servi dans la Section III de la première Partie pour déterminer la valeur générale de q_0 lorsqu'on connaît celle de Q_0. On peut aussi déduire directement la valeur de q de la première des équations (54). En effet, lorsque dans cette équation on supprime le terme où la fonction $\varphi(m)$ est renfermée, on a simplement

$$q = \sum \int \cos mx \, e^{my} \sin m^{\frac{1}{2}} g^{\frac{1}{2}} t \, \psi(m) \, dm;$$

et, en introduisant dans cette dernière la fonction F à la place de ψ par le moyen de la première équation (57), on trouve

$$(61) \qquad q = \frac{g^{\frac{1}{2}} \delta}{\pi} \int_{-\infty}^{\infty} \int_{0}^{\infty} \sin \mu^{\frac{1}{2}} g^{\frac{1}{2}} t \cos \mu(\varpi - x) \, e^{\mu y} \, F(\varpi) \, d\varpi \frac{d\mu}{\mu^{\frac{1}{2}}}.$$

En supposant que $F(\varpi)$ n'ait de valeur sensible que pour de très-petites valeurs de ϖ, on réduit la formule précédente à

$$(62) \qquad q = \frac{G g^{\frac{1}{2}} \delta}{\pi} \int_{0}^{\infty} \sin \mu^{\frac{1}{2}} g^{\frac{1}{2}} t \cos \mu x \, e^{\mu y} \frac{d\mu}{\mu^{\frac{1}{2}}}.$$

Cette dernière équation coïncide avec la seconde des équations (60) lorsqu'on donne à y de très-petites valeurs et qu'on néglige les quantités du second ordre; elle se réduit à

$$q = 0$$

lorsqu'on donne à y de très-grandes valeurs négatives.

La valeur générale de q étant déterminée comme on vient de le voir, on déduira facilement des équations (27) les valeurs des trois inconnues

$$u, \quad v, \quad p.$$

Ce calcul n'ayant aucune difficulté, je vais passer à la seconde des deux hypothèses mentionnées ci-dessus, dans laquelle on a

$$b = 0, \quad Q_0 = \mathscr{F}(a).$$

6. En admettant la seconde hypothèse, ou, ce qui revient au même, en supposant

$$F(a) = 0,$$

on trouve d'abord que la fonction $\psi(m)$ doit disparaître entièrement du calcul; par suite, les équations (54) deviennent

$$(63)\quad \begin{cases} q = \sum \int_0^\infty \cos mx\, e^{my} \cos m^{\frac{1}{2}} g^{\frac{1}{2}} t\, \varphi(m)\, dm, \\ Q = \sum \int_0^\infty \cos mx \cos m^{\frac{1}{2}} g^{\frac{1}{2}} t\, \varphi(m)\, dm. \end{cases}$$

Si dans celles-ci on introduit la fonction $\mathcal{F}$ à la place de φ, en ayant égard à la seconde des équations (57), on trouvera (*voir* la Note XI)

$$(64)\quad \begin{cases} q = \frac{1}{\pi} \int_{-\infty}^\infty \int_0^\infty \cos \mu^{\frac{1}{2}} g^{\frac{1}{2}} t\, e^{\mu y} \cos \mu(\varpi - x)\, \mathcal{F}(\varpi)\, d\varpi\, d\mu, \\ Q = \frac{1}{\pi} \int_{-\infty}^\infty \int_0^\infty \cos \mu^{\frac{1}{2}} g^{\frac{1}{2}} t \cos \mu(\varpi - x)\, \mathcal{F}(\varpi)\, d\varpi\, d\mu. \end{cases}$$

Supposons maintenant que $\mathcal{F}(\varpi)$ n'ait de valeur sensible que pour de très-petites valeurs de ϖ, et faisons de plus, comme dans la Section III de la première Partie (n° 5),

$$(65)\quad H = \int_{-\infty}^\infty \mathcal{F}(\varpi)\, d\varpi;$$

on aura à très-peu près

$$\int \cos \mu(\varpi - x)\, \mathcal{F}(\varpi)\, d\varpi = H \cos \mu x,$$

et, par suite, les équations (64) deviendront

$$(66)\quad \begin{cases} q = \frac{H}{\pi} \int_0^\infty \cos \mu^{\frac{1}{2}} g^{\frac{1}{2}} t \cos \mu x\, e^{\mu y}\, d\mu, \\ Q = \frac{H}{\pi} \int_0^\infty \cos \mu^{\frac{1}{2}} g^{\frac{1}{2}} t \cos \mu x\, d\mu. \end{cases}$$

On déduira facilement de ces dernières les valeurs des autres inconnues dans l'hypothèse que l'on considère.

7. En réunissant les valeurs de q et de Q trouvées dans les n°s 5

et 6, on a

$$(67)\quad \begin{cases} q = \dfrac{Gg^{\frac{1}{2}}\delta}{\pi}\displaystyle\int_0^\infty \sin\mu^{\frac{1}{2}}g^{\frac{1}{2}}t\cos\mu x\, e^{\mu y}\frac{d\mu}{\mu^{\frac{1}{2}}} + \frac{H}{\pi}\int_0^\infty \cos\mu^{\frac{1}{2}}g^{\frac{1}{2}}t\cos\mu x\, e^{\mu y}d\mu, \\ Q = \dfrac{Gg^{\frac{1}{2}}\delta}{\pi}\displaystyle\int_0^\infty \sin\mu^{\frac{1}{2}}g^{\frac{1}{2}}t\cos\mu x\frac{d\mu}{\mu^{\frac{1}{2}}} + \frac{H}{\pi}\int_0^\infty \cos\mu^{\frac{1}{2}}g^{\frac{1}{2}}t\cos\mu x\, d\mu, \end{cases}$$

les constantes G et H étant respectivement déterminées par les équations

$$(68)\qquad G = \int F(\varpi)\,d\varpi, \quad H = \int \mathfrak{F}(\varpi)\,d\varpi.$$

Telles sont les valeurs générales de q et de Q, pour le cas où l'on a, dans le premier instant,

$$b = F(a), \quad Q_0 = \mathfrak{F}(a),$$

et où l'on suppose, en outre, que b et Q_0 n'ont de valeurs sensibles que pour de très-petites valeurs de a. On déduira sans peine des équations (67) les valeurs des autres inconnues par le moyen des équations (27) et (46). Ainsi, par exemple, l'ordonnée y de la surface sera déterminée par la formule

$$(69)\quad y = \frac{G}{\pi}\int_0^\infty \cos\mu^{\frac{1}{2}}g^{\frac{1}{2}}t\cos\mu x\,d\mu - \frac{H}{\pi g^{\frac{1}{2}}\delta}\int_0^\infty \sin\mu^{\frac{1}{2}}g^{\frac{1}{2}}t\cos\mu x\,\mu^{\frac{1}{2}}d\mu.$$

Quoique le second terme de cette formule soit affecté du signe —, il n'en faut pas conclure qu'il ait une valeur négative. En effet, l'intégrale $\int \sin\mu^{\frac{1}{2}}g^{\frac{1}{2}}t\cos\mu x\,\mu^{\frac{1}{2}}d\mu$ peut avoir une valeur négative, et c'est ce qui arrive toujours lorsque x a une valeur considérable relativement à t^2.

Si dans la première des équations (67) on suppose $t = 0$, on aura

$$x = a, \quad y = b, \quad q = q_0, \quad \sin\mu^{\frac{1}{2}}g^{\frac{1}{2}}t = 0, \quad \cos\mu^{\frac{1}{2}}g^{\frac{1}{2}}t = 1,$$

et par suite

$$(70)\qquad q_0 = \frac{H}{\pi}\int_0^\infty \cos a\mu\, e^{-\mu(-b)}d\mu = \frac{H}{\pi}\,\frac{(-b)}{b^2 + a^2}.$$

Ce résultat, étant parfaitement d'accord avec l'équation (33) (Ire Partie), confirme l'exactitude des calculs que nous venons de faire.

8. Dans les numéros précédents, nous avons seulement eu égard à deux dimensions du fluide. Pour passer au cas de trois dimensions, il faudra substituer les équations (26) et (45) aux équations (27) et (46). Mais ce changement n'apportera, comme on va le voir, que de légères modifications à l'analyse dont nous avons fait usage. On trouvera d'abord, en raisonnant comme dans la première Partie (Section III, n° 7), que, pour satisfaire à la première des équations (26), on doit supposer

$$(71) \qquad q = \sum \int_0^\infty \int_0^\infty \cos mx \cos nz \, e^{(m^2+n^2)^{\frac{1}{2}} y} f(m, n, t) \, dm \, dn,$$

$f(m, n, t)$ étant une fonction arbitraire des trois quantités m, n, t, et le signe Σ ayant la même signification que nous lui avons toujours attribuée. Par suite, on aura, pour remplacer les équations (49), les quatre suivantes :

$$(72) \qquad \left\{ \begin{aligned} Q &= \sum \int_0^\infty \int_0^\infty \cos mx \cos nz \, f(m, n, t) \, dm \, dn, \\ U &= \frac{1}{\delta} \sum \int_0^\infty \int_0^\infty \sin mx \cos nz \, f(m, n, t) \, m \, dm \, dn, \\ V &= -\frac{1}{\delta} \sum \int_0^\infty \int_0^\infty \cos mx \cos nz \, f(m, n, t) (m^2+n^2)^{\frac{1}{2}} \, dm \, dn, \\ W &= \frac{1}{\delta} \sum \int_0^\infty \int_0^\infty \cos mx \sin nz \, f(m, n, t) \, n \, dm \, dn. \end{aligned} \right.$$

En passant à la première des équations (45), on trouvera qu'elle a pour intégrale générale

$$(73) \quad Q = \sum \int_0^\infty \int_0^\infty \cos mx \cos nz \left\{ \begin{aligned} & e^{(m^2+n^2)^{\frac{1}{4}} g^{\frac{1}{2}} t} \zeta(m, n) + e^{-(m^2+n^2)^{\frac{1}{4}} g^{\frac{1}{2}} t} \xi(m, n) \\ & + \cos (m^2+n^2)^{\frac{1}{4}} g^{\frac{1}{2}} t \, \varphi(m, n) \\ & + \sin (m^2+n^2)^{\frac{1}{4}} g^{\frac{1}{2}} t \, \psi(m, n) \end{aligned} \right\} dm \, dn,$$

les quatre signes ζ, ξ, φ, ψ désignant autant de fonctions arbitraires. Cela posé, la quatrième des équations (45) deviendra

$$(74)\quad V=\frac{1}{\delta}\sum\int_0^\infty\int_0^\infty \cos mx\cos nz\left\{\begin{array}{l} e^{(m^2+n^2)^{\frac{1}{4}}g^{\frac{1}{2}}t}\zeta(m,n)+e^{-(m^2+n^2)^{\frac{1}{4}}g^{\frac{1}{2}}t}\xi(m,n)\\ -\cos(m^2+n^2)^{\frac{1}{4}}g^{\frac{1}{2}}t\ \varphi(m,n)\\ -\sin(m^2+n^2)^{\frac{1}{4}}g^{\frac{1}{2}}t\ \psi(m,n)\end{array}\right\}(m^2+n^2)^{\frac{1}{2}}dm\,dn.$$

Pour faire coïncider les deux valeurs de Q et les deux valeurs de V que fournissent les équations (72), (73) et (74), il suffira de supposer

$$(75)\quad \left\{\begin{array}{l} f(m,n,t)=\cos(m^2+n^2)^{\frac{1}{4}}g^{\frac{1}{2}}t\ \varphi(m,n)+\sin(m^2+n^2)^{\frac{1}{4}}g^{\frac{1}{2}}t\ \psi(m,n),\\ \qquad o=e^{(m^2+n^2)^{\frac{1}{4}}g^{\frac{1}{2}}t}\zeta(m,n)+e^{-(m^2+n^2)^{\frac{1}{4}}g^{\frac{1}{2}}t}\xi(m,n),\end{array}\right.$$

d'où l'on conclura

$$\zeta(m,n)=o,\quad \xi(m,n)=o.$$

Au reste, l'équation $\zeta(m, n)=o$ peut aussi être déduite directement de cette considération que, pour des valeurs infinies de t, les quantités Q, U, V, W ne doivent pas devenir infinies. Enfin, si la disparition des fonctions arbitraires $\zeta(m, n)$, $\xi(m, n)$ ne paraissait pas suffisamment établie par les considérations précédentes, on pourrait lever toute incertitude à cet égard, en opérant sur les intégrales elles-mêmes, au lieu d'opérer sur les fonctions qu'elles renferment (*voir* la Note XII).

La disparition des deux fonctions $\zeta(m, n)$, $\xi(m, n)$ réduit les valeurs de q et de Q à

$$(76)\quad \left\{\begin{array}{l} q=\sum\int_0^\infty\int_0^\infty \cos mx\cos nz\left\{\begin{array}{l}\cos(m^2+n^2)^{\frac{1}{4}}g^{\frac{1}{2}}t\ \varphi(m,n)\\ +\sin(m^2+n^2)^{\frac{1}{4}}g^{\frac{1}{2}}t\ \psi(m,n)\end{array}\right\}e^{(m^2+n^2)^{\frac{1}{2}}y}dm\,dn,\\ Q=\sum\int_0^\infty\int_0^\infty \cos mx\cos nz\left\{\begin{array}{l}\cos(m^2+n^2)^{\frac{1}{4}}g^{\frac{1}{2}}t\ \varphi(m,n)\\ +\sin(m^2+n^2)^{\frac{1}{4}}g^{\frac{1}{2}}t\ \psi(m,n)\end{array}\right\}dm\,dn.\end{array}\right.$$

Par suite, la seconde des équations (45) donnera, pour la valeur générale de y relative à la surface,

$$(77)\quad y = \frac{1}{g^{\frac{1}{2}}\delta}\sum\int_0^\infty\int_0^\infty \cos mx \cos nz \left\{ \begin{array}{l} \cos(m^2+n^2)^{\frac{1}{4}} g^{\frac{1}{2}} t\, \psi(m,n) \\ -\sin(m^2+n^2)^{\frac{1}{4}} g^{\frac{1}{2}} t\, \varphi(m,n) \end{array} \right\} (m^2+n^2)^{\frac{1}{4}}\, dm\, dn;$$

et, si l'on suppose, conformément aux équations (18) (Ire Partie), que les valeurs initiales de y et de Q, savoir, b et Q_0, soient respectivement

$$(78)\quad \left\{ \begin{array}{l} b = F(a, c), \\ Q_0 = \mathcal{F}(a, c), \end{array} \right.$$

on trouvera, pour déterminer les fonctions arbitraires φ et ψ, les deux équations

$$(79)\quad \left\{ \begin{array}{l} F(a, c) = \dfrac{1}{g^{\frac{1}{2}}\delta}\displaystyle\sum\int_0^\infty\int_0^\infty \cos ma \cos nc\, \psi(m, n)(m^2+n^2)^{\frac{1}{4}}\, dm\, dn, \\ \mathcal{F}(a, c) = \displaystyle\sum\int_0^\infty\int_0^\infty \cos ma \cos nc\, \varphi(m, n)\, dm\, dn. \end{array} \right.$$

Supposons qu'au moyen de ces dernières on introduise dans les équations (76) les fonctions F et $\mathcal{F}$, au lieu de ψ et de φ, les valeurs générales de q et de Q deviendront (*voir* la Note XI)

$$(80)\quad \left\{ \begin{array}{l} q = \dfrac{g^{\frac{1}{2}}\delta}{2\pi^2}\displaystyle\int_{-\infty}^\infty\int_{-\infty}^\infty\int_0^\infty\int_0^\infty \sin(\mu\nu)^{\frac{1}{4}} g^{\frac{1}{2}} t \sin\nu \cos\frac{[(\varpi-x)^2+(\rho-z)^2]\mu}{4}\, e^{(\mu\nu)^{\frac{1}{2}} y}\, F(\varpi,\rho)\, d\varpi\, d\rho\, \frac{d\mu\, d\nu}{(\mu\nu)^{\frac{1}{4}}} \\ \quad + \dfrac{1}{2\pi^2}\displaystyle\int_{-\infty}^\infty\int_{-\infty}^\infty\int_0^\infty\int_0^\infty \cos(\mu\nu)^{\frac{1}{4}} g^{\frac{1}{2}} t \sin\nu \cos\frac{[(\varpi-x)^2+(\rho-z)^2]\mu}{4}\, e^{(\mu\nu)^{\frac{1}{2}} y}\, \mathcal{F}(\varpi,\rho)\, d\varpi\, d\rho\, d\mu\, d\nu, \\ Q = \dfrac{g^{\frac{1}{2}}\delta}{2\pi^2}\displaystyle\int_{-\infty}^\infty\int_{-\infty}^\infty\int_0^\infty\int_0^\infty \sin(\mu\nu)^{\frac{1}{4}} g^{\frac{1}{2}} t \sin\nu \cos\frac{[(\varpi-x)^2+(\rho-z)^2]\mu}{4}\, F(\varpi,\rho)\, d\varpi\, d\rho\, \frac{d\mu\, d\nu}{(\mu\nu)^{\frac{1}{4}}} \\ \quad + \dfrac{1}{2\pi^2}\displaystyle\int_{-\infty}^\infty\int_{-\infty}^\infty\int_0^\infty\int_0^\infty \cos(\mu\nu)^{\frac{1}{4}} g^{\frac{1}{2}} t \sin\nu \cos\frac{[(\varpi-x)^2+(\rho-z)^2]\mu}{4}\, \mathcal{F}(\varpi,\rho)\, d\varpi\, d\rho\, d\mu\, d\nu. \end{array} \right.$$

Si l'action des causes motrices n'a embrassé, dans le premier instant, qu'une très-petite étendue de surface adjacente à l'origine des coordonnées, les fonctions $F(\varpi, \rho)$, $\mathcal{F}(\varpi, \rho)$ n'auront de valeur sensible que pour de très-petites valeurs de ϖ et de ρ; et si l'on fait, pour abréger,

$$(81)\quad \begin{cases} G = \int\int F(\varpi, \rho)\, d\varpi\, d\rho, \\ H = \int\int \mathfrak{F}(\varpi, \rho)\, d\varpi\, d\rho, \end{cases}$$

les équations (80) se réduiront à

$$(82)\quad \begin{cases} q = \dfrac{G g^{\frac{1}{2}} \delta}{2\pi^2} \displaystyle\int_0^\infty \int_0^\infty \sin (\mu\nu)^{\frac{1}{4}} g^{\frac{1}{2}} t \sin\nu \cos \dfrac{(x^2+z^2)\mu}{4} e^{(\mu\nu)^{\frac{1}{2}} y} \dfrac{d\mu\, d\nu}{(\mu\nu)^{\frac{1}{4}}} \\ \quad + \dfrac{H}{2\pi^2} \displaystyle\int_0^\infty \int_0^\infty \cos (\mu\nu)^{\frac{1}{4}} g^{\frac{1}{2}} t \sin\nu \cos \dfrac{(x^2+z^2)\mu}{4} e^{(\mu\nu)^{\frac{1}{2}} y}\, d\mu\, d\nu, \\ Q = \dfrac{G g^{\frac{1}{2}} \delta}{2\pi^2} \displaystyle\int_0^\infty \int_0^\infty \sin (\mu\nu)^{\frac{1}{4}} g^{\frac{1}{2}} t \sin\nu \cos \dfrac{(x^2-z^2)\mu}{4} \dfrac{d\mu\, d\nu}{(\mu\nu)^{\frac{1}{4}}} \\ \quad + \dfrac{H}{2\pi^2} \displaystyle\int_0^\infty \int_0^\infty \cos (\mu\nu)^{\frac{1}{4}} g^{\frac{1}{2}} t \sin\nu \cos \dfrac{(x^2+z^2)\mu}{4}\, d\mu\, d\nu. \end{cases}$$

Lorsque, dans la première de celles-ci, on suppose $t = 0$, elle devient

$$q_0 = \frac{H}{2\pi^2} \int_0^\infty \int_0^\infty \sin\nu \cos \frac{(a^2+c^2)\mu}{4} e^{(\mu\nu)^{\frac{1}{2}} b}\, d\mu\, d\nu.$$

On peut aussi mettre cette dernière équation sous la forme suivante :

$$q_0 = \frac{2H}{\pi^2(a^2+c^2)} \int_0^\infty \int_0^\infty \sin\nu \cos\mu\, e^{\frac{2(\mu\nu)^{\frac{1}{2}} b}{(a^2+c^2)^{\frac{1}{2}}}}\, d\mu\, d\nu;$$

car il suffit pour cela de remplacer μ par $\frac{4\mu}{a^2+c^2}$, ce qui ne change pas les limites de l'intégrale. Si, dans la valeur précédente de q_0, on change μ en ν, et qu'on ajoute la nouvelle valeur ainsi obtenue à la première, on trouvera pour la demi-somme

$$(83)\quad q_0 = \frac{H}{\pi^2(a^2+c^2)} \int_0^\infty \int_0^\infty \sin(\mu+\nu)\, e^{\frac{2(\mu\nu)^{\frac{1}{2}} b}{(a^2+c^2)^{\frac{1}{2}}}}\, d\mu\, d\nu = \frac{H}{2\pi} \frac{(-b)}{(a^2+b^2+c^2)^{\frac{3}{2}}}$$

(*voir* la Note IV).

Cette dernière équation, étant parfaitement d'accord avec la formule (46) (Ire Partie), confirme l'exactitude de notre analyse.

Les valeurs générales de q et de Q étant déterminées par les formules (82), on en déduira facilement les valeurs des autres inconnues par le moyen des équations (26) et (45). Ainsi, par exemple, l'ordonnée y de la surface aura pour valeur

$$(84)\quad \left\{ \begin{aligned} y = {} & \frac{G}{2\pi^2} \int_0^\infty \int_0^\infty \cos(\mu\nu)^{\frac{1}{4}} g^{\frac{1}{2}} t \sin\nu \cos\frac{(x^2+z^2)\mu}{4}\, d\mu\, d\nu \\ & - \frac{H}{2\pi^2 g^{\frac{1}{2}} \delta} \int_0^\infty \int_0^\infty \sin(\mu\nu)^{\frac{1}{4}} g^{\frac{1}{2}} t \sin\nu \cos\frac{(x^2+z^2)\mu}{4} (\mu\nu)^{\frac{1}{4}}\, d\mu\, d\nu. \end{aligned} \right.$$

Au reste, nous renvoyons la discussion de ces valeurs à la troisième Partie.

9. Les formules précédemment trouvées fixent d'une manière précise, à chaque instant, l'état du fluide que l'on considère; mais elles deviendraient insuffisantes si l'on voulait comparer l'état du fluide, au bout du temps t, avec l'état initial. Au reste, il est facile d'établir cette comparaison, lorsque les diverses molécules fluides ne font que de très-petites oscillations autour de leurs positions primitives. En introduisant cette hypothèse dans nos formules, nous obtiendrons des résultats qui seront exacts, toutes les fois qu'ils seront d'accord avec l'hypothèse elle-même. Cet accord a effectivement lieu dans le cas que nous avons particulièrement traité, savoir, celui où les causes motrices avaient peu d'intensité à l'origine du mouvement. En conséquence, on pourra, dans les équations ci-dessus trouvées, considérer les coordonnées x, y, z de la molécule m, au bout du temps t, comme ne différant de ses coordonnées initiales a, b, c que de quantités très-petites; et, comme les inconnues que déterminent ces diverses équations sont déjà très-petites elles-mêmes, en négligeant les quantités du second ordre, on pourra, dans les valeurs de ces inconnues, remplacer immédiatement x, y, z par a, b, c. On obtiendra de cette manière les vitesses, la pression, l'impulsion et l'ordonnée de la sur-

face, exprimées au moyen du temps et des coordonnées initiales. Il ne restera plus alors qu'à déterminer, en fonction du temps et de ces mêmes coordonnées, les coordonnées variables x, y, z. On y parvient de la manière suivante.

Si l'on considère à la fois les six quantités

$$x,\ y,\ z,\ u,\ v,\ w$$

comme fonctions des quatre variables indépendantes

$$a,\ b,\ c,\ t,$$

on aura

$$(85)\qquad \frac{\partial x}{\partial t}=u,\quad \frac{\partial y}{\partial t}=v,\quad \frac{\partial z}{\partial t}=w;$$

et par suite, en supposant les intégrales prises depuis $t=0$,

$$(86)\qquad x=a+\int u\,dt,\quad y=b+\int v\,dt,\quad z=c+\int w\,dt.$$

Cela posé, comme les vitesses u, v, w se trouvent exprimées de la même manière, soit en a, b, c, t, soit en x, y, z, t, il suffira, pour obtenir les valeurs de x, y, z en a, b, c, t, de substituer pour u, v, w, dans les équations (86), leurs valeurs en x, y, z, t, et de remplacer, soit avant, soit après l'intégration, x, y, z par a, b, c.

Si dans la seconde des équations (86) on suppose la vitesse v relative à l'un des points de la surface, on aura

$$v=\mathrm{V}=\frac{1}{g\delta}\,\frac{\partial^2 \mathrm{Q}}{\partial t^2};$$

et par suite, en déterminant convenablement la constante introduite par l'intégration,

$$y=\frac{1}{g\delta}\,\frac{\partial \mathrm{Q}}{\partial t}.$$

Cette dernière valeur de y est en effet l'ordonnée de la surface que donne la seconde des équations (45). D'ailleurs, comme cette valeur est très-petite, il devient indifférent d'y remplacer, ou non, x et z par a et c, ainsi que le suppose la seconde des équations (86).

Si l'on observe que les vitesses u, v, w, multipliées par δ et prises en signe contraire, sont respectivement égales aux différences partielles de la fonction q par rapport à x, y, z, et que l'on conçoive dans cette même fonction x, y, z remplacées par a, b, c, on trouvera que les équations (86) peuvent être mises sous la forme suivante :

$$(87)\quad x = a - \frac{1}{\delta}\frac{\partial\left(\int q\,dt\right)}{\partial a},\quad y = b - \frac{1}{\delta}\frac{\partial\left(\int q\,dt\right)}{\partial b},\quad z = c - \frac{1}{\delta}\frac{\partial\left(\int q\,dt\right)}{\partial c},$$

les intégrales relatives à t devant toujours être prises depuis $t = 0$.

Si l'on veut faire abstraction d'une des trois dimensions du fluide, il suffira de supposer

$$w = -\frac{1}{\delta}\frac{\partial q}{\partial c} = 0.$$

Alors la valeur de z sera constante, et les valeurs de x et de y seront toujours déterminées par les équations (86) ou (87).

Résumé. — Si l'on suppose que, dans le premier instant, les impulsions appliquées à la surface du fluide et l'altération du niveau de cette surface aient été fort petites près de l'origine des coordonnées, et tout à fait nulles à des distances sensibles de cette origine, on obtiendra les résultats suivants :

1° Si l'on se borne à considérer deux dimensions dans le fluide, en désignant par

$$(88)\qquad b = \mathrm{F}(a),\quad \mathrm{Q}_0 = \mathcal{F}(a)$$

l'ordonnée et l'impulsion initiales relatives à la surface, et faisant, pour abréger,

$$(89)\qquad \begin{cases} \mathrm{G} = \displaystyle\int_{-\infty}^{\infty} \mathrm{F}(\varpi)\,d\varpi, \\ \mathrm{H} = \displaystyle\int_{-\infty}^{\infty} \mathcal{F}(\varpi)\,d\varpi, \end{cases}$$

on trouvera, pour la valeur générale de l'impulsion q,

$$(90)\quad \left\{\begin{aligned} q &= \frac{Gg^{\frac{1}{2}}\delta}{\pi}\int_0^\infty \sin\mu^{\frac{1}{2}}g^{\frac{1}{2}}t\cos\mu x\, e^{\mu y}\frac{d\mu}{\mu^{\frac{1}{2}}}\\ &+\frac{H}{\pi}\int_0^\infty \cos\mu^{\frac{1}{2}}g^{\frac{1}{2}}t\cos\mu x\, e^{\mu y}d\mu. \end{aligned}\right.$$

En faisant dans cette dernière $y=0$, ou, pour mieux dire, en négligeant y, on formera la valeur générale de Q, et l'on obtiendra ensuite les valeurs des inconnues p, u, v relatives à tous les points de la masse fluide, ainsi que celles des quantités y, U, V qui se rapportent aux différents points de la surface, par le moyen des équations (27) et (46).

Après avoir ainsi déterminé les valeurs des diverses inconnues en fonction des coordonnées variables et du temps, si l'on veut, à la place des coordonnées variables, introduire les coordonnées initiales, il suffira de remplacer dans les valeurs trouvées x par a, et y par b. De plus, on aura, pour déterminer x et y en a, b, t, les deux équations

$$(91)\qquad x=a+\int u\,dt,\quad y=b+\int v\,dt,$$

dans lesquelles on doit considérer u et v comme fonctions de a, b, t, et prendre les intégrales depuis $t=0$.

2° Si l'on restitue au fluide ses trois dimensions, les équations (88), (89) et (90) deviendront respectivement

$$(92)\qquad b=F(a,c),\quad Q_0=\mathcal{F}(a,c);$$

$$(93)\quad \left\{\begin{aligned} G &= \int_{-\infty}^{\infty}\int_{-\infty}^{\infty} F(\varpi,\rho)\,d\varpi\,d\rho,\\ H &= \int_{-\infty}^{\infty}\int_{-\infty}^{\infty} \mathcal{F}(\varpi,\rho)\,d\varpi\,d\rho; \end{aligned}\right.$$

$$(94)\quad \left\{\begin{aligned} q &= \frac{Gg^{\frac{1}{2}}\delta}{2\pi^2}\int_0^\infty\int_0^\infty \sin(\mu\nu)^{\frac{1}{4}}g^{\frac{1}{2}}t\sin\nu\cos\frac{(x^2+z^2)\mu}{4}\,e^{(\mu\nu)^{\frac{1}{2}}y}\frac{d\mu\,d\nu}{(\mu\nu)^{\frac{1}{4}}}\\ &+\frac{H}{2\pi^2}\int_0^\infty\int_0^\infty \cos(\mu\nu)^{\frac{1}{4}}g^{\frac{1}{2}}t\sin\nu\cos\frac{(x^2+z^2)\mu}{4}\,e^{(\mu\nu)^{\frac{1}{2}}y}\,d\mu\,d\nu. \end{aligned}\right.$$

En faisant dans cette dernière $y = 0$, on trouvera la valeur générale de Q, et l'on obtiendra ensuite les valeurs des autres inconnues par le moyen des équations (26) et (45).

Enfin, si, au lieu d'exprimer les inconnues en fonction des coordonnées variables et du temps, on veut les exprimer en fonction du temps et des coordonnées initiales, il suffira de remplacer x, y, z par a, b, c, sans rien changer aux formules, et l'on aura en outre, pour déterminer les valeurs de x, y, z en a, b, c, t, les équations

$$(95) \qquad x = a + \int u\,dt, \quad y = b + \int v\,dt, \quad z = c + \int w\,dt,$$

dans lesquelles on doit considérer u, v, w comme fonctions de a, b, c, t, et prendre les intégrales depuis $t = 0$.

TROISIÈME PARTIE.

LOIS GÉNÉRALES DU MOUVEMENT DES ONDES.

SECTION PREMIÈRE.

DU CAS OÙ L'ON NE CONSIDÈRE QUE DEUX DIMENSIONS DANS UN FLUIDE.

1. Imaginons que le niveau naturel d'un fluide ait été altéré dans une portion de sa surface par une cause quelconque, et qu'au moment d'abandonner cette portion de surface à elle-même, on ait appliqué à chacun de ses points une impulsion déterminée. Si l'on rapporte le plan du fluide à trois plans rectangulaires ayant pour intersections les axes des x, y et z, et si l'on choisit pour plan des x et z celui qui termine, dans le premier instant, les parties du fluide dont le niveau n'a point été altéré, on pourra concevoir que toutes les sections parallèles au plan des x, y aient subi dans leur niveau les mêmes altérations, et aient été soumises à des impulsions égales. C'est ce qui arriverait, par exemple, si l'on mettait le fluide en mouvement, en y plongeant, pour le retirer ensuite, un cylindre d'une longueur indéfinie et dont l'axe serait parallèle à celui des z, ou bien en frappant la surface du fluide avec le même cylindre mis en mouvement par une force perpendiculaire à son axe. Dans cette hypothèse, les molécules du fluide, qui seront semblablement situées dans des plans parallèles à celui des x, y, devront se mouvoir de la même manière; et par suite, pour fixer les lois du mouvement, il suffira d'avoir égard aux molécules comprises dans le plan vertical des x, y.

Afin d'obtenir des lois régulières à peu de distance de l'origine des coordonnées, nous supposerons que les impulsions primitivement appliquées à la surface du fluide, et l'altération de son niveau, étaient fort petites près de l'origine, et tout à fait nulles à des distances sensibles. Cela posé, on trouvera les résultats suivants.

2. Les impulsions appliquées à la surface se communiqueront en partie aux diverses molécules de la masse fluide, et il en résultera dans l'instant même, pour chaque point, une impulsion et des vitesses déterminées parallèlement aux axes des x et y. Pour des points situés à une distance sensible de l'origine des coordonnées, cette impulsion et ces vitesses seront déterminées par les équations

$$(1) \qquad \begin{cases} q_0 = \dfrac{H(-b)}{\pi(a^2+b^2)}, \\ u_0 = \dfrac{H}{\pi\delta}\,\dfrac{2a(-b)}{(a^2+b^2)^2}, \\ v_0 = \dfrac{H}{\pi\delta}\,\dfrac{a^2-b^2}{(a^2+b^2)^2} \end{cases}$$

(*voir* la Ire Partie, Section III), dans lesquelles a, b représentent les coordonnées d'un point quelconque, δ la densité du fluide, et H la somme des produits qu'on obtient en multipliant chaque élément de surface par l'impulsion qui lui est appliquée, ou, ce qui revient au même, le produit de l'impulsion moyenne par la portion de surface soumise à l'action des forces impulsives. L'impulsion et les vitesses sont donc proportionnelles à la portion de surface dont il s'agit, ainsi qu'à l'impulsion moyenne. De plus, les vitesses sont en raison inverse de la densité. Mais elles sont, ainsi que l'impulsion, tout à fait indépendantes de la forme initiale de la surface à laquelle on peut se dispenser d'avoir égard, et de la loi suivant laquelle l'impulsion moyenne était distribuée sur les différents points auxquels son action devait s'étendre.

Si l'on désigne par m la molécule dont a et b sont les coordonnées initiales, par r_0 sa distance à l'origine, et par θ_0 l'angle que fait cette distance avec le prolongement de l'axe des y au-dessous du plan des x et z, on aura

$$a = r_0 \sin\theta_0, \qquad -b = r_0 \cos\theta_0,$$

et par suite les équations (1) deviendront

$$(2)\quad \begin{cases} q_0 = \dfrac{H}{\pi}\dfrac{\cos\theta_0}{r_0}, \\ u_0 = \dfrac{H}{\pi\delta}\dfrac{\sin 2\theta_0}{r_0^2}, \\ v_0 = -\dfrac{H}{\pi\delta}\dfrac{\cos 2\theta_0}{r_0^2}. \end{cases}$$

Soient maintenant R_0 la résultante des deux vitesses u_0 et v_0, c'est-à-dire, la vitesse de la molécule m dans sa propre direction, et ρ_0 l'angle que forme cette direction avec le prolongement de l'axe des y. On aura

$$(3)\quad \begin{cases} R_0 = (u_0^2 + v_0^2)^{\frac{1}{2}} = \dfrac{H}{\pi\delta}\dfrac{1}{r_0^2}, \\ \operatorname{tang}\rho_0 = -\dfrac{u_0}{v_0} = \operatorname{tang} 2\theta_0, \\ \text{et par suite } \rho_0 = 2\theta_0. \end{cases}$$

Il suit de ces dernières équations : 1° que la vitesse absolue reste la même pour tous les points situés à égale distance de l'origine des coordonnées; 2° que cette vitesse décroît en raison inverse du carré de la distance à l'origine, en sorte que pour de grandes distances elle devient insensible; 3° que sa direction forme, avec la ligne menée du point que l'on considère à l'origine des coordonnées, un angle égal à celui que forme cette dernière ligne avec la verticale. Ainsi, par exemple, la vitesse est verticale et dirigée de haut en bas, comme on devait le présumer, pour tous les points de l'axe vertical des y. Elle devient horizontale dans tous les points d'une ligne qui, passant par l'origine des coordonnées, serait inclinée à 45°. Enfin elle est verticale, mais dirigée de bas en haut, pour tous les points situés à la surface du fluide. Cette dernière conclusion paraît d'abord assez singulière, puisque, auprès de l'origine des coordonnées, les molécules doivent nécessairement descendre en vertu des impulsions appliquées à la surface. Mais il faut remarquer que les équations (3) s'appliquent uniquement aux molécules situées à une distance sensible de cette origine, et que l'abaissement des unes doit être compensé par l'élévation des autres.

On peut encore déduire des équations (2) et (3) plusieurs conséquences assez curieuses. Ainsi, par exemple, on reconnaîtra sans peine que l'impulsion, ainsi que les vitesses, est insensible à de grandes distances; que cette même impulsion est nulle pour tous les points de la surface sensiblement éloignés de l'origine des coordonnées, ce qui est une suite nécessaire de la manière dont on a posé la question; que la vitesse horizontale, lorsqu'elle existe, tend à éloigner les molécules fluides de l'axe vertical des y; enfin que la vitesse verticale est négative pour toutes les molécules situées au-dessous de la ligne qui, passant par l'origine des coordonnées, s'incline de 45° à l'horizon, et positive pour toutes les autres; en sorte que les premières descendent, tandis que les autres montent.

Il est aisé de s'assurer que les formules (2) sont homogènes, c'est-à-dire, qu'elles ne changent pas lorsqu'on fait varier l'unité de mesure, de temps ou de densité. En effet, H est le produit d'une impulsion déterminée par une portion de la surface fluide, qui, dans le cas présent, se réduit à une ligne. Par suite, $\frac{H}{r_0}$ équivaut à une impulsion; ce qui prouve que les deux membres de la première équation (2) sont homogènes l'un par rapport à l'autre. De plus, une impulsion, étant le rapport d'une quantité de mouvement à une surface, doit être considérée comme le produit d'une vitesse par une ligne et par une densité. Par suite, l'impulsion $\frac{H}{r_0}$, divisée par la ligne r_0 et par la densité δ, équivaut à une vitesse, ce qui s'accorde avec les deux dernières des équations (2).

3. Après avoir fixé les lois suivant lesquelles le fluide commence à se mouvoir, je vais examiner suivant quelles lois ce mouvement se continue et se propage d'un instant à l'autre. Dans cette recherche, on ne peut plus faire abstraction de la forme initiale de la surface qui a une influence sensible sur les valeurs des inconnues; et l'on doit,

en conséquence, admettre deux causes du mouvement, savoir : 1° l'altération primitive du niveau du fluide dans une petite portion de sa surface, 2° l'action de forces impulsives appliquées à la portion dont il s'agit. Au reste, on a fait voir dans la deuxième Partie (Section III, n° 4) que, pour obtenir les valeurs des inconnues dans le cas où les deux causes sont réunies, il suffit d'ajouter entre elles les valeurs que chacune des causes déterminerait séparément. C'est pourquoi je me contenterai d'examiner, l'une après l'autre, les deux hypothèses que l'on peut faire sur la manière dont le fluide a été mis en mouvement.

4. Supposons d'abord que le mouvement du fluide ait été produit par une petite altération de niveau dans les points de sa surface situés tout près de l'origine des coordonnées. Les vitesses seront nulles dans le premier instant. Mais, le temps venant à croître, elles acquerront bientôt une valeur sensible. Alors chacun des points de la surface du fluide s'élèvera ou s'abaissera d'une certaine quantité au-dessus ou au-dessous du niveau moyen ; et l'on verra se former ainsi de petites ondes dont les sommets se trouveront déterminés par les points dont l'élévation ou l'abaissement sera un maximum. La vitesse avec laquelle ces sommets changent de place est ce que nous nommerons la *vitesse des ondes*. Elle doit être soigneusement distinguée de la vitesse propre aux molécules situées à la surface du fluide, et peut être fort différente. Nous verrons, en effet, que la vitesse des ondes croît indéfiniment, tandis que celle des molécules reste toujours comprise entre des limites très-resserrées.

Nous avons fait voir ci-dessus (IIe Partie, Section I, n° 5) qu'à une époque quelconque on pouvait se représenter le mouvement du fluide comme instantanément produit par l'action de forces impulsives appliquées à sa surface. Dans cette hypothèse, il existerait, pour chaque point de la masse fluide, une impulsion déterminée, dont la valeur, exprimée en fonction des coordonnées variables x, y et du temps t, est

$$(4)\qquad q = \frac{\mathrm{G} g^{\frac{1}{2}} \delta}{\pi} \int_0^\infty \sin \mu^{\frac{1}{2}} g^{\frac{1}{2}} t \cos \mu x \; e^{\mu y} \frac{d\mu}{\mu^{\frac{1}{2}}},$$

g désignant la force accélératrice de la pesanteur, δ la densité du fluide, et G la somme des produits qu'on obtient en multipliant chaque élément de surface par l'ordonnée correspondante. G représente donc la section d'eau soulevée par suite de l'altération du niveau dans une portion de cette même surface.

Pour obtenir la valeur Q de q, relative aux différents points de la surface, il suffit de négliger dans l'équation (4) la valeur de y, ou, ce qui revient au même, de supposer dans cette équation $y=0$. On aura donc

$$(5)\qquad \mathrm{Q}=\frac{\mathrm{G}g^{\frac{1}{2}}\delta}{\pi}\int_0^\infty \sin\mu^{\frac{1}{2}}g^{\frac{1}{2}}t\cos\mu x\frac{d\mu}{\mu^{\frac{1}{2}}}.$$

Lorsqu'on n'a pas dessein de comparer entre elles les positions successives d'une même molécule fluide, on peut se contenter d'exprimer les diverses inconnues du problème en fonction des coordonnées variables et du temps. Dans le même cas, les seules inconnues dont il faille joindre les valeurs à celles de q et de Q, pour fixer dans tous les instants l'état de la masse fluide et celui de sa surface, sont, pour un point quelconque, la pression p avec les vitesses u, v dans le sens des coordonnées, et, pour un point de la surface, les vitesses U, V et l'ordonnée y. Nous ne parlons pas de la pression à la surface du fluide, parce que nous la supposerons constamment nulle; et d'ailleurs, nous avons prouvé, dans la deuxième Partie, que les lois du mouvement restaient les mêmes, soit que la pression à la surface fût égale à zéro, soit qu'elle fût constante, ou, même, fonction du temps. Quant aux autres inconnues, leurs valeurs se trouvent déterminées, en fonction de q et de Q, par les deux groupes d'équations

$$(6)\qquad \begin{cases} u=-\dfrac{1}{\delta}\dfrac{\partial q}{\partial x},\\[2mm] v=-\dfrac{1}{\delta}\dfrac{\partial q}{\partial y},\\[2mm] p=\dfrac{\partial q}{\partial t}-g\delta y,\end{cases}\qquad\qquad (7)\qquad \begin{cases} y=\dfrac{1}{g\delta}\dfrac{\partial \mathrm{Q}}{\partial t},\\[2mm] \mathrm{U}=-\dfrac{1}{\delta}\dfrac{\partial \mathrm{Q}}{\partial x},\\[2mm] \mathrm{V}=\dfrac{1}{g\delta}\dfrac{\partial^2 \mathrm{Q}}{\partial t^2}.\end{cases}$$

Toutefois il est bon d'observer qu'on peut déduire immédiatement les vitesses à la surface, U et V, des valeurs générales de u et de v, en faisant dans ces dernières $y = 0$.

On reconnaît facilement, à la seule inspection des formules (4), (5), (6) et (7) : 1° que l'impulsion et les vitesses sont nulles dans le premier instant; 2° que ces trois quantités s'évanouissent encore pour de très-grandes valeurs négatives de y, c'est-à-dire, pour les points situés à une très-grande profondeur dans la masse fluide; 3° qu'elles sont proportionnelles à la section d'eau soulevée dans le premier instant. Quant à la pression p, elle est composée de deux termes. L'un de ces termes, savoir,

$$-g\delta y,$$

représente la pression qui aurait lieu si le fluide était en repos, et croît indéfiniment avec la profondeur. L'autre terme

$$\frac{\partial q}{\partial t}$$

est proportionnel à la quantité d'eau soulevée dans le premier instant, et s'évanouit lorsqu'on s'abaisse d'une quantité considérable au-dessous du niveau de la surface. Enfin on peut remarquer que la pression et l'impulsion sont proportionnelles à la densité, tandis que les vitesses en sont indépendantes.

On démontre facilement l'homogénéité de l'équation (4). En effet, si dans cette équation on remplace μ par $\frac{\mu}{gt^2}$, ce qui ne change pas les limites de l'intégrale, on trouvera

$$(8) \qquad q = \frac{G\delta}{\pi t}\int_0^\infty \sin\mu^{\frac{1}{2}} \cos\mu \frac{x}{gt^2}\, e^{\frac{\mu y}{gt^2}} \frac{d\mu}{\mu^{\frac{1}{2}}}.$$

Dans cette dernière, gt^2 désignant le double de l'espace parcouru par un corps grave pendant le temps t, $\frac{x}{gt^2}$ et $\frac{-y}{gt^2}$ sont évidemment des nombres abstraits. Par suite, l'intégrale elle-même est un nombre indépendant de l'unité de mesure, de temps ou de densité. De plus, $\frac{G}{t}$ représente une surface divisée par un temps, ou, ce qui revient au même, le produit d'une vitesse par une ligne; et par suite, $\frac{G}{t}\delta$ doit représenter une impulsion, ainsi que la formule le suppose.

Lorsque dans la dernière équation (6) on suppose y égale à l'ordonnée de la surface, on a, en vertu de la première équation (7), $y = \frac{1}{g\delta}\frac{\partial q}{\partial t}$, et par suite

$$p = 0;$$

ce qui est une suite nécessaire de la manière dont on a posé la question.

Enfin, si dans les équations (4), (5), (6) et (7) on change x en $-x$, les inconnues q, Q, p, y, v et V ne changeront ni de signe ni de valeur; et les vitesses horizontales u, U conserveront la même valeur, mais changeront de signe. Il suit de là que le mouvement du fluide est symétrique de part et d'autre de l'axe des y. C'est pourquoi nous nous bornerons, dans ce qui va suivre, à fixer le mouvement des molécules qui correspondent à des valeurs positives de x.

5. Si, après avoir développé les seconds membres des équations (7), on remplace, dans les valeurs générales de Q, y, U, V, la variable μ par $\frac{\mu}{gt^2}$; et que l'on fasse en outre, pour abréger,

$$\frac{x}{\frac{1}{2}gt^2} = \frac{1}{k}, \tag{9}$$

on trouvera

$$\left\{\begin{aligned} Q &= \frac{G\delta}{\pi t}\int \sin\mu^{\frac{1}{2}} \cos\frac{\mu}{2k}\frac{d\mu}{\mu^{\frac{1}{2}}},\\ y &= \frac{G}{\pi g t^2}\int \cos\mu^{\frac{1}{2}} \cos\frac{\mu}{2k}\, d\mu,\\ U &= \frac{G}{\pi g t^3}\int \sin\mu^{\frac{1}{2}} \sin\frac{\mu}{2k}\, \mu^{\frac{1}{2}} d\mu,\\ V &= \frac{-G}{\pi g t^3}\int \sin\mu^{\frac{1}{2}} \cos\frac{\mu}{2k}\, \mu^{\frac{1}{2}} d\mu. \end{aligned}\right. \tag{10}$$

Si maintenant on fait

$$\int \cos\mu^{\frac{1}{2}} \cos\frac{\mu}{2k}\, d\mu = 2k\mathrm{K},$$

les équations (10) deviendront

$$(11)\quad \begin{cases} Q = \dfrac{Gk^{\frac{1}{2}}\delta}{\pi t}\displaystyle\int K \dfrac{dk}{k^{\frac{1}{2}}}, \\ y = \dfrac{2Gk}{\pi g t^2} K, \\ U = \dfrac{2Gk^{\frac{3}{2}}}{\pi g t^3}\displaystyle\int \dfrac{d(kK)}{dk} \dfrac{dk}{k^{\frac{1}{2}}}, \\ V = \dfrac{4Gk^2}{\pi g t^3} \dfrac{dK}{dk}. \end{cases}$$

Il reste à déduire des équations précédentes les diverses circonstances du mouvement des ondes. Comme, en vertu de ce qu'on a dit ci-dessus, ce mouvement est symétrique de part et d'autre de l'axe des y, il suffira de considérer les points pour lesquels l'abscisse x, et par suite la valeur de k, est positive. Dans cette hypothèse, la valeur de K pourra être mise sous la forme suivante :

$$(12)\quad K = \int_0^\infty \cos(2k\mu)^{\frac{1}{2}} \cos\mu \, d\mu.$$

Si, pour un instant déterminé, on veut fixer le nombre et la position des ondes à la surface du fluide, il faudra considérer le temps comme une constante, et chercher les valeurs de x qui rendent la valeur de y un maximum absolu. Ces valeurs se trouvent déterminées par l'équation

$$\frac{\partial(kK)}{\partial x} = 0,$$

ou, ce qui revient au même, par la suivante,

$$(13)\quad \frac{d(kK)}{dk} = 0,$$

dont le premier membre est tout simplement une fonction de $k = \frac{\frac{1}{2}gt^2}{x}$. Si l'on désigne par k_1, k_2, k_3, ... les racines positives et réelles de cette dernière équation, rangées par ordre de grandeur, les sommets des ondes formées, soit en creux, soit en relief, à la surface du fluide, au bout du temps t, auront respectivement pour abscisses

$$(14)\quad \left\{\begin{array}{l} x = \frac{1}{k_1}\frac{1}{2}gt^2, \\ x = \frac{1}{k_2}\frac{1}{2}gt^2, \\ x = \frac{1}{k_3}\frac{1}{2}gt^2, \\ \ldots\ldots\ldots\ldots \end{array}\right.$$

Parmi ces valeurs de x, les unes fourniront pour y des maxima positifs, les autres des maxima négatifs; ce qui servira à distinguer les ondes formées en creux des ondes formées en relief. Si quelqu'une de ces valeurs ne rendait pas y un maximum, il faudrait la rejeter.

Si l'on veut maintenant déterminer la vitesse avec laquelle les ondes se propagent, il faudra considérer t comme variable dans les équations (14); et l'on verra immédiatement que l'abscisse du sommet d'une onde, ou la distance de ce sommet à l'origine des coordonnées, croît comme le carré du temps. Le mouvement des ondes n'est donc pas uniforme, ainsi que M. Lagrange l'a supposé dans sa *Mécanique analytique*, mais uniformément accéléré [1]. Avant d'obtenir les intégrales générales des équations du mouvement, j'avais déjà été conduit par des considérations particulières à soupçonner ce résultat, et j'en avais fait part à M. Laplace. Mais je n'osais encore m'arrêter à cette idée, lorsque M. Poisson m'y confirma par cette considération, que, pour satisfaire à la condition d'homogénéité, les espaces parcourus par les ondes, supposé qu'ils fussent indépendants de la forme initiale de la surface, devaient être proportionnels à l'espace parcouru par un corps grave, c'est-à-dire, à $\frac{1}{2}gt^2$.

Puisque le mouvement des ondes est uniformément accéléré, la vitesse de chaque onde (mesurée à son sommet) est nécessairement égale à deux fois l'abscisse de ce sommet divisée par le temps. Par

[1] *Voir* la Note XVI.

suite, en vertu des équations (14),

la vitesse de la première onde sera ... $\frac{1}{k_1}gt$,

celle de la seconde .... $\frac{1}{k_2}gt$,

celle de la troisième .... $\frac{1}{k_3}gt$,

....

Comme les quantités k_1, k_2, k_3, ... sont toujours croissantes, il en résulte que la deuxième onde se meut plus lentement que la première, la troisième plus lentement que la seconde, etc. De plus, les forces accélératrices qui seraient capables de produire les vitesses de la première, de la seconde, de la troisième onde, etc., sont évidemment à la force accélératrice de la pesanteur dans le rapport des quantités

$$\frac{1}{k_1}, \frac{1}{k_2}, \frac{1}{k_3}, \ldots.$$

Il suit de ce qui précède que, pour fixer les lois de la propagation des ondes, il faut comparer entre eux, aux diverses époques du mouvement, non pas les points de la surface qui ont les mêmes abscisses, mais ceux dont les abscisses sont entre elles comme les carrés des temps, ou qui correspondent à une même valeur de k. En examinant, sous ce point de vue, les équations (10) et (13), et observant que la valeur de G deviendrait négative si dans le premier instant la portion de surface adjacente à l'origine des coordonnées avait été, non pas soulevée, mais déprimée au-dessous de son niveau moyen, on reconnaîtra sans peine que le mouvement des ondes a lieu de la manière suivante.

1° La vitesse de chaque onde est indépendante de la petite portion de fluide soulevée ou déprimée à l'origine du mouvement, et de la courbure de la surface qui terminait la portion dont il s'agit. Elle n'est pas constante, mais proportionnelle au temps. Par suite, l'espace parcouru par chaque onde, et la distance comprise entre les sommets de deux ondes consécutives, croissent comme le carré du temps. Ainsi deux ondes, qui paraissent se confondre tout près du centre du mouvement, s'écartent, à mesure qu'elles s'avancent, d'une manière très-rapide. C'est ce dont on peut s'assurer à la simple vue, en pressant avec une baguette la surface d'une eau tranquille.

2° Tandis qu'une onde s'éloigne du centre du mouvement à des distances croissantes comme les carrés des temps, ses hauteurs décroissent dans le même rapport. Il suit de cette loi que chaque onde, en s'avançant, gagne en largeur ce qu'elle perd en hauteur; en sorte que le volume de fluide qu'elle renferme demeure constant. Il en résulte aussi qu'au bout d'un temps assez court elle s'étend et s'aplatit de manière à devenir insensible. Enfin on peut en conclure que, si, par la construction des diverses valeurs de l'ordonnée, on a dessiné la surface du fluide pour un instant déterminé, il suffira de changer l'échelle des hauteurs dans un certain rapport, et l'échelle des largeurs dans un rapport inverse, pour représenter la même surface dans un autre instant pris à volonté.

3° La hauteur de chaque onde, ainsi que sa vitesse, est indépendante de la courbure de la surface qui termine la portion de liquide soulevée ou déprimée à l'origine du mouvement. Mais elle dépend du volume que renferme la portion dont il s'agit, et croît proportionnellement à ce même volume. Ainsi, pour des volumes égaux, quoique différents de forme, la hauteur de chaque onde restera la même. Mais, si le volume vient à varier, la hauteur variera dans le même rapport. Cette loi étant indépendante des signes des quantités que l'on considère, il en résulte que, si, à l'origine du mouvement, le fluide se trouve déprimé, au lieu d'être soulevé, les ondes se formeront en relief là où elles se formaient en creux, et réciproquement. Enfin, si dans le premier instant deux portions de liquide très-voisines se trouvaient l'une soulevée, l'autre déprimée, il suffirait d'avoir égard à la différence de leurs volumes; et par conséquent le mouvement deviendrait insensible, si ces deux volumes étaient égaux. Au reste, on doit remarquer que, les trois dimensions du fluide étant réduites à deux seulement, les volumes dont il s'agit ici se trouvent représentés par des surfaces qui doivent être mesurées dans le plan vertical des x et y.

4° A distances égales de part et d'autre du centre de mouvement, les hauteurs et les vitesses des ondes sont constamment égales entre elles.

Les lois que nous venons de décrire sont uniquement déduites de la seconde des équations (10) jointe à l'équation (13), qui en est une suite nécessaire. Nous ne nous arrêterons pas à examiner en détail celles que fournissent les autres équations. Nous observerons seulement que les vitesses U et V, ainsi que l'impulsion Q, considérées comme fonctions de k et de t, s'évanouissent pour de très-grandes valeurs du temps; ce qui veut dire seulement que les différentes molécules de fluide, qui font successivement partie d'une même onde, ont des vitesses d'autant plus petites qu'elles sont plus éloignées du centre de mouvement.

6. Pour fixer à chaque instant d'une manière précise la forme de la surface fluide, il suffit de calculer la valeur de y que fournit la seconde des équations (11), et par suite de développer la fonction de k représentée par K. Lorsque la valeur de k n'est pas très-considérable, celle de K peut être facilement déterminée [*voir* la Note III ([1])] par le moyen de la série

$$(15)\quad \left\{\begin{aligned} K &= \frac{2k}{2} - \frac{(2k)^3}{4.5.6} + \frac{(2k)^5}{6.7.8.9.10} + \frac{(2k)^7}{8.9.10.11.12.13.14} + \ldots \\ &= \left[\begin{aligned} &1 - 1{,}6666667\left(\frac{4k^2}{100}\right) + 0{,}6613756\left(\frac{4k^2}{100}\right)^2 - 0{,}1156251\left(\frac{4k^2}{100}\right)^3 + 0{,}0113358\left(\frac{4k^2}{100}\right)^4 \\ &- 0{,}0007103\left(\frac{4k^2}{100}\right)^5 + 0{,}0000309\left(\frac{4k^2}{100}\right)^6 - 0{,}0000010\left(\frac{4k^2}{100}\right)^7 + \ldots \end{aligned}\right] \end{aligned}\right.$$

Lorsque la valeur de k sera très-grande, on se servira de la formule

$$(16)\qquad K = \frac{\pi^{\frac{1}{2}}}{2} k^{\frac{1}{2}} (\sin\tfrac{1}{2}k + \cos\tfrac{1}{2}k) - \int_0^\infty e^{-(2k\mu)^{\frac{1}{2}}} \cos\mu \, d\mu$$

(*voir* la Note III), dans laquelle on pourra, sans erreur sensible, négli-

([1]) *Voir* aussi la Note XVII.

ger le terme

$$\int_0^\infty e^{-(2k\mu)^{\frac{1}{2}}} \cos\mu \, d\mu.$$

En effet, ce terme, abstraction faite du signe, est évidemment plus petit que l'intégrale

$$\int_0^\infty e^{-(2k\mu)^{\frac{1}{2}}} d\mu = \frac{1}{k},$$

et, par suite, l'omission de ce même terme dans la valeur de y ne produira jamais une erreur égale à

$$\frac{2G}{\pi g t^2} = \frac{G}{\pi k x},$$

quantité très-petite lorsque la valeur de k devient très-considérable.

Si l'on substitue la valeur de K, donnée par la formule (15), dans l'équation (13), celle-ci, divisée par $2k$, deviendra

$$(17) \qquad 1 - \frac{4k^2}{5.6} + \frac{(4k^2)^2}{7.8.9.10} - \frac{(4k^2)^3}{9.10.11.12.13.14} + \ldots = 0.$$

La plus petite valeur positive de k, qui satisfasse à cette équation, est

$$k_1 = 3,0736\ldots.$$

La seconde est

$$k_2 = 8,36\ldots,$$

....

De plus, si l'on donne à G des valeurs positives, la valeur de y sera un maximum positif dans le premier cas, un maximum négatif dans le second. Par suite, les différentes ondes se trouveront formées, la première en relief, la seconde en creux, la troisième en relief, etc., leurs vitesses respectives étant de plus en plus petites; et les forces accélératrices capables de produire ces mêmes vitesses seront à la force accélératrice de la pesanteur dans le rapport des nombres suivants :

(18)
Pour la première onde ... $\frac{1}{k_1} = 0,32536\ldots$
Pour la seconde onde.... $\frac{1}{k_2} = 0,120\ldots$
....

Si l'on voulait déduire de l'équation (17) la valeur de k_3, le calcul deviendrait très-pénible. Mais on peut obtenir cette valeur et celles de k_4, k_5, ... avec une approximation suffisante, ainsi qu'il suit.

Si dans l'équation (13) on substitue la valeur de K donnée par l'équation (16), après avoir mis, pour plus de commodité, l'intégrale

$$\int_0^\infty e^{-(2k\mu)^{\frac{1}{2}}} \cos\mu\, d\mu$$

sous la forme suivante,

$$\frac{1}{k}\int_0^\infty e^{-(2\mu)^{\frac{1}{2}}} \cos\frac{\mu}{k}\, d\mu,$$

l'équation (13) deviendra

$$(19) \quad 0 = \frac{\pi^{\frac{1}{2}} k^{\frac{1}{2}}}{4}\left[(k+3)\cos\tfrac{1}{2}k - (k-3)\sin\tfrac{1}{2}k\right] - \frac{1}{k^2}\int_0^\infty e^{-(2\mu)^{\frac{1}{2}}} \sin\frac{\mu}{k}\, \mu\, d\mu.$$

Le dernier terme de cette nouvelle équation est, abstraction faite du signe, évidemment plus petit que

$$\frac{1}{k^2}\int_0^\infty e^{-(2\mu)^{\frac{1}{2}}} \mu\, d\mu = \frac{3}{k^2}.$$

Il deviendra donc insensible, pour peu que la valeur de k soit considérable. Dans cette hypothèse, l'équation (19) se trouvera réduite à

$$(k+3)\cos\tfrac{1}{2}k - (k-3)\sin\tfrac{1}{2}k = 0;$$

d'où l'on conclut

$$(20) \qquad \operatorname{tang}\tfrac{1}{2}k = \frac{1+\frac{3}{k}}{1-\frac{3}{k}}.$$

Cette dernière équation, résolue par rapport à k, a une infinité de racines positives réelles; et, si on les range par ordre de grandeur, les valeurs correspondantes de $\frac{1}{k}$ formeront une progression décroissante, ainsi qu'il suit :

$$(21) \quad \frac{1}{k} = 0,322\ldots, \quad \frac{1}{k} = 0,117\ldots, \quad \frac{1}{k} = 0,069\ldots, \quad \frac{1}{k} = 0,048\ldots, \quad \ldots.$$

On doit remarquer que les deux premières coïncident, quant aux deux premiers chiffres significatifs, avec les valeurs de $\frac{1}{k_1}$ et de $\frac{1}{k_2}$ déterminées par les équations (18). La même coïncidence devant avoir lieu *a fortiori* entre les autres valeurs de $\frac{1}{k}$ tirées des équations (21) et les quantités $\frac{1}{k_3}, \frac{1}{k_4}, \ldots$, on pourra conclure des formules (21)

$$\frac{1}{k_3} = 0,069\ldots, \quad \frac{1}{k_4} = 0,048\ldots, \quad \ldots.$$

En calculant de la même manière les valeurs de $\frac{1}{k_5}, \frac{1}{k_6}, \ldots, \frac{1}{k_{10}}$, et réunissant les valeurs ainsi obtenues à celles de $\frac{1}{k_1}, \frac{1}{k_2}, \frac{1}{k_3}, \frac{1}{k_4}$, on reconnaîtra que les vitesses des dix premières ondes peuvent être censées produites par des forces accélératrices qui seraient à celle de la pesanteur dans le rapport des nombres suivants :

(22)	pour la première onde...	0,32536...
	pour la seconde	0,120...
	pour la troisième	0,069...
	pour la quatrième.......	0,048...
	pour la cinquième	0,037...
	pour la sixième.........	0,030...
	pour la septième........	0,025...
	pour la huitième........	0,022...
	pour la neuvième.......	0,019...
	pour la dixième.........	0,017...

On peut remarquer que les six derniers nombres sont immédiatement donnés par la formule

$$\frac{1}{k} = \frac{2}{(4n-3)\pi},$$

lorsqu'on y fait successivement $n=5$, $n=6$, $n=7$, $n=8$, $n=9$, $n=10$. Il est naturel de penser que cette même formule doit s'étendre aux valeurs suivantes de $\frac{1}{k}$; en sorte qu'en désignant par n le numéro d'une onde on ait à très-peu près, pour des valeurs considérables de n,

$$(23) \qquad k = (2n - \tfrac{3}{2})\pi = (n-1)2\pi + \frac{\pi}{2}.$$

C'est ce qu'il est aisé de prouver directement. Car, pour de grandes valeurs de k, le second membre de l'équation (20) se réduit sensiblement à l'unité. On a donc alors

$$(24) \qquad \operatorname{tang} \tfrac{1}{2}k = 1,$$

et par suite

$$\tfrac{1}{2}k = \frac{\pi}{4} + (n-1)\pi,$$

$n - 1$ étant un nombre entier quelconque; ce qui s'accorde avec l'équation (23).

Les valeurs de k_1, k_2, ... étant calculées, il sera facile d'obtenir, pour chaque onde, la valeur de y en fonction du temps seulement. Ainsi, par exemple, en supposant successivement $k = k_1$, $k = k_2$, on trouvera pour les ordonnées des deux premières ondes

$$(25) \qquad \begin{cases} y = 1,37913\ldots \dfrac{G}{\frac{1}{2}gt^2}, \\ y = -8,88\ldots\ldots \dfrac{G}{\frac{1}{2}gt^2}. \end{cases}$$

7. Si, dans la seconde des équations (11), on substitue pour k sa valeur, on aura

$$(26) \qquad y = \frac{G}{\pi x}K.$$

Si dans cette dernière équation on suppose x constante, et que l'on fasse croître la valeur de t, celle de K devant alors croître indéfiniment en vertu de la formule (16), il semble, au premier abord, que la valeur de y finira par devenir plus grande que toute quantité donnée, ce qui serait absurde. Pour expliquer ce paradoxe, il suffit d'observer que l'équation (26) ne donnera la valeur de y avec quelque exactitude que dans le cas où cette même équation pourra remplacer sans erreur sensible la formule (58) (IIe Partie). D'ailleurs, si dans cette dernière formule on change μ en $\frac{\mu}{x-\varpi}$, elle deviendra

$$(27) \qquad y=\frac{1}{\pi}\int_{-\infty}^{\infty}\int_0^{\infty}\cos\frac{\mu^{\frac{1}{2}}g^{\frac{1}{2}}t}{(x-\varpi)^{\frac{1}{2}}}\cos\mu\,F(\varpi)\frac{d\varpi\,d\mu}{x-\varpi}.$$

De plus, lorsque la quantité $k=\frac{\frac{1}{2}gt^2}{x}$ est très-considérable, l'équation (16) donne à très-peu près

$$\int_0^{\infty}\cos\frac{\mu^{\frac{1}{2}}g^{\frac{1}{2}}t}{x^{\frac{1}{2}}}\cos\mu\,d\mu=K=\frac{\pi^{\frac{1}{2}}g^{\frac{1}{2}}t}{2^{\frac{3}{2}}x^{\frac{1}{2}}}\left(\sin\frac{gt^2}{4x}+\cos\frac{gt^2}{4x}\right).$$

Dans la même hypothèse, toutes les fois que ϖ a une valeur très-petite relativement à x, $\frac{\frac{1}{2}gt^2}{x-\varpi}$ est encore une quantité fort grande; et par suite on a aussi

$$\int\cos\frac{\mu^{\frac{1}{2}}g^{\frac{1}{2}}t}{(x-\varpi)^{\frac{1}{2}}}\cos\mu\,d\mu=\frac{\pi^{\frac{1}{2}}g^{\frac{1}{2}}t}{2^{\frac{3}{2}}(x-\varpi)^{\frac{1}{2}}}\left[\sin\frac{gt^2}{4(x-\varpi)}+\cos\frac{gt^2}{4(x-\varpi)}\right].$$

Cela posé, l'équation (27) se réduit à

$$(28) \quad y=\frac{1}{2^{\frac{3}{2}}\pi^{\frac{1}{2}}}\int\frac{g^{\frac{1}{2}}t}{(x-\varpi)^{\frac{1}{2}}}\left[\sin\frac{gt^2}{4(x-\varpi)}+\cos\frac{gt^2}{4(x-\varpi)}\right]F(\varpi)\frac{d\varpi}{x-\varpi}.$$

Si maintenant on suppose que $F(\varpi)$ n'ait de valeur sensible que pour de très-petites valeurs de ϖ, on pourra, dans un grand nombre de cas, remplacer $x-\varpi$ par x; et par suite l'équation (28) deviendra

$$(29) \qquad y=\frac{G}{2^{\frac{3}{2}}\pi^{\frac{1}{2}}}\frac{g^{\frac{1}{2}}t}{x^{\frac{3}{2}}}\left(\sin\frac{gt^2}{4x}+\cos\frac{gt^2}{4x}\right)=\frac{G}{\pi x}K,$$

ce qui s'accorde avec l'équation (26). Mais on voit en même temps que l'équation (26) devra être uniquement employée dans les cas où il sera permis de substituer x au lieu de $x - \varpi$. Les conditions nécessaires pour que cette substitution puisse avoir lieu sans erreur sensible sont :

1° Que la valeur de x soit très-considérable relativement à celle de ϖ;

2° Que les deux quantités

$$\frac{gt^2}{4(x-\varpi)}, \quad \frac{gt^2}{4x},$$

qui, dans les équations (28) et (29), se trouvent comprises sous les signes sinus et cosinus, soient très-peu différentes l'une de l'autre.

La différence de ces deux quantités étant

$$\frac{gt^2\varpi}{4x(x-\varpi)},$$

et par conséquent, lorsque x est beaucoup plus grand que ϖ, à peu près égale à

$$\frac{gt^2\varpi}{4x^2} = \frac{k\varpi}{2x};$$

si l'on désigne par ϖ' la plus grande valeur absolue de ϖ, abstraction faite du signe, pour laquelle $F(\varpi)$ ne soit pas nulle, et par α la plus grande valeur qu'on puisse laisser à $\frac{k\varpi}{x}$ relativement au degré d'approximation que l'on se propose d'obtenir, on devra toujours supposer, dans l'équation (26),

$$(30) \qquad \frac{k}{x} < \frac{\alpha}{\varpi'}.$$

D'ailleurs, il est facile de prouver, à l'aide des formules (15) et (16) (*voir* la Note V), que le rapport $\frac{K}{k}$ est toujours inférieur à l'unité. Par suite, la valeur de y donnée par l'équation (26) ne pourra être employée que dans le cas où elle ne surpassera pas

$$(31) \qquad \frac{G\alpha}{\pi\varpi'}.$$

Dans le calcul qu'on vient de faire, α est la mesure de l'approximation qu'on veut obtenir, $-\varpi'$ et $+\varpi'$ sont les limites hors desquelles la fonction $F(\varpi)$ s'évanouit, ou du moins des quantités entre lesquelles ces mêmes limites se trouvent comprises, et G représente la section de fluide soulevée ou déprimée dans le premier instant. Cela posé, si l'on désigne par h la hauteur moyenne du fluide dans cette section, on aura évidemment

$$\frac{G}{2\varpi'} = \text{ ou } < h;$$

et par suite

$$\frac{G\alpha}{\pi\varpi'} = \text{ ou } < \frac{2}{\pi}\alpha h.$$

On pourra donc prendre

$$(32) \qquad \frac{2}{\pi}\alpha h$$

pour la limite des valeurs de y que peut déterminer l'équation (26); et l'on voit que cette limite est proportionnelle, d'une part, à la hauteur moyenne du volume de fluide déplacé dans le premier instant, de l'autre, au degré d'approximation que l'on se propose d'obtenir. Cette dernière conséquence était facile à prévoir, car nos formules sont d'autant plus approchées, que les ondes que l'on considère sont plus éloignées du centre de mouvement; et nous avons montré qu'en s'éloignant de ce centre elles diminuaient de hauteur.

La distance à laquelle il faut s'éloigner du centre de mouvement, pour qu'on puisse, avec le degré d'approximation mesuré par α, substituer l'équation (26) à l'équation (27), varie avec le temps. Pour déterminer cette distance en fonction du temps, il suffit de remplacer, dans la formule (30), k par $\frac{\frac{1}{2}gt^2}{x}$. On trouve alors

$$(33) \qquad x > \left(\frac{\varpi' g}{2\alpha}\right)^{\frac{1}{2}} t.$$

La distance cherchée est donc égale à $\left(\frac{\varpi' g}{2\alpha}\right)^{\frac{1}{2}} t$, et par suite proportionnelle au temps. Ainsi, pour obtenir avec le même degré d'approximation les sinus et cosinus qui entrent dans la valeur générale de y, il faudra, au bout d'un temps double, s'éloigner à une distance double; au bout d'un temps triple, à une distance triple; etc.

Si l'on multiplie les deux membres de l'inégalité (30) par $\frac{GK}{\pi k}$, on trouvera, en ayant égard à l'équation (26),

$$(34) \qquad y < \frac{G\alpha}{\pi\varpi'}\,\frac{K}{k}.$$

D'ailleurs, en vertu de l'équation (16), la fraction $\frac{K}{k}$ s'évanouit, lorsqu'on donne à k de très-grandes valeurs, puisqu'elle est alors de l'ordre de $\frac{1}{k^{\frac{1}{2}}}$. Il en sera donc de même de la valeur de y.

Cela posé, il est facile de voir que, si la condition (30) se trouve remplie, la valeur de y, déterminée par l'équation (26), s'évanouira nécessairement pour des valeurs infinies de t. En effet, dans cette hypothèse, la valeur de x, devant satisfaire à la condition (33), est nécessairement comparable à celle de t, et ne peut être qu'un infini du même ordre, ou d'un ordre supérieur. Dans le premier cas, la valeur de $k = \frac{\frac{1}{2}gt^2}{x}$ étant comparable à celle de t, et par suite infinie, celle de y s'évanouira, d'après ce qu'on vient de démontrer. Dans le second cas, la fraction $\frac{k}{x}$ s'évanouira; et, comme on a toujours $K < k$, il en sera de même de la fraction $\frac{K}{x}$ et de la valeur de y.

L'examen détaillé des valeurs de U et de V conduirait à des conclusions analogues. Ainsi, par exemple, il est facile de prouver, en supposant toutefois remplie la condition (30), que, pour des valeurs infinies et comparables de x et de t, les deux vitesses U et V s'évanouissent. En effet, dans cette hypothèse, la valeur de k est elle-même comparable à x et à t; et celle de K, en vertu de l'équation (16), est de l'ordre de $k^{\frac{1}{2}}$. Par suite, la valeur de U tirée des équations (11) sera de l'ordre de

$$\frac{k^{2+\frac{1}{2}}}{t^3},$$

ou, ce qui revient au même, de l'ordre de

$$\frac{1}{t^{\frac{1}{2}}};$$

et la valeur de V sera de l'ordre de

$$\frac{k^{1+\frac{1}{2}}}{t^3},$$

ou, ce qui revient au même, de l'ordre de

$$\frac{1}{t^{\frac{3}{2}}}:$$

en sorte que ces deux valeurs seront infiniment petites.

Je ne pousserai pas plus loin cette discussion. Seulement, pour terminer ce que j'avais à dire au sujet des approximations, je ferai observer que, dans le cas même où le niveau du fluide aurait été primitivement altéré sur une étendue de surface assez considérable autour de l'origine des coordonnées, on trouverait toujours des portions de surface auxquelles l'équation (26) serait applicable. Il suffirait pour cela de s'éloigner de l'origine à des distances assez fortes, pour que la quantité

$$\frac{gt^2}{4(x-\varpi')}$$

fût très-peu différente de $\frac{gt^2}{4x}$; ϖ' étant la plus grande distance comptée à partir de l'origine, et abstraction faite du signe, à laquelle l'altération du niveau fût sensible dans le premier instant, et la valeur de x étant d'ailleurs très-considérable relativement à celle de ϖ'.

8. Si l'on voulait comparer l'état du fluide, au bout du temps t, avec l'état initial, il suffirait, conformément au n° 9 de la Section III (IIe Partie), de remplacer dans les valeurs des inconnues p, q, u, v, ... les coordonnées variables x, y par les coordonnées initiales a et b. Cette substitution étant effectuée, les valeurs de x et de y en a, b, t seraient déterminées par les équations

$$(35) \qquad x = a + \int u\,dt, \quad y = b + \int v\,dt,$$

dans lesquelles on doit prendre les intégrales depuis $t = 0$. Comme les valeurs de u et de v, déterminées par les formules que nous avons fait connaître, sont alternativement positives et négatives, et toujours peu considérables, les quantités

$$\int u\,dt, \quad \int v\,dt$$

seront elles-mêmes fort petites, et par suite les diverses molécules de fluide feront seulement de petites oscillations autour de leurs positions primitives.

9. Je passe maintenant à la seconde des deux hypothèses que l'on peut faire sur la manière dont le fluide a été mis en mouvement; et je suppose que, sa surface ayant été dans le premier instant parfaitement de niveau, le mouvement initial ait été produit par l'action de forces impulsives très-petites, appliquées aux points de cette surface très-voisins de l'origine des coordonnées. Dans cette hypothèse, les molécules fluides acquerront, dès le premier instant, des vitesses sensibles, dont nous avons déterminé la valeur, en parlant de l'état initial. De plus, il suffira, pour fixer au bout du temps t l'état du fluide et celui de sa surface, de remplacer les équations (4) et (5) du n° 4 par les deux suivantes

$$(36) \qquad \begin{cases} q = \dfrac{\mathrm{H}}{\pi}\displaystyle\int_0^\infty \cos\mu^{\frac{1}{2}}g^{\frac{1}{2}}t\cos\mu x\, e^{\mu y}\,d\mu, \\ \mathrm{Q} = \dfrac{\mathrm{H}}{\pi}\displaystyle\int_0^\infty \cos\mu^{\frac{1}{2}}g^{\frac{1}{2}}t\cos\mu x\,d\mu, \end{cases}$$

en laissant d'ailleurs subsister entre les diverses inconnues les relations établies par les formules (6) et (7). La constante H, que renferment les deux équations (36), exprime, comme on l'a déjà remarqué, la somme des produits qu'on obtient en multipliant chaque élément de la surface fluide par l'impulsion qu'il a reçue dans le premier instant, cette impulsion étant rapportée à l'unité de surface. H est donc la somme des impulsions que supportent les divers éléments, chacun à raison de son étendue. C'est pourquoi nous désignerons désormais cette constante sous le nom d'*impulsion totale*.

En comparant les équations (36) avec les équations (4) et (5), on reconnaîtra facilement que la plupart des lois relatives à la première hypothèse s'appliquent à la seconde, soit immédiatement, soit avec de légères modifications. Ainsi, par exemple, dans la seconde hypothèse, comme dans la première, le mouvement est symétrique de part et d'autre de l'axe des y. Dans les deux cas, l'impulsion et les vitesses s'évanouissent à de très-grandes profondeurs; tandis que la pression croît indéfiniment, et finit par être sensiblement égale à celle qui aurait lieu, si le fluide était en repos. Dans le second cas en particulier, l'impulsion et les vitesses restent constamment proportionnelles à l'impulsion totale supportée par la surface dans le premier instant. Enfin les vitesses sont en raison inverse de la densité, tandis que la pression et l'impulsion en sont indépendantes.

Si, après avoir substitué la valeur de Q dans les équations (7), on remplace μ, dans les valeurs de Q, y, U, V, par $\frac{\mu}{gt^2}$, et que l'on fasse toujours, comme dans le n° 5,

$$\frac{\frac{1}{2}gt^2}{x} = k, \quad \int \cos(2k\mu)^{\frac{1}{2}} \cos\mu\, d\mu = \mathrm{K},$$

$$\left\{\begin{aligned} \mathrm{Q} &= \frac{\mathrm{H}}{\pi g t^2}\int_0^\infty \cos\mu^{\frac{1}{2}} \cos\frac{\mu}{2k}\,d\mu,\\ y &= -\frac{\mathrm{H}}{\pi g^2 t^3 \delta}\int_0^\infty \sin\mu^{\frac{1}{2}} \cos\frac{\mu}{2k}\,\mu^{\frac{1}{2}}\,d\mu,\\ \mathrm{U} &= \frac{\mathrm{H}}{\pi g^2 t^4 \delta}\int_0^\infty \cos\mu^{\frac{1}{2}} \sin\frac{\mu}{2k}\,\mu\,d\mu,\\ \mathrm{V} &= -\frac{\mathrm{H}}{\pi g^2 t^4 \delta}\int_0^\infty \cos\mu^{\frac{1}{2}} \cos\frac{\mu}{2k}\,\mu\,d\mu, \end{aligned}\right.$$

ou, ce qui revient au même,

$$\left\{\begin{aligned} \mathrm{Q} &= \frac{2\mathrm{H}k}{\pi g t^2}\,\mathrm{K},\\ y &= \frac{4\mathrm{H}k^2}{\pi g^2 t^3 \delta}\,\frac{d\mathrm{K}}{dk},\\ \mathrm{U} &= \frac{4\mathrm{H}k^3}{\pi g^2 t^4 \delta}\,\frac{d\mathrm{K}}{dk},\\ \mathrm{V} &= \frac{8\mathrm{H}k^{\frac{5}{2}}}{\pi g^2 t^4 \delta}\,\frac{d\left(k^{\frac{1}{2}}\frac{d\mathrm{K}}{dk}\right)}{dk}. \end{aligned}\right.$$

Ces dernières formules ont une grande analogie avec les équations (10) et (11). On peut même remarquer que la valeur de y déduite des équations (10) ou (11), et la valeur de Q donnée par les équations (38) ou (39), sont parfaitement semblables, et ne diffèrent que par la valeur des constantes G et H.

10. Pour déterminer la position des ondes à la surface du fluide, il faut, dans la seconde des équations (39), considérer t comme constant, et chercher les valeurs de x qui rendent y un maximum, abstraction faite du signe. Ces valeurs se trouvent déterminées par l'équation

$$(40) \qquad \frac{d\left(k^2 \frac{dK}{dk}\right)}{dk} = 0,$$

dont le premier membre est une fonction de $k = \frac{\frac{1}{2}gt^2}{x}$. Il est aisé d'en conclure que dans la seconde hypothèse, comme dans la première, le mouvement des ondes est uniformément accéléré. Du reste, en examinant avec quelque attention les équations (38) et (40), on reconnaîtra facilement que ce mouvement est assujetti aux lois que je vais décrire :

1° La vitesse de chaque onde est indépendante des impulsions primitivement appliquées à la surface du fluide, et cette vitesse est proportionnelle au temps.

2° Les hauteurs des ondes sont réciproquement proportionnelles, non plus aux carrés des temps, comme dans la première hypothèse, mais aux cubes des temps; elles diminuent donc plus rapidement dans le cas que nous considérons ici.

3° Si l'on fait varier l'impulsion totale primitivement appliquée à la surface du fluide, la hauteur des ondes variera dans le même rapport.

4° A égales distances de part et d'autre du centre du mouvement, les hauteurs et les vitesses des ondes seront constamment égales entre elles.

5° Les vitesses des différentes molécules fluides qui font successivement partie d'une même onde sont réciproquement proportionnelles aux quatrièmes puissances des temps.

Etc.

Pour fixer d'une manière précise la hauteur des ondes à chaque instant et leur vitesse, il suffira de développer la valeur de y donnée par la seconde des équations (39), et de résoudre l'équation (40). On obtiendra facilement la valeur de y, si l'on connaît celle de $\frac{dK}{dk}$. D'ailleurs, on déduit immédiatement des équations (15) et (16) les deux formules suivantes

$$(41)\quad \begin{cases} \dfrac{dK}{dk} = 1 - \dfrac{4k^2}{4.5} + \dfrac{(4k^2)^2}{6.7.8.9} - \dfrac{(4k^2)^3}{8.9.10.11.12.13} + \dots, \\ \dfrac{dK}{dk} = \dfrac{\pi^{\frac{1}{2}}}{4k^{\frac{1}{2}}}[\sin\tfrac{1}{2}k + \cos\tfrac{1}{2}k + k(\cos\tfrac{1}{2}k - \sin\tfrac{1}{2}k)] + \dfrac{1}{(2k)^{\frac{1}{2}}}\displaystyle\int_0^\infty e^{-(2k\mu)^{\frac{1}{2}}}\cos\mu\,\mu^{\frac{1}{2}}\,d\mu, \end{cases}$$

dont la première pourra être employée quand la valeur de k sera peu considérable, et la seconde dans le cas contraire. Dans ce dernier cas, on pourra, sans erreur sensible, négliger le terme

$$\frac{1}{(2k)^{\frac{1}{2}}}\int_0^\infty e^{-(2k\mu)^{\frac{1}{2}}}\cos\mu\,\mu^{\frac{1}{2}}\,d\mu,$$

qui, abstraction faite du signe, est évidemment plus petit que

$$\frac{1}{(2k)^{\frac{1}{2}}}\int_0^\infty e^{-(2k\mu)^{\frac{1}{2}}}\mu^{\frac{1}{2}}\,d\mu = \frac{1}{k^2}.$$

Quant à l'équation (40), si l'on y substitue la valeur de $\frac{dK}{dk}$ tirée de la première des formules (41), et qu'on divise ensuite le premier membre de cette même équation par k, elle deviendra

$$(42)\qquad 2 - \frac{(4k^2)}{5} + \frac{(4k^2)^2}{7.8.9} - \frac{(4k^2)^3}{9.10.11.12.13} + \dots = 0.$$

Si l'on désigne par

$$k_1,\ k_2,\ k_3,\ \dots$$

les racines de cette dernière équation, rangées par ordre de grandeur, on trouvera pour la première racine

$$k_1 = 1,6733\dots$$

Cela posé, la force accélératrice, qui pourrait être censée produire la vitesse de la première onde, sera à la force accélératrice de la pesanteur dans un rapport égal à

$$(43) \qquad \frac{1}{k_1} = 0,59763\ldots.$$

Si l'on veut considérer des ondes qui soient relatives à des valeurs un peu considérables de k, on pourra, au lieu de l'équation (42), employer la suivante

$$(44) \qquad \operatorname{tang}\tfrac{1}{2}k = -\frac{1 - \frac{6}{k} - \frac{3}{k^2}}{1 + \frac{6}{k} - \frac{3}{k^2}},$$

qu'on obtient en substituant dans l'équation (40) la valeur de $\frac{dK}{dk}$ tirée de la seconde équation (41), et négligeant le terme qui renferme l'intégrale définie. Pour de très-grandes valeurs de k, la formule (44) se réduira sensiblement à

$$\operatorname{tang}\tfrac{1}{2}k = -1;$$

et l'on aura par suite

$$(45) \qquad k = 2(n-1)\pi + \tfrac{3}{2}\pi,$$

n étant le numéro d'une onde prise à volonté.

Je ne m'étendrai pas davantage sur les diverses circonstances du mouvement des ondes, considéré dans la seconde hypothèse. J'observerai seulement qu'en raisonnant comme dans la première, on déterminerait facilement les limites entre lesquelles les équations (38) et (39) peuvent être considérées comme suffisamment exactes. Quant aux valeurs de x et de y en a, b, t, elles se trouveraient toujours déterminées par le moyen des équations (35).

SECTION DEUXIÈME.

DU CAS OU L'ON CONSIDÈRE A LA FOIS LES TROIS DIMENSIONS DU FLUIDE.

1. Nous ferons, pour le cas de trois dimensions, les mêmes hypothèses que pour le cas de deux seulement, et nous obtiendrons alors des résultats analogues. Ainsi nous supposerons toujours que, dans le premier instant, le niveau de la surface du fluide a subi de petites altérations, mais seulement près de l'origine des coordonnées, et que la portion de surface adjacente à cette origine a de plus été sollicitée au mouvement par l'action de forces impulsives peu considérables. Nous prendrons, à l'ordinaire, pour plan des x et z, celui qui terminait primitivement les portions de la surface dont le niveau n'avait point été altéré, et nous trouverons alors les résultats suivants.

2. L'impulsion et les vitesses initiales, dans toute l'étendue de la masse fluide, dépendront uniquement des impulsions appliquées à la surface, et nullement de la forme primitive de cette surface. Cette impulsion et ces vitesses, pour des points situés à une distance sensible de l'origine des coordonnées, seront déterminées par les équations

$$(46)\quad \begin{cases} q_0 = \dfrac{\text{H}}{2\pi}\,\dfrac{(-b)}{(a^2+b^2+c^2)^{\frac{3}{2}}}, \\ u_0 = \dfrac{\text{H}}{2\pi\delta}\,\dfrac{3a(-b)}{(a^2+b^2+c^2)^{\frac{5}{2}}}, \\ v_0 = \dfrac{\text{H}}{2\pi\delta}\,\dfrac{a^2+c^2-2b^2}{(a^2+b^2+c^2)^{\frac{5}{2}}}, \\ w_0 = \dfrac{\text{H}}{2\pi\delta}\,\dfrac{3c(-b)}{(a^2+b^2+c^2)^{\frac{5}{2}}}, \end{cases}$$

dans lesquelles a, b, c représentent les coordonnées d'un point quelconque, δ la densité du fluide, et H la somme des impulsions que supportaient dans le premier instant les divers éléments de surface, chacun à raison de son étendue. Je désignerai dorénavant la constante H sous le nom d'*impulsion totale*. Cette impulsion totale équivaut à une certaine quantité de mouvement, et, par suite, elle doit être le produit d'une vitesse par un volume et par une densité. On conclut facilement de cette remarque l'homogénéité des équations (46). On voit aussi, à la seule inspection de ces mêmes équations, que, dans le cas où les coordonnées a, b, c conservent constamment entre elles les mêmes rapports, c'est-à-dire, lorsqu'on compare entre elles les molécules situées sur une même droite passant par l'origine des coordonnées, les vitesses sont réciproquement proportionnelles aux cubes des distances à cette origine; en sorte qu'à une grande distance elles deviennent insensibles.

Les valeurs de l'impulsion q_0 et de la vitesse verticale v_0, considérées comme fonctions de a, b, c, dépendent uniquement de l'ordonnée b du point que l'on considère, et de sa distance $(a^2+c^2)^{\frac{1}{2}}$ à l'axe des y. La valeur de v_0 étant positive toutes les fois que l'on suppose

$$(a^2+c^2)^{\frac{1}{2}} > (-b)\sqrt{2},$$

et négative dans le cas contraire, il en résulte que, si l'on imagine un cône droit vertical dont le sommet soit à l'origine des coordonnées, et dans lequel le rayon de la base soit à la hauteur comme la diagonale au côté du carré, toutes les molécules situées au dedans du cône commenceront par descendre, et les autres par monter. Celles qui seront comprises dans la surface du cône auront seulement des vitesses horizontales.

La vitesse de chaque molécule, mesurée dans sa propre direction, sera évidemment

$$(47)\qquad (u_0^2+v_0^2+w_0^2)^{\frac{1}{2}} = \frac{H}{2\pi\delta}\,\frac{[(a^2+c^2)^2+5b^2(a^2+c^2)+4b^4]^{\frac{1}{2}}}{(a^2+b^2+c^2)^{\frac{5}{2}}}.$$

Cette vitesse dépend donc encore uniquement de l'ordonnée b et de la distance $(a^2+c^2)^{\frac{1}{2}}$ à l'axe des y. Enfin, comme, en vertu des équations (46), on a

$$(48) \qquad \frac{u_0}{a} = \frac{w_0}{c},$$

la résultante des vitesses horizontales u_0 et w_0 passe nécessairement par l'axe des y. Il suit de ces diverses observations que, durant le premier instant, chaque molécule de fluide se meut uniquement dans le plan vertical qui passe par cette molécule et par l'axe des y, et que le mouvement est le même dans tous les plans verticaux menés par l'axe dont il s'agit. Dans chacun de ces plans, les molécules s'éloignent du même axe avec une vitesse horizontale représentée par

$$(49) \qquad (u_0^2 + w_0^2)^{\frac{1}{2}} = \frac{\mathrm{H}}{2\pi\delta} \frac{3(a^2+c^2)^{\frac{1}{2}}(-b)}{[a^2+b^2+c^2]^{\frac{5}{2}}}.$$

3. Si, du mouvement initial, on veut passer à celui qui subsiste au bout du temps t, on sera obligé d'avoir égard, non-seulement à l'action des forces impulsives primitivement appliquées à la surface du fluide, mais encore à l'altération de son niveau dans le premier instant. Au reste, comme, en supposant ces deux causes de mouvement réunies, on obtient, pour les valeurs des diverses inconnues du problème, les sommes des valeurs qui seraient dues à ces mêmes causes prises séparément, il en résulte qu'on peut se borner à considérer successivement chacune des deux causes dont il s'agit.

4. Supposons d'abord le mouvement du fluide produit par une petite altération de niveau dans les points de sa surface situés tout près de l'origine des coordonnées. Les vitesses seront nulles dans le premier instant. Mais, le temps venant à croître, elles deviendront bientôt sensibles, et pourront être considérées (*voir* IIe Partie, Section I) comme produites à chaque instant par l'action de forces impulsives appliquées à la surface. L'impulsion, qui, dans cette hypothèse, aurait lieu en chaque point de la masse fluide, peut être déterminée en fonction des

coordonnées variables x, y, z et de t par l'équation

$$(50) \qquad q = \frac{Gg^{\frac{1}{2}}\delta}{2\pi^2}\int\int \sin(\mu\nu)^{\frac{1}{4}}g^{\frac{1}{2}}t \sin\nu \cos\frac{(x^2+z^2)\mu}{4}\, e^{(\mu\nu)^{\frac{1}{2}}y}\frac{d\mu\, d\nu}{(\mu\nu)^{\frac{1}{4}}},$$

dans laquelle g désigne la force accélératrice de la pesanteur, δ la densité du fluide, et G le volume de fluide soulevé ou déprimé par suite de l'altération primitive du niveau dans une portion de la surface adjacente à l'origine des coordonnées. On doit observer que la constante G sera positive, si elle représente un volume de fluide soulevé, et négative dans le cas contraire.

Pour obtenir la valeur Q de q relative à la surface, il faudra, dans l'équation (50), négliger la valeur de y, et l'on aura par suite

$$(51) \qquad Q = \frac{Gg^{\frac{1}{2}}\delta}{2\pi^2}\int\int \sin(\mu\nu)^{\frac{1}{4}}g^{\frac{1}{2}}t \sin\nu \cos\frac{(x^2+z^2)\mu}{4}\, \frac{d\mu\, d\nu}{(\mu\nu)^{\frac{1}{4}}}.$$

Enfin les valeurs respectives des vitesses u, v, w et de la pression p, l'ordonnée y de la surface, et les vitesses de ses différents points, seront déterminées en fonction de q et de Q par les équations

$$(52) \qquad \left\{ \begin{aligned} u &= -\frac{1}{\delta}\frac{\partial q}{\partial x}, \\ v &= -\frac{1}{\delta}\frac{\partial q}{\partial y}, \\ w &= -\frac{1}{\delta}\frac{\partial q}{\partial z}, \\ p &= \frac{\partial q}{\partial t} - g\delta y, \end{aligned} \right.$$

$$(53) \qquad \left\{ \begin{aligned} y &= \frac{1}{g\delta}\frac{\partial Q}{\partial t}, \\ U &= -\frac{1}{\delta}\frac{\partial Q}{\partial x}, \\ V &= \frac{1}{g\delta}\frac{\partial^2 Q}{\partial t^2}, \\ W &= -\frac{1}{\delta}\frac{\partial Q}{\partial z}. \end{aligned} \right.$$

L'inspection des équations qui précèdent suffit pour montrer que les lois relatives au cas où l'on considère deux dimensions dans le fluide subsistent aussi dans le cas où l'on considère les trois dimensions à la fois. Ainsi, par exemple, l'impulsion et les vitesses sont constamment proportionnelles au volume d'eau soulevé. De plus, elles s'évanouissent à de grandes profondeurs, c'est-à-dire, pour des valeurs infinies négatives de la variable y; tandis que la pression p croît indéfiniment avec la profondeur, et finit par obtenir la même valeur que si le fluide était en repos.

En examinant de quelle manière les coordonnées x, y, z entrent dans les valeurs des impulsions q et Q, on reconnaît facilement que ces impulsions dépendent uniquement des deux quantités

$$y \text{ et } (x^2+z^2)^{\frac{1}{2}},$$

c'est-à-dire, de l'ordonnée verticale du point que l'on considère, et de la distance de ce même point à l'axe des y. Par suite, les vitesses verticales v, V, la pression p, et l'ordonnée y de la surface, dépendent uniquement des deux quantités dont il s'agit. De plus, si l'on désigne par q' et Q' les dérivées respectives de q et de Q considérées comme fonctions de $(x^2+z^2)^{\frac{1}{2}}$, les équations (52) et (53) donneront

$$(54)\quad \begin{cases} u = -\dfrac{1}{\delta}\dfrac{x}{(x^2+z^2)^{\frac{1}{2}}}q', \\[2ex] w = -\dfrac{1}{\delta}\dfrac{z}{(x^2+z^2)^{\frac{1}{2}}}q', \end{cases}$$

$$(55)\quad \begin{cases} \mathrm{U} = -\dfrac{1}{\delta}\dfrac{x}{(x^2+z^2)^{\frac{1}{2}}}\mathrm{Q}', \\[2ex] \mathrm{W} = -\dfrac{1}{\delta}\dfrac{z}{(x^2+z^2)^{\frac{1}{2}}}\mathrm{Q}'. \end{cases}$$

On conclut des équations (54)

$$(56)\quad (u^2+w^2)^{\frac{1}{2}} = -\frac{1}{\delta}q', \quad \frac{u}{x} = \frac{w}{z};$$

d'où il suit : 1° que la résultante des vitesses horizontales u et v est simplement fonction de y et de $(x^2+z^2)^{\frac{1}{2}}$; 2° que cette résultante passe par l'axe des y. Les équations (55) fourniraient des conclusions analogues. On peut donc affirmer que, pour toutes les molécules situées, soit dans l'intérieur du fluide, soit à sa surface, le mouvement a lieu dans des plans verticaux passant par l'axe des y, et qu'il est symétrique autour de cet axe, c'est-à-dire, absolument le même pour les points situés de la même manière dans les plans verticaux dont il s'agit. Ainsi, quel que soit le mouvement des ondes, nous savons déjà qu'il doit être circulaire. L'expérience confirme ce résultat.

5. Puisque le mouvement des ondes reste le même dans tous les plans verticaux menés par l'axe des y, il en résulte que, pour déterminer les lois de ce mouvement, il suffira de considérer les molécules situées dans le plan vertical des x et y. Pour toutes ces molécules, on aura $z=0$; ce qui réduit l'équation (51) à

$$(57)\qquad Q=\frac{Gg^{\frac{1}{2}}\delta}{2\pi^2}\int_0^\infty\int_0^\infty \sin(\mu\nu)^{\frac{1}{4}}g^{\frac{1}{2}}t\,\sin\nu\cos\frac{\mu x^2}{4}\,\frac{d\mu\,d\nu}{(\mu\nu)^{\frac{1}{4}}}.$$

Dans le même cas, la vitesse W étant nulle, il sera inutile d'avoir égard à la quatrième des équations (53). Mais les trois autres détermineront à chaque instant l'ordonnée de la surface, ainsi que les vitesses horizontales et verticales des molécules qui en font partie.

Si, dans l'équation (57), on change μ en $\frac{4\mu}{x^2}$, ce qui n'altère point les limites de l'intégrale, et que l'on fasse pour abréger

$$(58)\qquad k=\frac{\frac{1}{2}gt^2}{x},$$

cette équation deviendra

$$Q=\frac{4Gk^{\frac{3}{2}}\delta}{\pi^2 gt^3}\int_0^\infty\int_0^\infty \sin 2(\mu\nu)^{\frac{1}{4}}k^{\frac{1}{2}}\sin\nu\cos\mu\,\frac{d\mu\,d\nu}{(\mu\nu)^{\frac{1}{4}}}.$$

Comme rien n'empêche d'échanger entre elles, dans cette dernière équation, les variables μ et ν, on peut y remplacer $\sin\nu\cos\mu$ par $\sin\mu\cos\nu$, ou même par

$$\frac{\sin\nu\cos\mu+\sin\mu\cos\nu}{2}=\tfrac{1}{2}\sin(\mu+\nu).$$

Par suite, on peut mettre la valeur de Q sous la forme suivante :

$$(59)\qquad Q=\frac{2Gk^{\frac{3}{2}}\delta}{\pi^2 g t^3}\int_0^\infty\int_0^\infty \sin 2(\mu\nu)^{\frac{1}{4}}k^{\frac{1}{2}}\sin(\mu+\nu)\,\frac{d\mu\,d\nu}{(\mu\nu)^{\frac{1}{4}}}.$$

En substituant cette valeur dans la première des équations (53), on trouvera

$$(60)\qquad y=\frac{4Gk^2}{\pi^2 g^2 t^4}\int_0^\infty\cdot\int_0^\infty \cos 2(\mu\nu)^{\frac{1}{4}}k^{\frac{1}{2}}\sin(\mu+\nu)\,d\mu\,d\nu,$$

et, si l'on fait pour abréger

$$(61)\qquad E=\int_0^\infty\int_0^\infty \cos 2(\mu\nu)^{\frac{1}{4}}k^{\frac{1}{2}}\sin(\mu+\nu)\,d\mu\,d\nu,$$

on aura

$$(62)\qquad y=\frac{4G}{\pi^2 g^2 t^4}\,k^2 E.$$

6. Si maintenant on veut fixer la position des ondes à la surface du fluide, il faudra, dans l'équation (62), considérer t comme constante, et chercher les valeurs de x qui rendent y un *maximum*, abstraction faite du signe. Ces valeurs de x seront évidemment déterminées par l'équation

$$\frac{\partial(k^2 E)}{\partial x}=0;$$

ou, ce qui revient au même, par la suivante,

$$(63)\qquad \frac{d(k^2 E)}{dk}=0.$$

Le premier membre de cette dernière équation étant uniquement fonction de

$$k = \frac{1}{2}\frac{gt^2}{x},$$

il en résulte que, dans le cas de trois dimensions, comme dans celui de deux, le mouvement des ondes est uniformément accéléré. On reconnaîtra d'ailleurs facilement, par la seule inspection des équations (62) et (63), que ce mouvement a lieu de la manière suivante.

1° La vitesse de chaque onde (mesurée à son sommet) est indépendante du volume de fluide primitivement soulevé ou déprimé. Elle est proportionnelle au temps. Par suite, les largeurs des ondes sont proportionnelles aux carrés des temps; et les zones qui leur servent de base, aux quatrièmes puissances des temps.

2° Les hauteurs des ondes sont en raison inverse des quatrièmes puissances des temps. En comparant cette loi avec la précédente, on en conclut que le volume de fluide, que chaque onde renferme, demeure constant. C'est ce qui avait également lieu dans le cas de deux dimensions.

3° La hauteur des ondes est proportionnelle au volume de fluide primitivement soulevé ou déprimé, et change de signe avec ce volume.

7. Pour fixer d'une manière précise, à chaque instant, la hauteur des ondes et leur vitesse, il suffira de développer la valeur de y donnée par l'équation (62), et de résoudre l'équation (63). On obtiendra facilement la valeur de y, si l'on connaît celle de E. D'ailleurs, si la valeur de k n'est pas très-considérable, on déterminera aisément celle de E par le moyen de l'équation suivante (*voir* Note IV) :

$$(64)\quad \left\{\begin{aligned} \mathbf{E} &= \frac{\pi}{2}\left[\frac{2k}{2} - \frac{(1.3)^2}{1.2.3}\frac{(2k)^3}{4.5.6} + \frac{(1.3.5)^2}{1.2.3.4.5}\frac{(2k)^5}{6.7.8.9.10} - \ldots\right] \\ &= \frac{\pi k}{2}\left[\begin{aligned} &1 - 2,5\left(\frac{4k^2}{100}\right) + 1,2400793\left(\frac{4k^2}{100}\right)^2 - 0,2529299\left(\frac{4k^2}{100}\right)^3 + 0,0278967\left(\frac{4k^2}{100}\right)^4 \\ &- 0,001923\left(\frac{4k^2}{100}\right)^5 + 0,000091\left(\frac{4k^2}{100}\right)^6 - 0,000003\left(\frac{4k^2}{100}\right)^7 + \ldots \end{aligned}\right]. \end{aligned}\right.$$

En comparant cette valeur de E avec la valeur de K déterminée par l'équation (15), on verra immédiatement que, pour obtenir la valeur de E, il suffit de multiplier, dans celle de K, la puissance n de k par

$$\tfrac{1}{2}\pi\frac{(1.3.5\ldots n)^2}{1.2.3\ldots n}=\frac{\pi}{2}\,\frac{3.5\ldots n}{2.4\ldots(n-1)}.$$

Par suite, si l'on fait

$$(65)\qquad \frac{d(k\mathrm{K})}{dk}=f(k),$$

on aura, en vertu de la Note IV,

$$(66)\qquad \mathrm{E}=\int_0^\infty f\left(\frac{2k\mu^{\frac{1}{2}}}{1+\mu}\right)\frac{d\mu}{(1+\mu)^2};$$

ou, ce qui revient au même,

$$(67)\qquad \mathrm{E}=\int_0^{\frac{\pi}{2}} f(k\cos\theta)\cos\theta\, d\theta.$$

D'ailleurs, lorsqu'on donne à k des valeurs très-considérables, on a, en vertu de l'équation (16),

$$(68)\qquad f(k)=\frac{d(k\mathrm{K})}{dk}=\frac{\pi^{\frac{1}{2}}k^{\frac{1}{2}}}{4}\left[(k+3)\cos\tfrac{1}{2}k-(k-3)\sin\tfrac{1}{2}k\right].$$

On aura donc alors, en vertu de l'équation (67),

$$(69)\quad \mathrm{E}=\frac{\pi^{\frac{1}{2}}k^{\frac{1}{2}}}{4}\int_0^{\frac{\pi}{2}}\left[(k\cos\theta+3)\cos\frac{k\cos\theta}{2}-(k\cos\theta-3)\sin\frac{k\cos\theta}{2}\right]\cos^{\frac{3}{2}}\theta\, d\theta.$$

Telles sont les diverses formules dont on peut se servir pour développer la valeur de y. Quant à l'équation (63), si l'on y substitue la valeur de E tirée de l'équation (64), on trouvera

$$(70)\qquad \frac{3}{1.2}-\frac{5(1.3)^2}{1.2.3}\,\frac{4k^2}{4.5.6}+\frac{7(1.3.5)^2}{1.2.3.4.5}\,\frac{(4k^2)^2}{6.7.8.9.10}-\ldots=0.$$

La plus petite valeur de k que fournisse cette dernière équation est

$$k_1 = 2,722538\ldots.$$

Par suite, la force accélératrice, qui pourrait être censée produire la première onde, est à la force accélératrice de la pesanteur dans un rapport égal à

$$\frac{1}{k_1} = 0,3673044. \tag{71}$$

La vitesse de la première onde est donc ici un peu plus grande que dans le cas de deux dimensions.

Je ne pousserai pas plus loin ces calculs. J'observerai seulement qu'en faisant usage des équations (64) et (69), on parvient facilement à prouver que la valeur de E ne peut jamais surpasser

$$\frac{\pi^{\frac{3}{2}} k^{\frac{3}{2}}}{2}.$$

Il est aisé d'en conclure que la valeur de y donnée par l'équation (62) restera toujours finie, tant qu'on ne franchira pas les limites hors desquelles cette équation devient sensiblement inexacte, limites qui se trouvent déterminées, ainsi que dans le septième paragraphe de la Section précédente, par la condition

$$x > \left(\frac{\varpi' g}{2\alpha}\right)^{\frac{1}{2}} t.$$

8. Si l'on voulait comparer l'état du fluide, au bout du temps t, avec l'état initial, il suffirait de remplacer dans chaque formule les coordonnées variables x, y, z par les coordonnées primitives a, b, c. Quant aux valeurs de x, y, z en a, b, c, t, elles seraient déterminées par les équations

$$x = a + \int u\,dt, \quad y = b + \int v\,dt, \quad z = c + \int w\,dt, \tag{72}$$

les intégrations étant faites depuis $t = 0$.

9. Il ne nous reste plus qu'à déterminer les lois générales du mouvement relatives au cas de trois dimensions, dans l'hypothèse où, la surface du fluide étant parfaitement de niveau dans le premier instant, le mouvement aurait été produit par l'action de forces impulsives très-petites, appliquées à la portion de surface qui avoisine l'origine des coordonnées. Pour fixer, dans cette hypothèse, l'état du fluide au bout du temps t, il faut substituer aux équations (50) et (51) les deux suivantes :

(73)
$$\left\{\begin{aligned} q &= \frac{\mathrm{H}}{2\pi^2}\int_0^\infty\int_0^\infty \cos(\mu\nu)^{\frac{1}{4}}g^{\frac{1}{2}}t\,\sin\nu\cos\frac{(x^2+z^2)\mu}{4}\,e^{(\mu\nu)^{\frac{1}{2}}y}\,d\mu\,d\nu,\\ \mathrm{Q} &= \frac{\mathrm{H}}{2\pi^2}\int_0^\infty\int_0^\infty \cos(\mu\nu)^{\frac{1}{4}}g^{\frac{1}{2}}t\,\sin\nu\cos\frac{(x^2+z^2)\mu}{4}\,d\mu\,d\nu, \end{aligned}\right.$$

en laissant subsister d'ailleurs, entre les diverses inconnues, les diverses relations établies par les formules (52) et (53). H désigne ici, comme dans les équations (46), ce que nous avons nommé l'*impulsion totale*.

En partant des équations (73), on obtiendra des résultats analogues à ceux que nous avons trouvés ci-dessus (n° 4). Ainsi, par exemple, on reconnaîtra facilement que les vitesses et l'impulsion dans un instant quelconque sont proportionnelles à l'impulsion totale, qu'elles s'évanouissent à de grandes profondeurs, etc. De plus, il sera facile de prouver, comme on l'a fait dans un cas semblable (n° 4), que les diverses molécules de fluide se meuvent dans des plans verticaux menés par l'axe des y, et que le mouvement est le même, dans tous ces plans, pour les molécules situées à la même distance de l'axe et de l'origine des coordonnées. Il suit de là que, dans le cas que nous examinons, le mouvement des ondes est encore circulaire, et que, pour en déterminer les lois, il suffit de considérer les molécules fluides situées à la surface dans le plan vertical des x et y. On a, dans cette hypothèse, $z=0$; et, par une transformation semblable à celle que nous avons employée ci-dessus (n° 5), on réduit la seconde des équations (73) à

(74)
$$\mathrm{Q} = \frac{4\mathrm{H}k^2}{\pi^2 g^2 t^4}\,\mathrm{E},$$

E désignant à l'ordinaire la double intégrale

$$\int_0^\infty \int_0^\infty \cos 2(\mu\nu)^{\frac{1}{4}} k^{\frac{1}{2}} \sin(\mu+\nu)\, d\mu\, d\nu.$$

On trouvera par suite, pour l'ordonnée de la surface,

$$(75) \qquad y = \frac{8Hk^3}{\pi g^3 t^5 \delta} \frac{dE}{dk}.$$

On conclut facilement de cette dernière équation : 1° que le mouvement des ondes est uniformément accéléré, en sorte que leur vitesse est proportionnelle au temps; 2° que la hauteur des ondes est en raison inverse de la cinquième puissance du temps, et décroît, en conséquence, plus rapidement que dans toutes les autres hypothèses ci-dessus admises; 3° que cette même hauteur est proportionnelle à l'impulsion totale.

Quant aux forces accélératrices qui pourraient être censées produire les vitesses respectives des ondes à leurs sommets, elles seront à la force accélératrice de la pesanteur comme l'unité aux racines de l'équation

$$(76) \qquad \frac{d\left(k^3 \frac{dE}{dk}\right)}{dk} = 0.$$

Si dans cette dernière on substitue pour E sa valeur tirée de l'équation (64), on trouvera

$$(77) \quad 3 - \frac{1.3}{2.4}(4k^2) + \frac{1.3.5}{2.4.6}\frac{(4k^2)^2}{8.9} - \frac{1.3.5.7}{2.4.6.8}\frac{(4k^2)^3}{10.11.12.13} + \cdots = 0.$$

La plus petite valeur de k qui satisfasse à cette équation est

$$k_1 = 1,4927\ldots;$$

et par suite, la force accélératrice qui serait capable de produire la vitesse de la première onde, comparée à la force accélératrice de la pesanteur, a pour mesure

$$(78) \qquad \frac{1}{k_1} = 0,6699\ldots.$$

Enfin, pour obtenir les valeurs des diverses inconnues en a, b, c, t, il suffira d'écrire dans toutes les formules les coordonnées initiales a, b, c, au lieu des coordonnées variables x, y, z; et ces dernières coordonnées se trouveront elles-mêmes déterminées en a, b, c, t, par le moyen des équations (72).

NOTES.

NOTE I.

La démonstration de l'équation (4), Ire Partie, est fondée sur le théorème suivant :

Si l'on rapporte la position des sommets d'un parallélépipède à trois plans rectangulaires des x, y et z; que l'on désigne par A, B, C *les longueurs des trois arêtes de ce parallélépipède qui aboutissent à un même sommet, et par*

$$A_1,\ B_1,\ C_1,$$
$$A_2,\ B_2,\ C_2,$$
$$A_3,\ B_3,\ C_3$$

les projections respectives des mêmes arêtes sur les axes des x, y et z, le volume du parallélépipède aura pour mesure

$$A_1B_2C_3 - A_1B_3C_2 + A_2B_3C_1 - A_2B_1C_3 + A_3B_1C_2 - A_3B_2C_1 = S(\pm A_1B_2C_3).$$

NOTE II.

Le signe f indiquant une fonction quelconque, si l'on connaît la valeur de l'intégrale

$$\int_{-\infty}^{\infty} f(\varpi^2)\, d\varpi,$$

il sera facile d'en conclure celles des intégrales

$$\int_{-\infty}^{\infty} f(\varpi^2 \pm 2m\varpi + m^2)\, d\varpi,$$

$$\int_{-\infty}^{\infty} f\left(\varpi^2 - m + \frac{\varpi^2}{4m^2}\right) d\varpi,$$

prises entre les mêmes limites, ainsi qu'on va le faire voir.

Soit, pour abréger,

$$\text{(a)} \qquad \int_{-\infty}^{\infty} f(\varpi^2)\, d\varpi = 2\text{A}.$$

Si dans cette équation on change ϖ en $\varpi \pm m$, les limites de l'intégrale ne changeront pas, et l'on aura par suite

$$\text{(b)} \qquad \int_{-\infty}^{\infty} f(\varpi^2 \pm 2m\varpi + m^2)\, d\varpi = 2\text{A};$$

d'où l'on conclut aussi

$$\text{(c)} \qquad \int_{-\infty}^{\infty} \tfrac{1}{2}[f(\varpi^2 + 2m\varpi + m^2) + f(\varpi^2 - 2m\varpi + m^2)]\, d\varpi = 2\text{A}.$$

De plus, si l'on fait

$$\varpi = \theta - \frac{m}{2\theta},$$

l'équation (a) deviendra

$$\text{(d)} \qquad \int_{0}^{\infty} f\left(\theta^2 - m + \frac{m^2}{4\theta^2}\right)\left(1 + \frac{m}{2\theta^2}\right) d\theta = 2\text{A}.$$

On a d'ailleurs évidemment, entre les limites zéro et ∞,

$$\int_{0}^{\infty} f\left(\theta^2 - m + \frac{m^2}{4\theta^2}\right) d\theta = \int_{0}^{\infty} f\left(\theta^2 - m + \frac{m^2}{4\theta^2}\right) \frac{m\, d\theta}{2\theta^2}.$$

Car, pour déduire ces deux dernières intégrales l'une de l'autre, il suffit de changer θ en $\frac{m}{2\theta}$, et de renverser les limites. Cela posé, l'équation (d) deviendra

$$\text{(e)} \qquad \int^{\infty} f\left(\theta^2 - m + \frac{m^2}{4\theta^2}\right) d\theta = \text{A},$$

d'où l'on conclura

$$\text{(f)} \qquad \int_{-\infty}^{\infty} f\left(\varpi^2 - m + \frac{m^2}{4\varpi^2}\right) d\varpi = 2\text{A}.$$

Si, au lieu d'intégrer entre les limites $-\infty$, $+\infty$, on se contente de prendre les intégrales entre les limites zéro et ∞, on devra, dans les équations (a), (c), (f), remplacer 2A par A. On peut donc énoncer le théorème suivant.

Théorème. — *Si l'on fait*

$$(1) \qquad \int_0^{\infty} f(\varpi^2)\, d\varpi = \text{A},$$

on aura

$$(2) \qquad \begin{cases} \displaystyle\int_0^{\infty} \frac{f(\varpi^2 - 2m\varpi + m^2) + f(\varpi^2 + 2m\varpi + m^2)}{2}\, d\varpi = \text{A}, \\ \displaystyle\int_0^{\infty} f\left(\varpi^2 - m + \frac{m^2}{4\varpi^2}\right) d\varpi = \text{A}. \end{cases}$$

Exemple I. — Soit

$$f(\varpi^2) = e^{-\varpi^2}.$$

On aura

$$\text{A} = \frac{\pi^{\frac{1}{2}}}{2}$$

(π étant le rapport de la circonférence au diamètre); et par suite, les équations (2) deviendront

$$(3) \qquad \begin{cases} \displaystyle\int_0^{\infty} e^{-\varpi^2 - m^2} \left(\frac{e^{2m\varpi} + e^{-2m\varpi}}{2}\right) d\varpi = \tfrac{1}{2}\pi^{\frac{1}{2}}, \\ \displaystyle\int_0^{\infty} e^{-\varpi^2 + m - \frac{m^2}{4\varpi^2}}\, d\varpi = \tfrac{1}{2}\pi^{\frac{1}{2}}. \end{cases}$$

Si l'on change dans la première m en $m\sqrt{-1}$, on trouvera

$$(4) \qquad e^{-m^2} = \frac{2}{\pi^{\frac{1}{2}}} \int_0^{\infty} e^{-\varpi^2} \cos 2m\varpi\, d\varpi.$$

On déduit de la seconde

$$(5) \qquad e^{-m} = \frac{2}{\pi^{\frac{1}{2}}} \int_0^\infty e^{-\varpi^2 - \frac{m^2}{4\varpi^2}} d\varpi.$$

Les formules (4) et (5) étaient déjà connues. On peut se servir de la formule (4), ainsi que M. Poisson l'a fait dans son *Mémoire sur la chaleur,* pour abaisser au premier degré les variables qui dans une exponentielle sont élevées au carré. On peut employer la formule (5) pour effectuer l'opération inverse, comme on le verra ci-après.

Exemple II. — Si l'on fait successivement

$$f(\varpi^2) = \cos\varpi^2, \quad f(\varpi^2) = \sin\varpi^2,$$

on trouvera dans les deux cas $A = \frac{1}{2}\left(\frac{\pi}{2}\right)^{\frac{1}{2}}$: et par suite les équations (2) fourniront les suivantes :

$$(6) \qquad \left\{\begin{aligned}
&\int_0^\infty \cos(m^2 + \varpi^2)\cos 2m\varpi\, d\varpi = \frac{1}{2}\left(\frac{\pi}{2}\right)^{\frac{1}{2}},\\
&\int_0^\infty \sin(m^2 + \varpi^2)\cos 2m\varpi\, d\varpi = \frac{1}{2}\left(\frac{\pi}{2}\right)^{\frac{1}{2}},\\
&\int_0^\infty \cos\left(\varpi^2 - m + \frac{m^2}{4\varpi^2}\right) d\varpi = \frac{1}{2}\left(\frac{\pi}{2}\right)^{\frac{1}{2}},\\
&\int_0^\infty \sin\left(\varpi^2 - m + \frac{m^2}{4\varpi^2}\right) d\varpi = \frac{1}{2}\left(\frac{\pi}{2}\right)^{\frac{1}{2}}.
\end{aligned}\right.$$

Si maintenant l'on observe que

$$\cos m^2 \cos(m^2 + \varpi^2) + \sin m^2 \sin(m^2 + \varpi^2) = \cos\varpi^2,$$
$$\cos m^2 \sin(m^2 + \varpi^2) - \sin m^2 \cos(m^2 + \varpi^2) = \sin\varpi^2,$$

on déduira facilement des deux premières équations (6)

$$(7) \qquad \left\{\begin{aligned}
&\int_0^\infty \cos\varpi^2 \cos 2m\varpi\, d\varpi = \frac{1}{2}\left(\frac{\pi}{2}\right)^{\frac{1}{2}}(\cos m^2 + \sin m^2),\\
&\int_0^\infty \sin\varpi^2 \cos 2m\varpi\, d\varpi = \frac{1}{2}\left(\frac{\pi}{2}\right)^{\frac{1}{2}}(\cos m^2 - \sin m^2),
\end{aligned}\right.$$

et l'on aura par suite

$$(8)\quad \begin{cases} \cos m^2 = \left(\frac{2}{\pi}\right)^{\frac{1}{2}} \int_0^\infty (\cos\varpi^2 + \sin\varpi^2)\cos 2m\varpi\, d\varpi, \\ \sin m^2 = \left(\frac{2}{\pi}\right)^{\frac{1}{2}} \int_0^\infty (\cos\varpi^2 - \sin\varpi^2)\cos 2m\varpi\, d\varpi. \end{cases}$$

On conclura de même des deux dernières équations (6)

$$(9)\quad \begin{cases} \int_0^\infty \cos\left(\varpi^2 + \frac{m^2}{4\varpi^2}\right) d\varpi = \frac{1}{2}\left(\frac{\pi}{2}\right)^{\frac{1}{2}} (\cos m - \sin m), \\ \int_0^\infty \sin\left(\varpi^2 + \frac{m^2}{4\varpi^2}\right) d\varpi = \frac{1}{2}\left(\frac{\pi}{2}\right)^{\frac{1}{2}} (\cos m + \sin m), \end{cases}$$

et par suite,

$$(10)\quad \begin{cases} \cos m = \left(\frac{2}{\pi}\right)^{\frac{1}{2}} \int_0^\infty \left[\sin\left(\varpi^2 + \frac{m^2}{4\varpi^2}\right) + \cos\left(\varpi^2 + \frac{m^2}{4\varpi^2}\right)\right] d\varpi, \\ \sin m = \left(\frac{2}{\pi}\right)^{\frac{1}{2}} \int_0^\infty \left[\sin\left(\varpi^2 + \frac{m^2}{4\varpi^2}\right) - \cos\left(\varpi^2 + \frac{m^2}{4\varpi^2}\right)\right] d\varpi. \end{cases}$$

Les équations (8) et (10) sont, relativement aux sinus et cosinus, ce que sont les équations (4) et (5) relativement aux exponentielles. En effet, les équations (8) servent, ainsi que l'équation (4), à changer m^2 en m, et les équations (10) à effectuer l'opération inverse.

Corollaire I. — Si l'on différentie par rapport à m les deux membres de chacune des équations (7), on trouvera

$$\int_0^\infty \cos\varpi^2 \sin 2m\varpi\; 2\varpi\, d\varpi = \left(\frac{\pi}{2}\right)^{\frac{1}{2}} m(\sin m^2 - \cos m^2),$$

$$\int_0^\infty \sin\varpi^2 \sin 2m\varpi\; 2\varpi\, d\varpi = \left(\frac{\pi}{2}\right)^{\frac{1}{2}} m(\cos m^2 + \sin m^2).$$

Si l'on fait dans ces deux dernières $m^2 = \frac{1}{2}k$, $\varpi^2 = \mu$, elles deviendront

$$(11)\quad \begin{cases} \displaystyle\int_0^\infty \cos\mu \sin(2k\mu)^{\frac{1}{2}} d\mu = \frac{\pi^{\frac{1}{2}}}{2} k^{\frac{1}{2}}(\sin\tfrac{1}{2}k - \cos\tfrac{1}{2}k), \\ \displaystyle\int_0^\infty \sin\mu \sin(2k\mu)^{\frac{1}{2}} d\mu = \frac{\pi^{\frac{1}{2}}}{2} k^{\frac{1}{2}}(\cos\tfrac{1}{2}k + \sin\tfrac{1}{2}k). \end{cases}$$

Corollaire II. — Si dans les équations (7) on change m en n, et ϖ en ρ, on trouvera

$$(12)\quad \begin{cases} \displaystyle\int_0^\infty \cos\rho^2 \cos 2n\rho \, d\rho = \frac{1}{2}\left(\frac{\pi}{2}\right)^{\frac{1}{2}}(\cos n^2 + \sin n^2), \\ \displaystyle\int_0^\infty \sin\rho^2 \cos 2n\rho \, d\rho = \frac{1}{2}\left(\frac{\pi}{2}\right)^{\frac{1}{2}}(\cos n^2 - \sin n^2). \end{cases}$$

Cela posé, si l'on multiplie membre à membre la première des équations (12) par la première des équations (7), puis la seconde des équations (7) par la seconde des équations (12), et que l'on combine entre elles, par voie d'addition et de soustraction, les deux formules ainsi obtenues, on trouvera

$$(13)\quad \begin{cases} \displaystyle\int_0^\infty\int_0^\infty \cos(\varpi^2 - \rho^2) \cos 2m\varpi \cos 2n\rho \, d\varpi \, d\rho = \frac{\pi}{4}\cos(m^2 - n^2), \\ \displaystyle\int_0^\infty\int_0^\infty \cos(\varpi^2 + \rho^2) \cos 2m\varpi \cos 2n\rho \, d\varpi \, d\rho = \frac{\pi}{4}\sin(m^2 + n^2). \end{cases}$$

NOTE III.

Nous allons, dans cette Note, chercher à déterminer directement, par le développement en séries, les valeurs des six intégrales suivantes :

$$(1)\quad \begin{cases} \displaystyle K = \int_0^\infty \cos(2k\mu)^{\frac{1}{2}} \cos\mu \, d\mu, & \displaystyle K_1 = \int_0^\infty \sin(2k\mu)^{\frac{1}{2}} \cos\mu \, d\mu, \\ \displaystyle K_2 = \int_0^\infty e^{-(2k\mu)^{\frac{1}{2}}} \cos\mu \, d\mu, & \displaystyle K_3 = \int_0^\infty \cos(2k\mu)^{\frac{1}{2}} \sin\mu \, d\mu, \\ \displaystyle K_4 = \int_0^\infty \sin(2k\mu)^{\frac{1}{2}} \sin\mu \, d\mu, & \displaystyle K_5 = \int_0^\infty e^{-(2k\mu)^{\frac{1}{2}}} \sin\mu \, d\mu. \end{cases}$$

On y parvient comme il suit.

On peut évidemment considérer l'intégrale

$$K = \int_0^\infty \cos(2k\mu)^{\frac{1}{2}} \cos\mu \, d\mu$$

comme la limite dont s'approche sans cesse l'intégrale

$$\int_0^\infty \cos(2k\mu)^{\frac{1}{2}} \cos\mu \; e^{-\alpha\mu} \, d\mu$$

à mesure que α diminue. Par suite, si l'on développe $\cos(2k\mu)^{\frac{1}{2}}$ en série au moyen de la formule

$$\cos(2k\mu)^{\frac{1}{2}} = 1 - \frac{2k\mu}{1.2} + \frac{(2k\mu)^2}{1.2.3.4} - \ldots,$$

on aura identiquement

$$K = \int_0^\infty \cos(2k\mu)^{\frac{1}{2}} \cos\mu \, d\mu$$

$$= \int_0^\infty \cos\mu \, d\mu - \int_0^\infty \frac{2k\mu}{1.2} \cos\mu \, d\mu + \int_0^\infty \frac{(2k\mu)^2}{1.2.3.4} \cos\mu \, d\mu - \ldots,$$

pourvu que, a étant un nombre quelconque, on considère

$$\int_0^\infty \mu^a \cos\mu \, d\mu$$

comme la limite vers laquelle tend l'intégrale

$$\int_0^\infty \mu^a \cos\mu \; e^{-\alpha\mu} \, d\mu$$

à mesure que α diminue. On obtiendra de même la valeur de K_3 en développant $\cos(2k\mu)^{\frac{1}{2}}$ en série, et considérant

$$\int_0^\infty \mu^a \sin\mu \, d\mu$$

comme la limite vers laquelle tend l'intégrale

$$\int_0^\infty \mu^a \sin\mu \; e^{-\alpha\mu} \, d\mu.$$

à mesure que α diminue. Des remarques analogues peuvent être faites à l'égard des intégrales K_1, K_2, K_4, K_5. Cela posé, si l'on fait, pour abréger,

$$(2)\quad \begin{cases} M = 1 + \dfrac{(2k\mu)^2}{1.2.3.4} + \dfrac{(2k\mu)^4}{1.2.3.4.5.6.7.8} + \ldots, \\ M_1 = \dfrac{(2k\mu)^{\frac{1}{2}}}{1} + \dfrac{(2k\mu)^{\frac{5}{2}}}{1.2.3.4.5} + \ldots, \\ M_2 = \dfrac{(2k\mu)}{1.2} + \dfrac{(2k\mu)^3}{1.2.3.4.5.6} + \ldots, \\ M_3 = \dfrac{(2k\mu)^{\frac{3}{2}}}{1.2.3} + \dfrac{(2k\mu)^{\frac{7}{2}}}{1.2.3.4.5.6.7} + \ldots, \end{cases}$$

on aura évidemment

$$\cos(2k\mu)^{\frac{1}{2}} = M - M_2,$$
$$\sin(2k\mu)^{\frac{1}{2}} = M_1 - M_3,$$
$$e^{-(2k\mu)^{\frac{1}{2}}} = M - M_1 + M_2 - M_3;$$

et par suite

$$(3)\quad \begin{cases} K = \displaystyle\int_0^\infty (M - M_2)\cos\mu\, d\mu, & K_1 = \displaystyle\int_0^\infty (M_1 - M_3)\cos\mu\, d\mu, \\ K_2 = \displaystyle\int_0^\infty (M - M_1 + M_2 - M_3)\cos\mu\, d\mu, & K_3 = \displaystyle\int_0^\infty (M - M_2)\sin\mu\, d\mu, \\ K_4 = \displaystyle\int_0^\infty (M_1 - M_3)\sin\mu\, d\mu, & K_5 = \displaystyle\int_0^\infty (M - M_1 + M_2 - M_3)\sin\mu\, d\mu. \end{cases}$$

De plus, si l'on désigne, avec M. Legendre, par $\Gamma(a+1)$ l'intégrale

$$\int_0^\infty \mu^a e^{-\mu}\, d\mu,$$

et si l'on représente par θ l'angle qui a pour tangente $\frac{1}{\alpha}$, on aura, en vertu de formules bien connues,

$$(4)\quad \begin{cases} \displaystyle\int_0^\infty \mu^a e^{-\alpha\mu}\cos\mu\, d\mu = \dfrac{\cos(a+1)\theta}{(1+\alpha^2)^{\frac{a+1}{2}}}\Gamma(a+1), \\ \displaystyle\int_0^\infty \mu^a e^{-\alpha\mu}\sin\mu\, d\mu = \dfrac{\sin(a+1)\theta}{(1+\alpha^2)^{\frac{a+1}{2}}}\Gamma(a+1). \end{cases}$$

Lorsqu'on suppose $\alpha = 0$, on a $\theta = \frac{\pi}{2}$, $(1+\alpha^2)^{\frac{a+1}{2}} = 1$; et par suite les formules précédentes se réduisent à

$$(5)\quad \begin{cases} \displaystyle\int_0^\infty \mu^a \cos\mu \, d\mu = \cos(a+1)\frac{\pi}{2}\,\Gamma(a+1), \\ \displaystyle\int_0^\infty \mu^a \sin\mu \, d\mu = \sin(a+1)\frac{\pi}{2}\,\Gamma(a+1). \end{cases}$$

Si maintenant on désigne par n un nombre entier quelconque, en faisant successivement

$$a = 2n,\quad a = 2n+\tfrac{1}{2},\quad a = 2n+1,\quad a = 2n+\tfrac{3}{2},$$

on trouvera

$$(6)\quad \begin{cases} \displaystyle\int_0^\infty \mu^{2n}\cos\mu\,d\mu = 0, & \displaystyle\int_0^\infty \mu^{2n}\sin\mu\,d\mu = \pm\Gamma(1+2n), \\ \displaystyle\int_0^\infty \mu^{2n+\frac{1}{2}}\cos\mu\,d\mu = \mp\frac{1}{2^{\frac{1}{2}}}\Gamma\left(1+\frac{4n+1}{2}\right), & \displaystyle\int_0^\infty \mu^{2n+\frac{1}{2}}\sin\mu\,d\mu = \pm\frac{1}{2^{\frac{1}{2}}}\Gamma\left(1+\frac{4n+1}{2}\right), \\ \displaystyle\int_0^\infty \mu^{2n+1}\cos\mu\,d\mu = \mp\Gamma(1+\overline{2n+1}), & \displaystyle\int_0^\infty \mu^{2n+1}\sin\mu\,d\mu = 0, \\ \displaystyle\int_0^\infty \mu^{2n+\frac{3}{2}}\cos\mu\,d\mu = \mp\frac{1}{2^{\frac{1}{2}}}\Gamma\left(1+\frac{4n+3}{2}\right), & \displaystyle\int_0^\infty \mu^{2n+\frac{3}{2}}\sin\mu\,d\mu = \mp\frac{1}{2^{\frac{1}{2}}}\Gamma\left(1+\frac{4n+3}{2}\right), \end{cases}$$

le signe supérieur devant être adopté toutes les fois que n est un nombre pair, et le signe inférieur dans le cas contraire.

A l'aide des équations (6), on obtiendra facilement les valeurs des intégrales

$$\int_0^\infty \mathrm{M}\cos\mu\,d\mu,\quad \int_0^\infty \mathrm{M}_1\cos\mu\,d\mu,\quad \ldots,\quad \int_0^\infty \mathrm{M}\sin\mu\,d\mu,\quad \ldots,$$

considérées comme limites des intégrales

$$\int_0^\infty \mathrm{M}\cos\mu\,e^{-\alpha\mu}\,d\mu,\quad \int_0^\infty \mathrm{M}_1\cos\mu\,e^{-\alpha\mu}\,d\mu,\quad \ldots,\quad \int_0^\infty \mathrm{M}\sin\mu\,e^{-\alpha\mu}\,d\mu,\quad \ldots,$$

et l'on trouvera, toutes réductions faites,

$$(7)\begin{cases}\displaystyle\int_0^\infty M\cos\mu\,d\mu = 0, \quad \int_0^\infty M\sin\mu\,d\mu = 1 - \frac{\Gamma(1+2)}{\Gamma(1+4)}(4k^2) + \frac{\Gamma(1+4)}{\Gamma(1+8)}(4k^2)^2 - \ldots,\\ \displaystyle\int_0^\infty M_1\cos\mu\,d\mu = -\int_0^\infty M_1\sin\mu\,d\mu = -k^{\frac{1}{2}}\left[\Gamma(1+\tfrac{1}{2}) - \frac{\Gamma(1+\frac{5}{2})}{\Gamma(1+5)}(4k^2) + \frac{\Gamma(1+\frac{9}{2})}{\Gamma(1+9)}(4k^2)^2 - \ldots\right],\\ \displaystyle\int_0^\infty M_2\cos\mu\,d\mu = -2k\left[\frac{1}{\Gamma(1+2)} - \frac{\Gamma(1+3)}{\Gamma(1+6)}(4k^2) + \frac{\Gamma(1+5)}{\Gamma(1+10)}(4k^2)^2 - \ldots\right], \quad \int_0^\infty M_2\sin\mu\,d\mu = 0,\\ \displaystyle\int_0^\infty M_3\cos\mu\,d\mu = +\int_0^\infty M_3\sin\mu\,d\mu = -2k^{\frac{3}{2}}\left[\frac{\Gamma(1+\frac{1}{2})}{\Gamma(1+3)} - \frac{\Gamma(1+\frac{7}{2})}{\Gamma(1+7)}(4k^2) + \frac{\Gamma(1+\frac{11}{2})}{\Gamma(1+11)}(4k^2)^2 - \ldots\right].\end{cases}$$

Si l'on observe qu'on a en général

$$\frac{\Gamma(1+n)}{\Gamma(1+2n)} = \frac{1}{(n+1)(n+2)\ldots 2n},$$

$$\frac{\Gamma\left(1+\frac{2n+1}{2}\right)}{\Gamma(1+2n+1)} = \frac{1}{2^{n+1}}\,\frac{1.3\ldots(2n+1)}{1.2.3\ldots(2n+1)}\,\pi^{\frac{1}{2}} = \frac{1}{2^{2n+1}}\,\frac{1}{1.2.3\ldots n}\,\pi^{\frac{1}{2}},$$

on reconnaîtra facilement que les équations (7) se réduisent à

$$(8)\begin{cases}\displaystyle\int_0^\infty M\cos\mu\,d\mu = 0, \quad \int_0^\infty M\sin\mu\,d\mu = 1 - \frac{4k^2}{3.4} + \frac{(4k^2)^2}{5.6.7.8} - \ldots,\\ \displaystyle\int_0^\infty M_1\cos\mu\,d\mu = -\int_0^\infty M_1\sin\mu\,d\mu = -\frac{\pi^{\frac{1}{2}}k^{\frac{1}{2}}}{2}\cos\tfrac{1}{2}k,\\ \displaystyle\int_0^\infty M_2\cos\mu\,d\mu = -\frac{2k}{2} + \frac{(2k)^3}{4.5.6} - \frac{(2k)^5}{6.7.8.9.10} + \ldots, \quad \int_0^\infty M_2\sin\mu\,d\mu = 0,\\ \displaystyle\int_0^\infty M_3\cos\mu\,d\mu = +\int_0^\infty M_3\sin\mu\,d\mu = -\frac{\pi^{\frac{1}{2}}k^{\frac{1}{2}}}{2}\sin\tfrac{1}{2}k.\end{cases}$$

En vertu de ces dernières, les valeurs de K, K_1, K_3, K_4, déterminées par les équations (3), deviendront respectivement

$$(9)\begin{cases}\displaystyle K = \frac{(2k)}{2} - \frac{(2k)^3}{4.5.6} + \frac{(2k)^5}{6.7.8.9.10} - \ldots, \quad K_1 = \frac{\pi^{\frac{1}{2}}}{2}k^{\frac{1}{2}}(\sin\tfrac{1}{2}k - \cos\tfrac{1}{2}k),\\ \displaystyle K_3 = 1 - \frac{(2k)^2}{3.4} + \frac{(2k)^4}{5.6.7.8} - \ldots, \quad K_4 = \frac{\pi^{\frac{1}{2}}}{2}k^{\frac{1}{2}}(\sin\tfrac{1}{2}k + \cos\tfrac{1}{2}k),\end{cases}$$

et les valeurs de K_2 et de K_5 se déduiront des précédentes, ainsi qu'il suit :

$$(10)\qquad \begin{cases} K_2 = K_4 - K, \\ K_5 = K_1 + K_3. \end{cases}$$

Les deux dernières équations (9) coïncident avec les équations (11) de la Note précédente; ce qui confirme l'exactitude de nos calculs.

La première des équations (9) et la première équation (10) fournissent deux valeurs différentes de la fonction K, savoir:

$$(11)\qquad \begin{cases} K = \dfrac{(2k)}{2} - \dfrac{(2k)^3}{4.5.6} + \dfrac{(2k)^5}{6.7.8.9.10} - \ldots, \\ K = K_4 - K_2 = \dfrac{\pi^{\frac{1}{2}}}{2} k^{\frac{1}{2}}(\sin\tfrac{1}{2}k + \cos\tfrac{1}{2}k) - \displaystyle\int_0^\infty e^{-(2k\mu)^{\frac{1}{2}}} \cos\mu \, d\mu; \end{cases}$$

ce qui vérifie les équations (15) et (16), IIIe Partie.

Scolie. — Si, au lieu de chercher la valeur de l'intégrale

$$\int_0^\infty \cos(2k\mu)^{\frac{1}{2}} \cos\mu \, d\mu,$$

on se proposait de trouver celle de l'intégrale

$$\int_0^\infty \cos(2k\mu)^{\frac{1}{2}} \cos\mu \, e^{-\alpha\mu} \, d\mu,$$

il faudrait alors, au lieu des équations (5), employer les équations (4). Cela posé, on trouverait

$$\int_0^\infty M \cos\mu \, e^{-\alpha\mu} d\mu = \frac{\cos\theta}{(1+\alpha^2)^{\frac{1}{2}}} + \frac{(4k^2)}{3.4} \frac{\cos 3\theta}{(1+\alpha^2)^{\frac{3}{2}}} + \frac{(4k^2)^2}{5.6.7.8} \frac{\cos 5\theta}{(1+\alpha^2)^{\frac{5}{2}}} + \ldots,$$

$$\int_0^\infty M_2 \cos\mu \, e^{-\alpha\mu} d\mu = \frac{\cos 2\theta}{1+\alpha^2} \frac{(2k)}{2} + \frac{(2k)^3}{4.5.6} \frac{\cos 4\theta}{(1+\alpha^2)^2} + \ldots,$$

et par suite

$$(12)\qquad \int_0^\infty \cos(2k\mu)^{\frac{1}{2}} \cos\mu \, e^{-\alpha\mu} d\mu = \frac{\cos\theta}{(1+\alpha^2)^{\frac{1}{2}}} - \frac{2k}{2} \frac{\cos 2\theta}{1+\alpha^2} + \frac{(2k)^2}{3.4} \frac{\cos 3\theta}{(1+\alpha^2)^{\frac{3}{2}}} - \ldots.$$

NOTE IV.

SUR LA RELATION QUI EXISTE ENTRE LES DÉVELOPPEMENTS EN SÉRIES DES DEUX INTÉGRALES

$$(1)\qquad \begin{cases} \displaystyle\int_0^\infty f(k\mu)\cos\mu\, d\mu, \\ \displaystyle\int_0^\infty \int_0^\infty f\left(k\mu^{\frac{1}{2}}\nu^{\frac{1}{2}}\right)\sin(\mu+\nu)\, d\mu\, d\nu. \end{cases}$$

Pour développer en série l'intégrale

$$\int_0^\infty f(k\mu)\cos\mu\, d\mu$$

par la méthode employée dans la Note précédente, il suffit de développer la fonction $f(k\mu)$ en série ordonnée suivant les puissances ascendantes, entières ou fractionnaires, de la quantité k. Soit $A(k\mu)^a$ un terme de ce développement, en sorte que l'on ait

$$f(k\mu) = S(Ak^a\mu^a),$$

le signe S indiquant la somme de tous les termes semblables à celui que l'on considère. On aura

$$(2)\qquad \int_0^\infty f(k\mu)\cos\mu\, d\mu = S\left(Ak^a \int_0^\infty \mu^a\cos\mu\, d\mu\right),$$

pourvu que l'on considère l'intégrale

$$\int_0^\infty \mu^a\cos\mu\, d\mu$$

comme la limite vers laquelle tend la suivante

$$\int_0^\infty \mu^a e^{-\alpha\mu}\cos\mu\, d\mu,$$

à mesure que α s'approche de zéro. On a d'ailleurs dans cette hypothèse, en vertu de la première équation (5) (Note précédente),

$$\int_0^\infty \mu^a \cos\mu \, d\mu = \cos\left(\frac{a+1}{2}\right)\pi \; \Gamma(a+1).$$

Cela posé, l'équation (2) deviendra

$$(3) \qquad \int_0^\infty f(k\mu)\cos\mu\, d\mu = \mathrm{S}\left[\mathrm{A}k^a \cos\frac{(a+1)\pi}{2}\;\Gamma(a+1)\right].$$

En raisonnant de la même manière sur la seconde des intégrales (1), on trouvera que sa valeur en série doit être déterminée par l'équation

$$(4) \quad \int_0^\infty\int_0^\infty f\left(k\mu^{\frac{1}{2}}\nu^{\frac{1}{2}}\right)\sin(\mu+\nu)\,d\mu\,d\nu = \mathrm{S}\left[\mathrm{A}k^a\int_0^\infty\int_0^\infty \mu^{\frac{a}{2}}\nu^{\frac{a}{2}}\sin(\mu+\nu)\,d\mu\,d\nu\right],$$

pourvu que l'on considère l'intégrale double

$$\int_0^\infty\int_0^\infty (\mu\nu)^{\frac{a}{2}}\sin(\mu+\nu)\,d\mu\,d\nu$$

comme la limite vers laquelle tend la suivante

$$\int_0^\infty\int_0^\infty (\mu\nu)^{\frac{a}{2}}\sin(\mu+\nu)\,e^{-\alpha\mu-\beta\nu}\,d\mu\,d\nu,$$

à mesure que α et β se rapprochent de zéro. D'ailleurs, on a évidemment, dans cette hypothèse,

$$\int_0^\infty\int_0^\infty (\mu\nu)^{\frac{a}{2}}\sin(\mu+\nu)\,d\mu\,d\nu = 2\int_0^\infty \mu^{\frac{a}{2}}\sin\mu\,d\mu\int_0^\infty \nu^{\frac{a}{2}}\cos\nu\,d\nu.$$

De plus, en vertu des équations (5) (Note précédente), on a

$$\begin{aligned}
2\int_0^\infty \mu^{\frac{a}{2}}\sin\mu\,d\mu\int_0^\infty \nu^{\frac{a}{2}}\cos\nu\,d\nu &= 2\sin\left(\frac{a}{2}+1\right)\frac{\pi}{2}\cos\left(\frac{a}{2}+1\right)\frac{\pi}{2}\;\Gamma^2\left(\frac{a}{2}+1\right),\\
&= \sin\left(\frac{a}{2}+1\right)\pi\;\Gamma^2\left(\frac{a}{2}+1\right),\\
&= \cos\left(\frac{a+1}{2}\right)\pi\;\Gamma^2\left(\frac{a}{2}+1\right).
\end{aligned}$$

Par suite, l'équation (4) deviendra

$$(5)\quad \int_0^\infty \int_0^\infty f\left(k\mu^{\frac{1}{2}}\nu^{\frac{1}{2}}\right)\sin(\mu+\nu)\,d\mu\,d\nu = \mathrm{S}\left[\mathrm{A}k^a\cos\left(\frac{a+1}{2}\right)\pi\;\Gamma^2\left(\frac{a}{2}+1\right)\right].$$

Si maintenant on fait, pour abréger,

$$\mathrm{A}\cos\left(\frac{a+1}{2}\right)\pi\;\Gamma(a+1) = \mathrm{B}_a,$$

les équations (3) et (5) deviendront respectivement

$$(6)\quad \begin{cases} \displaystyle\int_0^\infty f(k\mu)\cos\mu\,d\mu = \mathrm{S}(\mathrm{B}_a k^a), \\ \displaystyle\int_0^\infty \int_0^\infty f\left(k\mu^{\frac{1}{2}}\nu^{\frac{1}{2}}\right)\sin(\mu+\nu)\,d\mu\,d\nu = \mathrm{S}\left[\mathrm{B}_a k^a\,\frac{\Gamma^2\left(1+\frac{a}{2}\right)}{\Gamma(1+a)}\right]. \end{cases}$$

Ainsi la relation, qui existe entre les développements des deux intégrales (1), consiste en ce que, pour déduire le second du premier, il suffit de multiplier le terme qui renferme la puissance a de k par

$$\frac{\Gamma^2\left(1+\frac{a}{2}\right)}{\Gamma(1+a)}.$$

Exemple I. — Soit

$$f(k\mu) = e^{-k\mu};$$

on aura

$$\mathrm{S}(\mathrm{B}_a k^a) = \int_0^\infty e^{-k\mu}\cos\mu\,d\mu = \frac{k}{1+k^2} = k - k^3 + k^5 - \ldots;$$

et par suite, la seconde des équations (6) donnera

$$\begin{aligned} \int_0^\infty \int_0^\infty \sin(\mu+\nu)\,e^{-k\mu^{\frac{1}{2}}\nu^{\frac{1}{2}}}\,d\mu\,d\nu &= \frac{\Gamma^2(1+\frac{1}{2})}{\Gamma(1+1)}k - \frac{\Gamma^2(1+\frac{3}{2})}{\Gamma(1+3)}k^3 + \ldots \\ &= \frac{\pi k}{4}\left[1 - \frac{3}{2}\frac{k^2}{4} + \frac{3}{2}\frac{5}{4}\left(\frac{k^2}{4}\right)^2 - \frac{3}{2}\frac{5}{4}\frac{7}{6}\left(\frac{k^2}{4}\right)^3 + \ldots\right] \\ &= \frac{\pi k}{4(1+\frac{1}{4}k^2)^{\frac{3}{2}}}. \end{aligned}$$

Si, dans cette dernière, on fait

$$k = \frac{2(-b)}{(a^2+c^2)^{\frac{1}{2}}},$$

b étant négatif, on trouvera

$$(7)\quad \int_0^\infty \int_0^\infty \sin(\mu+\nu)\, e^{\frac{2b\,(\mu\nu)^{\frac{1}{2}}}{(a^2+c^2)^{\frac{1}{2}}}} d\mu\, d\nu = \frac{\pi}{2}\,\frac{(-b)}{(a^2+b^2+c^2)^{\frac{3}{2}}}(a^2+c^2);$$

ce qui s'accorde avec l'équation (83), IIe Partie.

Exemple II. — Soit

$$f(k\mu) = \cos(2k\mu)^{\frac{1}{2}}.$$

On aura, en adoptant la notation de la Note précédente,

$$(8)\qquad S(B_a k^a) = K = \frac{2k}{2} - \frac{(2k)^3}{4.5.6} + \frac{(2k)^5}{6.7.8.9.10} - \cdots.$$

Cela posé, la seconde des équations (6) deviendra

$$(9)\quad \begin{cases} \displaystyle\int_0^\infty \int_0^\infty \cos 2^{\frac{1}{2}} k^{\frac{1}{2}} (\mu\nu)^{\frac{1}{4}} \sin(\mu+\nu)\, d\mu\, d\nu = \frac{2k}{2}\,\frac{\Gamma^2(1+\frac{1}{2})}{\Gamma(1+1)} - \frac{(2k)^3}{4.5.6}\,\frac{\Gamma^2(1+\frac{3}{2})}{\Gamma(1+3)} + \cdots \\ \displaystyle\qquad = \frac{\pi}{2}\left[\frac{k}{2} - \frac{(1.3)^2}{1.2.3}\,\frac{k^3}{4.5.6} + \frac{(1.3.5)^2}{1.2.3.4.5}\,\frac{k^5}{6.7.8.9.10} - \cdots\right]. \end{cases}$$

Si, dans cette dernière, on change k en $2k$, le premier membre sera l'intégrale définie que nous avons désignée par E dans la troisième Partie du Mémoire, et l'on aura en conséquence

$$(10)\quad E = \int_0^\infty \int_0^\infty \cos 2k^{\frac{1}{2}} \mu^{\frac{1}{4}} \nu^{\frac{1}{4}} \sin(\mu+\nu)\, d\mu\, d\nu = \frac{\pi}{2}\left[\frac{2k}{2} - \frac{(1.3)^2}{1.2.3}\,\frac{(2k)^3}{4.5.6} + \cdots\right];$$

ce qui s'accorde avec la formule (64).

Corollaire. — Si, dans la seconde des équations (6), on change k en $2k$, on trouvera

$$(11)\quad \int_0^\infty \int_0^\infty f\left(2k\mu^{\frac{1}{2}}\nu^{\frac{1}{2}}\right) \sin(\mu+\nu)\, d\mu\, d\nu = S\left[B_a k^a 2^a \frac{\Gamma^2\left(1+\frac{a}{2}\right)}{\Gamma(1+a)}\right].$$

On a d'ailleurs, en général,

$$\frac{\Gamma^2\left(1+\frac{a}{2}\right)}{\Gamma(1+a)} = (a+1)\int_0^\infty \frac{\mu^{\frac{a}{2}}\,d\mu}{(1+\mu)^{a+2}}.$$

Donc, par suite,

$$(12)\qquad \int_0^\infty\int_0^\infty f\left(2k\mu^{\frac{1}{2}}\nu^{\frac{1}{2}}\right)\sin(\mu+\nu)\,d\mu\,d\nu = \int_0^\infty \mathrm{S}\left[\mathrm{B}_a(a+1)\left(\frac{2k\mu^{\frac{1}{2}}}{1+\mu}\right)^a\right]\frac{d\mu}{(1+\mu)^2},$$

et, comme on a évidemment

$$\mathrm{S}[(a+1)\mathrm{B}_a k^a] = \frac{d[k\,\mathrm{S}(\mathrm{B}_a k^a)]}{dk},$$

si l'on fait, pour abréger,

$$(13)\qquad \frac{d[k\,\mathrm{S}(\mathrm{B}_a k^a)]}{dk} = \mathit{f}(k),$$

f étant une nouvelle fonction différente de f, l'équation (12) deviendra

$$(14)\qquad \int_0^\infty\int_0^\infty f\left(2k\mu^{\frac{1}{2}}\nu^{\frac{1}{2}}\right)\sin(\mu+\nu)\,d\mu\,d\nu = \int_0^\infty \mathit{f}\left(\frac{2k\mu^{\frac{1}{2}}}{1+\mu}\right)\frac{d\mu}{(1+\mu)^2}.$$

Soit maintenant

$$\frac{2\mu^{\frac{1}{2}}}{1+\mu} = \cos\theta;$$

on aura

$$\frac{d\mu}{(1+\mu)^2} = \tfrac{1}{2}\cos\theta\,d\theta,$$

$$\int_0^\infty \mathit{f}\left(\frac{2k\mu^{\frac{1}{2}}}{1+\mu}\right)\frac{d\mu}{(1+\mu)^2} = \tfrac{1}{2}\int_{-\frac{1}{2}\pi}^{\frac{1}{2}\pi}\mathit{f}(k\cos\theta)\cos\theta\,d\theta = \int_0^{\frac{1}{2}\pi}\mathit{f}(k\cos\theta)\cos\theta\,d\theta.$$

On pourra donc aussi mettre l'équation (14) sous la forme

$$(15)\qquad \int_0^\infty\int_0^\infty f\left(2k\mu^{\frac{1}{2}}\nu^{\frac{1}{2}}\right)\sin(\mu+\nu)\,d\mu\,d\nu = \int_0^{\frac{1}{2}\pi}\mathit{f}(k\cos\theta)\cos\theta\,d\theta.$$

Si, dans les équations (14) et (15), on suppose

$$f\left(2k\mu^{\frac{1}{2}}\nu^{\frac{1}{2}}\right) = \cos\left(2k^{\frac{1}{2}}\mu^{\frac{1}{4}}\nu^{\frac{1}{4}}\right),$$

on obtiendra les équations (66) et (67) (IIIe Partie).

NOTE V.

DÉTERMINATION DES LIMITES ENTRE LESQUELLES SE TROUVE COMPRISE LA VALEUR DE L'INTÉGRALE

$$(1) \qquad K = \int_0^{\infty} \cos(2k\mu)^{\frac{1}{2}} \cos\mu \, d\mu.$$

Nous avons vu dans la troisième Note que la valeur de K pouvait être déterminée par l'une ou l'autre des équations (11). Si l'on réduit en nombres les coefficients des termes qui forment le second membre de la première, on trouvera

$$(2) \quad \left\{ \begin{aligned} \frac{K}{k} = 1 &- 1,6666667\left(\frac{4k^2}{100}\right) + 0,6613756\left(\frac{4k^2}{100}\right)^2 - 0,1156251\left(\frac{4k^2}{100}\right)^3 \\ &+ 0,0113358\left(\frac{4k^2}{100}\right)^4 - 0,0007103\left(\frac{4k^2}{100}\right)^5 + 0,0000309\left(\frac{4k^2}{100}\right)^6 \\ &- 0,0000010\left(\frac{4k^2}{100}\right)^7 + \ldots \end{aligned} \right.$$

Lorsque, dans la série précédente, on suppose $\frac{4k^2}{100} < 1$, le second terme est supérieur au troisième, le troisième supérieur au quatrième, etc.; et, comme tous ces termes sont alternativement négatifs et positifs, il en résulte que la somme de tous les termes, à partir du second, est négative et plus petite que

$$1,6666667\left(\frac{4k^2}{100}\right) < 1,6666667.$$

Par suite, la somme totale de la série ne pourra, si elle est positive, surpasser le premier terme, c'est-à-dire, l'unité; et la même somme, si elle est négative, ne pourra devenir inférieure à

$$1 - 1,6666667 = -0,6666667.$$

Ainsi, toutes les fois que l'on aura $\left(\frac{4k^2}{100}\right) < 1$, c'est-à-dire $k < 5$, la valeur de $\frac{K}{k}$, abstraction faite du signe, sera plus petite que l'unité. On aura donc alors, en prenant positivement la valeur de K,

$$K < k.$$

Supposons maintenant que l'on ait $k > 5$. Pour déterminer, dans cette hypothèse, la limite des valeurs de K, nous aurons recours à la seconde des équations (11) (Note III). On tire de cette même équation

$$(3) \qquad \frac{K}{k} = \frac{\pi^{\frac{1}{2}}}{2k^{\frac{1}{2}}}(\sin\tfrac{1}{2}k + \cos\tfrac{1}{2}k) - \frac{1}{k}\int_0^\infty e^{-(2k\mu)^{\frac{1}{2}}}\cos\mu\, d\mu.$$

Dans cette dernière formule,

$$\sin\tfrac{1}{2}k + \cos\tfrac{1}{2}k$$

ne peut, abstraction faite du signe, surpasser

$$\sin\frac{\pi}{4} + \cos\frac{\pi}{4} = \sqrt{2}.$$

De plus on a évidemment, abstraction faite du signe,

$$\int_0^\infty e^{-(2k\mu)^{\frac{1}{2}}}\cos\mu\, d\mu < \int_0^\infty e^{-(2k\mu)^{\frac{1}{2}}} d\mu = \frac{1}{k}.$$

Par suite, la valeur positive ou négative de $\frac{K}{k}$ ne pourra surpasser

$$\left(\frac{\pi}{2k}\right)^{\frac{1}{2}} + \frac{1}{k^2}.$$

Or, en supposant $k > 5$, on trouve

$$\left(\frac{\pi}{2k}\right)^{\frac{1}{2}} + \frac{1}{k^2} < \left(\frac{\pi}{10}\right)^{\frac{1}{2}} + \frac{1}{25} < 1.$$

On aura donc aussi, en faisant abstraction des signes,

$$\frac{K}{k} < 1.$$

Il suit de ce qui précède que, pour toutes les valeurs réelles de la constante k, la valeur positive ou négative du rapport $\frac{K}{k}$ est toujours inférieure à l'unité; en sorte que la fonction K a pour limite la quantité k.

NOTE VI.

Nous allons donner dans cette Note la solution d'un problème d'Analyse qui peut avoir de nombreuses applications. Voici en quoi il consiste.

Problème. — *Étant données deux fonctions réelles de* a, *savoir*,

$$F_1(a) \text{ et } F_2(a),$$

trouver deux autres fonctions réelles de m, *savoir*,

$$\varphi_1(m) \text{ et } \varphi_2(m),$$

telles que l'on ait, pour toutes les valeurs réelles et positives de a,

$$(1) \quad \begin{cases} \int_0^\infty \varphi_1(m) \cos am \, dm = F_1(a), \\ \int_0^\infty \varphi_2(m) \sin am \, dm = F_2(a). \end{cases}$$

Solution. — Admettons pour un instant que chacune des fonctions

$$F_1(a), \; F_2(a)$$

conserve une valeur finie pour toutes les valeurs réelles et positives de a. Il suffira, pour satisfaire aux équations (1), de supposer

$$(2)\quad \begin{cases} \varphi_1(m) = \dfrac{2}{\pi}\displaystyle\int_0^\infty \cos m\mu\, F_1(\mu)\, d\mu, \\ \varphi_2(m) = \dfrac{2}{\pi}\displaystyle\int_0^\infty \sin m\mu\, F_2(\mu)\, d\mu. \end{cases}$$

En effet, si l'on substitue ces valeurs de $\varphi_1(m)$ et de $\varphi_2(m)$ dans les équations (1), on obtiendra les suivantes :

$$(3)\quad \begin{cases} \displaystyle\int_0^\infty\int_0^\infty \cos am \cos m\mu\, F_1(\mu)\, dm\, d\mu = \frac{\pi}{2} F_1(a), \\ \displaystyle\int_0^\infty\int_0^\infty \sin am \sin m\mu\, F_2(\mu)\, dm\, d\mu = \frac{\pi}{2} F_2(a), \end{cases}$$

dont on peut démontrer l'exactitude ainsi qu'il suit.

Les intégrales doubles, qui forment les premiers membres des équations (3), peuvent être évidemment considérées comme les limites vers lesquelles tendent les deux intégrales

$$(4)\quad \begin{cases} \displaystyle\int_0^\infty\int_0^\infty \cos am \cos m\mu\, e^{-\alpha m} F_1(\mu)\, dm\, d\mu, \\ \displaystyle\int_0^\infty\int_0^\infty \sin am \sin m\mu\, e^{-\alpha m} F_2(\mu)\, dm\, d\mu, \end{cases}$$

à mesure que α diminue. On a, d'ailleurs,

$$(5)\quad \begin{cases} \displaystyle\int_0^\infty \cos am \cos m\mu\, e^{-\alpha m}\, dm = \frac{1}{2}\frac{\alpha}{\alpha^2 + (\mu - a)^2} + \frac{1}{2}\frac{\alpha}{\alpha^2 + (\mu + a)^2}, \\ \displaystyle\int_0^\infty \sin am \sin m\mu\, e^{-\alpha m}\, dm = \frac{1}{2}\frac{\alpha}{\alpha^2 + (\mu - a)^2} - \frac{1}{2}\frac{\alpha}{\alpha^2 + (\mu + a)^2}. \end{cases}$$

Si dans ces dernières équations on suppose α très-petit, la fraction $\dfrac{\alpha}{\alpha^2 + (\mu + a)^2}$ sera évidemment insensible pour toutes les valeurs réelles et positives de μ; mais il n'en sera pas de même de la fraction $\frac{\alpha}{\alpha^2+(\mu-a)^2}$, qui pourra obtenir des valeurs considérables pour des valeurs de μ peu différentes de a. Ainsi, relativement à l'objet que nous avons en vue, nous pourrons substituer aux équations (5) les deux suivantes :

$$(6)\quad \left\{\begin{aligned} &\int_0^\infty \cos am \cos m\mu \, e^{-\alpha m}\, dm = \frac{1}{2}\,\frac{\alpha}{\alpha^2+(\mu-a)^2},\\ &\int_0^\infty \sin am \sin m\mu \, e^{-\alpha m}\, dm = \frac{1}{2}\,\frac{\alpha}{\alpha^2+(\mu-a)^2}. \end{aligned}\right.$$

Cela posé, les intégrales (4) deviendront respectivement

$$(7)\quad \left\{\begin{aligned} &\tfrac{1}{2}\int_0^\infty F_1(\mu)\frac{\alpha\, d\mu}{\alpha^2+(\mu-a)^2},\\ &\tfrac{1}{2}\int_0^\infty F_2(\mu)\frac{\alpha\, d\mu}{\alpha^2+(\mu-a)^2}. \end{aligned}\right.$$

Ces dernières sont du genre de celles que M. Cauchy [1] a désignées sous le nom d'*intégrales singulières*, dans un de ses derniers Mémoires. Pour déterminer leurs valeurs, on fera $\mu = a + \alpha\xi$. Elles deviendront alors

$$\tfrac{1}{2}\int F_1(a+\alpha\xi)\,\frac{d\xi}{1+\xi^2},$$

$$\tfrac{1}{2}\int F_2(a+\alpha\xi)\,\frac{d\xi}{1+\xi^2},$$

et devront être prises entre les limites $\xi = -\infty$, $\xi = +\infty$. De plus, α devant se réduire à zéro, on aura, pour toutes les valeurs réelles de ξ,

$$F_1(a+\alpha\xi) = F_1(a), \quad F_2(a+\alpha\xi) = F_2(a);$$

et par suite,

$$(8)\quad \left\{\begin{aligned} &\tfrac{1}{2}\int_{-\infty}^{\infty} F_1(a+\alpha\xi)\,\frac{d\xi}{1+\xi^2} = \tfrac{1}{2}F_1(a)\int_{-\infty}^{\infty}\frac{d\xi}{1+\xi^2} = \frac{\pi}{2}F_1(a),\\ &\tfrac{1}{2}\int_{-\infty}^{\infty} F_2(a+\alpha\xi)\,\frac{d\xi}{1+\xi^2} = \tfrac{1}{2}F_2(a)\int_{-\infty}^{\infty}\frac{d\xi}{1+\xi^2} = \frac{\pi}{2}F_2(a). \end{aligned}\right.$$

(1) *Voir* la Remarque faite à la page 12, et la Note XVIII.

Ainsi les intégrales (4) auront respectivement pour valeurs

$$\frac{\pi}{2}F_1(a),\quad \frac{\pi}{2}F_2(a);$$

ce qui prouve l'exactitude des équations (3), et par suite des formules (2).

Nous allons maintenant donner quelques applications de ces formules. Nous indiquerons ensuite les modifications qu'on peut être quelquefois obligé d'y apporter.

Exemple I. — Supposons

$$F_1(a) = F_2(a) = e^{-ak}.$$

Les équations (2) donneront

$$(9)\quad \begin{cases} \varphi_1(m) = \dfrac{2}{\pi}\displaystyle\int_0^\infty e^{-k\mu}\cos m\mu\, d\mu = \dfrac{2}{\pi}\,\dfrac{k}{k^2+m^2}, \\ \varphi_2(m) = \dfrac{2}{\pi}\displaystyle\int_0^\infty e^{-k\mu}\sin m\mu\, d\mu = \dfrac{2}{\pi}\,\dfrac{m}{k^2+m^2}. \end{cases}$$

Par suite, les équations (1) deviendront

$$(10)\quad \begin{cases} \displaystyle\int_0^\infty \frac{k\cos am}{k^2+m^2}\,dm = \frac{\pi}{2}e^{-ak}, \\ \displaystyle\int_0^\infty \frac{m\sin am}{k^2+m^2}\,dm = \frac{\pi}{2}e^{-ak}, \end{cases}$$

ce qui s'accorde avec des formules connues.

Exemple II. — Soit

$$F_1(a) = e^{-ah}\sin ak,\quad F_2(a) = e^{-ah}\cos ak.$$

On trouvera

$$(11)\quad \begin{cases} \varphi_1(m) = \dfrac{2}{\pi}\displaystyle\int_0^\infty e^{-h\mu}\sin k\mu\cos m\mu\, d\mu = \dfrac{1}{\pi}\left[\dfrac{k+m}{h^2+(k+m)^2} + \dfrac{k-m}{h^2+(k-m)^2}\right], \\ \varphi_2(m) = \dfrac{2}{\pi}\displaystyle\int_0^\infty e^{-h\mu}\cos k\mu\sin m\mu\, d\mu = \dfrac{1}{\pi}\left[\dfrac{k+m}{h^2+(k+m)^2} - \dfrac{k-m}{h^2+(k-m)^2}\right]; \end{cases}$$

et par suite, les équations (1) deviendront

$$(12)\quad \left\{\begin{aligned} &\int_0^\infty \frac{1}{2}\left[\frac{k+m}{h^2+(k+m)^2}+\frac{k-m}{h^2+(k-m)^2}\right]\cos am\,dm = \frac{\pi}{2}e^{-ah}\sin ak,\\ &\int_0^\infty \frac{1}{2}\left[\frac{k+m}{h^2+(k+m)^2}-\frac{k-m}{h^2+(k-m)^2}\right]\sin am\,dm = \frac{\pi}{2}e^{-ah}\cos ak.\end{aligned}\right.$$

Si dans ces dernières on suppose $h=0$, elles deviendront

$$(13)\quad \left\{\begin{aligned} &\int_0^\infty \frac{k}{k^2-m^2}\cos am\,dm = \frac{\pi}{2}\sin ak,\\ &\int_0^\infty \frac{m}{k^2-m^2}\sin am\,dm = -\frac{\pi}{2}\cos ak.\end{aligned}\right.$$

Exemple III. — Soit

$$F_1(a) = F_2(a) = a^{h-1}e^{-ak}.$$

On trouvera

$$(14)\quad \left\{\begin{aligned} &\varphi_1(m) = \frac{2}{\pi}\int_0^\infty \mu^{h-1}e^{-k\mu}\cos m\mu\,d\mu = \frac{1}{\pi}\left[(k-m\sqrt{-1})^{-h}+(k+m\sqrt{-1})^{-h}\right]\Gamma(h),\\ &\varphi_2(m) = \frac{2}{\pi}\int_0^\infty \mu^{h-1}e^{-k\mu}\sin m\mu\,d\mu = \frac{1}{\pi}\left[\frac{(k-m\sqrt{-1})^{-h}-(k+m\sqrt{-1})^{-h}}{\sqrt{-1}}\right]\Gamma(h),\end{aligned}\right.$$

$\Gamma(h)$ représentant à l'ordinaire l'intégrale

$$\int_0^\infty \mu^{h-1}e^{-\mu}\,d\mu.$$

Cela posé, les équations (1) deviendront

$$(15)\quad \left\{\begin{aligned} &\int_0^\infty \frac{(k-m\sqrt{-1})^{-h}+(k+m\sqrt{-1})^{-h}}{2}\cos am\,dm = \frac{\pi}{2\Gamma(h)}a^{h-1}e^{-ak},\\ &\int_0^\infty \frac{(k-m\sqrt{-1})^{-h}-(k+m\sqrt{-1})^{-h}}{2\sqrt{-1}}\sin am\,dm = \frac{\pi}{2\Gamma(h)}a^{h-1}e^{-ak}.\end{aligned}\right.$$

Je ne pousserai pas plus loin l'application des équations (2), qui, comme on le voit, s'accordent, dans les divers cas particuliers, avec les formules déjà connues.

Je vais maintenant faire voir comment on doit modifier les mêmes équations, lorsque la forme particulière des fonctions F_1 et F_2 ne permet pas d'attribuer une valeur précise et finie à chacune des intégrales qui forment les seconds membres des équations (2).

D'abord, il peut arriver que les fonctions $F_1(a)$, $F_2(a)$, étant finies pour toutes les valeurs réelles et positives de a, conservent, pour des valeurs infinies de a, une valeur plus grande que zéro. Dans ce cas, les intégrales

$$\int_0^\infty F_1(\mu)\cos m\mu\, d\mu,$$

$$\int_0^\infty F_2(\mu)\sin m\mu\, d\mu$$

ne paraissent pas avoir un sens bien déterminé. Pour faire disparaître cette incertitude, il suffira de les considérer comme étant les limites dont s'approchent les intégrales

$$\int_0^\infty e^{-6\mu} F_1(\mu)\cos m\mu\, d\mu,$$

$$\int_0^\infty e^{-6\mu} F_2(\mu)\sin m\mu\, d\mu,$$

à mesure que 6 diminue, et de supposer en conséquence

$$(16)\qquad \begin{cases} \varphi_1(m) = \dfrac{2}{\pi}\displaystyle\int_0^\infty e^{-6\mu} F_1(\mu)\cos m\mu\, d\mu, \\ \varphi_2(m) = \dfrac{2}{\pi}\displaystyle\int_0^\infty e^{-6\mu} F_2(\mu)\sin m\mu\, d\mu, \end{cases}$$

6 étant une constante arbitraire qui doit être égalée à zéro, lorsqu'on aura effectué les intégrations.

Supposons, en second lieu, que les fonctions $F_1(a)$, $F_2(a)$ deviennent infinies pour certaines valeurs réelles et positives de a. Pour lever cette nouvelle difficulté, il suffira de remplacer les fonctions $F_1(\mu)$, $F_2(\mu)$ par d'autres fonctions dont elles soient les limites, et qui, sans jamais devenir infinies, s'évanouissent pour des valeurs infinies de μ. On satisfera, dans un grand nombre de cas, à ces diverses conditions, en substituant aux fonctions

$$F_1(\mu),\quad F_2(\mu)$$

les deux suivantes

$$e^{-\theta\mu} F_1(\mu), \quad e^{-\theta\mu} F_2(\mu),$$

ainsi qu'on l'a fait ci-dessus. Alors les valeurs de $\varphi_1(m)$, $\varphi_2(m)$ sont données par les équations (16). Mais, si par hasard ces valeurs se trouvaient elles-mêmes en défaut, on ferait disparaître tous les obstacles, en faisant usage des deux suivantes :

$$(17) \quad \begin{cases} \varphi_1(m) = \dfrac{2}{\pi}\displaystyle\int_0^\infty e^{-\theta\mu-\theta[F_1(\mu)]^2} F_1(\mu)\cos m\mu\, d\mu, \\ \varphi_2(m) = \dfrac{2}{\pi}\displaystyle\int_0^\infty e^{-\theta\mu-\theta[F_2(\mu)]^2} F_2(\mu)\sin m\mu\, d\mu, \end{cases}$$

θ devant toujours être supposé nul après l'intégration.

On peut s'assurer, *a posteriori*, que dans ces dernières équations les intégrales relatives à μ auront toujours une valeur précise et même finie pour des valeurs de θ supérieures à zéro. En effet, chacun des produits

$$F_1(\mu)\, e^{-\theta[F_1(\mu)]^2}\cos m\mu, \quad F_2(\mu)\, e^{-\theta[F_2(\mu)]^2}\sin m\mu$$

ne peut évidemment devenir infini. Si donc on désigne par

$$B', \ B''$$

les plus grandes valeurs absolues de ces mêmes produits, on aura toujours, abstraction faite du signe,

$$\int_0^\infty e^{-\theta\mu-\theta[F_1(\mu)]^2} F_1(\mu)\cos m\mu\, d\mu < B' \int_0^\infty e^{-\theta\mu}\, d\mu = \frac{B'}{\theta},$$

$$\int_0^\infty e^{-\theta\mu-\theta[F_2(\mu)]^2} F_2(\mu)\sin m\mu\, d\mu < B'' \int_0^\infty e^{-\theta\mu}\, d\mu = \frac{B''}{\theta}.$$

On pourra donc employer les équations (17), pourvu que l'on y considère θ comme une constante réelle et positive qui doit être traitée comme une quantité finie tant que les intégrations ne sont pas effectuées, et que l'on doit annuler ensuite.

NOTE VII.

PROBLÈME. — *Étant données quatre fonctions réelles de a et de c, savoir,*

$$F_1(a, c),\ F_2(a, c),\ F_3(a, c),\ F_4(a, c),$$

trouver quatre autres fonctions de m et de n, savoir,

$$\varphi_1(m, n),\ \varphi_2(m, n),\ \varphi_3(m, n),\ \varphi_4(m, n),$$

telles que l'on ait, pour toutes les valeurs réelles et positives de a et de c,

$$(1)\quad \begin{cases} \int_0^\infty \int_0^\infty \varphi_1(m, n) \cos am \cos cn\, dm\, dn = F_1(a, c), \\ \int_0^\infty \int_0^\infty \varphi_2(m, n) \cos am \sin cn\, dm\, dn = F_2(a, c), \\ \int_0^\infty \int_0^\infty \varphi_3(m, n) \sin am \cos cn\, dm\, dn = F_3(a, c), \\ \int_0^\infty \int_0^\infty \varphi_4(m, n) \sin am \sin cn\, dm\, dn = F_4(a, c). \end{cases}$$

Solution. — Si les quatre fonctions F_1, F_2, F_3, F_4 restent finies pour toutes les valeurs positives des variables a et c, on résoudra le problème au moyen des quatre formules suivantes :

$$(2)\quad \begin{cases} \varphi_1(m, n) = \frac{4}{\pi^2} \int_0^\infty \int_0^\infty \cos m\mu \cos n\nu\, F_1(\mu, \nu)\, d\mu\, d\nu, \\ \varphi_2(m, n) = \frac{4}{\pi^2} \int_0^\infty \int_0^\infty \cos m\mu \sin n\nu\, F_2(\mu, \nu)\, d\mu\, d\nu, \\ \varphi_3(m, n) = \frac{4}{\pi^2} \int_0^\infty \int_0^\infty \sin m\mu \cos n\nu\, F_3(\mu, \nu)\, d\mu\, d\nu, \\ \varphi_4(m, n) = \frac{4}{\pi^2} \int_0^\infty \int_0^\infty \sin m\mu \sin n\nu\, F_4(\mu, \nu)\, d\mu\, d\nu. \end{cases}$$

Ces formules sont analogues aux équations (2) de la Note précédente, et se démontrent de la même manière. Ainsi, par exemple, pour faire voir que la première formule satisfait à la première des équations (1), il suffira de prouver que l'on a

$$(3) \quad \int_0^\infty \int_0^\infty \int_0^\infty \int_0^\infty \cos am \, \cos cn \, \cos m\mu \, \cos n\nu \, F_1(\mu, \nu) \, d\mu \, d\nu \, dm \, dn = \frac{\pi^2}{4} F_1(a, c).$$

D'ailleurs, on peut considérer l'intégrale qui forme le premier membre de cette dernière équation comme la limite dont s'approche l'intégrale suivante

$$(4) \quad \int_0^\infty \int_0^\infty \int_0^\infty \int_0^\infty e^{-\alpha m - \beta n} \cos am \, \cos cn \, \cos m\mu \, \cos n\nu \, F_1(\mu, \nu) \, d\mu \, d\nu \, dm \, dn,$$

à mesure que α et β diminuent; et comme on a, en vertu des équations (6) (Note précédente),

$$\int_0^\infty \cos am \, \cos m\mu \, e^{-\alpha m} \, dm = \frac{1}{2} \frac{\alpha}{\alpha^2 + (\mu - a)^2},$$

$$\int_0^\infty \cos cn \, \cos n\nu \, e^{-\beta n} \, dn = \frac{1}{2} \frac{\beta}{\beta^2 + (\nu - c)^2},$$

on pourra réduire l'intégrale (4) à cette forme plus simple

$$\frac{1}{4} \int_0^\infty \int_0^\infty F_1(\mu, \nu) \frac{\alpha \, d\mu}{\alpha^2 + (\mu - a)^2} \frac{\beta \, d\nu}{\beta^2 + (\nu - c)^2}.$$

Cette dernière n'ayant de valeur sensible, lorsque α et β deviennent très petits, qu'entre des limites de μ très voisines de a et des limites de ν très voisines de c, on peut, sans inconvénient, y remplacer $F_1(\mu, \nu)$ par $F_1(a, c)$, ce qui la réduit à

$$\frac{1}{4} F_1(a, c) \int_0^\infty \frac{\alpha \, d\mu}{\alpha^2 + (\mu - a)^2} \int_0^\infty \frac{\beta \, d\nu}{\beta^2 + (\nu - c)^2};$$

et, comme, dans le cas où α et β s'évanouissent, chacune des intégrales singulières

$$\int_0^\infty \frac{\alpha \, d\mu}{\alpha^2 + (\mu - a)^2}, \quad \int_0^\infty \frac{\beta \, d\nu}{\beta^2 + (\nu - c)^2}$$

est égale à π, on trouve enfin pour l'intégrale cherchée

$$\frac{\pi^2}{4} F_1(a, c),$$

ce qui vérifie l'équation (3), et par suite la première des formules (2). Il sera également facile de vérifier chacune des trois autres.

Pour que les formules (2) puissent être employées, il est nécessaire que les intégrales définies qui forment les seconds membres de ces formules aient une valeur précise et finie. C'est ce qui arrive généralement lorsque les fonctions $F_1(\mu, \nu)$, $F_2(\mu, \nu)$, $F_3(\mu, \nu)$, $F_4(\mu, \nu)$ restent finies pour toutes les valeurs réelles et positives des variables μ et ν, et s'évanouissent pour des valeurs infinies de ces mêmes variables. Si ces conditions n'étaient pas remplies, les intégrales dont il s'agit pourraient devenir infinies ou indéterminées. Pour obvier à cet inconvénient, il suffirait de remplacer les quatre fonctions

$$F_1(\mu, \nu), \quad F_2(\mu, \nu), \quad F_3(\mu, \nu), \quad F_4(\mu, \nu)$$

par les quatre suivantes

$$M_1 F_1(\mu, \nu), \quad M_2 F_2(\mu, \nu), \quad M_3 F_3(\mu, \nu), \quad M_4 F_4(\mu, \nu),$$

M_1, M_2, M_3, M_4 étant de nouvelles fonctions de μ, de ν et de la constante arbitraire $\mathcal{C}$, par le moyen desquelles les conditions énoncées puissent être satisfaites, et qui se réduisent à l'unité, lorsqu'on suppose $\mathcal{C} = 0$. Au reste, on peut trouver pour ces nouvelles fonctions une infinité de valeurs différentes qui toutes jouissent des mêmes propriétés. On pourra supposer, par exemple,

$$M_1 = e^{-\mathcal{C}(\mu+\nu) - \mathcal{C}[F_1(\mu,\nu)]^2},$$

ou bien

$$M_1 = \frac{e^{-\mathcal{C}(\mu+\nu)}}{1 + \mathcal{C}[F_1(\mu, \nu)]^2},$$

etc.

On pourra même, dans un grand nombre de cas, lever toute difficulté, en supposant simplement

$$M_1 = e^{-\mathcal{C}(\mu+\nu)}.$$

NOTE VIII.

Nous allons dans cette Note résoudre deux nouveaux problèmes qui ont beaucoup de rapport avec ceux dont nous nous sommes occupés dans les deux Notes précédentes. Voici en quoi ils consistent.

Problème I. — *Étant donnée une fonction réelle de a, savoir,*

$$F(a),$$

trouver deux autres fonctions réelles de m, savoir,

$$\varphi_1(m) \text{ et } \varphi_2(m),$$

telles qu'on ait, pour toutes les valeurs réelles de la quantité a,

$$\int_0^\infty \varphi_1(m)\cos am\,dm + \int_0^\infty \varphi_2(m)\sin am\,dm = F(a). \tag{1}$$

Problème II. — *Étant donnée une fonction réelle de a et de c, savoir,*

$$F(a, c),$$

trouver quatre autres fonctions réelles de m et de n, savoir,

$$\varphi_1(m, n),\ \varphi_2(m, n),\ \varphi_3(m, n),\ \varphi_4(m, n),$$

telles qu'on ait, pour toutes les valeurs réelles de a et de c,

$$\left\{\begin{aligned} &\int_0^\infty\int_0^\infty \varphi_1(m, n)\cos am\cos cn\,dm\,dn \\ &+\int_0^\infty\int_0^\infty \varphi_2(m, n)\cos am\sin cn\,dm\,dn \\ &+\int_0^\infty\int_0^\infty \varphi_3(m, n)\sin am\cos cn\,dm\,dn \\ &+\int_0^\infty\int_0^\infty \varphi_4(m, n)\sin am\sin cn\,dm\,dn \end{aligned}\right\} = F(a, c). \tag{2}$$

Solution. — Pour résoudre le premier problème, j'observe que, l'équation (1) devant s'étendre aux valeurs négatives ainsi qu'aux valeurs positives de a, on doit avoir aussi

$$(3)\qquad \int_0^\infty \varphi_1(m)\cos am\,dm - \int_0^\infty \varphi_2(m)\sin am\,dm = \mathrm{F}(-a).$$

De cette équation réunie à l'équation (1), on conclut

$$(4)\qquad \begin{cases} \displaystyle\int_0^\infty \varphi_1(m)\cos am\,dm = \frac{\mathrm{F}(a)+\mathrm{F}(-a)}{2}, \\ \displaystyle\int_0^\infty \varphi_2(m)\sin am\,dm = \frac{\mathrm{F}(a)-\mathrm{F}(-a)}{2}. \end{cases}$$

D'ailleurs, ces dernières équations auront évidemment lieu pour les valeurs négatives de a, si elles ont lieu pour toutes les valeurs positives de la même variable. Si donc on fait, pour abréger,

$$\frac{\mathrm{F}(a)+\mathrm{F}(-a)}{2} = \mathrm{F}_1(a),$$

$$\frac{\mathrm{F}(a)-\mathrm{F}(-a)}{2} = \mathrm{F}_2(a),$$

il ne restera plus qu'à satisfaire, pour toutes les valeurs réelles et positives de a, aux deux équations

$$\int_0^\infty \varphi_1(m)\cos am\,dm = \mathrm{F}_1(a),$$

$$\int_0^\infty \varphi_2(m)\sin am\,dm = \mathrm{F}_2(a);$$

ce que nous avons appris à faire dans la Note VI.

Le second problème n'offre pas plus de difficulté. En effet, comme l'équation (2) doit s'étendre également aux valeurs négatives et positives des variables a et c, si l'on y change à la fois ou séparément a en $-a$ et c en $-c$, on obtiendra trois nouvelles formules qui, réunies à l'équation (2), fourniront les suivantes :

$$(5)\quad \begin{cases} \displaystyle\int_0^\infty\int_0^\infty \varphi_1(m,n)\cos am\cos cn\,dm\,dn = \frac{F(a,c)+F(a,-c)+F(-a,c)+F(-a,-c)}{4}, \\ \displaystyle\int_0^\infty\int_0^\infty \varphi_2(m,n)\cos am\sin cn\,dm\,dn = \frac{F(a,c)-F(a,-c)+F(-a,c)-F(-a,-c)}{4}, \\ \displaystyle\int_0^\infty\int_0^\infty \varphi_3(m,n)\sin am\cos cn\,dm\,dn = \frac{F(a,c)+F(a,-c)-F(-a,c)-F(-a,-c)}{4}, \\ \displaystyle\int_0^\infty\int_0^\infty \varphi_4(m,n)\sin am\sin cn\,dm\,dn = \frac{F(a,c)-F(a,-c)-F(-a,c)+F(-a,-c)}{4}. \end{cases}$$

Ces quatre dernières équations auront évidemment lieu pour les valeurs négatives des quantités a et c, si elles ont lieu pour les valeurs positives de ces mêmes quantités ; d'où il est aisé de conclure que la question proposée se trouve ramenée à celle que nous avons résolue dans la Note VII.

Corollaire. — On voit par ce qui précède que, la fonction $F(a)$ étant donnée pour toutes les valeurs réelles de a, les deux fonctions $\varphi_1(m)$, $\varphi_2(m)$, qui doivent satisfaire à l'équation (1), se trouvent complètement déterminées. De même, la fonction $F(a, c)$, supposée connue pour toutes les valeurs réelles de a et de c, détermine entièrement dans l'équation (2) les quatre fonctions

$$\varphi_1(m,n),\quad \varphi_2(m,n),\quad \varphi_3(m,n),\quad \varphi_4(m,n).$$

Cela posé, comme les deux termes qui forment le premier membre de l'équation (1) sont semblables et ne diffèrent entre eux que par la permutation des signes sinus et cosinus, et que la même similitude existe entre les quatre termes qui composent le premier membre de l'équation (2), je me contenterai désormais d'écrire le premier membre dans chacune de ces équations, en plaçant devant ce même terme le signe Σ, conformément à la notation que j'ai adoptée dans le Mémoire. En conséquence, les équations (1) et (2) seront dorénavant présentées sous les formes suivantes :

$$(6)\quad \begin{cases} \sum \int_0^\infty \varphi(m) \cos am \, dm = \mathrm{F}(a), \\ \sum \int_0^\infty \int_0^\infty \varphi(m, n) \cos am \cos cn \, dm \, dn = \mathrm{F}(a, c). \end{cases}$$

NOTE IX.

Nous allons donner dans cette Note les intégrales générales des deux équations aux différences partielles

$$(1)\quad \begin{cases} \dfrac{\partial^2 q_0}{\partial a^2} + \dfrac{\partial^2 q_0}{\partial b^2} = 0, \\ \dfrac{\partial^2 q_0}{\partial a^2} + \dfrac{\partial^2 q_0}{\partial b^2} + \dfrac{\partial^2 q_0}{\partial c^2} = 0. \end{cases}$$

On peut évidemment satisfaire à la première équation, en supposant

$$(2)\quad q_0 = \sum \int_0^\infty \cos am \, e^{bm} f(m) \, dm + \sum \int_0^\infty \cos am \, e^{-bm} \mathfrak{f}(m) \, dm;$$

et à la seconde, en supposant

$$(3)\quad \begin{cases} q_0 = \sum \int_0^\infty \int_0^\infty \cos am \cos cn \, e^{b(m^2+n^2)^{\frac{1}{2}}} f(m, n) \, dm \, dn \\ \quad + \sum \int_0^\infty \int_0^\infty \cos am \cos cn \, e^{-b(m^2+n^2)^{\frac{1}{2}}} \mathfrak{f}(m, n) \, dm \, dn, \end{cases}$$

chaque signe Σ ayant ici la même signification que dans la Note précédente, et indiquant à la fois deux ou quatre fonctions arbitraires qui équivalent à une seule fonction arbitraire dégagée du signe d'intégration (*voir* la Note précédente). Il ne reste plus qu'à savoir si les équations (2) et (3) ont toute la généralité que comportent les équations différentielles d'où on les a déduites. C'est ce dont on peut s'assurer de la manière suivante.

Considérons d'abord l'équation (2). Si l'on développe son second membre en série ordonnée suivant les puissances ascendantes de b, par le moyen de la formule

$$e^{\pm bm} = 1 \pm \frac{bm}{1} + \frac{b^2 m^2}{1.2} \pm \frac{b^3 m^3}{1.2.3} \pm \ldots,$$

et que l'on fasse, pour abréger,

$$(4)\qquad \begin{cases} \sum \int_0^\infty \cos am \left[f(m) + \not f(m) \right] dm = \mathcal{F}(a), \\ \sum \int_0^\infty \cos am \left[f(m) - \not f(m) \right] m\, dm = \mathcal{F}_1(a), \end{cases}$$

on trouvera

$$(5)\qquad \begin{cases} q_0 = \mathcal{F}(a) - \frac{b^2}{1.2} \frac{d^2 \mathcal{F}(a)}{da^2} + \frac{b^4}{1.2.3.4} \frac{d^4 \mathcal{F}(a)}{da^4} - \ldots \\ \quad + \frac{b}{1} \mathcal{F}_1(a) - \frac{b^3}{1.2.3} \frac{d^2 \mathcal{F}_1(a)}{da^2} + \frac{b^5}{1.2.3.4.5} \frac{d^4 \mathcal{F}_1(a)}{da^4} - \ldots \end{cases}$$

Cette valeur de q_0 est précisément celle que l'on déduirait de l'équation différentielle

$$\frac{d^2 q_0}{da^2} + \frac{d^2 q_0}{db^2} = 0,$$

par la méthode des coefficients indéterminés; et elle est la plus générale possible, lorsque les deux fonctions $\mathcal{F}(a)$, $\mathcal{F}_1(a)$ sont entièrement arbitraires. D'ailleurs, quelles que soient les valeurs de ces deux fonctions, on pourra toujours (*voir* la Note précédente) déduire des équations (4) les valeurs correspondantes des deux fonctions $f(m) + \not f(m)$ et $m\left[f(m) - \not f(m)\right]$, d'où il sera facile de conclure les valeurs des fonctions

$$f(m) \text{ et } \not f(m).$$

On pourra donc toujours faire coïncider la valeur de q_0 déduite de l'équation (2) avec celle que donne le développement en série obtenu par la méthode des coefficients indéterminés; et, comme ce dernier a toute la généralité désirable, il en résulte que l'équation (2) est effectivement l'intégrale générale de la première des équations (1).

Il est bon d'observer que chacune des fonctions $f(m)$, $\mathfrak{f}(m)$, tient effectivement la place de deux fonctions arbitraires. Il en faut dire autant des deux fonctions

$$f(m)+\mathfrak{f}(m),$$
$$m\left[f(m)-\mathfrak{f}(m)\right];$$

en sorte que les deux premiers membres des équations (4) renferment quatre fonctions arbitraires. Mais ces quatre fonctions n'en sont pas moins déterminées par les deux équations dont il s'agit (*voir* la Note précédente); en sorte que les conclusions précédentes subsistent, comme si les premiers membres des équations (4) renfermaient seulement deux fonctions arbitraires.

Je passe maintenant à l'équation (3). Si l'on développe son second membre en série ordonnée suivant les puissances ascendantes de b, et que l'on fasse, pour abréger,

$$(6)\quad \begin{cases} \sum\int_0^\infty\int_0^\infty \cos am\cos cn\left[f(m,n)+\mathfrak{f}(m,n)\right]dm\,dn=\mathfrak{F}(a,c),\\ \sum\int_0^\infty\int_0^\infty \cos am\cos cn\left[f(m,n)-\mathfrak{f}(m,n)\right](m^2+n^2)^{\frac{1}{2}}dm\,dn=\mathfrak{F}_1(a,c), \end{cases}$$

on trouvera

$$(7)\quad \begin{cases} q_0=\mathfrak{F}(a,c)-\dfrac{b^2}{1.2}\left[\dfrac{d^2\mathfrak{F}(a,c)}{da^2}+\dfrac{d^2\mathfrak{F}(a,c)}{dc^2}\right]+\ldots\\ \qquad +\dfrac{b}{1}\mathfrak{F}_1(a,c)-\dfrac{b^3}{1.2.3}\left[\dfrac{d^2\mathfrak{F}_1(a,c)}{da^2}+\dfrac{d^2\mathfrak{F}_1(a,c)}{dc^2}\right]+\ldots, \end{cases}$$

c'est-à-dire, précisément la valeur de q_0 qu'on déduirait de l'équation

$$\frac{d^2q_0}{da^2}+\frac{d^2q_0}{db^2}+\frac{d^2q_0}{dc^2}=0,$$

par la méthode des coefficients indéterminés. Cette valeur sera la plus générale possible, si les fonctions $\mathfrak{F}(a,c)$, $\mathfrak{F}_1(a,c)$ sont entièrement arbitraires; et l'on voit d'ailleurs que rien dans l'équation (7) ne restreint leur signification, puisqu'on peut leur donner une valeur quelconque, et déterminer ensuite, au moyen des équations (6), les fonctions

$$f(m,n)+\mathfrak{f}(m,n),$$
$$(m^2+n^2)^{\frac{1}{2}}\Big[f(m,n)-\mathfrak{f}(m,n)\Big],$$

et par suite les deux suivantes,

$$f(m,n),\quad \mathfrak{f}(m,n)$$

(*voir* à ce sujet la Note précédente). Ainsi la formule (3), dont l'équation (7) n'est que le développement, doit être considérée comme l'intégrale générale de la première des équations (1).

NOTE X.

Nous allons donner dans cette Note les intégrales générales des deux équations

$$(1)\qquad \begin{cases} \dfrac{\partial^4 Q}{\partial t^4}+g^2\dfrac{\partial^2 Q}{\partial x^2}=0, \\[2ex] \dfrac{\partial^4 Q}{\partial t^4}+g^2\left(\dfrac{\partial^2 Q}{\partial x^2}+\dfrac{\partial^2 Q}{\partial y^2}\right)=0. \end{cases}$$

On satisfait évidemment à la première, en supposant

$$(2)\qquad \begin{cases} Q=\sum\displaystyle\int_0^\infty \cos mx\; e^{m^{\frac{1}{2}}g^{\frac{1}{2}}t}\,\zeta(m)\,dm \\ \quad +\sum\displaystyle\int_0^\infty \cos mx\; e^{-m^{\frac{1}{2}}g^{\frac{1}{2}}t}\,\xi(m)\,dm \\ \quad +\sum\displaystyle\int_0^\infty \cos mx\,\cos m^{\frac{1}{2}}g^{\frac{1}{2}}t\,\varphi(m)\,dm \\ \quad +\sum\displaystyle\int_0^\infty \cos mx\,\sin m^{\frac{1}{2}}g^{\frac{1}{2}}t\,\psi(m)\,dm, \end{cases}$$

et à la seconde, en supposant

$$(3)\quad \begin{cases} Q = \sum \int_0^\infty \int_0^\infty \cos mx \cos nz \; e^{(m^2+n^2)^{\frac{1}{4}} g^{\frac{1}{2}} t} \zeta(m, n)\, dm\, dn \\ \quad + \sum \int_0^\infty \int_0^\infty \cos mx \cos nz \; e^{-(m^2+n^2)^{\frac{1}{4}} g^{\frac{1}{2}} t} \xi(m, n)\, dm\, dn \\ \quad + \sum \int_0^\infty \int_0^\infty \cos mx \cos nz \cos (m^2+n^2)^{\frac{1}{4}} g^{\frac{1}{2}} t \, \varphi(m, n)\, dm\, dn \\ \quad + \sum \int_0^\infty \int_0^\infty \cos mx \cos nz \sin (m^2+n^2)^{\frac{1}{4}} g^{\frac{1}{2}} t \, \psi(m, n)\, dm\, dn. \end{cases}$$

Il reste à savoir si ces dernières ont toute la généralité possible. C'est ce dont il est aisé de s'assurer par la même méthode dont nous nous sommes servis dans la Note précédente.

Ainsi, par exemple, pour démontrer la généralité de l'équation (2), on développera le second membre de cette équation en série ordonnée suivant les puissances ascendantes de t, par le moyen des formules

$$e^{\pm m^{\frac{1}{2}} g^{\frac{1}{2}} t} = 1 \pm \frac{m^{\frac{1}{2}} g^{\frac{1}{2}} t}{1} + \frac{mgt^2}{1.2} \pm \ldots,$$

$$\cos m^{\frac{1}{2}} g^{\frac{1}{2}} t = 1 - \frac{mgt^2}{1.2} + \ldots,$$

$$\sin m^{\frac{1}{2}} g^{\frac{1}{2}} t = m^{\frac{1}{2}} g^{\frac{1}{2}} t - \frac{m^{\frac{3}{2}} g^{\frac{3}{2}} t^3}{1.2.3} + \ldots.$$

Cela posé, si l'on fait, pour abréger,

$$(4)\quad \begin{cases} \sum \int_0^\infty \cos mx [\zeta(m) + \xi(m) + \varphi(m)] \, dm = f(x), \\ \sum \int_0^\infty \cos mx [\zeta(m) - \xi(m) + \psi(m)] m^{\frac{1}{2}} dm = f_1(x), \\ \sum \int_0^\infty \cos mx [\zeta(m) + \xi(m) - \varphi(m)] m \, dm = f_2(x), \\ \sum \int_0^\infty \cos mx [\zeta(m) - \xi(m) - \psi(m)] m^{\frac{3}{2}} dm = f_3(x), \end{cases}$$

on trouvera

$$(5)\quad \begin{cases} Q = f(x) - \dfrac{g^2 t^4}{1.2.3.4}\dfrac{d^2 f(x)}{dx^2} + \dfrac{g^4 t^8}{1.2.3.4.5.6.7.8}\dfrac{d^4 f(x)}{dx^4} - \ldots \\ + \dfrac{g^{\frac{1}{2}} t}{1} f_1(x) - \dfrac{g^{\frac{5}{2}} t^5}{1.2.3.4.5}\dfrac{d^2 f_1(x)}{dx^2} + \ldots \\ + \dfrac{g t^2}{1.2} f_2(x) - \dfrac{g^3 t^6}{1.2.3.4.5.6}\dfrac{d^2 f_2(x)}{dx^2} + \ldots \\ + \dfrac{g^{\frac{3}{2}} t^3}{1.2.3} f_3(x) - \dfrac{g^{\frac{7}{2}} t^7}{1.2.3.4.5.6.7}\dfrac{d^2 f_3(x)}{dx^2} + \ldots . \end{cases}$$

Cette valeur de Q, étant tout à fait semblable à celle qu'on déduit directement de la première équation (1) par la méthode des coefficients indéterminés, sera la plus générale possible, si les fonctions

$$f(x),\ f_1(x),\ f_2(x),\ f_3(x)$$

restent entièrement arbitraires. D'ailleurs, comme, sans restreindre ces dernières, on peut toujours déterminer, par la méthode de la Note VIII appliquée aux équations (4), les valeurs respectives des fonctions

$$\begin{aligned} &\zeta(m) + \xi(m) + \varphi(m), \\ &\zeta(m) - \xi(m) + \psi(m), \\ &\zeta(m) + \xi(m) - \varphi(m), \\ &\zeta(m) - \xi(m) - \psi(m), \end{aligned}$$

et par suite aussi celles des fonctions

$$\zeta(m),\ \xi(m),\ \varphi(m),\ \psi(m),$$

on peut conclure que la formule (2) est l'intégrale générale de la première des équations (1).

On prouvera de la même manière que la seconde des équations (1) a pour intégrale générale la formule (3).

NOTE XI.

Les intégrales que nous avons obtenues dans les Notes précédentes ne peuvent être, comme on l'a vu dans le Mémoire, appliquées directement à la théorie de la propagation des ondes. Mais, pour en déduire les lois du mouvement, il a fallu commencer par substituer aux fonctions arbitraires comprises dans ces intégrales celles que fournissent immédiatement les données de la question. Les substitutions de ce genre se réduisent en général à l'un ou l'autre des deux problèmes suivants.

PROBLÈME I. — *$\mathfrak{F}$ et γ étant des fonctions données d'une seule variable, et la fonction f étant assujettie à vérifier l'équation*

$$(1) \qquad \sum\int_0^\infty \cos am\, f(m)\, dm = \mathfrak{F}(a),$$

déterminer la valeur de l'intégrale

$$(2) \qquad \sum\int_0^\infty \cos am\, \gamma(m) f(m)\, dm,$$

exprimée seulement par le moyen des deux fonctions connues γ et $\mathfrak{F}$.

PROBLÈME II. — *$\mathfrak{F}$ et γ étant des fonctions données de deux variables, et la fonctions f étant assujettie à vérifier l'équation*

$$(3) \qquad \sum\int_0^\infty\int_0^\infty \cos am \cos cn\, f(m, n)\, dm\, dn = \mathfrak{F}(a, c),$$

déterminer la valeur de l'intégrale

$$(4) \qquad \sum\int_0^\infty\int_0^\infty \cos am \cos cn\, \gamma(m, n)\, f(m, n)\, dm\, dn,$$

exprimée seulement par le moyen des deux fonctions γ et $\mathfrak{F}$.

Solution. — Pour résoudre le premier problème, il suffit d'observer qu'en vertu de la Note VI [équation (3)] on a en général

$$(5)\qquad \gamma(m) = \frac{2}{\pi}\int_0^\infty\int_0^\infty \cos m\varpi \cos\mu\varpi\ \gamma(\mu)\,d\mu\,d\varpi.$$

En substituant cette valeur de $\gamma(m)$ dans l'intégrale (2), et ayant égard aux formules

$$2\cos am\ \cos m\varpi = \cos m(a+\varpi) + \cos m(a-\varpi),$$
$$2\sin am\ \cos m\varpi = \sin m(a+\varpi) + \sin m(a-\varpi),$$

d'où l'on conclut aisément

$$\begin{aligned}\sum\int_0^\infty 2\cos am\cos m\varpi f(m)\,dm &= \sum\int_0^\infty \cos m(a+\varpi) f(m)\,dm \\ &\quad + \sum\int_0^\infty \cos m(a-\varpi) f(m)\,dm \\ &= \mathfrak{F}(a+\varpi) + \mathfrak{F}(a-\varpi),\end{aligned}$$

on trouvera que l'intégrale (2) se réduit à

$$\begin{aligned}&\frac{1}{\pi}\int_0^\infty\int_0^\infty \cos\mu\varpi\ \gamma(\mu)[\mathfrak{F}(a+\varpi) + \mathfrak{F}(a-\varpi)]\,d\varpi\,d\mu \\ &= \frac{1}{\pi}\int_{-\infty}^\infty\int_0^\infty \cos\mu\varpi\ \gamma(\mu)\ \mathfrak{F}(a+\varpi)\ d\varpi\,d\mu.\end{aligned}$$

Comme dans la dernière de celles-ci on peut changer ϖ en $\varpi - a$, sans altérer les limites, on obtiendra enfin l'équation

$$(6)\ \sum\int_0^\infty \cos am\ \gamma(m) f(m)\,dm = \frac{1}{\pi}\int_{-\infty}^\infty\int_0^\infty \cos\mu(\varpi - a)\ \gamma(\mu)\ \mathfrak{F}(\varpi)\,d\varpi\,d\mu.$$

Cette équation fournit la solution complète du premier problème.

De même, si l'on substitue dans l'intégrale (4), au lieu de $\gamma(m, n)$, sa valeur [*voir* la Note VII, équation (3)] tirée de l'équation

$$(7)\ \gamma(m,n) = \frac{4}{\pi^2}\int_0^\infty\int_0^\infty\int_0^\infty\int_0^\infty \cos m\varpi\cos\mu\varpi\cos n\rho\cos\nu\rho\ \gamma(\mu,\nu)\,d\mu\,d\nu\,d\varpi\,d\rho,$$

on obtiendra, par une analyse semblable à la précédente, la formule

$$(8)\quad \begin{cases} \sum \int_0^\infty \int_0^\infty \cos am \cos cn \; \gamma(m, n) f(m, n)\, dm\, dn \\ \quad = \frac{1}{\pi^2} \int_0^\infty \int_0^\infty \int_{-\infty}^\infty \int_{-\infty}^\infty \cos\mu(\varpi - a) \cos\nu(\rho - c)\, \gamma(\mu, \nu)\, \mathfrak{F}(\varpi, \rho)\, d\mu\, d\nu\, d\varpi\, d\rho, \end{cases}$$

qui sert à résoudre complètement le second problème.

Exemple I. — Supposons qu'étant donnée l'équation de condition

$$(9)\qquad \sum \int_0^\infty \cos am \; f(m)\, dm = \mathfrak{F}(a),$$

on demande la valeur de

$$(10)\qquad q_0 = \sum \int_0^\infty \cos am \; e^{bm} f(m)\, dm,$$

exprimée au moyen de $\mathfrak{F}$, b étant une quantité négative.

Pour faire coïncider la valeur de q_0 avec l'intégrale (2), il suffira de faire $\gamma(m) = e^{bm}$; et par suite l'équation (6) donnera

$$q_0 = \frac{1}{\pi} \int_{-\infty}^\infty \int_0^\infty \cos\mu(\varpi - a)\, e^{-(-b)\mu}\, \mathfrak{F}(\varpi)\, d\varpi\, d\mu.$$

D'ailleurs, on a

$$\int_0^\infty \cos\mu(\varpi - a)\, e^{-(-b)\mu}\, d\mu = \frac{(-b)}{b^2 + (\varpi - a)^2}.$$

La valeur précédente de q_0 se réduira donc à

$$(11)\qquad q_0 = \frac{(-b)}{\pi} \int_{-\infty}^\infty \mathfrak{F}(\varpi) \frac{d\varpi}{b^2 + (\varpi - a)^2};$$

ce qui s'accorde avec l'équation (31) (Ire Partie).

Si l'on suppose que $(-b)$ s'évanouisse, l'intégrale

$$\int \mathfrak{F}(\varpi) \frac{(-b)\, d\varpi}{b^2 + (\varpi - a)^2},$$

n'ayant alors de valeur sensible qu'entre des limites de ϖ très rapprochées de a, sera une intégrale singulière, et aura pour valeur

$$\mathcal{F}(a)\int_{-\infty}^{\infty}\frac{(-b)\,d\varpi}{b^2+(\varpi-a)^2}=\pi\,\mathcal{F}(a);$$

ce qui vérifie la valeur de Q_0 (Ire Partie, Section III, n° 4).

Exemple II. — Supposons qu'étant donnée l'équation de condition

$$(12)\qquad \sum\int_0^{\infty}\int_0^{\infty}\cos am\cos cn\,f(m,n)\,dm\,dn=\mathcal{F}(a,c),$$

on demande la valeur en $\mathcal{F}$ de l'intégrale

$$(13)\qquad q_0=\sum\int_0^{\infty}\int_0^{\infty}\cos am\cos cn\,e^{b(m^2+n^2)^{\frac{1}{2}}}f(m,n)\,dm\,dn,$$

b étant une quantité négative.

Pour faire coïncider la valeur de q_0 avec l'intégrale (4), il suffira de faire

$$\gamma(m,n)=e^{b(m^2+n^2)^{\frac{1}{2}}},$$

et par suite la formule (8) donnera

$$(14)\quad q_0=\frac{1}{\pi^2}\int_0^{\infty}\int_0^{\infty}\int_{-\infty}^{\infty}\int_{-\infty}^{\infty}\cos\mu(\varpi-a)\cos\nu(\rho-c)\,e^{b(\mu^2+\nu^2)^{\frac{1}{2}}}\mathcal{F}(\varpi,\rho)\,d\mu\,d\nu\,d\varpi\,d\rho.$$

Cette valeur de q_0 se présente sous une forme assez compliquée; mais on peut la simplifier par les considérations suivantes.

On a, en vertu de la formule (5) (Note II), b étant supposé négatif,

$$e^{b(\mu^2+\nu^2)^{\frac{1}{2}}}=\frac{2}{\pi^{\frac{1}{2}}}\int_0^{\infty}e^{-\theta^2-\frac{b^2(\mu^2+\nu^2)}{4\theta^2}}\,d\theta;$$

et par suite

$$\int_0^{\infty}\int_0^{\infty}\cos\mu(\varpi-a)\cos\nu(\rho-c)\,e^{b(\mu^2+\nu^2)^{\frac{1}{2}}}d\mu\,d\nu$$

$$=\frac{2}{\pi^{\frac{1}{2}}}\int_0^{\infty}\int_0^{\infty}\int_0^{\infty}e^{-\theta^2-\frac{b^2\mu^2}{4\theta^2}-\frac{b^2\nu^2}{4\theta^2}}\cos\mu(\varpi-a)\cos\nu(\rho-c)\,d\mu\,d\nu\,d\theta$$

$$=\frac{8}{\pi^{\frac{1}{2}}b^2}\int_0^{\infty}\int_0^{\infty}\int_0^{\infty}e^{-\theta^2-\mu^2-\nu^2}\cos\frac{2\theta(\varpi-a)}{b}\mu\,\cos\frac{2\theta(\rho-c)}{b}\nu\,d\mu\,d\nu\,\theta^2\,d\theta.$$

Dans le dernier membre de l'équation précédente, on peut facilement effectuer les intégrations relatives à μ et à ν au moyen de la formule (4) (Note II) et l'on trouve, toutes réductions faites,

$$\int_0^\infty \int_0^\infty \cos\mu(\varpi - a)\cos\nu(\rho - c)\; e^{b(\mu^2+\nu^2)^{\frac{1}{2}}} d\mu\, d\nu$$

$$= \frac{2\pi^{\frac{1}{2}}}{b^2}\int_0^\infty e^{-\theta^2\left(1+\frac{(\varpi-a)^2+(\rho-c)^2}{b^2}\right)}\theta^2\, d\theta$$

$$= \frac{2\pi^{\frac{1}{2}}(-b)}{[b^2+(\varpi-a)^2+(\rho-c)^2]^{\frac{3}{2}}}\int_0^\infty \theta^2 e^{-\theta^2} d\theta$$

$$= \frac{\pi(-b)}{2[b^2+(\varpi-a)^2+(\rho-c)^2]^{\frac{3}{2}}}.$$

Cela posé, la formule (14) se trouvera réduite à

$$(15) \qquad q_0 = \frac{(-b)}{2\pi}\int_{-\infty}^\infty \int_{-\infty}^\infty \mathcal{F}(\varpi, \rho)\frac{d\varpi\, d\rho}{[b^2+(\varpi-a)^2+(\rho-c)^2]^{\frac{3}{2}}},$$

ce qui s'accorde avec l'équation (44) de la première Partie du Mémoire.

Si, dans l'équation précédente, on suppose $(-b)$ très petit, l'intégrale

$$(16) \qquad \int_{-\infty}^\infty \int_{-\infty}^\infty \mathcal{F}(\varpi, \rho)\frac{(-b)\, d\varpi\, d\rho}{[b^2+(\varpi-a)^2+(\rho-c)^2]^{\frac{3}{2}}}$$

n'aura plus de valeur sensible qu'entre des limites de ϖ très rapprochées de a, et des limites de ρ très rapprochées de c. D'ailleurs, si l'on suppose les intégrations faites entre ces dernières limites, on aura à très peu près, pour toutes les valeurs de ϖ et de ρ,

$$\mathbf{F}(\varpi, \rho) = \mathbf{F}(a, c),$$

et par suite

$$\int\int \mathcal{F}(\varpi, \rho)\frac{(-b)\, d\varpi\, d\rho}{[b^2+(\varpi-a)^2+(\rho-c)^2]^{\frac{3}{2}}} = \mathcal{F}(a, c)\int\int \frac{(-b)\, d\varpi\, d\rho}{[b^2+(\varpi-a)^2+(\rho-c)^2]^{\frac{3}{2}}}.$$

Enfin, comme ϖ et ρ doivent très peu s'écarter de a et de c dans l'intégrale

$$(17) \qquad \iint \frac{(-b)\,d\varpi\,d\rho}{[b^2+(\varpi-a)^2+(\rho-c)^2]^{\frac{3}{2}}},$$

on fera, pour remplir cette condition,

$$(18) \qquad \begin{cases} \varpi = a - b\zeta, \\ \rho = c - b\xi; \end{cases}$$

et les nouvelles variables ζ, ξ pourront alors obtenir des valeurs positives ou négatives très considérables, pourvu que ces valeurs ne soient pas comparables à $\frac{1}{b}$. Cela posé, l'intégrale (17) se réduira sensiblement à la suivante

$$\iint \frac{d\zeta\,d\xi}{(1+\zeta^2+\xi^2)^{\frac{3}{2}}}$$

prise entre de très grandes valeurs négatives et de très grandes valeurs positives des variables ξ et ζ; c'est-à-dire, à très peu près, à la même intégrale prise entre les limites

$$\zeta = -\infty, \quad \zeta = +\infty, \quad \xi = -\infty, \quad \xi = +\infty.$$

De plus, si, dans cette dernière intégrale, on change successivement ζ en $\zeta\sqrt{\xi^2}$ et ξ^2 en $\frac{\xi^2}{1+\zeta^2}$, ce qui n'altère pas les limites, elle deviendra

$$\int_{-\infty}^{\infty}\int_{-\infty}^{\infty} \frac{d\zeta\sqrt{\xi^2}\,d\xi}{[1+\xi^2(1+\zeta^2)]^{\frac{3}{2}}} = \int_{-\infty}^{\infty} \frac{d\zeta}{1+\zeta^2} \int_{-\infty}^{\infty} \frac{\sqrt{\xi^2}\,d\xi}{(1+\xi^2)^{\frac{3}{2}}} = 2\pi.$$

Donc enfin l'intégrale (16) sera

$$2\pi\,\mathcal{F}(a, c);$$

d'où il résulte que, pour une valeur nulle de b, le second membre de l'équation (15) se réduit simplement à

$$\mathcal{F}(a, c).$$

Exemple III. — Supposons qu'étant donnée l'équation de condition

$$(19) \qquad \frac{1}{g^{\frac{1}{2}}\delta}\sum\int_0^\infty \cos ma\; \psi(m)\; m^{\frac{1}{2}}dm = \mathrm{F}(a),$$

on demande la valeur de

$$(20) \qquad y = \frac{1}{g^{\frac{1}{2}}\delta}\sum\int_0^\infty \cos mx \cos m^{\frac{1}{2}}g^{\frac{1}{2}}t\; \psi(m)\; m^{\frac{1}{2}}dm$$

exprimée au moyen de la fonction F.

Pour faire coïncider l'équation de condition donnée avec l'équation (1), il suffira de faire

$$\frac{1}{g^{\frac{1}{2}}\delta} m^{\frac{1}{2}}\psi(m) = f(m), \quad \mathrm{F}(a) = \mathcal{F}(a).$$

Pour faire coïncider en outre l'intégrale (2) avec la valeur de y, il suffira de changer a en x, et de faire

$$\gamma(m) = \cos m^{\frac{1}{2}}g^{\frac{1}{2}}t.$$

Cela posé, l'équation (6) donnera

$$y = \frac{1}{\pi}\int_{-\infty}^{\infty}\int_0^\infty \cos\mu(\varpi - x)\; \gamma(\mu)\; \mathrm{F}(\varpi)\, d\varpi\, d\mu,$$

ou, ce qui revient au même,

$$(21) \qquad y = \frac{1}{\pi}\int_{-\infty}^{\infty}\int_0^\infty \cos\mu(\varpi - x)\cos\mu^{\frac{1}{2}}g^{\frac{1}{2}}t\; \mathrm{F}(\varpi)\, d\varpi\, d\mu.$$

Cette valeur de y est précisément celle que nous avons employée dans la seconde Partie du Mémoire [équation (58)].

Exemple IV. — Supposons qu'étant donnée l'équation de condition

$$(22) \qquad \sum\int_0^\infty \cos am\; \varphi(m)\, dm = \mathcal{F}(a),$$

on demande la valeur de

$$(23)\qquad Q=\sum\int_0^{\infty}\cos mx\,\cos m^{\frac{1}{2}}g^{\frac{1}{2}}t\ \varphi(m)\,dm$$

exprimée au moyen de $\mathfrak{F}$.

En raisonnant comme dans l'exemple précédent, on trouve pour la valeur cherchée

$$(24)\qquad Q=\frac{1}{\pi}\int_{-\infty}^{\infty}\int_0^{\infty}\cos\mu(\varpi-x)\,\cos\mu^{\frac{1}{2}}g^{\frac{1}{2}}t\ \mathfrak{F}(\varpi)\,d\varpi\,d\mu,$$

ce qui s'accorde avec la seconde des équations (64) (IIe Partie).

La première de ces mêmes équations se démontre avec la même facilité.

On peut remarquer que la valeur de y donnée par l'équation (21) et la valeur de Q donnée par l'équation (24) sont les mêmes, à la différence près des deux fonctions F et $\mathfrak{F}$.

Exemple V. — Étant données les équations de condition

$$(25)\qquad \begin{cases} \dfrac{1}{g^{\frac{1}{2}}\delta}\sum\displaystyle\int_0^{\infty}\int_0^{\infty}\cos am\,\cos cn\ \psi(m,n)\ (m^2+n^2)^{\frac{1}{4}}\,dm\,dn=\mathrm{F}(a,c),\\ \sum\displaystyle\int_0^{\infty}\int_0^{\infty}\cos am\,\cos cn\ \varphi(m,n)\,dm\,dn=\mathfrak{F}(a,c),\end{cases}$$

on demande la valeur de

$$(26)\qquad \begin{cases} Q=\sum\displaystyle\int_0^{\infty}\int_0^{\infty}\cos mx\,\cos nz\,\cos(m^2+n^2)^{\frac{1}{4}}g^{\frac{1}{2}}t\ \varphi(m,n)\,dm\,dn\\ \quad+\sum\displaystyle\int_0^{\infty}\int_0^{\infty}\cos mx\,\cos nz\,\sin(m^2+n^2)^{\frac{1}{4}}g^{\frac{1}{2}}t\ \psi(m,n)\,dm\,dn\end{cases}$$

exprimée au moyen des deux fonctions F et $\mathfrak{F}$.

Cherchons d'abord la valeur de l'intégrale

$$(27)\qquad \sum\int_0^{\infty}\int_0^{\infty}\cos mx\,\cos nz\,\cos(m^2+n^2)^{\frac{1}{4}}g^{\frac{1}{2}}t\ \varphi(m,n)\,dm\,dn,$$

exprimée par le moyen de la fonction $\mathfrak{F}$. Pour trouver cette valeur, il suffira évidemment de remplacer dans l'équation (8) a et c par x et z, puis la fonction f par la fonction φ, et de faire

$$\gamma(m, n) = \cos(m^2 + n^2)^{\frac{1}{4}} g^{\frac{1}{2}} t.$$

Ainsi la valeur de l'intégrale (27) sera

$$(28)\quad \frac{1}{\pi^2}\int_0^\infty\int_0^\infty\int_{-\infty}^\infty\int_{-\infty}^\infty \cos\mu(\varpi - x)\ \cos\nu(\rho - z)\ \cos(\mu^2+\nu^2)^{\frac{1}{4}} g^{\frac{1}{2}} t\ \mathcal{F}(\varpi, \rho)\, d\mu\, d\nu\, d\varpi\, d\rho.$$

On peut, au reste, obtenir la même intégrale sous plusieurs formes différentes, ainsi qu'on va le faire voir.

Lorsque, dans la première des équations (3) (Note VI), on fait

$$a = \mu^2 + \nu^2,$$
$$F_1(a) = \cos(\mu^2 + \nu^2)^{\frac{1}{4}} g^{\frac{1}{2}} t,$$

on trouve

$$\cos(\mu^2+\nu^2)^{\frac{1}{4}} g^{\frac{1}{2}} t = \frac{2}{\pi}\int_0^\infty\int_0^\infty \cos(\mu^2+\nu^2)m\ \cos mn\ \cos n^{\frac{1}{4}} g^{\frac{1}{2}} t\, dm\, dn.$$

Si l'on substitue cette valeur de $\cos(\mu^2+\nu^2)^{\frac{1}{4}} g^{\frac{1}{2}} t$ dans la formule (28), on pourra effectuer les intégrations relatives à μ et à ν, et l'on trouvera, en vertu de la seconde formule (13) (Note II),

$$\int_0^\infty\int_0^\infty \cos(\mu^2+\nu^2)m\ \cos\mu(\varpi - x)\cos\nu(\rho - z)\, d\mu\, d\nu$$
$$= \frac{\pi}{4m}\sin\left[\frac{(\varpi - x)^2 + (\rho - z)^2}{4m}\right].$$

Par suite, la formule (28) deviendra

$$(29)\quad \frac{1}{2\pi^2}\int_0^\infty\int_0^\infty\int_{-\infty}^\infty\int_{-\infty}^\infty \cos mn\ \cos n^{\frac{1}{4}} g^{\frac{1}{2}} t\ \sin\left[\frac{(\varpi - x)^2 + (\rho - z)^2}{4m}\right]\frac{dm\, dn}{m}\mathcal{F}(\varpi,\rho)\, d\varpi\, d\rho.$$

Si dans cette dernière on fait $m = \frac{1}{\mu}$, $n = \mu\nu$, on obtiendra la suivante,

$$(30)\quad \frac{1}{2\pi^2}\int_0^\infty\int_0^\infty\int_{-\infty}^\infty\int_{-\infty}^\infty \cos(\mu\nu)^{\frac{1}{4}} g^{\frac{1}{2}} t\ \cos\nu\ \sin\frac{[(\varpi - x)^2 + (\rho - z)^2]\mu}{4}\ \mathcal{F}(\varpi, \rho)\, d\mu\, d\nu\, d\varpi\, d\rho,$$

qu'on peut aussi mettre sous la forme

$$(31)\quad \frac{1}{2\pi^2}\int_0^\infty\int_0^\infty\int_{-\infty}^\infty\int_{-\infty}^\infty \cos(\mu\nu)^{\frac{1}{4}} g^{\frac{1}{2}} t \,\sin\nu \,\cos\frac{[(\varpi-x)^2+(\rho-z)^2]\mu}{4}\, \mathcal{F}(\varpi,\rho)\, d\mu\, d\nu\, d\varpi\, d\rho,$$

en échangeant l'une contre l'autre les deux variables μ et ν, après que l'on aura remplacé

$$\mu \text{ par } \frac{4}{(\varpi-x)^2+(\rho-z)^2}\mu,$$

$$\nu \text{ par } \frac{(\varpi-x)^2+(\rho-z)^2}{4}\nu.$$

On a donc enfin

$$(32)\quad \left\{\begin{aligned} &\sum\int_0^\infty\int_0^\infty \cos mx \cos nz \cos(m^2+n^2)^{\frac{1}{4}} g^{\frac{1}{2}} t\, \varphi(m,n)\, dm\, dn \\ &= \frac{1}{2\pi^2}\int_0^\infty\int_0^\infty\int_{-\infty}^\infty\int_{-\infty}^\infty \cos(\mu\nu)^{\frac{1}{4}} g^{\frac{1}{2}} t \,\sin\nu\,\cos\frac{(\varpi-x)^2+(\rho-z)^2}{4}\mu\, \mathcal{F}(\varpi,\rho)\, d\mu\, d\nu\, d\varpi\, d\rho, \end{aligned}\right.$$

la relation qui existe entre les fonctions $\mathcal{F}$ et φ étant déterminée par l'équation

$$\mathcal{F}(a,c) = \sum\int_0^\infty\int_0^\infty \cos am \cos cn\, \varphi(m,n)\, dm\, dn.$$

Si dans l'équation (32) on remplace

$$\varphi(m,n) \text{ par } \frac{1}{g^{\frac{1}{2}}\delta}\psi(m,n)(m^2+n^2)^{\frac{1}{4}},$$

on trouvera de la même manière

$$(33)\quad \left\{\begin{aligned} &\frac{1}{g^{\frac{1}{2}}\delta}\sum\int_0^\infty\int_0^\infty \cos mx \cos nz \cos(m^2+n^2)^{\frac{1}{4}} g^{\frac{1}{2}} t\, \psi(m,n)(m^2+n^2)^{\frac{1}{4}} dm\, dn \\ &= \frac{1}{2\pi^2}\int_0^\infty\int_0^\infty\int_{-\infty}^\infty\int_{-\infty}^\infty \cos(\mu\nu)^{\frac{1}{4}} g^{\frac{1}{2}} t \,\sin\nu\,\cos\frac{(\varpi-x)^2+(\rho-z)^2}{4}\mu\, \mathrm{F}(\varpi,\rho)\, d\mu\, d\nu\, d\varpi\, d\rho, \end{aligned}\right.$$

pourvu que la fonction F soit donnée au moyen de ψ par l'équation

$$\mathrm{F}(a,c) = \frac{1}{g^{\frac{1}{2}}\delta}\sum\int_0^\infty\int_0^\infty \cos am \cos cn\, \psi(m,n)(m^2+n^2)^{\frac{1}{4}} dm\, dn;$$

c'est-à-dire, pourvu que les fonctions F et ψ aient entre elles la relation que suppose la première des équations (25).

Si maintenant on intègre depuis $t = 0$ les deux membres de l'équation (33), et que l'on fasse passer le diviseur $g^{\frac{1}{2}}\delta$ en multiplicateur dans le second membre de l'équation, on trouvera

$$(34)\quad \left\{ \begin{aligned} &\sum \int_0^\infty \int_0^\infty \cos mx \, \cos nz \, \sin(m^2+n^2)^{\frac{1}{4}} g^{\frac{1}{2}} t \; \psi(m,n)\, dm\, dn \\ &= \frac{g^{\frac{1}{2}}\delta}{2\pi^2} \int_{-\infty}^{\infty} \int_{-\infty}^{\infty} \int_0^\infty \int_0^\infty \sin(\mu\nu)^{\frac{1}{4}} g^{\frac{1}{2}} t \, \sin\nu \, \cos \frac{(\varpi - x)^2 + (\rho - z)^2}{4} \mu \; \mathrm{F}(\varpi, \rho)\, d\varpi\, d\rho \frac{d\mu\, d\nu}{(\mu\nu)^{\frac{1}{4}}}. \end{aligned} \right.$$

En vertu des formules (32) et (34), la valeur de Q donnée par l'équation (26) devient

$$(35)\quad \left\{ \begin{aligned} \mathrm{Q} = {} & \frac{g^{\frac{1}{2}}\delta}{2\pi^2} \int_{-\infty}^{\infty} \int_{-\infty}^{\infty} \int_0^\infty \int_0^\infty \sin(\mu\nu)^{\frac{1}{4}} g^{\frac{1}{2}} t \, \sin\nu \, \cos \frac{[(\varpi - x)^2 + (\rho - z)^2]\mu}{4} \mathrm{F}(\varpi, \rho)\, d\varpi\, d\rho \frac{d\mu\, d\nu}{(\mu\nu)^{\frac{1}{4}}} \\ & + \frac{1}{2\pi^2} \int_{-\infty}^{\infty} \int_{-\infty}^{\infty} \int_0^\infty \int_0^\infty \cos(\mu\nu)^{\frac{1}{4}} g^{\frac{1}{2}} t \, \sin\nu \, \cos \frac{[(\varpi - x)^2 + (o - z)^2]\mu}{4} \mathcal{F}(\varpi, \rho)\, d\varpi\, d\rho\, d\mu\, d\nu; \end{aligned} \right.$$

ce qui s'accorde avec la seconde des équations (80) (IIe Partie). Un calcul absolument semblable fournira la valeur de q; et d'ailleurs il est aisé de s'assurer que, pour déduire la valeur de q de celle de Q, il suffit de remplacer, dans le second membre de l'équation (35), les deux quantités

$$\sin(\mu\nu)^{\frac{1}{4}} g^{\frac{1}{2}} t, \quad \cos(\mu\nu)^{\frac{1}{4}} g^{\frac{1}{2}} t$$

par les produits

$$e^{(\mu\nu)^{\frac{1}{2}} y} \sin(\mu\nu)^{\frac{1}{4}} g^{\frac{1}{2}} t, \quad e^{(\mu\nu)^{\frac{1}{2}} y} \cos(\mu\nu)^{\frac{1}{4}} g^{\frac{1}{2}} t.$$

NOTE XII.

On peut tirer de l'équation (6) (Note précédente) cette conséquence remarquable, que, si la fonction $\mathcal{F}(a)$ est nulle pour toutes les valeurs de a, l'intégrale (2) s'évanouira. De même, en vertu de l'équation (8), si la fonction $\mathfrak{F}(a, c)$ est nulle pour toutes les valeurs de a et de c, l'intégrale (4) sera nécessairement égale à zéro. Il suit de là que l'équation

$$(1)\qquad \sum\int_0^\infty \cos am\, f(m)\, dm = \sum\int_0^\infty \cos am\, \mathfrak{f}(m)\, dm$$

entraîne la suivante

$$(2)\qquad \sum\int_0^\infty \cos am\, \gamma(m)\, f(m)\, dm = \sum\int_0^\infty \cos am\, \gamma(m)\, \mathfrak{f}(m)\, dm.$$

En effet, la première équation pouvant être mise sous la forme

$$\sum\int_0^\infty \cos am \left[f(m) - \mathfrak{f}(m)\right] dm = 0,$$

on peut y considérer $f(m) - \mathfrak{f}(m)$ comme une seule fonction de m; et si, dans cette hypothèse, on détermine par la Note précédente la valeur de l'intégrale

$$\sum\int_0^\infty \cos am\, \gamma(m)\left[f(m) - \mathfrak{f}(m)\right] dm,$$

on trouvera que cette intégrale se réduit à zéro; ce qui vérifie l'équation (2).

On prouvera de la même manière que l'équation

$$(3)\qquad \sum\int_0^\infty\int_0^\infty \cos am\, \cos cn\, f(m, n)\, dm\, dn = \sum\int_0^\infty\int_0^\infty \cos am\, \cos cn\, \mathfrak{f}(m, n)\, dm\, dn$$

entraîne la suivante

$$(4)\qquad \sum\int_0^\infty\int_0^\infty \cos am\, \cos cn\, \gamma(m, n)\, f(m, n)\, dm\, dn = \sum\int_0^\infty\int_0^\infty \cos am\, \cos cn\, \gamma(m, n)\, \mathfrak{f}(m, n)\, dm\, dn.$$

A l'aide de ces remarques, il est facile de prouver que, dans la valeur générale de Q déterminée par l'équation (50) de la seconde Partie du Mémoire, les fonctions $\zeta(m)$ et $\xi(m)$ doivent disparaître. En effet, soit, pour abréger,

$$(5)\qquad \begin{cases} e^{m^{\frac{1}{2}}g^{\frac{1}{2}}t}\ \zeta(m) + e^{-m^{\frac{1}{2}}g^{\frac{1}{2}}t}\ \xi(m) = f_1(m, t), \\ \cos m^{\frac{1}{2}}g^{\frac{1}{2}}t\ \varphi(m) + \sin m^{\frac{1}{2}}g^{\frac{1}{2}}t\ \psi(m) = f_2(m, t), \end{cases}$$

l'équation (50) se trouvera réduite à

$$(6)\qquad Q = \sum \int_0^\infty \cos mx\ [f_1(m, t) + f_2(m, t)]\, dm;$$

et, comme elle doit s'accorder avec la première des équations (49), on aura nécessairement

$$\sum \int_0^\infty \cos mx\ f(m, t)\, dm = \sum \int_0^\infty \cos mx\ [f_1(m, t) + f_2(m, t)]\, dm,$$

d'où l'on conclura, en vertu des principes qu'on vient d'établir,

$$\sum \int_0^\infty \cos mx\ f(m, t)\, m\, dm = \sum \int_0^\infty \cos mx\ [f_1(m, t) + f_2(m, t)]\, m\, dm.$$

Par suite, la troisième des équations (49) (IIe Partie du Mémoire) deviendra

$$(7)\qquad V = -\frac{1}{\delta} \sum \int_0^\infty \cos mx\ [f_1(m, t) + f_2(m, t)]\, m\, dm.$$

On a d'ailleurs, en vertu des équations (45) (IIe Partie, Section II)

$$V = \frac{1}{g\delta}\, \frac{\partial^2 Q}{\partial t^2}.$$

En substituant dans cette dernière formule la valeur de Q donnée par l'équation (50) (IIe Partie), on trouvera

$$(8)\qquad V = \frac{1}{\delta} \sum \int_0^\infty \cos mx\ [f_1(m, t) - f_2(m, t)]\, m\, dm.$$

Pour que cette seconde valeur de V soit identique avec la première, il faut nécessairement que l'on ait

$$(9) \qquad \sum \int_0^\infty \cos mx\, f_1(m, t)\, m\, dm = 0,$$

et par suite

$$(10) \qquad \sum \int_0^\infty \cos mx\, f_1(m, t)\, dm = 0.$$

En vertu de cette condition, la valeur de Q donnée par l'équation (6) se réduira simplement à

$$(11) \quad \begin{cases} Q = \sum \int_0^\infty \cos mx\, f_2(m, t)\, dm \\ \quad = \sum \int_0^\infty \cos mx \left[\cos m^{\frac{1}{2}} g^{\frac{1}{2}} t\, \varphi(m) + \sin m^{\frac{1}{2}} g^{\frac{1}{2}} t\, \psi(m)\right] dm. \end{cases}$$

Ainsi les deux fonctions arbitraires $\zeta(m)$, $\xi(m)$, disparaissent complètement, et l'équation (50) se trouve réduite à la seconde des équations (54) (IIe Partie).

En vertu de ce qu'on a dit ci-dessus, la condition (10) entraîne la suivante

$$(12) \qquad \sum \int_0^\infty \cos mx\, e^{my}\, f_1(m, t)\, dm = 0;$$

d'où il suit que les fonctions arbitraires $\zeta(m)$, $\xi(m)$, doivent encore disparaître de la valeur générale de q, et que cette valeur doit se réduire à celle que fournit la première des équations (54).

En appliquant à la valeur générale de Q, déterminée par l'équation (73) (IIe Partie), des raisonnements absolument semblables à ceux qu'on vient de faire, on prouverait facilement que les deux fonctions arbitraires $\xi(m, n)$, $\zeta(m, n)$, doivent complètement disparaître du calcul; ce qui réduit les valeurs générales de q et Q à celles que fournissent les équations (76).

NOTE XIII.

Je terminerai ces Notes par une remarque qui sert à confirmer la justesse de nos calculs. Si l'analyse que nous avons employée est exacte, les diverses valeurs que nous avons trouvées pour Q doivent satisfaire, dans le cas de deux dimensions, à l'équation

$$\frac{\partial^4 Q}{\partial t^4} + g^2 \frac{\partial^2 Q}{\partial x^2} = 0, \tag{1}$$

et, dans le cas de trois dimensions, à l'équation suivante

$$\frac{\partial^4 Q}{\partial t^4} + g^2 \left(\frac{\partial^2 Q}{\partial x^2} + \frac{\partial^2 Q}{\partial z^2}\right) = 0. \tag{2}$$

Par suite, l'ordonnée y de la surface et les vitesses U, V, W, qui sont respectivement proportionnelles à plusieurs coefficients différentiels partiels de la fonction Q, doivent aussi satisfaire aux deux équations dont il s'agit. On doit avoir en conséquence

$$\frac{\partial^4 y}{\partial t^4} + g^2 \frac{\partial^2 y}{\partial x^2} = 0, \tag{3}$$

pour le cas de deux dimensions, et

$$\frac{\partial^4 y}{\partial t^4} + g^2 \left(\frac{\partial^2 y}{\partial x^2} + \frac{\partial^2 y}{\partial z^2}\right) = 0, \tag{4}$$

pour celui de trois. Il est aisé de reconnaître qu'en effet les valeurs trouvées pour y satisfont aux équations précédentes.

Ainsi, par exemple, en supposant les impulsions nulles à l'origine, et la hauteur primitive des ondes fort petite, nous avons trouvé dans la troisième Partie (Section I, n° 7)

$$y = \frac{G}{\pi}\frac{K}{x}, \tag{5}$$

$\frac{G}{\pi}$ étant une constante, et la valeur de $\frac{K}{x}$ étant donnée en série par l'équation

$$(6) \qquad \frac{K}{x} = \frac{gt^2}{2x^2} - \frac{g^3 t^6}{4.5.6x^4} + \frac{g^5 t^{10}}{6.7.8.9.10x^6} - \ldots$$

Cette dernière valeur de $\frac{K}{x}$ vérifiant l'équation (3), ainsi qu'on peut s'en assurer directement par la substitution, il en sera de même de la valeur de y.

---

* NOTE XIV.

SUR LES PHÉNOMÈNES ATTRIBUÉS DANS LE MOUVEMENT DES ONDES A L'ACTION DE FORCES IMPULSIVES.

Nous avons dit que le mouvement d'une masse fluide pesante pouvait être censé produit, ou par l'action d'une partie de cette masse, d'abord soulevée ou déprimée, puis abandonnée à elle-même, ou par l'action de forces impulsives primitivement appliquées à la surface extérieure. Que le fluide puisse être mis en mouvement par la première de ces deux causes, c'est ce qu'on ne saurait révoquer en doute. Mais une difficulté s'élève à l'égard de la seconde. En effet, l'on entend par force impulsive une force capable de transmettre instantanément à un corps une vitesse finie. Or il n'existe point de semblables forces parmi celles que l'on considère ordinairement en Mécanique, et que l'on soumet au calcul. C'est uniquement à l'aide d'une action continue et prolongée pendant un certain laps de temps, que la pesanteur, les ressorts, les attractions et répulsions de toute espèce, parviennent à communiquer à un corps en repos une vitesse sensible. A la vérité, dans certaines circonstances, par exemple, dans le choc des corps élastiques, la transmission du mouvement d'un corps à un autre a lieu dans un temps si court, qu'elle paraît instantanée. Mais on a tout lieu de penser que ce temps, quoique inappréciable pour nous, n'est jamais rigoureusement nul. En suivant cette idée, il semble qu'on devrait toujours, dans la

Mécanique, regarder une vitesse ou une quantité de mouvement, non comme une force, mais comme l'effet d'une force, et se borner à établir l'équilibre entre des forces motrices, c'est-à-dire, des pressions, ou des forces accélératrices, c'est-à-dire, des pressions rapportées à l'unité de masse. Néanmoins, dans tous les Traités de Dynamique, lorsqu'il s'agit de résoudre les problèmes relatifs au choc des corps, on a recours à la considération de forces impulsives, et les résultats auxquels on arrive de cette manière s'accordent, ainsi que M. Ampère l'a fait voir, avec ceux qu'on obtiendrait en se conformant aux principes que nous venons de rappeler.

En revenant à l'objet de notre Mémoire, nous devons conclure que le mouvement des ondes peut être rigoureusement déterminé par nos formules, toutes les fois qu'il est produit par l'action d'une partie de la masse fluide, d'abord soulevée ou déprimée, puis abandonnée à elle-même. Quant à l'action de forces impulsives, on doit seulement la considérer comme une fiction propre à faire découvrir les phénomènes relatifs à l'espèce particulière de mouvement communiqué, dans un temps très-court, au fluide, par un mobile qui serait venu frapper avec une vitesse finie une très-petite portion de la surface extérieure.

---

* NOTE XV.

SUR LA DÉTERMINATION DES QUANTITÉS DÉSIGNÉES PAR q ET Q.

Ainsi que nous en avons fait la remarque, les diverses inconnues que présente le problème des ondes peuvent toutes se déduire des deux quantités désignées par q et Q. Or, quoique l'analyse du n° 4 (IIe Partie, Section II) ne suffise pas, comme on le verra tout à l'heure, pour établir rigoureusement l'équation (44) à laquelle la valeur de Q doit satisfaire, on ne saurait néanmoins élever aucun doute raisonnable sur l'exactitude des valeurs de q et de Q que fournissent dans la Section III

(IIe Partie) les formules (54) et (76). Prenons en effet pour exemple la valeur de q donnée par la première des formules (54) (IIe Partie, Section III). D'après ce qui a été dit dans le Mémoire, aux pages 21, 56 et 59, il est clair, 1° que cette valeur vérifie l'équation

$$(1) \qquad \frac{\partial^2 q}{\partial x^2}+\frac{\partial^2 q}{\partial y^2}=0,$$

sans devenir infinie pour des valeurs infinies et négatives de y; 2° qu'elle rend identiques les deux expressions de la vitesse verticale V, c'est-à-dire, en d'autres termes, qu'elle satisfait à l'équation

$$\frac{1}{g\delta}\frac{\partial^2 q}{\partial t^2}=-\frac{1}{\delta}\frac{\partial q}{\partial y},$$

ou, ce qui revient au même, à la suivante,

$$(2) \qquad \frac{\partial^2 q}{\partial t^2}+g\frac{\partial q}{\partial y}=0,$$

dans le cas particulier où l'on suppose $y=0$. Ajoutons que les fonctions arbitraires comprises dans la première des formules (54) peuvent être déterminées par le moyen des valeurs initiales de q et de y correspondantes à la surface du fluide. Or ces différents caractères sont précisément ceux auxquels on doit reconnaître la variable q, lorsque le fluide se réduit à deux dimensions, sa profondeur étant infinie. Donc le problème des ondes, qui n'a certainement qu'une solution, se trouve résolu dans le cas de deux dimensions par les formules (54), dont la première entraîne la seconde, et par celles qui s'en déduisent. Il est d'ailleurs facile de s'assurer que la valeur de q, donnée par la première de ces formules, vérifie généralement l'équation

$$(3) \qquad \frac{\partial^4 q}{\partial t^4}+g^2\left(\frac{\partial^2 q}{\partial x^2}+\frac{\partial^2 q}{\partial y^2}\right)=0,$$

laquelle se change, pour $y=0$, dans l'équation (44) (IIe Partie).

Au lieu de prouver *a posteriori* que la valeur de q, ci-dessus mentionnée, remplit toutes les conditions requises, on pourrait, à l'aide des principes établis dans le Mémoire, et sans recourir à l'équation (44) (IIe Partie), déduire directement cette valeur de la formule (48). Effectivement, la formule (48) (IIe Partie) étant admise, l'équation (2), qui doit être vérifiée pour $y = 0$, se réduit à

$$(4) \qquad 0 = \sum \int_0^\infty \cos mx \left[\frac{\partial^2 f(m, t)}{\partial t^2} + gm\, f(m, t) \right] dm.$$

On satisfait à cette dernière en supposant la fonction $f(m, t)$ assujettie à l'équation différentielle

$$(5) \qquad 0 = \frac{\partial^2 f(m, t)}{\partial t^2} + gm\, f(m, t),$$

dont l'intégrale générale, présentée sous la forme

$$(6) \qquad f(m, t) = \cos m^{\frac{1}{2}} g^{\frac{1}{2}} t\, \varphi(m) + \sin m^{\frac{1}{2}} g^{\frac{1}{2}} t\, \psi(m),$$

conduit immédiatement à la première des équations (54) (IIe Partie). Il reste à faire voir que la formule (4) entraîne nécessairement la formule (5), au moins pour toutes les valeurs réelles et positives de m. Or, si l'on pose, pour abréger,

$$\frac{\partial^2 f(m, t)}{\partial t^2} + gm\, f(m, t) = \gamma(m),$$

les équations (4) et (5) deviendront respectivement

$$(7) \qquad 0 = \sum \int_0^\infty \cos mx\, \gamma(m)\, dm,$$

$$(8) \qquad 0 = \gamma(m).$$

Ajoutons que, le second membre de l'équation (7) représentant une expression de la forme

$$\int_0^\infty \cos mx\, \gamma_1(m)\, dm + \int_0^\infty \sin mx\, \gamma_2(m)\, dm,$$

la formule (8) doit être censée renfermer deux équations, savoir,

$$\gamma_1(m) = 0, \quad \gamma_2(m) = 0.$$

On aura donc simplement à établir la proposition suivante.

THÉORÈME. — $\gamma_1(m)$, $\gamma_2(m)$, *désignant deux fonctions de la quantité m, si l'on a, pour des valeurs quelconques de la variable x,*

$$(9)\qquad \int_0^\infty \cos mx\ \gamma_1(m)\,dm + \int_0^\infty \sin mx\ \gamma_2(m)\,dm = 0,$$

on en conclura, pour des valeurs positives quelconques de m,

$$(10)\qquad \gamma_1(m) = 0,\quad \gamma_2(m) = 0.$$

Démonstration. — Si, dans l'équation (9), on change x en $-x$, on obtiendra la suivante :

$$(11)\qquad \int_0^\infty \cos mx\ \gamma_1(m)\,dm - \int_0^\infty \sin mx\ \gamma_2(m)\,dm = 0.$$

De cette dernière réunie à l'équation (9) on tire

$$(12)\qquad \begin{cases} \displaystyle\int_0^\infty \cos mx\ \gamma_1(m)\,dm = 0, \\ \displaystyle\int_0^\infty \sin mx\ \gamma_2(m)\,dm = 0. \end{cases}$$

Supposons maintenant qu'après avoir multiplié la première des formules (12) par $\cos\mu x dx$, la seconde par $\sin\mu x dx$, on intègre les deux membres de chaque formule par rapport à x entre les limites $x = 0$, $x = \infty$. Alors, en ayant égard aux équations (3) de la Note VI, on trouvera, pour toutes les valeurs réelles et positives de μ,

$$\frac{\pi}{2}\gamma_1(\mu) = 0,\quad \frac{\pi}{2}\gamma_2(\mu) = 0;$$

et l'on en conclura, pour toutes les valeurs réelles et positives de m,

$$\gamma_1(m) = 0,\quad \gamma_2(m) = 0,$$

ce qu'il s'agissait de démontrer.

Des raisonnements entièrement semblables à ceux qui précèdent serviraient, dans le cas de trois dimensions, à déduire de la formule (71) (IIe Partie) la valeur de q donnée par la première des formules (76).

Revenons maintenant au problème proposé en tête du n° 4 (IIe Partie, Section II). Comme, d'après l'énoncé de ce problème, les coefficients différentiels de la fonction q sont des quantités infiniment petites, dire que les équations (40) doivent être vérifiées pour des valeurs infiniment petites de y, c'est, lorsqu'on néglige les infiniment petits du second ordre, dire qu'elles doivent être vérifiées dans la supposition $y = 0$. Or la première des équations (40), se trouvant réduite, par cette supposition, à l'équation (36), ne peut plus servir qu'à déduire de la quantité Q, censée connue, l'ordonnée y de la surface du fluide, et nullement à fixer la valeur de q ou de Q. C'est pour cela que, dans la page 53, la seconde des équations (43) ne contribue en rien à la formation de l'équation (44). Ainsi les seules équations qui, d'après l'énoncé du problème, aient dû être et aient été effectivement employées à la détermination de la quantité Q, sont l'équation (39), subsistant pour des valeurs quelconques de la variable y, et la seconde des équations (40), supposée vraie pour $y = 0$. Toutefois la double condition de vérifier les deux équations dont il s'agit ne suffit pas pour déterminer complètement la valeur de Q, et laisse le premier problème de la page 52 susceptible de plusieurs solutions, parmi lesquelles se trouve celle que nous avons donnée. On obtient celle-ci en supposant que la seconde des équations (40) subsiste, comme l'équation (39), non-seulement pour une valeur particulière de y, savoir, $y = 0$, mais encore pour cette valeur augmentée d'une quantité quelconque α, c'est-à-dire, en supposant qu'on a, pour des valeurs quelconques de y,

(13) $$\frac{\partial^2 q}{\partial x^2} + \frac{\partial^2 q}{\partial y^2} + \frac{\partial^2 q}{\partial z^2} = 0,$$

et

(14) $$g\frac{\partial q}{\partial y} + \frac{\partial^2 q}{\partial t^2} = 0.$$

En effet, on tire alors de l'équation (14)

$$\frac{\partial^2 q}{\partial y^2} = -\frac{1}{g}\frac{\partial^3 q}{\partial y \partial t^2} = \frac{1}{g^2}\frac{\partial^4 q}{\partial t^4};$$

et, en substituant cette valeur de $\frac{\partial^2 q}{\partial y^2}$ dans l'équation (13), on parvient à la formule

$$(15) \qquad \frac{\partial^4 q}{\partial t^4} + g^2\left(\frac{\partial^2 q}{\partial x^2} + \frac{\partial^2 q}{\partial z^2}\right) = 0,$$

de laquelle on déduit immédiatement l'équation (44) (IIe Partie) en posant $y = 0$.

Telle est, quand on la présente de la manière la plus simple, la solution que nous avons donnée. Or la supposition sur laquelle elle s'appuie se trouve légitimée par une condition omise dans l'énoncé du premier problème de la page 52, savoir, que la fonction q conserve une valeur finie pour des valeurs infinies et négatives de la variable y. Pour montrer comment il résulte de cette condition que l'équation (14), supposée vraie pour $y = 0$, s'étend à des valeurs quelconques de y, faisons

$$s = g\frac{\partial q}{\partial y} + \frac{\partial^2 q}{\partial t^2}.$$

s sera une nouvelle fonction des variables x, y, z, t, évidemment assujettie à la double condition de s'évanouir pour $y = 0$, et de ne pas devenir infinie pour des valeurs infinies et négatives de y. De plus, s désignant une fonction linéaire des dérivées de q, l'équation (13) entraînera la suivante,

$$(16) \qquad \frac{\partial^2 s}{\partial x^2} + \frac{\partial^2 s}{\partial y^2} + \frac{\partial^2 s}{\partial z^2} = 0,$$

qui devra être vérifiée pour des valeurs quelconques de y. En intégrant cette dernière par la méthode du n° 7 (Ire Partie, Section III), et assujettissant la variable s à la seconde des conditions ci-dessus énoncées, on trouvera pour cette variable une expression de la forme

$$(17) \qquad s = \sum \int_0^\infty \int_0^\infty \cos mx \cos nz \, e^{(m^2+n^2)^{\frac{1}{2}} y} \, \mathrm{f}(m, n, t)\, dm\, dn.$$

L'autre condition, en vertu de laquelle s doit s'évanouir avec y, donnera

$$\sum \int_0^\infty \int_0^\infty \cos mx \cos nz \ \mathrm{f}(m, n, t)\, dm\, dn = 0\,;$$

et l'on en conclura (*voir* les Notes XI et XII) que la valeur générale de s se réduit à

$$s = 0. \tag{18}$$

Par conséquent, l'équation (14) sera vérifiée, quelle que soit y.

Au reste, l'équation (14) ne subsiste pour toutes les valeurs possibles de y, qu'autant que la profondeur du fluide est infinie. Si, pour plus de généralité, l'on supposait, comme l'a fait M. Poisson, que le fluide repose sur un plan horizontal représenté par l'équation

$$y = -h \tag{19}$$

(h désignant une constante positive), alors l'équation (14) n'aurait plus lieu que pour $y = 0$, l'équation (44) (IIe Partie) disparaîtrait, et les formules (48), (54), (71) et (76) cesseraient de fournir des valeurs exactes des variables q et Q. Mais il est facile de voir comment, dans cette même supposition, les formules dont il s'agit devraient être modifiées. Considérons en effet, pour fixer les idées, le cas de deux dimensions. La valeur générale de q, tirée de l'équation (1) par la méthode de la Note IX, au lieu de se réduire à celle que fournit l'équation (48) (IIe Partie), conservera la forme

$$q = \sum \int_0^\infty \cos mx\ e^{my} f(m, t)\, dm + \sum \int_0^\infty \cos mx\ e^{-my} \mathfrak{f}(m, t)\, dm\,; \tag{20}$$

et, par suite, la valeur générale de la vitesse verticale

$$v = -\frac{1}{\delta}\frac{\partial q}{\partial y}$$

deviendra

$$-\frac{1}{\delta}\sum \int_0^\infty \cos mx \left[e^{my} f(m, t) - e^{-my} \mathfrak{f}(m, t) \right] m\, dm.$$

Cette vitesse verticale devant évidemment se réduire à zéro dans tous les points du plan horizontal sur lequel repose la masse fluide, on aura nécessairement

$$o = \sum \int_0^\infty \cos mx \left[e^{-mh} f(m, t) - e^{mh} \mathfrak{f}(m, t) \right] m\, dm,$$

et l'on en tirera (en vertu du théorème précédemment démontré)

$$e^{-mh} f(m, t) - e^{mh} \mathfrak{f}(m, t) = o,$$

$$\mathfrak{f}(m, t) = e^{-2mh} f(m, t),$$

$$(21) \qquad q = -\frac{1}{\delta} \sum \int_0^\infty \cos mx \left(e^{my} + e^{-m(y+2h)} \right) f(m, t)\, dm.$$

Cela posé, l'équation (2), qui doit être vérifiée pour $y = o$, donnera

$$o = \sum \int_0^\infty \cos mx \left[(1 + e^{-2mh}) \frac{\partial^2 f(m, t)}{\partial t^2} + gm (1 - e^{-2mh}) f(m, t) \right] dm,$$

et l'on en conclura, toujours en vertu du théorème qu'on vient de rappeler,

$$(22) \qquad \frac{\partial^2 f(m, t)}{\partial t^2} + gm \frac{1 - e^{-2mh}}{1 + e^{-2mh}} f(m, t) = o.$$

Telle est l'équation différentielle qui, dans l'hypothèse admise, remplace la formule (5). Si maintenant on fait, pour abréger,

$$(23) \qquad M = \frac{1 - e^{-2mh}}{1 + e^{-2mh}} m,$$

on reconnaîtra que l'équation (22) a pour intégrale générale

$$(24) \qquad f(m, t) = \cos M^{\frac{1}{2}} g^{\frac{1}{2}} t\, \varphi(m) + \sin M^{\frac{1}{2}} g^{\frac{1}{2}} t\, \psi(m).$$

En combinant cette dernière formule avec l'équation (21), et déduisant la variable Q de la variable q par la supposition $y = o$, on obtiendra, au lieu des équations (54) (IIe Partie), les deux suivantes :

$$(25)\quad \left\{\begin{aligned} q &= \sum\int_0^\infty \cos mx\ \cos M^{\frac{1}{2}} g^{\frac{1}{2}} t\ \left(e^{my} + e^{-m(y+2h)}\right)\ \varphi(m)\, dm \\ &\quad + \sum\int_0^\infty \cos mx\ \sin M^{\frac{1}{2}} g^{\frac{1}{2}} t\ \left(e^{my} + e^{-m(y+2h)}\right)\ \psi(m)\, dm, \\ Q &= \sum\int_0^\infty \cos mx\ \cos M^{\frac{1}{2}} g^{\frac{1}{2}} t\ \left(1 + e^{-2mh}\right)\ \varphi(m)\, dm \\ &\quad + \sum\int_0^\infty \cos mx\ \sin M^{\frac{1}{2}} g^{\frac{1}{2}} t\ \left(1 + e^{-2mh}\right)\ \psi(m)\, dm. \end{aligned}\right.$$

En opérant de la même manière dans le cas de trois dimensions, et supposant toujours que le fluide repose sur le plan horizontal représenté par l'équation (19), on obtiendrait, au lieu des formules (76) (IIe Partie), celles qui suivent :

$$(26)\quad \left\{\begin{aligned} q &= \sum\int_0^\infty\int_0^\infty \cos mx\ \cos nz\ \cos N^{\frac{1}{2}} g^{\frac{1}{2}} t\ \left(e^{(m^2+n^2)^{\frac{1}{2}} y} + e^{-(m^2+n^2)^{\frac{1}{2}}(y+2h)}\right)\ \varphi(m, n)\, dm\, dn \\ &\quad + \sum\int_0^\infty\int_0^\infty \cos mx\ \cos nz\ \sin N^{\frac{1}{2}} g^{\frac{1}{2}} t\ \left(e^{(m^2+n^2)^{\frac{1}{2}} y} + e^{-(m^2+n^2)^{\frac{1}{2}}(y+2h)}\right)\ \psi(m, n)\, dm\, dn, \\ Q &= \sum\int_0^\infty\int_0^\infty \cos mx\ \cos nz\ \cos N^{\frac{1}{2}} g^{\frac{1}{2}} t\ \left(1 + e^{-2(m^2+n^2)^{\frac{1}{2}} h}\right)\ \varphi(m, n)\, dm\, dn \\ &\quad + \sum\int_0^\infty\int_0^\infty \cos mx\ \cos nz\ \sin N^{\frac{1}{2}} g^{\frac{1}{2}} t\ \left(1 + e^{-2(m^2+n^2)^{\frac{1}{2}} h}\right)\ \psi(m, n)\, dm\, dn, \end{aligned}\right.$$

la valeur de N étant

$$(27)\qquad N = \frac{1 - e^{-2(m^2+n^2)^{\frac{1}{2}} h}}{1 + e^{-2(m^2+n^2)^{\frac{1}{2}} h}} (m^2 + n^2)^{\frac{1}{2}}.$$

Il est bon d'observer que les équations (25) et (26) se réduisent immédiatement aux formules (54) et (76) de la deuxième Partie, lorsque la profondeur du fluide devient infiniment grande, c'est-à-dire, lorsqu'on suppose

$$h = \infty.$$

Si l'on supposait au contraire la profondeur h très-petite, on aurait sensiblement

$$(28)\qquad M = m^2 h, \quad N = (m^2 + n^2) h;$$

et les valeurs des variables q, Q, deviendraient à très-peu près, dans le cas de deux dimensions,

$$(29)\qquad \left\{\begin{aligned} q &= \sum \int_0^\infty \cos mx \cos g^{\frac{1}{2}} h^{\frac{1}{2}} mt \,(e^{my} + e^{-my})\, \varphi(m)\, dm \\ &\quad + \sum \int_0^\infty \cos mx \sin g^{\frac{1}{2}} h^{\frac{1}{2}} mt \,(e^{my} + e^{-my})\, \psi(m)\, dm, \\ Q &= 2 \sum \int_0^\infty \cos mx \cos g^{\frac{1}{2}} h^{\frac{1}{2}} mt \; \varphi(m)\, dm \\ &\quad + 2 \sum \int_0^\infty \cos mx \sin g^{\frac{1}{2}} h^{\frac{1}{2}} mt \; \psi(m)\, dm, \end{aligned}\right.$$

et, dans le cas de trois dimensions,

$$(30)\qquad \left\{\begin{aligned} q &= \sum \int_0^\infty \int_0^\infty \cos mx \cos nz \cos g^{\frac{1}{2}} h^{\frac{1}{2}} (m^2 + n^2)^{\frac{1}{2}} t \left(e^{(m^2+n^2)^{\frac{1}{2}} y} + e^{-(m^2+n^2)^{\frac{1}{2}} y}\right) \varphi(m, n)\, dm\, dn \\ &\quad + \sum \int_0^\infty \int_0^\infty \cos mx \cos nz \sin g^{\frac{1}{2}} h^{\frac{1}{2}} (m^2 + n^2)^{\frac{1}{2}} t \left(e^{(m^2+n^2)^{\frac{1}{2}} y} + e^{-(m^2+n^2)^{\frac{1}{2}} y}\right) \psi(m, n)\, dm\, dn, \\ Q &= 2 \sum \int_0^\infty \int_0^\infty \cos mx \cos nz \cos g^{\frac{1}{2}} h^{\frac{1}{2}} (m^2 + n^2)^{\frac{1}{2}} t \; \varphi(m, n)\, dm\, dn \\ &\quad + 2 \sum \int_0^\infty \int_0^\infty \cos mx \cos nz \sin g^{\frac{1}{2}} h^{\frac{1}{2}} (m^2 + n^2)^{\frac{1}{2}} t \; \psi(m, n)\, dm\, dn. \end{aligned}\right.$$

On peut remarquer que ces valeurs vérifient, dans le premier cas, les équations aux différences partielles

$$(31)\qquad \left\{\begin{aligned} \frac{\partial^2 q}{\partial t^2} &= gh \frac{\partial^2 q}{\partial x^2}, \\ \frac{\partial^2 Q}{\partial t^2} &= gh \frac{\partial^2 Q}{\partial x^2}; \end{aligned}\right.$$

et, dans le second cas, les suivantes :

$$(32)\qquad \left\{\begin{aligned} \frac{\partial^2 q}{\partial t^2} &= gh \left(\frac{\partial^2 q}{\partial x^2} + \frac{\partial^2 q}{\partial z^2}\right), \\ \frac{\partial^2 Q}{\partial t^2} &= gh \left(\frac{\partial^2 Q}{\partial x^2} + \frac{\partial^2 Q}{\partial z^2}\right). \end{aligned}\right.$$

Parmi ces équations aux différences partielles, celles qui se rapportent à la variable Q se trouvent dans la *Mécanique analytique*. Comme elles sont entièrement semblables à celles qui, dans la formation du son, déterminent les petites agitations de l'air réduit à une ou à deux dimensions seulement, et que, pour passer d'un problème à l'autre, il suffit de remplacer la profondeur h d'un fluide incompressible, supposée très-petite, par la hauteur de l'atmosphère supposée homogène, on doit conclure avec M. Lagrange que la propagation des ondes, dans l'hypothèse admise, suit précisément les lois de la propagation du son, et que par conséquent le mouvement des ondes est uniforme.

Il serait très-facile d'appliquer aux formules (25), (26), (29) et (30) les transformations que nous avons fait subir, dans le Mémoire, aux équations (54) et (76) de la deuxième Partie, de manière à substituer aux fonctions arbitraires φ et ψ les fonctions $\mathcal{F}$ et F qui servent à exprimer la valeur initiale de Q et l'ordonnée initiale de la surface du fluide, ou, ce qui revient au même, la valeur initiale de $\frac{1}{g\delta}\frac{\partial Q}{\partial t}$. En effet, les valeurs transformées des variables q et Q se déduiront immédiatement des méthodes exposées dans la Note XI. Concevons, par exemple, que, la quantité h étant très-petite, on demande la valeur générale de Q relative au cas de deux dimensions. Alors, en désignant par

$$a,\ b = \mathrm{F}(a),\quad \text{et}\quad Q_0 = \mathcal{F}(a),$$

les valeurs initiales des variables

$$x,\ y,\quad \text{et}\quad Q,$$

pour un point primitivement situé à la surface du fluide, on conclura de la seconde équation (29), par la méthode de la Note XI,

$$(33)\quad \begin{cases} Q = \dfrac{1}{\pi}\displaystyle\int_0^\infty\int_{-\infty}^\infty \cos g^{\frac{1}{2}} h^{\frac{1}{2}} \mu t \,\cos\mu(\varpi - x)\,\mathcal{F}(\varpi)\,d\mu\,d\varpi \\ \quad + \dfrac{g\delta}{\pi}\displaystyle\int_0^t dt \int_0^\infty\int_{-\infty}^\infty \cos g^{\frac{1}{2}} h^{\frac{1}{2}} \mu t \,\cos\mu(\varpi - x)\,\mathrm{F}(\varpi)\,d\mu\,d\varpi. \end{cases}$$

D'ailleurs, si, dans l'équation (6) de la Note XI, on pose $\gamma(m) = 1$, on en tirera

(34) $$\mathfrak{F}(a) = \frac{1}{\pi}\int_0^\infty \int_{-\infty}^\infty \cos\mu(\varpi - a)\ \mathfrak{F}(\varpi)\, d\mu\, d\varpi.$$

Par suite, en ayant égard à la formule

$$\cos g^{\frac{1}{2}} h^{\frac{1}{2}} \mu t \ \cos\mu(\varpi - x) = \tfrac{1}{2}\left[\cos\mu(\varpi - x - t\sqrt{gh}) + \cos\mu(\varpi - x + t\sqrt{gh})\right],$$

on trouvera

$$\frac{1}{\pi}\int_0^\infty \int_{-\infty}^\infty \cos g^{\frac{1}{2}} h^{\frac{1}{2}} \mu t \ \cos\mu(\varpi - x)\ \mathfrak{F}(\varpi)\, d\mu\, d\varpi = \tfrac{1}{2}\left[\mathfrak{F}(x + t\sqrt{gh}) + \mathfrak{F}(x - t\sqrt{gh})\right].$$

En vertu de cette dernière formule, la valeur de Q se réduit à

(35) $$\begin{cases} Q = \tfrac{1}{2}\left[\mathfrak{F}(x + t\sqrt{gh}) + \mathfrak{F}(x - t\sqrt{gh})\right] \\ \quad + \dfrac{g\delta}{2}\displaystyle\int_0^t \left[F(x + t\sqrt{gh}) + F(x - t\sqrt{gh})\right] dt. \end{cases}$$

Concevons encore que, la quantité h restant très-petite, on demande la valeur générale de Q relative au cas de trois dimensions. Alors, en désignant par

$$a,\ c,\ b = F(a, c) \quad \text{et} \quad Q_0 = \mathfrak{F}(a, c)$$

les valeurs initiales de

$$x,\ z,\ y \quad \text{et} \quad Q,$$

pour un point primitivement situé à la surface du fluide, on conclura de la seconde équation (30), par les méthodes de la Note XI,

(36) $$\begin{cases} Q = \dfrac{1}{2\pi^2} \displaystyle\int_0^\infty \int_0^\infty \int_{-\infty}^\infty \int_{-\infty}^\infty \cos g^{\frac{1}{2}} h^{\frac{1}{2}} (\mu\nu)^{\frac{1}{2}} t \ \sin\nu \ \cos\frac{(\varpi - x)^2 + (\rho - z)^2}{4}\mu\ \mathfrak{F}(\varpi, \rho)\, d\mu\, d\nu\, d\varpi\, d\rho \\ \quad + \dfrac{g\delta}{2\pi^2}\displaystyle\int_0^t dt \int_0^\infty \int_0^\infty \int_{-\infty}^\infty \int_{-\infty}^\infty \cos g^{\frac{1}{2}} h^{\frac{1}{2}} (\mu\nu)^{\frac{1}{2}} t \ \sin\nu \ \cos\frac{(\varpi - x)^2 + (\rho - z)^2}{4}\mu\ F(\varpi, \rho)\, d\mu\, d\nu\, d\varpi\, d\rho. \end{cases}$$

Si l'on fait, pour abréger,

(37) $$\left[(\varpi - x)^2 + (\rho - z)^2\right]^{\frac{1}{2}} = r,$$

et que l'on remplace μ par $\frac{4\mu}{r^2}$, on tirera de l'équation (36), par un calcul semblable à celui de la page 106,

$$Q = \frac{1}{\pi^2} \int_0^\infty \int_0^\infty \int_{-\infty}^\infty \int_{-\infty}^\infty \cos\frac{2(gh\,\mu\nu)^{\frac{1}{2}}t}{r} \sin(\mu+\nu)\,\mathfrak{F}(\varpi,\rho)\,\frac{d\mu\,d\nu\,d\varpi\,d\rho}{r^2}$$
$$+\frac{g\delta}{\pi^2}\int_0^t dt \int_0^\infty \int_0^\infty \int_{-\infty}^\infty \int_{-\infty}^\infty \cos\frac{2(gh\,\mu\nu)^{\frac{1}{2}}t}{r} \sin(\mu+\nu)\,\mathrm{F}(\varpi,\rho)\,\frac{d\mu\,d\nu\,d\varpi\,d\rho}{r^2},$$

ou, ce qui revient au même,

$$(38)\quad \left\{\begin{aligned} Q = {} & \frac{g\delta}{2\pi^2 g^{\frac{1}{2}} h^{\frac{1}{2}}} \int_0^\infty \int_0^\infty \int_{-\infty}^\infty \int_{-\infty}^\infty \sin\frac{2(gh\,\mu\nu)^{\frac{1}{2}}t}{r} \sin(\mu+\nu)\,\mathrm{F}(\varpi,\rho)\,\frac{d\mu\,d\nu\,d\varpi\,d\rho}{\mu^{\frac{1}{2}}\nu^{\frac{1}{2}}r} \\ & + \frac{1}{2\pi^2 g^{\frac{1}{2}} h^{\frac{1}{2}}} \frac{d}{dt} \int_0^\infty \int_0^\infty \int_{-\infty}^\infty \int_{-\infty}^\infty \sin\frac{2(gh\,\mu\nu)^{\frac{1}{2}}t}{r} \sin(\mu+\nu)\,\mathfrak{F}(\varpi,\rho)\,\frac{d\mu\,d\nu\,d\varpi\,d\rho}{\mu^{\frac{1}{2}}\nu^{\frac{1}{2}}r}. \end{aligned}\right.$$

Il ne s'agit plus que de réduire la valeur précédente de Q à la forme la plus simple possible. Or, si l'on intègre par rapport à k, et à partir de $k=\infty$, les deux membres de la dernière formule de la page 128, on trouvera

$$(39)\qquad \int_0^\infty \int_0^\infty e^{-k\mu^{\frac{1}{2}}\nu^{\frac{1}{2}}} \sin(\mu+\nu)\,\frac{d\mu\,d\nu}{\mu^{\frac{1}{2}}\nu^{\frac{1}{2}}} = \frac{\pi}{(1+\frac{1}{4}k^2)^{\frac{1}{2}}}.$$

Si l'on remplace dans celle-ci k par $2k\sqrt{-1}$, elle deviendra

$$(40)\quad \int_0^\infty \int_0^\infty \left(\cos 2k\mu^{\frac{1}{2}}\nu^{\frac{1}{2}} - \sqrt{-1}\,\sin 2k\mu^{\frac{1}{2}}\nu^{\frac{1}{2}}\right) \sin(\mu+\nu)\,\frac{d\mu\,d\nu}{\mu^{\frac{1}{2}}\nu^{\frac{1}{2}}} = \frac{\pi}{\sqrt{1-k^2}},$$

et donnera le moyen de fixer les valeurs des deux intégrales

$$\int_0^\infty \int_0^\infty \cos 2k\mu^{\frac{1}{2}}\nu^{\frac{1}{2}} \sin(\mu+\nu)\,\frac{d\mu\,d\nu}{\mu^{\frac{1}{2}}\nu^{\frac{1}{2}}},$$
$$\int_0^\infty \int_0^\infty \sin 2k\mu^{\frac{1}{2}}\nu^{\frac{1}{2}} \sin(\mu+\nu)\,\frac{d\mu\,d\nu}{\mu^{\frac{1}{2}}\nu^{\frac{1}{2}}}.$$

Mais ces valeurs, calculées dans la supposition que la quantité k reste réelle, seront différentes, suivant que l'on aura $k < 1$ ou $k > 1$. Et d'abord, si l'on a

$$k < 1,$$

$\sqrt{1-k^2}$ étant une quantité réelle, l'équation (40) donnera évidemment

$$(41)\quad \begin{cases} \displaystyle\int_0^\infty\int_0^\infty \cos 2k\mu^{\frac{1}{2}}\nu^{\frac{1}{2}} \sin(\mu+\nu)\frac{d\mu\, d\nu}{\mu^{\frac{1}{2}}\nu^{\frac{1}{2}}} = \frac{\pi}{\sqrt{1-k^2}}, \\ \displaystyle\int_0^\infty\int_0^\infty \sin 2k\mu^{\frac{1}{2}}\nu^{\frac{1}{2}} \sin(\mu+\nu)\frac{d\mu\, d\nu}{\mu^{\frac{1}{2}}\nu^{\frac{1}{2}}} = 0. \end{cases}$$

Si, au contraire, l'on suppose

$$k > 1,$$

l'expression $\dfrac{\pi}{\sqrt{1-k^2}} = \dfrac{\pi}{\sqrt{k^2-1}\sqrt{-1}}$ étant alors imaginaire, et pouvant être mise sous la forme

$$-\frac{\pi}{\sqrt{k^2-1}}\sqrt{-1},$$

on tirera de l'équation (40)

$$(42)\quad \begin{cases} \displaystyle\int_0^\infty\int_0^\infty \cos 2k\mu^{\frac{1}{2}}\nu^{\frac{1}{2}} \sin(\mu+\nu)\frac{d\mu\, d\nu}{\mu^{\frac{1}{2}}\nu^{\frac{1}{2}}} = 0, \\ \displaystyle\int_0^\infty\int_0^\infty \sin 2k\mu^{\frac{1}{2}}\nu^{\frac{1}{2}} \sin(\mu+\nu)\frac{d\mu\, d\nu}{\mu^{\frac{1}{2}}\nu^{\frac{1}{2}}} = \frac{\pi}{\sqrt{k^2-1}}. \end{cases}$$

On peut donc affirmer que l'intégrale

$$(43)\quad \int_0^\infty\int_0^\infty \sin 2k\mu^{\frac{1}{2}}\nu^{\frac{1}{2}} \sin(\mu+\nu)\frac{d\mu\, d\nu}{\mu^{\frac{1}{2}}\nu^{\frac{1}{2}}}$$

sera toujours nulle pour des valeurs de k inférieures à l'unité, et toujours égale à

$$\frac{\pi}{\sqrt{k^2-1}}$$

lorsqu'on aura $k > 1$. On arriverait directement au même résultat, sans passer par l'imaginaire, en posant

$$\mu = m, \quad \nu = mn^2,$$

ce qui changerait l'intégrale (43) dans la suivante

$$\int_0^\infty \int_0^\infty 2 \sin 2kmn \sin m(1 + n^2)\, dm\, dn;$$

puis appliquant à la détermination de cette dernière la méthode que nous avons employée dans la Note VI pour établir la seconde des formules (3). Concevons à présent que dans l'expression (43) on fasse

$$k = \frac{t\sqrt{gh}}{r},$$

on obtiendra l'intégrale double

$$\int_0^\infty \int_0^\infty \sin \frac{2(gh\,\mu\nu)^{\frac{1}{2}} t}{r} \sin(\mu + \nu) \frac{d\mu\, d\nu}{\mu^{\frac{1}{2}} \nu^{\frac{1}{2}}},$$

dont la valeur sera

$$0 \text{ ou } \frac{\pi r}{\sqrt{ght^2 - r^2}}$$

suivant que la quantité

$$r = [(\varpi - x)^2 + (\rho - z)^2]^{\frac{1}{2}}$$

sera supérieure ou inférieure à $t\sqrt{gh}$; et l'on en conclura que la valeur de Q, donnée par l'équation (38), se réduit à

$$(44) \quad \left\{ \begin{aligned} Q = {} & \frac{g\delta}{2\pi\sqrt{gh}} \int\!\!\int F(\varpi, \rho) \frac{d\varpi\, d\rho}{[ght^2 - (\varpi - x)^2 - (\rho - z)^2]^{\frac{1}{2}}} \\ & + \frac{1}{2\pi\sqrt{gh}} \frac{d}{dt} \int\!\!\int \mathfrak{F}(\varpi, \rho) \frac{d\varpi\, d\rho}{[ght^2 - (\varpi - x)^2 - (\rho - z)^2]^{\frac{1}{2}}}, \end{aligned} \right.$$

chaque intégrale double devant s'étendre à toutes les valeurs de ϖ et de ρ qui vérifient la condition

$$(45) \qquad (\varpi - x)^2 + (\rho - z)^2 < ght^2.$$

Pour qu'il en soit ainsi, il suffira d'effectuer en premier lieu l'intégration relative à ρ entre les limites

$$\rho = z - \sqrt{ght^2 - (\varpi - x)^2}, \quad \rho = z + \sqrt{ght^2 - (\varpi - x)^2};$$

et, en second lieu, l'intégration relative à ϖ entre les limites

$$\varpi = x - t\sqrt{gh}, \quad \varpi = x + t\sqrt{gh}.$$

Nous observons, en finissant, que la formule (44) fournit l'intégrale générale de la seconde des équations (32), dans le cas où l'on prend pour fonctions arbitraires celles qui représentent les valeurs de Q et de $\frac{1}{g\delta}\frac{\partial Q}{\partial t}$ correspondantes à $t = 0$. Si l'on faisait, pour abréger,

$$g\delta\, \mathcal{F}(x, y) = \mathcal{F}_1(x, y),$$

alors les deux fonctions

$$\mathcal{F}(x, y), \quad \mathcal{F}_1(x, y)$$

désigneraient les valeurs initiales de

$$Q \text{ et } \frac{\partial Q}{\partial t},$$

et l'équation (44) deviendrait

$$(46).\left\{\begin{aligned} Q = {} & \frac{1}{2\pi\sqrt{gh}} \int_{\varpi_1}^{\varpi_2}\int_{\rho_1}^{\rho_2} \mathcal{F}_1(\varpi, \rho) \frac{d\varpi\, d\rho}{[ght^2 - (\varpi - x)^2 - (\rho - z)^2]^{\frac{1}{2}}} \\ & + \frac{1}{2\pi\sqrt{gh}} \frac{d}{dt} \int_{\varpi_1}^{\varpi_2}\int_{\rho_1}^{\rho_2} \mathcal{F}(\varpi, \rho) \frac{d\varpi\, d\rho}{[ght^2 - (\varpi - x)^2 - (\rho - z)^2]^{\frac{1}{2}}}, \\ & \rho_1 = z - \sqrt{ght^2 - (\varpi - x)^2}, \quad \rho_2 = z + \sqrt{ght^2 - (\varpi - x)^2}; \\ & \varpi_1 = x - t\sqrt{gh}, \quad \varpi_2 = x + t\sqrt{gh}. \end{aligned}\right.$$

Si l'on considère dans celle-ci les deux variables ϖ et ρ comme exprimant des coordonnées rectangulaires, et qu'on veuille leur substituer des coordonnées polaires dont l'une soit précisément la variable r, il suffira de supposer

$$\varpi - x = r\cos\alpha, \quad \rho - z = r\sin\alpha,$$

d'écrire partout, au lieu de $d\varpi\, d\rho$, le produit $r dr d\alpha$, puis d'effectuer l'intégration relative à r entre les limites

$$r = 0, \quad r = t\sqrt{gh},$$

et l'intégration relative à l'angle α entre les limites

$$\alpha = 0, \quad \alpha = 2\pi.$$

Alors la valeur de Q prendra la forme

$$\begin{aligned} Q = & \frac{1}{2\pi\sqrt{gh}} \int_0^{t\sqrt{gh}} \int_0^{2\pi} \mathcal{F}_1(x + r\cos\alpha,\ z + r\sin\alpha) \frac{r\, dr\, d\alpha}{\sqrt{ght^2 - r^2}} \\ & + \frac{1}{2\pi\sqrt{gh}} \frac{d}{dt} \int_0^{t\sqrt{gh}} \int_0^{2\pi} \mathcal{F}(x + r\cos\alpha,\ z + r\sin\alpha) \frac{r\, dr\, d\alpha}{\sqrt{ght^2 - r^2}}. \end{aligned}$$

Si maintenant on pose

$$r = t \sin 6 \sqrt{gh},$$

les limites de l'intégration relative à 6 seront

$$6 = 0, \quad 6 = \tfrac{1}{2}\pi,$$

et, en ayant égard à la formule

$$\int_0^{\frac{\pi}{2}} f(\sin 6) \sin 6\, d6 = \tfrac{1}{2} \int_0^{\pi} f(\sin 6) \sin 6\, d6,$$

qui subsiste, quelle que soit la fonction f, on trouvera définitivement

$$(47) \left\{ \begin{aligned} Q = & \frac{1}{4\pi} \int_0^{2\pi} \int_0^{\pi} t\, \mathcal{F}_1\left(x + g^{\frac{1}{2}} h^{\frac{1}{2}} t \cos\alpha \sin 6,\ z + g^{\frac{1}{2}} h^{\frac{1}{2}} t \sin\alpha \sin 6\right) \sin 6\, d\alpha\, d6 \\ & + \frac{1}{4\pi} \frac{d}{dt} \int_0^{2\pi} \int_0^{\pi} t\, \mathcal{F}\left(x + g^{\frac{1}{2}} h^{\frac{1}{2}} t \cos\alpha \sin 6,\ z + g^{\frac{1}{2}} h^{\frac{1}{2}} t \sin\alpha \sin 6\right) \sin 6\, d\alpha\, d6. \end{aligned} \right.$$

On est ainsi ramené à l'intégrale générale que M. Poisson a obtenue pour la seconde des équations (32), dans un Mémoire *sur l'intégration de quelques équations linéaires aux différences partielles*. L'auteur a même intégré l'équation linéaire à quatre variables indépendantes qui sert de base à la théorie du son, savoir :

$$(48)\qquad \frac{\partial^2 Q}{\partial t^2} = gh\left(\frac{\partial^2 Q}{\partial x^2} + \frac{\partial^2 Q}{\partial y^2} + \frac{\partial^2 Q}{\partial z^2}\right).$$

J'avais essayé moi-même autrefois d'appliquer à cette dernière les formules auxquelles je me trouvais conduit par mes recherches sur la théorie des ondes, et, après avoir déterminé la valeur de Q par une équation entièrement semblable à la seconde des équations (30), j'avais reconnu qu'on peut réduire le premier terme de cette valeur, dans le cas où l'on supprime une coordonnée, à la forme sous laquelle ce terme se présente dans l'équation (36). Enfin j'avais remarqué que, dans ce même terme, la double intégrale relative aux variables μ et ν peut être ramenée à une autre intégrale de la forme

$$(49)\qquad \int_0^\infty \int_0^\infty \cos 2k\mu^{\frac{1}{2}}\nu^{\frac{1}{2}} \sin(\mu+\nu)\, d\mu\, d\nu.$$

Il ne restait plus qu'à déterminer celle-ci. On y parvient en remplaçant k par $2k\sqrt{-1}$, dans la dernière formule de la page 128, ou en différentiant, par rapport à k, les dernières des formules (41) et (42), desquelles on tire, 1° pour $k<1$,

$$(50)\qquad \int_0^\infty \int_0^\infty \cos 2k\mu^{\frac{1}{2}}\nu^{\frac{1}{2}} \sin(\mu+\nu)\, d\mu\, d\nu = 0;$$

2° pour $k>1$,

$$(51)\qquad \int_0^\infty \int_0^\infty \cos 2k\mu^{\frac{1}{2}}\nu^{\frac{1}{2}} \sin(\mu+\nu)\, d\mu\, d\nu = -\frac{\pi}{2}\,\frac{k}{(k^2-1)^{\frac{3}{2}}}.$$

Mais, au lieu d'établir les équations (50) et (51), desquelles on passe facilement à l'équation (44), je m'étais arrêté devant cette considération, que, si l'on développe l'expression $\cos 2k\mu^{\frac{1}{2}}\nu^{\frac{1}{2}}$, et par suite l'intégrale (50), en séries ordonnées suivant les puissances ascendantes de k, tous les termes du développement de l'intégrale (*voir* les pages 127 et 128) se réduiront constamment à zéro. Cette circonstance est d'autant plus remarquable, que le développement du cosinus produit une série toujours convergente, et elle fait voir que, dans la solution des problèmes, on ne doit user qu'avec beaucoup de circonspection des développements en séries.

---

* NOTE XVI.

SUR LES LOIS DE LA PROPAGATION DES ONDES A LA SURFACE DES FLUIDES INCOMPRESSIBLES.

Dès qu'on a trouvé les formules qui déterminent les valeurs des deux quantités représentées par q et Q, en joignant à ces formules les quatre dernières des équations (26) (IIe Partie), et les quatre dernières des équations (45) (*ibid.*), on a tout ce qui est nécessaire pour fixer les diverses circonstances du mouvement d'un fluide pesant et incompressible dont les molécules conservent constamment des vitesses très-petites. Si l'on veut connaître en particulier les lois de la propagation des ondes à la surface du fluide, ou, en d'autres termes, si l'on veut savoir comment les diverses portions soulevées ou déprimées de cette surface changent de position avec le temps, il suffira de discuter la formule qu'on obtient en substituant la valeur de Q dans l'équation

$$(a) \qquad y = \frac{1}{g\delta}\frac{\partial Q}{\partial t},$$

qui est la seconde des équations (45) (IIe Partie). Supposons, pour fixer les idées, que, le fluide étant réduit à deux dimensions, et sa profondeur étant infinie, la valeur initiale de Q se réduise à zéro. Alors la valeur de y, calculée comme on vient de le dire, sera donnée par l'équation (58) (IIe Partie), en sorte que l'on aura pour l'ordonnée de la surface du fluide, au bout du temps t,

$$\text{(b)}\qquad y=\frac{1}{\pi}\int_0^\infty\int_0^\infty \cos\mu^{\frac{1}{2}}g^{\frac{1}{2}}t\,\cos\mu(x-\varpi)\;F(\varpi)\,d\mu\,d\varpi,$$

$F(x)$ désignant la valeur initiale de cette même ordonnée, et g la force accélératrice de la pesanteur. L'équation que nous venons de rappeler résout complétement, dans l'hypothèse admise, toutes les questions relatives à la propagation des ondes. Elle s'étend à des valeurs quelconques de la fonction $F(x)$. Mais il importe surtout de considérer le cas où cette fonction ne conserve une valeur sensible que pour des valeurs de l'abscisse x peu différentes de zéro, et comprises entre les limites $x=-\alpha$, $x=+\alpha$ (α désignant une quantité très-petite). Dans ce cas, il est permis de remplacer l'équation (b) par la suivante :

$$\text{(c)}\qquad y=\frac{1}{\pi}\int_0^\infty\int_{-\alpha}^\alpha \cos\mu^{\frac{1}{2}}g^{\frac{1}{2}}t\,\cos\mu(x-\varpi)\;F(\varpi)\,d\mu\,d\varpi;$$

et, comme entre les limites $\varpi=-\alpha$, $\varpi=\alpha$, la différence $x-\varpi$ reste positive pour des valeurs positives et sensibles de x, la valeur de y peut être présentée sous plusieurs formes nouvelles que l'on déduit facilement de l'équation (c). Pour parvenir à l'une de ces nouvelles formes, il suffit d'observer que si, après avoir intégré par rapport à x les deux membres de l'équation (c), et choisi convenablement la première limite de l'intégrale $\int y\,dx$, on pose $\mu=\frac{m^2}{x-\varpi}$, on trouvera

$$\begin{aligned}\int y\,dx &= \frac{1}{\pi}\int_0^\infty\int_{-\alpha}^\alpha \cos\mu^{\frac{1}{2}}g^{\frac{1}{2}}t\,\sin\mu(x-\varpi)\;F(\varpi)\frac{d\mu\,d\varpi}{\mu}\\ &= \frac{2}{\pi}\int_0^\infty\int_{-\alpha}^\alpha \cos\frac{g^{\frac{1}{2}}tm}{(x-\varpi)^{\frac{1}{2}}}\,\sin m^2\;F(\varpi)\frac{dm\,d\varpi}{m};\end{aligned}$$

puis, en différentiant par rapport à x,

$$\text{(d)}\qquad y=\frac{g^{\frac{1}{2}}t}{\pi}\int_0^\infty\int_{-\alpha}^\alpha \sin\frac{g^{\frac{1}{2}}tm}{(x-\varpi)^{\frac{1}{2}}}\,\sin m^2\;F(\varpi)\frac{dm\,d\varpi}{(x-\varpi)^{\frac{3}{2}}}.$$

De plus, si, dans la seconde des équations (11) (Note III), on écrit au lieu de K sa valeur, et que l'on remplace ensuite

$$k \text{ par } \frac{gt^2}{2(x-\varpi)}, \quad \text{et} \quad \mu \text{ par } \mu(x-\varpi),$$

on obtiendra la formule

$$\int_0^\infty \cos\mu^{\frac{1}{2}}g^{\frac{1}{2}}t\,\cos\mu(x-\varpi)\,d\mu$$

$$= \frac{\pi^{\frac{1}{2}}g^{\frac{1}{2}}t}{2^{\frac{3}{2}}(x-\varpi)^{\frac{3}{2}}}\left(\sin\frac{\frac{1}{4}gt^2}{x-\varpi}+\cos\frac{\frac{1}{4}gt^2}{x-\varpi}\right)-\int_0^\infty e^{-g^{\frac{1}{2}}\mu^{\frac{1}{2}}t}\cos\mu(x-\varpi)\,d\mu,$$

et l'on en conclura, entre les limites $\mu=0$, $\mu=\infty$; $\varpi=-\alpha$, $\varpi=\alpha$,

$$(e)\quad y=\frac{1}{\pi}\int_{-\alpha}^{\alpha}\left[\frac{\pi^{\frac{1}{2}}g^{\frac{1}{2}}t}{2^{\frac{3}{2}}(x-\varpi)^{\frac{3}{2}}}\left(\sin\frac{\frac{1}{4}gt^2}{x-\varpi}+\cos\frac{\frac{1}{4}gt^2}{x-\varpi}\right)-\int_0^\infty e^{-g^{\frac{1}{2}}\mu^{\frac{1}{2}}t}\cos\mu(x-\varpi)\,d\mu\right]F(\varpi)\,d\varpi.$$

Enfin, si l'on fait subir à cette dernière valeur de y la même transformation qu'à celle que fournit l'équation (c), on aura

$$(f)\quad y=\frac{g^{\frac{1}{2}}t}{\pi}\int_{-\alpha}^{\alpha}\left[\frac{\pi^{\frac{1}{2}}}{2^{\frac{3}{2}}}\left(\sin\frac{\frac{1}{4}gt^2}{x-\varpi}+\cos\frac{\frac{1}{4}gt^2}{x-\varpi}\right)-\int_0^\infty e^{-\left(\frac{g}{x-\varpi}\right)^{\frac{1}{2}}tm}\sin m^2\,dm\right]\frac{F(\varpi)\,d\varpi}{(x-\varpi)^{\frac{3}{2}}}.$$

On peut, au reste, déduire l'une de l'autre les formules (e) et (f), en appliquant l'intégration par parties à l'intégrale

$$(g)\qquad \int_0^\infty e^{-\left(\frac{g}{x-\varpi}\right)^{\frac{1}{2}}tm}\sin m^2\,dm$$

qui se change alors dans la suivante,

$$\frac{(x-\varpi)^{\frac{1}{2}}}{g^{\frac{1}{2}}t}\int_0^\infty e^{-\left(\frac{g}{x-\varpi}\right)^{\frac{1}{2}}tm}\cos m^2\,2m\,dm=\frac{(x-\varpi)^{\frac{3}{2}}}{g^{\frac{1}{2}}t}\int_0^\infty e^{-g^{\frac{1}{2}}\mu^{\frac{1}{2}}t}\cos\mu(x-\varpi)\,d\mu.$$

Ce n'est pas tout encore. Si dans l'intégrale (g) on pose

$$(h)\qquad \left(\frac{g}{x-\varpi}\right)^{\frac{1}{2}}t=s,$$

cette intégrale deviendra

$$\int_0^\infty e^{-sm}\sin m^2\,dm = \frac{1}{s}\int_0^\infty e^{-sm}\cos m^2\, 2m\,dm.$$

D'autre part, si, dans la formule (5) de la Note II, on change m en sm, et que l'on fasse en même temps

$$\varpi = \tfrac{1}{2} s n^{\frac{1}{2}},$$

on trouvera

$$e^{-sm} = \frac{s}{2\pi^{\frac{1}{2}}}\int_0^\infty e^{-\frac{ns^2}{4}-\frac{m^2}{n}} n^{-\frac{1}{2}}\,dn,$$

et par suite

$$\frac{1}{s}\int_0^\infty e^{-sm}\cos m^2\,2m\,dm = \frac{1}{2\pi^{\frac{1}{2}}}\int_0^\infty\int_0^\infty n^{-\frac{1}{2}} e^{-\frac{ns^2}{4}} e^{-\frac{m^2}{n}}\cos m^2\,2m\,dm\,dn$$

$$= \frac{1}{2\pi^{\frac{1}{2}}}\int_0^\infty \frac{n^{\frac{1}{2}}}{1+n^2} e^{-\frac{1}{4}ns^2}\,dn.$$

On aura donc aussi

$$\text{(i)}\qquad \int_0^\infty e^{-sm}\sin m^2\,dm = \frac{1}{2\pi^{\frac{1}{2}}}\int_0^\infty \frac{n^{\frac{1}{2}}}{1+n^2} e^{-\frac{1}{4}s^2 n}\,dn.$$

En remettant pour s sa valeur dans l'équation (i), on obtiendra une transformation de l'intégrale (g), à laquelle correspondra une nouvelle valeur de y, savoir,

$$\text{(k)}\quad y = \frac{g^{\frac{1}{2}} t}{2\pi^{\frac{3}{2}}}\int_{-\alpha}^{\alpha}\left[\frac{\pi}{2^{\frac{1}{2}}}\left(\sin\frac{\frac{1}{4}gt^2}{x-\varpi} + \cos\frac{\frac{1}{4}gt^2}{x-\varpi}\right) - \int_0^\infty \frac{n^{\frac{1}{2}}}{1+n^2} e^{-\frac{\frac{1}{4}gt^2 n}{x-\varpi}}\,dn\right]\frac{F(\varpi)\,d\varpi}{(x-\varpi)^{\frac{3}{2}}}.$$

Les formules (d), (f), (i) sont du nombre de celles que j'avais obtenues en 1815, en préparant les matériaux du présent Mémoire. Je les retrouve dans l'un des manuscrits de cette époque, avec des différences de notation qui portent uniquement sur la forme des lettres employées pour représenter telles ou telles quantités; et ce qui paraîtra peut-être mériter quelque attention, c'est qu'avant même d'établir l'équation (b), j'étais parvenu directement aux formules (d) et (f) par des méthodes indépendantes des principes exposés dans la Note VI, et dont je donnerai un aperçu dans la Note XVIII.

La valeur de y étant déterminée par l'une des équations (c), (d), (e), (f), (k), il ne reste plus qu'à discuter ces équations pour en déduire les lois relatives à la propagation des ondes. Or ces lois ne demeurent pas les mêmes à toutes les époques du mouvement. Dans les premiers instants, le mouvement des ondes est uniformément accéléré, ainsi qu'il résulte des calculs développés dans la troisième Partie; et c'est la conclusion à laquelle M. Poisson était parvenu, de son côté, dans un premier Mémoire lu à l'Institut le 2 octobre 1815. Les lois de propagation relatives au mouvement dont il s'agit sont celles que j'ai données dans le n° 5 de la troisième Partie (p. 84, 85 et 86), et que j'avais déjà énoncées de la même manière dans une Note lue à l'Institut le 24 juillet 1815. Mais le mouvement change de nature, lorsque, le temps venant à croître, la fraction $\frac{gt^2}{4(x-\varpi)}$ obtient des valeurs considérables, et sensiblement différentes entre elles dans les deux suppositions $\varpi=\pm\alpha$, $\varpi=0$. Alors les intégrales

$$\int_0^\infty e^{-g^{\frac{1}{2}}\mu^{\frac{1}{2}}t}\cos\mu(x-\varpi)\,d\mu,\quad \int_0^\infty e^{-\left(\frac{g}{x-\varpi}\right)^{\frac{1}{2}}tm}\sin m^2\,dm,\quad \int_0^\alpha \frac{n^{\frac{1}{2}}}{1+n^2}e^{-\frac{\frac{1}{4}gt^2n}{x-\varpi}}\,dn,$$

ayant des valeurs très petites, peuvent être négligées dans les formules (e), (f), (i); et par suite on peut substituer à ces formules l'équation (28) de la troisième Partie, savoir,

$$(1)\qquad y=\frac{1}{2^{\frac{3}{2}}\pi^{\frac{1}{2}}}\int_{-\alpha}^{\alpha}\frac{g^{\frac{1}{2}}t}{(x-\varpi)^{\frac{3}{2}}}\left[\sin\frac{gt^2}{4(x-\varpi)}+\cos\frac{gt^2}{4(x-\varpi)}\right]\mathrm{F}(\varpi)\,d\varpi.$$

Dans la même hypothèse, le développement de $\frac{gt^2}{4(x-\varpi)}$, savoir,

$$(2)\qquad \frac{gt^2}{4x}+\frac{gt^2\varpi}{4x^2}+\frac{gt^2\varpi^2}{4x^3}+\ldots,$$

ne doit plus être remplacé par son premier terme $\frac{gt^2}{4x}$, mais par la somme des termes qui conservent une valeur sensible entre les limites $\varpi = -\alpha$, $\varpi = +\alpha$. Concevons en particulier que l'on veuille déterminer les ondes formées à cette époque du mouvement pendant laquelle les deux premiers termes de la série (2) obtiennent seuls des valeurs sensibles. On se trouvera conduit aux formules que M. Poisson a données dans son second Mémoire présenté à l'Institut en décembre 1815, et à l'aide desquelles il a établi le premier l'existence d'une série d'ondes propagées avec des vitesses constantes. J'étais parvenu moi-même à de semblables formules, en examinant le cas où t prend une valeur considérable. Mais, croyant que l'espèce de mouvement qu'elles exprimaient était trop peu sensible pour qu'on dût en tenir compte, et me trouvant d'ailleurs pressé par le temps, je n'avais pas cherché à les discuter, et ne les avais pas transcrites sur mon Mémoire. Je vais d'abord rappeler ces dernières formules, que j'avais déduites de l'équation (1), par les considérations suivantes.

Si le second terme de la série (2) obtient une valeur finie, le troisième conservant une valeur très petite, on aura, sans erreur sensible,

$$(3)\qquad \frac{gt^2}{4(x-\varpi)} = \frac{gt^2}{4x} + \frac{gt^2\varpi}{4x^2};$$

et, si l'on fait alors

$$(4)\qquad \frac{F(\varpi)}{(x-\varpi)^{\frac{3}{2}}} = \frac{1}{x^{\frac{3}{2}}}(A + B\varpi + C\varpi^2 + \ldots),$$

l'équation (1) deviendra

$$(5)\quad y = \left(\frac{1}{2\pi}\right)^{\frac{1}{2}} \frac{g^{\frac{1}{2}}t}{2x^{\frac{3}{2}}} \left\{ \begin{aligned} &\left(\cos\frac{gt^2}{4x} + \sin\frac{gt^2}{4x}\right)\int_{-\alpha}^{\alpha}(A + B\varpi + \ldots)\cos\frac{gt^2\varpi}{4x^2}\,d\varpi \\ &+\left(\cos\frac{gt^2}{4x} - \sin\frac{gt^2}{4x}\right)\int_{-\alpha}^{\alpha}(A + B\varpi + \ldots)\sin\frac{gt^2\varpi}{4x^2}\,d\varpi \end{aligned} \right\},$$

et la valeur de y aura pour premier terme

$$(6)\qquad \frac{1}{(2\pi)^{\frac{1}{2}}}\,\frac{4x^{\frac{1}{2}}}{g^{\frac{1}{2}}t}\left(\cos\frac{gt^2}{4x} + \sin\frac{gt^2}{4x}\right) A\,\sin\frac{gt^2\alpha}{4x^2}.$$

Entrons maintenant dans quelques détails sur les conséquences des formules (1), (5) et (6); et observons en premier lieu que, si l'on pose

$$F(\varpi) = a + b\varpi + c\varpi^2 + \ldots,$$

on tirera de l'équation (4)

$$\begin{aligned} A + B\varpi + C\varpi^2 + \ldots &= (a + b\varpi + c\varpi^2 + \ldots)\left(1 - \frac{\varpi}{x}\right)^{-\frac{3}{2}} \\ &= (a + b\varpi + c\varpi^2 + \ldots)\left(1 + \frac{3\varpi}{2x} + \frac{3.5}{2.4}\frac{\varpi^2}{x^2} + \ldots\right), \end{aligned}$$

et par suite

$$A = a, \quad B = b + \frac{3a}{2x}, \quad C = c + \frac{3b}{2x} + \frac{3.5}{2.4}\frac{a}{x^2}, \quad \ldots.$$

Pour des valeurs très considérables de l'abscisse x, les dernières équations donneront à très peu près $A = a$, $B = b$, $C = c$, ...; et le radical compris dans les formules (1) et (4) pourra y être remplacé, sans erreur sensible, par $x^{\frac{3}{2}}$; en sorte que ces deux formules se réduiront à

$$(7) \qquad y = \frac{g^{\frac{1}{2}}t}{2x\sqrt{2\pi x}}\int_{-\alpha}^{\alpha}\left[\sin\frac{gt^2}{4(x-\varpi)} + \cos\frac{gt^2}{4(x-\varpi)}\right]F(\varpi)\,d\varpi,$$

$$(8) \qquad F(\varpi) = A + B\varpi + C\varpi^2 + \ldots.$$

Si l'on fait d'ailleurs

$$(9) \qquad \upsilon = \alpha\left(\frac{g^{\frac{1}{2}}t}{2x}\right)^2 = \frac{gt^2\alpha}{4x^2},$$

l'équation (7) deviendra

$$(10) \quad \left\{ \begin{aligned} y &= \frac{1}{\sqrt{2\pi x}}\left(\frac{\upsilon}{\alpha}\right)^{\frac{1}{2}}\int_{-\alpha}^{\alpha}\left[\sin\frac{\upsilon x^2}{\alpha(x-\varpi)} + \cos\frac{\upsilon x^2}{\alpha(x-\varpi)}\right]F(\varpi)\,d\varpi \\ &= \frac{1}{\sqrt{2\pi x}}\left(\frac{\upsilon}{\alpha}\right)^{\frac{1}{2}}\int_{-\alpha}^{\alpha}\left[\sin\frac{\upsilon}{\alpha}\left(x + \varpi + \frac{\varpi^2}{x} + \ldots\right) + \cos\frac{\upsilon}{\alpha}\left(x + \varpi + \frac{\varpi^2}{x} + \ldots\right)\right]F(\varpi)\,d\varpi \\ &= \frac{1}{\sqrt{2\pi x}}\left(\frac{\upsilon}{\alpha}\right)^{\frac{1}{2}} \left\{ \begin{aligned} &\int_{-\alpha}^{\alpha}\left[\cos\frac{\upsilon}{\alpha}\left(x + \frac{\varpi^2}{x} + \ldots\right) + \sin\frac{\upsilon}{\alpha}\left(x + \frac{\varpi^2}{x} + \ldots\right)\right]\cos\frac{\upsilon\varpi}{\alpha}F(\varpi)\,d\varpi \\ &+ \int_{-\alpha}^{\alpha}\left[\cos\frac{\upsilon}{\alpha}\left(x + \frac{\varpi^2}{x} + \ldots\right) - \sin\frac{\upsilon}{\alpha}\left(x + \frac{\varpi^2}{x} + \ldots\right)\right]\sin\frac{\upsilon\varpi}{\alpha}F(\varpi)\,d\varpi \end{aligned} \right\}. \end{aligned} \right.$$

Pendant tout le temps durant lequel la quantité υ conserve une valeur très petite, on a sensiblement

$$\frac{\upsilon}{\alpha}\left(x+\frac{\varpi^2}{x}+\ldots\right)=\frac{\upsilon x}{\alpha}, \quad \cos\frac{\upsilon\varpi}{\alpha}=1, \quad \sin\frac{\upsilon\pi}{\alpha}=0.$$

Alors l'équation (10), réduite à la suivante,

$$(11)\quad \begin{cases} y=\dfrac{1}{\sqrt{2\pi x}}\left(\dfrac{\upsilon}{\alpha}\right)^{\frac{1}{2}}\left(\cos\dfrac{\upsilon x}{\alpha}+\sin\dfrac{\upsilon x}{\alpha}\right)\displaystyle\int_{-\alpha}^{\alpha}\mathrm{F}(\varpi)\,d\varpi \\ \quad=\dfrac{g^{\frac{1}{2}}t}{2x\sqrt{2\pi x}}\left(\cos\dfrac{gt^2}{4x}+\sin\dfrac{gt^2}{4x}\right)\displaystyle\int_{-\alpha}^{\alpha}\mathrm{F}(\varpi)\,d\varpi, \end{cases}$$

coïncide avec la formule (29) de la troisième Partie du Mémoire, et le mouvement des ondes reste uniformément accéléré. Mais lorsque, le temps venant à croître, la quantité υ acquiert une valeur finie ou infiniment grande, la nature du mouvement change avec la méthode d'approximation. Commençons par examiner le cas où l'on attribue à υ une valeur finie. Dans ce cas, on peut remplacer encore le produit

$$\frac{\upsilon}{\alpha}\left(x+\frac{\varpi^2}{x}+\ldots\right)=\frac{\upsilon x}{\alpha}+\upsilon\frac{\varpi}{\alpha}\left(\frac{\varpi}{x}+\ldots\right)$$

par la fraction $\frac{\upsilon x}{\alpha}$; et l'on tire, en conséquence de la formule (10),

$$(12)\quad y=\frac{1}{\sqrt{2\pi x}}\left(\frac{\upsilon}{\alpha}\right)^{\frac{1}{2}}\left\{\begin{array}{l}\left(\cos\dfrac{\upsilon x}{\alpha}+\sin\dfrac{\upsilon x}{\alpha}\right)\displaystyle\int_{-\alpha}^{\alpha}\cos\dfrac{\upsilon\varpi}{\alpha}\,\mathrm{F}(\varpi)\,d\varpi \\ +\left(\cos\dfrac{\upsilon x}{\alpha}-\sin\dfrac{\upsilon x}{\alpha}\right)\displaystyle\int_{-\alpha}^{\alpha}\sin\dfrac{\upsilon\varpi}{\alpha}\,\mathrm{F}(\varpi)\,d\varpi\end{array}\right\}.$$

Cette dernière s'accorde, en vertu des formules (8) et (9), avec l'équation (5). Pour la discuter, imaginons que l'on fasse croître l'abscisse x, en conservant à t une valeur constante. Pendant que la variation du produit υx passera de la valeur zéro à la valeur très petite $2\pi\alpha$, x et υ ne varieront pas sensiblement; mais les deux quantités

$$\cos\frac{\upsilon x}{\alpha}, \quad \sin\frac{\upsilon x}{\alpha},$$

acquerront successivement tous les systèmes de valeurs qu'elles peuvent recevoir. Ceux de ces systèmes qui fourniront le *maximum* positif et le *maximum* négatif de la somme

$$\left(\cos\frac{\upsilon x}{\alpha}+\sin\frac{\upsilon x}{\alpha}\right)\int_{-\alpha}^{\alpha}\cos\frac{\upsilon\varpi}{\alpha}\,\mathrm{F}(\varpi)\,d\varpi+\left(\cos\frac{\upsilon x}{\alpha}-\sin\frac{\upsilon x}{\alpha}\right)\int_{-\alpha}^{\alpha}\sin\frac{\upsilon\varpi}{\alpha}\,\mathrm{F}(\varpi)\,d\varpi$$
$$=\cos\frac{\upsilon x}{\alpha}\left[\int_{-\alpha}^{\alpha}\cos\frac{\upsilon\varpi}{\alpha}\,\mathrm{F}(\varpi)\,d\varpi+\int_{-\alpha}^{\alpha}\sin\frac{\upsilon\varpi}{\alpha}\,\mathrm{F}(\varpi)\,d\varpi\right]$$
$$+\sin\frac{\upsilon x}{\alpha}\left[\int_{-\alpha}^{\alpha}\cos\frac{\upsilon\varpi}{\alpha}\,\mathrm{F}(\varpi)\,d\varpi-\int_{-\alpha}^{\alpha}\sin\frac{\upsilon\varpi}{\alpha}\,\mathrm{F}(\varpi)\,d\varpi\right]$$

correspondront à deux valeurs de $\frac{x}{\alpha}$, qui auront pour différence $\frac{\pi}{\upsilon}$, et seront déterminées par la formule

$$(13)\quad\left\{\begin{aligned}&\frac{\cos\frac{\upsilon x}{\alpha}}{\int_{-\alpha}^{\alpha}\cos\frac{\upsilon\varpi}{\alpha}\,\mathrm{F}(\varpi)\,d\varpi+\int_{-\alpha}^{\alpha}\sin\frac{\upsilon\varpi}{\alpha}\,\mathrm{F}(\varpi)\,d\varpi}\\&=\frac{\sin\frac{\upsilon x}{\alpha}}{\int_{-\alpha}^{\alpha}\cos\frac{\upsilon\varpi}{\alpha}\,\mathrm{F}(\varpi)\,d\varpi-\int_{-\alpha}^{\alpha}\sin\frac{\upsilon\varpi}{\alpha}\,\mathrm{F}(\varpi)\,d\varpi}\\&=\pm\frac{1}{\sqrt{2}}\,\frac{1}{\left\{\left[\int_{-\alpha}^{\alpha}\cos\frac{\upsilon\varpi}{\alpha}\,\mathrm{F}(\varpi)\,d\varpi\right]^2+\left[\int_{-\alpha}^{\alpha}\sin\frac{\upsilon\varpi}{\alpha}\,\mathrm{F}(\varpi)\,d\varpi\right]^2\right\}^{\frac{1}{2}}}.\end{aligned}\right.$$

Il est aisé d'en conclure que, dans un très petit intervalle correspondant à une variation très petite de l'abscisse x et de la quantité finie υ, la valeur de y passera d'un *maximum* positif à un *maximum* négatif égal, au signe près, le *maximum* positif étant donné par l'équation

$$(14)\quad\left\{\begin{aligned}y&=\frac{1}{\sqrt{\pi x}}\left(\frac{\upsilon}{\alpha}\right)^{\frac{1}{2}}\left\{\left[\int_{-\alpha}^{\alpha}\cos\frac{\upsilon\varpi}{\alpha}\,\mathrm{F}(\varpi)\,d\varpi\right]^2+\left[\int_{-\alpha}^{\alpha}\sin\frac{\upsilon\varpi}{\alpha}\,\mathrm{F}(\varpi)\,d\varpi\right]^2\right\}^{\frac{1}{2}}\\&=\left(\frac{2}{\pi}\right)^{\frac{1}{2}}\left(\frac{1}{a^3gt^2}\right)^{\frac{1}{4}}\upsilon^{\frac{3}{4}}\left\{\left[\int_{-\alpha}^{\alpha}\cos\frac{\upsilon\varpi}{\alpha}\,\mathrm{F}(\varpi)\,d\varpi\right]^2+\left[\int_{-\alpha}^{\alpha}\sin\frac{\upsilon\varpi}{\alpha}\,\mathrm{F}(\varpi)\,d\varpi\right]^2\right\}^{\frac{1}{2}}.\end{aligned}\right.$$

Concevons à présent que l'abscisse x croisse d'une quantité sensible. Pendant qu'elle croîtra, l'ordonnée y acquerra un très grand nombre de *maxima* positifs, très rapprochés les uns des autres; et la surface du liquide paraîtra s'abaisser ou s'élever, suivant que ces *maxima* positifs obtiendront des valeurs plus ou moins considérables. Or il est clair que les abaissements et les élévations dont il s'agit offriront à l'œil du spectateur des ondes formées en relief au-dessus du niveau naturel de la masse liquide; de telle manière que le sommet et le point le plus bas de chaque onde correspondent à un *maximum* supérieur ou inférieur à ceux qui le précèdent, comme à ceux qui le suivent, et par conséquent à un *maximum* ou à un *minimum* de la valeur de y fournie par l'équation (14). D'ailleurs, si l'on fait, pour abréger,

$$(15) \qquad U = \left\{ \left[\int_{-\alpha}^{\alpha} \cos \frac{\upsilon\varpi}{\alpha} F(\varpi)\, d\varpi \right]^2 + \left[\int_{-\alpha}^{\alpha} \sin \frac{\upsilon\varpi}{\alpha} F(\varpi)\, d\varpi \right]^2 \right\}^{\frac{1}{2}},$$

l'équation (14) deviendra

$$(16) \qquad y = \left(\frac{2}{\pi}\right)^{\frac{1}{2}} \left(\frac{1}{\alpha^3 g t^2}\right)^{\frac{1}{4}} U \upsilon^{\frac{3}{4}}.$$

Donc les sommets et les points les plus bas des différentes ondes répondront aux *maxima* et *minima* du produit

$$U\upsilon^{\frac{3}{4}},$$

ou, en d'autres termes, aux diverses valeurs de υ déterminées par l'équation

$$(17) \qquad \frac{d\left(U\upsilon^{\frac{3}{4}}\right)}{d\upsilon} = 0.$$

Soient υ_1, υ_2, υ_3, ... ces mêmes valeurs. Si on les substitue dans l'équation (9) présentée sous la forme

$$(18) \qquad x = \tfrac{1}{2} t \sqrt{\frac{g\alpha}{\upsilon}},$$

on obtiendra plusieurs abscisses, qui, prises de deux en deux, appartiendront aux sommets des ondes que nous considérons en ce moment.

Cela posé, il est clair que, si le temps vient à croître, l'abscisse de chaque sommet croîtra proportionnellement au temps; d'où il résulte que le mouvement des ondes sera uniforme.

Il importe d'observer que chacune des ondes en question sera sillonnée de telle manière que la largeur de chaque sillon restera très petite relativement à celle de l'onde. Cette dernière largeur sera la différence entre deux valeurs de x correspondantes à deux *maxima* consécutifs du produit $U\upsilon^{\frac{3}{4}}$. Quant à la largeur du sillon formé dans le voisinage du point dont l'abscisse est x, elle sera équivalente au très petit accroissement qu'il faut attribuer à x pour faire varier le produit

$$\upsilon x = \frac{gt^2\alpha}{4x}$$

de la quantité $2\pi\alpha$. Soit Δx ce même accroissement. Il se trouvera déterminé par la formule

$$\frac{gt^2\alpha}{4x} - \frac{gt^2\alpha}{4(x+\Delta x)} = 2\pi\alpha, \quad \text{ou} \quad \frac{gt^2\alpha}{4x(x+\Delta x)}\Delta x = 2\pi\alpha,$$

de laquelle on tire, en négligeant Δx vis-à-vis de x,

$$(19) \qquad \Delta x = \frac{2\pi\alpha}{\left(\frac{gt^2\alpha}{4x^2}\right)} = \frac{2\pi\alpha}{\upsilon}.$$

Ajoutons que le point le plus bas et le point le plus élevé de chaque sillon seront situés l'un au-dessous, l'autre au-dessus du plan horizontal qui indique le niveau naturel de la masse liquide, et à égales distances de ce plan; en sorte que la hauteur d'une onde en un point donné au-dessus du même plan sera la moitié de la profondeur du sillon qui avoisine ce point. Remarquons enfin que le sommet de chaque sillon correspondra toujours à une valeur donnée du rapport

$$\frac{\upsilon x}{\alpha} = \frac{gt^2}{4x},$$

d'où il résulte que, si le temps vient à croître, l'abscisse de ce sommet croîtra comme le carré du temps. Le mouvement des sillons n'est donc pas uniforme, comme celui des ondes, mais uniformément accéléré.

Si la courbe qui a pour équation

$$(20) \qquad y = \mathrm{F}(x),$$

c'est-à-dire, la courbe qui termine la partie soulevée ou déprimée de la surface initiale du fluide réduit à deux dimensions, est symétrique par rapport à l'axe des y, on aura nécessairement

$$(21) \qquad \mathrm{F}(x) = \mathrm{F}(-x);$$

et par suite on trouvera

$$(22) \qquad \begin{cases} \displaystyle\int_{-\alpha}^{\alpha} \sin\frac{\upsilon\varpi}{\alpha}\,\mathrm{F}(\varpi)\,d\varpi = 0, \\ \displaystyle\int_{-\alpha}^{\alpha} \cos\frac{\upsilon\varpi}{\alpha}\,\mathrm{F}(\varpi)\,d\varpi = 2\int_{0}^{\alpha} \cos\frac{\upsilon\varpi}{\alpha}\,\mathrm{F}(\varpi)\,d\varpi. \end{cases}$$

Cela posé, les équations (12) et (14) deviendront

$$(23) \qquad y = \frac{2}{\sqrt{2\pi x}}\left(\frac{\upsilon}{\alpha}\right)^{\frac{1}{2}}\left(\cos\frac{\upsilon x}{\alpha} + \sin\frac{\upsilon x}{\alpha}\right)\int_{0}^{\alpha} \cos\frac{\upsilon\varpi}{\alpha}\,\mathrm{F}(\varpi)\,d\varpi,$$

et

$$(24) \qquad \begin{cases} y = \dfrac{2}{\sqrt{\pi x}}\left(\dfrac{\upsilon}{\alpha}\right)^{\frac{1}{2}}\left\{\left[\displaystyle\int_{0}^{\alpha} \cos\frac{\upsilon\varpi}{\alpha}\,\mathrm{F}(\varpi)\,d\varpi\right]^{2}\right\}^{\frac{1}{2}} \\ \quad = 2\left(\dfrac{2}{\pi}\right)^{\frac{1}{2}}\left(\dfrac{1}{\alpha^{5}gt^{2}}\right)^{\frac{1}{4}}\upsilon^{\frac{3}{4}}\left\{\left[\displaystyle\int_{0}^{\alpha} \cos\frac{\upsilon\varpi}{\alpha}\,\mathrm{F}(\varpi)\,d\varpi\right]^{2}\right\}^{\frac{1}{2}}. \end{cases}$$

Dans la même hypothèse, la quantité U, donnée par la formule

$$(25) \qquad \mathrm{U} = 2\left\{\left[\int_{0}^{\alpha} \cos\frac{\upsilon\varpi}{\alpha}\,\mathrm{F}(\varpi)\,d\varpi\right]^{2}\right\}^{\frac{1}{2}},$$

se réduira au double de la valeur numérique de l'intégrale

$$(26) \qquad \int_{0}^{\alpha} \cos\frac{\upsilon\varpi}{\alpha}\,\mathrm{F}(\varpi)\,d\varpi,$$

et deviendra un *minimum* toutes les fois que cette intégrale s'évanouira. Donc alors les valeurs *minima* de la fonction

$$U\upsilon^{\frac{3}{4}}$$

seront des valeurs nulles, correspondantes aux racines de l'équation

$$(27)\qquad \int_0^{\alpha} \cos\frac{\upsilon\varpi}{\alpha}\,F(\varpi)\,d\varpi = 0,$$

tandis que les valeurs *maxima* de la même fonction seront des quantités positives, correspondantes aux *maxima* positifs ou négatifs du produit

$$(28)\qquad \upsilon^{\frac{3}{4}}\int_0^{\alpha} \cos\frac{\upsilon\varpi}{\alpha}\,F(\varpi)\,d\varpi,$$

c'est-à-dire, aux racines de l'équation

$$(29)\qquad \frac{\partial\left[\upsilon^{\frac{3}{4}}\int_0^{\alpha} \cos\frac{\upsilon\varpi}{\alpha}\,F(\varpi)\,d\varpi\right]}{\partial\upsilon} = 0.$$

Observons néanmoins que, dans certains cas, plusieurs racines de l'équation (29) répondront à des valeurs *minima* de la fonction $U\upsilon^{\frac{3}{4}}$. Il peut même arriver, comme on le verra plus tard, que l'équation (27) n'ait pas de racines réelles, ou que ses racines réelles vérifient la formule (29).

Dans les calculs qui précèdent, il n'est nullement nécessaire de prendre pour $F(x)$ une fonction qui conserve, pour toutes les valeurs de x, la même forme analytique. Il en résulte qu'on peut donner à cette fonction telle forme que l'on jugera convenable, entre les limites $x = -\alpha$, $x = +\alpha$, et supposer qu'elle devienne constamment nulle hors de ces limites. De plus, la portion de courbe qui terminera entre ces mêmes limites la surface initiale du fluide réduit à deux dimensions, et qui sera représentée par l'équation (20), pourra être formée par la réunion de plusieurs éléments de lignes droites ou courbes, et se changer, par exemple, en une portion de polygone. C'est ce qui arrivera en particulier, si, le fluide étant renfermé dans un canal d'une largeur constante, mais d'une profondeur indéfinie, et dont l'axe coïncide avec l'axe des x, on y a fait naître le mouvement, en y plongeant, pour le retirer ensuite, un prisme dont les arêtes étaient parallèles à la largeur du canal, ou bien encore, en laissant retomber une lame d'eau très mince adhérente à quelques-unes des faces latérales d'un semblable prisme, et soulevée avec le prisme au-dessus de la surface initiale du fluide par le moyen de cette adhérence. Dans l'un et l'autre cas, la plus grande profondeur ou la plus grande hauteur de la portion de liquide déprimée ou soulevée à l'origine du mouvement doit être censée très petite, afin qu'il n'y ait pas de mouvement brusque, et que les molécules qui se trouvaient d'abord à la surface y restent constamment. Ajoutez que, si tout est disposé symétriquement de part et d'autre du plan des yz, l'équation (21) sera satisfaite. Enfin, comme la valeur de y donnée par la formule (12) change de signe avec la fonction $F(x)$, tandis que la valeur de y formée par l'équation (14) reste toujours positive, il est clair que, si, à l'origine du mouvement, le fluide se trouve soulevé au lieu d'être déprimé, les sillons se formeront en relief là où ils se formaient en creux, et réciproquement, tandis que chaque onde conservera la même place et la même figure.

A ces considérations générales nous allons joindre quelques applications des formules ci-dessus établies.

Lorsque la fonction $F(\varpi)$ peut être développée en série convergente à l'aide d'une équation semblable à l'équation (8), on a

$$(30)\quad \begin{cases} \displaystyle\int_{-\alpha}^{\alpha} \cos\frac{\upsilon\varpi}{\alpha}\,F(\varpi)\,d\varpi = A\int_{-\alpha}^{\alpha} \cos\frac{\upsilon\varpi}{\alpha}\,d\varpi + C\int_{-\alpha}^{\alpha} \varpi^2\cos\frac{\upsilon\varpi}{\alpha}\,d\varpi + \ldots, \\ \displaystyle\int_{-\alpha}^{\alpha} \sin\frac{\upsilon\varpi}{\alpha}\,F(\varpi)\,d\varpi = B\int_{-\alpha}^{\alpha} \varpi\sin\frac{\upsilon\varpi}{\alpha}\,d\varpi + D\int_{-\alpha}^{\alpha} \varpi^3\sin\frac{\upsilon\varpi}{\alpha}\,d\varpi + \ldots. \end{cases}$$

On trouvera d'ailleurs

$$(31)\qquad \int_{-\alpha}^{\alpha} \cos\frac{\upsilon\varpi}{\alpha}\,d\varpi = 2\alpha\frac{\sin\upsilon}{\upsilon},$$

et, en différentiant plusieurs fois de suite cette dernière équation par rapport à υ, on en conclura

$$(32)\quad \left\{\begin{aligned} &\int_{-\alpha}^{\alpha} \varpi \sin\frac{\upsilon\varpi}{\alpha}\,d\varpi = -2\alpha^2 \frac{d\left(\frac{\sin\upsilon}{\upsilon}\right)}{d\upsilon},\\ &\int_{-\alpha}^{\alpha} \varpi^2 \cos\frac{\upsilon\varpi}{\alpha}\,d\varpi = -2\alpha^3 \frac{d^2\left(\frac{\sin\upsilon}{\upsilon}\right)}{d\upsilon^2},\\ &\int_{-\alpha}^{\alpha} \varpi^3 \sin\frac{\upsilon\varpi}{\alpha}\,d\varpi = 2\alpha^4 \frac{d^3\left(\frac{\sin\upsilon}{\upsilon}\right)}{d\upsilon^3},\\ &\ldots\ldots\ldots\ldots\ldots\ldots\ldots\ldots \end{aligned}\right.$$

Cela posé, les formules (30) donneront

$$(33)\quad \left\{\begin{aligned} &\int_{-\alpha}^{\alpha} \cos\frac{\upsilon\varpi}{\alpha}\,F(\varpi)\,d\varpi = 2\alpha\left[A\frac{\sin\upsilon}{\upsilon} - C\alpha^2 \frac{d^2\left(\frac{\sin\upsilon}{\upsilon}\right)}{d\upsilon^2} + \ldots\right],\\ &\int_{-\alpha}^{\alpha} \sin\frac{\upsilon\varpi}{\alpha}\,F(\varpi)\,d\varpi = -2\alpha\left[B\alpha\frac{d\left(\frac{\sin\upsilon}{\upsilon}\right)}{d\upsilon} - D\alpha^3 \frac{d^3\left(\frac{\sin\upsilon}{\upsilon}\right)}{d\upsilon^3} + \ldots\right], \end{aligned}\right.$$

et l'équation (12) deviendra

$$(34)\quad \left\{\begin{aligned} y &= \left(\frac{2\alpha\upsilon}{\pi x}\right)^{\frac{1}{2}} \left\{\begin{aligned} &\left(\sin\frac{\upsilon x}{\alpha} + \cos\frac{\upsilon x}{\alpha}\right)\left[A\frac{\sin\upsilon}{\upsilon} - C\alpha^2 \frac{d^2\left(\frac{\sin\upsilon}{\upsilon}\right)}{d\upsilon^2} + \ldots\right]\\ &+\left(\sin\frac{\upsilon x}{\alpha} - \cos\frac{\upsilon x}{\alpha}\right)\left[B\alpha\frac{d\left(\frac{\sin\upsilon}{\upsilon}\right)}{d\upsilon} - D\alpha^3 \frac{d^3\left(\frac{\sin\upsilon}{\upsilon}\right)}{d\upsilon^3} + \ldots\right] \end{aligned}\right\}\\ &= \frac{1}{(2\pi)^{\frac{1}{2}}}\,\frac{4x^{\frac{1}{2}}}{g^{\frac{1}{2}}t}\left(\cos\frac{gt^2}{4x} + \sin\frac{gt^2}{4x}\right)\left(A\sin\frac{gt^2\alpha}{4x^2} + \ldots\right) + \ldots. \end{aligned}\right.$$

Ainsi l'on reconnaîtra de nouveau que la valeur générale de y a pour premier terme l'expression (6).

Lorsqu'on suppose simplement

$$(35)\qquad F(x) = A = \pm h,$$

h désignant une constante positive, c'est-à-dire, lorsque la courbe représentée par l'équation (20) se change en une droite parallèle à l'axe des x, la valeur précédente de y se réduit à

$$(36)\qquad y = \mathrm{A}\left(\frac{2\alpha\upsilon}{\pi x}\right)^{\frac{1}{2}}\left(\cos\frac{\upsilon x}{\alpha} + \sin\frac{\upsilon x}{\alpha}\right)\frac{\sin\upsilon}{\upsilon}.$$

Dans la même hypothèse, le produit (28) devient

$$(37)\qquad \mathrm{A}\alpha\frac{\sin\upsilon}{\upsilon^{\frac{1}{4}}},$$

et par conséquent les sommets des différentes ondes répondent aux *maxima* positifs ou négatifs du rapport

$$\frac{\sin\upsilon}{\upsilon^{\frac{1}{4}}}.$$

Ces *maxima* sont déterminés par la formule

$$(38)\qquad \frac{d\left(\dfrac{\sin\upsilon}{\upsilon^{\frac{1}{4}}}\right)}{d\upsilon} = 0, \quad \text{ou} \quad \sin\upsilon - 4\upsilon\cos\upsilon = 0,$$

que l'on peut écrire comme il suit :

$$(39)\qquad \frac{\operatorname{tang}\upsilon}{\upsilon} = 4.$$

Après les avoir obtenus, on calculera les coordonnées des sommets ci-dessus mentionnés à l'aide des équations (18) et (24), dont la seconde deviendra

$$(40)\qquad y = 2h\left(\frac{\sin^2\upsilon}{\pi\upsilon}\right)^{\frac{1}{2}}\left(\frac{\alpha}{x}\right)^{\frac{1}{2}} = 2\left(\frac{2}{\pi}\right)^{\frac{1}{2}}\left(\frac{\sin^4\upsilon}{\upsilon}\right)^{\frac{1}{4}} h\left(\frac{\alpha}{gt^2}\right)^{\frac{1}{4}},$$

et pourra être, en vertu de l'équation (39), présentée sous la forme

$$(41)\quad y = \frac{2h}{\sqrt{\pi\upsilon}}\,\frac{1}{\sqrt{1+\frac{1}{16}\left(\frac{1}{\upsilon}\right)^2}}\left(\frac{\alpha}{x}\right)^{\frac{1}{2}} = 2\left(\frac{2}{\pi}\right)^{\frac{1}{2}}\left(\frac{1}{\upsilon}\right)^{\frac{1}{4}}\frac{1}{\sqrt{1+\frac{1}{16}\left(\frac{1}{\upsilon}\right)^2}}\left(\frac{\alpha}{gt^2}\right)^{\frac{1}{4}}.$$

Quant aux points les plus bas des différentes ondes, ils se trouveront tous dans le plan horizontal des x, z, et correspondront aux valeurs positives de υ, propres à vérifier l'équation (27), qui, dans le cas présent, se réduit à

$$\sin\upsilon = 0. \tag{42}$$

Or, ces valeurs seront respectivement

$$\left\{\begin{array}{lll} \upsilon = \pi = 3,14159\ldots, & \upsilon = 2\pi = 6,28318\ldots, & \upsilon = 3\pi = 9,42477\ldots, \\ \upsilon = 4\pi = 12,56637\ldots, & \ldots. & \end{array}\right. \tag{43}$$

D'autre part, les valeurs positives de υ, propres à vérifier l'équation (39), seront de la forme

$$\upsilon = \frac{(2n-1)\pi}{2} - \varepsilon, \tag{44}$$

n désignant un nombre entier, et ε un arc inférieur à $\frac{\pi}{4}$, lequel devra lui-même satisfaire à l'équation

$$\left\{\begin{aligned} \varepsilon &= \frac{1}{(4n-2)\pi}(\varepsilon\cot\varepsilon + 4\varepsilon^2) = \frac{1}{(4n-2)\pi}\left[1 + \left(4 - \frac{1}{3}\right)\varepsilon^2 - \frac{1}{45}\varepsilon^4 - \ldots\right] \\ &= \frac{1}{(4n-2)\pi}\left(1 + \frac{11}{3}\varepsilon^2 - \frac{1}{45}\varepsilon^4 - \ldots\right). \end{aligned}\right. \tag{45}$$

On tire de celle-ci pour la valeur approchée de ε

$$\varepsilon = \frac{1}{(4n-2)\pi}\left\{1 + \frac{11}{3}\left[\frac{1}{(4n-2)\pi}\right]^2 + \frac{403}{15}\left[\frac{1}{(4n-2)\pi}\right]^4 + \ldots\right\}. \tag{46}$$

Cela posé, la formule (44) donnera

$$\left\{\begin{aligned} \upsilon &= \frac{(2n-1)\pi}{2} - \frac{1}{(4n-2)\pi}\left\{1 + \frac{11}{3}\left[\frac{1}{(4n-2)\pi}\right]^2 + \frac{403}{15}\left[\frac{1}{(4n-2)\pi}\right]^4 + \ldots\right\} \\ &= 1,57079632\ldots(2n-1) - \frac{0,1591549}{2n-1} - \frac{0,01478194}{(2n-1)^3} - \frac{0,00274355}{(2n-1)^5} - \ldots, \end{aligned}\right. \tag{47}$$

et l'on aura par suite

$$\left(\frac{\sin^4\upsilon}{\upsilon}\right)^{\frac{1}{4}} = \left[\frac{2}{(2n-1)\pi}\right]^{\frac{1}{4}}\left\{1 + \frac{1}{2}\left[\frac{1}{(4n-2)\pi}\right]^2 + \frac{49}{24}\left[\frac{1}{(4n-2)\pi}\right]^4 + \ldots\right\}.$$

En réunissant ces dernières équations aux formules (18) et (40), on trouvera, pour les coordonnées du sommet de la $n^{\text{ième}}$ onde,

$$(48)\quad \left\{\begin{aligned} x &= \frac{1}{2}t\sqrt{\frac{2g\alpha}{(2n-1)\pi}}\left\{1+2\left[\frac{1}{(4n-2)\pi}\right]^2+\frac{40}{3}\left[\frac{1}{(4n-2)\pi}\right]^4+\dots\right\}\\ &= 0,398942\dots\frac{t\sqrt{g\alpha}}{\sqrt{2n-1}}\left[1+\frac{0,050660}{(2n-1)^2}+\frac{0,0085549}{(2n-1)^4}+\dots\right]\\ &= \frac{t\sqrt{g\alpha}}{\sqrt{2n-1}}\left[0,398942\dots+\frac{0,020210}{(2n-1)^2}+\frac{0,0034129}{(2n-1)^4}+\dots\right],\\ y &= 2h\left(\frac{2}{\pi}\right)^{\frac{1}{2}}\left[\frac{2\alpha}{(2n-1)\pi g t^2}\right]^{\frac{1}{4}}\left\{1+\frac{1}{2}\left[\frac{1}{(4n-2)\pi}\right]^2+\frac{49}{24}\left[\frac{1}{(4n-2)\pi}\right]^4+\dots\right\}\\ &= \frac{1,425410\dots h}{(2n-1)^{\frac{1}{4}}}\left(\frac{\alpha}{gt^2}\right)^{\frac{1}{4}}\left[1+\frac{0,012665}{(2n-1)^2}+\frac{0,00130998}{(2n-1)^4}+\dots\right]\\ &= \frac{h}{(2n-1)^{\frac{1}{4}}}\left(\frac{\alpha}{gt^2}\right)^{\frac{1}{4}}\left[1,425410+\frac{0,018053}{(2n-1)^2}+\frac{0,001867262}{(2n-1)^4}+\dots\right]. \end{aligned}\right.$$

De plus, en désignant par λ la largeur de la $n^{\text{ième}}$ onde, on tirera des formules (18) et (43), pour des valeurs de n supérieures à l'unité,

$$(49)\qquad \lambda = \frac{1}{2}t\sqrt{\frac{g\alpha}{\pi}}\left(\frac{1}{\sqrt{n-1}}-\frac{1}{\sqrt{n}}\right).$$

Lorsque le nombre entier n devient considérable, on peut, sans erreur sensible, réduire à leurs premiers termes les séries que renferment les seconds membres des formules (48); et l'on trouve, à très peu près,

$$(50)\quad x = \frac{1}{2}t\sqrt{\frac{2g\alpha}{(2n-1)\pi}},\quad y = 2h\left(\frac{2}{\pi}\right)^{\frac{1}{2}}\left[\frac{2\alpha}{(2n-1)\pi g t^2}\right]^{\frac{1}{4}} = \frac{2h}{\pi}\sqrt{\frac{2\alpha}{(2n-1)x}},$$

$$(51)\qquad \lambda = \frac{1}{2}t\sqrt{\frac{g\alpha}{n\pi}} = \frac{x}{2n}.$$

Ajoutons que, si l'on pose successivement

$$n=1,\quad n=2,\quad n=3,\quad \dots$$

on tirera de l'équation (47)

$$\upsilon = 1,394\dots,\quad \upsilon = 4,658778\dots,\quad \upsilon = 7,822031\dots,\quad \upsilon = 10,972794\dots,\quad \dots.$$

Pour vérifier l'exactitude de ces valeurs de υ, il suffira d'observer 1° qu'elles diffèrent très peu des arcs qui, sur la circonférence décrite avec le rayon 1, et divisée en 400°, ont pour mesures

$$88^\circ 74',\quad 296^\circ 58',\quad 497^\circ 96',\quad 698^\circ 55',\quad \ldots;$$

2° que si l'on désigne par $\varkappa$ un de ces arcs, la racine correspondante de l'équation

$$\operatorname{tang}\upsilon - 4\upsilon = 0$$

sera déterminée avec une approximation très grande par la formule que l'on déduit de la règle de Newton, savoir :

$$\upsilon = \varkappa - \frac{\operatorname{tang}\varkappa - 4\varkappa}{\operatorname{tang}^2\varkappa - 3}.$$

Or, si dans cette formule on substitue, l'un après l'autre, à la place de $\varkappa$, les arcs ci-dessus mentionnés, on trouvera

$$(52)\quad \left\{\begin{array}{l} \upsilon = 1{,}393252\ldots,\quad \upsilon = 4{,}658778\ldots,\quad \upsilon = 7{,}822031\ldots,\\ \upsilon = 10{,}972794\ldots,\quad \ldots. \end{array}\right.$$

Les valeurs correspondantes de x, y, tirées des équations (18) et (41), ou bien encore des équations (48), seront respectivement

$$(53)\quad \left\{\begin{array}{l}
\text{pour la première onde :}\\
x = 0{,}424087\ldots t\sqrt{g\alpha},\quad y = 0{,}941949\ldots h\left(\dfrac{\alpha}{x}\right)^{\frac{1}{2}} = 1{,}446437\ldots h\left(\dfrac{\alpha}{gt^2}\right)^{\frac{1}{4}},\\
\text{pour la deuxième onde :}\\
x = 0{,}231650\ldots t\sqrt{g\alpha},\quad y = 0{,}522028\ldots h\left(\dfrac{\alpha}{x}\right)^{\frac{1}{2}} = 1{,}084619\ldots h\left(\dfrac{\alpha}{gt^2}\right)^{\frac{1}{4}},\\
\text{pour la troisième onde :}\\
x = 0{,}178776\ldots t\sqrt{g\alpha},\quad y = 0{,}403249\ldots h\left(\dfrac{\alpha}{x}\right)^{\frac{1}{2}} = 0{,}953714\ldots h\left(\dfrac{\alpha}{gt^2}\right)^{\frac{1}{4}},\\
\text{pour la quatrième onde :}\\
x = 0{,}150943\ldots t\sqrt{g\alpha},\quad y = 0{,}340553\ldots h\left(\dfrac{\alpha}{x}\right)^{\frac{1}{2}} = 0{,}876552\ldots h\left(\dfrac{\alpha}{gt^2}\right)^{\frac{1}{4}},\\
\ldots\ldots\ldots\ldots\ldots\ldots\ldots\ldots\ldots\ldots\ldots\ldots\ldots\ldots\ldots\ldots
\end{array}\right.$$

D'autre part, les abscisses des points les plus bas, déduites des formules (18) et (43), seront

$$x = 0,282094\ldots t\sqrt{g\alpha},\quad x = 0,199470\ldots t\sqrt{g\alpha},\quad x = 0,162867\ldots t\sqrt{g\alpha},$$
$$x = 0,141047\ldots t\sqrt{g\alpha},\quad \ldots;$$

et, comme les différences entre ces mêmes abscisses fourniront les largeurs des différentes ondes, ou, en d'autres termes, les diverses valeurs de λ, on aura encore,

pour la deuxième onde..... $\lambda = 0,082624\ldots t\sqrt{g\alpha}$,
pour la troisième onde..... $\lambda = 0,036603\ldots t\sqrt{g\alpha}$,
pour la quatrième onde.... $\lambda = 0,021820\ldots t\sqrt{g\alpha}$,
....

Concevons maintenant que, la courbe représentée par l'équation (20) étant symétrique par rapport à l'axe des y, la fonction $F(\varpi)$ soit, pour des valeurs positives de ϖ, déterminée par la formule (8). On devra substituer aux équations (12) et (14) les formules (23) et (24); et, par des calculs semblables à ceux que nous avons déjà effectués, on prouvera que l'intégrale (26), prise entre les limites $\varpi = 0$, $\varpi = \alpha$, a pour valeur

$$(54)\quad \left\{\begin{aligned} &\int_0^{\alpha} \cos\frac{\upsilon\varpi}{\alpha} F(\varpi)\, d\varpi \\ &= A\int_0^{\alpha} \cos\frac{\upsilon\varpi}{\alpha}\, d\varpi + B\int_0^{\alpha} \varpi\cos\frac{\upsilon\varpi}{\alpha}\, d\varpi + C\int_0^{\alpha} \varpi^2\cos\frac{\upsilon\varpi}{\alpha}\, d\varpi + \ldots \\ &= \alpha\left[A\frac{\sin\upsilon}{\upsilon} + B\alpha\frac{d\left(\frac{1-\cos\upsilon}{\upsilon}\right)}{d\upsilon} - C\alpha^2\frac{d^2\left(\frac{\sin\upsilon}{\upsilon}\right)}{d\upsilon^2} - D\alpha^3\frac{d^3\left(\frac{1-\cos\upsilon}{\upsilon}\right)}{d\upsilon^3} + \cdots\right]. \end{aligned}\right.$$

Supposons, pour fixer les idées, que l'on fasse naître le mouvement par l'immersion d'un prisme triangulaire dont les arêtes soient horizontales, et dont la partie plongée ait pour base un triangle isoscèle tracé dans le plan des x, y, le sommet du triangle étant situé sur l'axe des y. Si l'on appelle h la hauteur de ce même triangle, dont la base sera représentée par 2α, on aura, pour des valeurs positives de ϖ,

$$(55)\qquad F(\varpi) = -h\left(1 - \frac{\varpi}{\alpha}\right),$$

et, par suite,

$$A = -h, \quad B = \frac{h}{\alpha}, \quad C = D = \ldots = 0.$$

En vertu de ces dernières équations, la formule (54) donnera

$$(56)\qquad \int_0^\alpha \cos\frac{\upsilon\varpi}{\alpha} F(\varpi)\,d\varpi = -h\alpha\left[\frac{\sin\upsilon}{\upsilon} - \frac{d\left(\frac{1-\cos\upsilon}{\upsilon}\right)}{d\upsilon}\right] = -h\alpha\frac{1-\cos\upsilon}{\upsilon^2}.$$

En conséquence, les formules (27) et (29), qui déterminent les points les plus bas et les plus élevés des différentes ondes, deviendront respectivement

$$(57)\qquad 1 - \cos\upsilon = 0,$$

et

$$(58)\qquad \frac{d\left(\frac{1-\cos\upsilon}{\upsilon^{\frac{5}{4}}}\right)}{d\upsilon} = 0, \quad \text{ou} \quad 4\upsilon\sin\upsilon - 5(1-\cos\upsilon) = 0.$$

Les racines de l'équation (57) coïncident avec les seconde, quatrième, sixième, etc. racines de l'équation (42); d'où il résulte que chacune des ondes produites par l'immersion du prisme triangulaire vient occuper la place de deux ondes produites par l'immersion d'un parallélépipède rectangle, dont les arêtes seraient parallèles aux axes coordonnés, et dont la section de flottaison coïnciderait avec celle du prisme.

Quant à la formule (58), elle comprend à la fois l'équation (57) et la suivante

$$(59)\qquad \frac{\operatorname{tang}\frac{1}{2}\upsilon}{\frac{1}{2}\upsilon} = \frac{8}{5}.$$

Après avoir résolu celle-ci, on déterminera les coordonnées des sommets des différentes ondes par le moyen des équations (18) et (24), dont la seconde deviendra

$$(60)\qquad y=\frac{2h(1-\cos\upsilon)}{\upsilon\sqrt{\pi\upsilon}}\left(\frac{\alpha}{x}\right)^{\frac{1}{2}}=\frac{4h\sin^2\frac{\upsilon}{2}}{\upsilon\sqrt{\pi\upsilon}}\left(\frac{\alpha}{x}\right)^{\frac{1}{2}}=\left(\frac{2}{\pi}\right)^{\frac{1}{2}}\frac{4\sin^2\frac{\upsilon}{2}}{\upsilon^{\frac{3}{4}}}h\left(\frac{\alpha}{gt^2}\right)^{\frac{1}{4}},$$

et pourra être, en vertu de l'équation (59), présentée sous la forme

$$(61)\qquad y=\frac{4h}{\upsilon\sqrt{\pi\upsilon}}\,\frac{1}{1+\frac{25}{16}\left(\frac{1}{\upsilon}\right)^2}\left(\frac{\alpha}{x}\right)^{\frac{1}{2}}=\left(\frac{2}{\pi}\right)^{\frac{1}{2}}\frac{4\left(\frac{1}{\upsilon}\right)^{\frac{5}{4}}}{1+\frac{25}{16}\left(\frac{1}{\upsilon}\right)^2}h\left(\frac{\alpha}{gt^2}\right)^{\frac{1}{4}}.$$

Observons, d'ailleurs, que l'on satisfait à l'équation (59) par des valeurs positives de υ, en prenant pour n un nombre entier quelconque, puis désignant par ε un arc inférieur à $\frac{\pi}{4}$, et supposant

$$(62)\qquad \left\{\begin{aligned}&\frac{1}{2}\upsilon=(2n-1)\frac{\pi}{2}-\varepsilon,\\ &\varepsilon=\frac{5}{4(2n-1)\pi}\left(\varepsilon\cos\varepsilon+\frac{8}{5}\varepsilon^2\right)=\frac{5}{(8n-4)\pi}\left(1+\frac{19}{15}\varepsilon^2-\frac{1}{45}\varepsilon^4-\ldots\right).\end{aligned}\right.$$

On aura, en conséquence, pour les valeurs approchées de ε et de υ,

$$(63)\qquad \left\{\begin{aligned}\varepsilon&=\frac{5}{(8n-4)\pi}\left\{1+\frac{19}{15}\left[\frac{5}{(8n-4)\pi}\right]^2+\frac{239}{75}\left[\frac{5}{(8n-4)\pi}\right]^4+\ldots\right\},\\ \upsilon&=(2n-1)\pi-\frac{5}{(4n-2)\pi}\left\{1+\frac{19}{60}\left[\frac{5}{(4n-2)\pi}\right]^2+\frac{239}{1200}\left[\frac{5}{(4n-2)\pi}\right]^4+\ldots\right\},\\ &=3{,}14159265\ldots(2n-1)-\left[\frac{0{,}795774}{2n-1}+\frac{0{,}159577}{(2n-1)^3}+\frac{0{,}0635574}{(2n-1)^5}+\ldots\right];\end{aligned}\right.$$

et l'on en conclura

$$\frac{\sin^2\frac{\upsilon}{2}}{\upsilon^{\frac{5}{4}}}=\frac{1}{[(2n-1)\pi]^{\frac{5}{4}}}\left\{1+\frac{1}{4}\left[\frac{5}{(4n-2)\pi}\right]^2+\frac{29}{240}\left[\frac{5}{(4n-2)\pi}\right]^4+\frac{73}{960}\left[\frac{5}{(4n-2)\pi}\right]^6+\ldots\right\}.$$

En réunissant ces dernières équations aux formules (18) et (60), on trouvera, pour les coordonnées du sommet de la $n^{\text{ième}}$ onde,

$$(64)\quad \begin{cases} x = \frac{1}{2} t \sqrt{\frac{g\alpha}{(2n-1)\pi}} \left\{ 1 + \frac{1}{5}\left[\frac{5}{(4n-2)\pi}\right]^2 + \frac{37}{300}\left[\frac{5}{(4n-2)\pi}\right]^4 + \frac{587}{6000}\left[\frac{5}{(4n-2)\pi}\right]^6 + \ldots \right\} \\ = 0{,}282095\ldots \frac{t\sqrt{g\alpha}}{\sqrt{2n-1}} \left[1 + \frac{0{,}126651}{(2n-1)^2} + \frac{0{,}0494585}{(2n-1)^4} + \frac{0{,}0248443}{(2n-1)^6} + \ldots \right] \\ = \frac{t\sqrt{g\alpha}}{\sqrt{2n-1}} \left[0{,}282095\ldots + \frac{0{,}0357277}{(2n-1)^2} + \frac{0{,}0139520}{(2n-1)^4} + \frac{0{,}0070084}{(2n-1)^6} + \ldots \right], \\ y = \frac{4h}{(2n-1)\pi} \left(\frac{2}{\pi}\right)^{\frac{1}{2}} \left[\frac{\alpha}{(2n-1)gt^2}\right]^{\frac{1}{4}} \left\{ 1 + \frac{1}{4}\left[\frac{5}{(4n-2)\pi}\right]^2 + \frac{29}{240}\left[\frac{5}{(4n-2)\pi}\right]^4 + \frac{73}{960}\left[\frac{5}{(4n-2)\pi}\right]^6 + \ldots \right\} \\ = 0{,}763067\ldots \frac{h}{2n-1} \left[\frac{\alpha}{(2n-1)gt^2}\right]^{\frac{1}{4}} \left[1 + \frac{0{,}158314}{(2n-1)^2} + \frac{0{,}0484560}{(2n-1)^4} + \frac{0{,}0193104}{(2n-1)^6} + \ldots \right] \\ = \frac{h}{(2n-1)^{\frac{5}{4}}} \left(\frac{\alpha}{gt^2}\right)^{\frac{1}{4}} \left[0{,}763067\ldots + \frac{0{,}120807}{(2n-1)^2} + \frac{0{,}036975}{(2n-1)^4} + \frac{0{,}014735}{(2n-1)^6} + \ldots \right]. \end{cases}$$

De plus, en désignant par λ la largeur de la $n^{\text{ième}}$ onde, on tirera des formules (18) et (57), pour des valeurs de n supérieures à l'unité,

$$(65)\quad \lambda = \frac{1}{2} t \sqrt{\frac{g\alpha}{2\pi}} \left(\frac{1}{\sqrt{n-1}} - \frac{1}{\sqrt{n}} \right) = \frac{1}{2} t \sqrt{\frac{g\alpha}{2\pi}} \left[\frac{1}{n\sqrt{n-1} + (n-1)\sqrt{n}} \right].$$

Lorsque le nombre n devient très considérable, on peut, sans erreur sensible, réduire à leurs premiers termes les séries que renferment les seconds membres des formules (64); et l'on trouve, à très peu près,

$$(66)\quad \begin{cases} x = \frac{1}{2} t \sqrt{\frac{g\alpha}{(2n-1)\pi}}, \\ y = \frac{4h}{(2n-1)\pi} \left(\frac{2}{\pi}\right)^{\frac{1}{2}} \left[\frac{\alpha}{(2n-1)\pi g t^2}\right]^{\frac{1}{4}} = \frac{4h}{(2n-1)\pi^2} \sqrt{\frac{\alpha}{(2n-1)x}}, \\ \lambda = \frac{t}{4n} \sqrt{\frac{g\alpha}{2n\pi}} = \frac{x}{2n}. \end{cases}$$

Ajoutons que, si, dans la seconde des équations (63), on pose successivement

$$n = 1, \quad n = 2, \quad n = 3, \quad \ldots$$

on en conclura

$$v = 2{,}122\ldots,\quad v = 9{,}15334\ldots,\quad v = 15{,}5475116\ldots.$$

Pour vérifier l'exactitude de ces valeurs de v et corriger leurs derniers chiffres, il suffira d'observer, 1° qu'elles diffèrent très peu des arcs qui, sur la circonférence décrite avec le rayon 1, et divisée en 400°, ont pour mesures

$$135°10',\quad 582°72',\quad 989°78',\quad \ldots;$$

2° que, si l'on désigne par ε un de ces arcs, la racine correspondante de l'équation

$$\operatorname{tang}\frac{v}{2} - \frac{4}{5}v = 0$$

sera déterminée avec une approximation très grande par la formule que l'on déduit de la méthode de Newton, savoir,

$$v = \varepsilon - \frac{\operatorname{tang}\frac{\varepsilon}{2} - \frac{4}{5}\varepsilon}{\frac{1}{2}\operatorname{tang}^2\frac{\varepsilon}{2} - \frac{3}{10}}.$$

Or, si dans cette formule on substitue, l'un après l'autre, à la place de ε les arcs ci-dessus mentionnés, on trouvera

$$(67)\qquad v = 2{,}0435\ldots,\quad v = 9{,}153332\ldots,\quad v = 15{,}547512\ldots,\quad \ldots.$$

Les valeurs correspondantes de x, y, tirées des équations (18) et (61), ou bien encore des équations (64), seront respectivement

$$(68)\quad \left\{\begin{array}{l}
\text{pour la première onde :}\\
x = 0{,}34975\ldots t\sqrt{g\alpha},\quad y = 0{,}56341\ldots h\left(\dfrac{\alpha}{x}\right)^{\frac{1}{2}} = 0{,}95266\ldots h\left(\dfrac{\alpha}{gt^2}\right)^{\frac{1}{4}},\\
\text{pour la deuxième onde :}\\
x = 0{,}165264\ldots t\sqrt{g\alpha},\quad y = 0{,}080000\ldots h\left(\dfrac{\alpha}{x}\right)^{\frac{1}{2}} = 0{,}196789\ldots h\left(\dfrac{\alpha}{gt^2}\right)^{\frac{1}{4}},\\
\text{pour la troisième onde :}\\
x = 0{,}1268059\ldots t\sqrt{g\alpha},\quad y = 0{,}036575\ldots h\left(\dfrac{\alpha}{x}\right)^{\frac{1}{2}} = 0{,}102712\ldots h\left(\dfrac{\alpha}{gt^2}\right)^{\frac{1}{4}},\\
\ldots\ldots\ldots\ldots\ldots\ldots\ldots\ldots\ldots\ldots\ldots\ldots
\end{array}\right.$$

D'autre part, les abscisses des points les plus bas, déduites des formules (18) et (57), seront

$$x = 0,199470 \ldots t\sqrt{g\alpha}, \quad x = 0,141047 \ldots t\sqrt{g\alpha}, \quad x = 0,115164 \ldots t\sqrt{g\alpha}, \quad \ldots .$$

En retranchant ces mêmes abscisses les unes des autres, on obtiendra les largeurs des diverses ondes, ou les différentes valeurs de λ, et l'on trouvera, en conséquence,

pour la deuxième onde .... $\lambda = 0,058423 \ldots t\sqrt{g\alpha}$,
pour la troisième onde..... $\lambda = 0,025883 \ldots t\sqrt{g\alpha}$,
....

Supposons encore que l'on produise la dépression initiale du fluide par l'immersion d'un cylindre dont les arêtes soient horizontales, et qui se trouve coupé par le plan des x, y, suivant une courbe dont la partie plongée se confonde sensiblement avec une parabole ayant pour axe l'axe des y. Si l'on désigne par h la flèche du segment plongé, on aura, dans le cas présent,

$$(69) \qquad \mathrm{F}(\varpi) = -h\left(1 - \frac{\varpi^2}{\alpha^2}\right),$$

$$\mathrm{A} = -h, \quad \mathrm{B} = 0, \quad \mathrm{C} = \frac{h}{\alpha^2}, \quad \mathrm{D} = \mathrm{E} = \ldots = 0;$$

et l'on tirera de la formule (54)

$$(70) \qquad \int_0^\alpha \cos\frac{v\varpi}{\alpha}\,\mathrm{F}(\varpi)\,d\varpi = -h\alpha\left[\frac{\sin v}{v} + \frac{d^2\left(\dfrac{\sin v}{v}\right)}{dv^2}\right] = -\frac{2h\alpha}{v^3}(\sin v - v\cos v).$$

Par suite, les formules (27) et (29), qui déterminent les points les plus bas et les plus élevés des différentes ondes, deviendront

$$(71) \qquad \sin v - v\cos v = 0, \quad \text{ou} \quad \operatorname{tang} v = v,$$

et

$$(72) \qquad \frac{d\left(\dfrac{\sin v - v\cos v}{v^{\frac{9}{4}}}\right)}{dv} = 0, \quad \text{ou} \quad (4v^2 - 9)\sin v + 9v\cos v = 0.$$

Les équations (71) et (72) sont précisément celles que M. Poisson a obtenues. On satisfait à la première, en posant

$$(73)\quad \begin{cases} \upsilon = \dfrac{(2n-1)\pi}{2} - \dfrac{2}{(2n-1)\pi}\left\{1+\dfrac{2}{3}\left[\dfrac{2}{(2n-1)\pi}\right]^2+\dfrac{13}{15}\left[\dfrac{2}{(2n-1)\pi}\right]^2+\dfrac{146}{105}\left[\dfrac{2}{(2n-1)\pi}\right]^2+\ldots\right\} \\ \quad = 1,57079632\ldots(2n-1) - \dfrac{0,6366196}{2n-1} - \dfrac{0,1720081}{(2n-1)^3} - \dfrac{0,0906259}{(2n-1)^5} - \dfrac{0,058923}{(2n-1)^7} - \ldots, \end{cases}$$

et à la dernière, en posant

$$(74)\quad \begin{cases} \upsilon = n\pi - \dfrac{9}{4n\pi}\left[1+\dfrac{5}{9}\left(\dfrac{9}{4n\pi}\right)^2+\dfrac{221}{405}\left(\dfrac{9}{4n\pi}\right)^4+\dfrac{5561}{8505}\left(\dfrac{9}{4n\pi}\right)^6+\ldots\right] \\ \quad = 3,14159265\ldots n - \dfrac{0,716197}{n} - \dfrac{0,204091}{n^3} - \dfrac{0,102825}{n^5} - \dfrac{0,063198}{n^7} - \ldots. \end{cases}$$

Si dans l'équation (74) on fait successivement

$$n=1, \quad n=2, \quad n=3, \quad \ldots,$$

on en tirera

$$\upsilon = 1,99\ldots, \quad \upsilon = 5,8958\ldots, \quad \upsilon = 9,17803\ldots, \quad \ldots.$$

La première de ces valeurs, placée entre les limites

$$\frac{7\pi}{12} = 1,83259\ldots \quad \text{et} \quad \frac{8\pi}{12} = \frac{2\pi}{3} = 2,09439\ldots,$$

ne saurait être considérée comme très exacte, attendu que la série comprise dans l'équation (74) est peu convergente pour $n=1$. Mais, pour corriger la valeur dont il s'agit, il suffira de prendre

$$\upsilon = \frac{7\pi}{12} + \varepsilon.$$

Alors l'équation (72) donnera

$$\frac{49}{36}\pi^2 - 9 + \frac{14}{3}\pi\varepsilon + 4\varepsilon^2 - \left(\frac{21}{4}\pi + 9\varepsilon\right)\operatorname{tang}\left(\varepsilon + \frac{\pi}{12}\right) = 0;$$

et, comme on a d'ailleurs

$$\operatorname{tang}\left(\varepsilon+\frac{\pi}{12}\right) = \frac{\operatorname{tang}\dfrac{\pi}{12} + \operatorname{tang}\varepsilon}{1 - \operatorname{tang}\dfrac{\pi}{12}\operatorname{tang}\varepsilon} = \operatorname{tang}\frac{\pi}{12} + \left(1 + \operatorname{tang}^2\frac{\pi}{12}\right)\operatorname{tang}\varepsilon +$$

on trouvera, en remplaçant tang ε par ε, et négligeant ε^2, ε^3, ...,

$$\varepsilon = \frac{1}{3}\,\frac{49\pi^2 - 27\left(12 + 7\pi\,\text{tang}\frac{\pi}{12}\right)}{7\pi + 9\left(12 + 7\pi\,\text{tang}\frac{\pi}{12}\right)\text{tang}\frac{\pi}{12}} = \frac{0,513\ldots}{195,418\ldots} = 0,00262\ldots,$$

$$\upsilon = 1,83259 + 0,00262 = 1,83521\ldots.$$

Par conséquent, les valeurs de υ relatives aux sommets des premières ondes seront

$$(75) \qquad \upsilon = 1,8352\ldots, \quad \upsilon = 5,8958\ldots, \quad \upsilon = 9,17803\ldots, \quad \ldots.$$

Quant à la formule (73), si l'on y pose successivement

$$n = 2, \quad n = 3, \quad n = 4, \quad \ldots,$$

on en tirera

$$(76) \qquad \upsilon = 4,4934118\ldots, \quad \upsilon = 7,7252519\ldots, \quad \upsilon = 10,9041215\ldots.$$

Après avoir déduit des formules (73) et (74) les valeurs de υ qui correspondent aux points les plus bas et les plus élevés des différentes ondes, il ne restera plus qu'à les substituer dans les équations (18) et (24), dont la seconde deviendra

$$(77) \quad y = \frac{4h}{\upsilon^2}\left[\frac{(\sin\upsilon - \upsilon\cos\upsilon)^2}{\pi\upsilon}\right]^{\frac{1}{2}}\left(\frac{\alpha}{x}\right)^{\frac{1}{2}} = \frac{4h}{\upsilon^2}\left(\frac{2}{\pi}\right)^{\frac{1}{2}}\left[\frac{(\sin\upsilon - \upsilon\cos\upsilon)^4}{\upsilon}\right]^{\frac{1}{4}}\left(\frac{\alpha}{gt^2}\right)^{\frac{1}{4}},$$

et pourra être, en vertu de l'équation (72), présentée sous la forme

$$(78) \quad y = \frac{4h}{\upsilon\sqrt{\pi\upsilon}}\,\frac{1}{\sqrt{1 + \frac{9}{16}\left(\frac{1}{\upsilon}\right)^2 + \frac{81}{16}\left(\frac{1}{\upsilon}\right)^4}}\left(\frac{\alpha}{x}\right)^{\frac{1}{2}} = \left(\frac{2}{\pi}\right)^{\frac{1}{2}}\frac{4\left(\frac{1}{\upsilon}\right)^{\frac{5}{4}}}{\sqrt{1 + \frac{9}{16}\left(\frac{1}{\upsilon}\right)^2 + \frac{81}{16}\left(\frac{1}{\upsilon}\right)^4}}\,h\left(\frac{\alpha}{gt^2}\right)^{\frac{1}{4}}.$$

Cela posé, si l'on calcule d'abord les coordonnées des sommets des différentes ondes, on trouvera

$$(79)\left\{\begin{array}{l}\text{pour la première onde :}\\ x=0,36908\ldots t\sqrt{g\alpha},\quad y=1,9363\ldots h\left(\frac{\alpha}{x}\right)^{\frac{1}{2}}=1,17634\ldots h\left(\frac{\alpha}{gt^2}\right)^{\frac{1}{4}},\\ \text{pour la deuxième onde :}\\ x=0,20592\ldots t\sqrt{g\alpha},\quad y=0,75787\ldots h\left(\frac{\alpha}{x}\right)^{\frac{1}{2}}=0,34391\ldots h\left(\frac{\alpha}{gt^2}\right)^{\frac{1}{4}},\\ \text{pour la troisième onde :}\\ x=0,165042\ldots t\sqrt{g\alpha},\quad y=0,489967\ldots h\left(\frac{\alpha}{x}\right)^{\frac{1}{2}}=0,199051\ldots h\left(\frac{\alpha}{gt^2}\right)^{\frac{1}{4}},\\ \ldots\ldots\ldots\ldots\ldots\ldots\ldots\ldots\ldots\ldots\ldots\ldots\ldots\ldots\end{array}\right.$$

Quant aux abscisses des points les plus bas, elles seront respectivement

$$x=0,235874\ldots t\sqrt{g\alpha},\quad x=0,179892\ldots t\sqrt{g\alpha},\quad x=0,151414\ldots t\sqrt{g\alpha},\quad \ldots.$$

Les différences entre ces mêmes abscisses prises consécutivement, savoir,

$$0,055982\ldots t\sqrt{g\alpha},\quad 0,028478\ldots t\sqrt{g\alpha},\quad \ldots,$$

représenteront les largeurs de la deuxième, de la troisième, etc. onde. Ajoutons que, si le nombre entier n devient très considérable, les coordonnées x, y du sommet de la $n^{\text{ième}}$ onde, et sa largeur λ, seront données à très peu près par les équations

$$(80)\quad\left\{\begin{array}{l} x=\frac{1}{2}t\sqrt{\frac{g\alpha}{n\pi}},\quad y=\frac{4h}{n\pi}\left(\frac{2}{\pi}\right)^{\frac{1}{2}}\left(\frac{\alpha}{n\pi gt^2}\right)^{\frac{1}{4}}=\frac{4h}{n\pi^2}\left(\frac{\alpha}{x}\right)^{\frac{1}{2}},\\ \lambda=\frac{t}{4n}\sqrt{\frac{g\alpha}{n\pi}}=\frac{x}{2n}.\end{array}\right.$$

Dans chacune des hypothèses que nous venons de passer en revue, l'équation (27) a une infinité de racines réelles, et l'on y satisfait par une série de valeurs de υ qui croissent au delà de toute limite. Mais il n'en est pas toujours ainsi, et il peut arriver que les racines réelles de l'équation (27) disparaissent, ou du moins que cette équation n'ait pas de racines réelles supérieures à une limite donnée. C'est ce qui aura généralement lieu, si, la quantité $F(\alpha)$ étant nulle, la valeur numérique du rapport $\frac{F'(\alpha)}{F'(o)}$ devient inférieure à l'unité. Pour démontrer cette assertion, il suffit de recourir à l'équation (54), et d'ordonner son second membre suivant les puissances ascendantes de $\frac{1}{\upsilon}$. En effet, on trouvera de cette manière

$$\begin{aligned}\int_0^\alpha \cos\frac{\upsilon\varpi}{\alpha}\,F(\varpi)\,d\varpi = \alpha\,&\frac{(A+B\alpha+C\alpha^2+D\alpha^3+\ldots)\sin\upsilon}{\upsilon}\\ &+\alpha^2\frac{(B+2C\alpha+3D\alpha^2+\ldots)\cos\upsilon - B}{\upsilon^2}\\ &-\alpha^3\frac{(1.2C+2.3D\alpha+\ldots)\sin\upsilon}{\upsilon^3}\\ &-\alpha^4\frac{(1.2.3D+\ldots)\cos\upsilon - 1.2.3D}{\upsilon^4}\\ &+\ldots\ldots,\end{aligned}$$

et, comme on a d'ailleurs

$$\begin{aligned}F(\alpha) &= A+B\alpha+C\alpha^2+D\alpha^3+\ldots,\\ F'(\alpha) &= B+2C\alpha+3D\alpha^2+\ldots, \qquad F'(o)=B,\\ F''(\alpha) &= 1.2C+2.3D\alpha+\ldots,\\ F'''(\alpha) &= 1.2.3D+\ldots, \qquad F'''(o)=1.2.3D,\\ &\ldots\ldots, \qquad \ldots\ldots,\end{aligned}$$

on en conclura

$$(81)\quad \left\{\begin{aligned}\int_0^\alpha \cos\frac{\upsilon\varpi}{\alpha}\,F(\varpi)\,d\varpi &= \frac{\alpha}{\upsilon}F(\alpha)\sin\upsilon + \frac{\alpha^2}{\upsilon^2}[F'(\alpha)\cos\upsilon - F'(o)]\\ &\quad - \frac{\alpha^3}{\upsilon^3}F''(\alpha)\sin\upsilon - \frac{\alpha^4}{\upsilon^4}[F'''(\alpha)\cos\upsilon - F'''(o)]+\ldots.\end{aligned}\right.$$

Cette dernière formule, que l'on déduit aussi de l'intégration par parties, présente le développement de l'intégrale (26) en une série ordonnée suivant les puissances ascendantes de $\frac{1}{\upsilon}$. Pour de très grandes valeurs de υ, cette même formule donne à très peu près

$$(82)\qquad \int_0^\alpha \cos\frac{\upsilon\varpi}{\alpha}\,F(\varpi)\,d\varpi = \frac{\alpha}{\upsilon}F(\alpha)\sin\upsilon,$$

lorsque $F(\alpha)$ n'est pas nulle; et

$$(83) \qquad \int_0^{\alpha} \cos\frac{\upsilon\varpi}{\alpha} F(\varpi)\, d\varpi = \frac{\alpha^2}{\upsilon^2}[F'(\alpha)\cos\upsilon - F'(0)],$$

toutes les fois qu'on suppose $F(\alpha) = 0$. Cela posé, il est clair que, dans la seconde hypothèse, si la valeur numérique de $F'(0)$ surpasse celle de $F'(\alpha)$, l'intégrale (26) conservera constamment, pour de très grandes valeurs de υ, le même signe qui affectera la quantité $-F'(0)$. Donc alors l'équation (27) n'aura pas de racines réelles supérieures à une certaine limite. Par suite, il n'y aura plus que quelques ondes; ou, s'il en existe encore un nombre indéfini, les points les plus bas de ces ondes, du moins de celles qui porteront des numéros élevés, cesseront de se trouver dans le plan horizontal des x, z, et les ordonnées de ces points deviendront proportionnelles aux valeurs *minima* de la fonction U, lesquelles seront déterminées, avec les valeurs *maxima* de la même fonction, par la résolution de l'équation (29). L'une de ces circonstances aura nécessairement lieu toutes les fois que la portion de courbe représentée par l'équation (20), et terminée au point dont l'abscisse est $x = \alpha$, rencontrera l'axe des x en ce dernier point, et tournera sa convexité vers le même axe.

Concevons, pour fixer les idées, que la courbe dont il est ici question, soit une parabole tangente à l'axe des x, et représentée par l'équation

$$y = -h\left(1 - \frac{x}{\alpha}\right)^2.$$

On aura, dans ce cas,

$$(84) \qquad F(\varpi) = -h\left(1 - \frac{\varpi}{\alpha}\right)^2,$$

$$F'(\varpi) = \frac{2h}{\alpha}\left(1 - \frac{\varpi}{\alpha}\right), \qquad F''(\varpi) = -\frac{2h}{\alpha^2}, \qquad F'''(\varpi) = F^{\text{IV}}(\varpi) = \ldots = 0,$$

$$F(\alpha) = 0, \quad F'(\alpha) = 0, \quad F''(\alpha) = -\frac{2h}{\alpha^2}, \quad F'''(\alpha) = F^{\text{IV}}(\alpha) = \ldots = 0,$$

$$F'(0) = \frac{2h}{\alpha}, \qquad F'''(0) = F^{\text{V}}(0) = \ldots = 0,$$

et l'on tirera en conséquence de la formule (81)

$$(85)\qquad \int_0^\alpha \cos\frac{\upsilon\varpi}{\alpha}\,F(\varpi)\,d\varpi = -\frac{2h\alpha}{\upsilon^2}\left(1-\frac{\sin\upsilon}{\upsilon}\right).$$

Or, la valeur numérique du rapport $\frac{\sin\upsilon}{\upsilon}$ étant toujours inférieure à l'unité, il en résulte que le binôme

$$1-\frac{\sin\upsilon}{\upsilon}$$

ne pourra jamais s'évanouir. Ainsi, dans le cas présent, l'équation (27) n'aura pas de racines réelles. Quant à l'équation (29), elle deviendra

$$(86)\qquad \frac{d\left(\frac{\upsilon-\sin\upsilon}{\upsilon^{\frac{9}{4}}}\right)}{d\upsilon}=0,\quad \text{ou}\quad 9\sin\upsilon-(4\cos\upsilon+5)\upsilon=0.$$

Celle-ci, pouvant être présentée sous la forme

$$(87)\qquad \frac{9\sin\upsilon}{5+4\cos\upsilon}-\upsilon=0,$$

n'admettra pas de racine réelle supérieure à la valeur *maximum* de l'expression

$$\frac{9\sin\upsilon}{5+4\cos\upsilon},$$

c'est-à-dire, au nombre 3 qu'on obtient en prenant $\sin\upsilon=\frac{3}{5}$ et $\cos\upsilon=-\frac{4}{5}$. De plus, comme le premier membre de l'équation (87) a pour dérivée la fonction

$$\frac{9(5\cos\upsilon+4)}{(5+4\cos\upsilon)^2}-1=\frac{(1-\cos\upsilon)(11+16\cos\upsilon)}{(5+4\cos\upsilon)^2},$$

qui reste positive pour toutes les valeurs de $\cos\upsilon$ comprises entre les limites $\cos\upsilon=1$, $\cos\upsilon=-\frac{11}{16}$, et devient négative entre les limites $\cos\upsilon=-\frac{11}{16}$, $\cos\upsilon=-1$, il est clair que ce premier membre croîtra depuis la valeur zéro correspondante à $\upsilon=0$, jusqu'à la valeur positive $0,57589\ldots$ correspondante à $\upsilon = \arc\cos(-\frac{11}{16}) = 2,328837\ldots$, et décroîtra ensuite depuis cette valeur positive jusqu'à la valeur négative $-1,75$ correspondante à $\upsilon = 3$. Donc, si l'on fait varier la quantité υ entre les limites 0 et 3, le premier membre de l'équation (87) s'évanouira, mais une fois seulement, et en passant du positif au négatif, pour une valeur de υ supérieure à $2,3288\ldots$. Cette valeur surpassera même, 1° celle qui correspond au *maximum* de l'expression

$$\frac{9\sin\upsilon}{5+4\cos\upsilon},$$

c'est-à-dire, le nombre $2,49798\ldots$; 2° le nombre

$$\pi - \frac{\pi}{6} = 2,6179955\ldots,$$

attendu que la substitution de ces deux nombres à la place de υ, dans la fonction

$$\frac{9\sin\upsilon}{5+4\cos\upsilon} - \upsilon,$$

fournit les résultats positifs

$$3 - 2,49798\ldots = 0,50201\ldots, \quad \text{et} \quad \frac{9}{10-4\sqrt{3}} - 2,61799\ldots = 0,31188\ldots.$$

Nous pouvons donc conclure que l'équation (87) a une seule racine positive, comprise entre les limites

$$\frac{5\pi}{6} = 2,61799\ldots, \quad \text{et} \quad 3.$$

On déterminera facilement cette racine à l'aide d'approximations successives. En effet, si l'on désigne par $\aleph$ une valeur approchée de la racine dont il s'agit, on tirera de l'équation (87), par la méthode de Newton,

$$\upsilon = \aleph - \frac{[9\sin\aleph - \aleph(5+4\cos\aleph)](5+4\cos\aleph)}{(1-\cos\aleph)(11+16\cos\aleph)} = 9\,\frac{\aleph(4+5\cos\aleph) - \sin\aleph(5+4\cos\aleph)}{(1-\cos\aleph)(11+16\cos\aleph)}.$$

Cela posé, on trouvera

$$\begin{array}{llll}
\text{pour} & \vartheta = \dfrac{5\pi}{6} = 2,61799\ldots & & \upsilon = 2,75602\ldots \\
\text{pour} & \vartheta = 2,75602\ldots & & \upsilon = 2,72432\ldots \\
\text{pour} & \vartheta = 2,72432\ldots & & \upsilon = 2,72202\ldots \\
\text{pour} & \vartheta = 2,72202\ldots & & \upsilon = 2,722003\ldots
\end{array}$$

Par conséquent,

$$(88) \qquad \upsilon = 2,722003\ldots$$

est la seule racine réelle et positive qu'admette l'équation (87). Les valeurs correspondantes des variables x et y, déduites des équations (18) et (24), savoir,

$$(89) \quad x = 0,303057\ldots t\sqrt{g\alpha}, \quad y = 0,427309\ldots h\left(\frac{\alpha}{x}\right)^{\frac{1}{2}} = 0,776210\ldots h\left(\frac{\alpha}{gt^2}\right)^{\frac{1}{4}},$$

sont les coordonnées du sommet de la seule onde qui subsiste dans le cas particulier que nous examinons ici.

Considérons encore le cas où l'équation (20) représente une courbe logarithmique, et se réduit à

$$y = -h\frac{e^{a\left(1-\frac{x}{\alpha}\right)} - 1}{e^a - 1},$$

e désignant la base des logarithmes hyperboliques, et a une quantité constante. On aura

$$(90) \qquad \mathrm{F}(\varpi) = -\frac{h}{e^a - 1}\left[e^{a\left(1-\frac{\varpi}{\alpha}\right)} - 1\right],$$

$$\mathrm{F}'(\varpi) = \frac{ah}{\alpha}\,\frac{e^{a\left(1-\frac{\varpi}{\alpha}\right)}}{e^a - 1}, \quad \mathrm{F}''(\varpi) = -\frac{a^2h}{\alpha^2}\,\frac{e^{a\left(1-\frac{\varpi}{\alpha}\right)}}{e^a - 1}, \quad \mathrm{F}'''(\varpi) = \frac{a^3h}{\alpha^3}\,\frac{e^{a\left(1-\frac{\varpi}{\alpha}\right)}}{e^a - 1}, \quad \ldots,$$

$$\mathrm{F}(\alpha) = 0, \quad \mathrm{F}'(\alpha) = \frac{ah}{\alpha(e^a - 1)}, \quad \mathrm{F}''(\alpha) = -\frac{a^2h}{\alpha^2(e^a - 1)}, \quad \mathrm{F}'''(\alpha) = \frac{a^3h}{\alpha^3(e^a - 1)}, \quad \ldots,$$

$$\mathrm{F}'(0) = \frac{ae^ah}{\alpha(e^a - 1)}, \qquad\qquad \mathrm{F}'''(0) = \frac{a^3e^ah}{\alpha^3(e^a - 1)}, \quad \ldots,$$

et l'on tirera en conséquence de la formule (81)

$$(91)\quad \left\{\begin{aligned} &\int_0^\alpha \cos\frac{\upsilon\varpi}{\alpha}\,\mathrm{F}(\varpi)\,d\varpi\\ &=\frac{a\alpha h}{(e^a-1)\upsilon^2}\left(\cos\upsilon-e^a+a\frac{\sin\upsilon}{\upsilon}\right)\left(1-\frac{a^2}{\upsilon^2}+\frac{a^4}{\upsilon^4}-\frac{a^6}{\upsilon^6}+\dots\right)\\ &=-\frac{a\alpha h}{e^a-1}\,\frac{\cos\upsilon-e^a+a\dfrac{\sin\upsilon}{\upsilon}}{a^2+\upsilon^2}.\end{aligned}\right.$$

Il est facile de vérifier directement cette dernière équation. Ajoutons que, si la constante a est positive, auquel cas la courbe représentée par l'équation (20) tournera sa convexité vers l'axe des x, la valeur numérique de

$$\cos\upsilon+a\frac{\sin\upsilon}{\upsilon}$$

restera constamment inférieure à celle de $1+a$, et par suite à celle de

$$e^a=1+a+\frac{a^2}{2}+\dots.$$

Donc alors l'intégrale (91) ne pourra s'évanouir pour aucune valeur de υ, et l'équation (27) n'aura pas de racines réelles. Quant à l'équation (29), elle deviendra

$$\frac{d\left[\dfrac{\upsilon(e^a-\cos\upsilon)-a\sin\upsilon}{\upsilon^{\frac{1}{4}}(a^2+\upsilon^2)}\right]}{d\upsilon}=0,$$

ou

$$(92)\quad \left\{\begin{aligned} &4\upsilon^4\sin\upsilon-(5e^a-5\cos\upsilon+4a\cos\upsilon)\upsilon^3+(4a+9)a\upsilon^2\sin\upsilon\\ &\qquad+(3e^a-3\cos\upsilon-4a\cos\upsilon)a^2\upsilon+a^3\sin\upsilon=0.\end{aligned}\right.$$

Or il est aisé de s'assurer que celle-ci a une infinité de racines réelles et positives. En effet, si l'on prend

$$\upsilon=\frac{(2n+1)\pi}{2},$$

n désignant un nombre entier très considérable, le premier membre de l'équation (92) deviendra positif ou négatif en même temps que son premier terme, suivant que le nombre n sera pair ou impair. Ce premier membre passera donc une infinité de fois du positif au négatif, et réciproquement; d'où il résulte que le nombre des valeurs réelles de υ, propres à le faire évanouir, est infini. Les valeurs de υ dont il est ici question fourniront les divers *maxima* et *minima* de la quantité U, auxquels correspondront les points les plus bas et les plus élevés des différentes ondes. On doit remarquer, à ce sujet, que, les valeurs *minima* de U n'étant pas nulles, les points les plus bas seront situés au-dessus du plan horizontal des x, z, et que leurs ordonnées se déduiront, comme celles des points les plus élevés, de la formule (24).

Lorsque la constante a s'évanouit, la courbe représentée par l'équation (20) se change en une droite. Dans la même hypothèse, les équations (90) et (92) se réduisent aux formules (55) et (58), et les points les plus bas des différentes ondes se retrouvent dans le plan horizontal des x, z, ainsi que nous l'avons déjà expliqué.

Lorsque la constante a devient négative, la courbe logarithmique représentée par l'équation (20) tourne sa concavité vers l'axe des x. Alors l'intégrale (91) est tantôt positive, tantôt négative, et s'évanouit pour une infinité de valeurs de υ. Par suite les points les plus bas des différentes ondes sont encore situés dans le plan horizontal des x, z, comme dans le cas où l'on avait $a = 0$.

Il peut arriver que, dans le second membre de l'équation (81), tous les termes disparaissent jusqu'à celui qui a pour dénominateur υ^n. Pour que les deux premiers termes disparaissent, il suffit que l'on ait à la fois

$$F(\alpha) = 0, \quad F'(\alpha) = 0, \quad F'(0) = 0,$$

c'est-à-dire, que la courbe représentée par l'équation (20) touche l'axe des x, au point dont l'abscisse est α, et une parallèle à l'axe des x, au point où elle rencontre l'axe des y. C'est ce qui arriverait, par exemple, si l'on supposait

$$(93) \qquad F(\varpi) = -h\left(1 + 2\frac{\varpi}{\alpha}\right)\left(1 - \frac{\varpi}{\alpha}\right)^2.$$

Dans ce cas, la formule (81) donnerait

$$(94)\qquad \int_0^\alpha \cos\frac{\upsilon\varpi}{\alpha}\,\mathrm{F}(\varpi)\,d\varpi = -6\alpha h\left[\frac{2(1-\cos\upsilon)-\upsilon\sin\upsilon}{\upsilon^4}\right] = -\frac{12\alpha h\sin\upsilon}{\upsilon^4}\left(\tang\frac{\upsilon}{2}-\frac{\upsilon}{2}\right),$$

tandis que les équations (27) et (29) deviendraient respectivement

$$(95)\qquad 2(1-\cos\upsilon)-\upsilon\sin\upsilon = 0,\quad \text{ou}\quad \sin\upsilon\left(\tang\frac{\upsilon}{2}-\frac{\upsilon}{2}\right)=0,$$

et

$$(96)\qquad \frac{d\left[\dfrac{2(1-\cos\upsilon)-\upsilon\sin\upsilon}{\upsilon^{\frac{13}{4}}}\right]}{d\upsilon}=0,\quad \text{ou}\quad 4\upsilon^2\cos\upsilon-17\upsilon\sin\upsilon+26(1-\cos\upsilon)=0.$$

On satisfait à l'équation (95) par une infinité de valeurs réelles et positives de υ, qui sont égales, les unes aux quantités

$$2\pi,\ 4\pi,\ 6\pi,\ \ldots,$$

les autres aux racines positives de l'équation

$$(97)\qquad \tang\tfrac{1}{2}\upsilon = \tfrac{1}{2}\upsilon.$$

Ces racines étant évidemment doubles de celles de l'équation (71), nous pouvons conclure que les valeurs en question, rangées dans leur ordre de grandeur, seront respectivement

$$(98)\qquad \begin{cases} \upsilon = 6,283185\ldots,\quad \upsilon = 8,986823\ldots,\quad \upsilon = 12,566370\ldots,\quad \upsilon = 15,450503\ldots,\\ \upsilon = 18,849555\ldots,\quad \upsilon = 21,808243\ldots,\quad \upsilon = 25,1327402\ldots,\quad \ldots.\end{cases}$$

Les valeurs correspondantes de x, tirées de la formule (18), se réduiront à

$$(99)\qquad \begin{cases} x=0,199471\ldots t\sqrt{g\alpha},\quad x=0,166788\ldots t\sqrt{g\alpha},\quad x=0,141047\ldots t\sqrt{g\alpha},\quad x=0,127203\ldots t\sqrt{g\alpha},\\ x=0,115164\ldots t\sqrt{g\alpha},\quad x=0,107067\ldots t\sqrt{g\alpha},\quad x=0,099735\ldots t\sqrt{g\alpha},\quad \ldots.\end{cases}$$

Telles seront les abscisses des points les plus bas des différentes ondes, lesquels se trouveront tous situés dans le plan horizontal des x, z. Quant aux abscisses des sommets, elles correspondront aux diverses racines positives de l'équation (96); et, si l'on fait abstraction de la première, elles auront pour valeurs approchées les moyennes arithmétiques entre les abscisses des points les plus bas, combinées deux à deux. Ajoutons que la plus petite racine positive de l'équation (96) aura pour valeur approchée le nombre

$$\frac{3\pi}{4} = 2,356\ldots,$$

et que cette même valeur, corrigée par la méthode de Newton, deviendra

$$(100) \qquad \upsilon = 2,28550\ldots.$$

On trouvera par suite, pour les coordonnées du sommet de la première onde,

$$(101) \quad x = 0,330734\ldots t\sqrt{g\alpha}, \quad y = 0,594406\ldots h\left(\frac{\alpha}{x}\right)^{\frac{1}{2}} = 1,080993\ldots h\left(\frac{\alpha}{gt^2}\right)^{\frac{1}{4}}.$$

Enfin on peut remarquer que, l'intégrale (94) se réduisant à une fraction qui a pour dénominateur υ^4, cette intégrale et la valeur de y donnée par l'équation (24), savoir,

$$(102) \qquad y = \frac{24}{\upsilon^4}\left(\frac{\upsilon}{\pi}\right)^{\frac{1}{2}}\left\{\left[\sin\upsilon\left(\operatorname{tang}\frac{\upsilon}{2} - \frac{\upsilon}{2}\right)\right]^2\right\}^{\frac{1}{2}} h\left(\frac{\alpha}{x}\right)^{\frac{1}{2}},$$

décroîtront très rapidement pour des valeurs croissantes de υ. Il en résulte que les ondes qui suivront la première seront très peu sensibles. Pour vérifier cette assertion, il suffira de calculer approximativement les coordonnées de leurs sommets. Or les valeurs de υ correspondantes à ces sommets seront, à très peu près, pour la deuxième onde,

$$\upsilon = 7,388964\ldots;$$

pour la troisième onde,

$$\upsilon = 10,651180\ldots;$$

etc.; et pour la $n^{\text{ième}}$ onde (n désignant un nombre entier très considérable),

$$v = \frac{(2n+1)\pi}{2}.$$

Cela posé, si l'on représente par x, y les coordonnées des divers sommets, on trouvera, pour la deuxième onde,

$$x = 0{,}183940\ldots t\sqrt{g\alpha}, \quad y = 0{,}033964\ldots h\left(\frac{\alpha}{x}\right)^{\frac{1}{2}} = 0{,}079191\ldots h\left(\frac{\alpha}{gt^2}\right)^{\frac{1}{4}};$$

pour la troisième onde,

$$x = 0{,}153204\ldots t\sqrt{g\alpha}, \quad y = 0{,}021805\ldots h\left(\frac{\alpha}{x}\right)^{\frac{1}{2}} = 0{,}055709\ldots h\left(\frac{\alpha}{gt^2}\right)^{\frac{1}{4}};$$

etc.; et pour la $n^{\text{ième}}$ onde (n désignant un nombre entier très considérable),

$$x = \tfrac{1}{2}t\left[\frac{2g\alpha}{(2n+1)\pi}\right]^{\frac{1}{2}},$$

$$y = \frac{48\sqrt{2}}{\pi^3}\,\frac{h}{(2n+1)^2\sqrt{2n+1}}\left(\frac{\alpha}{x}\right)^{\frac{1}{2}} = \frac{48h}{(2n+1)^2\pi^2}\left(\frac{2}{\pi}\right)^{\frac{1}{2}}\left[\frac{2\alpha}{(2n+1)\pi g t^2}\right]^{\frac{1}{4}}.$$

La dernière des équations précédentes fournit une valeur de y qui décroît plus rapidement que le carré de $\frac{1}{x}$.

Par les détails dans lesquels nous venons d'entrer, on voit que les vitesses et les hauteurs des différentes ondes produites par l'immersion d'un corps cylindrique ou prismatique dépendent non seulement de la largeur et de la hauteur de la partie plongée, mais encore de la forme de la surface qui termine cette partie, et, par conséquent, de la nature de la courbe qui sert de base à cette même surface dans le plan vertical des x, y. Cette conclusion s'accorde avec les observations insérées par M. Fourier dans le *Bulletin de la Société philomathique* de septembre 1818. On doit surtout remarquer le cas où la courbe dont il s'agit, étant divisée en deux parties symétriques par l'axe des y, tourne constamment sa convexité vers l'origine des coordonnées, et présente au point le plus bas une sorte de rebroussement. Alors les ondes propagées avec une vitesse constante peuvent se réduire à une seule, comme nous l'avons démontré en supposant la courbe formée par la réunion des deux portions de paraboles semblables l'une à l'autre et tangentes à l'axe des x. Pour terminer ce que j'avais à dire relativement aux ondes de cette espèce, j'observerai que l'intégration par parties, appliquée à l'intégrale

$$\int_0^\alpha \cos\frac{\upsilon\varpi}{\alpha}\,F(\varpi)\,d\varpi,$$

fournit non seulement la série comprise dans le second membre de l'équation (81), mais encore le reste qui doit compléter cette série. En ayant égard à ce reste, on trouve que la formule (81) peut s'écrire comme il suit :

$$(103)\quad \left\{\begin{aligned} &\int_0^\alpha \cos\frac{\upsilon\varpi}{\alpha}\,F(\varpi)\,d\varpi \\ &\quad=\frac{\alpha}{\upsilon}[\sin\upsilon\;F(\alpha)-\sin(0)\;F(0)] \\ &\quad+\frac{\alpha^2}{\upsilon^2}\left[\sin\left(\upsilon+\frac{\pi}{2}\right)F'(\alpha)-\sin\frac{\pi}{2}\,F'(0)\right] \\ &\quad+\frac{\alpha^3}{\upsilon^3}[\sin(\upsilon+\pi)\;F''(\alpha)-\sin\pi\;F''(0)] \\ &\quad+\ldots\ldots\ldots\ldots\ldots\ldots\ldots\ldots \\ &\quad+\frac{\alpha^n}{\upsilon^n}\left\{\sin\left[\upsilon+\frac{(n-1)\pi}{2}\right]F^{(n-1)}(\alpha)-\sin\frac{(n-1)\pi}{2}\,F^{(n-1)}(0)\right\} \\ &\quad-\frac{\alpha^n}{\upsilon^n}\int_0^\alpha \sin\left[\frac{\upsilon\varpi}{\alpha}+\frac{(n-1)\pi}{2}\right]F^{(n)}(\varpi)\,d\varpi. \end{aligned}\right.$$

Ajoutons que ce même reste, représenté par l'expression

$$(104)\qquad -\frac{\alpha^n}{\upsilon^n}\int_0^\alpha \sin\left[\frac{\upsilon\varpi}{\alpha}+\frac{(n-1)\pi}{2}\right]F^{(n)}(\varpi)\,d\varpi,$$

aura toujours une valeur numérique inférieure à la plus grande de celles que peut recevoir, entre les limites $\varpi=0$, $\varpi=\alpha$, la fonction $F^{(n)}(\varpi)$ multipliée par la fraction très petite $\frac{\alpha^{n+1}}{\upsilon^n}$.

Revenons maintenant à la formule (10), et, après avoir calculé les deux espèces d'ondes que l'on obtient en attribuant à la quantité υ des valeurs infiniment petites, ou des valeurs finies, cherchons ce qui arrivera lorsque, le temps venant à croître, cette quantité deviendra infiniment grande. Alors on ne pourra plus remplacer le produit

$$\frac{\upsilon}{\alpha}\left(x+\frac{\varpi^2}{x}+\ldots\right)$$

par la fraction $\frac{\upsilon x}{\alpha}$; mais la valeur approchée de y se déduira sans peine des considérations suivantes.

Si, pour abréger, l'on fait

$$(105)\quad \left\{\begin{aligned} f(\varpi) &= \left[\sin\frac{\upsilon x^2}{\alpha(x-\varpi)}+\cos\frac{\upsilon x^2}{\alpha(x-\varpi)}\right]F(\varpi)\\ &= \left[\sin\frac{\upsilon}{\alpha}\left(x+\varpi+\frac{\varpi^2}{x}+\ldots\right)+\cos\frac{\upsilon}{\alpha}\left(x+\varpi+\frac{\varpi^2}{x}+\ldots\right)\right]F(\varpi),\end{aligned}\right.$$

la fonction $f(\varpi)$ s'évanouira en même temps que $F(\varpi)$, pour les valeurs de ϖ situées hors des limites $\varpi=-\alpha$, $\varpi=+\alpha$; et l'équation (10) se présentera sous la forme

$$(106)\qquad y=\frac{1}{\sqrt{2\pi x}}\left(\frac{\upsilon}{\alpha}\right)^{\frac{1}{2}}\int_{-\alpha}^{\alpha}f(\varpi)\,d\varpi.$$

De plus, il est clair que, pour de grandes valeurs de υ, la fraction $\frac{\pi}{\upsilon}$ sera très petite, et que, si, la variable ϖ demeurant comprise entre les limites $-\alpha$, $+\alpha$, on attribue à cette variable l'accroissement très petit $\frac{\alpha\pi}{\upsilon}$, l'accroissement correspondant de l'arc

$$\frac{\upsilon}{\alpha}\left(x+\varpi+\frac{\varpi^2}{x}+\ldots\right)$$

sera égal à

$$\pi\left[1+\frac{2\varpi}{x}+\ldots+\left(\frac{1}{x}+\ldots\right)\frac{\alpha\pi}{\upsilon}+\ldots\right],$$

c'est-à-dire, très peu différent de π. Cela posé, on aura sensiblement, pour des valeurs de ϖ renfermées entre les limites $\varpi=-\alpha$, $\varpi=\alpha-\frac{\alpha\varpi}{\upsilon}$,

$$(107)\qquad F\left(\varpi+\frac{\alpha\varpi}{\upsilon}\right)=F(\varpi),\quad f\left(\varpi+\frac{\alpha\varpi}{\upsilon}\right)=-f(\varpi),$$

tandis que l'on aura, entre les limites $\varpi = \alpha - \frac{\alpha\varpi}{\upsilon}$, $\varpi = \alpha$,

$$(108) \qquad F\left(\varpi + \frac{\alpha\varpi}{\upsilon}\right) = 0, \quad f\left(\varpi + \frac{\alpha\varpi}{\upsilon}\right) = 0.$$

Ces principes étant admis, il deviendra facile d'évaluer l'intégrale

$$\int_{-\alpha}^{\alpha} f(\varpi)\, d\varpi.$$

En effet, on a tout à la fois

$$(109) \qquad \begin{cases} \displaystyle\int_{-\alpha}^{\alpha} f(\varpi)\, d\varpi = \int_{-\alpha}^{-\alpha+\frac{\alpha\pi}{\upsilon}} f(\varpi)\, d\varpi + \int_{-\alpha+\frac{\alpha\pi}{\upsilon}}^{\alpha} f(\varpi)\, d\varpi, \\ \displaystyle\int_{-\alpha}^{\alpha} f(\varpi)\, d\varpi = \int_{-\alpha}^{\alpha-\frac{\alpha\pi}{\upsilon}} f(\varpi)\, d\varpi + \int_{\alpha-\frac{\alpha\pi}{\upsilon}}^{\alpha} f(\varpi)\, d\varpi; \end{cases}$$

et comme, en vertu de la seconde des formules (107), on aura encore

$$(110) \qquad \int_{-\alpha+\frac{\alpha\pi}{\upsilon}}^{\alpha} f(\varpi)\, d\varpi = \int_{-\alpha}^{\alpha-\frac{\alpha\pi}{\upsilon}} f\left(\varpi + \frac{\alpha\varpi}{\upsilon}\right) d\varpi = -\int_{-\alpha}^{\alpha-\frac{\alpha\pi}{\upsilon}} f(\varpi)\, d\varpi,$$

on tirera des équations (109), ajoutées membre à membre,

$$2\int_{-\alpha}^{\alpha} f(\varpi)\, d\varpi = \int_{-\alpha}^{-\alpha+\frac{\alpha\pi}{\upsilon}} f(\varpi)\, d\varpi + \int_{\alpha-\frac{\alpha\pi}{\upsilon}}^{\alpha} f(\varpi)\, d\varpi,$$

ou, ce qui revient au même,

$$(111) \qquad \int_{-\alpha}^{\alpha} f(\varpi)\, d\varpi = \frac{1}{2}\left[\int_{-\alpha}^{-\alpha+\frac{\alpha\pi}{\upsilon}} f(\varpi)\, d\varpi + \int_{\alpha-\frac{\alpha\pi}{\upsilon}}^{\alpha} f(\varpi)\, d\varpi\right].$$

D'autre part, α étant très petit vis-à-vis de x, et $\frac{\alpha\pi}{\upsilon}$ vis-à-vis de α, on aura, à très peu près,

$$\int_{-\alpha}^{-\alpha+\frac{\alpha\pi}{\upsilon}} f(\varpi)\,d\varpi$$

$$= F(-\alpha)\int_{-\alpha}^{-\alpha+\frac{\alpha\pi}{\upsilon}}\left[\sin\frac{\upsilon x^2}{\alpha(x-\varpi)}+\cos\frac{\upsilon x^2}{\alpha(x-\varpi)}\right]d\varpi$$

$$= \frac{\alpha}{\upsilon}F(-\alpha)\int_{-\alpha}^{-\alpha+\frac{\alpha\pi}{\upsilon}}\left[\sin\frac{\upsilon x^2}{\alpha(x-\varpi)}+\cos\frac{\upsilon x^2}{\alpha(x-\varpi)}\right]\frac{\upsilon x^2\,d\varpi}{\alpha(x-\varpi)^2}$$

$$= \frac{\alpha}{\upsilon}F(-\alpha)\left[\sin\frac{\upsilon x^2}{\alpha\left(x+\alpha-\frac{\alpha\pi}{\upsilon}\right)}-\sin\frac{\upsilon x^2}{\alpha(x+\alpha)}-\cos\frac{\upsilon x^2}{\alpha\left(x+\alpha-\frac{\alpha\pi}{\upsilon}\right)}+\cos\frac{\upsilon x^2}{\alpha(x+\alpha)}\right]$$

$$= \frac{2\alpha}{\upsilon}F(-\alpha)\sin\frac{\pi x^2}{2(x+\alpha)\left(x+\alpha-\frac{\alpha\pi}{\upsilon}\right)}\left[\sin\frac{\upsilon x^2\left(x+\alpha-\frac{\alpha\pi}{2\upsilon}\right)}{\alpha(x+\alpha)\left(x+\alpha-\frac{\alpha\pi}{\upsilon}\right)}+\cos\frac{\upsilon x^2\left(x+\alpha-\frac{\alpha\pi}{2\upsilon}\right)}{\alpha(x+\alpha)\left(x+\alpha-\frac{\alpha\pi}{\upsilon}\right)}\right],$$

ou, parce que les arcs

$$\frac{\pi x^2}{2(x+\alpha)\left(x+\alpha-\frac{\alpha\pi}{\upsilon}\right)},\qquad \frac{\upsilon x^2\left(x+\alpha-\frac{\alpha\pi}{2\upsilon}\right)}{\alpha(x+\alpha)\left(x+\alpha-\frac{\alpha\pi}{\upsilon}\right)},$$

diffèrent très peu des arcs $\frac{\pi}{2}$, $\frac{\upsilon x^2}{\alpha(x+\alpha)}+\frac{\pi}{2}$,

$$(112)\qquad \int_{-\alpha}^{-\alpha+\frac{\alpha\pi}{\upsilon}} f(\varpi)\,d\varpi = 2\frac{\alpha}{\upsilon}\left[\cos\frac{\upsilon x^2}{\alpha(x+\alpha)}-\sin\frac{\upsilon x^2}{\alpha(x+\alpha)}\right]F(-\alpha).$$

On peut encore parvenir à la formule (112) en observant que, pour des valeurs de ϖ comprises entre les limites $-\alpha$, $-\alpha+\frac{\alpha\pi}{\upsilon}$, l'arc

$$\frac{\upsilon x^2}{\alpha(x-\varpi)} = \frac{\upsilon}{\alpha}\left(x+\varpi+\frac{\varpi^2}{x}+\frac{\varpi^3}{x^2}+\ldots\right),$$

est sensiblement égal à

$$\frac{\upsilon}{\alpha}\left(x+\varpi+\frac{\alpha^2}{x}-\frac{\alpha^3}{x^2}+\ldots\right),$$

d'où il résulte qu'on aura, par approximation,

$$\int_{-\alpha}^{-\alpha+\frac{\alpha\pi}{\upsilon}} \left[\sin\frac{\upsilon x^2}{\alpha(x-\varpi)} + \cos\frac{\upsilon x^2}{\alpha(x-\varpi)}\right] d\varpi$$

$$= \int_{-\alpha}^{-\alpha+\frac{\alpha\pi}{\upsilon}} \left[\sin\frac{\upsilon}{\alpha}\left(x+\varpi+\frac{\alpha^2}{x}-\frac{\alpha^3}{x^2}+\ldots\right) + \cos\frac{\upsilon}{\alpha}\left(x+\varpi+\frac{\alpha^2}{x}-\frac{\alpha^3}{x^2}+\ldots\right)\right] d\varpi$$

$$= \frac{2\alpha}{\upsilon}\left[\cos\frac{\upsilon}{\alpha}\left(x-\alpha+\frac{\alpha^2}{x}-\frac{\alpha^3}{x^2}+\ldots\right) - \sin\frac{\upsilon}{\alpha}\left(x-\alpha+\frac{\alpha^2}{x}-\frac{\alpha^3}{x^2}+\ldots\right)\right]$$

$$= \frac{2\alpha}{\upsilon}\left[\cos\frac{\upsilon x^2}{\alpha(x+\alpha)} - \sin\frac{\upsilon x^2}{\alpha(x+\alpha)}\right].$$

A l'aide des mêmes méthodes, on établira la formule

$$(113)\qquad \int_{\alpha-\frac{\alpha\pi}{\upsilon}}^{\alpha} f(\varpi)\,d\varpi = 2\frac{\alpha}{\upsilon}\left[\sin\frac{\upsilon x^2}{\alpha(x-\alpha)} - \cos\frac{\upsilon x^2}{\alpha(x-\alpha)}\right] F(\alpha).$$

Si l'on a égard à celle-ci et à l'équation (112), la formule (111) donnera

$$(114)\quad \int_{-\alpha}^{\alpha} f(\varpi)\,d\varpi = \frac{\alpha}{\upsilon}\left\{\left[\sin\frac{\upsilon x^2}{\alpha(x-\alpha)} - \cos\frac{\upsilon x^2}{\alpha(x-\alpha)}\right]F(\alpha) - \left[\sin\frac{\upsilon x^2}{\alpha(x+\alpha)} - \cos\frac{\upsilon x^2}{\alpha(x+\alpha)}\right]F(-\alpha)\right\},$$

et l'on tirera en conséquence de l'équation (106)

$$(115)\quad y = \frac{1}{\sqrt{2\pi x}}\left(\frac{\alpha}{\upsilon}\right)^{\frac{1}{2}}\left\{\left[\sin\frac{\upsilon x^2}{\alpha(x-\alpha)} - \cos\frac{\upsilon x^2}{\alpha(x-\alpha)}\right]F(\alpha) - \left[\sin\frac{\upsilon x^2}{\alpha(x+\alpha)} - \cos\frac{\upsilon x^2}{\alpha(x+\alpha)}\right]F(-\alpha)\right\}.$$

Telle est la valeur approchée de y, dans le cas où la quantité υ devient très grande. Si l'on suppose en outre

$$F(\alpha) = F(-\alpha),$$

on aura simplement

$$(116)\quad \begin{cases} y = \dfrac{1}{\sqrt{2\pi x}}\left(\dfrac{\alpha}{\upsilon}\right)^{\frac{1}{2}}\left[\sin\dfrac{\upsilon x^2}{\alpha(x-\alpha)} - \sin\dfrac{\upsilon x^2}{\alpha(x+\alpha)} - \cos\dfrac{\upsilon x^2}{\alpha(x-\alpha)} + \cos\dfrac{\upsilon x^2}{\alpha(x+\alpha)}\right]F(\alpha) \\ \quad = \left(\dfrac{2}{\pi}\right)^{\frac{1}{2}}\left(\dfrac{\alpha}{\upsilon x}\right)^{\frac{1}{2}}\left[\sin\dfrac{\upsilon x^3}{\alpha(x^2-\alpha^2)} + \cos\dfrac{\upsilon x^3}{\alpha(x^2-\alpha^2)}\right]\sin\dfrac{\upsilon x^2}{x^2-\alpha^2}\,F(\alpha). \end{cases}$$

Lorsque la valeur υ, étant déjà très considérable, reste néanmoins très petite par rapport à $\frac{x}{\alpha}$; par exemple, lorsque cette valeur est comparable à $\sqrt{\frac{x}{\alpha}}$, les arcs

$$\frac{\upsilon x^3}{\alpha(x^2-\alpha^2)} = \frac{\upsilon x}{\alpha}\left(1+\frac{\alpha^2}{x^2}+\frac{\alpha^4}{x^4}+\ldots\right) = \frac{\upsilon x}{\alpha}+\frac{\upsilon\alpha}{x}+\ldots,$$

et

$$\frac{\upsilon x^2}{x^2-\alpha^2} = \upsilon\left(1+\frac{\alpha^2}{x^2}+\ldots\right) = \upsilon+\frac{\upsilon\alpha^2}{x^2}+\ldots$$

diffèrent très peu des deux quantités

$$\frac{\upsilon x}{\alpha} \text{ et } \upsilon,$$

en sorte que l'équation (116) se réduit à

$$(117) \qquad y = \frac{2}{\sqrt{2\pi x}}\left(\frac{\alpha}{\upsilon}\right)^{\frac{1}{2}}\left(\sin\frac{\upsilon x}{\alpha}+\cos\frac{\upsilon x}{\alpha}\right)\sin\upsilon\,\mathrm{F}(\alpha).$$

Cette dernière coïncide précisément avec celle qu'on obtiendrait en substituant, dans l'équation (23), à l'intégrale

$$\int_0^\alpha \cos\frac{\upsilon\varpi}{\alpha}\,\mathrm{F}(\varpi)\,d\varpi$$

sa valeur approchée, tirée de la formule (82).

Discutons maintenant la valeur de y fournie par l'équation (115). Si, en conservant à t une valeur constante, on attribue à l'abscisse x un accroissement Δx inférieur ou tout au plus égal à $\frac{2\pi\alpha}{\upsilon}$, les diminutions correspondantes de chacun des arcs

$$\frac{\upsilon x^2}{\alpha(x-\alpha)} = \frac{gt^2}{4(x-\alpha)}, \quad \frac{\upsilon x^2}{\alpha(x+\alpha)} = \frac{gt^2}{4(x+\alpha)}$$

différeront très peu de la quantité

$$\frac{\upsilon}{\alpha}\Delta x,$$

comprise entre les limites o, 2π; et, pendant que cette quantité passera de la première limite à la seconde, l'ordonnée y obtiendra diverses valeurs, les unes positives, les autres négatives, dont la plus grande sera

$$(118)\qquad y=\frac{1}{\sqrt{\pi x}}\left(\frac{\alpha}{\upsilon}\right)^{\frac{1}{2}}\left\{[F(\alpha)]^2+[F(-\alpha)]^2-2\cos\frac{2\upsilon x^2}{x^2-\alpha^2}F(\alpha)F(-\alpha)\right\}^{\frac{1}{2}}.$$

Cette dernière se réduit à

$$(119)\qquad y=\frac{2}{\sqrt{\pi x}}\left(\frac{\alpha}{\upsilon}\right)^{\frac{1}{2}}\left\{\left[\sin\frac{\upsilon x^2}{x^2-\alpha^2}F(\alpha)\right]^2\right\}^{\frac{1}{2}},$$

quand on suppose $F(\alpha)=F(-\alpha)$. D'ailleurs si, dans la formule (24), on substitue pour l'intégrale

$$\int_0^{\alpha}\cos\frac{\upsilon\varpi}{\alpha}F(\varpi)\,d\varpi$$

sa valeur approchée, tirée de l'équation (82), on trouvera

$$(120)\qquad y=\frac{2}{\sqrt{\pi x}}\left(\frac{\alpha}{\upsilon}\right)^{\frac{1}{2}}\left\{[\sin\upsilon\, F(\alpha)]^2\right\}^{\frac{1}{2}}.$$

Comme les formules (116) et (119) coïncident avec les formules (117) et (120) à l'époque où la quantité υ devient très grande en restant comparable à $\sqrt{\frac{x}{\alpha}}$, il est clair que les ondes produites à cette époque seront entièrement semblables à celles qui avaient lieu, lorsque la quantité υ conservait une valeur finie. Seulement, les nouvelles ondes seront beaucoup moins sensibles que les précédentes, vu la grandeur supposée de υ, qui rendra très petite la fraction $\frac{\alpha}{\upsilon}$. Lorsque, le temps venant encore à croître, la quantité υ deviendra comparable à $\frac{x}{\alpha}$, ou même à $\frac{x^2}{\alpha^2}$, ... les valeurs approchées de y fournies par les équations (116) et (119) convergeront de plus en plus vers la limite zéro. La même remarque s'applique à la valeur approchée de y que fournit l'équation (115). Ajoutons que ces diverses valeurs approchées disparaîtront toutes simultanément, si l'on suppose

$$\text{(121)} \qquad F(\alpha) = F(-\alpha) = 0,$$

c'est-à-dire, si la courbe représentée par l'équation (20) rencontre l'axe des x à ses deux extrémités. Donc, toutes les fois que cette condition sera remplie, les ondes correspondantes à de grandes valeurs de υ deviendront tout à fait insensibles.

Avant de passer à des considérations nouvelles, il sera bon de faire voir que l'intégration par parties, appliquée à l'intégrale

$$\text{(122)} \qquad \int_{-\alpha}^{\alpha} \left[\sin\frac{\upsilon x^2}{\alpha(x-\varpi)} + \cos\frac{\upsilon x^2}{\alpha(x-\varpi)}\right] F(\varpi)\, d\varpi,$$

conduit à une formule qui comprend comme cas particulier l'équation (115). En effet, α étant supposé très petit par rapport à x, on trouvera

$$\begin{aligned}
&\int_{-\alpha}^{\alpha} \left[\sin\frac{\upsilon x^2}{\alpha(x-\varpi)} + \cos\frac{\upsilon x^2}{\alpha(x-\varpi)}\right] F(\varpi)\, d\varpi \\
&= \frac{\alpha}{\upsilon}\int_{-\alpha}^{\alpha} \left[\sin\frac{\upsilon x^2}{\alpha(x-\varpi)} + \cos\frac{\upsilon x^2}{\alpha(x-\varpi)}\right] F(\varpi)\, \frac{\upsilon x^2\, d\varpi}{\alpha(x-\varpi)^2} \\
&= \frac{\alpha}{\upsilon}\left\{\left[\sin\frac{\upsilon x^2}{\alpha(x-\alpha)} - \cos\frac{\upsilon x^2}{\alpha(x-\alpha)}\right] F(\alpha) - \left[\sin\frac{\upsilon x^2}{\alpha(x+\alpha)} - \cos\frac{\upsilon x^2}{\alpha(x+\alpha)}\right] F(-\alpha)\right\} \\
&\quad - \frac{\alpha}{\upsilon}\int_{-\alpha}^{\alpha} \left[\sin\frac{\upsilon x^2}{\alpha(x-\varpi)} - \cos\frac{\upsilon x^2}{\alpha(x-\varpi)}\right] F'(\varpi)\, d\varpi.
\end{aligned}$$

En opérant de la même manière sur l'intégrale

$$\int_{-\alpha}^{\alpha} \left[\sin\frac{\upsilon x^2}{\alpha(x-\varpi)} - \cos\frac{\upsilon x^2}{\alpha(x-\varpi)}\right] F'(\varpi)\, d\varpi,$$

et sur celles qui viendront successivement la remplacer, on obtiendra un développement en série de l'intégrale (122); puis, en substituant ce développement à l'intégrale elle-même dans l'équation (10), on trouvera définitivement

$$
(123)\quad \left\{
\begin{aligned}
y = \frac{\left(\frac{\alpha}{\upsilon}\right)^{\frac{1}{2}}}{\sqrt{2\pi x}} \Bigg(& \left[\sin\frac{\upsilon x^2}{\alpha(x-\alpha)} - \cos\frac{\upsilon x^2}{\alpha(x-\alpha)}\right] F(\alpha) - \left[\sin\frac{\upsilon x^2}{\alpha(x+\alpha)} - \cos\frac{\upsilon x^2}{\alpha(x+\alpha)}\right] F(-\alpha) \\
& + \frac{\alpha}{\upsilon}\left\{\left[\sin\left(\frac{\upsilon x^2}{\alpha(x-\alpha)} + \frac{\pi}{2}\right) - \cos\left(\frac{\upsilon x^2}{\alpha(x-\alpha)} + \frac{\pi}{2}\right)\right] F'(\alpha)\right. \\
& \qquad \left. - \left[\sin\left(\frac{\upsilon x^2}{\alpha(x+\alpha)} + \frac{\pi}{2}\right) - \cos\left(\frac{\upsilon x^2}{\alpha(x+\alpha)} + \frac{\pi}{2}\right)\right] F'(-\alpha)\right\} \\
& + \frac{\alpha^2}{\upsilon^2}\left\{\left[\sin\left(\frac{\upsilon x^2}{\alpha(x-\alpha)} + \pi\right) - \cos\left(\frac{\upsilon x^2}{\alpha(x-\alpha)} + \pi\right)\right] F''(\alpha)\right. \\
& \qquad \left. - \left[\sin\left(\frac{\upsilon x^2}{\alpha(x+\alpha)} + \pi\right) - \cos\left(\frac{\upsilon x^2}{\alpha(x+\alpha)} + \pi\right)\right] F''(-\alpha)\right\} \\
& + \ldots\ldots\ldots\ldots\ldots\ldots\ldots\ldots\ldots\ldots\ldots\ldots \\
& + \frac{\alpha^{n-1}}{\upsilon^{n-1}}\left\{\left[\sin\left(\frac{\upsilon x^2}{\alpha(x-\alpha)} + \frac{(n-1)\pi}{2}\right) - \cos\left(\frac{\upsilon x^2}{\alpha(x-\alpha)} + \frac{(n-1)\pi}{2}\right)\right] F^{(n-1)}(\alpha)\right. \\
& \qquad \left. - \left[\sin\left(\frac{\upsilon x^2}{\alpha(x+\alpha)} + \frac{(n-1)\pi}{2}\right) - \cos\left(\frac{\upsilon x^2}{\alpha(x+\alpha)} + \frac{(n-1)\pi}{2}\right)\right] F^{(n-1)}(-\alpha)\right\} \\
& - \frac{\alpha^{n-1}}{\upsilon^{n-1}}\int_{-\alpha}^{\alpha}\left[\sin\left(\frac{\upsilon x^2}{\alpha(x-\varpi)} + \frac{(n-1)\pi}{2}\right) - \cos\left(\frac{\upsilon x^2}{\alpha(x-\varpi)} + \frac{(n-1)\pi}{2}\right)\right] F^{(n)}(\varpi)\, d\varpi \Bigg).
\end{aligned}
\right.
$$

Lorsqu'on supprime dans l'équation précédente les termes qui ont pour facteurs $\frac{\alpha}{\upsilon}$, $\frac{\alpha^2}{\upsilon^2}$, ..., on retrouve précisément la formule (115).

Les calculs que nous venons d'effectuer deviendraient un peu plus simples, si l'on n'appliquait l'intégration par parties à l'intégrale (122), qu'après l'avoir transformée, en posant

$$
(124)\qquad \frac{x^2}{x-\varpi} = \frac{1}{2}\left(\frac{x^2}{x-\alpha} + \frac{x^2}{x+\alpha}\right) + \mu = \frac{x^3}{x^2-\alpha^2} + \mu.
$$

Alors aux limites $-\alpha$, $+\alpha$ de la variable ϖ correspondraient les limites

$$
-\frac{\alpha x^2}{x^2-\alpha^2}, \quad +\frac{\alpha x^2}{x^2-\alpha^2}
$$

de la variable μ; et, comme l'équation (124) donnerait, à très peu près, $\varpi = \mu$, l'équation (10) se réduirait à

$$(125)\quad \left\{\begin{aligned} y &= \frac{1}{\sqrt{2\pi x}}\left(\frac{\upsilon}{\alpha}\right)^{\frac{1}{2}} \int_{-\frac{\alpha x^2}{x^2-\alpha^2}}^{\frac{\alpha x^2}{x^2-\alpha^2}} \left[\sin\frac{\upsilon}{\alpha}\left(\frac{x^3}{x^2-\alpha^2}+\mu\right)+\cos\frac{\upsilon}{\alpha}\left(\frac{x^3}{x^2-\alpha^2}+\mu\right)\right] F(\mu)\,d\mu \\ &= \frac{1}{\sqrt{2\pi x}}\left(\frac{\upsilon}{\alpha}\right)^{\frac{1}{2}} \left\{ \left[\cos\frac{\upsilon x^3}{\alpha(x^2-\alpha^2)}+\sin\frac{\upsilon x^3}{\alpha(x^2-\alpha^2)}\right]\int_{-\frac{\alpha x^2}{x^2-\alpha^2}}^{\frac{\alpha x^2}{x^2-\alpha^2}} \cos\frac{\upsilon\mu}{\alpha} F(\mu)\,d\mu \right. \\ &\qquad \left. + \left[\cos\frac{\upsilon x^3}{\alpha(x^2-\alpha^2)}-\sin\frac{\upsilon x^3}{\alpha(x^2-\alpha^2)}\right]\int_{-\frac{\alpha x^2}{x^2-\alpha^2}}^{\frac{\alpha x^2}{x^2-\alpha^2}} \sin\frac{\upsilon\mu}{\alpha} F(\mu)\,d\mu \right\}. \end{aligned}\right.$$

En appliquant l'intégration par parties aux intégrales que renferme l'équation (125), puis observant qu'on peut, sans erreur sensible, sous les signes F, F', F'', ..., remplacer $\pm\frac{\alpha x^2}{x^2-\alpha^2}$ par $\pm\alpha$, on obtiendrait de nouveau la formule (123). D'autre part, si, en conservant à t une valeur constante, on attribue à l'abscisse x un accroissement Δx inférieur ou tout au plus égal à $\frac{2\pi\alpha}{\upsilon}$, la diminution correspondante de l'arc

$$\frac{\upsilon x^3}{\alpha(x^2-\alpha^2)} = \frac{gt^2 x}{4(x^2-\alpha^2)}$$

différera très peu de la quantité $\frac{\upsilon}{\alpha}\Delta x$, comprise entre les limites o, 2π; et, pendant que cette quantité passera de la première limite à la seconde, l'ordonnée y, déterminée par l'équation (125), obtiendra diverses valeurs, les unes positives, les autres négatives, dont la plus grande sera

$$(126)\quad y = \frac{1}{\sqrt{\pi x}}\left(\frac{\upsilon}{\alpha}\right)^{\frac{1}{2}}\left\{\left[\int_{-\frac{\alpha x^2}{x^2-\alpha^2}}^{\frac{\alpha x^2}{x^2-\alpha^2}} \cos\frac{\upsilon\mu}{\alpha} F(\mu)\,d\mu\right]^2 + \left[\int_{-\frac{\alpha x^2}{x^2-\alpha^2}}^{\frac{\alpha x^2}{x^2-\alpha^2}} \sin\frac{\upsilon\mu}{\alpha} F(\mu)\,d\mu\right]^2\right\}^{\frac{1}{2}}.$$

Lorsqu'on suppose $F(\mu) = F(-\mu)$, en permettant aux dérivées de la fonction $F(\mu)$ d'offrir des solutions de continuité pour la valeur particulière $\mu = 0$, les formules (125) et (126) doivent être remplacées par les suivantes :

$$(127)\qquad y=\frac{2}{\sqrt{2\pi x}}\left(\frac{\upsilon}{\alpha}\right)^{\frac{1}{2}}\left[\cos\frac{\upsilon x^3}{\alpha(x^2-\alpha^2)}+\sin\frac{\upsilon x^3}{\alpha(x^2-\alpha^2)}\right]\int_0^{\frac{\alpha x^2}{x^2-\alpha^2}}\cos\frac{\upsilon\mu}{\alpha}\,F(\mu)\,d\mu,$$

et

$$(128)\qquad y=\frac{2}{\sqrt{\pi x}}\left(\frac{\upsilon}{\alpha}\right)^{\frac{1}{2}}\left\{\left[\int_0^{\frac{\alpha x^2}{x^2-\alpha^2}}\cos\frac{\upsilon\mu}{\alpha}\,F(\mu)\,d\mu\right]^2\right\}^{\frac{1}{2}}.$$

De plus, si l'on applique l'intégration par parties à l'intégrale comprise dans la dernière formule, on trouvera, à très peu près,

$$(129)\quad\left\{\begin{aligned}&\int_0^{\frac{\alpha x^2}{x^2-\alpha^2}}\cos\frac{\upsilon\mu}{\alpha}\,F(\mu)\,d\mu\\&=\frac{\alpha}{\upsilon}\left[\sin\frac{\upsilon x^2}{x^2-\alpha^2}\,F(\alpha)-\sin(0)\,F(0)\right]\\&\quad+\frac{\alpha^2}{\upsilon^2}\left[\sin\left(\frac{\upsilon x^2}{x^2-\alpha^2}+\frac{\pi}{2}\right)F'(\alpha)-\sin\left(\frac{\pi}{2}\right)F'(0)\right]+\ldots\\&\quad+\frac{\alpha^n}{\upsilon^n}\left\{\sin\left[\frac{\upsilon x^2}{x^2-\alpha^2}+\frac{(n-1)\pi}{2}\right]F^{(n-1)}(\alpha)-\sin\frac{(n-1)\pi}{2}\,F^{(n-1)}(0)\right\}\\&\quad-\frac{\alpha^n}{\upsilon^n}\int_0^{\frac{\alpha x^2}{x^2-\alpha^2}}\sin\left[\frac{\upsilon\mu}{\alpha}+\frac{(n-1)\pi}{2}\right]F^{(n)}(\mu)\,d\mu,\end{aligned}\right.$$

et en conséquence la formule (128) donnera

$$(130)\quad\left\{\begin{aligned}y=\pm\frac{2\left(\frac{\alpha}{\upsilon}\right)^{\frac{1}{2}}}{\sqrt{\pi x}}\Bigg\{&\sin\frac{\upsilon x^2}{x^2-\alpha^2}\,F(\alpha)+\frac{\alpha}{\upsilon}\sin\left(\frac{\upsilon x^2}{x^2-\alpha^2}+\frac{\pi}{2}\right)F'(\alpha)+\ldots\\&+\frac{\alpha^{n-1}}{\upsilon^{n-1}}\sin\left[\frac{\upsilon x^2}{x^2-\alpha^2}+\frac{(n-1)\pi}{2}\right]F^{(n-1)}(\alpha)\\&-\sin(0)\,F(0)-\frac{\alpha}{\upsilon}\sin\frac{\pi}{2}\,F'(0)-\ldots\\&-\frac{\alpha^{n-1}}{\upsilon^{n-1}}\sin\frac{(n-1)\pi}{2}\,F^{(n-1)}(0)\\&-\frac{\alpha^{n-1}}{\upsilon^{n-1}}\int^{\frac{\alpha x^2}{x^2-\alpha^2}}\sin\left[\frac{\upsilon\mu}{\alpha}+\frac{(n-1)\pi}{2}\right]F^{(n)}(\mu)\,d\mu\Bigg\}.\end{aligned}\right.$$

Ajoutons que, si l'on attribue à υ une valeur finie, ou bien une valeur très grande, mais comparable à $\sqrt{\frac{x}{\alpha}}$, l'on pourra, sans erreur sensible, remplacer la fraction $\frac{x^2}{x^2-\alpha^2}$ par l'unité dans les formules (125), (126), (127), (128), (129), et qu'alors ces formules coïncideront avec les équations (12), (14), (23), (24) et (103).

Si l'on appliquait l'intégration par parties aux deux intégrales que renferme l'équation (126), on obtiendrait une formule analogue à la formule (130), et qui offrirait encore la valeur de y exprimée par une série qu'il serait facile d'ordonner suivant les puissances ascendantes de $\frac{1}{\upsilon}$. Observons toutefois que cette nouvelle formule se rapporterait, comme les formules (81) et (130), aux cas où les dérivées de la fonction $F(\mu)$ conservent des valeurs finies, 1° pour $\mu = 0$, 2° pour $\mu = \pm\alpha$. S'il en était autrement, on ne pourrait plus se servir des équations (81), (103), (130), ... pour déterminer les ondes correspondantes à des valeurs sensibles ou à de très grandes valeurs de υ. Mais on y parviendrait, en transformant la valeur de y, et la développant en série à l'aide des considérations suivantes.

Si l'on désigne par $f(\mu)$ une fonction telle que l'intégrale

$$\int_0^\mu f(\mu+\nu\sqrt{-1})\,d\mu$$

conserve une valeur finie et déterminée pour toutes les valeurs de μ et de ν comprises entre les limites $\mu=-m$, $\mu=+m$, $\nu=0$, $\nu=\infty$, si l'on suppose en outre que l'expression $f(\mu+\nu\sqrt{-1})$ ne varie jamais d'une manière brusque entre ces limites, et s'évanouisse pour $\nu=\infty$, il suffira d'intégrer entre les mêmes limites les deux membres de l'équation identique

$$\frac{\partial f(\mu+\nu\sqrt{-1})}{\partial\nu} = \sqrt{-1}\,\frac{\partial f(\mu+\nu\sqrt{-1})}{\partial\mu},$$

pour en déduire la formule

$$\int_{-m}^{m} f(\mu)\,d\mu = \frac{1}{\sqrt{-1}}\int_0^\infty \left[f(m+\nu\sqrt{-1}) - f(-m+\nu\sqrt{-1})\right]d\nu.$$

Au contraire, en effectuant les intégrations entre les limites $\mu = 0$, $\mu = m$, $\nu = 0$, $\nu = \infty$, on trouverait

$$\int_0^m f(\mu)\,d\mu = \frac{1}{\sqrt{-1}}\int_0^\infty \left[f(m+\nu\sqrt{-1}) - f(\nu\sqrt{-1})\right] d\nu.$$

Si dans ces dernières formules on remplace $f(\mu)$ par $F(\mu)\,e^{\upsilon\mu\sqrt{-1}}$, et ν par $\frac{\mu}{\upsilon}$, on en tirera

$$(131)\quad \left\{\begin{aligned} &\int_{-m}^{m} F(\mu)\, e^{\upsilon\mu\sqrt{-1}}\,d\mu \\ &= \frac{1}{\upsilon\sqrt{-1}}\int_0^\infty \left[e^{m\upsilon\sqrt{-1}}\,F\left(m+\frac{\mu}{\upsilon}\sqrt{-1}\right) - e^{-m\upsilon\sqrt{-1}}\,F\left(-m+\frac{\mu}{\upsilon}\sqrt{-1}\right)\right] e^{-\mu}\,d\mu, \end{aligned}\right.$$

$$(132)\quad \left\{\begin{aligned} &\int_{0}^{m} F(\mu)\, e^{\upsilon\mu\sqrt{-1}}\,d\mu \\ &= \frac{1}{\upsilon\sqrt{-1}}\int_0^\infty \left[e^{m\upsilon\sqrt{-1}}\,F\left(m+\frac{\mu}{\upsilon}\sqrt{-1}\right) - F\left(\frac{\mu}{\upsilon}\sqrt{-1}\right)\right] e^{-\mu}\,d\mu, \end{aligned}\right.$$

et par suite

$$(133)\quad \left\{\begin{aligned} &\int_{-m}^{m} F(\mu)\cos(\upsilon\mu)\,d\mu \\ &= \frac{1}{\upsilon}\int_0^\infty \frac{e^{m\upsilon\sqrt{-1}}\,F\left(m+\frac{\mu}{\upsilon}\sqrt{-1}\right) - e^{-m\upsilon\sqrt{-1}}\,F\left(m-\frac{\mu}{\upsilon}\sqrt{-1}\right)}{2\sqrt{-1}}\,e^{-\mu}\,d\mu \\ &\quad -\frac{1}{\upsilon}\int_0^\infty \frac{e^{-m\upsilon\sqrt{-1}}\,F\left(-m+\frac{\mu}{\upsilon}\sqrt{-1}\right) - e^{m\upsilon\sqrt{-1}}\,F\left(-m-\frac{\mu}{\upsilon}\sqrt{-1}\right)}{2\sqrt{-1}}\,e^{-\mu}\,d\mu, \end{aligned}\right.$$

$$(134)\quad \left\{\begin{aligned} &\int_{-m}^{m} F(\mu)\sin(\upsilon\mu)\,d\mu \\ &= -\frac{1}{\upsilon}\int_0^\infty \frac{e^{m\upsilon\sqrt{-1}}\,F\left(m+\frac{\mu}{\upsilon}\sqrt{-1}\right) + e^{-m\upsilon\sqrt{-1}}\,F\left(m-\frac{\mu}{\upsilon}\sqrt{-1}\right)}{2}\,e^{-\mu}\,d\mu \\ &\quad +\frac{1}{\upsilon}\int^\infty \frac{e^{-m\upsilon\sqrt{-1}}\,F\left(-m+\frac{\mu}{\upsilon}\sqrt{-1}\right) + e^{m\upsilon\sqrt{-1}}\,F\left(-m+\frac{\mu}{\upsilon}\sqrt{-1}\right)}{2}\,e^{-\mu}\,d\mu, \end{aligned}\right.$$

$$(135)\left\{\begin{aligned}&\int_0^m \mathrm{F}(\mu)\cos(\upsilon\mu)\,d\mu\\&=\frac{1}{\upsilon}\int_0^\infty \frac{e^{m\upsilon\sqrt{-1}}\,\mathrm{F}\left(m+\frac{\mu}{\upsilon}\sqrt{-1}\right)-e^{-m\upsilon\sqrt{-1}}\,\mathrm{F}\left(m-\frac{\mu}{\upsilon}\sqrt{-1}\right)}{2\sqrt{-1}}e^{-\mu}\,d\mu\\&-\frac{1}{\upsilon}\int_0^\infty \frac{\mathrm{F}\left(\frac{\mu}{\upsilon}\sqrt{-1}\right)-\mathrm{F}\left(-\frac{\mu}{\upsilon}\sqrt{-1}\right)}{2\sqrt{-1}}e^{-\mu}\,d\mu,\end{aligned}\right.$$

$$(136)\left\{\begin{aligned}&\int_0^m \mathrm{F}(\mu)\sin(\upsilon\mu)\,d\mu\\&=-\frac{1}{\upsilon}\int_0^\infty \frac{e^{m\upsilon\sqrt{-1}}\,\mathrm{F}\left(m+\frac{\mu}{\upsilon}\sqrt{-1}\right)+e^{-m\upsilon\sqrt{-1}}\,\mathrm{F}\left(m-\frac{\mu}{\upsilon}\sqrt{-1}\right)}{2}e^{-\mu}\,d\mu\\&+\frac{1}{\upsilon}\int_0^\infty \frac{\mathrm{F}\left(\frac{\mu}{\upsilon}\sqrt{-1}\right)+\mathrm{F}\left(-\frac{\mu}{\upsilon}\sqrt{-1}\right)}{2}e^{-\mu}\,d\mu.\end{aligned}\right.$$

Or, il suffira évidemment de développer les seconds membres de ces équations en séries ordonnées suivant les puissances ascendantes de $\frac{1}{\upsilon}$, puis de remplacer μ par ϖ, m par α ou par la fraction $\frac{\alpha x^2}{x^2-\alpha^2}$ qui diffère très peu de α, et υ par $\frac{\upsilon}{\alpha}$, pour obtenir les valeurs des intégrales

$$\int_{-\alpha}^{\alpha}\cos\frac{\upsilon\varpi}{\alpha}\,\mathrm{F}(\varpi)\,d\varpi,\qquad \int_{-\alpha}^{\alpha}\sin\frac{\upsilon\varpi}{\alpha}\,\mathrm{F}(\varpi)\,d\varpi,\qquad \int_{0}^{\alpha}\cos\frac{\upsilon\varpi}{\alpha}\,\mathrm{F}(\varpi)\,d\varpi,$$

$$\int_{-\frac{\alpha x^2}{x^2-\alpha^2}}^{\frac{\alpha x^2}{x^2-\alpha^2}}\cos\frac{\upsilon\mu}{\alpha}\,\mathrm{F}(\mu)\,d\mu,\qquad \int_{-\frac{\alpha x^2}{x^2-\alpha^2}}^{\frac{\alpha x^2}{x^2-\alpha^2}}\sin\frac{\upsilon\mu}{\alpha}\,\mathrm{F}(\mu)\,d\mu,\qquad \int_{0}^{\frac{\alpha x^2}{x^2-\alpha^2}}\cos\frac{\upsilon\mu}{\alpha}\,\mathrm{F}(\mu)\,d\mu,$$

développées en séries du même genre. Lorsque les dérivées de la fonction $\mathrm{F}(\mu)$ conserveront des valeurs finies, 1° pour $\mu=0$, 2° pour $\mu=\pm\alpha$, les séries trouvées coïncideront avec celles que renferment les équations (81), (130), ... Mais, si la condition que nous venons d'énoncer n'est pas remplie, on parviendra évidemment à des séries et à des formules nouvelles qui devront être employées dans la détermination des ondes relatives à des valeurs sensibles ou à de très grandes valeurs de υ.

Concevons, pour fixer les idées, que la courbe représentée par l'équation (20) soit une ellipse, et que cette équation se réduise à

$$(137) \qquad y = -h\left(1 - \frac{x^2}{\alpha^2}\right)^{\frac{1}{2}}.$$

Comme on aura, dans ce cas, $F(\varpi) = -h\left(1 - \frac{\varpi^2}{\alpha^2}\right)^{\frac{1}{2}}$, on conclura de la formule (135)

$$\int_0^\alpha \cos\frac{\upsilon\varpi}{\alpha}\, F(\varpi)\, d\varpi$$
$$= -\frac{\alpha h}{\upsilon}\left(\frac{2}{\upsilon}\right)^{\frac{1}{2}} \int_0^\infty \frac{e^{\left(\upsilon-\frac{\pi}{4}\right)\sqrt{-1}}\left(1+\frac{\mu}{2\upsilon}\sqrt{-1}\right)^{\frac{1}{2}} - e^{-\left(\upsilon-\frac{\pi}{4}\right)\sqrt{-1}}\left(1-\frac{\mu}{2\upsilon}\sqrt{-1}\right)^{\frac{1}{2}}}{2\sqrt{-1}}\, \mu^{\frac{1}{2}} e^{-\mu}\, d\mu;$$

puis, en développant l'intégrale relative à μ en une série ordonnée suivant les puissances ascendantes de $\frac{1}{\upsilon}$, et observant que l'on a généralement, pour des valeurs entières de n,

$$\int_0^\infty \mu^{2n-\frac{1}{2}} e^{-\mu}\, d\mu = \Gamma\left(2n+\frac{1}{2}\right) = \frac{1}{2}\cdot\frac{3}{2}\cdot\frac{5}{2}\cdots\frac{2n-1}{2}\pi^{\frac{1}{2}},$$

on trouvera

$$(138)\left\{\begin{aligned} &\int_0^\alpha \cos\frac{\upsilon\varpi}{\alpha}\, F(\varpi)\, d\varpi \\ &= -\frac{\alpha h}{\upsilon}\left(\frac{\pi}{2\upsilon}\right)^{\frac{1}{2}}\left\{\left[1+\frac{1}{4}\,\frac{1.3.5}{2.2.2}\left(\frac{1}{2\upsilon}\right)^2 - \ldots\right]\sin\left(\upsilon-\frac{\pi}{4}\right)\right. \\ &\qquad\left. + \left[\frac{1.3}{2.2}\left(\frac{1}{2\upsilon}\right) - \frac{1.3}{4.6}\,\frac{1.3.5.7}{2.2.2.2}\left(\frac{1}{2\upsilon}\right)^3 + \ldots\right]\cos\left(\upsilon-\frac{\pi}{4}\right)\right\}.\end{aligned}\right.$$

L'équation (138) se rapporterait non plus à une ellipse, mais à un cercle, si l'on supposait $h = \alpha$. Enfin, si l'équation (20) représentait une courbe parabolique, et se réduisait à

$$(139) \qquad y = -h\left(1 - \frac{x}{\alpha}\right)^a,$$

a désignant une quantité positive, on trouverait $\mathrm{F}(\varpi) = -h\left(1 - \frac{\varpi}{\alpha}\right)^a$, et l'on tirerait de la formule (135)

$$(140) \left\{ \begin{aligned} &\int_0^\alpha \cos\frac{\upsilon\varpi}{\alpha}\,\mathrm{F}(\varpi)\,d\varpi \\ &= \frac{\alpha h}{\upsilon}\int_0^\infty \left[\frac{\left(1 - \frac{\mu}{\upsilon}\sqrt{-1}\right)^a - \left(1 + \frac{\mu}{\upsilon}\sqrt{-1}\right)^a}{2\sqrt{-1}} - \left(\frac{\mu}{\upsilon}\right)^a \sin\left(\upsilon - \frac{a\pi}{2}\right) \right] e^{-\mu}\,d\mu \\ &= -\frac{\alpha h}{\upsilon}\left[\frac{\Gamma(a+1)}{\upsilon^a}\sin\left(\upsilon - \frac{a\pi}{2}\right) + \frac{a}{\upsilon} - \frac{a(a-1)(a-2)}{\upsilon^3} + \dots \right]. \end{aligned} \right.$$

En substituant les formules (139), (140), ... à l'équation (81), on déterminerait facilement les sommets et les points les plus bas des ondes propagées avec des vitesses constantes, et relatives aux diverses formes de la courbe représentée par l'équation (20). On ne doit pas oublier qu'il s'agit ici uniquement des points les plus bas de la surface qui enveloppe supérieurement ces mêmes ondes, ou, en d'autres termes, des points *de passage* de la première onde à la deuxième, de la deuxième à la troisième, etc. Ces points de passage, que M. Poisson a déterminés, dans le cas où la courbe se réduit à une parabole du second degré, ont été désignés par ce géomètre sous le nom de *nœuds*, et il appelle *dents* des ondes ce que nous avons appelé *sillons*.

La méthode qu'on vient d'exposer fournit aussi le moyen d'établir dans les différents cas les formules qui doivent être substituées à l'équation (130).

Jusqu'à présent nous avons fait abstraction de l'une des trois dimensions de la masse fluide, ou, en d'autres termes, nous avons supposé que le mouvement s'effectuait de la même manière dans tous les plans parallèles au plan des x, y; ce qui arriverait, par exemple, si, le fluide étant renfermé dans un canal rectiligne et d'une largeur constante, on faisait naître le mouvement par l'immersion d'un prisme ou d'un cylindre dont la longueur serait perpendiculaire à celle du canal. Concevons maintenant que l'on restitue au fluide ses trois dimensions, et que la cause du mouvement soit une altération primitive du niveau dans une petite portion de surface adjacente à l'origine des coordonnées. Les lois de la propagation des ondes ne devront plus être déduites de la formule (b), mais de celle qu'on obtient en substituant à la quantité Q, dans l'équation (a), le premier des termes qui composent la valeur de cette quantité dans la seconde des formules (80) (IIe Partie). Il faudra donc, à la place de la formule (b), employer la suivante :

$$(141)\quad y=\frac{1}{2\pi^2}\int_0^\infty\int_0^\infty\int_{-\infty}^\infty\int_{-\infty}^\infty \cos(\mu\nu)^{\frac{1}{4}} g^{\frac{1}{2}} t \sin\nu \cos\frac{(\varpi-x)^2+(\rho-z)^2}{4}\,\mu\,\mathrm{F}(\varpi,\rho)\,d\mu\,d\nu\,d\varpi\,d\rho.$$

En opérant sur cette dernière, comme sur l'équation (57) de la troisième Partie, on trouvera

$$(142)\quad y=\frac{1}{\pi^2}\int_0^\infty\int_0^\infty\int_{-\infty}^\infty\int_{-\infty}^\infty \cos\left[\frac{2gt^2}{\sqrt{(x-\varpi)^2+(z-\rho)^2}}\right]^{\frac{1}{2}} \mu^{\frac{1}{4}}\nu^{\frac{1}{4}} \sin(\mu+\nu)\,\mathrm{F}(\varpi,\rho)\,\frac{d\mu\,d\nu\,d\varpi\,d\rho}{(x-\varpi)^2+(\rho-z)^2}.$$

On a d'ailleurs, en vertu des équations (6), (13) et (15) de la Note IV,

$$(143)\quad \int_0^\infty\int_0^\infty f\left(2k\mu^{\frac{1}{2}}\nu^{\frac{1}{2}}\right)\sin(\mu+\nu)\,d\mu\,d\nu=\frac{\partial}{\partial k}\int_0^\infty\int_0^{\frac{\pi}{2}} k\cos\theta\cos\mu\, f(k\mu\cos\theta)\,d\mu\,d\theta,$$

et par suite

$$(144)\quad \int_0^\infty\int_0^\infty \cos(2k)^{\frac{1}{2}}\mu^{\frac{1}{4}}\nu^{\frac{1}{4}}\sin(\mu+\nu)\,d\mu\,d\nu=\frac{\partial}{\partial k}\int_0^\infty\int_0^{\frac{\pi}{2}} k\cos\theta\cos\mu\,\cos(k\mu\cos\theta)^{\frac{1}{2}}\,d\mu\,d\theta.$$

Cela posé, la valeur de y, donnée par la formule (142), deviendra

$$(145)\quad y=\frac{1}{2\pi^2 t}\frac{\partial}{\partial t}\int_0^\infty\int_0^{\frac{\pi}{2}}\int_{-\infty}^\infty\int_{-\infty}^\infty t^2\cos\theta\cos\mu\cos\left[\frac{gt^2\mu\cos\theta}{\sqrt{(x-\varpi)^2+(z-\rho)^2}}\right]^{\frac{1}{2}}\mathrm{F}(\varpi,\rho)\,\frac{d\mu\,d\theta\,d\varpi\,d\rho}{(x-\varpi)^2+(\rho-z)^2}.$$

D'autre part, comme on a, en vertu des équations (12) et (16) de la troisième Partie,

$$(146)\quad \int_0^\infty \cos(2k\mu)^{\frac{1}{2}}\cos\mu\,d\mu=\frac{\pi^{\frac{1}{2}}k^{\frac{1}{2}}}{2}\left(\sin\frac{k}{2}+\cos\frac{k}{2}\right)-\int_0^\infty e^{-(2k\mu)^{\frac{1}{2}}}\cos\mu\,d\mu,$$

on en conclura

$$(147)\quad \left\{\begin{aligned} &\int_0^\infty \cos\mu \cos\left[\frac{gt^2\mu\cos\theta}{\sqrt{(x-\varpi)^2+(z-\rho)^2}}\right]^{\frac{1}{2}} d\mu \\ &= \frac{\pi^{\frac{1}{2}} g^{\frac{1}{2}}\, t \cos^{\frac{1}{2}}\theta}{2^{\frac{3}{2}}\left[(x-\varpi)^2+(z-\rho)^2\right]^{\frac{1}{4}}} \left[\sin\frac{\frac{1}{4}gt^2\cos\theta}{\sqrt{(x-\varpi)^2+(z-\rho)^2}} + \cos\frac{\frac{1}{4}gt^2\cos\theta}{\sqrt{(x-\varpi)^2+(z-\rho)^2}}\right] \\ &\quad - \int_0^\infty e^{-\left[\frac{gt^2\mu\cos\theta}{\sqrt{(x-\varpi)^2+(z-\rho)^2}}\right]^{\frac{1}{2}}} \cos\mu\, d\mu. \end{aligned}\right.$$

On aura donc encore

$$(148)\quad \left\{\begin{aligned} y = {}& \frac{1}{4\pi^2 t}\frac{\partial}{\partial t}\int_0^{\frac{\pi}{2}}\int_{-\infty}^{\infty}\int_{-\infty}^{\infty}\left[\frac{\frac{1}{2}\pi g t^2\cos^3\theta}{\sqrt{(x-\varpi)^2+(z-\rho)^2}}\right]^{\frac{1}{2}} t^2 \left[\sin\frac{\frac{1}{4}gt^2\cos\theta}{\sqrt{(x-\varpi)^2+(z-\rho)^2}} + \cos\frac{\frac{1}{4}gt^2\cos\theta}{\sqrt{(x-\varpi)^2+(z-\rho)^2}}\right]\frac{F(\varpi,\rho)\,d\theta\,d\varpi\,d\rho}{(x-\varpi)^2+(\rho-z)^2} \\ & - \frac{1}{2\pi^2 t}\frac{\partial}{\partial t}\int_0^\infty\int_0^{\frac{\pi}{2}}\int_{-\infty}^{\infty}\int_{-\infty}^{\infty} t^2\cos\theta\cos\mu\, e^{-\left[\frac{gt^2\mu\cos\theta}{\sqrt{(x-\varpi)^2+(z-\rho)^2}}\right]^{\frac{1}{2}}} F(\varpi,\rho)\frac{d\mu\,d\theta\,d\varpi\,d\rho}{(x-\varpi)^2+(z-\rho)^2}. \end{aligned}\right.$$

Dans ces diverses formules, les limites des intégrations relatives aux deux variables ϖ et ρ peuvent être censées réduites à des quantités très peu différentes de zéro, puisque la fonction $F(\varpi, \rho)$ est censée devenir nulle, dès que les variables ϖ et ρ acquièrent des valeurs finies. Pour cette raison, on peut négliger ϖ vis-à-vis de x, et ρ vis-à-vis de z, dans le binôme $(x-\varpi)^2+(z-\rho)^2$, et dans le radical $\sqrt{(x-\varpi)^2+(z-\rho)^2}$, toutes les fois que ce radical ne se trouve pas sous le signe *sin* ou *cos*. En opérant ainsi, et faisant, pour abréger,

$$(149)\qquad \sqrt{x^2+z^2} = r,$$

puis supposant, comme dans le Mémoire (p. 72),

$$(150)\qquad G = \int_{-\infty}^{\infty}\int_{-\infty}^{\infty} F(\varpi,\rho)\,d\varpi\,d\rho,$$

on trouvera définitivement

$$(151)\quad \left\{\begin{aligned} y = {}& \frac{1}{4\pi^2 r^2 t}\left(\frac{\pi g}{2r}\right)^{\frac{1}{2}}\frac{\partial}{\partial t}\int_0^{\frac{\pi}{2}}\int_{-\infty}^{\infty}\int_{-\infty}^{\infty} t^3\cos^{\frac{3}{2}}\theta\left[\sin\frac{\frac{1}{4}gt^2\cos\theta}{\sqrt{(x-\varpi)^2+(z-\rho)^2}} + \cos\frac{\frac{1}{4}gt^2\cos\theta}{\sqrt{(x-\varpi)^2+(z-\rho)^2}}\right]F(\varpi,\rho)\,d\theta\,d\varpi\,d\rho \\ & - \frac{G}{2\pi^2 r^2 t}\frac{\partial}{\partial t}\int_0^\infty\int_0^{\frac{\pi}{2}} t^2\cos\theta\cos\mu\, e^{-\left(\frac{gt^2\mu\cos\theta}{r}\right)^{\frac{1}{2}}} d\mu\,d\theta. \end{aligned}\right.$$

Lorsque le temps t devient considérable, l'intégrale

$$(152) \qquad \int_0^\infty \int_0^{\frac{\pi}{2}} t^2 \cos\theta \cos\mu\, e^{-\left(\frac{gt^2\mu\cos\theta}{r}\right)^{\frac{1}{2}}} d\mu\, d\theta$$

obtient une valeur très petite; d'où il résulte que la formule (151) se réduit sensiblement à

$$(153) \quad y = \frac{1}{4\pi^2 r^2 t}\left(\frac{\pi g}{2r}\right)^{\frac{1}{2}} \frac{\partial}{\partial t} \int_0^{\frac{\pi}{2}} \int_{-\infty}^{\infty} \int_{-\infty}^{\infty} t^3 \cos^{\frac{3}{2}}\theta \left[\sin \frac{\frac{1}{4} g t^2 \cos\theta}{\sqrt{(x-\varpi)^2+(z-\rho)^2}} + \cos \frac{\frac{1}{4} g t^2 \cos\theta}{\sqrt{(x-\varpi)^2+(z-\rho)^2}}\right] \mathrm{F}(\varpi, \rho)\, d\theta\, d\varpi\, d\rho.$$

Si, de plus, l'arc

$$(154) \qquad \frac{gt^2}{4\sqrt{(x-\varpi)^2+(z-\rho)^2}}$$

est très peu différent de l'arc

$$\frac{gt^2}{4\sqrt{x^2+z^2}} = \frac{gt^2}{4r}$$

pour toutes les valeurs de ϖ et de ρ qui ne font pas évanouir la fonction $\mathrm{F}(\varpi, \rho)$, on aura, à très peu près,

$$(155) \quad \begin{cases} y = \dfrac{\mathrm{G}}{4\pi^2 r^2 t}\left(\dfrac{\pi g}{2r}\right)^{\frac{1}{2}} \dfrac{\partial}{\partial t} \displaystyle\int_0^{\frac{\pi}{2}} t^3 \left(\sin \frac{gt^2 \cos\theta}{4r} + \cos \frac{gt^2\cos\theta}{4r}\right) \cos^{\frac{3}{2}}\theta\, d\theta \\ \quad = \dfrac{\mathrm{G}}{4\pi^2 r^2}\left(\dfrac{\pi g t^2}{2r}\right)^{\frac{1}{2}} \displaystyle\int_0^{\frac{\pi}{2}} \left[\left(3 + \frac{gt^2\cos\theta}{2r}\right)\cos\frac{gt^2\cos\theta}{4r} + \left(3 - \frac{gt^2\cos\theta}{2r}\right)\sin\frac{gt^2\cos\theta}{4r}\right] \cos^{\frac{3}{2}}\theta\, d\theta. \end{cases}$$

Cette dernière équation, quand on y remplace r par x, coïncide précisément avec celle que l'on obtient en substituant, dans la formule (62) de la troisième Partie, la valeur de E tirée de l'équation (69). Si le temps n'était pas assez considérable pour que l'intégrale (152) pût être négligée, on trouverait, au lieu de la formule (155),

$$(156) \quad \begin{cases} y = \dfrac{\mathrm{G}}{4\pi^2 r^2 t}\left(\dfrac{\pi g}{2r}\right)^{\frac{1}{2}} \dfrac{\partial}{\partial t} \displaystyle\int_0^{\frac{\pi}{2}} t^3 \left(\sin \frac{gt^2 \cos\theta}{4r} + \cos \frac{gt^2\cos\theta}{4r}\right) \cos^{\frac{3}{2}}\theta\, d\theta \\ \quad - \dfrac{\mathrm{G}}{2\pi^2 r^2 t} \dfrac{\partial}{\partial t} \displaystyle\int_0^{\frac{\pi}{2}} \int_0^\infty t^2 \cos\theta \cos\mu\, e^{-\left(\frac{gt^2\mu\cos\theta}{r}\right)^{\frac{1}{2}}} d\mu\, d\theta. \end{cases}$$

Les formules (155) et (156) suffisent à la détermination des premières ondes dont le mouvement est uniformément accéléré.

Lorsque, le temps venant à croître, le rapport

$$\frac{gt^2}{4\sqrt{(x-\varpi)^2+(z-\rho)^2}}$$

obtient des valeurs très grandes et sensiblement différentes les unes des autres, pour les diverses valeurs de ϖ et de ρ comprises entre les limites entre lesquelles la fonction $F(\varpi, \rho)$ cesse de s'évanouir, il n'est plus permis de substituer à ce rapport, sous le signe *sin* ou *cos*, la fraction $\frac{gt^2}{4r}$. Mais on peut alors déduire de l'équation (153) une valeur fort simple et très approchée de la variable y, à l'aide des considérations suivantes.

Si l'on fait, pour abréger,

$$(157) \qquad \frac{gt^2}{4\sqrt{(x-\varpi)^2+(z-\rho)^2}} = s, \quad s\cos\theta = s-\mu,$$

et

$$(158) \qquad f(\mu) = [\sin(s-\mu)+\cos(s-\mu)]\frac{\left(1-\frac{\mu}{s}\right)^{\frac{3}{2}}}{\left(1-\frac{\mu}{2s}\right)^{\frac{1}{2}}},$$

on trouvera

$$(159) \quad \left\{ \begin{aligned} &\int_0^{\frac{\pi}{2}}\left[\sin\frac{\frac{1}{4}gt^2\cos\theta}{\sqrt{(x-\varpi)^2+(z-\rho)^2}}+\cos\frac{\frac{1}{4}gt^2\cos\theta}{\sqrt{(x-\varpi)^2+(z-\rho)^2}}\right]\cos^{\frac{3}{2}}\theta\,d\theta \\ &= \int_0^s [\sin(s-\mu)+\cos(s-\mu)]\frac{\left(1-\frac{\mu}{s}\right)^{\frac{3}{2}}}{\sqrt{s^2-(s-\mu)^2}}d\mu \\ &= \frac{1}{\sqrt{2s}}\int_0^s f(\mu)\frac{d\mu}{\mu^{\frac{1}{2}}}. \end{aligned} \right.$$

De plus, on aura évidemment

$$(160) \qquad \int_0^s f(\mu)\frac{d\mu}{\mu^{\frac{1}{2}}} = \int_0^{\sqrt{s}} f(\mu)\frac{d\mu}{\mu^{\frac{1}{2}}} + \int_{\sqrt{s}}^s f(\mu)\frac{d\mu}{\mu^{\frac{1}{2}}}.$$

Or, la quantité s étant par hypothèse très considérable, il en résulte que la fraction

$$\frac{\left(1-\frac{\mu}{s}\right)^{\frac{3}{2}}}{\left(1-\frac{\mu}{2s}\right)^{\frac{1}{2}}}$$

se réduira sensiblement à l'unité, pour toutes les valeurs de μ comprises entre les limites o, $\sqrt{s}$, et que l'intégrale

$$(161) \qquad \int_0^{\sqrt{s}} f(\mu)\frac{d\mu}{\mu^{\frac{1}{2}}}$$

différera très peu de la suivante

$$(162) \qquad \int_0^{\infty} [\sin(s-\mu)+\cos(s-\mu)]\frac{d\mu}{\mu^{\frac{1}{2}}}.$$

D'autre part, comme, en posant $a=-\frac{1}{2}$ dans les formules (5) de la Note III, on en tire

$$(163) \qquad \int_0^{\infty} \cos\mu\frac{d\mu}{\mu^{\frac{1}{2}}}=\int_0^{\infty} \sin\mu\frac{d\mu}{\mu^{\frac{1}{2}}}=\left(\frac{\pi}{2}\right)^{\frac{1}{2}},$$

$$(164) \qquad \int_0^{\infty} [\sin(s-\mu)+\cos(s-\mu)]\frac{d\mu}{\mu^{\frac{1}{2}}}=(2\pi)^{\frac{1}{2}}\sin s,$$

nous devons conclure que l'intégrale (161) est sensiblement équivalente au produit

$$(2\pi)^{\frac{1}{2}}\sin s.$$

Quant à l'intégrale

$$(165) \qquad \int_{\sqrt{s}}^{s} f(\mu)\frac{d\mu}{\mu^{\frac{1}{2}}},$$

elle vérifie les deux équations

$$(166) \qquad \left\{\begin{aligned}\int_{\sqrt{s}}^{s} f(\mu)\frac{d\mu}{\mu^{\frac{1}{2}}}&=\int_{\sqrt{s}}^{\sqrt{s}+\pi} f(\mu)\frac{d\mu}{\mu^{\frac{1}{2}}}+\int_{\sqrt{s}+\pi}^{s} f(\mu)\frac{d\mu}{\mu^{\frac{1}{2}}},\\ \int_{\sqrt{s}}^{s} f(\mu)\frac{d\mu}{\mu^{\frac{1}{2}}}&=\int_{\sqrt{s}}^{s-\pi} f(\mu)\frac{d\mu}{\mu^{\frac{1}{2}}}+\int_{s-\pi}^{s} f(\mu)\frac{d\mu}{\mu^{\frac{1}{2}}}.\end{aligned}\right.$$

Comme on aura d'ailleurs, à très peu près, entre les limites $\mu = \sqrt{s}$, $\mu = s$,

$$\mathrm{f}(\mu + \pi) = -\mathrm{f}(\mu), \quad \left(1 + \frac{\pi}{\mu}\right)^{\frac{1}{2}} = 1,$$

on trouvera encore

$$(167) \qquad \int_{\sqrt{s}+\pi}^{s} \mathrm{f}(\mu)\frac{d\mu}{\mu^{\frac{1}{2}}} = \int_{\sqrt{s}}^{s-\pi} \mathrm{f}(\mu+\pi)\frac{d\mu}{(\mu+\pi)^{\frac{1}{2}}} = -\int_{\sqrt{s}}^{s-\pi} \mathrm{f}(\mu)\frac{d\mu}{\mu^{\frac{1}{2}}}.$$

En conséquence, on tirera des équations (166), ajoutées membre à membre,

$$(168) \qquad \int_{\sqrt{s}}^{s} \mathrm{f}(\mu)\frac{d\mu}{\mu^{\frac{1}{2}}} = \frac{1}{2}\left[\int_{\sqrt{s}}^{\sqrt{s}+\pi} \mathrm{f}(\mu)\frac{d\mu}{\mu^{\frac{1}{2}}} + \int_{s-\pi}^{s} \mathrm{f}(\mu)\frac{d\mu}{\mu^{\frac{1}{2}}}\right].$$

Enfin, comme on aura sans erreur sensible, entre les limites $\mu = \sqrt{s}$, $\mu = \sqrt{s} + \pi$,

$$\frac{\left(1 - \frac{\mu}{s}\right)^{\frac{3}{2}}}{\left(1 - \frac{\mu}{2s}\right)^{\frac{1}{2}}} = 1, \quad \mathrm{f}(\mu) = \sin(s-\mu) + \cos(s-\mu), \quad \frac{1}{\mu^{\frac{1}{2}}} = \frac{1}{s^{\frac{1}{4}}},$$

et, entre les limites $\mu = s - \pi$, $\mu = s$,

$$\frac{\left(1 - \frac{\mu}{s}\right)^{\frac{3}{2}}}{\left(1 - \frac{\mu}{2s}\right)^{\frac{1}{2}}} = 0, \quad \mathrm{f}(\mu) = 0, \quad \frac{1}{\mu^{\frac{1}{2}}} = \frac{1}{s^{\frac{1}{2}}},$$

il est clair que l'équation (168) pourra être remplacée par la suivante

$$(169) \qquad \int_{\sqrt{s}}^{s} \mathrm{f}(\mu)\frac{d\mu}{\mu^{\frac{1}{2}}} = \frac{1}{2s^{\frac{1}{4}}}\int_{\sqrt{s}}^{\sqrt{s}+\pi} [\sin(s-\mu) + \cos(s-\mu)]\,d\mu.$$

Donc, puisque la valeur de s est très considérable, l'intégrale (165) se réduira sensiblement à zéro; d'où il résulte que le premier membre de la formule (160) différera très peu de l'intégrale (161) et du produit

$(2\pi)^{\frac{1}{2}}\sin s$. Cela posé, la formule (159) donnera

$$(170)\quad \left\{\begin{aligned} &\int_0^{\frac{\pi}{2}}\left[\sin\frac{\frac{1}{4}gt^2\cos\theta}{\sqrt{(x-\varpi)^2+(z-\rho)^2}}+\cos\frac{\frac{1}{4}gt^2\cos\theta}{\sqrt{(x-\varpi)^2+(z-\rho)^2}}\right]\cos^{\frac{3}{2}}\theta\,d\theta \\ &=\left(\frac{\pi}{s}\right)^{\frac{1}{2}}\sin s \\ &=\left[\frac{4\pi\sqrt{(x-\varpi)^2+(z-\rho)^2}}{gt^2}\right]^{\frac{1}{2}}\sin\frac{\frac{1}{4}gt^2}{\sqrt{(x-\varpi)^2+(z-\rho)^2}};\end{aligned}\right.$$

ou, à très peu près,

$$(171)\quad \left\{\begin{aligned} &\int_0^{\frac{\pi}{2}}\left[\sin\frac{\frac{1}{4}gt^2}{\sqrt{(x-\varpi)^2+(z-\rho)^2}}+\cos\frac{\frac{1}{4}gt^2}{\sqrt{(x-\varpi)^2+(z-\rho)^2}}\right]\cos^{\frac{3}{2}}\theta\,d\theta \\ &=\left(\frac{4\pi r}{gt^2}\right)^{\frac{1}{2}}\sin\frac{\frac{1}{4}gt^2}{\sqrt{(x-\varpi)^2+(z-\rho)^2}}.\end{aligned}\right.$$

En ayant égard à cette dernière équation, on tirera de la formule (153)

$$(172)\quad y=\frac{\sqrt{2}}{4\pi r^2 t}\frac{\partial}{\partial t}\int_{-\infty}^{\infty}\int_{-\infty}^{\infty}t^2\sin\frac{\frac{1}{4}gt^2}{\sqrt{(x-\varpi)^2+(z-\rho)^2}}\,F(\varpi,\rho)\,d\varpi\,d\rho,$$

ou, si l'on fait

$$(173)\qquad R=\sqrt{(x-\varpi)^2+(z-\rho)^2},$$

on aura simplement

$$(174)\quad \left\{\begin{aligned} y&=\frac{\sqrt{2}}{4\pi r^2 t}\frac{\partial}{\partial t}\int_{-\infty}^{\infty}\int_{-\infty}^{\infty}t^2\sin\frac{gt^2}{4R}\,F(\varpi,\rho)\,d\varpi\,d\rho \\ &=\frac{\sqrt{2}}{2\pi r^2}\int_{-\infty}^{\infty}\int_{-\infty}^{\infty}\left(\sin\frac{gt^2}{4R}+\frac{gt^2}{4R}\cos\frac{gt^2}{4R}\right)F(\varpi,\rho)\,d\varpi\,d\rho.\end{aligned}\right.$$

Il est important de remarquer qu'en vertu des formules (149) et (173) r et R désigneront, au bout du temps t, 1° la distance horizontale du point qui a pour coordonnées x et y à l'origine des coordonnées; 2° la distance du même point à celui qui aurait pour coordonnées ϖ

et ρ. Ajoutons que, le rapport $\frac{gt^2}{4R}$ ayant par hypothèse une très grande valeur, et le rapport $\frac{R}{r}$ une valeur peu différente de l'unité, on pourra, dans la formule (174), négliger le terme $\sin\frac{gt^2}{4R}$ vis-à-vis du produit $\frac{gt^2}{4R}\cos\frac{gt^2}{4R}$, et remplacer ce produit par le suivant :

$$\frac{gt^2}{4r}\cos\frac{gt^2}{4R}.$$

En opérant de cette manière, on trouvera

$$(175)\quad \left\{\begin{aligned} y &= \frac{gt^2\sqrt{2}}{8\pi r^3}\int_{-\infty}^{\infty}\int_{-\infty}^{\infty}\cos\frac{gt^2}{4R}\,F(\varpi,\rho)\,d\varpi\,d\rho \\ &= \frac{gt^2\sqrt{2}}{8\pi r^3}\int_{-\infty}^{\infty}\int_{-\infty}^{\infty}\cos\frac{\frac{1}{4}gt^2}{\sqrt{(x-\varpi)^2+(z-\rho)^2}}\,F(\varpi,\rho)\,d\varpi\,d\rho. \end{aligned}\right.$$

Telle est l'équation qui devra servir à déterminer le mouvement des ondes correspondantes à de très grandes valeurs du rapport $\frac{gt^2}{4r}$.

Faisons maintenant

$$(176)\quad \left\{\begin{aligned} \omega = r - R &= r - \sqrt{(x-\varpi)^2+(z-\rho)^2} \\ &= r - \left[r^2 - 2(\varpi x + \rho z) + \varpi^2 + \rho^2\right]^{\frac{1}{2}} \\ &= \frac{\varpi x + \rho z}{r} + \ldots ; \end{aligned}\right.$$

la quantité ω restera très petite, et sera peu différente du rapport $\frac{\varpi x + \rho z}{r}$, pour toutes les valeurs de ϖ et de ρ, qui ne feront pas évanouir la fonction $F(\varpi, \rho)$. On aura d'ailleurs

$$(177)\quad \frac{gt^2}{4R} = \frac{gt^2}{4(r-\omega)} = \frac{gt^2}{4r} + \frac{gt^2}{4r^2}\omega + \frac{gt^2}{4r^3}\omega^2 + \ldots ;$$

et si, dans la série

$$(178)\quad \frac{gt^2}{4r},\ \frac{gt^2}{4r^2},\ \frac{gt^2}{4r^3},\ \ldots,$$

le premier terme obtient seul une valeur considérable, l'équation (175) se réduira sensiblement à

$$(179) \qquad y = \frac{G}{\sqrt{2}} \frac{gt^2}{4\pi r^3} \cos \frac{gt^2}{4r}.$$

Cette dernière équation convient encore aux ondes dont le mouvement est uniformément accéléré, et peut être substituée avec avantage à la formule (155). Si l'on y pose

$$(180) \qquad \frac{gt^2}{2r} = k,$$

elle donnera

$$(181) \qquad y = \frac{G\sqrt{2}}{\pi g^2 t^4} k^3 \cos \frac{k}{2}.$$

Par suite, les sommets des ondes que nous avons considérées dans la troisième Partie du Mémoire (Section II, n° 7) correspondront, pour des valeurs considérables de k, aux diverses racines de l'équation

$$(182) \qquad \frac{d(k^3 \cos \frac{1}{2} k)}{dk} = 0, \quad \text{ou} \quad \tan g \frac{k}{2} = \frac{6}{k},$$

lesquelles coïncideront à très peu près avec celles de l'équation (70) du numéro cité.

Lorsque, dans la série (178), le second terme $\frac{gt^2}{4r^2}$ acquiert une valeur très grande, et comparable, par exemple, à la moindre valeur du rapport $\frac{1}{\omega}$, l'équation (179) devient inexacte, et l'on est obligé de recourir à la formule (175). Concevons que, dans la même hypothèse, on attribue à t une valeur constante, et que l'on fasse varier x, y de quantités Δx, Δy assez petites pour que l'accroissement correspondant de r, savoir, Δr, ne dépasse pas la fraction

$$(183) \qquad \frac{2\pi}{\left(\frac{gt^2}{4r^2}\right)} = \frac{8\pi r^2}{gt^2}.$$

La diminution correspondante de l'arc

$$\frac{gt^2}{4R} = \frac{gt^2}{4(r-\omega)}$$

différera très peu de $\frac{gt^2}{4R^2}\Delta R$, ou même du produit

$$\frac{gt^2}{4r^2}\Delta r$$

compris entre les limites o, 2π; et, pendant que ce produit passera de la première limite à la seconde, l'ordonnée y, déterminée par l'équation (175), obtiendra diverses valeurs, les unes positives, les autres négatives, dont la plus grande sera

$$(184)\quad \left\{ \begin{aligned} y=\frac{gt^2\sqrt{2}}{8\pi r^3}\Bigg\{&\left[\int_{-\infty}^{\infty}\int_{-\infty}^{\infty}\cos\frac{gt^2}{4R}\,F(\varpi,\rho)\,d\varpi\,d\rho\right]^2\\ &+\left[\int_{-\infty}^{\infty}\int_{-\infty}^{\infty}\sin\frac{gt^2}{4R}\,F(\varpi,\rho)\,d\varpi\,d\rho\right]^2\Bigg\}^{\frac{1}{2}}. \end{aligned} \right.$$

On doit en conclure qu'à l'époque dont il s'agit la surface du liquide se trouvera coupée dans un espace fini par une multitude de sillons très rapprochés les uns des autres. La largeur de chaque sillon, comptée suivant le rayon vecteur mené d'un point de la surface liquide à l'origine des coordonnées, sera précisément équivalente à la fraction très petite

$$\frac{2\pi}{\left(\frac{gt^2}{4r^2}\right)},$$

tandis que la plus grande élévation et le plus grand abaissement d'un sillon au-dessus et au-dessous du plan horizontal des x, z auront pour mesure commune le second membre de l'équation (184). Les sommets des divers sillons auront donc pour ordonnées des valeurs de y fournies par l'équation (184); et, comme ces ordonnées répondront à des valeurs déterminées du rapport $\frac{gt^2}{4r}$, il est clair que, si le temps vient à croître, la valeur de r relative à chaque sommet croîtra proportionnellement à t^2. Le mouvement de chaque sillon, dans le sens du rayon vecteur r, sera donc uniformément accéléré. Ajoutons que la surface du liquide, prise dans une étendue sensible, paraîtra plus ou moins élevée au-dessus du plan des x, z, suivant que les hauteurs des sillons compris dans cette étendue seront plus ou moins considérables, c'est-à-dire, suivant que les valeurs de y, fournies par l'équation (184), seront plus ou moins grandes. C'est donc à cette équation qu'il faudra recourir pour déterminer, dans une étendue finie, le gonflement ou la dépression apparente de la surface liquide, ou, en d'autres termes, pour fixer le nombre et les hauteurs des ondes que présentera cette même surface. Cela posé, les sommets des différentes ondes coïncideront sensiblement avec les sommets des sillons les plus saillants, et auront pour ordonnées les valeurs *maxima* de la fonction qui compose le second membre de la formule (184), tandis que les points les plus bas des différentes ondes, toujours situés, ou dans le plan des x, z, ou au-dessus, se confondront à peu près avec les sommets des sillons les moins saillants, et auront pour ordonnées les valeurs *minima* ou les valeurs nulles de la même fonction.

Dans l'hypothèse que nous venons d'admettre, c'est-à-dire, lorsque $\frac{gt^2}{4r^2}$ acquiert une valeur très grande et au moins comparable à celle du rapport $\frac{1}{\omega}$, le second terme du développement de $\frac{gt^2}{4R}$, savoir, $\frac{gt^2\omega}{4r^2}$, obtient une valeur sensible. Si l'on suppose d'ailleurs que le troisième terme de ce développement conserve une valeur très petite, on aura, à très peu près,

$$\frac{gt^2}{4R} = \frac{gt^2}{4r} + \frac{gt^2\omega}{4r^2}; \tag{185}$$

puis, en désignant par 2α la plus grande dimension de la portion de surface liquide que l'on a soulevée ou déprimée à l'origine du mouvement, et faisant pour abréger

$$\upsilon = \frac{gt^2\alpha}{4r^2}, \tag{186}$$

on trouvera

$$\frac{gt^2}{4R} = \frac{\upsilon}{\alpha}(r+\omega). \tag{187}$$

En vertu de cette dernière formule, les équations (175) et (184) deviendront

$$(188)\quad \left\{\begin{aligned} y &= \frac{\sqrt{2}}{2\pi r}\left(\frac{\upsilon}{\alpha}\right)\int_{-\infty}^{\infty}\int_{-\infty}^{\infty}\cos\frac{\upsilon(r+\omega)}{\alpha}\,\mathrm{F}(\varpi,\rho)\,d\varpi\,d\rho \\ &= \frac{\sqrt{2}}{2\pi r}\left(\frac{\upsilon}{\alpha}\right)\left[\quad\cos\frac{\upsilon r}{\alpha}\int_{-\infty}^{\infty}\int_{-\infty}^{\infty}\cos\frac{\upsilon(\varpi x+\rho z)}{\alpha}\,\mathrm{F}(\varpi,\rho)\,d\varpi\,d\rho\right. \\ &\qquad\left. -\sin\frac{\upsilon r}{\alpha}\int_{-\infty}^{\infty}\int_{-\infty}^{\infty}\sin\frac{\upsilon(\varpi x+\rho z)}{\alpha}\,\mathrm{F}(\varpi,\rho)\,d\varpi\,d\rho\right], \end{aligned}\right.$$

et

$$(189)\quad \left\{\begin{aligned} y = \frac{\sqrt{2}}{2\pi r}\left(\frac{\upsilon}{\alpha}\right)\Bigg\{ &\left[\int_{-\infty}^{\infty}\int_{-\infty}^{\infty}\cos\frac{\upsilon(\varpi x+\rho z)}{\alpha}\,\mathrm{F}(\varpi,\rho)\,d\varpi\,d\rho\right]^2 \\ &+\left[\int_{-\infty}^{\infty}\int_{-\infty}^{\infty}\sin\frac{\upsilon(\varpi x+\rho z)}{\alpha}\,\mathrm{F}(\varpi,\rho)\,d\varpi\,d\rho\right]^2\Bigg\}^{\frac{1}{2}}. \end{aligned}\right.$$

De plus, si l'on appelle θ l'angle formé par le rayon vecteur r avec l'axe des x, on aura évidemment

$$(190)\qquad x = r\cos\theta,\quad y = r\sin\theta;$$

de sorte que l'équation (189) pourra être remplacée par la suivante

$$(191)\quad \left\{\begin{aligned} y = \frac{\sqrt{2}}{2\pi r}\left(\frac{\upsilon}{\alpha}\right)\Bigg\{ &\left[\int_{-\infty}^{\infty}\int_{-\infty}^{\infty}\cos\frac{\upsilon(\varpi\cos\theta+\rho\sin\theta)}{\alpha}\,\mathrm{F}(\varpi,\rho)\,d\varpi\,d\rho\right]^2 \\ &+\left[\int_{-\infty}^{\infty}\int_{-\infty}^{\infty}\sin\frac{\upsilon(\varpi\cos\theta+\rho\sin\theta)}{\alpha}\,\mathrm{F}(\varpi,\rho)\,d\varpi\,d\rho\right]^2\Bigg\}^{\frac{1}{2}}. \end{aligned}\right.$$

Si, dans celle-ci, on substitue pour r sa valeur tirée de la formule (186), savoir,

$$(192)\qquad r = \tfrac{1}{2}t\sqrt{\frac{g\alpha}{\upsilon}},$$

et si l'on fait, en outre,

$$(193)\quad \left\{\begin{aligned} \mathrm{U} = \Bigg\{ &\left[\int_{-\infty}^{\infty}\int_{-\infty}^{\infty}\cos\frac{\upsilon(\varpi\cos\theta+\rho\sin\theta)}{\alpha}\,\mathrm{F}(\varpi,\rho)\,d\varpi\,d\rho\right]^2 \\ &+\left[\int_{-\infty}^{\infty}\int_{-\infty}^{\infty}\sin\frac{\upsilon(\varpi\cos\theta+\rho\sin\theta)}{\alpha}\,\mathrm{F}(\varpi,\rho)\,d\varpi\,d\rho\right]^2\Bigg\}^{\frac{1}{2}}, \end{aligned}\right.$$

on trouvera définitivement

(194) $$y = \frac{\sqrt{2}}{\pi}\left(\frac{1}{\alpha^3 g t^2}\right)^{\frac{1}{2}} \mathrm{U} \upsilon^{\frac{3}{2}}.$$

Concevons maintenant que l'on veuille déterminer les sommets et les points les plus bas des diverses ondes que présente, au bout du temps t, la surface liquide, dans un plan vertical mené par l'origine des coordonnées, et correspondant à une valeur fixe de l'angle θ. Il faudra chercher les valeurs de la variable r, ou, ce qui revient au même, de la variable υ, pour lesquelles le second membre de l'équation (194) deviendra un *maximum* ou un *minimum*. En d'autres termes, il faudra chercher les valeurs de υ propres à vérifier la formule

(195) $$\frac{d\left(\mathrm{U}\upsilon^{\frac{3}{2}}\right)}{d\upsilon} = 0.$$

En substituant ces valeurs dans les équations (192) et (194), on en déduira : 1° les distances horizontales de l'origine aux points les plus élevés ou les plus bas des différentes ondes; 2° les ordonnées de ces mêmes points. Ajoutons que, si le temps vient à croître, le rayon vecteur r, correspondant au sommet de chaque onde, croîtra, en vertu de l'équation (192), proportionnellement au temps; d'où il résulte que, dans le sens de ce rayon vecteur, le mouvement de chaque onde sera uniforme. Remarquons enfin que les diverses valeurs de υ, tirées de la formule (195), et substituées dans la formule (192), fourniront, entre les coordonnées polaires r et θ, des équations qui appartiendront aux courbes figurées, soit en creux, soit en relief, par les différentes ondes, autour de l'origine des coordonnées.

Dans le cas particulier où la portion de surface liquide, primitivement soulevée ou déprimée, se trouve divisée en deux parties symétriques par le plan vertical des x, y, et par le plan vertical des y, z, on a

(196) $$\mathrm{F}(\varpi, \rho) = \mathrm{F}(-\varpi, \rho) = \mathrm{F}(\varpi, -\rho) = \mathrm{F}(-\varpi, -\rho),$$

et par suite

$$\int_{-\infty}^{\infty}\int_{-\infty}^{\infty} \sin\frac{\upsilon(\varpi\cos\theta+\rho\sin\theta)}{\alpha}\,\mathrm{F}(\varpi,\rho)\,d\varpi\,d\rho=0,$$

$$\int_{-\infty}^{\infty}\int_{-\infty}^{\infty} \cos\frac{\upsilon(\varpi\cos\theta+\rho\sin\theta)}{\alpha}\,\mathrm{F}(\varpi,\rho)\,d\varpi\,d\rho$$
$$=\int_{-\infty}^{\infty}\int_{-\infty}^{\infty} \cos\frac{\upsilon\varpi\cos\theta}{\alpha}\cos\frac{\upsilon\rho\sin\theta}{\alpha}\,\mathrm{F}(\varpi,\rho)\,d\varpi\,d\rho.$$

Dans la même hypothèse, les formules (193), (194) et (195) se réduisent à

(197) $$\mathrm{U}=\left\{\left[\int_{-\infty}^{\infty}\int_{-\infty}^{\infty} \cos\frac{\upsilon\varpi\cos\theta}{\alpha}\cos\frac{\upsilon\rho\sin\theta}{\alpha}\,\mathrm{F}(\varpi,\rho)\,d\varpi\,d\rho\right]^2\right\}^{\frac{1}{2}},$$

(198) $$y=\frac{\sqrt{2}}{\pi}\left(\frac{1}{\alpha^3 g t^2}\right)^{\frac{1}{2}}\upsilon^{\frac{3}{2}}\left\{\left[\int_{-\infty}^{\infty}\int_{-\infty}^{\infty} \cos\frac{\upsilon\varpi\cos\theta}{\alpha}\cos\frac{\upsilon\rho\sin\theta}{\alpha}\,\mathrm{F}(\varpi,\rho)\,d\varpi\,d\rho\right]^2\right\}^{\frac{1}{2}},$$

(199) $$\frac{d\left[\upsilon^{\frac{3}{2}}\int_{-\infty}^{\infty}\int_{-\infty}^{\infty} \cos\frac{\upsilon\varpi\cos\theta}{\alpha}\cos\frac{\upsilon\rho\sin\theta}{\alpha}\,\mathrm{F}(\varpi,\rho)\,d\varpi\,d\rho\right]}{d\upsilon}=0.$$

La dernière peut encore s'écrire comme il suit :

(200) $$\left\{\begin{aligned} 0=&\int_{-\infty}^{\infty}\int_{-\infty}^{\infty}\tfrac{3}{2}\cos\frac{\upsilon(\varpi\cos\theta+\rho\sin\theta)}{\alpha}\,\mathrm{F}(\varpi,\rho)\,d\varpi\,d\rho\\ &-\int_{-\infty}^{\infty}\int_{-\infty}^{\infty}\frac{\upsilon(\varpi\cos\theta+\rho\sin\theta)}{\alpha}\sin\frac{\upsilon(\varpi\cos\theta+\rho\sin\theta)}{\alpha}\,\mathrm{F}(\varpi,\rho)\,d\varpi\,d\rho.\end{aligned}\right.$$

On doit observer en outre que, si l'équation

(201) $$\int_{-\infty}^{\infty}\int_{-\infty}^{\infty} \cos\frac{\upsilon\varpi\cos\theta}{\alpha}\cos\frac{\upsilon\rho\sin\theta}{\alpha}\,\mathrm{F}(\varpi,\rho)\,d\varpi\,d\rho=0$$

a des racines réelles, les valeurs *minima* du produit $\mathrm{U}\upsilon^{\frac{3}{2}}$ deviendront nulles, et correspondront précisément aux racines réelles dont il s'agit. Enfin, si, dans la formule (192), on substitue les valeurs de υ tirées des formules (200) et (201), on obtiendra les équations en coordonnées polaires des courbes figurées en creux ou en relief par les différentes ondes.

On peut faciliter, dans certains cas, l'évaluation des intégrales doubles que renferment les formules précédentes, en substituant à l'une des variables ϖ et ρ la variable ω déterminée par l'équation

$$(202)\qquad \omega = \frac{\varpi x + \rho z}{r} = \varpi\cos\theta + \rho\sin\theta.$$

Ainsi, par exemple, en opérant de cette manière, on trouvera, au lieu de la formule (198),

$$(203)\quad y = \frac{\sqrt{2}}{\pi}\left(\frac{1}{\alpha^3 g t^2}\right)^{\frac{1}{2}} \upsilon^{\frac{3}{2}} \left\{\left[\int_{-\infty}^{\infty}\int_{-\infty}^{\infty} \cos\frac{\upsilon\omega}{\alpha}\, \mathrm{F}\left(\varpi, \frac{\omega - \varpi\cos\theta}{\sin\theta}\right)\frac{d\varpi\, d\omega}{\sin\theta}\right]^2\right\}^{\frac{1}{2}}.$$

On pourrait encore considérer les variables ϖ et ρ comme représentant des coordonnées rectangulaires, et leur substituer des coordonnées polaires s, τ, assujetties à vérifier les équations

$$(204)\qquad \varpi = s\cos\tau, \quad \rho = s\sin\tau.$$

On trouverait alors

$$s = \sqrt{\varpi^2 + \rho^2}, \quad \varpi\cos\theta + \rho\sin\theta = s\cos(\tau - \theta),$$

$$\int_{-\infty}^{\infty}\int_{-\infty}^{\infty} \cos\frac{\upsilon(\varpi\cos\theta + \rho\sin\theta)}{\alpha}\, \mathrm{F}(\varpi, \rho)\, d\varpi\, d\rho$$
$$= \int_{0}^{\infty}\int_{0}^{2\pi} \cos\frac{\upsilon s\cos(\tau - \theta)}{\alpha}\, \mathrm{F}(s\cos\tau, s\sin\tau)\, s\, ds\, d\tau,$$

et la valeur de y deviendrait

$$(205)\quad y = \frac{\sqrt{2}}{\pi}\left(\frac{1}{\alpha^3 g t^2}\right)^{\frac{1}{2}} \upsilon^{\frac{3}{2}} \left\{\left[\int_{0}^{\infty}\int_{0}^{2\pi} \cos\frac{\upsilon s\cos(\tau - \theta)}{\alpha}\, \mathrm{F}(s\cos\tau, s\sin\tau)\, s\, ds\, d\tau\right]^2\right\}^{\frac{1}{2}}.$$

Lorsque le volume de fluide primitivement soulevé ou déprimé est terminé par une surface de révolution dont la génératrice a pour équation $y = f(x)$, on a simplement

$$\mathrm{F}(\varpi, \rho) = f(\sqrt{\varpi^2 + \rho^2}) = f(s),$$

en sorte que la formule (205) se réduit à

$$(206)\quad y=\frac{\sqrt{2}}{\pi}\left(\frac{1}{\alpha^3 g t^2}\right)^{\frac{1}{2}} \upsilon^{\frac{3}{2}}\left\{\left[\int_0^{\infty}\int_0^{2\pi}\cos\frac{\upsilon s\cos(\tau-\theta)}{\alpha}f(s)\,s\,ds\,d\tau\right]^2\right\}^{\frac{1}{2}}.$$

Si la base du même volume, dans le plan des x, z, se confond avec le cercle qui a pour équation

$$(207)\qquad x^2+z^2=\alpha^2,$$

les intégrations relatives aux variables s et τ devront être effectuées entre les limites

$$s=0,\quad s=\alpha;\quad \tau=0,\quad \tau=2\pi;$$

ou, ce qui revient au même, entre les limites

$$s=0,\quad s=\alpha;\quad \tau=\theta,\quad \tau=\theta+2\pi;$$

et, en faisant, pour abréger,

$$\cos(\tau-\theta)=\zeta,$$

on trouvera

$$(208)\quad \begin{cases} y=\dfrac{\sqrt{2}}{\pi}\left(\dfrac{1}{\alpha^3 g t^2}\right)^{\frac{1}{2}} \upsilon^{\frac{3}{2}}\left\{\left[\displaystyle\int_0^{\alpha}\int_0^{1}\cos\frac{\upsilon s\zeta}{\alpha}f(s)\,s\,ds\,\frac{d\zeta}{\sqrt{1-\zeta^2}}\right]^2\right\}^{\frac{1}{2}} \\ \quad=\dfrac{\sqrt{2}}{\pi}\left(\dfrac{\alpha}{g t^2}\right)^{\frac{1}{2}} \upsilon^{\frac{3}{2}}\left\{\left[\displaystyle\int_0^{1}\int_0^{1}\cos(\upsilon s\zeta)\,f(\alpha s)\,s\,ds\,\frac{d\zeta}{\sqrt{1-\zeta^2}}\right]^2\right\}^{\frac{1}{2}}. \end{cases}$$

Cette dernière valeur de y étant indépendante de l'angle θ, il en résulte que, dans l'hypothèse admise, les courbes qui marqueront les sommités et les points les plus bas des différentes ondes se réduiront à des cercles concentriques.

Dans la même hypothèse, on tirera de l'équation (203)

$$(209)\quad y=\frac{\sqrt{2}}{\pi}\left(\frac{1}{\alpha^3 g t^2}\right)^{\frac{1}{2}} \upsilon^{\frac{3}{2}}\left\{\left[\int\!\!\int\cos\frac{\upsilon\omega}{\alpha}f\left(\frac{\sqrt{\omega^2-2\omega\varpi\cos\theta+\varpi^2}}{\sin\theta}\right)\frac{d\varpi\,d\omega}{\sin\theta}\right]^2\right\}^{\frac{1}{2}},$$

l'intégration relative à ϖ devant être effectuée entre les limites

$$(210)\qquad \varpi = \omega\cos\theta - \sin\theta\sqrt{\alpha^2-\omega^2},\qquad \varpi = \omega\cos\theta + \sin\theta\sqrt{\alpha^2-\omega^2},$$

et l'intégration relative à ω entre les limites

$$(211)\qquad \omega = -\alpha,\qquad \omega = +\alpha.$$

Si l'on fait d'ailleurs

$$(212)\qquad \omega = \alpha\nu \quad \text{et} \quad \varpi - \omega\cos\theta = \alpha\mu\sin\theta,$$

l'équation (209) se trouvera réduite à

$$(213)\quad y = \frac{\sqrt{2}}{\pi}\left(\frac{\alpha}{gt^2}\right)^{\frac{1}{2}} \upsilon^{-\frac{3}{2}}\left\{\left[\int_{-\sqrt{1-\nu^2}}^{\sqrt{1-\nu^2}}\int_0^1 \cos(\upsilon\nu)\, f(\alpha\sqrt{\mu^2+\nu^2})\, d\mu\, d\nu\right]^2\right\}^{\frac{1}{2}}$$

ou, ce qui revient au même, à

$$(214)\quad \begin{cases} y = \dfrac{4\sqrt{2}}{\pi}\left(\dfrac{\alpha}{gt^2}\right)^{\frac{1}{2}} \upsilon^{\frac{3}{2}}\left\{\left[\displaystyle\int_0^{\sqrt{1-\nu^2}}\int_0^1 \cos(\upsilon\nu)\, f(\alpha\sqrt{\mu^2+\nu^2})\, d\mu\, d\nu\right]^2\right\}^{\frac{1}{2}} \\ \quad = \dfrac{2\sqrt{2}}{\pi r}\alpha\upsilon\left\{\left[\displaystyle\int_0^{\sqrt{1-\nu^2}}\int_0^1 \cos(\upsilon\nu)\, f(\alpha\sqrt{\mu^2+\nu^2})\, d\mu\, d\nu\right]^2\right\}^{\frac{1}{2}}. \end{cases}$$

On peut remarquer que la formule (213) coïncide avec celle que l'on déduirait de l'équation (198) en posant

$$\theta = \frac{\pi}{2},\quad F(\varpi,\rho) = f(\sqrt{\varpi^2+\rho^2}),\quad \varpi = \alpha\mu,\quad \rho = \alpha\nu.$$

Ajoutons que, pour tirer les formules (208) et (214) de l'équation (194), il suffit de prendre successivement

$$(215)\qquad U = \pm 4\alpha^2\int_0^1\int_0^1 \cos(\upsilon\zeta s)\, f(\alpha s)\, s\, ds\, \frac{d\zeta}{\sqrt{1-\zeta^2}},$$

et

$$(216)\qquad U = \pm 4\alpha^2\int_0^{\sqrt{1-\nu^2}}\int_0^1 \cos(\upsilon\nu)\, f(\alpha\sqrt{\mu^2+\nu^2})\, d\mu\, d\nu,$$

les signes des seconds membres étant choisis de manière que la quantité U soit positive.

Lorsque la fonction f est entière, on peut effectuer immédiatement dans l'équation (215) l'intégration relative à s, et dans la formule (216), l'intégration relative à μ. Concevons, par exemple, que le mouvement ait été produit par l'immersion d'un solide de révolution, et que ce solide se réduise à un cylindre, à un cône, ou à un paraboloïde dont la génératrice soit représentée par l'une des trois équations

$$(217) \qquad y = -h, \quad y = -h\left(1 - \frac{x}{\alpha}\right), \quad y = -h\left(1 - \frac{x^2}{\alpha^2}\right).$$

On trouvera, pour le cylindre,

$$f(\alpha\sqrt{\mu^2 + \nu^2}) = -h,$$

$$(218) \qquad U = \pm 4\alpha^2 h \int_0^1 (1 - \nu^2)^{\frac{1}{2}} \cos(\upsilon\nu)\, d\nu;$$

pour le cône,

$$f(\alpha\sqrt{\mu^2 + \nu^2}) = -h(1 - \sqrt{\mu^2 + \nu^2}),$$

$$(219) \qquad U = \pm 2\alpha^2 h \int_0^1 \left[(1 - \nu^2)^{\frac{1}{2}} + \frac{\nu^2}{2}\, l\left(\frac{1 - \sqrt{1 - \nu^2}}{1 + \sqrt{1 + \nu^2}}\right)\right] \cos(\upsilon\nu)\, d\nu;$$

et, pour le paraboloïde,

$$f(\alpha\sqrt{\mu^2 + \nu^2}) = -h(1 - \mu^2 - \nu^2),$$

$$(220) \qquad U = \pm \tfrac{8}{3}\alpha^2 h \int_0^1 (1 - \nu^2)^{\frac{3}{2}} \cos(\upsilon\nu)\, d\nu.$$

On développera facilement ces valeurs de U en séries convergentes ordonnées suivant les puissances ascendantes de υ. En effet, pour y parvenir, il suffira de remplacer $\cos(\upsilon\nu)$ par la série

$$1 - \frac{\upsilon^2\nu^2}{1.2} + \frac{\upsilon^4\nu^4}{1.2.3.4} - \ldots.$$

Après ce remplacement, on pourra effectuer les intégrations relatives à ν entre les limites $\nu = 0$, $\nu = 1$; et l'on obtiendra ensuite les points les plus bas et les sommets des différentes ondes, à l'aide des équations

$$(221)\qquad U = 0; \quad \text{et} \quad \frac{d\left(U v^{\frac{3}{2}}\right)}{dv} = 0.$$

Si l'on emploie en particulier la valeur de U donnée par l'équation (220), on sera conduit aux résultats que M. Poisson a obtenus dans son second Mémoire sur les ondes. Mais, si l'on part des équations (218) et (219), on obtiendra des résultats différents. Par conséquent, la forme du solide immergé influe nécessairement sur les hauteurs et les vitesses des ondes dont le mouvement est uniforme.

Si, au lieu de la formule (216), on emploie la formule (215), on pourra immédiatement développer son second membre en une série convergente dont les différents termes se réduisent à des intégrales simples. En effet, si l'on a égard aux équations

$$(222)\qquad \cos(vs\zeta) = 1 - \frac{v^2 s^2 \zeta^2}{1.2} + \frac{v^4 s^4 \zeta^4}{1.2.3.4} - \dots$$

et

$$(223)\qquad \int_0^1 \frac{\zeta^{2n} d\zeta}{\sqrt{1-\zeta^2}} = \int_0^{\frac{\pi}{2}} (\cos\tau)^{2n} d\tau = \frac{1.2.3\ldots(2n)}{(1.2.3\ldots n)^2} \frac{\pi}{2^{2n+1}},$$

la formule (215) donnera

$$(224)\qquad \begin{cases} U = \pm 2\pi\alpha^2 \displaystyle\int_0^1 \left[1 - \frac{v^2}{1}\left(\frac{s}{2}\right)^2 + \frac{v^4}{(1.2)^2}\left(\frac{s}{2}\right)^4 - \dots\right] s f(\alpha s)\, ds \\ \quad = \pm 2\pi\alpha^2 \left[\displaystyle\int_0^1 s f(\alpha s)\, ds - \frac{\left(\frac{1}{2}v\right)^2}{1}\int_0^1 s^3 f(\alpha s)\, ds + \frac{\left(\frac{1}{2}v\right)^4}{(1.2)^2}\int_0^1 s^5 f(\alpha s)\, ds - \dots\right]. \end{cases}$$

On aura d'ailleurs, pour le cylindre,

$$f(\alpha s) = -h, \qquad \int_0^1 s^{2n+1} ds = \frac{1}{2n+2},$$

et par suite

$$(225)\qquad U = \pm \pi\alpha^2 h \left[1 - \frac{1}{2}\frac{\left(\frac{1}{2}v\right)^2}{1} + \frac{1}{3}\frac{\left(\frac{1}{2}v\right)^4}{(1.2)^2} - \frac{1}{4}\frac{\left(\frac{1}{2}v\right)^6}{(1.2.3)^2} + \dots\right];$$

pour le cône,

$$f(\alpha s) = -h(1-s), \quad \int_0^1 s^{2n+1}(1-s)\,ds = \frac{1}{(2n+2)(2n+3)},$$

(226) $$U = \pm 2\pi\alpha^2 h\left[\frac{1}{2.3} - \frac{1}{4.5}\frac{(\frac{1}{2}\upsilon)^2}{1} + \frac{1}{6.7}\frac{(\frac{1}{2}\upsilon)^4}{(1.2)^2} - \frac{1}{8.9}\frac{(\frac{1}{2}\upsilon)^6}{(1.2.3)^2} + \dots\right];$$

et, pour le paraboloïde de révolution,

$$f(\alpha s) = -h(1-s^2), \quad \int_0^1 s^{2n+1}(1-s^2)\,ds = \frac{2}{(2n+2)(2n+4)},$$

(227) $$U = \pm \pi\alpha^2 h\left[\frac{1}{1.2} - \frac{1}{2.3}\frac{(\frac{1}{2}\upsilon)^2}{1} + \frac{1}{3.4}\frac{(\frac{1}{2}\upsilon)^4}{(1.2)^2} - \frac{1}{4.5}\frac{(\frac{1}{2}\upsilon)^6}{(1.2.3)^2} + \dots\right].$$

Si l'on considérait le solide de révolution engendré par la parabole tangente à l'axe des x, et à laquelle appartient l'équation

$$y = -h\left(1 - \frac{x}{\alpha}\right)^2,$$

on trouverait

$$f(\alpha s) = -h(1-s)^2, \quad \int_0^1 s^{2n+1}(1-s)^2\,ds = \frac{2}{(2n+2)(2n+3)(2n+4)},$$

(228) $$U = \pm 4\pi\alpha^2 h\left[\frac{1}{2.3.4} - \frac{1}{4.5.6}\frac{(\frac{1}{2}\upsilon)^2}{1} + \frac{1}{6.7.8}\frac{(\frac{1}{2}\upsilon)^4}{(1.2)^2} - \frac{1}{8.9.10}\frac{(\frac{1}{2}\upsilon)^6}{(1.2.3)^2} + \dots\right].$$

Enfin, si l'on considérait le solide engendré par la révolution de la parabole du troisième degré, à laquelle appartient l'équation

$$y = -h\left(1 + 2\frac{x}{\alpha}\right)\left(1 - \frac{x}{\alpha}\right)^2,$$

on trouverait

$$f(\alpha s) = -h(1 - 3s^2 + 2s^3),$$

$$\int_0^1 s^{2n+1}(1 - 3s^2 + 2s^3)\,ds = \frac{6}{(2n+2)(2n+4)(2n+5)},$$

(229) $$U = \pm 3\pi\alpha^2 h\left[\frac{1}{1.2}\frac{1}{5} - \frac{1}{2.3}\frac{1}{7}\frac{(\frac{1}{2}\upsilon)^2}{1} + \frac{1}{3.4}\frac{1}{9}\frac{(\frac{1}{2}\upsilon)^4}{(1.2)^2} - \frac{1}{4.5}\frac{1}{11}\frac{(\frac{1}{2}\upsilon)^6}{(1.2.3)^2} + \dots\right].$$

En général, toutes les fois que $f(x)$ sera une fonction entière de x, on obtiendra immédiatement la valeur de l'intégrale

$$(230)\qquad \int_0^1 s^{2n+1} f(\alpha s)\, ds,$$

en remplaçant, dans le développement du produit $s^{2n+1}f(\alpha s)$, les puissances $s^{2n+1}, s^{2n+2}, s^{2n+3}, \ldots$ par les fractions $\frac{1}{2n+2}, \frac{1}{2n+3}, \frac{1}{2n+4}, \ldots$. Au reste, la valeur de l'intégrale (230) peut quelquefois s'obtenir en termes finis, dans des cas où l'ordonnée de la courbe génératrice n'est pas une fonction entière de x. C'est ce qui arrivera, par exemple, si l'on détermine cette ordonnée au moyen de l'équation

$$y = -h\frac{e^{a\left(1-\frac{x}{\alpha}\right)} - 1}{e^a - 1}.$$

On trouvera, dans cette hypothèse,

$$f(\alpha s) = -h\frac{e^{a(1-s)} - 1}{e^a - 1},$$

$$\int_0^1 \frac{e^{a(1-s)} - 1}{e^a - 1} s^{2n+1}\, ds = \frac{1.2.3\ldots(2n+1)}{(e^a - 1)a^{2n+2}}\left[e^a - 1 - \frac{a}{1} - \frac{a^2}{1.2} - \ldots - \frac{a^{2n+2}}{1.2.3\ldots(2n+2)}\right],$$

$$(231)\quad \mathrm{U} = \pm\frac{2\pi\alpha^2 h}{(e^a - 1)a^2}\left[\left(e^a - 1 - \frac{a}{1} - \frac{a^2}{1.2}\right) - \frac{3}{1.2}\left(e^a - 1 - \frac{a}{1} - \frac{a^2}{1.2} - \frac{a^3}{1.2.3} - \frac{a^4}{1.2.3.4}\right)\left(\frac{\frac{1}{4}\upsilon^2}{a^2}\right) + \ldots\right].$$

On peut remarquer que l'équation (231) se réduit à l'équation (226), dans le cas particulier où l'on prend $a = 0$.

Si l'on substitue la valeur de U donnée par la formule (224) dans les équations (221) qui déterminent les points les plus bas et les plus élevés des différentes ondes, ces équations deviendront respectivement

$$(232)\qquad \left\{\begin{aligned} &\int_0^1 s f(\alpha s)\, ds - \left(\frac{1}{1}\right)^2\left(\frac{\upsilon^2}{4}\right)\int_0^1 s^3 f(\alpha s)\, ds \\ &\qquad + \left(\frac{1}{1.2}\right)^2\left(\frac{\upsilon^2}{4}\right)^2\int_0^1 s^5 f(\alpha s)\, ds - \ldots = 0, \end{aligned}\right.$$

et

$$(233)\quad \left\{\begin{aligned} & 3\int_0^1 s\,f(\alpha s)\,ds - 7\left(\frac{1}{1}\right)^2\left(\frac{\upsilon^2}{4}\right)\int_0^1 s^3 f(\alpha s)\,ds \\ & + 11\left(\frac{1}{1.2}\right)^2\left(\frac{\upsilon^2}{4}\right)^2\int_0^1 s^5 f(\alpha s)\,ds - \ldots = 0. \end{aligned}\right.$$

Ces dernières se réduiront en particulier, pour le cylindre, à

$$(234)\quad \left\{\begin{aligned} & 1 - \frac{1}{2}\,\frac{\frac{1}{4}\upsilon^2}{1} + \frac{1}{3}\,\frac{(\frac{1}{4}\upsilon^2)^2}{(1.2)^2} - \frac{1}{4}\,\frac{(\frac{1}{4}\upsilon^2)^3}{(1.2.3)^2} + \frac{1}{5}\,\frac{(\frac{1}{4}\upsilon^2)^4}{(1.2.3.4)^2} - \ldots = 0, \\ & 3 - \frac{7}{2}\,\frac{\frac{1}{4}\upsilon^2}{1} + \frac{11}{3}\,\frac{(\frac{1}{4}\upsilon^2)^2}{(1.2)^2} - \frac{15}{4}\,\frac{(\frac{1}{4}\upsilon^2)^3}{(1.2.3)^2} + \frac{19}{5}\,\frac{(\frac{1}{4}\upsilon^2)^4}{(1.2.3.4)^2} + \ldots = 0; \end{aligned}\right.$$

pour le cône, à

$$(235)\quad \left\{\begin{aligned} & \frac{1}{2.3} - \frac{1}{4.5}\,\frac{\frac{1}{4}\upsilon^2}{1} + \frac{1}{6.7}\,\frac{(\frac{1}{4}\upsilon^2)^2}{(1.2)^2} - \frac{1}{8.9}\,\frac{(\frac{1}{4}\upsilon^2)^3}{(1.2.3)^2} + \frac{1}{10.11}\,\frac{(\frac{1}{4}\upsilon^2)^4}{(1.2.3.4)^2} - \ldots = 0, \\ & \frac{3}{2.3} - \frac{7}{4.5}\,\frac{\frac{1}{4}\upsilon^2}{1} + \frac{11}{6.7}\,\frac{(\frac{1}{4}\upsilon^2)^2}{(1.2)^2} - \frac{15}{8.9}\,\frac{(\frac{1}{4}\upsilon^2)^3}{(1.2.3)^2} + \frac{19}{10.11}\,\frac{(\frac{1}{4}\upsilon^2)^4}{1.2.3.4} - \ldots = 0; \end{aligned}\right.$$

pour le paraboloïde, à

$$(236)\quad \left\{\begin{aligned} & \frac{1}{1.2} - \frac{1}{2.3}\,\frac{\frac{1}{4}\upsilon^2}{1} + \frac{1}{3.4}\,\frac{(\frac{1}{4}\upsilon^2)^2}{(1.2)^2} - \frac{1}{4.5}\,\frac{(\frac{1}{4}\upsilon^2)^3}{(1.2.3)^2} + \frac{1}{5.6}\,\frac{(\frac{1}{4}\upsilon^2)^4}{(1.2.3.4)^2} - \ldots = 0, \\ & \frac{3}{1.2} - \frac{7}{2.3}\,\frac{\frac{1}{4}\upsilon^2}{1} + \frac{11}{3.4}\,\frac{(\frac{1}{4}\upsilon^2)^2}{(1.2)^2} - \frac{15}{4.5}\,\frac{(\frac{1}{4}\upsilon^2)^3}{(1.2.3)^2} + \frac{19}{5.6}\,\frac{(\frac{1}{4}\upsilon^2)^4}{(1.2.3.4)^2} - \ldots = 0; \end{aligned}\right.$$

enfin, pour le solide engendré par la révolution d'une parabole qui touche l'axe des x, à

$$(237)\quad \left\{\begin{aligned} & \frac{1}{2.3.4} - \frac{1}{4.5.6}\,\frac{\frac{1}{4}\upsilon^2}{1} + \frac{1}{6.7.8}\,\frac{(\frac{1}{4}\upsilon^2)^2}{(1.2)^2} - \frac{1}{8.9.10}\,\frac{(\frac{1}{4}\upsilon^2)^3}{(1.2.3)^2} \\ & \qquad + \frac{1}{10.11.12}\,\frac{(\frac{1}{4}\upsilon^2)^4}{(1.2.3.4)^2} - \ldots = 0, \\ & \frac{3}{2.3.4} - \frac{7}{4.5.6}\,\frac{\frac{1}{4}\upsilon^2}{1} + \frac{11}{6.7.8}\,\frac{(\frac{1}{4}\upsilon^2)^2}{(1.2)^2} - \frac{15}{8.9.10}\,\frac{(\frac{1}{4}\upsilon^2)^3}{(1.2.3)^2} \\ & \qquad + \frac{19}{10.11.12}\,\frac{(\frac{1}{4}\upsilon^2)^4}{(1.2.3.4)^2} - \ldots = 0. \end{aligned}\right.$$

En déterminant les premières racines de ces diverses équations, on reconnaîtra que les valeurs de $\frac{1}{4}\upsilon^2$ et de υ, correspondantes aux sommets des deux premières ondes, sont respectivement

pour le cylindre	$\frac{1}{4}\upsilon^2 = 1,1727\ldots$,	$\upsilon = 2,1658\ldots$,
	$\frac{1}{4}\upsilon^2 = 7,364\ldots$,	$\upsilon = 5,427\ldots$,
pour le cône	$\frac{1}{4}\upsilon^2 = 2,1399\ldots$,	$\upsilon = 2,9257\ldots$,
	$\frac{1}{4}\upsilon^2 = 11,894\ldots$,	$\upsilon = 6,897\ldots$,
pour le paraboloïde	$\frac{1}{4}\upsilon^2 = 1,8622\ldots$,	$\upsilon = 2,7292\ldots$,
	$\frac{1}{4}\upsilon^2 = 10,968\ldots$,	$\upsilon = 6,624\ldots$,
pour le solide engendré par la révolution d'une parabole tangente à l'axe des x	$\frac{1}{4}\upsilon^2 = 3,4825\ldots$,	$\upsilon = 3,732\ldots$,
	$\frac{1}{4}\upsilon^2 = 29,595\ldots$,	$\upsilon = 10,880\ldots$.

On trouvera de même que les valeurs de $\frac{1}{4}\upsilon^2$ et de υ, correspondantes au point de passage de la première onde à la deuxième, sont respectivement

pour le cylindre	$\frac{1}{4}\upsilon^2 = 3,6704\ldots$,	$\upsilon = 3,8316\ldots$,
pour le cône	$\frac{1}{4}\upsilon^2 = 8,6563\ldots$,	$\upsilon = 5,8843\ldots$,
pour le paraboloïde	$\frac{1}{4}\upsilon^2 = 6,5936\ldots$,	$\upsilon = 5,1356\ldots$,
pour le solide engendré par la révolution d'une parabole tangente à l'axe des x	$\frac{1}{4}\upsilon^2 = 19,8704\ldots$,	$\upsilon = 8,9152\ldots$.

Il importe d'observer que la dernière valeur de υ, étant fournie par la seconde des équations (237) et non par la première, indique un point de passage élevé au-dessus du niveau naturel de la surface liquide.

Si l'on voulait calculer non seulement la première ou les deux premières racines de chaque équation, mais encore la troisième, la quatrième, etc., il faudrait conserver dans chaque série un grand nombre de termes, et les calculs deviendraient fort longs. Toutefois on pourrait les abréger en faisant usage de logarithmes, et prenant pour valeurs approchées de $\frac{1}{4}\upsilon^2$ des nombres dont les logarithmes fussent très simples. Ainsi, par exemple, si l'on veut obtenir les trois plus petites racines de la première des équations (236), on observera que, dans cette équation mise sous la forme

$$(238)\quad \left\{\begin{aligned} &1-\frac{2}{2.3}\left(\frac{v^2}{4}\right)+\frac{2}{(1.2)^2.3.4}\left(\frac{v^2}{4}\right)^2-\frac{2}{(1.2.3)^2.4.5}\left(\frac{v^2}{4}\right)^3\\ &\qquad+\frac{2}{(1.2.3.4)^2.5.6}\left(\frac{v^2}{4}\right)^4-\ldots=0,\end{aligned}\right.$$

les coefficients de la première, de la deuxième, de la troisième, etc., enfin de la dix-septième puissance de $\frac{v^2}{4}$, ont pour logarithmes des nombres dont les parties décimales sont respectivement

52287874, 61978875, 44369749, 06348625, 51941820,
83817696, 03883641, 13574642, 14011123, 05092998,
90559394, 68028466, 39025005, 04000203, 63346185,
17406936, 66486684;

et, à l'aide de ces logarithmes, on reconnaîtra sans peine que les trois plus petites valeurs de $\frac{v^2}{4}$, propres à vérifier l'équation (238), sont comprises, la première, entre les nombres

$$10^{0,81}=6,4565\ldots \quad \text{et} \quad 10^{0,82}=6,6069\ldots$$

qui, substitués dans le premier membre, fournissent deux résultats de signes contraires, savoir, $+0,00567$ et $-0,00053$; la seconde entre les nombres

$$10^{1,24}=17,3780\ldots \quad \text{et} \quad 10^{1,25}=17,7827\ldots$$

auxquels correspondent encore deux résultats de signes contraires, savoir, $-0,00264$ et $+0,0005$; enfin la troisième entre les nombres

$$10^{1,525}=33,496\ldots \quad \text{et} \quad 10^{1,55}=35,481\ldots$$

dont la substitution fournit les deux résultats de signes contraires $+0,0005$ et $-0,0038$. En poussant plus loin l'approximation, on trouvera pour les valeurs approchées de $\frac{1}{4}v^2$ correspondantes aux trois premières racines de l'équation (238)

$$\frac{v^2}{4}=6,5936\ldots,\quad \frac{v^2}{4}=17,72\ldots,\quad \frac{v^2}{4}=33,69\ldots,$$

et pour ces racines elles-mêmes,

$$\upsilon = 5,1356\ldots,\quad \upsilon = 8,42\ldots,\quad \upsilon = 11,61\ldots.$$

Après avoir calculé les racines des équations (234), (235), (236), (237), il ne restera plus qu'à les substituer dans les formules (192) et (194), pour obtenir les valeurs de r et de y relatives aux sommets et aux points les plus bas des différentes ondes. En opérant de cette manière, on s'assurera que les valeurs de r et de y relatives au sommet de la première onde, au point de passage de la première à la deuxième, et au sommet de la deuxième onde, sont respectivement

pour le cylindre........
$$\begin{cases} r = 0,3397\ldots t\sqrt{g\alpha}, & y = 2,333\ldots h\left(\dfrac{\alpha}{gt^2}\right)^{\frac{1}{2}}, \\ r = 0,2554\ldots t\sqrt{g\alpha}, & y = 0, \\ r = 0,2146\ldots t\sqrt{g\alpha}, & y = 2,270\ldots h\left(\dfrac{\alpha}{gt^2}\right)^{\frac{1}{2}}; \end{cases}$$

pour le cône...........
$$\begin{cases} r = 0,2923\ldots t\sqrt{g\alpha}, & y = 1,181\ldots h\left(\dfrac{\alpha}{gt^2}\right)^{\frac{1}{2}}, \\ r = 0,2061\ldots t\sqrt{g\alpha}, & y = 0, \\ r = 0,1903\ldots t\sqrt{g\alpha}, & y = 0,176\ldots h\left(\dfrac{\alpha}{gt^2}\right)^{\frac{1}{2}}; \end{cases}$$

pour le paraboloïde.....
$$\begin{cases} r = 0,3026\ldots t\sqrt{g\alpha}, & y = 1,616\ldots h\left(\dfrac{\alpha}{gt^2}\right)^{\frac{1}{2}}, \\ r = 0,2206\ldots t\sqrt{g\alpha}, & y = 0, \\ r = 0,1942\ldots t\sqrt{g\alpha}, & y = 0,687\ldots h\left(\dfrac{\alpha}{gt^2}\right)^{\frac{1}{2}}; \end{cases}$$

pour le solide engendré par la révolution d'une parabole tangente à l'axe des x...............
$$\begin{cases} r = 0,2588\ldots t\sqrt{g\alpha}, & y = 0,824\ldots h\left(\dfrac{\alpha}{gt^2}\right)^{\frac{1}{2}}, \\ r = 0,1674\ldots t\sqrt{g\alpha}, & y = 0,159\ldots h\left(\dfrac{\alpha}{gt^2}\right)^{\frac{1}{2}}, \\ r = 0,1515\ldots t\sqrt{g\alpha}, & y = 0,185\ldots h\left(\dfrac{\alpha}{gt^2}\right)^{\frac{1}{2}}. \end{cases}$$

La règle par laquelle on détermine le reste de la série de Taylor suffit pour montrer que la somme de la série, qui forme le développement de $\cos(\upsilon s\zeta)$ dans l'équation (222), est comprise entre la somme des n premiers termes de cette série, et la quantité à laquelle se réduit la même somme, quand on change le signe du $n^{\text{ième}}$ terme. Or il est clair que les séries (234), (235), (236), (237), jouiront de la même propriété, et qu'on pourra en dire autant des séries (232) et (233), toutes les fois que la fonction $f(\alpha s)$ ne changera pas de signe entre les limites $s=0$, $s=1$. Cette remarque fournit le moyen d'assigner une limite inférieure aux racines positives de chacune des équations (234), (235), (236), (237), etc. Par exemple, la première des équations (237), ayant son premier membre compris entre les limites

$$\frac{1}{2.3.4}-\frac{1}{4.6.5}\left(\frac{\upsilon^2}{4}\right) \quad\text{et}\quad \frac{1}{2.3.4}+\frac{1}{4.6.5}\left(\frac{\upsilon^2}{4}\right),$$

ou

$$\frac{1}{24}\left(1-\frac{\upsilon^2}{20}\right) \quad\text{et}\quad \frac{1}{24}\left(1+\frac{\upsilon^2}{20}\right),$$

n'admettra pas de racines positives, inférieures à $\sqrt{20}=4,47\ldots$ On peut ajouter, et nous le prouverons plus tard, que cette équation n'a pas de racines réelles.

L'équation (215), dont nous nous sommes servis dans ce qui précède pour déterminer la valeur de U, peut être remplacée par plusieurs autres qu'il est bon de connaître. D'abord, si dans cette équation on développe $f(\alpha s)$ suivant les puissances ascendantes de s, l'intégration relative à s pourra s'effectuer, et, si l'on fait

$$(239)\qquad f(\alpha s)=\mathrm{A}+\mathrm{B}s+\mathrm{C}s^2+\mathrm{D}s^3+\mathrm{E}s^4+\ldots,$$

on trouvera

$$(240)\quad \left\{\begin{aligned} &\int_0^1(\mathrm{A}+\mathrm{B}s+\mathrm{C}s^2+\mathrm{D}s^3+\mathrm{E}s^4+\ldots)s\cos(\upsilon\zeta s)\,ds\\ &=\frac{\mathrm{A}}{\zeta}\frac{\partial\left(\frac{1-\cos\upsilon\zeta}{\upsilon}\right)}{\partial\upsilon}-\frac{\mathrm{B}}{\zeta^2}\frac{\partial^2\left(\frac{\sin\upsilon\zeta}{\upsilon}\right)}{\partial\upsilon^2}-\frac{\mathrm{C}}{\zeta^3}\frac{\partial^3\left(\frac{1-\cos\upsilon\zeta}{\upsilon}\right)}{\partial\upsilon^3}+\frac{\mathrm{D}}{\zeta^4}\frac{\partial^4\left(\frac{\sin\upsilon\zeta}{\upsilon}\right)}{\partial\upsilon^4}-\ldots,\end{aligned}\right.$$

et par suite

$$(241)\quad \left\{\begin{aligned} \mathrm{U} = \pm 4\alpha^2 \int_0^1 \Bigg[& \frac{\mathrm{A}}{\zeta} \frac{\partial\left(\frac{1-\cos\upsilon\zeta}{\upsilon}\right)}{\partial\upsilon} - \frac{\mathrm{B}}{\zeta^2} \frac{\partial^2\left(\frac{\sin\upsilon\zeta}{\upsilon}\right)}{\partial\upsilon^2} \\ & - \frac{\mathrm{C}}{\zeta^3} \frac{\partial^3\left(\frac{1-\cos\upsilon\zeta}{\upsilon}\right)}{\partial\upsilon^3} + \ldots \Bigg] \frac{d\zeta}{\sqrt{1-\zeta^2}}. \end{aligned}\right.$$

De plus, si dans le second membre de l'équation (216) on développe $f(\alpha\sqrt{\mu^2+\nu^2})$ suivant les puissances ascendantes du radical $\sqrt{\mu^2+\nu^2}$, on en tirera

$$(242)\quad \left\{\begin{aligned} \mathrm{U} = \pm 4\alpha^2 \int_0^{\sqrt{1-\nu^2}} \int_0^1 \Big[& \mathrm{A} + \mathrm{B}(\mu^2+\nu^2)^{\frac{1}{2}} + \mathrm{C}(\mu^2+\nu^2) \\ & + \mathrm{D}(\mu^2+\nu^2)^{\frac{3}{2}} + \ldots \Big] \cos(\upsilon\nu)\, d\mu\, d\nu. \end{aligned}\right.$$

Pour faciliter dans cette dernière la détermination des intégrales de la forme

$$(243)\qquad \int (\mu^2+\nu^2)^{\frac{2n+1}{2}} d\mu,$$

il suffira de poser

$$\sqrt{\mu^2+\nu^2} = \frac{\mu\sqrt{a}}{m},$$

a désignant une constante arbitraire et m une nouvelle variable. En effet, en substituant la variable m à la variable μ, puis intégrant par parties entre des limites quelconques, on trouvera

$$\begin{aligned} \int (\mu^2+\nu^2)^{\frac{2n+1}{2}} d\mu &= a^{\frac{1}{2}} \int \frac{1}{m} (\mu^2+\nu^2)^n \mu\, d\mu \\ &= \frac{a^{\frac{1}{2}}}{2n+2} \left[\frac{1}{m} (\mu^2+\nu^2)^{n+1} + \int (\mu^2+\nu^2)^{n+1} \frac{dm}{m^2} \right] \\ &= \frac{a^{n+\frac{3}{2}} \nu^{2n+2}}{2n+2} \left[\frac{1}{m(a-m^2)^{n+1}} + \int \frac{dm}{m^2(a-m^2)^{n+1}} \right] \\ &= \frac{a^{n+\frac{3}{2}} \nu^{2n+2}}{2n+2} \left[\frac{1}{m(a-m^2)^{n+1}} + \frac{(-1)^n}{1.2.3\ldots n} \frac{\partial^n}{\partial a^n} \int \frac{dm}{m^2(a-m^2)} \right]. \end{aligned}$$

Comme on a d'ailleurs

$$\int \frac{dm}{m^2(a-m^2)} = \frac{1}{a}\int\left(\frac{1}{m^2}+\frac{1}{a-m^2}\right)dm$$

$$= \frac{a^{-\frac{3}{2}}}{2}\, l\left(\frac{a^{\frac{1}{2}}+m}{a^{\frac{1}{2}}-m}\right) - \frac{1}{am} + \text{const.},$$

l'intégrale (243), prise entre des limites quelconques, deviendra

$$(244)\ \left\{\begin{aligned} &\int (\mu^2+\nu^2)^{\frac{2n+1}{2}}\, d\mu \\ &= \frac{a^{n+\frac{3}{2}}\nu^{2n+2}}{2n+2}\left\{\frac{1}{m(a-m^2)^{n+1}} - \frac{1}{a^{n+1}m} + \frac{(-1)^n}{1.2.3\ldots n}\,\frac{\partial^n\left[\frac{1}{2}a^{-\frac{3}{2}}\, l\left(\dfrac{a^{\frac{1}{2}}+m}{a^{\frac{1}{2}}-m}\right)\right]}{\partial a^n}\right\} + \text{const.} \\ &= \frac{\nu^{2n+2}}{2n+2}\left\{\frac{1-\left(1-\dfrac{m^2}{a}\right)^{n+1}}{\dfrac{m}{\sqrt{a}}\left(1-\dfrac{m^2}{a}\right)^{n+1}} + \frac{(-1)^n a^{n+\frac{3}{2}}}{1.2.3\ldots n}\,\frac{\partial^n\left[\frac{1}{2}a^{-\frac{3}{2}}\, l\left(\dfrac{a^{\frac{1}{2}}+m}{a^{\frac{1}{2}}-m}\right)\right]}{\partial a^n}\right\} + \text{const.}\end{aligned}\right.$$

Il reste à prendre cette intégrale entre les limites $\mu = 0$, $\mu = \sqrt{1-\nu^2}$, ou, ce qui revient au même, entre les limites $m = 0$, $m = a^{\frac{1}{2}}\sqrt{1-\nu^2}$, après que l'on aura effectué la différentiation relative à la quantité a. Or il est clair qu'on arrivera au même résultat, si l'on pose, avant cette différentiation, $m = b^{\frac{1}{2}}\sqrt{1-\nu^2}$, sauf à écrire, après la différentiation, a au lieu de b, et si l'on supprime en outre la constante arbitraire. On trouvera de cette manière

$$(245)\ \left\{\begin{aligned} &\int_0^{\sqrt{1-\nu^2}} (\mu^2+\nu^2)^{\frac{2n+1}{2}}\, d\mu \\ &= \frac{1}{2n+2}\left\{\frac{1-\nu^{2n+2}}{\sqrt{1-\nu^2}} + \frac{(-1)^n a^{n+\frac{3}{2}}\nu^{2n+2}}{1.2.3\ldots n}\,\frac{\partial^n\left[\frac{1}{2}a^{-\frac{3}{2}}\, l\left(\dfrac{a^{\frac{1}{2}}+b^{\frac{1}{2}}\sqrt{1-\nu^2}}{a^{\frac{1}{2}}-b^{\frac{1}{2}}\sqrt{1-\nu^2}}\right)\right]}{\partial a^n}\right\},\end{aligned}\right.$$

et l'on en conclura

$$(246)\quad\begin{cases}\displaystyle\int_0^{\sqrt{1-\nu^2}}(\mu^2+\nu^2)^{\frac{1}{2}}d\mu=\tfrac{1}{2}(1-\nu^2)^{\frac{1}{2}}+\frac{\nu^2}{4}\,l\left(\frac{1+\sqrt{1-\nu^2}}{1-\sqrt{1-\nu^2}}\right),\\ \displaystyle\int_0^{\sqrt{1-\nu^2}}(\mu^2+\nu^2)^{\frac{3}{2}}d\mu=\tfrac{5}{8}(1-\nu^2)^{\frac{1}{2}}-\tfrac{3}{8}(1-\nu^2)^{\frac{3}{2}}+\frac{3\nu^4}{16}\,l\left(\frac{1+\sqrt{1-\nu^2}}{1-\sqrt{1-\nu^2}}\right),\\ \dots\dots\dots\dots\dots\dots\dots\dots\dots\dots\end{cases}$$

On aura d'autre part

$$(247)\quad\begin{cases}\displaystyle\int_0^{\sqrt{1-\nu^2}}d\mu=(1-\nu^2)^{\frac{1}{2}},\\ \displaystyle\int_0^{\sqrt{1-\nu^2}}(\mu^2+\nu^2)\,d\mu=\nu^2(1-\nu^2)^{\frac{1}{2}}+\tfrac{1}{3}(1-\nu^2)^{\frac{3}{2}},\\ \displaystyle\int_0^{\sqrt{1-\nu^2}}(\mu^2+\nu^2)^2\,d\mu=\nu^4(1-\nu^2)^{\frac{1}{2}}+\frac{2\nu^2}{3}(1-\nu)^{\frac{3}{2}}+\tfrac{1}{5}(1-\nu^2)^{\frac{5}{2}},\\ \dots\dots\dots\dots\dots\dots\dots\dots\dots\dots,\end{cases}$$

et généralement

$$(248)\quad\begin{cases}\displaystyle\int_0^{\sqrt{1-\nu^2}}(\mu^2+\nu^2)^{2n}\,d\mu\\ \displaystyle\quad=\nu^{4n}(1-\nu^2)^{\frac{1}{2}}+\frac{2n}{3}\nu^{4n-2}(1-\nu^2)^{\frac{3}{2}}+\frac{2n(2n-1)}{1.2}\,\frac{1}{5}(1-\nu^2)^{\frac{5}{2}}+\dots\\ \displaystyle\quad+\frac{1}{4n+1}(1-\nu^2)^{\frac{4n+1}{2}}.\end{cases}$$

A l'aide de ces diverses formules, on tirera de l'équation (242)

$$(249)\quad\begin{cases}\displaystyle \mathrm{U}=\pm4\alpha^2\int_0^1\Big[\mathrm{A}+\frac{\mathrm{B}}{2}+\frac{\mathrm{C}}{3}(1+2\nu^2)+\frac{\mathrm{D}}{2.4}(2+3\nu^2)\\ \displaystyle\qquad\qquad+\frac{\mathrm{E}}{3.5}(3+4\nu^2+8\nu^4)+\dots\Big](1-\nu^2)^{\frac{1}{2}}\cos(\upsilon\nu)\,d\nu\\ \displaystyle\quad\pm2\alpha^2\int_0^1\nu^2\left(\frac{\mathrm{B}}{2}+\frac{3\mathrm{D}}{8}\nu^2+\dots\right)l\left(\frac{1+\sqrt{1-\nu^2}}{1-\sqrt{1-\nu^2}}\right)\cos(\upsilon\nu)\,d\nu;\end{cases}$$

puis, en intégrant par parties de manière à remplacer la fonction $l\left(\frac{1+\sqrt{1-\nu^2}}{1-\sqrt{1-\nu^2}}\right)$ par la fonction dérivée $-\frac{2}{\nu(1-\nu^2)^{\frac{1}{2}}}$, on trouvera

$$(250)\quad \left\{\begin{aligned} U = &\pm 4\alpha^2 \int_0^1 \left[A + \frac{B}{2} + \frac{C}{3}(1+2\nu^2) + \frac{D}{2.4}(2+3\nu^2)\right. \\ &\qquad \left. + \frac{E}{3.5}(3+4\nu^2+8\nu^4) + \ldots\right](1-\nu^2)\frac{\cos(\upsilon\nu)\,d\nu}{(1-\nu^2)^{\frac{1}{2}}} \\ &\pm \frac{4\alpha^2}{\upsilon}\int_0^1 \left[\frac{B}{2}\nu^2 + \frac{3D}{8}\nu^4 + \ldots - \frac{1}{\upsilon^2}\left(1.2\frac{B}{2} + 3.4\frac{3D}{8}\nu^2\ldots\right)\right. \\ &\qquad \left. + \frac{1}{\upsilon^4}\left(1.2.3.4\frac{3D}{8}\ldots\right) + \ldots\right]\frac{\sin(\upsilon\nu)\,d\nu}{\nu(1-\nu^2)^{\frac{1}{2}}} \\ &\pm \frac{4\alpha^2}{\upsilon^2}\int_0^1 \left[2\frac{B}{2} + 4\frac{3D}{8}\nu^2 + \ldots - \frac{1}{\upsilon^2}\left(2.3.4\frac{3D}{8}\nu^2 + \ldots\right) + \ldots\right]\frac{\cos(\upsilon\nu)\,d\nu}{(1-\nu^2)^{\frac{1}{2}}}. \end{aligned}\right.$$

D'ailleurs, si, dans les équations (135) et (136), on remplace μ par ν, et m par l'unité, elles donneront

$$(251)\quad \left\{\begin{aligned} &\int_0^1 F(\nu)\cos(\upsilon\nu)\,d\nu \\ &\quad = \frac{1}{\upsilon}\int_0^\infty \left[\frac{e^{\upsilon\sqrt{-1}}F\left(1+\frac{\nu}{\upsilon}\sqrt{-1}\right) - e^{-\upsilon\sqrt{-1}}F\left(1-\frac{\nu}{\upsilon}\sqrt{-1}\right)}{2\sqrt{-1}}\right. \\ &\qquad\qquad \left. - \frac{F\left(\frac{\nu}{\upsilon}\sqrt{-1}\right) - F\left(-\frac{\nu}{\upsilon}\sqrt{-1}\right)}{2\sqrt{-1}}\right]e^{-\nu}\,d\nu; \end{aligned}\right.$$

$$(252)\quad \left\{\begin{aligned} &\int_0^1 F(\nu)\sin(\upsilon\nu)\,d\nu \\ &\quad = \frac{-1}{\upsilon}\int_0^\infty \left[\frac{e^{\upsilon\sqrt{-1}}F\left(1+\frac{\nu}{\upsilon}\sqrt{-1}\right) + e^{-\upsilon\sqrt{-1}}F\left(1-\frac{\nu}{\upsilon}\sqrt{-1}\right)}{2}\right. \\ &\qquad\qquad \left. - \frac{F\left(\frac{\nu}{\upsilon}\sqrt{-1}\right) + F\left(-\frac{\nu}{\upsilon}\sqrt{-1}\right)}{2}\right]e^{-\nu}\,d\nu; \end{aligned}\right.$$

puis, en désignant par n un nombre entier, et posant successivement

$F(\nu) = \frac{\nu^{2n}}{(1-\nu^2)^{\frac{1}{2}}}$ et $F(\nu) = \frac{\nu^{2n-1}}{(1-\nu^2)^{\frac{1}{2}}}$, on obtiendra les formules

$$\int_0^1 \frac{\nu^{2n}\cos(\upsilon\nu)\,d\nu}{(1-\nu^2)^{\frac{1}{2}}} = \frac{\left(\frac{1}{2\upsilon}\right)^{\frac{1}{2}}}{2}\int_0^\infty \left\{ \frac{\left(1+\frac{\nu}{\upsilon}\sqrt{-1}\right)^{2n} e^{\left(\upsilon-\frac{\pi}{4}\right)\sqrt{-1}}}{\left(1+\frac{\nu}{2\upsilon}\sqrt{-1}\right)^{\frac{1}{2}}} + \frac{\left(1-\frac{\nu}{\upsilon}\sqrt{-1}\right)^{2n} e^{-\left(\upsilon-\frac{\pi}{4}\right)\sqrt{-1}}}{\left(1-\frac{\nu}{2\upsilon}\sqrt{-1}\right)^{\frac{1}{2}}} \right\} \frac{e^{-\nu}\,d\nu}{\nu^{\frac{1}{2}}},$$

$$\int_0^1 \frac{\nu^{2n}\sin(\upsilon\nu)\,d\nu}{\nu(1-\nu^2)^{\frac{1}{2}}} = \frac{\left(\frac{1}{2\upsilon}\right)^{\frac{1}{2}}}{2\sqrt{-1}}\int_0^\infty \left\{ \frac{\left(1+\frac{\nu}{\upsilon}\sqrt{-1}\right)^{2n} e^{\left(\upsilon-\frac{\pi}{4}\right)\sqrt{-1}}}{\left(1+\frac{\nu}{\upsilon}\sqrt{-1}\right)\left(1+\frac{\nu}{2\upsilon}\sqrt{-1}\right)^{\frac{1}{2}}} - \frac{\left(1-\frac{\nu}{\upsilon}\sqrt{-1}\right)^{2n} e^{-\left(\upsilon-\frac{\pi}{4}\right)\sqrt{-1}}}{\left(1-\frac{\nu}{\upsilon}\sqrt{-1}\right)\left(1-\frac{\nu}{2\upsilon}\sqrt{-1}\right)^{\frac{1}{2}}} \right\} \frac{e^{-\nu}\,d\nu}{\nu^{\frac{1}{2}}}.$$

La seconde des deux équations qui précèdent cesse d'être exacte pour une valeur nulle de n. Mais, si l'on intègre les deux membres de la première par rapport à υ, après y avoir remplacé n par l'unité, on en conclura

$$\int_0^1 \frac{\sin(\upsilon\nu)\,d\nu}{\nu(1-\nu^2)^{\frac{1}{2}}} = \frac{\pi}{2} + \frac{\left(\frac{1}{2\upsilon}\right)^{\frac{1}{2}}}{2\sqrt{-1}}\int_0^\infty \left\{ \frac{e^{\left(\upsilon-\frac{\pi}{4}\right)\sqrt{-1}}}{\left(1+\frac{\nu}{\upsilon}\sqrt{-1}\right)\left(1+\frac{\nu}{2\upsilon}\sqrt{-1}\right)^{\frac{1}{2}}} - \frac{e^{-\left(\upsilon-\frac{\pi}{4}\right)\sqrt{-1}}}{\left(1-\frac{\nu}{\upsilon}\sqrt{-1}\right)\left(1-\frac{\nu}{2\upsilon}\sqrt{-1}\right)^{\frac{1}{2}}} \right\} \frac{e^{-\nu}\,d\nu}{\nu^{\frac{1}{2}}}.$$

Les trois équations que nous venons d'établir fournissent le moyen de calculer avec une grande approximation la valeur de U, dans le cas où la quantité υ est très-considérable. En effet, les fonctions que leurs seconds membres renferment sous le signe $\int$, se réduisant sensiblement à zéro, avec le facteur $e^{-\nu}$, lorsque la variable ν devient très-grande, ne conserveront des valeurs appréciables que pour des valeurs finies de ν, auxquelles correspondront, si la quantité υ est très-considérable, des valeurs très-petites du rapport $\frac{\nu}{\upsilon}$. Or, toutes les fois que ce rapport demeure compris entre les limites ± 1, les binômes de la forme

$$\left(1 \pm \frac{\nu}{\upsilon}\sqrt{-1}\right)^n, \quad \left(1 \pm \frac{\nu}{2\upsilon}\sqrt{-1}\right)^{\frac{1}{2}}$$

se développent en séries convergentes ordonnées suivant les puissances ascendantes de $\frac{1}{\upsilon}$. Après avoir substitué ces développements aux binômes dont il s'agit, on obtiendra facilement les valeurs des intégrales

$$(253)\qquad \int_0^1 \frac{\nu^{2n}\cos(\upsilon\nu)\,d\nu}{(1-\nu^2)^{\frac{1}{2}}},\qquad \int_0^1 \frac{\nu^{2n}\sin(\upsilon\nu)\,d\nu}{\nu(1-\nu^2)^{\frac{1}{2}}},\qquad \int_0^1 \frac{\sin(\upsilon\nu)\,d\nu}{\nu(1-\nu^2)^{\frac{1}{2}}},$$

développées elles-mêmes en séries dans lesquelles les puissances ascendantes de $\frac{1}{\upsilon}$ se trouveront multipliées par des expressions de la forme

$$\frac{e^{\left(\upsilon-\frac{\pi}{4}\right)\sqrt{-1}}+e^{-\left(\upsilon-\frac{\pi}{4}\right)\sqrt{-1}}}{2}\int_0^\infty \nu^{2n-\frac{1}{2}}e^{-\nu}\,d\nu=\frac{1}{2}\cdot\frac{3}{2}\cdot\frac{5}{2}\cdots\frac{2n-1}{2}\pi^{\frac{1}{2}}\cos\left(\upsilon-\frac{\pi}{4}\right),$$

et

$$\frac{e^{\left(\upsilon-\frac{\pi}{4}\right)\sqrt{-1}}-e^{-\left(\upsilon-\frac{\pi}{4}\right)\sqrt{-1}}}{2\sqrt{-1}}\int_0^\infty \nu^{2n+\frac{1}{2}}e^{-\nu}\,d\nu=\frac{1}{2}\cdot\frac{3}{2}\cdot\frac{5}{2}\cdots\frac{2n+1}{2}\pi^{\frac{1}{2}}\sin\left(\upsilon-\frac{\pi}{4}\right);$$

puis, en attribuant successivement au nombre n les valeurs entières 1, 2, 3, 4, 5, ... et ayant égard aux équations

$$\begin{array}{ll}
A=f(0), & A+B+C+D+E+\ldots=f(\alpha);\\
B=\frac{\alpha}{1}f'(0), & B+2C+3D+4E+\ldots=\alpha f'(\alpha);\\
C=\frac{\alpha^2}{1.2}f''(0), & 1.2C+2.3D+3.4E+\ldots=\alpha^2 f''(\alpha);\\
D=\frac{\alpha^3}{1.2.3}f'''(0), & 1.2.3D+2.3.4E+\ldots=\alpha^3 f'''(\alpha);\\
E=\frac{\alpha^4}{1.2.3.4}f^{\text{iv}}(0), & 1.2.3.4E+\ldots=\alpha^4 f^{\text{iv}}(\alpha);\\
\ldots\ldots\ldots\ldots, & \ldots\ldots\ldots\ldots\ldots;
\end{array}$$

on fera voir que, pour des valeurs considérables de υ, la formule (250) donne à très-peu près

$$
(254)\quad \left\{
\begin{aligned}
\mathrm{U} = {} & \mp \frac{2\alpha^2\pi}{\upsilon^3}\left[\alpha f'(0) - \frac{3}{2}\left(\frac{1}{\upsilon}\right)^2 \alpha^3 f'''(0) + \frac{3.5}{2.4}\left(\frac{1}{\upsilon}\right)^4 \alpha^5 f^{\mathrm{v}}(0) - \ldots\right] \\
& \pm \frac{2\alpha^2}{\upsilon}\left(\frac{2\pi}{\upsilon}\right)^{\frac{1}{2}} \Bigg\{ f(\alpha) \sin\left(\upsilon - \frac{\pi}{4}\right) \\
& \qquad + \left[\alpha f'(\alpha) + \frac{3}{8} f(\alpha)\right] \frac{1}{\upsilon} \cos\left(\upsilon - \frac{\pi}{4}\right) \\
& \qquad - \left[\alpha^2 f''(\alpha) + \frac{7}{8}\alpha f'(\alpha) - \frac{15}{128} f(\alpha)\right]\left(\frac{1}{\upsilon}\right)^2 \sin\left(\upsilon - \frac{\pi}{4}\right) \\
& \qquad - \left[\alpha^3 f'''(\alpha) + \frac{11}{8}\alpha^2 f''(\alpha) - \frac{71}{128}\alpha f'(\alpha) + \frac{105}{1024} f(\alpha)\right]\left(\frac{1}{\upsilon}\right)^3 \cos\left(\upsilon - \frac{\pi}{4}\right) \\
& \qquad + \left[\alpha^4 f^{\mathrm{IV}}(\alpha) + \frac{15}{8}\alpha^3 f'''(\alpha) - \frac{159}{128}\alpha^2 f''(\alpha) + \frac{957}{1024}\alpha f'(\alpha) - \frac{4725}{32768} f(\alpha)\right]\left(\frac{1}{\upsilon}\right)^4 \sin\left(\upsilon - \frac{\pi}{4}\right) \\
& \qquad + \ldots\ldots\ldots\ldots\ldots\ldots\ldots\ldots\ldots\ldots \\
& \qquad + \left[\alpha^n f^{(n)}(\alpha) + \frac{4n-1}{8}\alpha^{n-1} f^{(n-1)}(\alpha) - \frac{16n^2 - 24n - 1}{128}\alpha^{n-2} f^{(n-2)}(\alpha)\right. \\
& \qquad\quad + \frac{64n^3 - 240n^2 + 164n + 45}{1024}\alpha^{n-3} f^{(n-3)}(\alpha) + \ldots \\
& \qquad\qquad \left. \pm 1.3.5\ldots(2n-3)\frac{3.5.7\ldots(2n+1)}{2.4.6\ldots 2n}\left(\frac{1}{4}\right)^n f(\alpha)\right]\left(\frac{1}{\upsilon}\right)^n \sin\left[\upsilon + \frac{(2n-1)\pi}{4}\right] \\
& \qquad + \ldots\ldots\ldots\ldots\ldots\ldots\ldots\ldots\ldots\ldots \Bigg\}
\end{aligned}
\right.
$$

Ajoutons que la formule (254) peut être déduite directement de l'équation (216). En effet, on tire de cette équation, en y remplaçant la variable μ par le produit $\mu\sqrt{1-\nu^2}$,

$$
(255)\quad \left\{
\begin{aligned}
\mathrm{U} & = \pm 4\alpha^2 \int_0^1\int_0^1 (1-\nu^2)^{\frac{1}{2}} \cos(\upsilon\nu)\, f\left(\alpha\sqrt{\mu^2+\nu^2-\mu^2\nu^2}\right) d\mu\, d\nu \\
& = \pm 4\alpha^2 \int_0^1\int_0^1 (1-\nu^2)^{\frac{1}{2}} \cos(\upsilon\nu)\, f\left\{\alpha e^{\frac{\pi}{4}\sqrt{-1}}\left[-(\mu^2+\nu^2-\mu^2\nu^2)\sqrt{-1}\right]^{\frac{1}{2}}\right\} d\mu\, d\nu \text{ (1)}.
\end{aligned}
\right.
$$

(1) Afin que les formules (255), (256), et en général toutes celles qui renferment des puissances ou des logarithmes d'expressions imaginaires, ne donnent lieu à aucune difficulté, il convient d'employer toujours les notations

$$(\mu + \nu\sqrt{-1})^a \quad \text{et} \quad l(\mu + \nu\sqrt{-1}),$$

μ désignant une quantité positive ou nulle, et a, ν, des quantités quelconques, pour repré-

Si, de plus, on transforme l'intégrale relative à ν par le moyen de l'équation (251), l'on trouvera

$$(255)\quad \left\{\begin{aligned} \mathrm{U} = &\pm \frac{2\alpha^2\sqrt{2}}{\upsilon\sqrt{\upsilon}} e^{\left(\upsilon-\frac{\pi}{4}\right)\sqrt{-1}} \int_0^{\infty}\int_0^{1} \nu^{\frac{1}{2}}\left(1+\frac{\nu}{2\upsilon}\sqrt{-1}\right)^{\frac{1}{2}} e^{-\nu} f\left\{\alpha e^{\frac{\pi}{4}\sqrt{-1}}\left[2\nu\frac{1-\mu^2}{\upsilon}-\left(1-\frac{1-\mu^2}{\upsilon^2}\nu^2\right)\sqrt{-1}\right]^{\frac{1}{2}}\right\}\frac{d\mu\, d\nu}{\sqrt{-1}} \\ &\mp \frac{2\alpha^2\sqrt{2}}{\upsilon\sqrt{\upsilon}} e^{-\left(\upsilon-\frac{\pi}{4}\right)\sqrt{-1}} \int_0^{\infty}\int_0^{1} \nu^{\frac{1}{2}}\left(1-\frac{\nu}{2\upsilon}\sqrt{-1}\right)^{\frac{1}{2}} e^{-\nu} f\left\{\alpha e^{-\frac{\pi}{4}\sqrt{-1}}\left[2\nu\frac{1-\mu^2}{\upsilon}+\left(1-\frac{1-\mu^2}{\upsilon^2}\nu^2\right)\sqrt{-1}\right]^{\frac{1}{2}}\right\}\frac{d\mu\, d\nu}{\sqrt{-1}} \\ &\mp \frac{2\alpha^2}{\upsilon}\int_0^{\infty}\int_0^{1}\left(1+\frac{\nu^2}{\upsilon^2}\right)^{\frac{1}{2}} \frac{f\left\{\alpha e^{\frac{\pi}{4}\sqrt{-1}}\left[-\left(\mu^2-\frac{1-\mu^2}{\upsilon^2}\nu^2\right)\sqrt{-1}\right]^{\frac{1}{2}}\right\}-f\left\{\alpha e^{-\frac{\pi}{4}\sqrt{-1}}\left[\left(\mu^2-\frac{1-\mu^2}{\upsilon^2}\nu^2\right)\sqrt{-1}\right]^{\frac{1}{2}}\right\}}{\sqrt{-1}} e^{-\nu}\, d\mu\, d\nu. \end{aligned}\right.$$

Observons maintenant que la différence

$$f\left\{\alpha e^{\frac{\pi}{4}\sqrt{-1}}\left[-\left(\mu^2-\frac{1-\mu^2}{\upsilon^2}\nu^2\right)\sqrt{-1}\right]^{\frac{1}{2}}\right\}-f\left\{\alpha e^{-\frac{\pi}{4}\sqrt{-1}}\left[\left(\mu^2-\frac{1-\mu^2}{\upsilon^2}\nu^2\right)\sqrt{-1}\right]^{\frac{1}{2}}\right\}$$

s'évanouit toutes les fois que la valeur de μ est supérieure à la fraction $\frac{\nu}{\sqrt{\nu^2+\upsilon^2}}$, et devient, dans le cas contraire, équivalente à l'expression

$$f\left[\alpha\left(\frac{\nu^2}{\upsilon^2}-\frac{\nu^2+\upsilon^2}{\upsilon^2}\mu^2\right)^{\frac{1}{2}}\sqrt{-1}\right]-f\left[-\alpha\left(\frac{\nu^2}{\upsilon^2}-\frac{\nu^2+\upsilon^2}{\upsilon^2}\mu^2\right)^{\frac{1}{2}}\sqrt{-1}\right],$$

d'où il suit que la dernière des intégrales doubles comprises dans la

senter les expressions imaginaires

$$(\mu^2+\nu^2)^{\frac{a}{2}}\left[\cos\left(a \operatorname{arc\,tang}\frac{\nu}{\mu}\right)+\sqrt{-1}\,\sin\left(a \operatorname{arc\,tang}\frac{\nu}{\mu}\right)\right]$$

et

$$\tfrac{1}{2}l(\mu^2+\nu^2)+\sqrt{-1}\,\operatorname{arc\,tang}\frac{\nu}{\mu},$$

$\operatorname{arc\,tang}\frac{\nu}{\mu}$ étant le plus petit arc (abstraction faite du signe) dont la tangente soit égale au rapport $\frac{\nu}{\mu}$, et par conséquent un arc compris entre les limites $-\frac{\pi}{2}$, $+\frac{\pi}{2}$. Cette règle, qui suffit pour fixer complètement le sens des notations dont il s'agit, et que nous avons adoptée dans le Cours de l'École royale Polytechnique, est aussi celle que nous suivons dans le présent Mémoire.

formule (256) se réduit à

$$\int_0^\infty \int_0^{\frac{\nu}{\sqrt{\nu^2+\upsilon^2}}} \left(1+\frac{\nu^2}{\upsilon^2}\right)^{\frac{1}{2}} \frac{f\left[\alpha\left(\frac{\nu^2}{\upsilon^2}-\frac{\nu^2+\upsilon^2}{\upsilon^2}\mu^2\right)^{\frac{1}{2}}\sqrt{-1}\right]-f\left[-\alpha\left(\frac{\nu^2}{\upsilon^2}-\frac{\nu^2+\upsilon^2}{\upsilon^2}\mu^2\right)^{\frac{1}{2}}\sqrt{-1}\right]}{\sqrt{-1}} e^{-\nu}\, d\mu\, d\nu,$$

ou, ce qui revient au même, à

$$\frac{1}{\upsilon}\int_0^\infty \int_0^1 \nu \frac{f\left[\frac{\alpha\nu}{\upsilon}(1-\mu^2)^{\frac{1}{2}}\sqrt{-1}\right]-f\left[-\frac{\alpha\nu}{\upsilon}(1-\mu^2)^{\frac{1}{2}}\sqrt{-1}\right]}{\sqrt{-1}} e^{-\nu}\, d\mu\, d\nu.$$

Remarquons en outre que, pour de petites valeurs du rapport $\frac{\nu}{\upsilon}$, les produits

$$e^{\frac{\pi}{4}\sqrt{-1}}\left[2\nu\frac{1-\mu^2}{\upsilon}-\left(1-\frac{1-\mu^2}{\upsilon^2}\nu^2\right)\sqrt{-1}\right]^{\frac{1}{2}},$$

$$e^{-\frac{\pi}{4}\sqrt{-1}}\left[2\nu\frac{1-\mu^2}{\upsilon}+\left(1-\frac{1-\mu^2}{\upsilon^2}\nu^2\right)\sqrt{-1}\right]^{\frac{1}{2}}$$

sont équivalents aux expressions

$$\left[1+\frac{2\nu}{\upsilon}(1-\mu^2)\sqrt{-1}-\frac{\nu^2}{\upsilon^2}(1-\mu^2)\right]^{\frac{1}{2}},$$

$$\left[1-\frac{2\nu}{\upsilon}(1-\mu^2)\sqrt{-1}-\frac{\nu^2}{\upsilon^2}(1-\mu^2)\right]^{\frac{1}{2}};$$

enfin remplaçons μ par $\sin\tau$, et nous reconnaîtrons que, pour de grandes valeurs de υ, la formule (256) donne à très peu près

$$(257)\quad \begin{cases} \mathrm{U} = \pm\dfrac{4\alpha^2\sqrt{2}}{\upsilon\sqrt{\upsilon}}\displaystyle\int_0^\infty\int_0^{\frac{\pi}{2}}\frac{\nu^{\frac{1}{2}}e^{-\nu}}{2\sqrt{-1}}\left\{\left(1+\frac{\nu}{2\upsilon}\sqrt{-1}\right)^{\frac{1}{2}} e^{\left(\upsilon-\frac{\pi}{4}\right)\sqrt{-1}} f\left[\alpha\left(1+\frac{2\nu}{\upsilon}\cos^2\tau\sqrt{-1}-\frac{\nu^2}{\upsilon^2}\cos^2\tau\right)^{\frac{1}{2}}\right]\right. \\ \qquad\left. -\left(1-\frac{\nu}{2\upsilon}\sqrt{-1}\right)^{\frac{1}{2}} e^{-\left(\upsilon-\frac{\pi}{4}\right)\sqrt{-1}} f\left[\alpha\left(1-\frac{2\nu}{\upsilon}\cos^2\tau\sqrt{-1}-\frac{\nu^2}{\upsilon^2}\cos^2\tau\right)^{\frac{1}{2}}\right]\right\}\cos\tau\, d\tau\, d\nu \\ \quad\mp\dfrac{4\alpha^2}{\upsilon^2}\displaystyle\int_0^\infty\int_0^{\frac{\pi}{2}}\nu\frac{f\left(\frac{\alpha\nu}{\upsilon}\cos\tau\sqrt{-1}\right)-f\left(-\frac{\alpha\nu}{\upsilon}\cos\tau\sqrt{-1}\right)}{2\sqrt{-1}} e^{-\nu}\cos\tau\, d\tau\, d\nu. \end{cases}$$

Si, en remplaçant toujours μ par $\sin\tau$ dans la troisième des intégrales doubles que renferme la formule (256), on posait dans la première de ces intégrales

$$\left[1 + \frac{2\nu}{\upsilon}(1-\mu^2)\sqrt{-1} - \frac{\nu^2}{\upsilon^2}(1-\mu^2)\right]^{\frac{1}{2}} = 1 + \frac{\nu}{\upsilon}(1-\mu\sin\tau)\sqrt{-1},$$

et dans la seconde

$$\left[1 - \frac{2\nu}{\upsilon}(1-\mu^2)\sqrt{-1} - \frac{\nu^2}{\upsilon^2}(1-\mu^2)\right]^{\frac{1}{2}} = 1 - \frac{\nu}{\upsilon}(1-\mu\sin\tau)\sqrt{-1},$$

alors, au lieu de la formule (257), on obtiendrait la suivante

$$(258)\quad \left\{\begin{aligned} \mathrm{U} = {} & \pm \frac{4\alpha^2\sqrt{2}}{\upsilon\sqrt{\upsilon}} e^{\left(\upsilon-\frac{\pi}{4}\right)\sqrt{-1}} \int_0^\infty \int_0^{\frac{\pi}{2}} \frac{\nu^{\frac{1}{2}} e^{-\nu}}{2\sqrt{-1}} \frac{\left(1+\frac{\nu}{2\upsilon}\sqrt{-1}\right)^{\frac{1}{2}}\left(1+\frac{\nu}{\upsilon}\sqrt{-1}\right)\left(1+\frac{\nu}{2\upsilon}\cos^2\tau\sqrt{-1}\right)}{\left[1+\frac{\nu}{2\upsilon}(1+\sin^2\tau)\sqrt{-1}\right]^2} \\ & \qquad \times f\left[\alpha + \frac{\frac{\alpha\nu}{\upsilon}\left(1+\frac{\nu}{2\upsilon}\sqrt{-1}\right)\cos^2\tau\sqrt{-1}}{1+\frac{\nu}{2\upsilon}(1+\sin^2\tau)\sqrt{-1}}\right]\cos\tau\, d\tau\, d\nu \\ & \pm \frac{4\alpha^2\sqrt{2}}{\upsilon\sqrt{\upsilon}} e^{-\left(\upsilon-\frac{\pi}{4}\right)\sqrt{-1}} \int_0^\infty \int_0^{\frac{\pi}{2}} \frac{\nu^{\frac{1}{2}} e^{-\nu}}{2\sqrt{-1}} \frac{\left(1-\frac{\nu}{2\upsilon}\sqrt{-1}\right)^{\frac{1}{2}}\left(1-\frac{\nu}{\upsilon}\sqrt{-1}\right)\left(1-\frac{\nu}{2\upsilon}\cos^2\tau\sqrt{-1}\right)}{\left[1-\frac{\nu}{2\upsilon}(1+\sin^2\tau)\sqrt{-1}\right]^2} \\ & \qquad \times f\left[\alpha - \frac{\frac{\alpha\nu}{\upsilon}\left(1-\frac{\nu}{2\upsilon}\sqrt{-1}\right)\cos^2\tau\sqrt{-1}}{1-\frac{\nu}{2\upsilon}(1+\sin^2\tau)\sqrt{-1}}\right]\cos\tau\, d\tau\, d\nu \\ & \mp \frac{4\alpha^2}{\upsilon^2}\int_0^\infty \int_0^{\frac{\pi}{2}} \nu e^{-\nu} \frac{f\left(\frac{\alpha\nu}{\upsilon}\cos\tau\sqrt{-1}\right) - f\left(-\frac{\alpha\nu}{\upsilon}\cos\tau\sqrt{-1}\right)}{2\sqrt{-1}}\cos\tau\, d\tau\, d\nu. \end{aligned}\right.$$

Si dans le second membre de cette dernière équation on développe, 1° les fonctions

$$f\left[\alpha \pm \frac{\frac{\alpha\nu}{\upsilon}\left(1 \pm \frac{\nu}{2\upsilon}\sqrt{-1}\right)\cos^2\tau\sqrt{-1}}{1 \pm \frac{\nu}{2\upsilon}(1+\sin^2\tau)\sqrt{-1}}\right] \quad \text{et} \quad f\left(\pm\frac{\alpha\nu}{\upsilon}\cos\tau\sqrt{-1}\right)$$

en séries ordonnées suivant les puissances ascendantes des expressions

$$\pm\frac{\frac{\alpha\nu}{\upsilon}\left(1\pm\frac{\nu}{2\upsilon}\sqrt{-1}\right)\cos^2\tau\sqrt{-1}}{1\pm\frac{\nu}{2\upsilon}(1+\sin^2\tau)\sqrt{-1}} \quad\text{et}\quad \pm\frac{\alpha\nu}{\upsilon}\cos\tau\sqrt{-1};$$

2° les fractions de la forme

$$\frac{\left(1\pm\frac{\nu}{\upsilon}\sqrt{-1}\right)\left(1\pm\frac{\nu}{2\upsilon}\cos^2\tau\sqrt{-1}\right)^{n+1}}{\left[1\pm\frac{\nu}{2\upsilon}(1+\sin^2\tau)\sqrt{-1}\right]^{n+2}}=\frac{\left(1\pm\frac{\frac{\nu}{2\upsilon}\sqrt{-1}}{1\pm\frac{\nu}{2\upsilon}\sqrt{-1}}\right)\left(1\mp\frac{\frac{\nu}{2\upsilon}\sqrt{-1}}{1\pm\frac{\nu}{2\upsilon}\sqrt{-1}}\sin^2\tau\right)^{n+1}}{\left(1\pm\frac{\frac{\nu}{2\upsilon}\sqrt{-1}}{1\pm\frac{\nu}{2\upsilon}\sqrt{-1}}\sin^2\tau\right)^{n+2}}$$

en séries ordonnées suivant les puissances ascendantes du rapport

$$\frac{\pm\frac{\nu}{2\upsilon}\sqrt{-1}}{1\pm\frac{\nu}{2\upsilon}\sqrt{-1}};$$

3° l'expression $\left(1\pm\frac{\nu}{2\upsilon}\sqrt{-1}\right)^{\frac{1}{2}}$ et ses puissances négatives en séries ordonnées suivant les puissances ascendantes de $\frac{1}{\upsilon}$, les intégrations s'exécuteront immédiatement à l'aide des formules

$$\int_0^{\frac{\pi}{2}}\cos^{2n}\tau\,d\tau=\frac{1.3.5\ldots(2n-1)}{2.4.6\ldots(2n)}\frac{\pi}{2},$$

$$\int_0^{\frac{\pi}{2}}\sin^{2m}\tau\cos^{2n+1}\tau\,d\tau=\frac{2.4.6\ldots(2n)}{(2m+1)\ldots(2n+2m+1)},$$

$$\int_0^{\infty}\nu^n e^{-\nu}\,d\nu=1.2.3\ldots n,$$

$$\int_0^{\infty}\nu^{n+\frac{1}{2}}e^{-\nu}\,d\nu=\frac{1}{2}.\frac{3}{2}.\frac{5}{2}\ldots\frac{2n+1}{2}\pi^{\frac{1}{2}},$$

et l'on retrouvera l'équation (254), dans laquelle le coefficient du produit

$$\pm \frac{2\alpha^2}{\upsilon}\left(\frac{2\pi}{\upsilon}\right)^{\frac{1}{2}}\left(\frac{1}{\upsilon}\right)^n \sin\left(\upsilon + \frac{2n-1}{4}\pi\right)$$

se présentera sous la forme

$$\alpha^n f^{(n)}(\alpha) + \left(\frac{2n+1}{2} + \frac{n-1}{1}\right)\frac{\alpha^{n-1} f^{(n-1)}(\alpha)}{4}$$

$$-\left[\frac{(2n+1)(2n-1)}{2.4} + \frac{n-2}{1}\,\frac{2n+1}{2} + \frac{(n-2)(n-1)}{1.2}\right]\frac{\alpha^{n-2} f^{(n-2)}(\alpha)}{4^2}$$

$$+1.3\left[\frac{(2n+1)(2n-1)(2n-3)}{2.4.6} + \frac{n-3}{1}\,\frac{(2n+1)(2n-1)}{2.4}\right.$$

$$\left.+\frac{(n-3)(n-2)}{1.2}\,\frac{2n+1}{2} + \frac{(n-3)(n-2)(n-1)}{1.2.3}\right]\frac{\alpha^{n-3} f^{(n-3)}(\alpha)}{4^3}$$

$$-1.3.5\left[\frac{(2n+1)(2n-1)(2n-3)(2n-5)}{2.4.6.8} + \frac{n-4}{1}\,\frac{(2n+1)(2n-1)(2n-3)}{2.4.6} + \ldots\right.$$

$$\left.+\frac{(n-4)(n-3)(n-2)(n-1)}{1.2.3.4}\right]\frac{\alpha^{n-4} f^{(n-4)}(\alpha)}{4^4}$$

$$+1.3.5.7\left[\frac{(2n+1)(2n-1)(2n-3)(2n-5)(2n-7)}{2.4.6.8.10}\right.$$

$$\left.+\frac{n-5}{1}\,\frac{(2n+1)(2n-1)(2n-3)(2n-5)}{2.4.6.8} + \ldots\right]\frac{\alpha^{n-5} f^{(n-5)}(\alpha)}{4^5}$$

$$-\ldots\ldots\ldots\ldots\ldots\ldots\ldots\ldots\ldots\ldots\ldots\ldots\ldots\ldots$$

$$\pm 1.3.5.7\ldots(2n-3)\frac{(2n+1)(2n-1)(2n-3)(2n-5)(2n-7)\ldots7.5.3}{2.4.6.8.10\ldots(2n-2).2n}\,\frac{f(\alpha)}{4^n}.$$

Si l'on applique successivement la formule (254) à la détermination des valeurs de U relatives aux différents solides que nous avons déjà considérés, on en tirera, pour le cylindre,

$$(259)\quad U = \mp \frac{2\alpha^2 h}{\upsilon}\left(\frac{2\pi}{\upsilon}\right)^{\frac{1}{2}}\left\{\begin{aligned}&\left[1 + \frac{15}{128}\left(\frac{1}{\upsilon}\right)^2 - \frac{4725}{32768}\left(\frac{1}{\upsilon}\right)^4 + \ldots\right]\sin\left(\upsilon - \frac{\pi}{4}\right)\\ &+\left[\frac{3}{8}\left(\frac{1}{\upsilon}\right) - \frac{105}{1024}\left(\frac{1}{\upsilon}\right)^3 + \ldots\right]\cos\left(\upsilon - \frac{\pi}{4}\right)\end{aligned}\right\};$$

pour le cône,

$$(260)\quad U = \pm \frac{2\alpha^2 h}{\upsilon^2}\left(\frac{2\pi}{\upsilon}\right)^{\frac{1}{2}}\left\{\begin{aligned}&\left[1 + \frac{71}{128}\left(\frac{1}{\upsilon}\right)^2 - \frac{81285}{32768}\left(\frac{1}{\upsilon}\right)^4 + \ldots\right]\cos\left(- \frac{\pi}{4}\right)\\ &-\left[\frac{7}{8}\left(\frac{1}{\upsilon}\right) - \frac{957}{1024}\left(\frac{1}{\upsilon}\right)^3 + \ldots\right]\sin\left(\upsilon - \frac{\pi}{4}\right)\end{aligned}\right\} \mp \frac{2\pi\alpha^2 h}{\upsilon^3};$$

pour le paraboloïde de révolution,

$$(261)\quad U=\pm\frac{4\alpha^2 h}{\upsilon^2}\left(\frac{2\pi}{\upsilon}\right)^{\frac{1}{2}}\left\{\begin{array}{l}\left[1-\frac{105}{128}\left(\frac{1}{\upsilon}\right)^2+\frac{10395}{32768}\left(\frac{1}{\upsilon}\right)^4-\ldots\right]\cos\left(\upsilon-\frac{\pi}{4}\right)\\ -\left[\frac{15}{8}\left(\frac{1}{\upsilon}\right)+\frac{315}{1024}\left(\frac{1}{\upsilon}\right)^3-\ldots\right]\sin\left(\upsilon-\frac{\pi}{4}\right)\end{array}\right\};$$

enfin pour le solide engendré par la révolution d'une parabole tangente à l'axe des x,

$$(262)\quad U=\pm\frac{4\alpha^2 h}{\upsilon^3}\left(\frac{2\pi}{\upsilon}\right)^{\frac{1}{2}}\left\{\begin{array}{l}\left[1+\frac{159}{128}\left(\frac{1}{\upsilon}\right)^2-\frac{310485}{32768}\left(\frac{1}{\upsilon}\right)^4+\ldots\right]\sin\left(\upsilon-\frac{\pi}{4}\right)\\ +\left[\frac{11}{8}\left(\frac{1}{\upsilon}\right)-\frac{2865}{1024}\left(\frac{1}{\upsilon}\right)^3+\ldots\right]\cos\left(\upsilon-\frac{\pi}{4}\right)\end{array}\right\}\mp\frac{4\pi\alpha^2 h}{\upsilon^3}.$$

Il suit de l'équation (254) que les ondes correspondantes à de grandes valeurs de υ seront très peu sensibles, si la courbe génératrice du solide immergé satisfait à la condition

$$(263)\qquad f(\alpha)=0,$$

et beaucoup moins sensibles encore, si la même courbe satisfait aux deux conditions

$$(264)\qquad f(\alpha)=0,\quad f'(\alpha)=0.$$

Les conséquences géométriques qui se déduisent de ces remarques sont analogues à celles que nous avons tirées de la formule (81). On peut d'ailleurs observer que la condition (263) est remplie pour le cône et le paraboloïde; et la condition (264), pour le solide engendré par la révolution de la parabole tangente à l'axe des x.

En joignant à l'équation (254) les formules (221), on déterminera très-facilement les sommets et les points les plus bas des différentes ondes correspondantes à de grandes valeurs de υ. Concevons, par exemple, que le solide immergé soit un paraboloïde. Dans ce cas, l'équation (254) coïncidant avec l'équation (261), les formules (221) deviendront

$$(265)\qquad \operatorname{tang}\left(\upsilon-\frac{\pi}{4}\right)=\frac{8}{15}\upsilon-\frac{63}{80}\left(\frac{1}{\upsilon}\right)+\ldots,$$

$$(266)\qquad \operatorname{tang}\left(\upsilon+\frac{\pi}{4}\right)=\frac{8}{23}\upsilon-\frac{15}{23}\frac{39}{16}\left(\frac{1}{\upsilon}\right)+\ldots.$$

Si, dans l'équation (265), on réduit le second membre à ses deux premiers termes, on trouvera pour les trois plus petites racines positives

$$\upsilon = 5{,}1282\ldots,\quad \upsilon = 8{,}4156\ldots,\quad \upsilon = 11{,}6191\ldots\,.$$

Elles diffèrent très-peu, comme on voit, des nombres

$$\upsilon = 5{,}13\ldots,\quad \upsilon = 8{,}42\ldots,\quad \upsilon = 11{,}61\ldots$$

qui représentent les trois premières racines de l'équation (238); et même pour la troisième racine, la différence est déjà au-dessous d'un centième.

On pourrait mesurer le degré d'approximation que procurent les méthodes précédentes, et assigner des limites entre lesquelles se trouvent comprises, non-seulement la valeur de U fournie par l'équation (258), mais encore les restes des séries que renferment les équations (254), (259), etc. Pour donner une idée de ce genre de calcul, considérons le cas particulier où il s'agit du solide engendré par la révolution d'une parabole tangente à l'axe des x. Dans ce cas, la formule (258) donnera

$$(267)\quad \left\{\begin{aligned} \mathrm{U} = {} & \mp \frac{4\pi\alpha^2 h}{\upsilon^3} \\ & \pm \frac{4\alpha^2 h\sqrt{2}}{\upsilon^3\sqrt{\upsilon}} \int_0^\infty \int_0^{\frac{\pi}{2}} \frac{\nu^{\frac{5}{2}} e^{-\nu}}{2\sqrt{-1}} \left\{ \frac{\left(1+\frac{\nu}{\upsilon}\sqrt{-1}\right)\left(1+\frac{\nu}{2\upsilon}\sqrt{-1}\right)^{\frac{5}{2}}\left(1+\frac{\nu}{2\upsilon}\cos^2\tau\sqrt{-1}\right)e^{\left(\upsilon-\frac{\pi}{4}\right)\sqrt{-1}}}{\left[1+\frac{\nu}{2\upsilon}(1+\sin^2\tau)\sqrt{-1}\right]^4} \right. \\ & \left. - \frac{\left(1-\frac{\nu}{\upsilon}\sqrt{-1}\right)\left(1-\frac{\nu}{2\upsilon}\sqrt{-1}\right)^{\frac{5}{2}}\left(1-\frac{\nu}{2\upsilon}\cos^2\tau\sqrt{-1}\right)e^{-\left(\upsilon-\frac{\pi}{4}\right)\sqrt{-1}}}{\left[1-\frac{\nu}{2\upsilon}(1+\sin^2\tau)\sqrt{-1}\right]^4} \right\} \cos^5\tau\, d\tau\, d\nu. \end{aligned}\right.$$

Or il est aisé de voir que, dans cette dernière équation, l'intégrale double renferme, sous les signes $\int\int$, une fonction dont la valeur numérique est inférieure au module de l'expression imaginaire

$$\nu^{\frac{5}{2}} e^{-\nu} \frac{\left(1+\frac{\nu}{\upsilon}\sqrt{-1}\right)\left(1+\frac{\nu}{2\upsilon}\sqrt{-1}\right)^{\frac{5}{2}}\left(1+\frac{\nu}{2\upsilon}\cos^2\tau\sqrt{-1}\right)e^{\left(\upsilon-\frac{\pi}{4}\right)\sqrt{-1}}}{\left[1+\frac{\nu}{2\upsilon}(1+\sin^2\tau)\sqrt{-1}\right]^4} \cos^5\tau,$$

c'est-à-dire, au produit

$$(268)\qquad \nu^{\frac{5}{2}} e^{-\nu} \frac{\left(1+\frac{\nu^2}{\upsilon^2}\right)^{\frac{1}{2}}\left(1+\frac{\nu^2}{4\upsilon^2}\right)^{\frac{5}{4}}\left(1+\frac{\nu^2}{4\upsilon^2}\cos^4\tau\right)^{\frac{1}{2}}}{\left[1+\frac{\nu^2}{4\upsilon^2}(1+\sin^2\tau)^2\right]^2}\cos^5\tau.$$

Comme on a d'ailleurs évidemment

$$\left(1+\frac{\nu^2}{\upsilon^2}\right)^{\frac{1}{2}} = \left(1+\frac{\nu^2}{\upsilon^2}\right)^{\frac{7}{16}}\left[\left(1+\frac{\nu^2}{\upsilon^2}\right)^{\frac{1}{4}}\right]^{\frac{1}{4}} < \left(1+\frac{7}{16}\frac{\nu^2}{\upsilon^2}\right)\left(1+\frac{\nu^2}{4\upsilon^2}\right)^{\frac{1}{4}},$$

et

$$\frac{\left(1+\frac{\nu^2}{4\upsilon^2}\right)^{\frac{5}{4}}\left(1+\frac{\nu^2}{4\upsilon^2}\cos^4\tau\right)^{\frac{1}{2}}}{\left[1+\frac{\nu^2}{4\upsilon^2}(1+\sin^2\tau)\right]^2} < \frac{\left(1+\frac{\nu^2}{4\upsilon^2}\right)^{\frac{5}{4}}\left(1+\frac{\nu^2}{4\upsilon^2}\right)^{\frac{1}{2}}}{\left(1+\frac{\nu^2}{4\upsilon^2}\right)^2} = \left(1+\frac{\nu^2}{4\upsilon^2}\right)^{-\frac{1}{4}},$$

il en résulte que le produit (268) sera inférieur à

$$\nu^{\frac{5}{2}}\left(1+\frac{7}{16}\frac{\nu^2}{\upsilon^2}\right)e^{-\nu}\cos^5\tau,$$

et la valeur numérique de l'intégrale double ci-dessus mentionnée à

$$\int_0^{\infty}\int_0^{\frac{\pi}{2}} \nu^{\frac{5}{2}}\left(1+\frac{7}{16}\frac{\nu^2}{\upsilon^2}\right)e^{-\nu}\cos^5\tau\, d\tau\, d\nu = \frac{8}{15}\int_0^{\infty}\left[\nu^{\frac{5}{2}}+\frac{7}{16}\left(\frac{1}{\upsilon}\right)^2\nu^{\frac{9}{2}}\right]e^{-\nu}d\nu = \left(1+\frac{7}{16}\frac{63}{4\upsilon^2}\right)\pi^{\frac{1}{2}}.$$

Cette valeur numérique sera donc plus petite que le produit $\left(1+\frac{7}{\upsilon^2}\right)\pi^{\frac{1}{2}}$, et en conséquence la valeur de U, déterminée par la formule (267), demeurera comprise entre les limites

$$\mp\frac{4\pi^{\frac{1}{2}}\alpha^2 h}{\upsilon^3}\left[\pi^{\frac{1}{2}}-\left(1+\frac{7}{\upsilon^2}\right)\left(\frac{2}{\upsilon}\right)^{\frac{1}{2}}\right] \quad\text{et}\quad \mp\frac{4\pi^{\frac{1}{2}}\alpha^2 h}{\upsilon^3}\left[\pi^{\frac{1}{2}}+\left(1+\frac{7}{\upsilon^2}\right)\left(\frac{2}{\upsilon}\right)^{\frac{1}{2}}\right].$$

On peut en conclure que l'équation $U = 0$ n'aura pas de racine positive supérieure à celle de la suivante

$$\pi^{\frac{1}{2}}-\left(1+\frac{7}{\upsilon^2}\right)\left(\frac{2}{\upsilon}\right)^{\frac{1}{2}} = 0,$$

c'est-à-dire, au nombre 2,62...; et, comme la quantité U est une fonction paire de υ, qui ne s'évanouira jamais, tant que la variable υ restera inférieure au nombre 4,47... (*voir* la p. 265), il est clair que, dans l'hypothèse admise, l'équation $U = 0$ n'aura pas de racines réelles. Quant à la seconde des équations (221), elle aura, dans la même hypothèse, une infinité de racines positives, qui se confondront sensiblement, quand la variable υ deviendra très grande, avec les racines de l'équation $\cos\left(\upsilon - \frac{\pi}{4}\right) = 0$.

Si, les trois conditions

$$f(\alpha) = 0, \quad f'(\alpha) = 0, \quad f''(\alpha) = 0, \tag{269}$$

étant remplies, la quantité $f'(0)$ conservait une valeur différente de zéro, chacune des équations (221) ne pourrait avoir qu'un nombre fini de racines, et par suite il n'y aurait plus que quelques ondes. Il en sera de même, toutes les fois que, dans la valeur de U, développée par le moyen de la formule (254) en une série ordonnée suivant les puissances ascendantes de $\frac{1}{\upsilon}$, l'exposant de la plus petite puissance fractionnaire de $\frac{1}{\upsilon}$ surpassera l'exposant de la plus petite puissance entière, d'une quantité égale ou supérieure à $\frac{3}{2}$.

Lorsque la fonction $f(\nu)$ est paire, les termes, qui renferment les puissances entières de $\frac{1}{\upsilon}$, disparaissent de la formule (254); et, pour de grandes valeurs de υ, les équations (221) finissent par se réduire sensiblement, l'une à

$$\sin\left(\upsilon - \frac{\pi}{4}\right) = 0, \tag{270}$$

et l'autre à

$$\cos\left(\upsilon - \frac{\pi}{4}\right) = 0. \tag{271}$$

De plus, on vérifie la formule (270), en posant

$$\upsilon = \left(n + \frac{1}{4}\right)\pi, \tag{272}$$

n désignant un nombre entier quelconque, et la formule (271), en posant

(273) $$\upsilon = \left(n + \frac{3}{4}\right)\pi.$$

On peut donc affirmer que les sommets des différentes ondes et leurs points de passage se trouveront à la fin déterminés par les équations (272) et (273). Ajoutons que l'équation (272) sera relative aux sommets, si, dans la suite

$$f(\alpha),\ f'(\alpha),\ f''(\alpha),\ \ldots,$$

le premier terme qui ne s'évanouit pas est une dérivée d'ordre pair; et que, dans le cas contraire, cette équation déterminera les ordonnées des points de passage.

Avant de quitter la formule (254), nous ferons remarquer que cette formule se rapporte uniquement au cas où les dérivées de la fonction $f(\nu)$ conservent des valeurs finies, 1° pour $\nu = 0$, 2° pour $\nu = 1$. S'il en était autrement, on pourrait recourir encore aux équations (257) et (258), puis développer leurs seconds membres en séries ordonnées suivant les puissances entières ou fractionnaires de $\frac{1}{\upsilon}$; et il deviendrait alors facile de déterminer les ondes correspondantes à de grandes valeurs de la variable υ. Ajoutons que, dans plusieurs cas, les séries obtenues seraient composées d'un nombre fini de termes. Si l'on considérait, par exemple, les ondes produites par l'ellipsoïde de révolution dont la génératrice a pour équation

(274) $$y = -h\left(1 - \frac{x^2}{\alpha^2}\right)^{\frac{1}{2}},$$

on trouverait $f(\alpha s) = -h(1 - s^2)^{\frac{1}{2}}$; et par suite on tirerait de l'équation (257)

(275) $$U = \pm \frac{2\pi\alpha^2 h}{\upsilon^2}\left(\cos\upsilon - \frac{1}{\upsilon}\sin\upsilon\right).$$

Dans ce cas, les sommets des différentes ondes correspondraient aux valeurs positives de υ déterminées par la formule

$$(276)\qquad d\left(\frac{\upsilon\cos\upsilon-\sin\upsilon}{\upsilon^{\frac{3}{2}}}\right)=0,\quad \text{ou}\quad \tang\upsilon=\frac{3\upsilon}{3-2\upsilon^2},$$

tandis que les points de passage correspondraient aux racines de l'équation

$$(277)\qquad \upsilon\cos\upsilon-\sin\upsilon=0,\quad \text{ou}\quad \tang\upsilon=\upsilon,$$

entièrement semblable à celle que fournit, dans le cas de deux dimensions, un cylindre parabolique. Au reste, l'équation (275) peut être déduite immédiatement de la formule (216).

Lorsque le solide immergé n'est pas terminé par une surface de révolution, alors, pour fixer les sommets et les points de passage des différentes ondes, il faut recourir, non plus aux formules (208) et (215), mais à l'une des équations (191), (198), (203), (209), que l'on peut transformer elles-mêmes, à l'aide des équations (133), (134), etc., de manière à en obtenir d'autres qui soient analogues à la formule (256). L'équation (203) comprend, comme cas particulier, celle que M. Poisson a donnée pour la détermination des ondes produites par un paraboloïde elliptique. Si le solide immergé se réduisait à un disque, c'est-à-dire, à un cylindre ou à un prisme droit d'une hauteur très petite, en nommant h cette hauteur, on tirerait de l'équation (197)

$$(278)\qquad \mathrm{U}=\pm h\int\!\!\int\cos\frac{\upsilon\varpi\cos\theta}{\alpha}\cos\frac{\upsilon\rho\sin\theta}{\alpha}\,d\varpi\,d\rho,$$

le signe étant choisi de manière que la valeur de U fût positive. Concevons, pour fixer les idées, que la base du disque soit un rectangle dont le centre coïncide avec l'origine, et dont les côtés soient parallèles aux axes des x et z. En désignant par

$$2\alpha\cos\tau\quad \text{et}\quad 2\alpha\sin\tau$$

ces mêmes côtés, on trouvera

$$(279)\quad \left\{\begin{aligned} \mathrm{U} &= \pm h \int_{-\alpha\cos\tau}^{\alpha\cos\tau}\int_{-\alpha\sin\tau}^{\alpha\sin\tau} \cos\frac{\upsilon\varpi\cos\theta}{\alpha}\cos\frac{\upsilon\rho\sin\theta}{\alpha}\,d\varpi\,d\rho \\ &= \pm h\left(\frac{\alpha}{\upsilon}\right)^2 \frac{\sin(\upsilon\cos\theta\cos\tau)}{\cos\theta}\,\frac{\sin(\upsilon\sin\theta\sin\tau)}{\sin\theta}. \end{aligned}\right.$$

Par conséquent, la valeur de y tirée de l'équation (194) s'évanouira, toutes les fois que l'on aura

$$(280)\qquad \sin(\upsilon\cos\theta\,\cos\tau) = 0, \quad \text{ou} \quad \sin(\upsilon\sin\theta\,\sin\tau) = 0,$$

c'est-à-dire, lorsque les variables υ et θ vérifieront les formules

$$(281)\qquad \upsilon\cos\theta = \pm\frac{n\pi}{\cos\tau}, \quad \upsilon\sin\theta = \pm\frac{n\pi}{\sin\tau},$$

n étant un nombre entier quelconque. Si dans ces formules on remet pour υ sa valeur $\frac{g\alpha t^2}{4r^2}$, elles deviendront

$$(282)\qquad r^2 = \pm\frac{g\alpha t^2}{4\pi n}\cos\tau\,\cos\theta, \quad r^2 = \pm\frac{g\alpha t^2}{4n\pi}\sin\tau\,\sin\theta,$$

et seront précisément les équations polaires des courbes dessinées par les points de passage des différentes ondes. Quant aux sommets des ondes, ils seront déterminés par la formule (195), qui, dans le cas présent, se réduit à

$$(283)\quad \cos\theta\,\cos\tau\,\cot(\upsilon\cos\theta\,\cos\tau) + \sin\theta\,\sin\tau\,\cot(\upsilon\sin\theta\,\sin\tau) = \frac{1}{2\upsilon}.$$

Si dans celle-ci on remet pour υ sa valeur, l'équation qui en résultera entre les coordonnées polaires r et θ, savoir,

$$(284)\quad \cos\theta\,\cos\tau\,\cot\frac{g\alpha t^2\cos\theta\,\cos\tau}{4r^2} + \sin\theta\,\sin\tau\,\cot\frac{g\alpha t^2\sin\theta\,\sin\tau}{4r^2} = \frac{2r^2}{g\alpha t^2}$$

appartiendra aux courbes dessinées par les sommets des diverses ondes. Si l'on cherche en particulier la courbe dessinée en relief par la première onde, on trouvera une courbe fermée, ayant l'origine pour centre, et dans laquelle des diamètres *maxima* ou *minima* répondront aux valeurs de θ et de r fournies par les équations

$$\theta = 0, \quad r = 0{,}3102\ldots(1 + \cos 2\tau)^{\frac{1}{4}}\, t\sqrt{g\alpha};$$
$$\theta = \frac{\pi}{2}, \quad r = 0{,}3102\ldots(1 - \cos 2\tau)^{\frac{1}{4}}\, t\sqrt{g\alpha};$$

tandis que l'on aura, pour $\theta = \frac{\pi}{2} - \tau$,

$$r = 0{,}2995\ldots(\sin 2\tau)^{\frac{1}{2}}\, t\sqrt{g\alpha}.$$

Pour le disque à base carrée, on aura simplement $\tau = \frac{1}{2}\pi$, et, par suite, l'équation (284) deviendra

$$(285) \qquad \cos\theta \operatorname{tang}\frac{g\alpha t^2 \cos\theta}{4r^2\sqrt{2}} + \sin\theta \operatorname{tang}\frac{g\alpha t^2 \sin\theta}{4r^2\sqrt{2}} = \frac{2r^2\sqrt{2}}{g\alpha t^2}.$$

En discutant cette dernière, on reconnaîtra que la courbe dessinée en relief par la première onde se réduit à une espèce de carré curviligne, situé dans une position inverse par rapport au carré qui sert de base au disque, de manière qu'aux diamètres *minima* et *maxima* du carré donné correspondent les diamètres *maxima* et *minima* de la courbe, représentés par les produits $0{,}6204\ldots t\sqrt{g\alpha}$ et $0{,}599\ldots t\sqrt{g\alpha}$. Cette dernière conclusion se trouve d'accord avec les expériences récentes de M. Bidone, géomètre italien.

Nous ne nous arrêterons pas à considérer les ondes qui sont produites, lorsque, le temps venant à croître, le troisième terme de la série (178) acquiert une valeur finie. Un calcul semblable à celui que nous avons effectué dans le cas où le fluide ne conserve qu'une dimension horizontale, ferait voir qu'elles sont tout à fait insensibles.

NOTE XVII.

SUR LE DÉVELOPPEMENT EN SÉRIE DE L'INTÉGRALE

$$(1)\qquad K = \int_0^\infty \cos(2k\mu)^{\frac{1}{2}} \cos\mu \, d\mu.$$

Si dans l'intégrale (1) on développe successivement en série, 1° le facteur $\cos\mu$, 2° le facteur $\cos(2k\mu)^{\frac{1}{2}}$, on devra obtenir, à ce qu'il semble, deux valeurs de K ordonnées, l'une suivant les puissances ascendantes de la quantité k, l'autre suivant les puissances descendantes de la même quantité. La première de ces deux valeurs, savoir,

$$(2)\qquad K = \frac{2k}{2} - \frac{(2k)^3}{4.5.6} + \frac{(2k)^5}{6.7.8.9.10} - \ldots$$

est exacte. Mais la seconde, savoir,

$$(3)\qquad K = -\frac{1}{k}\left[1 - \frac{3.4.5}{(2k)^2} + \frac{5.6.7.8.9}{(2k)^4} + \ldots\right]$$

est inexacte, ainsi qu'on va le démontrer.

Nous observerons d'abord que, si l'on développe l'intégrale

$$(4)\qquad \int_0^\infty e^{-(2k\mu)^{\frac{1}{2}}} \cos\mu \, d\mu$$

en série ordonnée suivant les puissances ascendantes de $\frac{1}{k}$, soit à l'aide du développement de $\cos\mu$, soit à l'aide de l'intégration par parties, on trouvera

$$(5)\qquad \int_0^\infty e^{-(2k\mu)^{\frac{1}{2}}} \cos\mu \, d\mu = \frac{1}{k}\left[1 - \frac{3.4.5}{(2k)^2} + \frac{5.6.7.8.9}{(2k)^4} - \ldots\right],$$

et l'on peut s'assurer qu'effectivement cette dernière équation donne, pour de grandes valeurs de k, la valeur approchée de l'intégrale (4), pourvu que, dans le second membre, on conserve seulement les premiers termes qui forment une suite décroissante. Si donc la formule (3) pouvait subsister, il faudrait qu'on eût, au moins pour de grandes valeurs de la quantité k,

$$(6) \qquad \int_0^\infty \cos(2k\mu)^{\frac{3}{2}} \cos\mu\, d\mu = -\int_0^\infty e^{-(2k\mu)^{\frac{1}{2}}} \cos\mu\, d\mu.$$

Or, au contraire, on tire de la seconde des formules (11) (Note III),

$$(7) \quad \int_0^\infty \cos(2k\mu)^{\frac{1}{2}} \cos\mu\, d\mu = \frac{\pi^{\frac{1}{2}} k^{\frac{1}{2}}}{2}\left(\sin\frac{k}{2} + \cos\frac{k}{2}\right) - \int_0^\infty e^{-(2k\mu)^{\frac{1}{2}}} \cos\mu\, d\mu,$$

et cette dernière exclut évidemment la formule (6).

On pourrait objecter, en faveur de l'équation (3), qu'elle se déduit, aussi bien que l'équation (5), de l'intégration par parties. Mais il est essentiel d'observer que cette dernière intégration ne donne les valeurs approchées des intégrales que dans le cas où, après un certain nombre d'intégrations partielles, la valeur de l'intégrale qui représente le reste est fort petite. Or cette circonstance, qui a effectivement lieu, quand on développe en série l'intégrale (4), ne subsiste plus dans le cas où il s'agit de l'intégrale (1). On n'a plus même alors aucun moyen de déterminer les limites entre lesquelles le reste se trouve compris.

Pour confirmer par un calcul numérique l'exactitude de l'équation (7), concevons que l'on attribue à la quantité k la valeur 8,36... qui détermine la première des ondes tracées en creux à la première époque du mouvement. En substituant cette valeur dans les équations (2) et (5), on en tirera

$$(8) \quad \left\{ \begin{aligned} &\int_0^\infty \cos(2k\mu)^{\frac{1}{2}} \cos\mu\, d\mu \\ &\quad = \mathrm{K} = 8,36\ldots(1 - 4,654\ldots + 5,158\ldots - 2,518\ldots + 0,689\ldots \\ &\qquad\qquad - 0,121\ldots + 0,015\ldots - 0,001\ldots + \ldots) \\ &\quad = -3,61\ldots, \end{aligned} \right.$$

et

$$(9) \quad \int_0^\infty e^{-(2k\mu)^{\frac{1}{2}}} \cos\mu\, d\mu = 0,120 - 0,026 + 0,023 - \ldots = 0,11\ldots.$$

Lorsqu'on prend le dernier résultat en signe contraire, on obtient la quantité négative $-0,11\ldots$ très sensiblement différente de la quantité $-3,61\ldots$; de sorte que l'équation (6) est manifestement erronée. Mais on retrouve à très-peu près la seconde de ces deux quantités, quand on ajoute à la première le produit

$$\frac{\pi^{\frac{1}{2}}k^{\frac{1}{2}}}{2}(\sin\tfrac{1}{2}k+\cos\tfrac{1}{2}k),$$

qui, dans l'hypothèse admise, se réduit à $-3,51\ldots$.

Les remarques que nous venons de faire prouvent que l'on s'expose à de graves erreurs, lorsqu'on détermine les fonctions par le moyen de leurs développements en série, sans tenir compte des restes.

NOTE XVIII.

SUR LES INTÉGRALES DÉFINIES SINGULIÈRES ET LES VALEURS PRINCIPALES DES INTÉGRALES INDÉTERMINÉES.

J'appelle *intégrale définie singulière* une intégrale prise relativement à une ou à plusieurs variables entre des limites très rapprochées de certaines valeurs particulières attribuées à ces mêmes variables, savoir, de valeurs infiniment grandes, ou de valeurs pour lesquelles la fonction sous le signe $\int$ devient infinie ou indéterminée. Ces sortes d'intégrales ne sont pas nécessairement nulles, et peuvent obtenir des valeurs finies ou même infinies, qu'il est ordinairement facile de calculer, comme je l'ai démontré, pour la première fois, dans un Mémoire présenté à l'Institut le 7 novembre 1814, et approuvé sur un Rapport de M. Legendre, dont les conclusions se trouvent imprimées dans l'analyse des travaux de la même année. Ainsi, par exemple, ε désignant un nombre infiniment petit, et a, b, deux constantes positives, on fixera sans peine les valeurs des intégrales définies singulières

$$(1)\qquad \int_{b\varepsilon}^{a\varepsilon} \frac{\mathrm{f}(x)}{x}\,dx = \mathrm{f}(0)\,l\left(\frac{a}{b}\right), \quad \int_{1-a\varepsilon}^{1-b\varepsilon} \frac{\mathrm{f}(x)}{1-x}\,dx = \mathrm{f}(1)\,l\left(\frac{a}{b}\right).$$

On trouvera encore, en désignant par α, ε deux nombres infiniment petits,

$$(2)\qquad \begin{cases} \dfrac{1}{2}\displaystyle\int_{a-\varepsilon}^{a+\varepsilon} \mathrm{F}_1(\mu)\frac{\alpha\,d\mu}{\alpha^2+(\mu-a)^2} = \frac{\pi}{2}\,\mathrm{F}_1(a), \\ \dfrac{1}{2}\displaystyle\int_{a-\varepsilon}^{a+\varepsilon} \mathrm{F}_2(\mu)\frac{\alpha\,d\mu}{\alpha^2+(\mu-a)^2} = \frac{\pi}{2}\,\mathrm{F}_2(a). \end{cases}$$

Enfin, comme, dans chacune des intégrales (7) de la Note VI, la fonction sous le signe $\int$ est sensiblement égale à zéro pour toutes les valeurs de μ qui ne sont pas très rapprochées de a, il en résulte que ces intégrales se réduisent aux intégrales singulières déterminées par les équations (2).

Lorsque, dans une intégrale de la forme

$$(3)\qquad \int_{x_0}^{X} f(x)\,dx,$$

la fonction sous le signe $\int$ devient infinie pour des valeurs de x comprises entre les limites x_0, X, et représentées par x_1, x_2, ..., x_m, cette intégrale est le plus ordinairement indéterminée. Mais, si elle entre dans le calcul comme limite de la somme

$$(4)\qquad \int_{x_0}^{x_1-\varepsilon} f(x)\,dx + \int_{x_1+\varepsilon}^{x_2-\varepsilon} f(x)\,dx + \cdots + \int_{x_m-\varepsilon}^{X} f(x)\,dx,$$

elle reprendra en général une valeur fixe à laquelle nous avons donné le nom de *valeur principale*.

Cela posé, soient $\mathrm{f}(x)$ et $\mathrm{F}(x)$ deux fonctions tellement choisies que le rapport

$$(5)\qquad \frac{\mathrm{f}(x+y\sqrt{-1})}{\mathrm{F}(x+y\sqrt{-1})}$$

ne varie jamais d'une manière brusque entre les limites $x=x_0$, $x=X$; $y=y_0$, $y=Y$. Désignons par $x_1, x_2, \ldots, x_m$ les racines de l'équation

$$\frac{\mathrm{f}(x)}{\mathrm{F}(x)}=\pm\infty,$$

dans lesquelles les parties réelles demeurent comprises entre les quantités x_0, X, et les coefficients de $\sqrt{-1}$ entre les quantités y_0, Y. Enfin supposons que ces mêmes racines appartiennent toutes à l'équation

$$\mathrm{F}(x)=0. \tag{6}$$

Si l'on intègre par rapport aux deux variables x, y l'équation identique

$$\frac{\partial\left[\dfrac{\mathrm{f}(x+y\sqrt{-1})}{\mathrm{F}(x+y\sqrt{-1})}\right]}{\partial y}=\sqrt{-1}\,\frac{\partial\left[\dfrac{\mathrm{f}(x+y\sqrt{-1})}{\mathrm{F}(x+y\sqrt{-1})}\right]}{\partial x}, \tag{7}$$

et que l'on remplace dans chaque membre l'intégrale relative à x par sa valeur principale (*voir* le *Résumé* des leçons données à l'École royale Polytechnique sur le Calcul infinitésimal, t. Ier), on trouvera

$$\left\{\begin{aligned}
&\int_{x_0}^{X}\left[\frac{\mathrm{f}(x+Y\sqrt{-1})}{\mathrm{F}(x+Y\sqrt{-1})}-\frac{\mathrm{f}(x+y_0\sqrt{-1})}{\mathrm{F}(x+y_0\sqrt{-1})}\right]dx\\
&\quad=\sqrt{-1}\int_{y_0}^{Y}\left[\frac{\mathrm{f}(X+y\sqrt{-1})}{\mathrm{F}(X+y\sqrt{-1})}-\frac{\mathrm{f}(x_0+y\sqrt{-1})}{\mathrm{F}(x_0+y\sqrt{-1})}\right]dy\\
&\quad-2\pi\left[\frac{\mathrm{f}(x_1)}{\mathrm{F}'(x_1)}+\frac{\mathrm{f}(x_2)}{\mathrm{F}'(x_2)}+\ldots+\frac{\mathrm{f}(x_m)}{\mathrm{F}'(x_m)}\right]\sqrt{-1}.
\end{aligned}\right. \tag{8}$$

Il est essentiel d'observer que, dans le second membre de l'équation précédente, chacune des fractions

$$\frac{\mathrm{f}(x_1)}{\mathrm{F}'(x_1)},\ \frac{\mathrm{f}(x_2)}{\mathrm{F}'(x_2)},\ \ldots,\ \frac{\mathrm{f}(x_m)}{\mathrm{F}'(x_m)}, \tag{9}$$

doit être réduite à moitié, quand elle correspond à une racine dans laquelle la partie réelle se confond avec l'une des quantités x_0, X, ou le coefficient de $\sqrt{-1}$ avec l'une des quantités y_0, Y.

Lorsque la fraction (5) s'évanouit, 1° pour $x = \pm \infty$, quel que soit y, 2° pour $y = \infty$, quel que soit x, alors, en prenant $x_0 = -\infty$, $X = \infty$, $y_0 = 0$, $Y = \infty$, on tire de la formule (8)

$$(10) \qquad \int_{-\infty}^{\infty} \frac{f(x)}{F(x)}\, dx = 2\pi \left[\frac{f(x_1)}{F'(x_1)} + \frac{f(x_2)}{F'(x_2)} + \dots + \frac{f(x_m)}{F'(x_m)} \right] \sqrt{-1}.$$

On trouvera en conséquence, pour $F(x) = 1 + x^2$,

$$(11) \qquad \int_{-\infty}^{\infty} \frac{f(x)}{1+x^2}\, dx = \pi\, f(\sqrt{-1}) = \int_0^{\infty} \frac{f(x) + f(-x)}{1+x^2}\, dx;$$

et, pour $F(x) = 1 - x^2$,

$$(12) \qquad \int_{-\infty}^{\infty} \frac{f(x)}{1-x^2}\, dx = \frac{\pi}{2} [f(-1) - f(1)] \sqrt{-1} = \int_0^{\infty} \frac{f(x) + f(-x)}{1-x^2}\, dx.$$

On ne doit pas oublier que, dans le passage de la formule (10) à l'équation (12), il faut réduire à moitié chacune des expressions (9), et que l'équation (12) fournit seulement la valeur principale de l'intégrale qu'elle renferme.

Si, dans les formules (11) et (12), on pose successivement $f(x) = e^{ax\sqrt{-1}}$ et $f(x) = x e^{ax\sqrt{-1}}$, on en conclura

$$(13) \qquad \left\{ \begin{aligned} &\int_0^{\infty} \frac{\cos ax}{1+x^2}\, dx = \frac{\pi}{2} e^{-a}, &&\int_0^{\infty} \frac{x \sin ax}{1+x^2}\, dx = \frac{\pi}{2} e^{-a}, \\ &\int_0^{\infty} \frac{\cos ax}{1-x^2}\, dx = \frac{\pi}{2} \sin a, &&\int_0^{\infty} \frac{x \sin ax}{1-x^2}\, dx = -\frac{\pi}{2} \cos a. \end{aligned} \right.$$

Les deux premières des équations (13) ont été données pour la première fois par M. Laplace.

Lorsque la fraction (5) s'évanouit, 1° pour $x = \infty$, quel que soit y, 2° pour $y = \infty$, quel que soit x, alors, en prenant $x_0 = 0$, $X = \infty$, $y_0 = 0$, $Y = \infty$, on tire de la formule (8)

$$(14) \qquad \left\{ \begin{aligned} \int_0^{\infty} \frac{f(x)}{F(x)}\, dx = \sqrt{-1} \int_0^{\infty} &\frac{f(y\sqrt{-1})}{F(y\sqrt{-1})}\, dy \\ &+ 2\pi \left[\frac{f(x_1)}{F'(x_1)} + \frac{f(x_2)}{F'(x_2)} + \dots + \frac{f(x_m)}{F'(x_m)} \right] \sqrt{-1}. \end{aligned} \right.$$

En posant, dans la formule (14), $F(x)=1-x^2$, réduisant à moitié la fraction $\frac{f(x_1)}{F'(x_1)}=\frac{f(1)}{F'(1)}=-\frac{1}{2}f(1)$, et remplaçant les deux variables x, y par une seule variable μ, l'on trouvera

$$(15)\qquad \int_0^\infty \frac{f(\mu)}{1-\mu^2}d\mu=\sqrt{-1}\int_0^\infty \frac{f(\mu\sqrt{-1})}{1+\mu^2}d\mu-\frac{\pi}{2}f(1)\sqrt{-1}.$$

Si l'on prend d'ailleurs $f(\mu)=e^{a\mu^2\sqrt{-1}}$, l'équation (15) donnera

$$\int_0^\infty \frac{e^{a\mu^2\sqrt{-1}}}{1-\mu^2}d\mu=\sqrt{-1}\int_0^\infty \frac{e^{-a\mu^2\sqrt{-1}}}{1+\mu^2}d\mu-\frac{\pi}{2}e^{a\sqrt{-1}}\sqrt{-1},$$

ou, ce qui revient au même,

$$(16)\qquad \begin{cases} \displaystyle\int_0^\infty [\cos(a\mu^2)+\sqrt{-1}\sin(a\mu^2)]\frac{d\mu}{1-\mu^2} \\ \displaystyle=\int_0^\infty [\sin(a\mu^2)+\sqrt{-1}\cos(a\mu^2)]\frac{d\mu}{1+\mu^2} \\ \displaystyle+\frac{\pi}{2}(\sin a-\sqrt{-1}\cos a), \end{cases}$$

et l'on en conclura

$$(17)\qquad \begin{cases} \displaystyle\int_0^\infty \cos(a\mu^2)\frac{d\mu}{1-\mu^2}=\frac{\pi}{2}\sin a+\int_0^\infty \sin(a\mu^2)\frac{d\mu}{1+\mu^2}, \\ \displaystyle\int_0^\infty \sin(a\mu^2)\frac{d\mu}{1-\mu^2}=-\frac{\pi}{2}\cos a+\int_0^\infty \cos(a\mu^2)\frac{d\mu}{1+\mu^2}, \end{cases}$$

$$(18)\qquad \begin{cases} \displaystyle\int_0^\infty [\cos(a\mu^2)-\sin(a\mu^2)]\frac{d\mu}{1-\mu^2} \\ \displaystyle=\frac{\pi}{2}(\cos a+\sin a)-\int_0^\infty [\cos(a\mu^2)-\sin(a\mu^2)]\frac{d\mu}{1+\mu^2}. \end{cases}$$

Ces diverses équations fournissent seulement les valeurs principales des intégrales que renferment leurs premiers membres.

Concevons maintenant que, dans la seconde des équations (7)

(Note II), l'on remplace m^2 par $a\mu^2$, on trouvera

$$(19)\qquad \cos(a\mu^2)-\sin(a\mu^2)=\left(\frac{8}{\pi}\right)^{\frac{1}{2}}\int_0^\infty \sin\varpi^2\cos\left(2a^{\frac{1}{2}}\mu\varpi\right)d\varpi;$$

puis, en ayant égard aux équations (13),

$$(20)\quad\left\{\begin{aligned}\int_0^\infty \frac{\cos(a\mu^2)-\sin(a\mu^2)}{1-\mu^2}d\mu &= \left(\frac{8}{\pi}\right)^{\frac{1}{2}}\int_0^\infty\int_0^\infty \sin\varpi^2\frac{\cos\left(2a^{\frac{1}{2}}\varpi\mu\right)}{1-\mu^2}d\mu\,d\varpi\\ &=(2\pi)^{\frac{1}{2}}\int_0^\infty \sin\varpi^2\sin\left(2a^{\frac{1}{2}}\varpi\right)d\varpi,\\ \int_0^\infty \frac{\cos(a\mu^2)-\sin(a\mu^2)}{1+\mu^2}d\mu &= \left(\frac{8}{\pi}\right)^{\frac{1}{2}}\int_0^\infty\int_0^\infty \sin\varpi^2\frac{\cos\left(2a^{\frac{1}{2}}\varpi\mu\right)}{1+\mu^2}d\mu\,d\varpi\\ &=(2\pi)^{\frac{1}{2}}\int_0^\infty \sin\varpi^2 e^{-2a^{\frac{1}{2}}\varpi}d\varpi.\end{aligned}\right.$$

Par conséquent, l'équation (18) pourra s'écrire ainsi qu'il suit :

$$(21)\quad\left\{\begin{aligned}&(2\pi)^{\frac{1}{2}}\int_0^\infty \sin\varpi^2\sin\left(2a^{\frac{1}{2}}\varpi\right)d\varpi\\ &=\frac{\pi}{2}(\cos a+\sin a)-(2\pi)^{\frac{1}{2}}\int_0^\infty \sin\varpi^2 e^{-2a^{\frac{1}{2}}\varpi}d\varpi.\end{aligned}\right.$$

De plus, en posant $\varpi^2=\mu$, et intégrant par parties, on établira facilement les formules

$$(22)\quad\left\{\begin{aligned}&\int_0^\infty \sin\varpi^2\sin\left(2a^{\frac{1}{2}}\varpi\right)d\varpi\\ &=\frac{1}{2}\int_0^\infty \sin\left(2a^{\frac{1}{2}}\mu^{\frac{1}{2}}\right)\sin\mu\frac{d\mu}{\mu^{\frac{1}{2}}}=\frac{1}{2a^{\frac{1}{2}}}\int_0^\infty \cos\left(2a^{\frac{1}{2}}\mu^{\frac{1}{2}}\right)\cos\mu\,d\mu,\\ &\int_0^\infty \sin\varpi^2 e^{-2a^{\frac{1}{2}}\varpi}d\varpi\\ &=\frac{1}{2}\int_0^\infty e^{-2a^{\frac{1}{2}}\mu^{\frac{1}{2}}}\sin\mu\frac{d\mu}{\mu^{\frac{1}{2}}}=\frac{1}{2a^{\frac{1}{2}}}\int_0^\infty e^{-2a^{\frac{1}{2}}\mu^{\frac{1}{2}}}\cos\mu\,d\mu,\end{aligned}\right.$$

en vertu desquelles l'équation (21) deviendra

$$(23)\quad \left\{\begin{aligned} &\left(\frac{\pi}{2a}\right)^{\frac{1}{2}}\int_0^\infty \cos\left(2a^{\frac{1}{2}}\mu^{\frac{1}{2}}\right)\cos\mu\,d\mu \\ &= \frac{\pi}{2}(\cos a+\sin a)-\left(\frac{\pi}{2a}\right)^{\frac{1}{2}}\int_0^\infty e^{-2a^{\frac{1}{2}}\mu^{\frac{1}{2}}}\cos\mu\,d\mu. \end{aligned}\right.$$

Si l'on multiplie les deux membres de cette dernière par $\left(\frac{2a}{\pi}\right)^{\frac{1}{2}}$, et si l'on fait en outre $a=\frac{1}{2}k$, on obtiendra précisément la formule (7) de la Note précédente, savoir,

$$(24)\quad \left\{\begin{aligned} &\int_0^\infty \cos(2k\mu)^{\frac{1}{2}}\cos\mu\,d\mu \\ &= \frac{\pi^{\frac{1}{2}}k^{\frac{1}{2}}}{2}\left(\cos\frac{k}{2}+\sin\frac{k}{2}\right)-\int_0^\infty e^{-(2k\mu)^{\frac{1}{2}}}\cos\mu\,d\mu. \end{aligned}\right.$$

On parvient encore à des résultats dignes de remarque, quand on combine la troisième des formules (13) avec les équations (10) de la Note II. En effet, si dans ces équations on remplace m par a, et ϖ par μ, on en tirera

$$\begin{aligned} \cos a = &\left(\frac{2}{\pi}\right)^{\frac{1}{2}}\int_0^\infty (\cos\mu^2+\sin\mu^2)\cos\frac{a^2}{4\mu^2}\,d\mu \\ &+\left(\frac{2}{\pi}\right)^{\frac{1}{2}}\int_0^\infty (\cos\mu^2-\sin\mu^2)\sin\frac{a^2}{4\mu^2}\,d\mu, \end{aligned}$$

$$\begin{aligned} \sin a = &\left(\frac{2}{\pi}\right)^{\frac{1}{2}}\int_0^\infty (\sin\mu^2-\cos\mu^2)\cos\frac{a^2}{4\mu^2}\,d\mu \\ &+\left(\frac{2}{\pi}\right)^{\frac{1}{2}}\int_0^\infty (\sin\mu^2+\cos\mu^2)\sin\frac{a^2}{4\mu^2}\,d\mu. \end{aligned}$$

Comme on aura d'ailleurs, en vertu de la troisième des formules (13),

$$\sin\frac{a^2}{4\mu^2}=\frac{2}{\pi}\int_0^\infty \cos\frac{a^2\nu}{4\mu^2}\,\frac{d\nu}{1-\nu^2},$$

où trouvera définitivement

$$(25)\quad \begin{cases} \cos a = \left(\dfrac{2}{\pi}\right)^{\frac{1}{2}} \displaystyle\int_0^\infty (\cos\mu^2 + \sin\mu^2)\cos\frac{a^2}{4\mu^2}\,d\mu \\ \quad + \left(\dfrac{2}{\pi}\right)^{\frac{3}{2}} \displaystyle\int_0^\infty\int_0^\infty (\cos\mu^2 - \sin\mu^2)\cos\frac{a^2\nu}{4\mu^2}\,\frac{d\mu\,d\nu}{1-\nu^2}, \end{cases}$$

$$(26)\quad \begin{cases} \sin a = \left(\dfrac{2}{\pi}\right)^{\frac{1}{2}} \displaystyle\int_0^\infty (\sin\mu^2 - \cos\mu^2)\cos\frac{a^2}{4\mu^2}\,d\mu \\ \quad + \left(\dfrac{2}{\pi}\right)^{\frac{3}{2}} \displaystyle\int_0^\infty\int_0^\infty (\sin\mu^2 + \cos\mu^2)\cos\frac{a^2\nu}{4\mu^2}\,\frac{d\mu\,d\nu}{1-\nu^2}. \end{cases}$$

C'est à l'aide de l'équation (25), et avant d'avoir établi les formules de la Note VI, que j'ai obtenu pour la première fois les équations (d) et (f) de la Note XVI. Je vais indiquer en peu de mots la route que j'avais suivie pour arriver à ces mêmes équations.

On a vu, dans la deuxième Partie du Mémoire (Sect. III, §§ IV et V), que, si l'on désigne par δ la densité du fluide, par y l'ordonnée de la surface qui correspond, au bout du temps t, à l'abscisse x, et par $F(x)$ l'ordonnée initiale, on aura, en supposant le fluide réduit à deux dimensions, et les vitesses initiales nulles,

$$(27)\qquad y = \frac{1}{g^{\frac{1}{2}}\delta}\sum\int_0^\infty \cos mx \cos m^{\frac{1}{2}} g^{\frac{1}{2}} t\ \psi(m)\, m^{\frac{1}{2}}\, dm,$$

pourvu que l'on assujettisse la fonction $\psi(m)$ à vérifier l'équation

$$(28)\qquad F(a) = \frac{1}{g^{\frac{1}{2}}\delta}\sum\int_0^\infty \cos ma\ \psi(m)\, m^{\frac{1}{2}}\, dm.$$

Si l'on considère en particulier le cas où $F(x)$ est une fonction paire de la variable x, les équations (27) et (28) deviendront

$$(29)\qquad y = \frac{1}{g^{\frac{1}{2}}\delta}\int_0^\infty \cos mx \cos m^{\frac{1}{2}} g^{\frac{1}{2}} t\ \psi(m)\, m^{\frac{1}{2}}\, dm,$$

$$(30)\qquad F(a) = \frac{1}{g^{\frac{1}{2}}\delta}\int_0^\infty \cos ma\ \psi(m)\, m^{\frac{1}{2}}\, dm.$$

De plus, si, après avoir posé, dans la formule (25), $a = m^{\frac{1}{2}} g^{\frac{1}{2}} t$, on substitue la valeur de $\cos m^{\frac{1}{2}} g^{\frac{1}{2}} t$ dans l'équation (29), on trouvera, en ayant égard à la formule (30),

$$(31)\quad \left\{ \begin{aligned} y = \frac{1}{\sqrt{2\pi}} \Bigg\{ & \int_0^\infty (\cos\mu^2 + \sin\mu^2)\left[F\left(x + \frac{gt^2}{4\mu^2}\right) + F\left(x - \frac{gt^2}{4\mu^2}\right)\right] d\mu \\ & + \frac{2}{\pi}\int_0^\infty \int_0^\infty (\cos\mu^2 - \sin\mu^2)\left[F\left(x + \frac{gt^2\nu}{4\mu^2}\right) + F\left(x - \frac{gt^2\nu}{4\mu^2}\right)\right] d\mu\, d\nu \Bigg\}. \end{aligned} \right.$$

Il suffit de concevoir que, dans cette dernière, la fonction $F(x)$ redevienne tout à fait arbitraire, pour obtenir la valeur la plus générale possible de l'inconnue y.

Lorsque la fonction $F(x)$ n'a de valeur sensible que pour des valeurs de x peu différentes de zéro, alors, en attribuant à la variable x une valeur positive et finie, on trouve

$$F\left(x + \frac{gt^2}{4\mu^2}\right) = 0, \quad F\left(x + \frac{gt^2\nu}{4\mu^2}\right) = 0,$$

$$(32)\quad \left\{ \begin{aligned} y = \frac{1}{\sqrt{2\pi}} \Bigg[& \int_0^\infty (\cos\mu^2 + \sin\mu^2)\, F\left(x - \frac{gt^2}{4\mu^2}\right) d\mu \\ & + \frac{2}{\pi}\int_0^\infty \int_0^\infty (\cos\mu^2 - \sin\mu^2)\, F\left(x - \frac{gt^2\nu}{4\mu^2}\right) \frac{d\mu\, d\nu}{1 - \nu^2} \Bigg]; \end{aligned} \right.$$

puis, en posant, dans l'intégrale simple, $x - \frac{gt^2}{4\mu^2} = \varpi$, dans l'intégrale double, $x - \frac{gt^2\nu}{4\mu^2} = \varpi$, et remplaçant ν par ν^2,

$$(33)\quad \left\{ \begin{aligned} y = {} & \frac{g^{\frac{1}{2}} t}{4\sqrt{2\pi}} \int_{-\infty}^{x} \cos\left[\frac{gt^2}{4(x - \varpi)} + \sin\frac{gt^2}{4(x - \varpi)}\right] \frac{F(\varpi)\, d\varpi}{(x - \varpi)^{\frac{3}{2}}} \\ & + \frac{g^{\frac{1}{2}} t}{\pi\sqrt{2\pi}} \int_0^\infty \int_{-\infty}^{\infty} \left[\cos\frac{gt^2\nu^2}{4(x - \varpi)} - \sin\frac{gt^2\nu^2}{4(x - \varpi)}\right] \frac{\nu^2\, d\nu}{1 - \nu^4} \frac{F(\varpi)\, d\varpi}{(x - \varpi)^{\frac{3}{2}}}. \end{aligned} \right.$$

Comme on aura d'ailleurs, en vertu de l'équation (18),

$$(34)\qquad \cos a + \sin a = \frac{4}{\pi}\int_0^\infty [\cos(a\mu^2) - \sin(a\mu^2)] \frac{d\nu}{1 - \mu^4},$$

et par conséquent

$$\cos\frac{gt^2}{4(x-\varpi)}+\sin\frac{gt^2}{4(x-\varpi)}=\frac{4}{\pi}\int_0^\infty\left[\cos\frac{gt^2\nu^2}{4(x-\varpi)}-\sin\frac{gt^2\nu^2}{4(x-\varpi)}\right]\frac{d\nu}{1-\nu^4},$$

on tirera de la formule (33)

$$(35)\quad y=\frac{g^{\frac{1}{2}}t}{\pi\sqrt{2\pi}}\int_0^\infty\int_{-\infty}^\infty\left[\cos\frac{gt^2\nu^2}{4(x-\varpi)}-\sin\frac{gt^2\nu^2}{4(x-\varpi)}\right]\frac{d\nu}{1-\nu^2}\,\frac{F(\varpi)\,d\varpi}{(x-\varpi)^{\frac{3}{2}}};$$

puis, en ayant égard à la première des équations (20),

$$(36)\qquad y=\frac{g^{\frac{1}{2}}t}{\pi}\int_0^\infty\int_{-\infty}^\infty\sin\frac{g^{\frac{1}{2}}tm}{(x-\varpi)^{\frac{1}{2}}}\sin m^2\,F(\varpi)\,\frac{dm\,d\varpi}{(x-\varpi)^{\frac{3}{2}}}.$$

Enfin, si l'on transforme la valeur précédente de y, à l'aide de l'équation (21), on trouvera

$$(37)\quad\begin{cases} y=\dfrac{g^{\frac{1}{2}}t}{\pi}\displaystyle\int_{-\infty}^\infty\Bigg[\frac{\pi^{\frac{1}{2}}}{2^{\frac{3}{2}}}\left(\cos\frac{\frac{1}{4}gt^2}{x-\varpi}+\sin\frac{\frac{1}{4}gt^2}{x-\varpi}\right)\\[2ex] \qquad\qquad -\displaystyle\int_0^\infty e^{-\left(\frac{g}{x-\varpi}\right)^{\frac{1}{2}}tm}\sin m^2\,dm\Bigg]\dfrac{F(\varpi)\,d\varpi}{(x-\varpi)^{\frac{3}{2}}}.\end{cases}$$

Les formules (36) et (37) coïncident avec les formules (d) et (f) de la Note XVI. On doit y supposer l'intégration relative à ϖ effectuée entre les limites $\varpi=-\infty$, $\varpi=\infty$, ou simplement entre les limites $\varpi=-\alpha$, $\varpi=+\alpha$, si la fonction $F(\varpi)$ n'a de valeurs sensibles qu'entre ces dernières limites.

Si dans le dernier terme de l'équation (25) on remplace ν par ν^2, et μ par $\mu\nu$, on en tirera

$$(38)\quad\begin{cases}\cos a=\left(\dfrac{2}{\pi}\right)^{\frac{1}{2}}\displaystyle\int_0^\infty(\cos\mu^2+\sin\mu^2)\cos\frac{a^2}{4\mu^2}\,d\mu\\[2ex] \qquad+\dfrac{4}{\pi}\left(\dfrac{2}{\pi}\right)^{\frac{1}{2}}\displaystyle\int_0^\infty\int_0^\infty(\cos\mu^2\nu^2-\sin\mu^2\nu^2)\frac{\nu^2\,d\nu}{1-\nu^4}\cos\frac{a^2}{4\mu^2}\,d\mu\,d\nu.\end{cases}$$

On aura d'ailleurs, en vertu de la formule (34),

$$\cos\mu^2 + \sin\mu^2 = \frac{4}{\pi}\int^{\infty}(\cos\mu^2\nu^2 - \sin\mu^2\nu^2)\frac{d\nu}{1-\nu^4},$$

et par suite,

$$(39)\qquad \cos a = \frac{4}{\pi}\left(\frac{2}{\pi}\right)^{\frac{1}{2}}\int_0^{\infty}\int_0^{\infty}(\cos\mu^2\nu^2 - \sin\mu^2\nu^2)\frac{d\nu}{1-\nu^2}\cos\frac{a^2}{4\mu^2}\,d\mu.$$

D'autre part, on conclura de la première des équations (20), réunie à la première des équations (22),

$$\begin{aligned}\int_0^{\infty}(\cos\mu^2\nu^2 - \sin\mu^2\nu^2)\frac{d\nu}{1-\nu^2} &= (2\pi)^{\frac{1}{2}}\int_0^{\infty}\sin\varpi^2\sin(2\mu\varpi)\,d\varpi\\ &= \left(\frac{\pi}{2}\right)^{\frac{3}{2}}\frac{1}{\mu}\int_0^{\infty}\cos\left(2\mu\nu^{\frac{1}{2}}\right)\cos\nu\,d\nu\\ &= \left(\frac{\pi}{2}\right)^{\frac{1}{2}}\frac{1}{4\mu^3}\int_0^{\infty}\cos\nu^{\frac{1}{2}}\cos\frac{\nu}{4\mu^2}\,d\nu.\end{aligned}$$

Par conséquent, l'équation (39) donnera

$$(40)\qquad \cos a = \frac{1}{\pi}\int_0^{\infty}\int_0^{\infty}\cos\frac{a^2}{4\mu^2}\cos\frac{\nu}{4\mu^2}\cos\nu^{\frac{1}{2}}\frac{d\mu\,d\nu}{\mu^3}.$$

Enfin, si dans cette dernière on écrit $a^{\frac{1}{2}}$ au lieu de a, m au lieu de $\frac{1}{4\mu^2}$, et μ au lieu de ν, on obtiendra la formule

$$(41)\qquad \cos a^{\frac{1}{2}} = \frac{2}{\pi}\int_0^{\infty}\int_0^{\infty}\cos am\,\cos m\mu\,\cos\mu^{\frac{1}{2}}\,d\mu\,dm,$$

laquelle s'accorde avec la première des équations (3) de la Note VI, et conduit immédiatement à la valeur de y, fournie par l'équation (58) de la seconde Partie du Mémoire.

Si l'on remplace, dans la formule (8), la fonction $f(x)$ par le produit $f(x)e^{\upsilon x\sqrt{-1}}$, y_0 par zéro, Y par l'infini positif; et si l'on suppose d'ailleurs que la fraction $\frac{f(x+y\sqrt{-1})e^{-\upsilon y+\upsilon x\sqrt{-1}}}{F(x+y\sqrt{-1})}$ s'évanouisse pour $y=\infty$, alors, en prenant successivement $x_0 = -X$, $x_0 = 0$, puis écrivant, dans le second membre, $\frac{x}{\upsilon}$ au lieu de y, on obtiendra les équations

$$(42)\quad \left\{\begin{aligned} &\int_{-\mathrm{X}}^{\mathrm{X}} \frac{\mathrm{f}(x)}{\mathrm{F}(x)} e^{\upsilon x\sqrt{-1}}\,dx \\ &= 2\pi\left[\frac{\mathrm{f}(x_1)}{\mathrm{F}'(x_1)} e^{\upsilon x_1\sqrt{-1}} + \ldots\right]\sqrt{-1} \\ &+ \frac{1}{\upsilon\sqrt{-1}}\int_0^\infty \left[\frac{\mathrm{f}\left(\mathrm{X}+\frac{x}{\upsilon}\sqrt{-1}\right)}{\mathrm{F}\left(\mathrm{X}+\frac{x}{\upsilon}\sqrt{-1}\right)} e^{\upsilon\mathrm{X}\sqrt{-1}} - \frac{\mathrm{f}\left(-\mathrm{X}+\frac{x}{\upsilon}\sqrt{-1}\right)}{\mathrm{F}\left(-\mathrm{X}+\frac{x}{\upsilon}\sqrt{-1}\right)} e^{-\upsilon\mathrm{X}\sqrt{-1}}\right] e^{-x}\,dx, \end{aligned}\right.$$

$$(43)\quad \left\{\begin{aligned} &\int_0^{\mathrm{X}} \frac{\mathrm{f}(x)}{\mathrm{F}(x)} e^{\upsilon x\sqrt{-1}}\,dx \\ &= 2\pi\left[\frac{\mathrm{f}(x_1)}{\mathrm{F}'(x_1)} e^{\upsilon x_1\sqrt{-1}} + \ldots\right]\sqrt{-1} \\ &+ \frac{1}{\upsilon\sqrt{-1}}\int_0^\infty \left[\frac{\mathrm{f}\left(\mathrm{X}+\frac{x}{\upsilon}\sqrt{-1}\right)}{\mathrm{F}\left(\mathrm{X}+\frac{x}{\upsilon}\sqrt{-1}\right)} e^{\upsilon\mathrm{X}\sqrt{-1}} - \frac{\mathrm{f}\left(\frac{x}{\upsilon}\sqrt{-1}\right)}{\mathrm{F}\left(\frac{x}{\upsilon}\sqrt{-1}\right)}\right] e^{-x}\,dx. \end{aligned}\right.$$

Les équations (42), (43), et celles qui s'en déduisent, comprennent, comme cas particuliers, les formules (131), (132), (133), (134), (135), (136), (251), (252), ... de la Note XVI. De plus, si l'on pose, dans l'équation (42), $\frac{\mathrm{f}(x)}{\mathrm{F}(x)} = \frac{1}{x(1-x^2)^{\frac{1}{2}}}$, on aura $x_1 = 0$; puis, en réduisant à moitié la fraction $\frac{\mathrm{f}(x_1)}{\mathrm{F}'(x_1)} e^{\upsilon x_1\sqrt{-1}} = 1$, et substituant la lettre ν à la lettre x, on trouvera

$$(44)\quad \left\{\begin{aligned} &\int_{-1}^{+1} \frac{e^{\upsilon\nu\sqrt{-1}}}{\nu(1-\nu^2)^{\frac{1}{2}}}\,d\nu \\ &= \pi\sqrt{-1} + \left(\frac{1}{2\upsilon}\right)^{\frac{1}{2}} \int_0^\infty \left\{\frac{e^{\left(\upsilon-\frac{\pi}{4}\right)\sqrt{-1}}}{\left[\left(1+\frac{\nu}{\upsilon}\sqrt{-1}\right)\left(1+\frac{\nu}{2\upsilon}\sqrt{-1}\right)\right]^{\frac{1}{2}}} - \frac{e^{-\left(\upsilon-\frac{\pi}{4}\right)\sqrt{-1}}}{\left[\left(1-\frac{\nu}{\upsilon}\sqrt{-1}\right)\left(1-\frac{\nu}{2\upsilon}\sqrt{-1}\right)\right]^{\frac{1}{2}}}\right\} \frac{e^{-\nu}\,d\nu}{\nu^{\frac{1}{2}}}. \end{aligned}\right.$$

En égalant, dans les deux membres de cette dernière équation, les coefficients de $\sqrt{-1}$, et les divisant par 2, on obtiendra de nouveau la troisième formule de la page 265.

NOTE XIX.

SUR LES FONCTIONS RÉCIPROQUES.

Il suit des équations (3) de la Note VI que si, la variable x étant positive, on prend

$$(1) \qquad f(x) = \left(\frac{2}{\pi}\right)^{\frac{1}{2}} \int_0^\infty \varphi(\mu) \cos \mu x \, d\mu,$$

et

$$(2) \qquad \mathfrak{f}(x) = \left(\frac{2}{\pi}\right)^{\frac{1}{2}} \int_0^\infty \psi(\mu) \sin \mu x \, d\mu,$$

on aura réciproquement

$$(3) \qquad \varphi(x) = \left(\frac{2}{\pi}\right)^{\frac{1}{2}} \int_0^\infty f(\mu) \cos \mu x \, d\mu,$$

et

$$(4) \qquad \psi(x) = \left(\frac{2}{\pi}\right)^{\frac{1}{2}} \int_0^\infty \mathfrak{f}(\mu) \sin \mu x \, d\mu.$$

En d'autres termes, les formules (1) et (2) subsisteront encore après l'échange de la fonction f contre la fonction φ, et de la fonction $\mathfrak{f}$ contre la fonction ψ. On voit donc ici se manifester une loi de réciprocité, 1° entre les fonctions f et φ qui satisfont à l'équation (1); 2° entre les fonctions $\mathfrak{f}$ et ψ qui satisfont à l'équation (2). Pour cette raison, on peut désigner les fonctions f et φ, ou $\mathfrak{f}$ et ψ, sous le nom de fonctions *réciproques*. Les propriétés remarquables de ces mêmes fonctions, et les avantages qu'elles présentent dans la solution d'un grand nombre de problèmes, m'ont fourni le sujet d'une Note que j'ai insérée dans le *Bulletin de la Société philomathique* d'août 1817. Toutefois il est essentiel d'observer qu'au moment où je rédigeais cette

Note, je ne connaissais encore d'autres Mémoires où l'on eût employé les formules (3) (Note VI), que ceux de M. Poisson et de moi sur la théorie des ondes. Depuis cette époque, M. Fourier m'ayant donné communication de ses recherches sur la chaleur, présentées à l'Institut dans les années 1807 et 1811, et restées inédites jusqu'en 1819, j'y ai reconnu les mêmes formules, et je me suis empressé de lui rendre à cet égard la justice qui lui était due, dans une seconde Note imprimée sous la date de décembre 1818.

Lorsque, dans les équations (1) et (2), on substitue à $\varphi(\mu)$ et $\psi(\mu)$ leurs valeurs tirées des équations (3) et (4), on obtient les formules

$$(5)\quad \begin{cases} f(x)=\frac{2}{\pi}\int_0^\infty\int_0^\infty \cos\mu x\,\cos\mu\varpi\, f(\varpi)\,d\mu\,d\varpi, \\ \mathit{f}(x)=\frac{2}{\pi}\int_0^\infty\int_0^\infty \sin\mu x\,\sin\mu\varpi\, \mathit{f}(\varpi)\,d\mu\,d\varpi. \end{cases}$$

Ces dernières, qui sont entièrement semblables aux équations (3) de la Note VI, supposent encore la variable x positive. Mais il est aisé de les remplacer par d'autres qui s'étendent à toutes les valeurs réelles de x. En effet, concevons que, $F(x)$ désignant une fonction quelconque, on prenne

$$f(x)=F(x)+F(-x),\qquad \mathit{f}(x)=F(x)-F(-x).$$

On tirera des formules (5)

$$\begin{aligned} F(x)+F(-x)&=\frac{2}{\pi}\int_0^\infty\int_0^\infty \cos\mu x\,\cos\mu\varpi\,[F(\varpi)+F(-\varpi)]\,d\mu\,d\varpi \\ &=\frac{2}{\pi}\int_0^\infty\int_{-\infty}^\infty \cos\mu x\,\cos\mu\varpi\,F(\varpi)\,d\mu\,d\varpi, \end{aligned}$$

$$\begin{aligned} F(x)-F(-x)&=\frac{2}{\pi}\int_0^\infty\int_0^\infty \sin\mu x\,\sin\mu\varpi\,[F(\varpi)-F(-\varpi)]\,d\mu\,d\varpi \\ &=\frac{2}{\pi}\int_0^\infty\int_{-\infty}^\infty \sin\mu x\,\sin\mu\varpi\,F(\varpi)\,d\mu\,d\varpi, \end{aligned}$$

et par suite,

$$(6)\quad\begin{cases} F(x) = \frac{1}{\pi}\int_0^\infty \int_{-\infty}^\infty (\cos\mu x \cos\mu\varpi + \sin\mu x \sin\mu\varpi)\, F(\varpi)\, d\mu\, d\varpi \\ \quad = \frac{1}{\pi}\int_0^\infty \int_{-\infty}^\infty \cos\mu(\varpi - x)\, F(\varpi)\, d\mu\, d\varpi, \\ F(-x) = \frac{1}{\pi}\int_0^\infty \int_{-\infty}^\infty (\cos\mu x \cos\mu\varpi - \sin\mu x \sin\mu\varpi)\, F(\varpi)\, d\mu\, d\varpi \\ \quad = \frac{1}{\pi}\int_0^\infty \int_{-\infty}^\infty \cos\mu(\varpi + x)\, F(\varpi)\, d\mu\, d\varpi. \end{cases}$$

Or il est clair que les équations (6) peuvent être censées comprises dans la seule formule

$$(7)\qquad F(x) = \frac{1}{\pi}\int_0^\infty \int_{-\infty}^\infty \cos\mu(\varpi - x)\, F(\varpi)\, d\mu\, d\varpi,$$

pourvu que dans celle-ci l'on considère la variable x comme susceptible de recevoir toute sorte de valeurs réelles. On se trouve ainsi ramené à l'équation (34) de la Note XV. Au reste, on peut établir directement la formule (7) par les mêmes procédés qui nous ont conduits aux équations (3) de la Note VI, et l'on reconnaît alors que dans cette formule il est permis de supposer l'intégrale relative à ϖ prise, non plus entre les limites $-\infty$, $+\infty$, mais entre des limites quelconques ϖ', ϖ'', dont la première soit inférieure et la seconde supérieure à la valeur de x. On aura donc généralement, sous cette condition,

$$(8)\qquad F(x) = \frac{1}{\pi}\int_0^\infty \int_{\varpi'}^{\varpi''} \cos\mu(x - \varpi)\, F(\varpi)\, d\mu\, d\varpi,$$

ou, ce qui revient au même,

$$(9)\qquad F(x) = \frac{1}{2\pi}\int_{-\infty}^\infty \int_{\varpi'}^{\varpi''} e^{\mu(x-\varpi)\sqrt{-1}}\, F(\varpi)\, d\mu\, d\varpi.$$

Si dans l'équation (9) on remplace la fonction $F(x)$ par une fonction $F(x, y)$ des deux variables x et y, on en tirera

$$F(x, y) = \frac{1}{2\pi} \int_{-\infty}^{\infty} \int_{\varpi'}^{\varpi''} e^{\mu(x-\varpi)\sqrt{-1}}\, F(\varpi, y)\, d\mu\, d\varpi;$$

et l'on aura encore, en désignant par ρ', ρ'' deux quantités, l'une inférieure, l'autre supérieure à la valeur de y,

$$F(\varpi, y) = \frac{1}{2\pi} \int_{-\infty}^{\infty} \int_{\rho'}^{\rho''} e^{\nu(y-\rho)\sqrt{-1}}\, F(\varpi, \rho)\, d\nu\, d\rho.$$

On trouvera par suite

$$(10)\quad F(x, y) = \int_{-\infty}^{\infty} \int_{\varpi'}^{\varpi''} \int_{-\infty}^{\infty} \int_{\rho'}^{\rho''} e^{\mu(x-\varpi)\sqrt{-1}}\, e^{\nu(y-\rho)\sqrt{-1}}\, F(\varpi, \rho)\, d\mu\, d\varpi\, d\nu\, d\rho.$$

On étendrait avec la même facilité la formule (9) à une fonction de trois ou d'un plus grand nombre de variables.

Les formules (9) et (10) sont d'un usage très commode dans l'intégration des équations aux différences partielles. Elles sont d'ailleurs comprises, comme cas particuliers, dans d'autres formules que renferment deux de mes Mémoires présentés à l'Institut le 16 septembre 1822 et le 20 juillet 1823. Le premier de ces deux Mémoires a été imprimé dans le dix-neuvième cahier du *Journal de l'École royale Polytechnique*.

NOTE XX.

SUR LES ÉQUATIONS QUI DÉTERMINENT LE MOUVEMENT D'UN FLUIDE SOUMIS A DES FORCES QUELCONQUES.

Je me propose dans cette Note d'indiquer les moyens de parvenir le plus simplement possible aux équations qui déterminent le mouvement d'un fluide soumis à des forces quelconques.

Soient x, y, z les coordonnées rectangulaires d'un point quelconque de l'espace, lesquelles seront prises, avec le temps t, pour variables indépendantes. Soient de plus au bout du temps t, et au point qui a pour coordonnées x, y, z,

δ la densité du fluide,
p la vitesse,
$\mathfrak{X}, \mathfrak{Y}, \mathfrak{Z}$ les composantes rectangulaires de la force accélératrice,
u, v, w les composantes rectangulaires de la vitesse.

Si le temps t vient à croître d'une quantité infiniment petite Δt, les valeurs de x, y, z, relatives à une même molécule, recevront les accroissements infiniment petits

$$u\,\Delta t,\quad v\,\Delta t,\quad w\,\Delta t,$$

et l'accroissement correspondant d'une fonction $f(x, y, z, t$ des quatre variables indépendantes, savoir,

$$f(x + u\,\Delta t,\ y + v\,\Delta t,\ z + w\,\Delta t,\ t + \Delta t) - f(x, y, z, t),$$

sera sensiblement égal à

$$\left[\frac{\partial f(x, y, z, t)}{\partial t} + u\frac{\partial f(x, y, z, t)}{\partial x} + v\frac{\partial f(x, y, z, t)}{\partial y} + w\frac{\partial f(x, y, z, t)}{\partial z}\right]\Delta t.$$

On trouvera en conséquence

(1) $\left(\frac{\partial\delta}{\partial t} + u\frac{\partial\delta}{\partial x} + v\frac{\partial\delta}{\partial y} + w\frac{\partial\delta}{\partial z}\right)\Delta t$ pour l'accroissement de la densité. δ.

(2) $\left(\frac{\partial p}{\partial t} + u\frac{\partial p}{\partial x} + v\frac{\partial p}{\partial y} + w\frac{\partial p}{\partial z}\right)\Delta t$ pour celui de................ p.

(3)
$\left(\frac{\partial u}{\partial t} + u\frac{\partial u}{\partial x} + v\frac{\partial u}{\partial y} + w\frac{\partial u}{\partial z}\right)\Delta t$ pour celui de................. u.
$\left(\frac{\partial v}{\partial t} + u\frac{\partial v}{\partial x} + v\frac{\partial v}{\partial y} + w\frac{\partial v}{\partial z}\right)\Delta t$ pour celui de................. v.
$\left(\frac{\partial w}{\partial t} + u\frac{\partial w}{\partial x} + v\frac{\partial w}{\partial y} + w\frac{\partial w}{\partial z}\right)\Delta t$ pour celui de................. w.

D'autre part, si l'on considère deux molécules très voisines, situées à la distance ε l'une de l'autre, et qui, au bout du temps t, aient respectivement pour coordonnées, la première, les quantités

(4) $$x,\ y,\ z,$$

et la seconde, les quantités

(5) $$x+\alpha,\ y+6,\ z+\gamma,$$

on reconnaîtra sans peine qu'au bout du temps $t+\Delta t$, les coordonnées de la première molécule étant

(6) $$x+u\,\Delta t,\ y+v\,\Delta t,\ z+w\,\Delta t,$$

celles de la seconde seront à très peu près

(7) $$\left\{\begin{aligned} &x+\alpha+\left(u+\frac{\partial u}{\partial x}\alpha+\frac{\partial u}{\partial y}6+\frac{\partial u}{\partial z}\gamma\right)\Delta t,\\ &y+6+\left(v+\frac{\partial v}{\partial x}\alpha+\frac{\partial v}{\partial y}6+\frac{\partial v}{\partial z}\gamma\right)\Delta t,\\ &z+\gamma+\left(w+\frac{\partial w}{\partial x}\alpha+\frac{\partial w}{\partial y}6+\frac{\partial w}{\partial z}\gamma\right)\Delta t. \end{aligned}\right.$$

Par suite, les projections α, 6, γ de la distance ε des deux molécules sur les axes des x, y, z, ou, ce qui revient au même, les différences entre les coordonnées de la seconde molécule et les coordonnées de la première, deviendront, au bout du temps $t+\Delta t$,

(8) $$\left\{\begin{aligned} &\alpha+\left(\alpha\frac{\partial u}{\partial x}+6\frac{\partial u}{\partial y}+\gamma\frac{\partial u}{\partial z}\right)\Delta t,\\ &6+\left(\alpha\frac{\partial v}{\partial x}+6\frac{\partial v}{\partial y}+\gamma\frac{\partial v}{\partial z}\right)\Delta t,\\ &\gamma+\left(\alpha\frac{\partial w}{\partial x}+6\frac{\partial w}{\partial y}+\gamma\frac{\partial w}{\partial z}\right)\Delta t. \end{aligned}\right.$$

Donc, au bout du même temps, un élément du fluide, qui se présentait d'abord sous la forme d'un parallélépipède rectangle ayant pour sommets opposés les deux molécules, et pour arêtes les longueurs α,

β, γ, se sera changé en un nouveau parallélépipède dont les arêtes donneront pour projections respectives, la première sur l'axe des x, la seconde sur l'axe des y, et la troisième sur l'axe des z, les trois quantités

$$\alpha\left(1+\frac{\partial u}{\partial x}\Delta t\right),\quad \beta\left(1+\frac{\partial v}{\partial y}\Delta t\right),\quad \gamma\left(1+\frac{\partial w}{\partial z}\Delta t\right).$$

Ajoutons que, les angles compris, 1° entre deux arêtes du nouveau parallélépipède, 2° entre le plan de ces deux arêtes et la troisième, étant droits à peu de chose près, les sinus de ces angles différeront très peu de l'unité; d'où il résulte que le volume du nouveau parallélépipède sera sensiblement égal au produit de ses trois arêtes, ou même au produit de leurs projections, c'est-à-dire, à

$$(9)\qquad \left\{\begin{aligned} &\alpha\beta\gamma\left(1+\frac{\partial u}{\partial x}\Delta t\right)\left(1+\frac{\partial v}{\partial y}\Delta t\right)\left(1+\frac{\partial w}{\partial z}\Delta t\right)\\ &\quad=\alpha\beta\gamma\left[1+\left(\frac{\partial u}{\partial x}+\frac{\partial v}{\partial y}+\frac{\partial w}{\partial z}\right)\Delta t+\ldots\right].\end{aligned}\right.$$

Enfin, comme la densité du fluide, dans le voisinage de la première molécule, sera devenue, à l'époque dont il s'agit,

$$(10)\qquad \delta+\left(\frac{\partial\delta}{\partial t}+u\frac{\partial\delta}{\partial x}+v\frac{\partial\delta}{\partial y}+w\frac{\partial\delta}{\partial z}\right)\Delta t,$$

il est clair qu'en négligeant les infiniment petits du second ordre, on trouvera pour la masse du nouveau parallélépipède

$$\alpha\beta\gamma\left[1+\left(\frac{\partial u}{\partial x}+\frac{\partial v}{\partial y}+\frac{\partial w}{\partial z}\right)\Delta t\right]\left[\delta+\left(\frac{\partial\delta}{\partial t}+u\frac{\partial\delta}{\partial x}+v\frac{\partial\delta}{\partial y}+w\frac{\partial\delta}{\partial z}\right)\Delta t\right],$$

ou à très peu près

$$(11)\qquad \alpha\beta\gamma\delta+\alpha\beta\gamma\left[\frac{\partial\delta}{\partial t}+\frac{\partial(u\delta)}{\partial x}+\frac{\partial(v\delta)}{\partial y}+\frac{\partial(w\delta)}{\partial z}\right]\Delta t.$$

Il est maintenant très facile de former les diverses équations qui doivent servir à déterminer le mouvement de la masse fluide. D'abord, si l'on divise les expressions (3) par Δt, on obtiendra les composantes rectangulaires de la force accélératrice qui serait capable de produire à elle seule le mouvement effectif de la molécule fluide dont les coordonnées, au bout du temps t, sont désignées par x, y, z. Si l'on retranche ces composantes des trois quantités $\mathfrak{X}$, $\mathfrak{Y}$, $\mathfrak{Z}$, les restes obtenus, savoir,

$$(12)\quad \begin{cases} \mathfrak{X} - \frac{\partial u}{\partial t} - u\frac{\partial u}{\partial x} - v\frac{\partial u}{\partial y} - w\frac{\partial u}{\partial z}, \\ \mathfrak{Y} - \frac{\partial v}{\partial t} - u\frac{\partial v}{\partial x} - v\frac{\partial v}{\partial y} - w\frac{\partial v}{\partial z}, \\ \mathfrak{Z} - \frac{\partial w}{\partial t} - u\frac{\partial w}{\partial x} - v\frac{\partial w}{\partial y} - w\frac{\partial w}{\partial z}, \end{cases}$$

représenteront les composantes d'une force accélératrice propre à maintenir la masse fluide en équilibre. On aura donc

$$(13)\quad \begin{cases} \frac{dp}{dx} = \left(\mathfrak{X} - \frac{\partial u}{\partial t} - u\frac{\partial u}{\partial x} - v\frac{\partial u}{\partial y} - w\frac{\partial u}{\partial z}\right)\delta, \\ \frac{dp}{dy} = \left(\mathfrak{Y} - \frac{\partial v}{\partial t} - u\frac{\partial v}{\partial x} - v\frac{\partial v}{\partial y} - w\frac{\partial v}{\partial z}\right)\delta, \\ \frac{dp}{dz} = \left(\mathfrak{Z} - \frac{\partial w}{\partial t} - u\frac{\partial w}{\partial x} - v\frac{\partial w}{\partial y} - w\frac{\partial w}{\partial z}\right)\delta. \end{cases}$$

De plus, si la masse fluide reste continue pendant toute la durée du mouvement, chaque élément de masse devra conserver constamment la même valeur, et par conséquent le second terme de l'expression (11) devra s'évanouir. En égalant ce second terme à zéro, on formera l'équation

$$(14)\quad \frac{\partial \delta}{\partial t} + \frac{\partial (u\delta)}{\partial x} + \frac{\partial (v\delta)}{\partial y} + \frac{\partial (w\delta)}{\partial z} = 0.$$

Observons encore que, si le fluide est incompressible, la densité de chaque molécule devra demeurer constante. L'expression (1) sera donc nulle, et l'on obtiendra la formule

$$(15)\quad \frac{\partial \delta}{\partial t} + u\frac{\partial \delta}{\partial x} + v\frac{\partial \delta}{\partial y} + w\frac{\partial \delta}{\partial z} = 0,$$

en vertu de laquelle l'équation (14) se trouvera réduite à celle qui exprime que le volume d'un élément du fluide ne varie pas avec le temps, c'est-à-dire, à

(16) $$\frac{\partial u}{\partial x}+\frac{\partial v}{\partial y}+\frac{\partial w}{\partial z}=0.$$

Si, au contraire, il s'agissait d'un fluide élastique, on aurait

(17) $$\delta = ap,$$

a désignant une quantité constante. Les cinq équations (13), (15) et (16), ou (13), (14) et (17), sont les seules qui subsistent pour tous les points d'un fluide incompressible ou d'un fluide élastique, entre les cinq inconnues δ, p, u, v, w considérées comme fonctions des quatre variables indépendantes x, y, z, t.

Soient encore

$$x-\xi,\quad y-\eta,\quad z-\zeta$$

les coordonnées initiales de la molécule qui coïncide, au bout du temps t, avec le point dont les coordonnées sont x, y, z. Les trois quantités ξ, η, ζ serviront à mesurer les déplacements de la même molécule pendant le temps t, parallèlement aux axes; et, pendant un instant infiniment petit Δt, compté à partir de la fin du temps t, les déplacements en question recevront des accroissements égaux aux trois produits

$$\left(\frac{\partial \xi}{\partial t}+u\frac{\partial \xi}{\partial x}+v\frac{\partial \xi}{\partial y}+w\frac{\partial \xi}{\partial z}\right)\Delta t,$$
$$\left(\frac{\partial \eta}{\partial t}+u\frac{\partial \eta}{\partial x}+v\frac{\partial \eta}{\partial y}+w\frac{\partial \eta}{\partial z}\right)\Delta t,$$
$$\left(\frac{\partial \zeta}{\partial t}+u\frac{\partial \zeta}{\partial x}+v\frac{\partial \zeta}{\partial y}+w\frac{\partial \zeta}{\partial z}\right)\Delta t.$$

En divisant ces produits par Δt, on devra retrouver les vitesses u, v, w, parallèles aux axes. On aura donc

(18) $$\left\{\begin{aligned}&\frac{\partial \xi}{\partial t}+u\frac{\partial \xi}{\partial x}+v\frac{\partial \xi}{\partial y}+w\frac{\partial \xi}{\partial z}=u,\\&\frac{\partial \eta}{\partial t}+u\frac{\partial \eta}{\partial x}+v\frac{\partial \eta}{\partial y}+w\frac{\partial \eta}{\partial z}=v,\\&\frac{\partial \zeta}{\partial t}+u\frac{\partial \zeta}{\partial x}+v\frac{\partial \zeta}{\partial y}+w\frac{\partial \zeta}{\partial z}=w.\end{aligned}\right.$$

Ces trois dernières équations serviront à déterminer les déplacements ξ, η, ζ, lorsqu'on connaîtra les valeurs de u, v, w en fonction des quatre variables indépendantes x, y, z, t.

Concevons maintenant qu'il s'agisse d'un liquide incompressible terminé par deux surfaces, savoir : une surface invariable qui s'appuie contre la paroi d'un vase, et une surface libre, soumise à une pression constante P. Soient

$$f(x, y, z) = 0 \tag{19}$$

l'équation qui représente, à toutes les époques du mouvement, la surface invariable, et

$$\mathbf{f}(x, y, z) = 0 \tag{20}$$

l'équation initiale de la surface libre. Enfin supposons que chacune de ces surfaces renferme constamment les mêmes molécules. Dans cette hypothèse, une molécule située sur la surface invariable, et correspondante aux coordonnées x, y, z, aura sa vitesse dirigée suivant une droite tangente à la surface. Donc cette droite et la normale à la surface comprendront entre elles un angle droit dont le cosinus sera nul. D'autre part, comme les axes des x, y, z formeront, avec la vitesse de la molécule, des angles dont les cosinus seront proportionnels à

$$u, \quad v, \quad w,$$

et, avec la normale à la surface invariable, des angles dont les cosinus seront proportionnels à

$$\frac{\partial f(x, y, z)}{\partial x}, \quad \frac{\partial f(x, y, z)}{\partial y}, \quad \frac{\partial f(x, y, z)}{\partial z},$$

le cosinus de l'angle compris entre la normale et la vitesse sera proportionnel à la somme

$$u\frac{\partial f(x, y, z)}{\partial x} + v\frac{\partial f(x, y, z)}{\partial y} + w\frac{\partial f(x, y, z)}{\partial z},$$

et ne pourra s'évanouir qu'avec cette somme. Donc, pour tous les points de la surface invariable, on aura en même temps les deux équations

$$(21)\quad \begin{cases} f(x, y, z) = 0, \\ u\dfrac{\partial f(x, y, z)}{\partial x} + v\dfrac{\partial f(x, y, z)}{\partial y} + w\dfrac{\partial f(x, y, z)}{\partial z} = 0. \end{cases}$$

Quant aux molécules comprises dans la surface libre, leurs coordonnées x, y, z devront, au bout du temps t, vérifier simultanément les deux équations

$$(22)\quad f(x-\xi, y-\eta, z-\zeta) = 0, \quad p = \text{P}.$$

Si d'ailleurs le fluide est parti de l'état de repos, les valeurs initiales des vitesses u, v, w seront nulles. Alors les équations (13), (15), (16), (18), réunies aux conditions (21) et (22) qui doivent être remplies, quel que soit t, pour certains systèmes de valeurs des variables x, y, z, suffiront pour déterminer les diverses circonstances du mouvement du fluide.

Considérons en particulier le cas où, le fluide étant homogène, les déplacements ξ, η, ζ, et les vitesses u, v, w, conservent constamment des valeurs très petites. Dans ce cas, la formule (15) sera remplacée par la suivante :

$$(23)\quad \delta = \text{const.}$$

De plus, si l'on regarde les quantités ξ, η, ζ, u, v, w comme infiniment petites du premier ordre, et qu'on néglige, dans les derniers membres des équations (13) et (18), les infiniment petits du second ordre, ces équations donneront

$$(24)\quad \frac{\partial p}{\partial x} = \left(\mathfrak{X} - \frac{\partial u}{\partial t}\right)\delta, \quad \frac{\partial p}{\partial y} = \left(\mathfrak{Y} - \frac{\partial v}{\partial t}\right)\delta, \quad \frac{\partial p}{\partial z} = \left(\mathfrak{Z} - \frac{\partial w}{\partial t}\right)\delta,$$

et

$$(25)\quad \frac{\partial \xi}{\partial t} = u, \quad \frac{\partial \eta}{\partial t} = v, \quad \frac{\partial \zeta}{\partial t} = w.$$

Enfin, si l'on ajoute les équations (24), après avoir différentié la première par rapport à x, la seconde par rapport à y, la troisième par rapport à z, on trouvera, en ayant égard à la formule (16),

$$\frac{\partial^2 p}{\partial x^2}+\frac{\partial^2 p}{\partial y^2}+\frac{\partial^2 p}{\partial z^2}=\left(\frac{\partial \mathfrak{X}}{\partial x}+\frac{\partial \mathfrak{Y}}{\partial y}+\frac{\partial \mathfrak{Z}}{\partial z}\right)\delta. \tag{26}$$

Les sept équations (24), (25) et (26) sont les seules qui, dans l'hypothèse admise, subsistent pour tous les points de la masse fluide entre les sept inconnues

$$p,\ u,\ v,\ w,\ \xi,\ \eta,\ \zeta,$$

considérées comme fonctions des quatre variables indépendantes x, y, z, t. Pour obtenir les valeurs de ces mêmes inconnues, on intégrera d'abord l'équation (26) qui renferme la seule inconnue p. Comme il s'agit ici d'une équation aux différences partielles linéaires et à coefficients constants avec un second membre fonction des variables indépendantes, l'intégration s'effectuera par les procédés que j'ai indiqués dans le XIXe Cahier du *Journal de l'École Polytechnique*. On tirera ensuite des équations (24)

$$\left\{\begin{aligned} u &= \int_0^t \left(\mathfrak{X}-\frac{1}{\delta}\frac{\partial p}{\partial x}\right)dt,\\ v &= \int_0^t \left(\mathfrak{Y}-\frac{1}{\delta}\frac{\partial p}{\partial y}\right)dt,\\ w &= \int_0^t \left(\mathfrak{Z}-\frac{1}{\delta}\frac{\partial p}{\partial z}\right)dt, \end{aligned}\right. \tag{27}$$

et des équations (25)

$$\xi=\int_0^t u\,dt,\quad \eta=\int_0^t v\,dt,\quad \zeta=\int_0^t w\,dt; \tag{28}$$

puis l'on déterminera les deux fonctions arbitraires comprises dans les valeurs de toutes les inconnues, à l'aide des conditions (21) et (22).

Les calculs se simplifient dans le cas où l'expression

$$\mathcal{X}\,dx + \mathcal{Y}\,dy + \mathcal{Z}\,dz$$

est la différentielle exacte d'une fonction des seules variables x, y, z. Alors, pour convertir l'état initial, dans lequel les vitesses sont nulles, en un état d'équilibre, il suffit de concevoir que l'on remplace à l'origine du mouvement la surface libre par une surface invariable. Soit $\mathfrak{P}$ la pression relative à l'état d'équilibre dont il s'agit. On aura

$$\frac{\partial \mathfrak{P}}{\partial x} = \mathcal{X}\delta, \quad \frac{\partial \mathfrak{P}}{\partial y} = \mathcal{Y}\delta, \quad \frac{\partial \mathfrak{P}}{\partial z} = \mathcal{Z}\delta, \tag{29}$$

et, par suite,

$$\left(\frac{\partial \mathcal{X}}{\partial x} + \frac{\partial \mathcal{Y}}{\partial y} + \frac{\partial \mathcal{Z}}{\partial z}\right)\delta = \frac{\partial^2 \mathfrak{P}}{\partial x^2} + \frac{\partial^2 \mathfrak{P}}{\partial y^2} + \frac{\partial^2 \mathfrak{P}}{\partial z^2}.$$

Cela posé, les équations (26) et (27) deviendront

$$\frac{\partial^2 (p - \mathfrak{P})}{\partial x^2} + \frac{\partial^2 (p - \mathfrak{P})}{\partial y^2} + \frac{\partial^2 (p - \mathfrak{P})}{\partial z^2} = 0, \tag{30}$$

et

$$\left\{\begin{aligned} u &= \frac{1}{\delta}\frac{\partial}{\partial x}\int_0^t (\mathfrak{P} - p)\,dt, \\ v &= \frac{1}{\delta}\frac{\partial}{\partial y}\int_0^t (\mathfrak{P} - p)\,dt, \\ w &= \frac{1}{\delta}\frac{\partial}{\partial z}\int_0^t (\mathfrak{P} - p)\,dt. \end{aligned}\right. \tag{31}$$

De plus, si l'on fait abstraction de l'une des trois dimensions du fluide, l'équation (30) se trouvera réduite à

$$\frac{\partial^2 (p - \mathfrak{P})}{\partial x^2} + \frac{\partial^2 (p - \mathfrak{P})}{\partial y^2} = 0. \tag{32}$$

Pour intégrer cette dernière, il suffira de recourir à la formule (9) de la Note précédente. En effet, soit

$$p - \mathfrak{P} = \varphi(x, y, t).$$

On aura encore, en vertu de la formule citée,

$$(33)\qquad p-\mathfrak{P}=\frac{1}{2\pi}\int_{-\infty}^{\infty}\int_{-\infty}^{\infty}e^{\mu(x-\varpi)\sqrt{-1}}\,\varphi(\varpi,y,t)\,d\mu\,d\varpi.$$

En conséquence, l'équation (32) pourra s'écrire comme il suit :

$$\int_{-\infty}^{\infty}\int_{-\infty}^{\infty}\left[\frac{\partial^2\varphi(\varpi,y,t)}{\partial y^2}-\mu^2\varphi(\varpi,y,t)\right]e^{\mu(x-\varpi)\sqrt{-1}}\,d\mu\,d\varpi=0,$$

et on la vérifiera, quels que soient x, y et t, si l'on pose

$$(34)\qquad \frac{\partial^2\varphi(\varpi,y,t)}{\partial y^2}-\mu^2\varphi(\varpi,y,t)=0.$$

Or on tirera de la formule (34)

$$(35)\qquad \varphi(\varpi,y,t)=re^{\mu y}+se^{-\mu y},$$

les quantités r, s ne pouvant être fonctions que de μ, ϖ et t; puis, les équations (33), (31) et (28) donneront

$$(36)\qquad p-\mathfrak{P}=\frac{1}{2\pi}\int_{-\infty}^{\infty}\int_{-\infty}^{\infty}(re^{\mu y}+se^{-\mu y})\,e^{\mu(x-\varpi)\sqrt{-1}}\,d\mu\,d\varpi;$$

$$(37)\quad\begin{cases} u=-\dfrac{\sqrt{-1}}{2\pi\delta}\displaystyle\int_{-\infty}^{\infty}\int_{-\infty}^{\infty}\mu\left(e^{\mu y}\int_0^t r\,dt+e^{-\mu y}\int_0^t s\,dt\right)e^{\mu(x-\varpi)\sqrt{-1}}\,d\mu\,d\varpi,\\[2ex] v=-\dfrac{1}{2\pi\delta}\displaystyle\int_{-\infty}^{\infty}\int_{-\infty}^{\infty}\mu\left(e^{\mu y}\int_0^t r\,dt-e^{-\mu y}\int_0^t s\,dt\right)e^{\mu(x-\varpi)\sqrt{-1}}\,d\mu\,d\varpi;\end{cases}$$

$$(38)\quad\begin{cases} \xi=-\dfrac{\sqrt{-1}}{2\pi\delta}\displaystyle\int_{-\infty}^{\infty}\int_{-\infty}^{\infty}\mu\left(e^{\mu y}\int_0^t\int_0^t r\,dt^2+e^{-\mu y}\int_0^t\int_0^t s\,dt^2\right)e^{\mu(x-\varpi)\sqrt{-1}}\,d\mu\,d\varpi,\\[2ex] \eta=-\dfrac{1}{2\pi\delta}\displaystyle\int_{-\infty}^{\infty}\int_{-\infty}^{\infty}\mu\left(e^{\mu y}\int_0^t\int_0^t r\,dt^2-e^{-\mu y}\int_0^t\int_0^t s\,dt^2\right)e^{\mu(x-\varpi)\sqrt{-1}}\,d\mu\,d\varpi.\end{cases}$$

Il ne restera plus qu'à déterminer les fonctions arbitraires désignées par r et s, en faisant usage des conditions (21) et (22).

Pour montrer par un exemple comment on peut y parvenir, concevons que, l'axe des y étant vertical, et les ordonnées étant comptées positivement de bas en haut, le fluide soit uniquement soumis à la force accélératrice g de la pesanteur. Supposons, en outre, qu'il repose sur un plan horizontal qui ait pour équation

$$(39) \qquad y = -h,$$

et que sa surface libre, à l'origine du mouvement, s'écarte très peu du plan des x, z. Enfin, soit

$$(40) \qquad y = F(x)$$

l'équation initiale de cette surface. Les équations (21) deviendront

$$(41) \qquad y = -h, \quad v = 0.$$

En remettant dans la seconde, à la place de v, sa valeur tirée des formules (37), puis éliminant y entre la première et la seconde des équations (41), on trouvera

$$\int_{-\infty}^{\infty}\int_{-\infty}^{\infty} \mu \left(e^{-\mu h}\int_0^t r\,dt - e^{\mu h}\int_0^t s\,dt\right) e^{\mu(x-\varpi)\sqrt{-1}}\,d\mu\,d\varpi = 0.$$

On satisfait à cette dernière équation, quels que soient x et t, en prenant

$$(42) \qquad e^{-\mu h}\int_0^t r\,dt - e^{\mu h}\int_0^t s\,dt = 0.$$

Quant aux équations (22), elles deviendront respectivement

$$(43) \qquad y - \eta = F(x - \xi), \quad p = P.$$

Si l'on considère l'ordonnée initiale $F(x)$ de la surface libre comme une quantité infiniment petite du premier ordre, la première des équations (43) se réduira sensiblement à

$$y = \eta + F(x);$$

ou, si l'on remet pour η et $F(x)$ leurs valeurs tirées de la seconde des formules (38) et de la formule (9) (Note précédente), et si en même temps on remplace les exponentielles $e^{\mu y}$, $e^{-\mu y}$ par l'unité dont elles diffèrent très peu quand y est très petit, on trouvera

$$(44)\quad y=\frac{1}{2\pi}\int_{-\infty}^{\infty}\int_{-\infty}^{\infty}\left[\mathrm{F}(\varpi)-\frac{\mu}{\delta}\left(\int_0^t\int_0^t r\,dt^2-\int_0^t\int_0^t s\,dt^2\right)\right]e^{\mu(x-\varpi)\sqrt{-1}}\,d\mu\,d\varpi.$$

Comme on aura d'ailleurs

$$\mathfrak{X}\,dx+\mathfrak{Y}\,dy+\mathfrak{Z}\,dz=-g\,dy,\quad d\mathfrak{P}=-g\delta\,dy,$$

et que l'on pourra prendre en conséquence

$$(45)\qquad \mathfrak{P}=\mathrm{P}-g\delta y,$$

on tirera de la formule (36)

$$(46)\qquad p=\mathrm{P}-g\delta y+\frac{1}{2\pi}\int_{-\infty}^{\infty}\int_{-\infty}^{\infty}(re^{\mu y}+se^{-\mu y})e^{\mu(x-\varpi)\sqrt{-1}}\,d\mu\,d\varpi.$$

Cela posé, la seconde des équations (43), qui se rapporte à des points compris dans la surface libre, donnera

$$-g\delta y+\frac{1}{2\pi}\int_{-\infty}^{\infty}\int_{-\infty}^{\infty}(re^{\mu y}+se^{-\mu y})\,e^{\mu(x-\varpi)\sqrt{-1}}\,d\mu\,d\varpi=0,$$

ou, à très peu près,

$$(47)\qquad -g\delta y+\frac{1}{2\pi}\int_{-\infty}^{\infty}\int_{-\infty}^{\infty}(r+s)e^{\mu(x-\varpi)\sqrt{-1}}\,d\mu\,d\varpi=0.$$

Si maintenant on élimine y entre les équations (44) et (47), on obtiendra la formule

$$\int_{-\infty}^{\infty}\int_{-\infty}^{\infty}\left[r+s-g\delta\,\mathrm{F}(\varpi)+g\mu\left(\int_0^t\int_0^t r\,dt^2-\int_0^t\int_0^t s\,dt^2\right)\right]e^{\mu(x-\varpi)\sqrt{-1}}\,d\mu\,d\varpi=0,$$

à laquelle on satisfait en prenant

$$(48)\qquad r+s+g\mu\left(\int_0^t\int_0^t r\,dt^2-\int_0^t\int_0^t s\,dt^2\right)=g\delta\,\mathrm{F}(\varpi).$$

Cherchons maintenant les valeurs de r et de s propres à vérifier les équations (42) et (48). D'abord, si l'on différentie l'équation (42) par rapport à t, on en conclura

$$(49) \qquad re^{-\mu h} - se^{\mu h} = 0.$$

De plus, si, après avoir intégré l'équation (42) par rapport à t et à partir de $t=0$, on la multiplie par $\frac{-2g\mu}{e^{\mu h}+e^{-\mu h}}$, puis, qu'on l'ajoute à l'équation (48), on obtiendra la suivante :

$$(50) \qquad r+s+g\mu\frac{e^{\mu h}-e^{-\mu h}}{e^{\mu h}+e^{-\mu h}}\int_0^t\int_0^t (r+s)\,dt^2 = g\delta\,\mathrm{F}(\varpi).$$

Or cette dernière suffit pour déterminer complètement la valeur de la somme $r+s$. En effet, si on la différentie deux fois de suite par rapport à t, on en tirera

$$(51) \qquad \frac{\partial(r+s)}{\partial t} + g\mu\frac{e^{\mu h}-e^{-\mu h}}{e^{\mu h}+e^{-\mu h}}\int_0^t (r+s)\,dt = 0,$$

et

$$(52) \qquad \frac{\partial^2(r+s)}{\partial t^2} + g\mu\frac{e^{\mu h}-e^{-\mu h}}{e^{\mu h}+e^{-\mu h}}(r+s) = 0;$$

puis, en faisant, pour abréger,

$$(53) \qquad \mathrm{M} = \mu\frac{e^{\mu h}-e^{-\mu h}}{e^{\mu h}+e^{-\mu h}},$$

et intégrant l'équation (52) de manière à vérifier en même temps les formules (50) et (51), c'est-à-dire, de manière que l'on ait, pour $t=0$,

$$(54) \qquad r+s = g\delta\,\mathrm{F}(\varpi), \quad \text{et} \quad \frac{\partial(r+s)}{\partial t} = 0,$$

on trouvera définitivement

$$(55) \qquad r+s = g\delta\,\mathrm{F}(\varpi)\cos \mathrm{M}^{\frac{1}{2}} g^{\frac{1}{2}}\, t.$$

De la formule (55), réunie à la formule (49), on conclura

$$(56)\qquad \frac{r}{e^{\mu h}} = \frac{s}{e^{-\mu h}} = \frac{r+s}{e^{\mu h}+e^{-\mu h}} = \frac{g\delta\ \mathrm{F}(\varpi)\cos \mathrm{M}^{\frac{1}{2}} g^{\frac{1}{2}} t}{e^{\mu h}+e^{-\mu h}};$$

et l'on aura ensuite, en vertu de la formule (46),

$$(57)\quad p = \mathrm{P} - g\delta y + \frac{g\delta}{2\pi}\int_{-\infty}^{\infty}\int_{-\infty}^{\infty} \frac{e^{\mu(y+h)}+e^{-\mu(y+h)}}{e^{\mu h}+e^{-\mu h}}\,\mathrm{F}(\varpi)\cos \mathrm{M}^{\frac{1}{2}} g^{\frac{1}{2}} t\, e^{\mu(x-\varpi)\sqrt{-1}}\,d\mu\,d\varpi,$$

ou, ce qui revient au même,

$$(58)\quad p = \mathrm{P} - g\delta y + \frac{g\delta}{2\pi}\int_{-\infty}^{\infty}\int_{-\infty}^{\infty} \frac{e^{\mu(y+h)}+e^{-\mu(y+h)}}{e^{\mu h}+e^{-\mu h}}\cos \mathrm{M}^{\frac{1}{2}} g^{\frac{1}{2}} t\,\cos\mu(x-\varpi)\,\mathrm{F}(\varpi)\,d\mu\,d\varpi.$$

La valeur de p étant ainsi déterminée, on en déduira facilement celles des autres inconnues, à l'aide des équations (28) et (31), dans lesquelles on substituera, au lieu de $p-\mathrm{P}$, le dernier terme de l'équation (57). Quant à l'ordonnée de la surface libre du fluide, on l'obtiendra immédiatement à l'aide des équations (47) et (55), desquelles on tirera

$$(59)\qquad y = \frac{1}{2\pi}\int_{-\infty}^{\infty}\int_{-\infty}^{\infty} \cos \mathrm{M}^{\frac{1}{2}} g^{\frac{1}{2}} t\,\cos\mu(x-\varpi)\,\mathrm{F}(\varpi)\,d\mu\,d\varpi.$$

Si l'on restituait au fluide ses trois dimensions, il faudrait employer l'équation (30), au lieu de l'équation (32), et la formule (10) de la Note précédente, au lieu de la formule (9). Dans ce cas, en supposant toujours la surface libre du fluide très rapprochée du plan des x, z, désignant par

$$y = \mathrm{F}(x, z)$$

l'ordonnée initiale de cette surface, et faisant, pour abréger,

$$(60)\qquad \mathrm{N} = (\mu^2+\nu^2)^{\frac{1}{2}} \frac{e^{(\mu^2+\nu^2)^{\frac{1}{2}}h} - e^{-(\mu^2+\nu^2)^{\frac{1}{2}}h}}{e^{(\mu^2+\nu^2)^{\frac{1}{2}}h} + e^{-(\mu^2+\nu^2)^{\frac{1}{2}}h}},$$

on trouverait pour l'ordonnée de la surface libre, au bout du temps t,

$$(61)\ y = \frac{1}{4\pi^2}\int_{-\infty}^{\infty}\int_{-\infty}^{\infty}\int_{-\infty}^{\infty}\int_{-\infty}^{\infty} \cos \mathrm{N}^{\frac{1}{2}} g^{\frac{1}{2}} t\,\cos\mu(\varpi-x)\,\cos\nu(\rho-z)\,\mathrm{F}(\varpi,\rho)\,d\mu\,d\nu\,d\varpi\,d\rho;$$

et, comme on a généralement (*voir* le XIXe Cahier du *Journal de l'École royale Polytechnique*, p. 530)

$$(62)\quad \left\{ \begin{aligned} &\int_{-\infty}^{\infty}\int_{-\infty}^{\infty} f(\mu^2+\nu^2)\cos a\mu\,\cos b\nu\,d\mu\,d\nu \\ &\quad = 2\int_0^{\infty}\int_0^{\infty} \sin\nu\,\cos\frac{a^2+b^2}{4}\mu\,f(\mu\nu)\,d\mu\,d\nu, \end{aligned} \right.$$

il en résulte que l'ordonnée dont il s'agit pourrait être présentée sous la forme

$$(63)\quad y=\frac{1}{2\pi^2}\int_0^{\infty}\int_0^{\infty}\int_{-\infty}^{\infty}\int_{-\infty}^{\infty}\cos R^{\frac{1}{2}}g^{\frac{1}{2}}t\,\sin\nu\,\cos\frac{(\varpi-x)^2+(\rho-z)^2}{4}\mu\,F(\varpi,\rho)\,d\mu\,d\nu\,d\varpi\,d\rho,$$

la valeur de R étant

$$(64)\quad R=(\mu\nu)^{\frac{1}{2}}\frac{e^{\mu\nu h}-e^{-\mu\nu h}}{e^{\mu\nu h}+e^{-\mu\nu h}}.$$

Si la profondeur h du fluide devenait infinie, les équations (59) et (63) deviendraient respectivement

$$(65)\quad y=\frac{1}{\pi}\int_0^{\infty}\int_{-\infty}^{\infty}\cos\mu^{\frac{1}{2}}g^{\frac{1}{2}}t\,\cos\mu(x-\varpi)\,F(\varpi)\,d\mu\,d\varpi$$

et

$$(66)\quad y=\frac{1}{2\pi^2}\int_0^{\infty}\int_0^{\infty}\int_{-\infty}^{\infty}\int_{-\infty}^{\infty}\cos(\mu\nu)^{\frac{1}{2}}g^{\frac{1}{2}}t\,\sin\nu\,\cos\frac{(\varpi-x)^2+(\rho-z)^2}{4}\mu\,F(\varpi,\rho)\,d\mu\,d\nu\,d\varpi\,d\rho.$$

Ces dernières s'accordent avec les formules (b) et (141) de la Note XVI.

Dans un autre Mémoire nous déduirons des méthodes précédentes les formules que nous avons présentées à l'Académie royale des Sciences, le 17 novembre dernier, et à l'aide desquelles nous avons déterminé le mouvement des ondes à la surface d'un liquide pesant, en tenant compte de l'adhésion qui existe entre ses molécules.

MÉMOIRE

SUR

LES INTÉGRALES DÉFINIES,

LU A L'INSTITUT LE 22 AOUT 1814,

REMIS AU SECRÉTARIAT POUR ÊTRE IMPRIMÉ, LE 14 SEPTEMBRE 1825.

AVERTISSEMENT DE L'AUTEUR.

Quoique la plupart des formules auxquelles j'étais parvenu dans le Mémoire qu'on va lire aient été reproduites dans d'autres Ouvrages que j'ai publiés à diverses époques [1], et quoique j'aie apporté de nouveaux perfectionnements à la méthode par laquelle j'avais d'abord établi ces formules, néanmoins l'accueil favorable que cette méthode avait primitivement reçu me détermine à publier le Mémoire qui la renferme. Seulement j'ajouterai quelques notes au bas des pages, pour indiquer la manière de simplifier les formules ou d'en tirer de nouveaux résultats. A la tête du Mémoire est placé le Rapport de M. Legendre, qui en offre l'analyse en peu de mots.

---

[1] On peut voir, à ce sujet, les Notes du *Mémoire sur les ondes*, le *Résumé des Leçons données à l'École royale Polytechnique*, le XIXe Cahier du *Journal* de cette École, et un *Mémoire sur les intégrales définies prises entre des limites imaginaires*. On trouve aussi quelques formules extraites du Mémoire qu'on va lire, et citées par M. Legendre dans la cinquième Partie des *Exercices de Calcul intégral*.

EXTRAIT DU PROCÈS-VERBAL

DE LA SÉANCE

DE LA CLASSE DES SCIENCES PHYSIQUES ET MATHÉMATIQUES

DU LUNDI 7 NOVEMBRE 1814.

La Classe nous a chargés, M. Lacroix et moi, de lui rendre compte d'un Mémoire *sur les intégrales définies* qui lui a été présenté par M. Cauchy, dans sa séance du 22 août dernier.

La première Partie de ce Mémoire est intitulée : *Des équations qui autorisent le passage du réel à l'imaginaire.*

Elle nous a paru avoir un objet tout autre que celui que le titre annonce. Certaines recherches de Calcul intégral ont offert parfois des résultats dans lesquels le *passage du réel à l'imaginaire* a été employé comme une sorte d'induction qui, n'étant point assez évidente par elle-même, avait besoin d'être confirmée par des démonstrations directes et rigoureuses. Mais l'emploi que M. Cauchy fait des imaginaires dans la première Partie de son Mémoire n'a rien que de conforme aux règles ordinaires de l'Analyse, et n'est sujet à aucune difficulté.

M. Cauchy, à l'exemple de plusieurs géomètres, a pris pour base de ses recherches la considération des intégrales doubles, qui, en effet, a de grands rapports avec la théorie des intégrales définies, et qui fournit les moyens de varier à l'infini les transformations de ces intégrales.

Il suppose que les intégrales doubles qu'il considère sont prises entre des limites déterminées pour chaque variable; savoir : a' et a'' pour la variable x; b' et b'' pour la variable z. On peut donc imaginer que chaque intégrale double dont il s'agit, $\int\int v\,dx\,dz$, représente, sur une surface courbe donnée, la portion d'aire dont la projection sur le plan des x et z est un rectangle donné.

Cette supposition d'une figure rectangulaire restreint, comme on voit, l'étendue des fonctions représentées par la formule $\int\int v\,dx\,dz$, puisque cette formule, considérée dans toute sa généralité, représente l'aire qui a pour projection, sur le plan des x et z, une figure terminée par un contour quelconque.

Ayant pris pour v une fonction quelconque de x et z, on peut procéder de deux manières à la détermination de l'intégrale double $\int\int v\,dx\,dz$, selon que la première intégration se rapporte à la variable x ou qu'elle se rapporte à la variable z, et le choix entre ces deux manières d'opérer n'est pas toujours indifférent. Quelquefois les deux intégrations se font avec facilité en commençant par une variable, tandis que, si l'on commençait par l'autre variable, on rencontrerait immédiatement une transcendante qui rendrait la seconde intégration fort difficile.

Cette difficulté, au reste, quand elle a lieu, tourne à l'avantage de la science, puisque, sachant *a priori* que les deux résultats doivent s'accorder entre eux, on a, en établissant l'égalité, une formule qui donne la valeur d'une intégrale à laquelle les procédés directs de l'intégration ne seraient point applicables. C'est ainsi que quelques géomètres sont parvenus à différents résultats plus ou moins remarquables dans la théorie des intégrales définies.

M. Cauchy ne s'est point occupé de ce genre d'intégrales, et il a considéré seulement celles où l'on peut exécuter immédiatement la première intégration, tant par rapport à x que par rapport à z.

Il est facile de trouver généralement une valeur de la fonction v qui satisfasse à cette condition : il suffit, pour cela, de prendre une différentielle complète $p\,dx + q\,dz$, et de faire v égal à l'un des membres de l'équation de condition $\frac{\partial p}{\partial z} = \frac{\partial q}{\partial x}$. Ce moyen est général; mais M. Cauchy détermine par des procédés particuliers les fonctions dont il veut faire usage.

Il observe d'abord que, y étant une fonction quelconque de x et de z, et Y une fonction de y, le produit $\mathrm{Y}\,dy$ sera une différentielle complète, et fournira entre les coefficients de dx et de dz l'équation connue, laquelle peut être vérifiée immédiatement par la différentiation.

Supposant ensuite qu'au lieu de y on mette

$$\mathrm{M} + \mathrm{N}\sqrt{-1},$$

M et N étant des fonctions réelles de x et de z, l'équation de condition relative à la différentielle $\mathrm{Y}\,dy$, étant développée, se partagera en deux autres, comme cela a lieu dans toute équation qui contient à la fois des parties réelles et des parties imaginaires.

Ces deux équations donnant chacune une quantité qui peut être prise pour v, il multiplie les deux membres de chaque équation par $dx\,dz$; il intègre d'un côté par rapport à x, de l'autre par rapport à z : il obtient ainsi deux équations entre des intégrales définies, les unes relatives à la variable x, les autres relatives à la variable z. Ces équations offrent, en général, un moyen de transformation qui peut conduire à la détermination d'un grand nombre d'intégrales définies.

Cette méthode est d'autant plus féconde, que les limites des intégrales, tant par rapport à x que par rapport à z, peuvent être prises à volonté, et que, dans le cas surtout où l'on prend pour limites o et ∞, les équations se simplifient et peuvent offrir des résultats élégants.

L'emploi des imaginaires dans la méthode de M. Cauchy a l'avantage de fournir à la fois deux formules composées de fonctions qui ont entre elles les rapports d'analogie qu'elles doivent à leur source commune.

Ces formules se simplifient encore suivant les suppositions qui peuvent faire partager chaque équation de condition en deux autres. Ainsi, en prenant pour fonction principale $y = p\cos r$, p et r étant des fonctions de x; substituant ensuite $\mathrm{M} + \mathrm{N}\sqrt{-1}$ au lieu de x, l'équation de condition relative à la différentielle exacte dy se partage en deux autres, à raison des imaginaires, et chacune de celles-ci se partage de nouveau en deux autres, à raison des exponentielles qui naissent du développement de $\cos r$, et dans lesquelles les termes affectés d'un exposant positif peuvent se séparer des termes affectés d'un exposant négatif. On obtient donc alors quatre équations de condition, dont chaque membre peut être pris pour v, et qui donnent ainsi quatre équations entre des intégrales définies tirées d'une même source.

Tels sont les principes sur lesquels M. Cauchy a établi les nombreuses formules qui composent la première Partie de son Mémoire. Ces formules et les corollaires qu'il en déduit, dans différentes hypothèses sur les limites des intégrales, ont une grande généralité, et les applications que l'auteur en donne fournissent plusieurs résultats intéressants.

Le reste du Mémoire présente une théorie qui appartient presque entièrement à l'auteur, et qui paraît mériter l'attention des géomètres.

En appliquant ses formules à divers exemples, M. Cauchy n'a pas tardé à reconnaître que, dans certains cas, ces formules étaient en défaut; c'est-à-dire, qu'on n'obtenait pas le même résultat en intégrant d'abord par rapport à x, ensuite par rapport à z, ou en suivant une marche contraire.

Pour faire voir clairement l'objet de la difficulté, prenons pour exemple la différentielle de l'arc dont la tangente est $\frac{x}{z}$, et soit v l'un des membres de l'équation de condition à laquelle les coefficients de cette différentielle doivent satisfaire. Si l'on cherche la valeur de l'intégrale double $\int\int v\,dx\,dz$, prise entre les limites o et 1, tant pour x que pour z, on trouvera que le résultat est $\frac{\pi}{4}$, quand on commence le calcul par l'intégration relative à z, et qu'il est, au contraire, $-\frac{\pi}{4}$, lorsque les intégrations se font dans l'ordre inverse.

La différence de ces deux résultats s'explique aisément, si, au lieu de prendre les intégrales dans les limites désignées, on les prend depuis $x=\alpha$ jusqu'à $x=1$, et depuis $z=6$ jusqu'à $z=1$, α et 6 étant des quantités positives infiniment petites. Alors les deux manières d'évaluer l'intégrale double donnent un seul et même résultat, lequel est $\frac{\pi}{4}-\text{arc tang}\frac{6}{\alpha}$. On voit donc que ce résultat peut avoir une infinité de valeurs, suivant le rapport qu'on établit entre les quantités infiniment petites α et 6.

Lorsqu'on fait $\frac{6}{\alpha}=0$, ce qui revient à faire la première intégration par rapport à z, depuis $z=0$ jusqu'à $z=1$, le résultat est $\frac{\pi}{4}$. Lorsqu'au contraire on fait $\frac{\alpha}{6}=0$, ce qui revient à faire la première intégration par rapport à x, depuis $x=0$ jusqu'à $x=1$, le résultat est $\frac{\pi}{4}-\frac{\pi}{2}$ ou $-\frac{\pi}{4}$: d'où l'on voit que l'intégrale double, dans le premier cas, doit être corrigée de $-\frac{\pi}{2}$, pour donner le même résultat qu'on obtient par la seconde manière d'opérer, en prenant d'abord l'intégrale par rapport à x.

Après avoir reconnu l'existence des anomalies que peut offrir la détermination des intégrales doubles, M. Cauchy a dû rechercher la cause générale qui les produit. Il a trouvé que cette difficulté avait lieu toutes les fois qu'après la première intégration, la fonction sous le signe était indéterminée ou de la forme $\frac{0}{0}$, pour des valeurs de x et de z comprises entre les limites de l'intégrale. Il observe à ce sujet que l'indétermination qui a lieu pour des fonctions de deux variables, est essentiellement différente de celle qu'on observe à l'égard des fonctions d'une seule variable. Dans celles-ci, il y a toujours une limite déterminée pour la quantité qui se présente sous la forme $\frac{0}{0}$. Dans les autres, au contraire, il n'y a aucune limite fixe, à moins d'établir une relation entre les différences des deux variables qui, de leur nature, sont indépendantes l'une de l'autre. C'est ainsi que, dans l'exemple rapporté ci-dessus, le résultat prend toutes les valeurs possibles entre $\frac{\pi}{4}$ et $-\frac{\pi}{4}$, selon les valeurs diverses qu'on attribue au rapport $\frac{\alpha}{6}$.

Il ne suffisait pas de connaître la cause générale des anomalies dont nous venons de parler; il fallait encore déterminer exactement la correction nécessaire pour rétablir l'égalité entre les deux résultats obtenus par les deux manières d'effectuer les intégrations. Cette question, considérée en général, était à la fois délicate et épineuse. M. Cauchy l'a pleinement résolue, au moyen d'une formule intégrale composée de quatre parties, de deux ou d'une seulement, suivant que le point où l'indétermination a lieu est situé au dedans du rectangle de projection, sur un de ses côtés, ou à l'un de ses angles.

Ces sortes d'intégrales, que l'auteur appelle *intégrales singulières,* ne s'étendent qu'infiniment peu autour du point donné, c'est-à-dire qu'elles sont prises dans une partie infiniment petite de l'aire qui avoisine le point donné, sans sortir du rectangle de projection, et cette circonstance contribue beaucoup à en faciliter la détermination.

M. Cauchy revient donc aux formules principales qu'il a données dans la première Partie, et il donne, à l'aide des intégrales singulières, la correction qui doit être appliquée à ces formules pour tous les points d'indétermination compris dans les limites de l'intégrale, et suivant la position de ces points sur le rectangle de projection.

Après avoir exposé les méthodes générales, M. Cauchy en donne un grand nombre d'applications qui démontrent l'utilité et la fécondité de ces méthodes.

Dans cette partie du Mémoire de M. Cauchy, on retrouve presque toutes les formules connues, relatives au genre de fonctions qu'il a considérées, et plusieurs d'entre elles y sont présentées d'une manière plus générale qu'elles ne l'ont été jusqu'à présent. On y voit aussi des formules intégrales qui sont entièrement nouvelles et qui méritent de fixer l'attention.

Dans le nombre des premières intégrales, nous citerons la belle formule d'Euler, relative à l'intégrale $\int_0^\infty \frac{x^{a-1}dx}{1+x^n}$. M. Cauchy parvient très facilement à la valeur de cette intégrale; et ce qui est remarquable, c'est que la formule qui la détermine est uniquement composée d'intégrales singulières.

Il détermine non moins facilement l'intégrale $\int_0^\infty \frac{x^{a-1}dx}{1-x^n}$. La formule relative à cette intégrale peut être réputée nouvelle à quelques égards, quoiqu'elle se déduise aisément des formules connues.

Cette intégrale est remarquable en ce qu'elle serait infinie si on la prenait seulement jusqu'à $x = 1$; mais au delà de $x = 1$, l'infini se reproduit en signe contraire, et le résultat total est une quantité finie.

Parmi les formules qui appartiennent entièrement à M. Cauchy, nous devons citer l'intégrale $\int_0^\infty \frac{\sin ax}{\sin bx} \frac{dx}{1+x^2}$, et trois autres du même genre, dont personne n'avait encore donné la valeur. M. Cauchy les trouve d'abord par une méthode qui suppose $a < b$; ensuite il se sert d'une autre méthode pour déterminer les mêmes intégrales dans le cas où l'on a $a > b$.

Nous avons vérifié ces intégrales par des méthodes qui nous sont propres, et nous les avons trouvées exactes, sauf quelques cas particuliers dans la discussion desquels l'auteur n'était point entré. Il faut observer, d'ailleurs, à l'égard de ces différences, que les formules de ce genre offrent quelques cas où la loi de continuité est violée. Une de ces formules, entre autres $\left(\text{c'est l'intégrale } \int_0^\infty \frac{x \cos ax}{\sin bx} \frac{dx}{1+x^2}\right)$, augmente ou diminue tout d'un coup de $\frac{1}{2}\pi$, lorsque le rapport $\frac{a}{b}$, qui d'abord est supposé égal à un nombre entier, diminue ou augmente d'une quantité infiniment petite.

Cette difficulté n'était point résolue dans le Mémoire de M. Cauchy : mais, sur l'observation qui lui a été faite de l'inexactitude de sa formule dans le cas de $a = b$, il a donné pour réponse deux Suppléments qui contiennent la vraie solution de cette difficulté et de quelques autres semblables.

Dans un sujet de pure Analyse, nous ne pouvons guère donner une idée plus détaillée du Mémoire de M. Cauchy, qui embrasse un grand nombre d'objets, quoiqu'il ne traite pas à beaucoup près de tous ceux qui appartiennent à la théorie des intégrales définies.

Nous n'examinerons pas si les nouvelles méthodes de M. Cauchy sont plus simples que celles qui étaient déjà connues, si leur application est plus facile, et si l'on peut trouver par leur moyen quelque résultat que ne pourraient donner les méthodes connues : car, quand même on répondrait négativement à ces différentes questions, il n'en resterait pas moins à l'auteur le mérite,

1° D'avoir construit, par une marche uniforme, une suite de formules générales, propres à transformer les intégrales définies et à en faciliter la détermination;

2° D'avoir remarqué le premier qu'une intégrale double, prise entre des limites données pour chaque variable, n'offre pas toujours le même résultat, dans les deux manières d'effectuer les intégrations;

3° D'avoir déterminé la cause de cette différence et d'en avoir donné la mesure exacte, au moyen des *intégrales singulières,* dont l'idée appartient à l'auteur, et qui peuvent être regardées comme une découverte en Analyse;

4° Enfin d'avoir donné, par ses méthodes, de nouvelles formules intégrales fort remarquables, qui peuvent bien se déduire des méthodes connues, mais auxquelles personne n'était encore parvenu.

Il nous paraît, par tous ces motifs, que M. Cauchy a donné, dans ses recherches sur les intégrales définies, une nouvelle preuve de la sagacité qu'il a montrée dans plusieurs de ses autres productions; nous pensons donc que son Mémoire est digne de l'approbation de la Classe, et d'être imprimé dans le *Recueil des Savants étrangers.*

Fait à l'Institut, le 7 novembre 1814.

Signé Lacroix, Legendre, *Rapporteur.*

La Classe approuve le Rapport et en adopte les conclusions.

MÉMOIRE

SUR

LES INTÉGRALES DÉFINIES[1].

INTRODUCTION.

La solution d'un grand nombre de problèmes se réduit, en dernière analyse, à l'évaluation des intégrales définies; aussi les géomètres se sont-ils beaucoup occupés de leur détermination. On trouve, à cet égard, une foule de théorèmes curieux et utiles dans les Mémoires et le *Calcul intégral* d'Euler, dans plusieurs Mémoires de M. Laplace, dans ses *Recherches sur les approximations de certaines formules,* et dans les *Exercices de Calcul intégral* de M. Legendre. Mais, parmi les diverses intégrales obtenues par les deux premiers géomètres que je viens de citer, plusieurs ont été découvertes pour la première fois à l'aide d'une espèce d'induction fondée sur le passage du réel à l'imaginaire. Les passages de cette nature conduisent souvent d'une manière très prompte à des résultats dignes de remarque. Toutefois cette portion de la théorie est, ainsi que l'a observé M. Laplace, sujette à plusieurs difficultés. Aussi, après avoir montré, dans le calcul des fonctions génératrices, les ressources que l'Analyse peut retirer de semblables considérations, l'auteur ajoute : « On peut donc considérer ces passages comme des moyens de découvertes semblables à l'induction dont les

(1) *Mémoires présentés par divers savants à l'Académie royale des Sciences de l'Institut de France et imprimés par son ordre. Sciences mathématiques et physiques.* Tome I. Imprimé, par autorisation du Roi, à l'Imprimerie royale; 1827.

géomètres font depuis longtemps usage. Mais ces moyens, quoique employés avec beaucoup de précaution et de réserve, laissent toujours à désirer des démonstrations de leurs résultats. » Pour obvier à cet inconvénient, l'auteur a eu soin de confirmer par d'autres méthodes les valeurs des intégrales qu'il avait trouvées. Quant à celles d'Euler, M. Poisson a fait voir, dans le *Bulletin de la Société philomathique*, n° 42, et dans le *Journal de l'École royale Polytechnique*, t. IX, qu'on pouvait les obtenir, soit par des intégrations doubles, soit par l'intégration d'équations différentielles du second ordre. Après avoir réfléchi sur cet objet, et rapproché les uns des autres les divers résultats ci-dessus mentionnés, j'ai conçu l'espoir d'établir le passage du réel à l'imaginaire sur une analyse directe et rigoureuse; et mes recherches m'ont conduit à la méthode qui fait l'objet de ce Mémoire, et que je vais exposer en peu de mots. On ne verra peut-être pas sans intérêt comment une des difficultés que ce sujet présente peut non seulement être éclaircie, mais encore tourner au profit de l'Analyse, et se transformer, pour ainsi dire, elle-même en un nouveau moyen d'intégration.

Lorsque, dans une intégrale simple ou relative à une seule variable y, on remplace cette variable unique par une fonction quelconque de deux autres variables x et z, les deux coefficients différentiels de l'intégrale, pris, l'un par rapport à x, l'autre par rapport à z, se trouvent tous deux dégagés du signe d'intégration, et représentent simplement deux nouvelles fonctions de x et de z. Mais ces deux fonctions ont entre elles une relation qui mérite d'être remarquée : c'est que le coefficient différentiel de la première, pris par rapport à z, est égal au coefficient différentiel de la seconde, pris par rapport à x. Ce résultat se déduit, à la vérité, de cette seule considération, que, l'intégrale pouvant être censée représenter une fonction déterminée de x et de z, sa différentielle de second ordre, prise relativement à ces deux variables, doit rester la même, dans quelque ordre que les différentiations aient été faites. Mais, si cette preuve ne semble pas assez rigoureuse, on lèvera toute incertitude en vérifiant immédiatement, par la seule différentiation des deux fonctions que l'on considère, l'égalité de leurs coefficients différentiels. Cette égalité ou équation subsiste dans le cas même où la fonction de x et de z, qui remplace la variable y, est en partie réelle, en partie imaginaire, et se partage alors en deux équations nouvelles, dont chacune peut toujours être vérifiée directement par la seule différentiation. Celles-ci sont encore semblables à l'équation qui leur a donné naissance, et peuvent elles-mêmes, dans plusieurs cas, se partager chacune en deux équations de même forme. Dans toutes ces équations, une fonction de x et de z, différentiée par rapport à z et divisée par dz, se trouve égalée à une autre fonction de x et de z, différentiée par rapport à x et divisée par dx. Nous allons maintenant développer les avantages que présentent, dans la théorie des intégrales définies, les équations différentielles dont il s'agit.

Si, dans une équation de cette forme, on multiplie les deux membres par $dx\,dz$, et qu'on se propose ensuite de les intégrer, par rapport à x et à z, entre des limites déterminées de ces deux variables, on obtiendra une équation entre deux intégrales doubles. Mais, comme les deux membres de l'équation donnée, multipliés, le premier par dz, le second par dx, deviennent des différentielles exactes relativement aux variables z et x, on pourra immédiatement effectuer de part et d'autre une première intégration; et l'on obtiendra par suite une équation entre deux espèces d'intégrales définies relatives, les unes à la variable x, les autres à la variable z. On peut donc, à l'aide des considérations précédentes, établir des équations entre des intégrales définies de nature fort différente, et les transformer les unes dans les autres. Dans plusieurs cas, on détermine facilement les valeurs de quelques-unes d'entre elles, et l'on en déduit alors les valeurs d'autres intégrales plus compliquées. Enfin, si les intégrales que l'on considère ne peuvent s'obtenir en termes finis, on pourra du moins les ramener à d'autres plus simples ou plus faciles à calculer.

Les diverses applications qu'on peut faire de la théorie précédente sont relatives aux diverses fonctions de x et de z qui peuvent remplacer la variable y. Parmi les hypothèses sans nombre qu'on peut faire à cet égard, j'ai choisi celles qui m'ont paru les plus simples. J'ai obtenu de cette manière la plupart des intégrales déjà connues et plusieurs autres qui me paraissent nouvelles; enfin des formules générales qui, par les rapprochements qu'elles offrent, semblent devoir mériter l'attention des géomètres.

La méthode que je viens d'exposer est fondée, comme on voit, sur des principes clairs et faciles à saisir; mais elle suppose qu'il est toujours aisé de convertir les intégrales indéfinies en intégrales définies; et le passage des unes aux autres offre, dans la pratique, plusieurs difficultés qu'il est bon de faire disparaître, afin de tirer de la méthode le parti le plus avantageux possible.

La première difficulté qui se présente regarde les fonctions d'une seule variable. Si une intégrale indéfinie est exprimée par une certaine fonction de la variable augmentée d'une constante arbitraire, la même intégrale, prise entre deux limites données, a et b, sera exprimée en général par la différence des valeurs de la fonction relative à ces deux limites. Toutefois ce théorème n'est vrai que dans le cas où la fonction trouvée croît ou décroît d'une manière continue entre les deux limites dont il s'agit. Mais si, lorsqu'on fait croître la variable par degrés insensibles, la fonction trouvée passe subitement d'une valeur à une autre, la variable étant toujours comprise entre les limites de l'intégration, la différence de ces deux valeurs devra être retranchée de l'intégrale définie prise à l'ordinaire, et chacun des sauts brusques que pourra faire la fonction trouvée nécessitera une correction de même nature. On obtient facilement cette règle en considérant l'intégrale proposée comme la somme des éléments qui correspondent aux diverses valeurs de la variable, et partageant la somme totale en autant de sommes partielles qu'il y a de sauts brusques, plus un, dans la fonction trouvée.

Les autres difficultés sont relatives aux intégrales doubles dans lesquelles, après une première intégration, la fonction sous le signe $\int$ devient, pour certaines valeurs des variables, infinie ou indéterminée. Dans la méthode ci-dessus exposée, le dernier cas est le seul qui se présente; et ce n'est jamais que pour des valeurs déterminées de l'une et l'autre variable, que les fonctions sous le signe $\int$ prennent la forme $\frac{0}{0}$. Dans une semblable hypothèse, les intégrales doubles que l'on considère sont entièrement indéterminées; et lorsqu'on parvient à les intégrer complètement relativement aux deux variables données x et z, elles obtiennent en effet deux valeurs différentes l'une de l'autre, suivant que l'on substitue les valeurs de x avant celles de z, et réciproquement. Quoi qu'il en soit, parmi le nombre infini de valeurs que peuvent obtenir ces intégrales doubles, il en est deux qu'on doit soigneusement distinguer de toutes les autres, et qui jouissent d'un caractère particulier propre à les faire reconnaître. Mais, avant d'établir cette distinction, il est nécessaire de rappeler en peu de mots les principes sur lesquels repose la détermination des valeurs des fonctions à une ou à plusieurs variables.

Lorsqu'une fonction d'une seule variable x se présente, pour une certaine valeur a de cette variable, sous la forme $\frac{0}{0}$, elle n'est pas indéterminée, mais elle a pour valeur la limite dont elle s'approche sans cesse à mesure que $x - a$ décroît. Au contraire, si une fonction de x et de z prend la forme $\frac{0}{0}$ pour les valeurs $x = a$, $z = b$, de ces deux variables, elle sera totalement indéterminée, et tendra vers des limites différentes, selon qu'en faisant décroître simultanément les différences $x - a$, $z - b$, on établira entre ces deux différences tel ou tel autre rapport. Cependant on obtiendra une limite déterminée, si l'on néglige la différence $x - a$ relativement à la différence $z - b$, et une autre limite aussi déterminée, mais différente de la première, si l'on néglige $z - b$ relativement à $x - a$. La première hypothèse revient à considérer d'abord x comme constant et z seul comme variable, puis à substituer, dans cette supposition, la valeur de z, et, après, la valeur de x : c'est ce que nous appellerons substituer la valeur de z avant celle de x. Le contraire aura lieu dans la seconde hypothèse. Ainsi l'on peut dire que la fonction obtient deux valeurs différentes, mais toutes deux déterminées suivant l'ordre dans lequel on substitue les valeurs des variables.

Pour appliquer ces principes à la détermination des intégrales doubles définies, il suffit d'observer qu'une intégrale double étant la somme des éléments relatifs aux diverses valeurs des deux variables, cette intégrale sera nécessairement déterminée, si tous les éléments ont une valeur déterminée. Cela posé, si, pour aucune des valeurs de x et de z comprises entre les limites de l'intégrale, la fonction sous le signe $\int$ ne prend la forme $\frac{0}{0}$, la fonction de deux variables qui résultera d'une première intégration ne pourra jamais devenir indéterminée, et, par suite, l'intégrale conservera la même valeur dans quelque ordre que les substitutions soient faites. Si le contraire avait lieu, on en serait averti par cette circonstance remarquable, que la fonction de x et de z, résultant d'une première intégration, acquerrait, pour certaines valeurs des variables comprises entre les limites de l'intégrale double, une forme indéterminée. Dans cette hypothèse, l'intégrale cherchée obtient deux valeurs déterminées, mais différentes l'une de l'autre, suivant que, dans tous les éléments à la fois, on substitue les valeurs de x avant celles de z, ou les valeurs de z avant celles de x. Il ne reste plus qu'à faire voir comment, dans le calcul, on peut avoir égard à l'ordre de ces substitutions.

Supposons, par exemple, que l'on veuille substituer les valeurs de x avant celles de z. Alors, si l'on effectue la première intégration par rapport à x, rien n'empêchera de substituer immédiatement les valeurs de x, et l'intégrale double cherchée se trouvera remplacée en général par la différence de deux intégrales définies relatives à z. Mais, si l'on effectue la première intégration relativement à la variable z, et que, pour un système de valeurs des deux variables comprises entre les limites de l'intégrale, la fonction obtenue par ce moyen prenne une forme indéterminée, on ne pourra substituer immédiatement les valeurs de z, puisqu'on renverserait ainsi l'ordre des substitutions. Au reste, il est facile de voir que l'erreur produite par ce renversement porte entièrement sur la partie de l'intégrale double qui correspond aux systèmes très voisins de celui qu'on vient de citer : car cette partie est la seule dont les éléments n'aient pas une valeur déterminée. Cette même partie obtient une valeur nulle, lorsqu'après l'intégration relative à z, on y substitue immédiatement les valeurs de z; mais elle cesse de s'évanouir, lorsqu'avant d'opérer cette substitution, on effectue l'intégration relative à x. Nous sommes donc conduits, par ce qui précède, à considérer une espèce particulière d'intégrales définies dans lesquelles les limites relatives à chaque variable sont infiniment rapprochées l'une de l'autre, sans que pour cela les intégrales soient nulles. Je les désignerai sous le nom d'*intégrales singulières*. Une intégrale de ce genre était déjà connue, et cette intégrale est due à M. Legendre, qui, dans un Supplément aux *Exercices de Calcul intégral,* a, le premier, appelé sur cet objet l'attention des géomètres. Ces dernières intégrales peuvent être employées avec avantage dans la théorie des intégrales définies; et lorsque l'on considère deux variables, elles servent à corriger les erreurs dépendantes de l'ordre des substitutions. Elles se trouvent, par la méthode précédente, introduites dans les équations qui déterminent les valeurs des intégrales définies; et souvent une intégrale définie est exprimée par la somme de plusieurs intégrales singulières.

Ce qu'il y a de remarquable et de fort heureux en même temps, c'est qu'on peut toujours déterminer les valeurs des intégrales singulières que la méthode précédente introduit dans le calcul. Ces valeurs renferment, en général, le rapport de la circonférence au diamètre, les fonctions placées sous le signe $\int$ dans les intégrales que l'on considère, et les racines imaginaires des équations qu'on obtient en égalant à zéro les dénominateurs de ces mêmes fonctions. Ainsi, toutes les fois qu'on parvient à exprimer une intégrale définie dont on cherche la valeur par la somme de plusieurs intégrales singulières, la question n'est pas seulement changée de nature, mais elle est même complètement résolue. On trouvera dans le présent Mémoire plusieurs exemples de ce genre de calcul.

PREMIÈRE PARTIE.

DES ÉQUATIONS QUI AUTORISENT LE PASSAGE DU RÉEL A L'IMAGINAIRE.

I.

EXPOSITION GÉNÉRALE DE LA MÉTHODE.

Soit $f(y)$ une fonction quelconque de la variable y, et supposons que y soit elle-même une fonction de deux autres variables, x et z : le coefficient différentiel de l'intégrale

$$\int f(y)\,dy,$$

pris relativement à x, sera

$$f(y)\frac{\partial y}{\partial x},$$

et le coefficient différentiel de la même intégrale, relativement à z, sera

$$f(y)\frac{\partial y}{\partial z}.$$

Quant au coefficient différentiel du second ordre, pris relativement aux deux variables x et z, il pourra être désigné, ou par

$$\frac{\partial\left[f(y)\frac{\partial y}{\partial x}\right]}{\partial z},$$

ou par

$$\frac{\partial\left[f(y)\frac{\partial y}{\partial z}\right]}{\partial x}.$$

On aura donc

$$(1) \qquad \frac{\partial\left[f(y)\frac{\partial y}{\partial x}\right]}{\partial z} = \frac{\partial\left[f(y)\frac{\partial y}{\partial z}\right]}{\partial x}.$$

On peut vérifier cette équation directement par la seule différentiation. On a, en effet,

$$\frac{\partial\left[f(y)\frac{\partial y}{\partial x}\right]}{\partial z} = f(y)\frac{\partial^2 y}{\partial x\,\partial z} + f'(y)\frac{\partial y}{\partial z}\frac{\partial y}{\partial x},$$

$$\frac{\partial\left[f(y)\frac{\partial y}{\partial z}\right]}{\partial x} = f(y)\frac{\partial^2 y}{\partial z\,\partial x} + f'(y)\frac{\partial y}{\partial x}\frac{\partial y}{\partial z},$$

d'où l'on déduit l'équation (1). Cette dernière équation subsiste, quelle que soit la fonction de x et de z que l'on prenne pour y. Elle subsistera donc encore, si l'on suppose cette fonction en partie réelle, en partie imaginaire. Ainsi, par exemple, si M et N désignent deux fonctions quelconques de x et de z, on pourra faire

$$y = \mathrm{M} + \mathrm{N}\sqrt{-1}.$$

Alors, si l'on suppose

$$f(\mathrm{M} + \mathrm{N}\sqrt{-1}) = \mathrm{P}' + \mathrm{P}''\sqrt{-1},$$

$$\mathrm{P}'\frac{\partial \mathrm{M}}{\partial x} - \mathrm{P}''\frac{\partial \mathrm{N}}{\partial x} = \mathrm{S}, \quad \mathrm{P}'\frac{\partial \mathrm{M}}{\partial z} - \mathrm{P}''\frac{\partial \mathrm{N}}{\partial z} = \mathrm{U},$$

$$\mathrm{P}'\frac{\partial \mathrm{N}}{\partial x} + \mathrm{P}''\frac{\partial \mathrm{M}}{\partial x} = \mathrm{T}, \quad \mathrm{P}'\frac{\partial \mathrm{N}}{\partial z} + \mathrm{P}''\frac{\partial \mathrm{M}}{\partial z} = \mathrm{V},$$

l'équation (1) deviendra

$$\frac{\partial \mathrm{S}}{\partial z} + \frac{\partial \mathrm{T}}{\partial z}\sqrt{-1} = \frac{\partial \mathrm{U}}{\partial x} + \frac{\partial \mathrm{V}}{\partial x}\sqrt{-1}.$$

Si, au lieu de supposer $y = \mathrm{M} + \mathrm{N}\sqrt{-1}$, on eût supposé $y = \mathrm{M} - \mathrm{N}\sqrt{-1}$, on aurait trouvé

$$\frac{\partial \mathrm{S}}{\partial z} - \frac{\partial \mathrm{T}}{\partial z}\sqrt{-1} = \frac{\partial \mathrm{U}}{\partial x} - \frac{\partial \mathrm{V}}{\partial x}\sqrt{-1}.$$

On aura donc séparément :

$$(2)\qquad \begin{cases} \dfrac{\partial S}{\partial z} = \dfrac{\partial U}{\partial x}, \\[2ex] \dfrac{\partial T}{\partial z} = \dfrac{\partial V}{\partial x}. \end{cases}$$

On peut encore vérifier immédiatement les deux équations précédentes à l'aide de la seule différentiation des quatre quantités désignées par S, T, U, V. Ces deux équations renferment toute la théorie du passage du réel à l'imaginaire, et il ne nous reste plus qu'à indiquer la manière de s'en servir.

Supposons qu'après avoir multiplié les deux membres de chacune des équations (2) par $dx\,dz$, on se propose de les intégrer, par rapport à x et à z, entre des limites réelles de ces deux variables. Désignons par

$$S', S'', T', T''$$

les valeurs de S et de T relatives aux deux limites de z, et par

$$U', U'', V', V''$$

les valeurs de U et de V relatives aux deux limites de x. Si, entre les limites dont il s'agit, les quatre quantités

$$S, T, U, V$$

conservent toujours une valeur déterminée, on aura généralement

$$(3)\qquad \begin{cases} \int S''\,dx - \int S'\,dx = \int U''\,dz - \int U'\,dz \quad (^1), \\ \int T''\,dx - \int T'\,dx = \int V''\,dz - \int V'\,dz. \end{cases}$$

(1) Les équations (3) peuvent être remplacées par une seule formule imaginaire, savoir :

$$(A)\qquad \begin{cases} \int (S'' + T''\sqrt{-1})\,dx - \int (S' + T'\sqrt{-1})\,dx \\ = \int (U'' + V''\sqrt{-1})\,dz - \int (U' + V'\sqrt{-1})\,dz. \end{cases}$$

La même remarque s'applique aux équations (4), et généralement à tous les systèmes d'équations qui seront établis dans les paragraphes suivants, chaque système de deux équations réelles pouvant être remplacé par une seule formule imaginaire.

Supposons, pour plus de simplicité, que les limites relatives à x soient o et x, et les limites relatives à z, o et z; enfin désignons par

s et t ce que deviennent S et T quand $z = 0$,

et par

u et v ce que deviennent U et V quand $x = 0$.

Les deux équations précédentes deviendront

$$(4) \quad \left\{ \begin{aligned} \int_0^x \mathrm{S}\,dx - \int_0^x s\,dx &= \int_0^z \mathrm{U}\,dz - \int_0^z u\,dz, \\ \int_0^x \mathrm{T}\,dx - \int_0^x t\,dx &= \int_0^z \mathrm{V}\,dz - \int_0^z v\,dz. \end{aligned} \right.$$

Nous examinerons, dans la seconde Partie de ce Mémoire, le cas où les valeurs de S, T, U, V deviennent indéterminées entre les limites de l'intégration. Quant à présent, nous nous bornerons à montrer par quelques applications l'usage des formules que nous venons de trouver.

II.

PREMIÈRE APPLICATION.

Faisons $\mathrm{M} = x$, $\mathrm{N} = z$, on aura

$$\mathrm{P}' \pm \mathrm{P}''\sqrt{-1} = f(x \pm z\sqrt{-1}),$$

$$\frac{\partial \mathrm{M}}{\partial x} = 1, \quad \frac{\partial \mathrm{N}}{\partial x} = 0, \quad \frac{\partial \mathrm{M}}{\partial z} = 0, \quad \frac{\partial \mathrm{N}}{\partial z} = 1,$$

$$\mathrm{S} = \mathrm{P}', \quad \mathrm{U} = -\mathrm{P}'',$$

$$\mathrm{T} = \mathrm{P}'', \quad \mathrm{V} = \mathrm{P}'.$$

Si l'on fait, de plus, $f(x) = p$, $f(\pm z\sqrt{-1}) = p' \pm p''\sqrt{-1}$, on aura

$$s = p, \quad u = -p'',$$

$$t = 0, \quad v = p';$$

et par suite les équations (4) deviendront

$$(5)\quad \begin{cases} \displaystyle\int_0^x \mathrm{P}'\,dx - \int_0^x p\,dx = \int_0^z p''\,dz - \int_0^z \mathrm{P}''\,dz \ (^1), \\ \displaystyle\int_0^x \mathrm{P}''\,dx \qquad\qquad = \int_0^z \mathrm{P}'\,dz - \int_0^z p'\,dz. \end{cases}$$

Les équations précédentes supposent que P′ et P″ conservent toujours une valeur déterminée entre les limites dont il s'agit.

(1) Si l'on a égard à la note de la page 338, et si l'on désigne avec M. Fourier par la notation

$$\int_{x'}^{x''} f(x)\,dx$$

l'intégrale définie $\int f(x)\,dx$, prise entre les limites $x = x'$, $x = x''$, on reconnaîtra que les équations (5) peuvent être remplacées par la seule formule

$$(\mathrm{B})\quad \int_0^x f(x+z\sqrt{-1})\,dx - \int_0^x f(x)\,dx = \sqrt{-1}\left[\int_0^z f(x+z\sqrt{-1})\,dz - \int_0^z f(z\sqrt{-1})\,dz\right],$$

et les équations (6) par la suivante :

$$(\mathrm{C})\quad \int_0^a f(x+b\sqrt{-1})\,dx = \int_0^a f(x)\,dx - \sqrt{-1}\int_0^b f(z\sqrt{-1})\,dz.$$

Si, dans cette dernière, on fait successivement $a = -\infty$, $a = \infty$, et si l'on suppose que $f(x+z\sqrt{-1})$ s'évanouisse pour $x = \pm\infty$, quel que soit z, on trouvera

$$\int_0^\infty f(x+b\sqrt{-1})\,dx = \int_0^\infty f(x)\,dx - \sqrt{-1}\int_0^b f(z\sqrt{-1})\,dz,$$

$$\int_{-\infty}^0 f(x+b\sqrt{-1})\,dx = \int_{-\infty}^0 f(x)\,dx + \sqrt{-1}\int_0^b f(z\sqrt{-1})\,dz;$$

et par suite

$$(\mathrm{D})\quad \int_{-\infty}^{\infty} f(x+b\sqrt{-1})\,dx = \int_{-\infty}^{\infty} f(x)\,dx.$$

On peut déduire immédiatement de l'équation précédente les formules (c), page 342.

EXEMPLE. — Si l'on suppose $f(x) = e^{-x^2}$, on aura

$$P' = e^{z^2}e^{-x^2}\cos 2xz, \quad P'' = -e^{z^2}e^{-x^2}\sin 2xz, \quad p = e^{-x^2},$$
$$p' = e^{-x^2}, \qquad\qquad p'' = 0.$$

Cela posé, les équations (5) deviendront

$$(a)\quad \begin{cases} e^{z^2}\displaystyle\int_0^x e^{-x^2}\cos 2xz\,dx - e^{-x^2}\int_0^z e^{z^2}\sin 2xz\,dz = \int_0^x e^{-x^2}\,dx, \\ e^{z^2}\displaystyle\int_0^x e^{-x^2}\sin 2xz\,dx + e^{-x^2}\int_0^z e^{z^2}\cos 2xz\,dz = \int_0^z e^{z^2}\,dz. \end{cases}$$

Si, dans les équations (a), on suppose infinie la seconde limite de x, les deux quantités

$$e^{-x^2}\int_0^z e^{z^2}\sin 2xz\,dz, \quad e^{-x^2}\int_0^z e^{z^2}\cos 2xz\,dz$$

s'évanouiront, et l'on aura simplement

$$(b)\quad \begin{cases} \displaystyle\int_0^\infty e^{-x^2}\cos 2xz\,dx = e^{-z^2}\int_0^\infty e^{-x^2}\,dx = \frac{1}{2}\pi^{\frac{1}{2}}e^{-z^2}, \\ \displaystyle\int_0^\infty e^{-x^2}\sin 2xz\,dx = e^{-z^2}\int_0^z e^{z^2}\,dz. \end{cases}$$

Ces deux dernières équations étaient déjà connues.

Corollaire I. — Lorsque $f(x)$ est une fonction paire de x, $f(\pm z\sqrt{-1})$ est en général une fonction réelle de z, et l'on a, dans cette hypothèse, $p'' = 0$. Si, de plus, la valeur extrême de x est telle que P'' s'évanouisse, la première des équations (5) deviendra

$$\int_0^x P'\,dx = \int_0^x p\,dx.$$

On peut donc énoncer le théorème suivant :

THÉORÈME I. — *Soit $f(x) = p$ une fonction de x telle que, si l'on fait*

$$f(x \pm z\sqrt{-1}) = P' \pm P''\sqrt{-1},$$

P′ *et* P″ *conservent une valeur déterminée pour toutes les valeurs de* x *et de* z *comprises entre les limites* $x = 0$, $x = a$, $z = 0$, $z = b$; *et qu'en outre* P″ *s'évanouisse aux deux limites de* x, *quelle que soit d'ailleurs la valeur de* z. *Si l'on suppose, dans* P′, $z = b$, *on aura*

$$\int_0^a \mathrm{P}'\,dx = \int_0^a p\,dx.$$

Dans un grand nombre de cas, la valeur a de x, qui rend P″ nulle, est infinie. C'est ce qui arrive, par exemple, lorsqu'on suppose

$$f(x) = e^{-x^{2k}},$$

k étant un nombre entier. Si, dans cette hypothèse, on fait successivement $k = 1$, $k = 2$, ..., l'équation

$$\int_0^\infty \mathrm{P}'\,dx = \int_0^\infty p\,dx$$

deviendra

$$\left\{\begin{aligned}
&\int_0^\infty e^{-x^2+b^2}\cos 2bx\,dx = \int_0^\infty e^{-x^2}\,dx,\\
&\int_0^\infty e^{-x^4+6b^2x^2-b^4}\cos[4bx(x^2-b^2)]\,dx = \int_0^\infty e^{-x^4}\,dx,\\
&\ldots\ldots\ldots\ldots\ldots\ldots\ldots\ldots\ldots\ldots,\\
&\int_0^\infty e^{-\frac{(x+b\sqrt{-1})^{2k}+(x-b\sqrt{-1})^{2k}}{2}}\cos\left[\frac{(x+b\sqrt{-1})^{2k}-(x-b\sqrt{-1})^{2k}}{2}\right]dx = \int_0^\infty e^{-x^{2k}}\,dx,
\end{aligned}\right.$$

La première de ces équations coïncide avec l'équation (b) trouvée ci-dessus.

Corollaire II. — Quand la valeur extrême de x est telle que P′ et P″ s'évanouissent indépendamment de toute valeur de z, les équations (5) se réduisent à

$$(6)\qquad \left\{\begin{aligned}
&\int_0^x \mathrm{P}'\,dx = \int_0^x p\,dx + \int_0^z p''\,dz,\\
&\int_0^x \mathrm{P}''\,dx = \qquad\qquad -\int_0^z p'\,dz.
\end{aligned}\right.$$

Si, dans la première de ces équations, on suppose $p''=0$, on retrouvera le théorème ci-dessus démontré.

Corollaire III. — Si, dans les équations (6), on suppose

$$f(x)=x^{n-1}\,F(x),$$

n étant un nombre entier positif, on aura

$$P'\pm P''\sqrt{-1}=(x\pm z\sqrt{-1})^{n-1}F(x\pm z\sqrt{-1}).$$

Soit, pour abréger,

$$(x\pm z\sqrt{-1})^{n-1}=X\pm Z\sqrt{-1},$$
$$F(x)=q,$$
$$F(x\pm z\sqrt{-1})=Q'\pm Q''\sqrt{-1},$$
$$F(\pm z\sqrt{-1})=q'\pm q''\sqrt{-1}.$$

On trouvera

$$P'=Q'X-Q''Z,\quad P''=Q'Z+Q''X,\quad p=qx^{n-1}.$$

On aura, de plus, si n est un nombre impair,

$$(\pm z\sqrt{-1})^{n-1}=(-1)^{\frac{n-1}{2}}z^{n-1},$$

et par suite

$$p'=(-1)^{\frac{n-1}{2}}q'z^{n-1},\quad p''=(-1)^{\frac{n-1}{2}}q''z^{n-1}.$$

Au contraire, si n est un nombre pair, on aura

$$(\pm z\sqrt{-1})^{n-1}=\pm(-1)^{\frac{n-2}{2}}z^{n-1}\sqrt{-1},$$

et par suite

$$p'=(-1)^{\frac{n}{2}}q'',\quad p''=(-1)^{\frac{n}{2}-1}q'.$$

On aura donc, en supposant, dans les équations (6), $n=2k+1$,

$$(7)\quad\left\{\begin{aligned}&\int_0^x (Q'X-Q''Z)\,dx=\int_0^x qx^{2k}\,dx+(-1)^k\int_0^z q''z^{2k}\,dz,\\&\int_0^x (Q'Z+Q''X)\,dx=\qquad\qquad\qquad(-1)^{k-1}\int_0^z q'z^{2k}\,dz;\end{aligned}\right.$$

et, en supposant $n = 2k$,

$$(8)\quad \begin{cases} \int_0^x (Q'X - Q''Z)\,dx = \int_0^x q x^{2k-1}\,dx + (-1)^{k-1}\int_0^z q' z^{2k-1}\,dz, \\ \int_0^x (Q'Z + Q''X)\,dx = (-1)^{k-1}\int_0^z q'' z^{2k-1}\,dz. \end{cases}$$

Si, dans les équations (7) et (8), on fait successivement $n = 1$, $n = 2$, $n = 3$, $n = 4$, ..., on trouvera

$$\begin{array}{llll} \text{pour } n = 1, & X = 1, & Z = 0; \\ n = 2, & X = x, & Z = z; \\ n = 3, & X = x^2 - z^2, & Z = 2xz; \\ n = 4, & X = x^3 - 3xz^2, & Z = 3x^2z - z^3; \\ \ldots\ldots, & \ldots\ldots\ldots\ldots, & \ldots\ldots\ldots\ldots \end{array}$$

Cela posé, la première des équations (7), conjointement avec la seconde des équations (8), fournira les résultats suivants :

$$(9)\quad \begin{cases} \int_0^x Q'\,dx = \int_0^x q\,dx + \int_0^z q''\,dz, \\ \int_0^x Q''x\,dx + z\int_0^x Q'\,dx = \int_0^z q''z\,dz, \\ -\int_0^x Q'x^2\,dx + 2z\int_0^x Q''x\,dx + z^2\int_0^x Q'\,dx = -\int_0^x qx^2\,dx + \int_0^z q''z^2\,dz, \\ -\int_0^x Q''x^3\,dx - 3z\int_0^x Q'x^2\,dx + 3z^2\int_0^x Q''x\,dx + z^3\int_0^x Q'\,dx = \int_0^z q''z^3\,dz, \\ \ldots\ldots\ldots\ldots\ldots\ldots\ldots\ldots\ldots\ldots\ldots\ldots \end{cases}$$

Au contraire, la seconde des équations (7), jointe à la première des équations (8), donnera

$$(10)\quad \begin{cases} \int_0^x Q''dx = -\int_0^z q'\,dz, \\ -\int_0^x Q'x\,dx + z\int_0^x Q''dx = -\int_0^x qx\,dx - \int_0^z q'z\,dz, \\ -\int_0^x Q''x^2\,dx - 2z\int_0^x Q'x\,dx + z^2\int_0^x Q''dx = -\int_0^z q'z^2\,dz, \\ \int_0^x Q'x^3\,dx - 3z\int_0^x Q''x^2\,dx - 3z^2\int_0^x Q'x\,dx + z^3\int_0^x Q''dx = \int_0^x qx^3\,dx - \int_0^z q'z^3\,dz, \\ \ldots\ldots\ldots\ldots\ldots\ldots\ldots\ldots\ldots\ldots\ldots\ldots \end{cases}$$

Les équations (7), (8), (9) et (10) supposent que, pour la valeur extrême de x, les quantités

$$Q'X - Q''Z, \quad Q'Z + Q''X,$$

s'évanouissent indépendamment de toute valeur de z. Si la valeur extrême de x est infinie, il suffira que

$$Q'x^{n-1} \quad \text{et} \quad Q''x^{n-1}$$

s'évanouissent par la supposition $x = \infty$.

Toutes les fois que les valeurs des intégrales de la forme $\int_0^z q'z^k\,dz$, $\int_0^x qx^{2k}\,dx$ seront connues, on pourra déduire des équations (9) les valeurs des intégrales de la forme

$$\int_0^x Q'x^{2k}\,dx, \quad \int_0^x Q''x^{2k-1}\,dx.$$

De même, toutes les fois que les valeurs des intégrales

$$\int_0^z q''z^k\,dz, \quad \int_0^x qx^{2k-1}\,dx$$

seront données, les équations (10) feront connaître les valeurs des intégrales

$$\int_0^x Q'x^{2k-1}\,dx, \quad \int_0^x Q''x^{2k-1}\,dx.$$

On peut d'ailleurs, sans nul inconvénient, changer dans les équations (9) et (10), q en p, et par suite q' en p', q'' en p'', Q′ en P′ et Q″ en P″. Cela posé, on obtiendra facilement par l'élimination les valeurs des quatre espèces d'intégrales

$$\int_0^x P'x^{2k}\,dx, \quad \int_0^x P'x^{2k-1}\,dx, \quad \int_0^x P''x^{2k-1}\,dx, \quad \int_0^x P''x^{2k}\,dx.$$

Ces valeurs seront comprises dans les quatre formules suivantes :

$$(11)\quad \begin{cases} \displaystyle\int_0^x \mathrm{P}' x^{2k-1}\,dx = \int_0^x \Big[x^{2k-1} - \frac{(2k-1)(2k-2)}{1.2}x^{2k-3}z^2 \\ \qquad \displaystyle + \frac{(2k-1)(2k-2)(2k-3)(2k-4)}{1.2.3.4}x^{2k-5}z^4 - \ldots\Big]p\,dx \ (^1) \\ \qquad \displaystyle + (-1)^{k+1}\Big[\int_0^z p' z^{2k-1}\,dz - \frac{(2k-1)}{1}z\int_0^z p' z^{2k-2}\,dz \\ \qquad \displaystyle + \frac{(2k-1)(2k-2)}{1.2}z^2\int_0^z p' z^{2k-3}\,dz - \ldots\Big], \end{cases}$$

$$(12)\quad \begin{cases} \displaystyle\int_0^x \mathrm{P}' x^{2k}\,dx = \int_0^x \Big[x^{2k} - \frac{2k(2k-1)}{1.2}x^{2k-2}z^2 \\ \qquad \displaystyle + \frac{2k(2k-1)(2k-2)(2k-3)}{1.2.3.4}x^{2k-4}z^4 - \ldots\Big]p\,dx \\ \qquad \displaystyle + (-1)^{k}\Big[\int_0^z p'' z^{2k}\,dz - \frac{2k}{1}z\int_0^z p'' z^{2k-1}\,dz \\ \qquad \displaystyle + \frac{2k(2k-1)}{1.2}z^2\int_0^z p'' z^{2k-2}\,dz - \ldots\Big], \end{cases}$$

$$(13)\quad \begin{cases} \displaystyle\int_0^x \mathrm{P}'' x^{2k-1}\,dx = -\int_0^x \Big[\frac{2k-1}{1}x^{2k-2}z \\ \qquad \displaystyle - \frac{(2k-1)(2k-2)(2k-3)}{1.2.3}x^{2k-4}z^3 + \ldots\Big]p\,dx \\ \qquad \displaystyle + (-1)^{k+1}\Big[\int_0^z p'' z^{2k-1}\,dz - \frac{2k-1}{1}z\int_0^z p'' z^{2k-2}\,dz \\ \qquad \displaystyle + \frac{(2k-1)(2k-2)}{1.2}\int_0^z p'' z^{2k-3}\,dz - \ldots\Big], \end{cases}$$

$$(14)\quad \begin{cases} \displaystyle\int_0^x \mathrm{P}'' x^{2k}\,dx = -\int_0^x \Big[\frac{2k}{1}x^{2k-1}z - \frac{2k(2k-1)(2k-2)}{1.2.3}x^{2k-3}z^3 + \ldots\Big]p\,dx \\ \qquad \displaystyle + (-1)^{k+1}\Big[\int_0^z p' z^{2k}\,dz - \frac{2k}{1}z\int_0^z p' z^{2k-1}\,dz + \ldots\Big]. \end{cases}$$

(1) Les équations (11), (12), (13) et (14) peuvent être remplacées par la seule formule

$$(\mathrm{E})\quad \begin{cases} \displaystyle\int_0^\infty x^{n-1} f(x + b\sqrt{-1})\,dx \\ \displaystyle\quad = \int_0^\infty (x - b\sqrt{-1})^{n-1} f(x)\,dx - (\sqrt{-1})^n \int_0^b (z-b)^{n-1} f(z\sqrt{-1})\,dz. \end{cases}$$

que l'on déduit immédiatement de l'équation (C), en substituant le produit $(x - b\sqrt{-1})^{n-1} f(x)$

Ces formules sont principalement utiles dans le cas où la valeur extrême de x est infinie. Mais alors $P'x^{2k}$ et $P''x^{2k}$ doivent s'évanouir lorsqu'on suppose $x = \infty$. On peut donc énoncer le théorème suivant.

THÉORÈME II. — *Soit $f(x) = p$ une fonction de x telle que, si l'on fait*

$$f(x \pm z\sqrt{-1}) = P' \pm P''\sqrt{-1},$$

P' et P'' conservent une valeur déterminée pour toutes les valeurs de x et de z comprises entre les limites $x = 0$, $x = \infty$, $z = 0$, $z = b$, et qu'en outre

$$P'x^{2k} \quad \text{et} \quad P''x^{2k}$$

à la fonction $f(x)$. Quant aux équations (d), elles peuvent s'écrire comme il suit :

$$(F)\quad \begin{cases} \displaystyle\int_0^\infty x^{2k}\, e^{-x^2} \cos 2bx\, dx = e^{-b^2}\int_0^\infty \frac{(x+b\sqrt{-1})^{2k} + (x-b\sqrt{-1})^{2k}}{2} e^{-x^2}\, dx, \\ \displaystyle\int_0^\infty x^{2k-1} e^{-x^2} \sin 2bx\, dx = e^{-b^2}\int_0^\infty \frac{(x+b\sqrt{-1})^{2k-1} - (x-b\sqrt{-1})^{2k-1}}{2\sqrt{-1}} e^{-x^2}\, dx. \end{cases}$$

Ajoutons que si, dans l'équation (D), on remplace $f(x)$ par

$$(b - x\sqrt{-1})^{m-1} f(x),$$

on en tirera

$$(G)\quad \int_{-\infty}^{\infty} (-x\sqrt{-1})^{m-1} f(x + b\sqrt{-1})\, dx = \int_{-\infty}^{\infty} (b - x\sqrt{-1})^{m-1} f(x)\, dx,$$

ou, ce qui revient au même,

$$(H)\quad \begin{cases} \displaystyle\int_0^\infty x^{m-1}[(-\sqrt{-1})^{m-1} f(x + b\sqrt{-1}) + (\sqrt{-1})^{m-1} f(-x + b\sqrt{-1})]\, dx \\ \displaystyle\quad = \int_0^\infty [(b - x\sqrt{-1})^{m-1} f(x) + (b + x\sqrt{-1})^{m-1} f(-x)]\, dx. \end{cases}$$

Cette dernière formule subsiste, quel que soit m. Si l'on y pose $f(x) = e^{-x^2}$, on obtiendra l'équation

$$(I)\quad \begin{cases} \displaystyle\int_0^\infty x^{m-1} \sin\left(\frac{m\pi}{2} - 2bx\right) e^{-x^2}\, dx \\ \displaystyle\quad = e^{-b^2}\int_0^\infty \frac{(b + x\sqrt{-1})^{m-1} + (b - x\sqrt{-1})^{m-1}}{2} e^{-x^2}\, dx, \end{cases}$$

que j'ai donnée dans un *Mémoire sur la conversion des différences finies des puissances en intégrales définies*, et dans le *Bulletin de la Société philomathique* de 1822.

s'évanouissent, quelle que soit z, pour $x = \infty$; si l'on désigne par p' et p'' ce que deviennent P' et P'' quand $z = 0$, on aura, en supposant $z = b$, les quatre équations (11), (12), (13) et (14), les intégrales relatives à x étant prises entre les limites $x = 0$, $x = \infty$, et les intégrales relatives à z entre les limites $z = 0$, $z = b$.

Exemple. — Soit

$$f(x) = p = e^{-x^2},$$

on aura

$$P' = e^{z^2} e^{-x^2} \cos 2xz, \quad P'' = -e^{z^2} e^{-x^2} \sin 2xz,$$
$$p' = e^{z^2}, \qquad p'' = 0.$$

On aura de plus

$$\int_0^\infty x^{2k} e^{-x^2} dx = \frac{1.3.5\ldots(2k-1)}{2^k} \int_0^\infty e^{-x^2} dx = \frac{(k+1)(k+2)\ldots 2k}{2^{2k}} \frac{\pi^{\frac{1}{2}}}{2}.$$

Cela posé, si l'on fait $z = \frac{1}{2}a$, les équations (12) et (13) deviendront respectivement

$$(d) \begin{cases} \displaystyle\int_0^\infty x^{2k} e^{-x^2} \cos ax\, dx = \frac{(k+1)(k+2)\ldots 2k}{2^{2k+1}} \pi^{\frac{1}{2}} e^{-\frac{a^2}{4}} \left[1 - \frac{k}{1.2} a^2 + \frac{k(k-1)}{1.2.3.4} a^4 - \ldots\right], \\ \displaystyle\int_0^\infty x^{2k-1} e^{-x^2} \sin ax\, dx = \frac{k(k+1)\ldots(2k-1)}{2^{2k}} \pi^{\frac{1}{2}} e^{-\frac{a^2}{4}} \left[a - \frac{k-1}{1.2.3} a^3 + \frac{(k-1)(k-2)}{1.2.3.4.5} a^5 - \ldots\right]. \end{cases}$$

On peut aussi trouver directement les valeurs des intégrales

$$\int_0^\infty x^{2k} e^{-x^2} \cos ax\, dx, \quad \int_0^\infty x^{2k-1} e^{-x^2} \sin ax\, dx,$$

en différentiant plusieurs fois de suite, par rapport à la constante a, les deux membres de l'équation

$$\int_0^\infty e^{-x^2} \cos ax\, dx = \frac{1}{2} \pi^{\frac{1}{2}} e^{-\frac{a^2}{4}},$$

et l'on obtient alors les formules données par M. Legendre (p. 363 des *Exercices de Calcul intégral*). Les équations (d) comprennent ces mêmes formules, et font connaître de plus la loi générale à laquelle elles sont assujetties, loi qu'il serait peut-être difficile d'obtenir par une autre méthode.

III.

SECONDE APPLICATION.

Faisons

$$M = ax, \quad N = xz,$$

a étant une quantité constante, et .

$$P' \pm P''\sqrt{-1} = f(ax \pm xz\sqrt{-1}).$$

On aura

$$\frac{\partial M}{\partial x} = a, \quad \frac{\partial N}{\partial x} = z, \quad \frac{\partial M}{\partial z} = 0, \quad \frac{\partial N}{\partial z} = x,$$

$$S = aP' - zP'', \quad T = zP' + aP'', \quad U = -xP'', \quad V = xP'.$$

Si l'on fait de plus $P = f(ax)$, $k = f(0)$, on aura

$$s = aP, \quad t = 0, \quad u = 0, \quad v = 0.k = 0,$$

à moins que k ne soit infini.

Cela posé, les équations (5) deviendront

$$(15)\quad \begin{cases} a\int_0^x P'\,dx - z\int_0^x P''\,dx - a\int_0^x P\,dx = -x\int_0^z P''\,dz \ (^1), \\ z\int_0^x P'\,dx + a\int_0^x P''\,dx \qquad = x\int_0^z P'\,dz. \end{cases}$$

[1] Les formules (15), (18) et (21) peuvent être remplacées par les suivantes :

$$(K)\quad \begin{cases} (a + z\sqrt{-1})\int_0^x f(ax + xz\sqrt{-1})\,dx - a\int_0^x f(ax)\,dx \\ \quad = x\sqrt{-1}\int_0^z f(ax + xz\sqrt{-1})\,dz, \end{cases}$$

$$(L)\quad (a + b\sqrt{-1})\int_0^\infty f[(a + b\sqrt{-1})x]\,dx = \int_0^\infty f(x)\,dx,$$

$$(M)\quad \int_0^\infty x^{n-1} f[r(\cos k + \sqrt{-1}\sin k)x]\,dx = \frac{\cos nk - \sqrt{-1}\sin nk}{r^n}\int_0^\infty x^{n-1} f(x)\,dx.$$

On peut aussi mettre ces équations sous la forme suivante :

$$(16)\quad \begin{cases} \displaystyle\int_0^x P'\,dx = \frac{x}{a^2+z^2}\left[z\int_0^z P'\,dz - a\int_0^z P''\,dz\right] + \frac{a^2}{a^2+z^2}\int_0^x P\,dx, \\ \displaystyle\int_0^x P''\,dx = \frac{x}{a^2+z^2}\left[a\int_0^z P'\,dz + z\int_0^z P''\,dz\right] + \frac{a\,z}{a^2+z^2}\int_0^x P\,dx. \end{cases}$$

Corollaire I. — Si la valeur extrême de x est telle que xP' et xP'' s'évanouissent, quelle que soit z, on aura

$$x\int_0^z P'\,dz = x\int_0^z P''\,dz = 0,$$

et par suite les équations précédentes se réduiront à

$$(17)\quad \begin{cases} \displaystyle\int_0^x P'\,dx = \quad \frac{a}{a^2+z^2}\int_0^x aP\,dx, \\ \displaystyle\int_0^x P''\,dx = -\frac{z}{a^2+z^2}\int_0^x aP\,dx. \end{cases}$$

Dans un grand nombre de cas, P' et P'' s'évanouiront par la supposition $x = \infty$. Alors, si l'on désigne $f(x)$ par p, on aura

$$\int_0^\infty aP\,dx = \int_0^\infty af(ax)\,dx = \int_0^\infty p\,dx.$$

Cela posé, si, dans les équations (17), on fait $z = b$, et que l'on remplace $\int_0^\infty aP\,dx$ par $\int_0^\infty p\,dx$, on obtiendra le théorème suivant.

Théorème III. — *Soit $f(x) = p$ une fonction de x telle que, si l'on fait*

$$f(ax \pm az\sqrt{-1}) = P' \pm P''\sqrt{-1},$$

Lorsque, dans cette dernière, on pose $f(x) = e^{-x}$, on obtient l'équation

$$(\text{N})\quad \int_0^\infty x^{n-1}e^{-ax}(\cos bx + \sqrt{-1}\sin bx)\,dx = \frac{\cos nk - \sqrt{-1}\sin nk}{r^n}\int_0^\infty x^{n-1}e^{-x}dx,$$

qui comprend les formules (e).

P'' et P' conservent une valeur déterminée pour toutes les valeurs de x et de z comprises entre les limites $x = 0$, $x = \infty$, $z = 0$, $z = b$, et qu'en outre xP' et xP'' s'évanouissent, 1° pour $x = 0$, 2° pour $x = \infty$, quelle que soit d'ailleurs la valeur de z. Si l'on suppose, dans P' et dans P'', $z = b$, on aura

$$(18)\qquad \begin{cases} \displaystyle\int_0^\infty P'\,dx = \frac{a}{a^2+b^2}\int_0^\infty p\,dx, \\ \displaystyle\int_0^\infty P''\,dx = \frac{-b}{a^2+b^2}\int_0^\infty p\,dx. \end{cases}$$

Corollaire II. — Si, dans les équations (18), on suppose

$$f(x) = x^{n-1}\,F(x),$$

n étant un nombre réel quelconque, on aura, en faisant $z = b$,

$$P' \pm P''\sqrt{-1} = (a \pm b\sqrt{-1})^{n-1}\,x^{n-1}\,F(ax \pm bx\sqrt{-1}).$$

Soit, pour abréger,

$$F(x) = q,$$
$$F(ax \pm bx\sqrt{-1}) = Q' \pm Q''\sqrt{-1},$$
$$a = r\cos k,\quad b = r\sin k,$$

on aura

$$P' \pm P''\sqrt{-1} = r^{n-1}\left[\cos(n-1)k \pm \sqrt{-1}\sin(n-1)k\right](Q' \pm Q''\sqrt{-1}),$$
$$P' = r^{n-1}[Q'\cos(n-1)k - Q''\sin(n-1)k]x^{n-1},$$
$$P'' = r^{n-1}[Q'\sin(n-1)k + Q''\cos(n-1)k]x^{n-1},$$
$$\frac{a}{a^2+b^2} = \frac{\cos k}{r},\quad \frac{b}{a^2+b^2} = \frac{\sin k}{r}.$$

Cela posé, les équations (18) deviendront

$$(19)\qquad \begin{cases} \displaystyle\cos(n-1)k\int_0^\infty Q'x^{n-1}\,dx - \sin(n-1)k\int_0^\infty Q''x^{n-1}\,dx = \frac{\cos k}{r^n}\int_0^\infty q\,x^{n-1}\,dx, \\ \displaystyle\cos(n-1)k\int_0^\infty Q''x^{n-1}\,dx + \sin(n-1)k\int_0^\infty Q'x^{n-1}\,dx = \frac{\sin k}{r^n}\int_0^\infty q\,x^{n-1}\,dx. \end{cases}$$

Si l'on ajoute ces deux équations, après avoir multiplié la première par $\cos(n-1)k$ et la seconde par $\sin(n-1)k$, puis, qu'on les retranche l'une de l'autre après avoir multiplié la première par $\sin(n-1)k$ et la seconde par $\cos(n-1)k$, on aura les deux suivantes

$$(20)\qquad \left\{\begin{aligned} \int_0^\infty Q'\,x^{n-1}\,dx &= \frac{\cos nk}{r^n}\int_0^\infty q\,x^{n-1}\,dx,\\ \int_0^\infty Q''\,x^{n-1}\,dx &= \frac{\sin nk}{r^n}\int_0^\infty q\,x^{n-1}\,dx.\end{aligned}\right.$$

On a d'ailleurs

$$a^2+b^2=r^2,\quad \frac{b}{a}=\operatorname{tang}k,$$

et par suite

$$r=(a^2+b^2)^{\frac{1}{2}},\quad k=\operatorname{arc\,tang}\frac{b}{a}.$$

La dernière de ces équations donne pour k une infinité de valeurs différentes. Mais comme, en supposant $b=0$, on doit avoir $Q'=F(ax)$, $Q''=0$, les équations (20) devront se réduire, dans cette hypothèse, à

$$\int_0^\infty Q'\,x^{n-1}\,dx=\frac{1}{a^n}\int_0^\infty q\,x^{n-1}\,dx,$$
$$\int_0^\infty Q''\,x^{n-1}\,dx=0,$$

et par suite l'équation $b=0$ devra entraîner les deux suivantes

$$\cos nk=1,$$
$$\sin nk=0.$$

On satisfait à cette condition en prenant pour k le plus petit des arcs qui ont pour tangente $\frac{b}{a}$. Cela posé, si l'on change $F(x)=q$ en $f(x)=p$, et par suite Q' en P', Q'' en P'', on aura le théorème suivant.

Théorème IV. — *Soit $f(x)=p$ une fonction de x telle, que si l'on fait*

$$f(ax\pm xz\sqrt{-1})=P'\pm P''\sqrt{-1},$$

P' et P'' conservent une valeur déterminée pour toutes les valeurs de x et

de z comprises entre les limites $x = 0$, $x = \infty$, $z = 0$, $z = b$; et qu'en outre $x^n P'$ et $x^n P''$ s'évanouissent, 1° pour $x = 0$, 2° pour $x = \infty$, quelle que soit d'ailleurs la valeur de z. Si l'on suppose, dans P' et dans P'', $z = b$, on aura

$$(21)\quad \begin{cases} \displaystyle\int_0^\infty P' x^{n-1}\,dx = \frac{\cos nk}{(a^2+b^2)^{\frac{n}{2}}} \int_0^\infty p x^{n-1}\,dx, \\ \displaystyle\int_0^\infty P'' x^{n-1}\,dx = -\frac{\sin nk}{(a^2+b^2)^{\frac{n}{2}}} \int_0^\infty p x^{n-1}\,dx, \end{cases}$$

k étant le plus petit arc qui ait pour tangente $\frac{b}{a}$.

On peut remarquer que les équations (18) ne sont qu'un cas particulier des équations (21). En effet, si l'on suppose dans celle-ci $n = 1$, on aura

$$\frac{\cos nk}{(a^2+b^2)^{\frac{n}{2}}} = \frac{\cos k}{(a^2+b^2)^{\frac{1}{2}}} = \frac{a}{a^2+b^2}, \qquad \frac{\sin nk}{(a^2+b^2)^{\frac{n}{2}}} = \frac{\sin k}{(a^2+b^2)^{\frac{1}{2}}} = \frac{b}{a^2+b^2}.$$

Ainsi le théorème (4) renferme le théorème (3).

Exemple I. — Soit

$$p = f(x) = e^{-x};$$

on aura

$$f(ax \pm bx\sqrt{-1}) = e^{-ax}\cos bx \mp \sqrt{-1}\,e^{-ax}\sin bx,$$

et par suite

$$P' = e^{-ax}\cos bx, \quad P'' = -e^{-ax}\sin bx.$$

Cela posé, les équations (21) deviendront

$$(e)\quad \begin{cases} \displaystyle\int_0^\infty x^{n-1} e^{-ax}\cos bx\,dx = \frac{\cos nk}{(a^2+b^2)^{\frac{n}{2}}} \int_0^\infty x^{n-1} e^{-x}\,dx, \\ \displaystyle\int_0^\infty x^{n-1} e^{-ax}\sin bx\,dx = \frac{\sin nk}{(a^2+b^2)^{\frac{n}{2}}} \int_0^\infty x^{n-1} e^{-x}\,dx. \end{cases}$$

Ces formules ont été données par Euler.

Exemple II. — Soit

$$p = f(x) = e^{-(x+c)^2}.$$

On aura

$$f(ax \pm bx\sqrt{-1}) = e^{b^2x^2-(ax+c)^2}\left[\cos 2bx(ax+c) \mp \sqrt{-1}\,\sin 2bx(ax+c)\right],$$

d'où l'on conclut

$$P' = e^{b^2x^2-(ax+c)^2}\cos 2bx(ax+c), \quad P'' = -\,e^{b^2x^2-(ax+c)^2}\sin 2bx(ax+c).$$

Cela posé, les équations (21) deviendront

$$(f)\quad \begin{cases} \displaystyle\int_0^\infty e^{b^2x^2-(ax+c)^2}\cos[2bx(ax+c)]\,x^{n-1}\,dx = \frac{\cos nk}{(a^2+b^2)^{\frac{n}{2}}}\int_0^\infty e^{-(x+c)^2}x^{n-1}\,dx, \\ \displaystyle\int_0^\infty e^{b^2x^2-(ax+c)^2}\sin[2bx(ax+c)]\,x^{n-1}\,dx = \frac{\sin nk}{(a^2+b^2)^{\frac{n}{2}}}\int_0^\infty e^{-(x+c)^2}x^{n-1}\,dx. \end{cases}$$

Les deux équations précédentes supposent nécessairement $b < a$, ou tout au plus $b = a$. Sans cette condition, $x^n\mathrm{P}'$ et $x^n\mathrm{P}''$ cesseraient de s'évanouir pour $x = \infty$.

Si, dans les équations (f), on suppose

$$b = a, \quad 2ac = 1, \quad 2a^2 = m,$$

on aura

$$k = \frac{\pi}{4}, \quad a^2 + b^2 = m, \quad 2c = \left(\frac{2}{m}\right)^{\frac{1}{2}},$$

et par suite

$$(g)\quad \begin{cases} \displaystyle\int_0^\infty x^{n-1}e^{-x}\cos x(1+mx)\,dx = \frac{\cos\frac{\pi n}{4}}{m^{\frac{n}{2}}}\int_0^\infty e^{-x^2-\left(\frac{2}{m}\right)^{\frac{1}{2}}x}\,x^{n-1}\,dx, \\ \displaystyle\int_0^\infty x^{n-1}e^{-x}\sin x(1+mx)\,dx = \frac{\sin\frac{\pi n}{4}}{m^{\frac{n}{2}}}\int_0^\infty e^{-x^2-\left(\frac{2}{m}\right)^{\frac{1}{2}}x}\,x^{n-1}\,dx. \end{cases}$$

Si, dans ces dernières équations, on suppose $m = 0$, on aura

$$e^{-x^2-\left(\frac{2}{m}\right)^{\frac{1}{2}}x} = e^{-\left(\frac{2}{m}\right)^{\frac{1}{2}}x},$$

et par suite

$$\frac{1}{m^{\frac{n}{2}}}\int_0^\infty e^{-x^2-\left(\frac{2}{m}\right)^{\frac{1}{2}}x}x^{n-1}\,dx = \frac{1}{m^{\frac{n}{2}}}\int_0^\infty e^{-\left(\frac{2}{m}\right)^{\frac{1}{2}}x}x^{n-1}\,dx = \frac{1}{2^{\frac{n}{2}}}\int_0^\infty x^{n-1}e^{-x}\,dx.$$

Cela posé, les équations (f) deviendront

$$\int_0^\infty x^{n-1}e^{-x}\cos x\,dx = \frac{\cos\frac{\pi n}{4}}{2^{\frac{n}{2}}}\int_0^\infty x^{n-1}e^{-x}\,dx,$$

$$\int_0^\infty x^{n-1}e^{-x}\sin x\,dx = \frac{\sin\frac{\pi n}{4}}{2^{\frac{n}{2}}}\int_0^\infty x^{n-1}e^{-x}\,dx.$$

Ces dernières peuvent aussi se déduire des équations (e) trouvées par Euler.

On peut observer que l'intégrale

$$\int_0^\infty e^{-x^2-\left(\frac{2}{m}\right)^{\frac{1}{2}}x}x^{n-1}\,dx$$

est égale à

$$e^{\frac{1}{2m}}\int_{\frac{1}{\sqrt{2m}}}^\infty e^{-x^2}\left(x-\frac{1}{2^{\frac{1}{2}}m^{\frac{1}{2}}}\right)^{n-1}dx.$$

Lorsque n est un nombre entier, cette dernière dépend uniquement de l'intégrale $\int_0^{\frac{1}{\sqrt{2m}}} e^{-x^2}\,dx.$

Exemple III. — Soit

$$p = f(x) = e^{-x^2-\frac{m^2}{x^2}}.$$

Si l'on fait, pour abréger,

$$\frac{m^2}{(a^2+b^2)^2} = c^2,$$

on trouvera

$$f(ax\pm bx\sqrt{-1}) = e^{-(a^2-b^2)\left(x^2+\frac{c^2}{x^2}\right)}\left\{\cos\left[2ab\left(x^2-\frac{c^2}{x^2}\right)\right]\mp\sqrt{-1}\sin\left[2ab\left(x^2-\frac{c^2}{x^2}\right)\right]\right\};$$

d'où l'on conclut

$$P' = e^{-(a^2-b^2)\left(x^2+\frac{c^2}{x^2}\right)} \cos\left[2ab\left(x^2 - \frac{c^2}{x^2}\right)\right],$$

$$P'' = e^{-(a^2-b^2)\left(x^2+\frac{c^2}{x^2}\right)} \sin\left[2ab\left(x^2 - \frac{c^2}{x^2}\right)\right].$$

Cela posé, les équations (21) deviendront

$$(h)\quad \begin{cases} \displaystyle\int_0^\infty e^{-(a^2-b^2)\left(x^2+\frac{c^2}{x^2}\right)} \sin\left[2ab\left(x^2-\frac{c^2}{x^2}\right)\right] x^{n-1}\,dx = \frac{\cos nk}{(a^2+b^2)^{\frac{n}{2}}} \int_0^\infty e^{-x^2-\frac{c^2(a^2+b^2)}{x^2}} x^{n-1}\,dx, \\ \displaystyle\int_0^\infty e^{-(a^2-b^2)\left(x^2+\frac{c^2}{x^2}\right)} \cos\left[2ab\left(x^2-\frac{c^2}{x^2}\right)\right] x^{n-1}\,dx = \frac{\sin nk}{(a^2+b^2)^{\frac{n}{2}}} \int_0^\infty e^{-x^2-\frac{c^2(a^2+b^2)}{x^2}} x^{n-1}\,dx. \end{cases}$$

Les équations précédentes supposent évidemment $a < b$. Dans ces mêmes équations, les intégrales des seconds membres sont connues, toutes les fois que n est un nombre entier, mais impair. Si donc on fait, pour abréger,

$$a^2 - b^2 = A, \quad 2ab = B,$$

on aura, dans le même cas, les valeurs des intégrales

$$\int_0^\infty e^{-A\left(x^2+\frac{c^2}{x^2}\right)} \cos B\left(x^2 - \frac{c^2}{x^2}\right) x^{n-1}\,dx,$$

$$\int_0^\infty e^{-A\left(x^2+\frac{c^2}{x^2}\right)} \sin B\left(x^2 - \frac{c^2}{x^2}\right) x^{n-1}\,dx.$$

Exemple IV. — Soit

$$p = f(x) = \frac{1}{1+x};$$

on aura

$$f(ax \pm bx\sqrt{-1}) = \frac{1}{1 + ax \pm bx\sqrt{-1}} = \frac{1 + ax \mp bx\sqrt{-1}}{(1+ax)^2 + b^2x^2};$$

d'où l'on conclut

$$P' = \frac{1+ax}{1+2ax+(a^2+b^2)x^2}, \quad P'' = \frac{-bx}{1+2ax+(a^2+b^2)x^2}.$$

Cela posé, les équations (21) deviendront

$$(i)\left\{\begin{aligned}
&\int_0^\infty \frac{1+ax}{1+2ax+(a^2+b^2)x^2}x^{n-1}\,dx=\frac{\cos nk}{(a^2+b^2)^{\frac{n}{2}}}\int_0^\infty \frac{x^{n-1}}{1+x}\,dx=\frac{\pi\cos nk}{(a^2+b^2)^{\frac{n}{2}}\sin n\pi},\\
&\int_0^\infty \frac{bx}{1+2ax+(a^2+b^2)x^2}x^{n-1}\,dx=\frac{\sin nk}{(a^2+b^2)^{\frac{n}{2}}}\int_0^\infty \frac{x^{n-1}}{1+x}\,dx=\frac{\pi\sin nk}{(a^2+b^2)^{\frac{n}{2}}\sin n\pi}.
\end{aligned}\right.$$

Ces deux équations coïncident avec des formules déjà connues. La première se déduit aisément de la seconde, et, si dans cette dernière on suppose $a^2+b^2=1$, on aura

$$a=\cos k,\quad b=\sin k,$$

et par suite

$$\int_0^\infty \frac{x^n}{1+2x\cos k+x^2}\,dx=\frac{\pi}{\sin n\pi}\,\frac{\sin nk}{\sin k}.$$

C'est la formule (f) de la page 101 de la quatrième Partie des *Exercices de Calcul intégral* de M. Legendre.

IV.

TROISIÈME APPLICATION.

Faisons

$$M=x\cos z,\quad N=x\sin z,$$

$$P'\pm P''\sqrt{-1}=f(x\cos z\pm\sqrt{-1}\,x\sin z);$$

on aura

$$\frac{\partial M}{\partial x}=\cos z,\quad \frac{\partial N}{\partial x}=\sin z,\quad \frac{\partial M}{\partial z}=-x\sin z,\quad \frac{\partial N}{\partial z}=x\cos z,$$

$$S=P'\cos z-P''\sin z,\quad U=-xP'\sin z-xP''\cos z,$$

$$T=P'\sin z+P''\cos z,\quad V=\ \ xP'\cos z-xP''\sin z.$$

Si l'on fait de plus $f(x)=p$, on aura en général

$$s=p,\quad u=0,$$

$$t=0,\quad v=0.$$

Cela posé, les équations (5) deviendront

$$(22)\quad \begin{cases} \displaystyle\int_0^x (\mathrm{P}'\cos z - \mathrm{P}''\sin z)\,dx - \int_0^x p\,dx = -x\int_0^z (\mathrm{P}'\sin z + \mathrm{P}''\cos z)\,dz, \\ \displaystyle\int_0^x (\mathrm{P}''\sin z + \mathrm{P}''\cos z)\,dx \qquad = x\int_0^z (\mathrm{P}'\cos z - \mathrm{P}''\sin z)\,dz. \end{cases}$$

Exemple. — Soit

$$f(x) = p = e^{-x};$$

on aura

$$\mathrm{P}' \pm \mathrm{P}''\sqrt{-1} = e^{-x\cos z}\left[\cos(x\sin z) \mp \sqrt{-1}\sin(x\sin z)\right],$$

et par suite

$$(\mathrm{P}' \pm \mathrm{P}''\sqrt{-1})(\cos z \pm \sqrt{-1}\sin z)$$
$$= e^{-x\cos z}\left[\cos(z - x\sin z) \pm \sqrt{-1}\sin(z - x\sin z)\right]:$$

d'où l'on conclut

$$\mathrm{P}'\cos z - \mathrm{P}''\sin z = e^{-x\cos z}\cos(z - x\sin z),$$
$$\mathrm{P}'\sin z + \mathrm{P}''\cos z = e^{-x\cos z}\sin(z - x\sin z).$$

Cela posé, les équations (22) deviendront

$$(k)\quad \begin{cases} \displaystyle\int_0^x e^{-x\cos z}\cos(z - x\sin z)\,dx - \int_0^x e^{-x}\,dx = -x\int_0^z e^{-x\cos z}\sin(z - x\sin z)\,dz, \\ \displaystyle\int_0^x e^{-x\cos z}\sin(z - x\sin z)\,dx \qquad = x\int_0^z e^{-x\cos z}\cos(z - x\sin z)\,dz. \end{cases}$$

On a d'ailleurs

$$\int_0^x e^{-x}\,dx = 1 - e^{-x},$$

$$\int_0^x e^{-x\cos z}\cos(z - x\sin z)\,dx = 1 - e^{-x\cos z}\cos(x\sin z),$$

$$\int_0^x e^{-x\cos z}\sin(z - x\sin z)\,dx = e^{-x\cos z}\sin(x\sin z).$$

On aura donc par suite

$$(l)\quad \begin{cases} \displaystyle\int_0^z e^{-x\cos z}\sin(z - x\sin z)\,dz = \frac{1}{x}\left[e^{-x\cos z}\cos(x\sin z) - e^{-x}\right], \\ \displaystyle\int_0^z e^{-x\cos z}\cos(z - x\sin z)\,dz = \frac{1}{x}e^{-x\cos z}\sin(x\sin z). \end{cases}$$

Si l'on fait, pour abréger,

$$\frac{1}{x}\left[e^{-x\cos z}\cos(x\sin z) - e^{-x}\right] = X_1,$$

$$\frac{1}{x}e^{-x\cos z}\sin(x\sin z) = X_2,$$

et que l'on différentie n fois par rapport à x les deux membres de chacune des équations (l), on trouvera

$$(m)\quad \begin{cases} \displaystyle\int_0^z e^{-x\cos z}\sin(nz - x\sin z)\,dz = (-1)^n\frac{d^n X_1}{dx^n}, \\ \displaystyle\int_0^z e^{-x\cos z}\cos(nz - x\sin z)\,dz = (-1)^n\frac{d^n X_2}{dx^n}. \end{cases}$$

On voit par cet exemple que le passage du réel à l'imaginaire peut servir à trouver de nouvelles intégrales, non seulement définies, mais encore indéfinies.

V.

QUATRIÈME APPLICATION.

Faisons

$$M = ax^2, \quad N = xz,$$

a étant une constante arbitraire,

$$P' \pm P''\sqrt{-1} = f(ax^2 \pm xz\sqrt{-1}).$$

On aura

$$\frac{\partial M}{\partial x} = 2ax, \quad \frac{\partial N}{\partial x} = z, \quad \frac{\partial M}{\partial z} = 0, \quad \frac{\partial N}{\partial z} = x,$$

$$S = 2axP' - zP'', \quad U = -xP'',$$

$$T = zP' + 2anP'', \quad V = xP'.$$

Si l'on fait de plus $f(ax^2) = \mathrm{P}$, on aura en général

$$s = 2ax\mathrm{P}, \quad u = 0,$$
$$t = 0, \quad v = 0.$$

Cela posé, les équations (5) deviendront

$$(23) \quad \begin{cases} \int_0^x (2ax\mathrm{P}' - z\mathrm{P}'')\,dx - \int_0^x 2ax\mathrm{P}\,dx = -x\int_0^z \mathrm{P}''\,dz, \\ \int_0^x (z\mathrm{P}' + 2ax\mathrm{P}'')\,dx = x\int_0^z \mathrm{P}'\,dz. \end{cases}$$

Corollaire I. — Si la valeur extrême de x est telle que $x\mathrm{P}'$ et $x\mathrm{P}''$ s'évanouissent, quel que soit z, les équations (23) se réduiront à

$$(24) \quad \begin{cases} \int_0^x (2ax\mathrm{P}' - z\mathrm{P}'')\,dx = \int_0^x 2ax\mathrm{P}\,dx, \\ \int_0^x (z\mathrm{P}' + 2ax\mathrm{P}'')\,dx = 0. \end{cases}$$

Dans un grand nombre de cas, P′ et P″ s'évanouiront par la supposition $x = \infty$. Alors, si l'on désigne $f(x)$ par p, on aura

$$\int_0^\infty 2ax\mathrm{P}\,dx = \int_0^\infty 2axf(ax^2)\,dx = \int_0^\infty p\,dx.$$

Cela posé, si, dans les équations (24), on fait $z = b$, et que l'on remplace $\int 2ax\mathrm{P}\,dx$ par $\int p\,dx$, on obtiendra le théorème suivant.

Théorème V. — *Soit $f(x) = p$ une fonction de x telle, que, si l'on fait*

$$f(ax^2 \pm xz\sqrt{-1}) = \mathrm{P}' \pm \mathrm{P}''\sqrt{-1},$$

P′ et P″ conservent une valeur déterminée pour toutes les valeurs de x et de z comprises entre les limites $x = 0$, $x = \infty$, $z = 0$, $z = b$; et qu'en outre $x\mathrm{P}'$ et $x\mathrm{P}''$ s'évanouissent, 1° pour $x = 0$, 2° pour $x = \infty$, quelle que soit d'ailleurs la valeur de z. Si l'on suppose, dans P′ et dans P″,

$z = b$, *on aura*

$$(25)\quad \left\{\begin{aligned} &\int_0^\infty (2axP' - bP'')\,dx = \int_0^\infty p\,dx,\\ &\int_0^\infty (bP' + 2axP'')\,dx = 0.\end{aligned}\right.$$

Exemple. — Soit $f(x) = e^{-x^2}$; on aura

$$f(ax^2 \pm bx\sqrt{-1}) = e^{-a^2x^4+b^2x^2}(\cos 2abx^3 \mp \sin 2abx^3);$$

et par suite

$$P' = e^{-a^2x^4+b^2x^2}\cos 2abx^3, \quad P'' = -e^{-a^2x^4+b^2x^2}\sin 2abx^3.$$

On a d'ailleurs

$$\int_0^\infty e^{-x^2}\,dx = \tfrac{1}{2}\pi^{\frac{1}{2}}.$$

Cela posé, les équations (25) deviendront

$$(n)\quad \left\{\begin{aligned} &\int_0^\infty e^{-a^2x^4+b^2x^2}(2ax\cos 2abx^3 + b\sin 2abx^3)\,dx = \tfrac{1}{2}\pi^{\frac{1}{2}},\\ &\int_0^\infty e^{-a^2x^4+b^2x^2}(b\cos 2abx^3 - 2ax\sin 2abx^3)\,dx = 0,\end{aligned}\right.$$

a^2 étant > 0.

Il suit de ces dernières équations qu'on peut exprimer les deux intégrales définies

$$\int_0^\infty e^{-a^2x^4+b^2x^2}\cos 2abx^3\,x\,dx,$$

$$\int_0^\infty e^{-a^2x^4+b^2x^2}\sin 2abx^3\,x\,dx,$$

au moyen des deux suivantes :

$$\int_0^\infty e^{-a^2x^4+b^2x^2}\cos 2abx^3\,dx,$$

$$\int_0^\infty e^{-a^2x^4+b^2x^2}\sin 2abx^3\,dx.$$

Scolie. — On voit par les applications précédentes l'usage que l'on peut faire des équations trouvées dans le § I, lorsque les fonctions de x et de z, désignées par S, T, U, V, conservent toujours entre les limites de l'intégration une valeur déterminée. Nous examinerons bientôt les modifications que l'hypothèse contraire peut apporter aux divers théorèmes énoncés ci-dessus. Mais, avant d'aller plus loin, il ne sera pas inutile de faire voir comment, dans certains cas particuliers, chacune des équations (2) peut elle-même se décomposer en deux nouvelles équations de même forme. Tel est l'objet du paragraphe suivant.

VI.

DE LA SÉPARATION DES EXPONENTIELLES.

Soient q et r deux fonctions de x, et faisons

$$p = q\cos r.$$

Soient, de plus, M et N deux fonctions données de x et de z, et supposons que la substitution de $M \pm N\sqrt{-1}$ au lieu de x change

$$p \text{ en } P' \pm P''\sqrt{-1},$$
$$q \text{ en } Q' \pm Q''\sqrt{-1},$$
$$r \text{ en } R' \pm R''\sqrt{-1},$$

on aura

$$P' \pm P''\sqrt{-1} = (Q' \pm Q''\sqrt{-1})\cos(R' \pm R''\sqrt{-1});$$

et, par suite, on aura

$$(26)\quad \begin{cases} 2P' = e^{R''}(Q'\cos R' + Q''\sin R') + e^{-R''}(Q'\cos R' - Q''\sin R'), \\ 2P'' = e^{R''}(Q''\cos R' - Q'\sin R') + e^{-R''}(Q''\cos R' + Q'\sin R'). \end{cases}$$

Si l'on conserve d'ailleurs à S, T, U, V les mêmes significations que dans le § I, l'équation (2) sera toujours satisfaite. D'ailleurs, si dans S, T, U, V on substitue pour P' et P'' leurs valeurs tirées des équations (26), on trouvera

$$(27)\quad \begin{cases} S = \tfrac{1}{2}S_1 e^{R''} + \tfrac{1}{2}S_2 e^{-R''}, & U = \tfrac{1}{2}U_1 e^{R''} + \tfrac{1}{2}U_2 e^{-R''}, \\ T = \tfrac{1}{2}T_1 e^{R''} + \tfrac{1}{2}T_2 e^{-R''}, & V = \tfrac{1}{2}V_1 e^{R''} + \tfrac{1}{2}V_2 e^{-R''}, \end{cases}$$

S_1, T_1, U_1, V_1 étant déterminées par les équations

$$(28)\quad \begin{cases} S_1 = (Q' \cos R' + Q'' \sin R') \dfrac{\partial M}{\partial x} - (Q'' \cos R' - Q' \sin R') \dfrac{\partial N}{\partial x}, \\ T_1 = (Q' \cos R' + Q'' \sin R') \dfrac{\partial N}{\partial x} + (Q'' \cos R' - Q' \sin R') \dfrac{\partial M}{\partial x}, \\ U_1 = (Q' \cos R' + Q'' \sin R') \dfrac{\partial M}{\partial z} - (Q'' \cos R' - Q' \sin R') \dfrac{\partial N}{\partial z}, \\ V_1 = (Q' \cos R' - Q'' \sin R') \dfrac{\partial N}{\partial z} + (Q'' \cos R' + Q' \sin R') \dfrac{\partial M}{\partial z}, \end{cases}$$

et S_2, T_2, U_2, V_2 par les équations

$$(29)\quad \begin{cases} S_2 = (Q' \cos R' - Q'' \sin R') \dfrac{\partial M}{\partial x} - (Q'' \cos R' + Q' \sin R') \dfrac{\partial N}{\partial x}, \\ T_2 = (Q' \cos R' - Q'' \sin R') \dfrac{\partial N}{\partial x} + (Q'' \cos R' + Q' \sin R') \dfrac{\partial M}{\partial x}, \\ U_2 = (Q' \cos R' - Q'' \sin R') \dfrac{\partial M}{\partial z} - (Q'' \cos R' + Q' \sin R') \dfrac{\partial N}{\partial z}, \\ V_2 = (Q' \cos R' - Q'' \sin R') \dfrac{\partial N}{\partial z} + (Q'' \cos R' + Q' \sin R') \dfrac{\partial M}{\partial z}. \end{cases}$$

Les valeurs de S, T, U, V déterminées par les équations (27) doivent satisfaire aux équations (2), quelles que soient d'ailleurs les valeurs de x et de z; mais, comme chacune des quantités S, T, U, V est composée de deux parties, dont la première seule renferme l'exponentielle $e^{R''}$, il faudra nécessairement, pour que chacune des équations (2) puisse être satisfaite, que la première partie de $\frac{\partial S}{\partial z}$ détruise la première partie de $\frac{\partial U}{\partial x}$, et que la première partie de $\frac{\partial T}{\partial z}$ détruise la première partie de $\frac{\partial V}{\partial x}$. De même les secondes parties de $\frac{\partial S}{\partial z}$ et $\frac{\partial U}{\partial x}$, $\frac{\partial T}{\partial z}$ et $\frac{\partial U}{\partial x}$, c'est-à-dire, les parties qui renferment l'exponentielle $e^{-R''}$, devront se détruire mutuellement dans les équations (2). On aura donc

$$(30)\quad \begin{cases} \dfrac{\partial(S_1 e^{R''})}{\partial z} = \dfrac{\partial(U_1 e^{R''})}{\partial x}, \\ \dfrac{\partial(T_1 e^{R''})}{\partial z} = \dfrac{\partial(V_1 e^{R''})}{\partial x}; \end{cases}$$

et

$$(31)\quad \begin{cases} \dfrac{\partial(S_2 e^{-R''})}{\partial z} = \dfrac{\partial(U_2 e^{-R''})}{\partial x}, \\ \dfrac{\partial(T_2 e^{-R''})}{\partial z} = \dfrac{\partial(V_2 e^{-R''})}{\partial x}. \end{cases}$$

On voit ici comment la séparation des exponentielles $e^{R''}$, $e^{-R''}$, sert à diviser chacune des équations (2) en deux autres équations de même forme. On peut d'ailleurs vérifier directement par la seule différentiation chacune des équations (30) et (31). On serait encore arrivé à ces mêmes équations, si, au lieu de supposer d'abord

$$p = q \cos r,$$

on eût supposé

$$p = q \sin r.$$

On peut déduire facilement les équations (31) des équations (30), en changeant à la fois les signes de R′ et de R″. Il est évident *a priori* que ce changement est permis; car il revient à changer simplement le signe de la fonction r. Enfin, pour déduire les équations (30) et (31) des équations (2), il suffit de supprimer successivement, dans les valeurs de P′ et de P″, les parties qui renferment l'exponentielle $e^{-R''}$, et celles qui renferment l'exponentielle $e^{R''}$

La méthode par laquelle nous avons obtenu les équations (30) et (31) pourrait encore servir, dans plusieurs cas, à partager chacune de celles-ci en deux autres de même forme. C'est ce qui arriverait, par exemple, si l'on supposait $q = k \cos l$, k et l étant deux nouvelles fonctions de x. Mais nous ne nous arrêterons pas plus longtemps sur la méthode dont il s'agit, et nous nous bornerons à déduire des équations déjà trouvées quelques conséquences dignes de remarque.

Supposons qu'après avoir multiplié les deux membres de chacune des équations (31) par $dx\,dz$, on se propose de les intégrer, par rapport à x et à z, entre les limites o et x, o et z de ces deux variables. Désignons par

s_2 et t_2 ce que deviennent S_2 et T_2 quand $z = 0$,

et par

u_2 et v_2 ce que deviennent U_2 et V_2 quand $x = 0$,

enfin par

$r' \pm r''\sqrt{-1}$ et $r'_1 \pm r''_1\sqrt{-1}$ ce que devient $R' \pm R''\sqrt{-1}$ quand $x = 0$, ou quand $z = 0$.

Si, entre les limites de l'intégration, les quatre quantités

$$S_2 e^{-R''},\ T_2 e^{-R''},\ U_2 e^{-R''},\ V_2 e^{-R''}$$

conservent toujours une valeur déterminée, on aura généralement

$$(32)\ \begin{cases} \int_0^x S_2 e^{-R''} dx - \int_0^x s_2 e^{-r''_1} xd = \int_0^z U_2 e^{-R''} dz - \int_0^z u_2 e^{-r''} dz \ \text{[1]}, \\ \int_0^x T_2 e^{-R''} dx - \int_0^x t_2 e^{-r''_1} dx = \int_0^z V_2 e^{-R''} dz - \int_0^z v_2 e^{-r''} dz. \end{cases}$$

En partant des équations (30), on arriverait encore à des équations

(1) Les équations (32) peuvent être remplacées par la seule formule

$$(0)\ \begin{cases} \int_0^x (S_2 + T_2\sqrt{-1}) e^{-R''} dx - \int_0^x (s_2 + t_2\sqrt{-1}) e^{-r''_1} dx \\ = \int_0^z (U_2 + V_2\sqrt{-1}) e^{-R''} dz - \int_0^z (u_2 + v_2\sqrt{-1}) e^{-r''} dz. \end{cases}$$

Cette formule, dans laquelle on a

$$S_2 + T_2\sqrt{-1} = (Q' + Q''\sqrt{-1}) e^{(R'+R''\sqrt{-1})\sqrt{-1}} \frac{\partial(M + N\sqrt{-1})}{\partial x},$$

$$U_2 + V_2\sqrt{-1} = (Q' + Q''\sqrt{-1}) e^{(R'+R''\sqrt{-1})\sqrt{-1}} \frac{\partial(M + N\sqrt{-1})}{\partial z},$$

se déduira immédiatement de l'équation (A), si l'on substitue à la fonction $f(x) = p$, non semblables aux précédentes, mais que l'on peut déduire immédiatement de celles-ci, en changeant simplement les signes des quantités r, r', r'', R' et R''.

Corollaire I. — Pour appliquer les équations (32), il est nécessaire

pas le produit $q\cos r$, mais le suivant,

$$q e^{r\sqrt{-1}}.$$

En posant $M = x$, $N = z$, on tirera de l'équation (O)

$$(P)\quad \left\{\begin{aligned} &\int_0^x (Q' + Q''\sqrt{-1})\, e^{(R'+R''\sqrt{-1})\sqrt{-1}}\, dx - \int_0^x q e^{r\sqrt{-1}}\, dx \\ &= \sqrt{-1}\left[\int_0^z (Q' + Q''\sqrt{-1})\, e^{(R'+R''\sqrt{-1})\sqrt{-1}}\, dz \right. \\ &\qquad \left. - \int_0^z (q' + q''\sqrt{-1})\, e^{(r'+r''\sqrt{-1})\sqrt{-1}}\, dz\right]; \end{aligned}\right.$$

puis, en admettant que $e^{-R''}$ s'évanouisse pour $z = \infty$, on trouvera

$$(Q)\quad \left\{\begin{aligned} \int_0^\infty q e^{r\sqrt{-1}}\, dx = \frac{1}{\sqrt{-1}}\Bigg[&\int_0^z (Q' + Q''\sqrt{-1})\, e^{(R'+R''\sqrt{-1})\sqrt{-1}}\, dz \\ &- \int_0^z (q' + q''\sqrt{-1})\, e^{(r'+r''\sqrt{-1})\sqrt{-1}}\, dz\Bigg]. \end{aligned}\right.$$

En remplaçant $e^{r\sqrt{-1}}$ par $e^{-r\sqrt{-1}}$, et supposant que $e^{R''}$ s'évanouit pour $z = \infty$, on trouvera, au lieu de la formule (Q),

$$(R)\quad \left\{\begin{aligned} \int_0^\infty q e^{-r\sqrt{-1}}\, dx = \frac{1}{\sqrt{-1}}\Bigg[&\int_0^z (Q' + Q''\sqrt{-1})\, e^{-(R'+R''\sqrt{-1})\sqrt{-1}}\, dz \\ &- \int_0^z (q' + q''\sqrt{-1})\, e^{-(r'+r''\sqrt{-1})\sqrt{-1}}\, dz\Bigg]. \end{aligned}\right.$$

Les formules (P), (Q), (R) peuvent être substituées aux formules (33), (34) et (35).

On voit, par ce qui précède, que les formules déduites de la séparation des exponentielles sont précisément celles que l'on obtient, quand on remplace la fonction réelle $f(x) = p$ par la fonction imaginaire

$$q e^{r\sqrt{-1}} = q\cos r + \sqrt{-1}\, q\sin r.$$

De plus, il est évident que, les fonctions q et r étant l'une et l'autre entièrement arbitraires, on pourra en dire autant des fonctions $q\cos r$ et $q\sin r$.

de donner à M et à N des valeurs déterminées. Parmi les diverses hypothèses que l'on peut faire à cet égard, la plus simple est celle que nous avons admise dans le § II, et dans laquelle

$$M = x, \quad N = z.$$

On a, dans ce cas,

$$\frac{\partial M}{\partial x} = 1, \quad \frac{\partial N}{\partial x} = 0, \quad \frac{\partial M}{\partial z} = 0, \quad \frac{\partial N}{\partial z} = 1,$$

et, par suite, les équations (29) se réduisent à

$$S_2 = V_2 = Q' \cos R' - Q'' \sin R', \quad T_2 = -U_2 = Q'' \cos R' + Q' \sin R'.$$

Soit de plus

$$q = f(x), \quad r = F(x),$$

$$f(\pm z\sqrt{-1}) = q' \pm q''\sqrt{-1}, \quad F(\pm z\sqrt{-1}) = r' \pm r''\sqrt{-1},$$

on aura

$$s_2 = q \cos r, \quad u_2 = q' \cos r' - q'' \sin r',$$

$$t_2 = q \sin r, \quad v_2 = q'' \cos r' + q' \sin r'.$$

Cela posé, les équations (32) deviendront

$$(33)\left\{\begin{aligned} &\int_0^x (Q' \cos R' - Q'' \sin R') e^{-R''} dx - \int_0^x q \cos r\, dx \\ &= -\int_0^z (Q'' \cos R' + Q' \sin R') e^{-R''} dz + \int_0^z (q'' \cos r' + q' \sin r') e^{-r''} dz, \\ &\int_0^x (Q'' \cos R'' + Q' \sin R') e^{-R''} dx - \int_0^x q \sin r\, dx \\ &= \int_0^z (Q' \cos R' - Q'' \sin R') e^{-R''} dz - \int_0^z (q' \cos r' - q'' \sin r') e^{-r''} dz. \end{aligned}\right.$$

Les mêmes équations subsisteront encore, si l'on échange à la fois les signes des cinq quantités r, r', r'', R', R''.

Dans un grand nombre de cas, si l'on suppose $z = \infty$, l'une des deux quantités $e^{R''}$, $e^{-R''}$, s'évanouira. Supposons, par exemple, que ce soit $e^{-R''}$. Dans cette hypothèse, les deux quantités

$$(Q' \cos R' - Q'' \sin R')e^{-R''},$$
$$(Q'' \cos R' + Q' \sin R')e^{-R''},$$

s'évanouiront en général, quelle que soit la valeur de x; et par suite les équations (33) se réduiront à

$$(34)\quad \begin{cases} \displaystyle\int_0^x q \cos r\, dx \\ \displaystyle\quad = \int_0^\infty (Q'' \cos R' + Q' \sin R')e^{-R''} dz - \int_0^\infty (q'' \cos r' + q' \sin r')e^{-r''} dz, \\ \displaystyle\int_0^x q \sin r\, dx \\ \displaystyle\quad = \int_0^\infty (Q'' \sin R' - Q' \cos R')e^{-R''} dz - \int_0^\infty (q'' \sin r' - q' \cos r')e^{-r''} dz. \end{cases}$$

Si $e^{R''}$ s'évanouissait pour des valeurs infinies de z, il faudrait changer, dans les équations précédentes, les signes de r, r', r'', R', R'', et l'on aurait, par suite,

$$(35)\quad \begin{cases} \displaystyle\int_0^x q \cos r\, dx \\ \displaystyle\quad = \int_0^\infty (Q'' \cos R' - Q' \sin R')e^{R''} dz - \int_0^\infty (q'' \cos r' - q' \sin r')e^{r''} dz, \\ \displaystyle\int_0^x q \sin r\, dx \\ \displaystyle\quad = \int_0^\infty (Q'' \cos R' + Q' \cos R')e^{R''} dz - \int_0^\infty (q'' \sin r' + q' \cos r')e^{r''} dz. \end{cases}$$

Les équations (34) et (35) sont à la fois comprises dans les deux formules suivantes :

$$(36)\quad \begin{cases} \displaystyle\int_0^x q\cos r\,dx \\ \quad\displaystyle = \int_0^\infty (Q''\cos R' \pm Q'\sin R')e^{\mp R''}dz - \int_0^\infty (q''\cos r' \pm q'\sin r')e^{\mp r''}dz, \\ \displaystyle\int_0^x q\sin r\,dx \\ \quad\displaystyle = \int_0^\infty (Q''\sin R' \mp Q'\cos R')e^{\mp R''}dz - \int_0^\infty (q''\sin r' \mp q'\sin r')e^{\mp r''}dz, \end{cases}$$

où l'on doit admettre le signe supérieur, lorsque $e^{-R''}$ s'évanouit pour $z = \infty$, et le signe inférieur dans le cas contraire.

Si l'on suppose, dans les équations (36), $q = 1$, on aura $Q' = q' = 1$, $Q'' = q'' = 0$, et, par suite,

$$(37)\quad \begin{cases} \displaystyle\int_0^x \cos r\,dx = \pm\int_0^\infty e^{\mp R''}\sin R'\,dz \mp \int_0^\infty e^{\mp r''}\sin r'\,dz, \\ \displaystyle\int_0^x \sin r\,dx = \mp\int_0^\infty e^{\mp R''}\cos R'\,dz \pm \int_0^\infty e^{\mp r''}\cos r'\,dz, \end{cases}$$

le choix des signes devant toujours être fait de la même manière.

Les conditions nécessaires pour que les équations (36) et (37) puissent avoir lieu sont évidemment remplies toutes les fois que q et r sont des fonctions rationnelles et entières de x. Mais il est facile de s'assurer que les mêmes équations subsistent encore dans plusieurs autres hypothèses. Nous allons maintenant appliquer ces formules générales à quelques exemples.

Exemple I. — Soit $r = F(x) = x^2$, on aura

$$R' = x^2 - z^2, \quad R'' = 2xz,$$
$$r' = -z^2, \quad r'' = 0.$$

Cela posé, si la seconde limite de x est positive,

$$e^{-R''} = e^{-2xz}$$

deviendra nul pour $z = \infty$, et, par suite, on devra, dans les équations (37), choisir le signe supérieur. De plus, les intégrales

$$-\int_0^\infty e^{-r''} \sin r' \, dz, \quad +\int_0^\infty e^{-r''} \cos r' \, dz$$

se réduiront, dans le cas présent, à

$$\int_0^\infty \sin z^2 \, dz = \frac{1}{2}\int_0^\infty z^{-\frac{1}{2}} \sin z \, dz, \quad \int_0^\infty \cos z^2 \, dz = \frac{1}{2}\int_0^\infty z^{-\frac{1}{2}} \cos z \, dz,$$

et, en vertu des équations (e) du § II, elles seront toutes deux égales à

$$\frac{1}{2}\frac{1}{\sqrt{2}}\int_0^\infty z^{\frac{1}{2}} e^{-z} \, dz = \frac{\pi^{\frac{1}{2}}}{2\sqrt{2}}.$$

Cela posé, les équations (37) deviendront

$$\int_0^x \cos x^2 \, dx = 2^{-\frac{3}{2}}\pi^{\frac{1}{2}} + \int_0^\infty e^{-2xz} \sin(x^2 - z^2) \, dz,$$

$$\int_0^x \sin x^2 \, dx = 2^{-\frac{3}{2}}\pi^{\frac{1}{2}} - \int_0^\infty e^{-2xz} \cos(x^2 - z^2) \, dz.$$

En développant les seconds membres de ces équations, et changeant x en $x^{\frac{1}{2}}$, on aura

$$(o) \begin{cases} \displaystyle\int_0^x x^{-\frac{1}{2}} \cos x \, dx \\ \displaystyle\quad = 2^{-\frac{1}{2}}\pi^{\frac{1}{2}} + 2 \sin x \int_0^\infty e^{-2x^{\frac{1}{2}}z} \cos z^2 \, dz - 2 \cos x \int_0^\infty e^{-2x^{\frac{1}{2}}z} \sin z^2 \, dz, \\ \displaystyle\int_0^x x^{-\frac{1}{2}} \sin x \, dx \\ \displaystyle\quad = 2^{-\frac{1}{2}}\pi^{\frac{1}{2}} - 2 \sin x \int_0^\infty e^{-2x^{\frac{1}{2}}z} \sin z^2 \, dz - 2 \cos x \int_0^\infty e^{-2x^{\frac{1}{2}}z} \cos z^2 \, dz. \end{cases}$$

Exemple II. — Soit $r = F(x) = ax$, on aura $R' = ax$, $R'' = az$,

$r' = 0$, $r'' = az$, et, par suite, les équations (34) deviendront

$$(38)\quad\begin{cases}\displaystyle\int_0^x q\cos ax\,dx \\ \displaystyle\quad = \cos ax\int_0^\infty Q'' e^{-az}dz + \sin ax\int_0^\infty Q' e^{-az}dz - \int_0^\infty q'' e^{-az}dz, \\ \displaystyle\int_0^x q\sin ax\,dx \\ \displaystyle\quad = \sin ax\int_0^\infty Q'' e^{-az}dz - \cos ax\int_0^\infty Q' e^{-az}dz + \int_0^\infty q' e^{-az}dz.\end{cases}$$

Supposons maintenant $a = 1$, $q = f(x) = x^n$, n étant un nombre réel pris à volonté; on aura

$$Q' \pm Q''\sqrt{-1} = (x \pm z\sqrt{-1})^n;$$

et si l'on désigne par *arc tang* $\frac{z}{x}$ le plus petit des arcs qui ont pour tangente $\frac{z}{x}$, on trouvera

$$Q' = (x^2+z^2)^{\frac{n}{2}}\cos\left(n\ \text{arc tang}\frac{z}{x}\right),\quad Q'' = (x^2+z^2)^{\frac{n}{2}}\sin\left(n\ \text{arc tang}\frac{z}{x}\right),$$

$$q' = z^n\cos\frac{n\pi}{2},\quad q'' = z^n\sin\frac{n\pi}{2}.$$

(Il est nécessaire de choisir le plus petit des arcs qui ont pour tangente $\frac{z}{x}$, afin que la valeur de Q' se réduise à x^n, et celle de Q'' à zéro, quand $z = 0$.)

Cela posé, les équations (38) deviendront

$$(p)\quad\begin{cases}\displaystyle\int_0^x x^n\cos x\,dx \\ \displaystyle\quad = \cos x\int_0^\infty Q'' e^{-z}dz + \sin x\int_0^\infty Q' e^{-z}dz - \sin\frac{n\pi}{2}\int_0^\infty z^n e^{-z}dz, \\ \displaystyle\int_0^x x^n\sin x\,dx \\ \displaystyle\quad = \sin x\int_0^\infty Q'' e^{-z}dz - \cos x\int_0^\infty Q' e^{-z}dz + \cos\frac{n\pi}{2}\int_0^\infty z^n e^{-z}dz.\end{cases}$$

Si l'on développe en séries les valeurs de Q' et de Q'', on aura

$$Q' = x^n - \frac{n(n-1)}{1.2} x^{n-2} z^2 + \ldots,$$

$$Q'' = n x^{n-1} z - \frac{n(n-1)(n-2)}{1.2.3} x^{n-3} z^3 + \ldots.$$

On a d'ailleurs

$$\int_0^\infty z^k e^{-z} dz = 1.2.3\ldots k.$$

Par suite, on aura

$$\int_0^\infty Q' e^{-z} dz = x^n - n(n-1) x^{n-2} + \ldots,$$

$$\int_0^\infty Q'' e^{-z} dz = n x^{n-1} - n(n-1)(n-3) x^{n-3} + \ldots.$$

Si n est entier, ces deux dernières séries seront composées d'un nombre fini de termes, et les équations (p) donneront les formules connues

$$(q)\left\{\begin{aligned} \int_0^x x^n \cos x\, dx = {} & [x^n - n(n-1)x^{n-2} + \ldots] \sin x \\ & + [n x^{n-1} - n(n-1)(n-2) x^{n-3} + \ldots] \cos x - 1.2.3\ldots n \sin \frac{\pi n}{2}, \\ \int_0^x x^n \sin x\, dx = {} & -[x^n - n(n-1)x^{n-2} + \ldots] \cos x \\ & + [n x^{n-1} - n(n-1)(n-2) x^{n-3} + \ldots] \sin x + 1.2.3\ldots n \cos \frac{\pi n}{2}. \end{aligned}\right.$$

Si, dans les équations (p), on suppose $n = -\frac{1}{2}$, on aura

$$-\sin \frac{n\pi}{2} \int_0^\infty z^n e^{-z} dz = \cos \frac{n\pi}{2} \int_0^\infty z^n e^{-z} dz = \frac{\pi^{\frac{1}{2}}}{\sqrt{2}};$$

et, par suite,

$$(r)\left\{\begin{aligned} \int_0^x x^{-\frac{1}{2}} \cos x\, dx &= 2^{-\frac{1}{2}} \pi^{\frac{1}{2}} + \sin x \int_0^\infty Q' e^{-z} dz + \cos x \int_0^\infty Q'' e^{-z} dz, \\ \int_0^x x^{-\frac{1}{2}} \sin x\, dx &= 2^{-\frac{1}{2}} \pi^{\frac{1}{2}} + \sin x \int_0^\infty Q'' e^{-z} dz - \cos x \int_0^\infty Q' e^{-z} dz, \end{aligned}\right.$$

Q' et Q'' étant déterminées par l'équation

$$(x \pm z\sqrt{-1})^{-\frac{1}{2}} = Q' \pm Q''\sqrt{-1},$$

d'où l'on conclut

$$Q' = \left[\frac{\sqrt{x^2+z^2}+x}{2(x^2+z^2)}\right]^{\frac{1}{2}}, \quad Q'' = -\left[\frac{\sqrt{x^2+z^2}-x}{2(x^2+z^2)}\right]^{\frac{1}{2}}.$$

Si l'on compare maintenant les équations (r) aux équations (o), on trouvera

$$(s)\quad \begin{cases} \displaystyle\int_0^\infty \left[\frac{\sqrt{x^2+z^2}+x}{2(x^2+z^2)}\right]^{\frac{1}{2}} e^{-z}\,dz = 2\int_0^\infty e^{-2x^{\frac{1}{2}}z}\cos z^2\,dz, \\ \displaystyle\int_0^\infty \left[\frac{\sqrt{x^2+z^2}-x}{2(x^2+z^2)}\right]^{\frac{1}{2}} e^{-z}\,dz = 2\int_0^\infty e^{-2x^{\frac{1}{2}}z}\sin z^2\,dz. \end{cases}$$

En supposant, dans ces dernières équations, $x = 0$, on trouvera

$$\int_0^\infty \cos z^2\,dz = \int_0^\infty \sin z^2\,dz = \frac{1}{2\sqrt{2}}\int_0^\infty z^{-\frac{1}{2}} e^{-z}\,dz = \frac{\pi^{\frac{1}{2}}}{2\sqrt{2}},$$

ce qui s'accorde avec ce que l'on a déjà trouvé.

Exemple III. — Soit toujours $r = \mathrm{F}(x) = ax$, et faisons de plus

$$q = f(x) = \frac{1}{1+x};$$

on aura

$$Q' + Q''\sqrt{-1} = \frac{1}{1+x+z\sqrt{-1}} = \frac{1+x-z\sqrt{-1}}{(1+x)^2+z^2},$$

et, par suite,

$$Q' = \frac{1+x}{(1+x)^2+z^2}, \quad Q'' = -\frac{z}{(1+x)^2+z^2},$$

$$q' = \frac{1}{1+z^2}, \qquad q'' = -\frac{z}{1+z^2}.$$

Cela posé, les équations (38) deviendront

$$(t)\quad\begin{cases}\displaystyle\int_0^x \frac{\cos ax}{1+x}\,dx \\ \displaystyle\quad = \int_0^\infty \frac{z}{1+z^2} e^{-az}dz + \sin ax\int_0^\infty \frac{1+x}{(1+x)^2+z^2} e^{-az}dz - \cos ax\int_0^\infty \frac{z}{(1+x)^2+z^2} e^{-az}dz, \\ \displaystyle\int_0^x \frac{\sin ax}{1+x}\,dx \\ \displaystyle\quad = \int_0^\infty \frac{1}{1+z^2} e^{-az}dz - \sin ax\int_0^\infty \frac{z}{(1+x)^2+z^2} e^{-az}dz - \cos ax\int_0^\infty \frac{1+x}{(1+x)^2+z^2} e^{-az}dz.\end{cases}$$

Corollaire II. — On voit, par les exemples précédents, comment, au moyen des équations (36) et (37), on peut transformer des intégrales indéfinies de la forme

$$\int_0^x p\cos r\,dx,\quad \int_0^x p\ \sin r\,dx,$$

en des intégrales définies qui renferment des exponentielles dont la valeur décroisse à mesure que la variable augmente. Ces dernières intégrales sont relatives à une nouvelle variable z, et doivent être prises entre les limites o et ∞ de cette variable. Elles renferment en outre la valeur extrême de x, qui doit y être considérée comme constante. Elles se calculent, en général, plus facilement que les intégrales indéfinies qui leur correspondent, parce que les fonctions de z, placées sous le signe $\int$, deviennent insensibles pour de grandes valeurs de z. Il arrive souvent aussi que ces fonctions conservent le même signe entre les deux limites de l'intégrale, c'est-à-dire, pour toutes les valeurs réelles et positives de z; ce qui permet d'obtenir facilement des limites entre lesquelles la valeur de l'intégrale se trouve comprise. C'est ce qui a lieu dans le troisième exemple, où les fonctions

$$\frac{z}{1+z^2}e^{-az},\quad \frac{z}{(1+x)^2+z^2}e^{-az},\quad \frac{1}{(1+x)^2+z^2}e^{-az},$$

placées sous le signe $\int$ dans les intégrales relatives à z, satisfont évidemment à la condition énoncée. La même condition se trouve encore remplie dans l'exemple II, lorsqu'on suppose $\pm n < 1$. En effet, les intégrales relatives à z et comprises dans les seconds membres des équations (p), sont

$$\int_0^\infty Q' e^{-z} dz, \quad \int_0^\infty Q'' e^{-z} dz, \quad \int_0^\infty z^n e^{-z} dz,$$

Q' et Q'' étant déterminées par les équations

$$Q' = (x^2 + z^2)^{\frac{n}{2}} \cos\left(n \, arc\, tang \frac{z}{x}\right), \quad Q'' = (x^2 + z^2)^{\frac{n}{2}} \sin\left(n \, arc\, tang \frac{z}{x}\right),$$

où l'arc *arc tang* $\frac{z}{x}$ est le plus petit de ceux qui ont pour tangente $\frac{z}{x}$, et par conséquent moindre que $\frac{\pi}{2}$. Cela posé, si n est positif et < 1, l'arc désigné par $n \, arc\, tang \frac{z}{x}$ étant plus petit que $\frac{\pi}{2}$, son sinus et son cosinus seront toujours positifs, et, par suite, il en sera de même des trois fonctions

$$Q' e^{-z}, \quad Q'' e^{-z}, \quad z^n e^{-z}.$$

Mais si, n étant négatif, on a $-n < 1$, les deux fonctions $Q' e^{-z}$, $z^n e^{-z}$, seront positives, et la troisième, $Q'' e^{-z}$, sera toujours négative.

Les équations (36) et (37) et celles qui s'en déduisent peuvent servir principalement à déterminer les valeurs des intégrales indéfinies de la forme

$$\int_0^x p \cos r \, dx, \quad \int_0^x p \sin r \, dx,$$

lorsque la valeur de x devient très considérable. En effet, dans ces mêmes équations, les parties des intégrales relatives à z qui correspondent à de grandes valeurs de z, étant en général fort petites, si la valeur de x devient très considérable, on pourra, sans erreur sensible, négliger, avant l'intégration, z relativement à x. Cette circonstance permettra de simplifier les valeurs des intégrales définies relatives à z, et, par suite, d'obtenir les valeurs des intégrales indéfinies relatives à x. C'est ce qu'on va montrer plus clairement par quelques exemples.

Exemple I. — Si, dans les équations (p), on suppose la valeur de x

très considérable, et que l'on néglige les parties des intégrales du second membre qui correspondent à de grandes valeurs de z, on aura à très peu près

$$(x^2+z^2)^{\frac{n}{2}}=x^n,\quad arc\,tang\frac{z}{x}=\frac{z}{x},\quad \sin\left(n\ arc\,tang\frac{z}{x}\right)=\frac{nz}{x},$$

$$\cos\left(n\ arc\,tang\frac{z}{x}\right)=1,$$

$$Q'=x^n,\quad Q''=nzx^{n-1}.$$

On a d'ailleurs

$$\int_0^\infty e^{-z}dz=1,\quad \int_0^\infty ze^{-z}dz=1.$$

Cela posé, on trouvera

$$\int_0^\infty Q'e^{-z}dz=x^n,\quad \int_0^\infty Q''e^{-z}dz=nx^{n-1};$$

et les équations (p) deviendront

$$(u)\quad\begin{cases}\displaystyle\int_0^x x^n\cos x\,dx=x^n\left(\frac{n}{x}\cos x+\sin x\right)-\sin\frac{n\pi}{2}\int_0^\infty z^n e^{-z}dz+\ldots,\\ \displaystyle\int_0^x x^n\sin x\,dx=x^n\left(\frac{n}{x}\sin x-\cos x\right)+\cos\frac{n\pi}{2}\int_0^\infty z^n e^{-z}dz+\ldots,\end{cases}$$

la limite supérieure x étant supposée très considérable.

Si, dans les équations précédentes, on change n en $-n$, on trouvera, sous les mêmes conditions;

$$(v)\quad\begin{cases}\displaystyle\int_0^x x^{-n}\cos x\,dx=\sin\frac{n\pi}{2}\int_0^\infty z^n e^{-z}dz-x^{-n}\left(\frac{n}{x}\cos x-\sin x\right)+\ldots,\\ \displaystyle\int_0^x x^{-n}\sin x\,dx=\cos\frac{n\pi}{2}\int_0^\infty z^n e^{-z}dz-x^{-n}\left(\frac{n}{x}\sin x+\cos x\right)+\ldots.\end{cases}$$

Enfin, si, dans ces dernières, on fait $n=\frac{1}{2}$, on aura

$$(x)\quad\begin{cases}\displaystyle\int_0^x x^{-\frac{1}{2}}\cos x\,dx=2^{-\frac{3}{2}}\pi^{\frac{1}{2}}\frac{1}{\sqrt{x}}\left(\frac{\cos x}{2x}-\sin x\right)+\ldots,\\ \displaystyle\int_0^x x^{-\frac{1}{2}}\sin x\,dx=2^{-\frac{3}{2}}\pi^{\frac{1}{2}}\frac{1}{\sqrt{x}}\left(\frac{\sin x}{2x}+\cos x\right)+\ldots.\end{cases}$$

Si, dans les équations (v), on supposait $n = \infty$, on obtiendrait un cas particulier des formules (e) du § III.

Exemple II. — Si, dans les équations (t), on suppose la valeur de x très considérable, en négligeant z relativement à x, et s'arrêtant aux termes de l'ordre $\frac{1}{x^2}$, on aura à très peu près

$$\frac{1}{(1+x)^2+z^2} = \frac{1}{x^2+z^2} = \frac{1}{x^2}, \quad \frac{1+x}{(1+x)^2+z^2} = \frac{x}{x^2+z^2} = \frac{1}{x};$$

et, par suite,

$$\int_0^\infty \frac{1+x}{(1+x)^2+z^2} e^{-az}\,dz = \frac{1}{x}\int_0^\infty e^{-az}\,dz = \frac{1}{ax},$$

$$\int_0^\infty \frac{z}{(1+x)^2+z^2} e^{-az}\,dz = \frac{1}{x^2}\int_0^\infty e^{-az}\,dz = \frac{1}{ax^2}.$$

Cela posé, les équations (t) deviendront

$$(y)\quad \begin{cases} \displaystyle\int_0^x \frac{\cos ax}{1+x}\,dx = \int_0^\infty \frac{z}{1+z^2} e^{-az}\,dz + \frac{\sin ax}{ax} - \frac{\cos ax}{ax^2} + \dots, \\ \displaystyle\int_0^x \frac{\sin ax}{1+x}\,dx = \int_0^\infty \frac{1}{1+z^2} e^{-az}\,dz - \frac{\sin ax}{ax^2} - \frac{\cos ax}{ax} + \dots, \end{cases}$$

les intégrales définies relatives à x devant être prises depuis $x = 0$ jusqu'à une valeur de x très considérable.

Si, dans les équations (y), on suppose les intégrales relatives à x prises entre les limites $x = 0$, $x = \infty$, on aura simplement

$$(z)\quad \int_0^\infty \frac{\cos ax}{1+x}\,dx = \int_0^\infty \frac{z}{1+z^2} e^{-az}\,dz, \quad \int_0^\infty \frac{\sin ax}{1+x}\,dx = \int_0^\infty \frac{1}{1+z^2} e^{-az}\,dz.$$

SECONDE PARTIE.

SUR LES DIFFICULTÉS QUE PEUT OFFRIR L'INTÉGRATION DES ÉQUATIONS DIFFÉRENTIELLES.

I.

DES INTÉGRALES DOUBLES QUI SE PRÉSENTENT SOUS UNE FORME INDÉTERMINÉE.

Les équations différentielles auxquelles nous avons été conduits dans les §§ I et VI de la première Partie de ce Mémoire sont toutes de la même forme; et, dans chacune d'elles, une fonction de x et de z, différentiée par rapport à z et divisée par dz, se trouve égalée à une autre fonction de x et de z, différentiée par rapport à x et divisée par dx. Ainsi, par exemple, si l'on désigne par $f(x)$ une fonction donnée de x, par M et N deux fonctions déterminées de x et de z, et que l'on fasse

$$f(\mathrm{M}+\mathrm{N}\sqrt{-1})=\mathrm{P}'+\mathrm{P}''\sqrt{-1},$$

$$\mathrm{P}'\frac{\partial \mathrm{M}}{\partial x}-\mathrm{P}''\frac{\partial \mathrm{N}}{\partial x}=\mathrm{S},\quad \mathrm{P}'\frac{\partial \mathrm{M}}{\partial z}-\mathrm{P}''\frac{\partial \mathrm{N}}{\partial z}=\mathrm{U},$$

on aura, en vertu des équations (2) (Ire Partie),

$$\frac{\partial \mathrm{S}}{\partial z}=\frac{\partial \mathrm{U}}{\partial x}. \tag{1}$$

Si l'on multiplie les deux membres de l'équation précédente par $dx\,dz$, et qu'on les intègre ensuite, par rapport à x et à z, entre les limites $x=0$, $x=a$, $z=0$, $z=b$, on aura

$$\int_0^a\int_0^b \frac{\partial \mathrm{S}}{\partial z}\,dx\,dz=\int_0^a\int_0^b \frac{\partial \mathrm{U}}{\partial x}\,dx\,dz. \tag{2}$$

Chacune des intégrales doubles que présente l'équation précédente est la somme des éléments qui correspondent aux diverses valeurs de x et de z comprises entre les limites de l'intégration. Si donc tous ces éléments, ou, ce qui revient au même, les deux fonctions identiques

$$\frac{\partial S}{\partial z}, \frac{\partial U}{\partial x}$$

conservent toujours, entre ces deux limites, une valeur déterminée, il en sera de même des intégrales doubles

$$\int_0^a \int_0^b \frac{\partial S}{\partial z} dx\, dz, \quad \int_0^a \int_0^b \frac{\partial U}{\partial x} dx\, dz.$$

Dans ce cas, on pourra effectuer immédiatement, sur le premier membre de l'équation (2), l'intégration relative à z, et sur le second, l'intégration relative à x, et l'on obtiendra, par ce moyen, une équation entre quatre intégrales définies.

Soit

s ce que devient S, quand $z = 0$,

et

u ce que devient U, quand $x = 0$;

S, s, U, u, auront une valeur déterminée; et l'équation dont il s'agit sera, en général,

$$(3) \qquad \int_0^a S\, dx - \int_0^a s\, dx = \int_0^b U\, dz - \int_0^b u\, dz.$$

C'est celle que nous avons déjà obtenue dans le § I de la première Partie.

Supposons maintenant que, pour certaines valeurs de x et de z comprises entre les limites des intégrations, les deux fonctions $\frac{\partial S}{\partial z}, \frac{\partial U}{\partial x}$ deviennent indéterminées; et représentons par

$$x = X, \quad z = Z$$

un des systèmes de valeurs dont il s'agit, en sorte que X soit compris entre les limites o et a, et Z entre les limites o et b. Alors chacune des intégrales

$$\int_0^b \frac{\partial S}{\partial z} dz, \quad \int_0^a \frac{\partial U}{\partial x} dx,$$

et, par suite, chacune des fonctions S et U, deviendra nécessairement indéterminée, lorsqu'on y supposera $x = X$, $z = Z$. Dans le même cas, les deux intégrales doubles

$$\int_0^a \int_0^b \frac{\partial S}{\partial x} dx\, dz, \quad \int_0^a \int_0^b \frac{\partial U}{\partial z} dx\, dz,$$

ont aussi une valeur indéterminée; en sorte que l'équation (2) semble devenir entièrement illusoire. Néanmoins, comme chaque élément de l'intégrale $\int_0^a \int_0^b \frac{\partial S}{\partial z} dx\, dz$ correspond à des valeurs déterminées de x et de z, et obtient lui-même une valeur déterminée, lorsqu'on y substitue d'abord la valeur de x, en regardant z comme constante, et ensuite la valeur de z, la somme des éléments, ou l'intégrale double que l'on considère, obtiendra aussi une valeur déterminée dans le cas dont il s'agit. On doit en dire autant de l'intégrale double $\int_0^a \int_0^b \frac{\partial U}{\partial x} dx\, dz$. Par suite, l'équation (2) cessera d'être indéterminée, si, dans chacun des éléments dont se composent les intégrales doubles qui forment les deux membres de cette équation, on suppose les valeurs de x substituées avant celles de z. Si, dans cette hypothèse, on effectue sur le second membre de l'équation (2) l'intégration relative à x, on aura, tout comme à l'ordinaire,

$$\int_0^a \frac{\partial U}{\partial x} dx = U - u;$$

et, par suite,

$$\int_0^b \int_0^a \frac{\partial U}{\partial x} dz\, dx = \int_0^b U\, dz - \int_0^b u\, dz.$$

De même, si, dans tous les éléments de l'intégrale

$$\int_0^a \int_0^b \frac{\partial S}{\partial z} dx\, dz,$$

on voulait substituer les valeurs de z avant celles de x, on aurait encore

$$\int_0^a \int_0^b \frac{\partial S}{\partial z}\, dx\, dz = \int_0^a S\, dx - \int_0^a s\, dx.$$

Mais comme, par hypothèse, on doit substituer les valeurs de x avant celles de z, la dernière équation ne sera plus vraie; et, pour la corriger, il sera nécessaire d'augmenter le second membre d'une certaine quantité. Soit A la quantité dont il s'agit; on aura, en supposant les valeurs de x substituées avant celles de z,

$$\int_0^b \int_0^a \frac{\partial S}{\partial z}\, dz\, dx = \int_0^a S\, dx - \int_0^a s\, dx + A.$$

On a déjà trouvé, dans la même hypothèse,

$$\int_0^b \int_0^a \frac{\partial U}{\partial x}\, dz\, dx = \int_0^b U\, dz - \int_0^b u\, dz.$$

Par suite, l'équation (2) deviendra

$$(4) \qquad \int_0^a S\, dx - \int_0^a s\, dx + A = \int_0^b U\, dz - \int_0^b u\, dz.$$

Nous indiquerons, dans le paragraphe suivant, le moyen d'obtenir la quantité A, c'est-à-dire l'accroissement que reçoit l'intégrale double

$$\int_0^a \int_0^b \frac{\partial S}{\partial x}\, dx\, dz,$$

lorsqu'au lieu de substituer, dans chaque élément, les valeurs de z avant celles de x, on y substitue les valeurs de x avant celles de z. Cette quantité représente, comme on le voit, la correction qu'il faut apporter au premier membre de l'équation (3), lorsque les fonctions S et U prennent une forme indéterminée pour certaines valeurs de x et de z comprises entre les limites de l'intégration. Nous allons maintenant faire voir comment on peut déterminer pour x et z les différents systèmes de valeurs qui jouissent de cette singulière propriété.

Supposons, pour plus de simplicité, que les valeurs de $\frac{\partial M}{\partial x}, \frac{\partial N}{\partial x}, \frac{\partial M}{\partial z}, \frac{\partial N}{\partial z}$, ne puissent devenir indéterminées ni infinies entre les limites des intégrations; alors les deux quantités S et U, déterminées par les deux équations

$$P'\frac{\partial M}{\partial x} - P''\frac{\partial N}{\partial x} = S, \quad P'\frac{\partial M}{\partial z} - P''\frac{\partial N}{\partial z} = U,$$

ne pourront se présenter sous la forme $\frac{0}{0}$, à moins que P' et P'' ne soient des fractions qui aient zéro pour dénominateur. Il ne reste plus qu'à déterminer les conditions nécessaires pour que cette circonstance ait lieu.

Les valeurs de P' et de P'' sont déterminées, comme l'on sait, par l'équation

$$f(M \pm N\sqrt{-1}) = P' \pm P''\sqrt{-1},$$

$f(x)$ étant une fonction déterminée de x. Concevons maintenant que la fonction $f(x)$ soit une fraction qui ait $\mathcal{F}(x)$ pour numérateur et $F(x)$ pour dénominateur, en sorte qu'on ait

$$f(x) = \frac{\mathcal{F}(x)}{F(x)},$$

$\mathcal{F}(x)$ et $F(x)$ étant deux nouvelles fonctions de x. Faisons, de plus,

$$\mathcal{F}(M \pm N\sqrt{-1}) = Q' \pm Q''\sqrt{-1},$$
$$F(M \pm N\sqrt{-1}) = R' \pm R''\sqrt{-1}:$$

on aura

$$P' \pm P''\sqrt{-1} = \frac{Q' \pm Q''\sqrt{-1}}{R' \pm R''\sqrt{-1}} = \frac{(Q' \pm Q''\sqrt{-1})(R' \mp R''\sqrt{-1})}{R'^2 + R''^2},$$

et, par suite,

$$P' = \frac{Q'R' + Q''R''}{R'^2 + R''^2}, \quad P'' = \frac{Q''R' - Q'R''}{R'^2 + R''^2}.$$

Ainsi les fractions qui représentent P' et P'' ne peuvent avoir zéro pour dénominateur, à moins que R′ et R″ ne soient séparément nulles; et, dans ce cas, les valeurs de P′ et de P″ sont toujours indéterminées, jamais infinies; car le numérateur des fractions que l'on considère s'évanouit alors aussi bien que leur dénominateur. Il suit encore de cette proposition qu'en général les valeurs de S et T peuvent devenir indéterminées, mais non pas infinies; ce qui prévient quelques objections qu'on aurait pu faire contre la théorie précédente.

Les systèmes de valeurs de x et de z qui rendent les quantités P′ et P″ indéterminées sont, par ce qui précède, ceux qui satisfont à la fois aux deux équations

$$R' = 0, \quad R'' = 0,$$

et qui sont en même temps compris entre les limites des intégrations relatives à x et à z. Soit $x = X$, $z = Z$, un quelconque de ces systèmes. On pourrait, à la rigueur, obtenir les diverses valeurs de X et de Z en éliminant z ou x entre les deux équations $R' = 0$, $R'' = 0$, et résolvant par rapport à x ou à z l'équation résultant de cette élimination. Mais on peut y parvenir bien plus facilement de la manière suivante.

L'équation $R'^2 + R''^2 = 0$ équivaut à celle-ci :

$$F(M + N\sqrt{-1})\,F(M - N\sqrt{-1}) = 0.$$

Les valeurs réelles de x et de z qui satisfont à cette dernière sont celles qui, substituées dans M et N, donnent à ces fonctions des valeurs telles, que les deux polynômes

$$M + N\sqrt{-1}, \quad M - N\sqrt{-1},$$

représentent un des couples de racines imaginaires de l'équation

$$F(x) = 0,$$

ou celles qui, déterminant pour N une valeur nulle, rendent la fonction M égale à l'une des racines réelles de la même équation

$$F(x) = 0.$$

Si donc on représente par $\alpha + \beta\sqrt{-1}$ une quelconque des racines de cette dernière équation, β devant être nul lorsque la racine est réelle, il suffira, pour déterminer les diverses valeurs de X et de Z, de résoudre, par rapport à x et z, les équations de la forme

$$(5) \qquad M = \alpha, \quad N = \beta,$$

et de chercher, parmi les valeurs réelles des variables qui leur satisfont, celles qui sont en même temps comprises entre les limites des intégrations qu'il s'agit d'effectuer. Appliquons ces principes à quelques exemples.

Première application. — Soit, comme dans le § II de la première Partie, $M = x$, $N = z$, on aura simplement

$$(6) \qquad X = \alpha, \quad Z = \beta.$$

Il suffira donc alors de calculer les diverses valeurs de α et de β.

Exemple I. — Soit $F(x) = 1 + x^2$. L'équation

$$1 + x^2 = 0$$

ayant deux racines imaginaires, savoir, $+\sqrt{-1}$ et $-\sqrt{-1}$, on obtiendra deux systèmes de valeurs de α et de β, savoir :

$$\alpha = 0, \quad \beta = 1,$$
$$\alpha = 0, \quad \beta = -1.$$

Exemple II. — Soit $F(x) = 1 + x^4$. L'équation

$$1 + x^4 = 0$$

ayant quatre racines imaginaires, savoir,

$$\frac{1+\sqrt{-1}}{2}, \quad \frac{1-\sqrt{-1}}{2}, \quad \frac{-1+\sqrt{-1}}{2}, \quad \frac{-1-\sqrt{-1}}{2},$$

on obtiendra quatre systèmes des valeurs de α et de β, savoir :

$$\alpha = +\frac{1}{\sqrt{2}}, \quad \beta = +\frac{1}{\sqrt{2}},$$

$$\alpha = +\frac{1}{\sqrt{2}}, \quad \beta = -\frac{1}{\sqrt{2}},$$

$$\alpha = -\frac{1}{\sqrt{2}}, \quad \beta = +\frac{1}{\sqrt{2}},$$

$$\alpha = -\frac{1}{\sqrt{2}}, \quad \beta = -\frac{1}{\sqrt{2}}.$$

Exemple III. — Soit $F(x) = 1 + x^{2n}$; les diverses racines de l'équation

$$1 + x^{2n} = 0$$

étant représentées par la formule

$$\cos(2k+1)\frac{\pi}{2n} + \sqrt{-1}\,\sin(2k+1)\frac{\pi}{2n},$$

où k désigne un nombre entier pris à volonté, les divers systèmes de valeurs de α et de β seront déterminés par les deux équations

$$\alpha = \cos(2k+1)\frac{\pi}{2n}, \quad \beta = \sin(2k+1)\frac{\pi}{2n}.$$

On choisira parmi ces systèmes ceux qui sont compris entre les limites des intégrations que l'on doit faire.

Exemple IV. — Soit $F(x) = x^{2n} - 1$, on trouvera

$$\alpha = \cos\frac{2k\pi}{2n}, \quad \beta = \sin\frac{2k\pi}{2n},$$

k étant un nombre entier pris à volonté.

Exemple V. — Soit $F(x) = e^x - 1$. Les diverses racines de l'équation $e^x - 1 = 0$, ou $x = l(1)$, se trouveront toutes comprises dans la formule

$$x = 2k\pi\sqrt{-1},$$

k étant un nombre entier quelconque positif ou négatif. Par suite, les divers systèmes de valeurs de α et de 6 seront déterminés par des équations de la forme

$$\alpha = 0, \quad 6 = 2k\pi.$$

Exemple VI. — Soit $F(x) = e^x + 1$, on trouvera

$$\alpha = 0, \quad 6 = (2k + 1)\pi,$$

k étant un nombre entier quelconque positif ou négatif.

Exemple VII. — Soit $F(x) = a - \cos 2x$, a étant une quantité positive; et cherchons le système de valeurs de α et de 6 dans lequel la valeur de α se trouve comprise entre les limites 0 et $\frac{\pi}{2}$.

Supposons d'abord $a < 1$: les diverses racines de l'équation $\cos 2x - a = 0$ seront toutes réelles et comprises dans la formule $x = \frac{1}{2}\operatorname{arc}\cos a$. Cela posé, si l'on désigne par *arc cos a* le plus petit des arcs qui ont a pour cosinus, le système cherché sera déterminé par les deux équations

$$\alpha = \tfrac{1}{2} arc\, cos\, a, \quad 6 = 0.$$

Supposons en second lieu $a > 1$, l'équation

$$\cos 2x - a = 0$$

aura toutes ses racines imaginaires et comprises dans la formule

$$x = k\pi + \tfrac{1}{2}l(a + \sqrt{a^2 - 1}),$$

k étant un nombre entier quelconque positif ou négatif. Par suite, le système cherché sera déterminé par les deux équations

$$\alpha = 0, \quad 6 = \tfrac{1}{2}l(a + \sqrt{a^2 - 1}).$$

Exemple VIII. — Soit $F(x) = a + \cos 2x$, a étant une quantité positive, et cherchons toujours le système de valeurs de α et de β pour lequel α se trouve compris entre les limites o et $\frac{1}{2}\pi$.

Si l'on suppose d'abord $a < 1$, on trouvera

$$\alpha = \tfrac{1}{2}\,arc\cos(-a), \quad \beta = 0,$$

$arc\cos(-a)$ désignant le plus petit des arcs qui ont $-a$ pour cosinus.

Si l'on suppose en second lieu $a > 1$, on trouvera

$$\alpha = \tfrac{1}{2}\pi, \quad \beta = \tfrac{1}{2}l(a + \sqrt{a^2 - 1}).$$

Seconde application. — Soit, comme dans le § III de la première Partie, $M = ax$, $N = xz$, et désignons toujours par $\alpha + \beta\sqrt{-1}$ une quelconque des racines de l'équation $F(x) = 0$, β devant être nul lorsque la racine est réelle; les équations (5) deviendront $ax = \alpha$, $xz = \beta$, et l'on en conclura

(7) $$X = \frac{\alpha}{a}, \quad Z = \frac{a\beta}{\alpha}.$$

Remarque. — Dans le cas que l'on considère, on a

$$\frac{\partial M}{\partial x} = a, \quad \frac{\partial N}{\partial x} = z, \quad S = aP' - zP'';$$

et, par suite, S peut devenir indéterminée, non seulement quand P′ et P″ le deviennent, mais encore lorsqu'on a en même temps $z = \infty$, $P'' = 0$. Il peut donc exister un ou plusieurs systèmes de valeurs de X et de Z dans lesquels on ait $Z = \infty$. Mais, si les intégrations relatives à z ne doivent pas s'étendre jusqu'à $z = \infty$, on devra rejeter ces derniers systèmes, et conserver seulement ceux qui donnent à P′ et à P″ une forme indéterminée.

Exemple I. — Soit $F(x) = 1 + x^2$, on trouvera deux systèmes de valeurs de X et de Z, savoir :

$$X = 0, \quad Z = \tfrac{1}{0},$$
$$X = 0, \quad Z = -\tfrac{1}{0}.$$

Exemple II. — Soit $F(x) = 1 + x^4$, on trouvera quatre systèmes compris dans les deux formules

$$X = \pm \frac{1}{a\sqrt{2}}, \quad Z = \pm a.$$

Exemple III. — Soit $F(x) = 1 + x^{2n}$; si l'on désigne par k un nombre entier positif ou négatif, on aura

$$X = \frac{\cos(2k+1)\dfrac{\pi}{2n}}{a}, \quad Z = a \operatorname{tang}(2k+1)\frac{\pi}{2n}.$$

Exemple IV. — Soit $F(x) = e^x - 1$; si l'on désigne toujours par k un nombre entier quelconque, on aura

$$X = 0, \quad Z = \frac{2k\pi}{0}.$$

Exemple V. — Soit $F(x) = e^x + 1$; si l'on désigne toujours par k un nombre entier quelconque, on aura encore

$$X = 0, \quad Z = \frac{(2k+1)\pi}{0}.$$

On pourrait multiplier à l'infini ces divers exemples; mais ceux qu'on vient de rapporter suffisent, comme on le verra bientôt, pour la détermination d'un grand nombre d'intégrales définies.

II.

SUR LA DIFFÉRENCE DES VALEURS QUE REÇOIT UNE INTÉGRALE DOUBLE INDÉTERMINÉE RELATIVE AUX DEUX VARIABLES x ET z, SUIVANT QU'ON Y SUBSTITUE, DANS TOUS LES ÉLÉMENTS A LA FOIS, LES VALEURS DE x AVANT CELLES DE z, OU LES VALEURS DE z AVANT CELLES DE x.

Dans toutes les intégrales doubles que nous avons considérées jusqu'ici, on peut effectuer immédiatement l'intégration relative à l'une des variables. Telle est, par exemple, l'intégrale $\int\int \frac{\partial S}{\partial z}\, dx\, dz$. Supposons, à l'ordinaire, que cette dernière intégrale doive être prise entre les limites $x = 0$, $x = a$, $z = 0$, $z = b$. Si l'on substitue, dans tous les éléments à la fois, les valeurs de z avant celles de x, on aura, en désignant par s ce que devient S quand $z = 0$, et supposant dans S, $z = b$,

$$\int_0^a \int_0^b \frac{\partial S}{\partial z} dx\, dz = \int_0^a S\, dx - \int_0^a s\, dx.$$

Mais, si l'on suppose les valeurs de x substituées avant celles de z, l'équation précédente ne sera plus vraie; et pour la corriger, il sera nécessaire, ainsi qu'on l'a déjà remarqué, d'ajouter au second membre une certaine quantité A. On aura donc, dans cette seconde hypothèse,

$$(8) \qquad \int_0^b \int_0^a \frac{\partial S}{\partial z} dz\, dx = \int_0^a S\, dx - \int_0^a s\, dx + A.$$

Il s'agit maintenant de trouver la valeur de A. Il suffit, pour y parvenir, de résoudre le problème suivant.

Problème I. — *Soit* $K = \varphi(x, z)$ *une fonction de* x *et de* z *qui devienne indéterminée pour les valeurs* $x = X$, $z = Z$, *de ces deux variables. Concevons, de plus, que l'intégrale indéfinie*

$$\int\int \frac{\partial K}{\partial z} dx\, dz$$

doive être prise entre les limites $x = a'$, $x = a''$, $z = b'$, $z = b''$, *et que le système des valeurs* $x = X$, $z = Z$, *soit renfermé entre ces mêmes limites. On demande la valeur que reçoit l'intégrale dont il s'agit, lorsqu'on y substitue, dans tous les éléments à la fois, les valeurs de* x *avant celles de* z.

Solution. — Supposons qu'en ayant égard aux signes des quantités, c'est-à-dire, en considérant une quantité négative plus grande comme plus petite qu'une autre quantité négative moindre, on ait

$$a' < a'', \quad b' < b''.$$

On aura, en général,

$$a' < X < a'', \quad b' < Z < b''.$$

Mais il pourra se faire aussi que X soit égal à l'une des limites a', a'', et Z à l'une des limites b', b''. Je commencerai par admettre cette dernière hypothèse, qui se partage naturellement en quatre autres, savoir :

$$X = a', \quad Z = b',$$
$$X = a', \quad Z = b'',$$
$$X = a'', \quad Z = b',$$
$$X = a'', \quad Z = b'';$$

et, pour plus de facilité, je supposerai d'abord que la fonction $K = \varphi(x, z)$ ne peut jamais devenir infinie entre les limites que l'on considère, ni même indéterminée, si ce n'est pour le système de valeurs

$$x = X, \quad z = Z.$$

Cela posé, soit en premier lieu

$$X = a', \quad Z = b'.$$

Pour obtenir la valeur de l'intégrale double $\int\int \frac{\partial K}{\partial z} dx\, dz$ entre les limites $x = a'$, $x = a''$, $z = b'$, $z = b''$, il suffira évidemment de chercher la valeur de la même intégrale entre les limites

$$x = a', \qquad x = a'',$$
$$z = b' + \zeta, \quad z = b'',$$

ζ étant une quantité très petite, et de supposer ensuite $\zeta = 0$. Mais, suivant que l'on fera évanouir ζ avant ou après l'intégration relative à x, on obtiendra la valeur que reçoit l'intégrale double cherchée, lorsqu'on y substitue, dans tous les éléments à la fois, les valeurs de z avant celles de x, ou celle que reçoit la même intégrale, lorsqu'on effectue les substitutions en sens contraire. Entrons, à ce sujet, dans quelques détails.

L'intégrale indéfinie $\int \frac{\partial K}{\partial z} dz$ étant représentée par

$$K = \varphi(x, z) + \text{const.},$$

la même intégrale, prise entre les limites $z = b' + \zeta$, $z = b''$, sera

$$\int_{b'+\zeta}^{b''} \frac{\partial K}{\partial z} dz = \varphi(x, b'') - \varphi(x, b' + \zeta).$$

Si l'on multiplie cette dernière par dx, et qu'on intègre le résultat entre les limites $x = a'$, $x = a''$, on aura

$$(9) \qquad \int_{a'}^{a''} \varphi(x, b'')\, dx - \int_{a'}^{a''} \varphi(x, b' + \zeta)\, dx,$$

pour la valeur de l'intégrale $\int_{a'}^{a''}\int_{b'+\zeta}^{b''} \frac{\partial K}{\partial z} dx\, dz$. Si, dans l'expression précédente, on suppose, avant l'intégration relative à x, $\zeta = 0$, cette expression deviendra

$$(10) \qquad \int_{a'}^{a''} \varphi(x, b'')\, dx - \int_{a'}^{a''} \varphi(x, b')\, dx.$$

C'est la valeur de l'intégrale double cherchée, lorsqu'on y substitue les valeurs de z avant celles de x. Mais, si l'on veut obtenir la valeur de la même intégrale double dans le cas où l'on fait les substitutions en sens contraire, il faudra à l'expression (10) ajouter une certaine quantité A dont la valeur sera déterminée par l'équation

$$(11) \qquad A = \int_{a'}^{a''} [\varphi(x, b') - \varphi(x, b' + \zeta)]\, dx,$$

dans laquelle on ne doit supposer $\zeta = 0$ qu'après avoir fait l'intégration par rapport à x. En admettant cette valeur de A, on aura, pour la valeur de l'intégrale double cherchée dans le cas où l'on substitue les valeurs de x avant celles de z,

$$\int_{a'}^{a''} \varphi(x, b'')\, dx - \int_{a'}^{a''} \varphi(x, b')\, dx + A.$$

Si l'on supposait $K = \varphi(x, z) = S$, $b' = 0$, $b'' = b$, en désignant par s ce que devient S quand $z = 0$, et remplaçant z par b dans S, on trouverait que l'expression précédente se réduit à

$$\int_{a'}^{a''} S\,dx - \int_{a'}^{a''} s\,dx + A.$$

On était déjà parvenu à une semblable expression; mais la valeur de A était restée inconnue, et elle se trouve maintenant déterminée par le calcul qu'on vient de faire.

La valeur de A, déterminée par l'équation (11), peut se mettre sous une forme plus simple. En effet, si l'on désigne par ε une quantité très petite, on pourra décomposer l'intégrale

$$\int_{a'}^{a''} \varphi(x, b' + \zeta)\,dx,$$

en deux intégrales de même forme, prises, l'une entre les limites $x = a'$, $x = a' + \varepsilon$, et l'autre entre les limites $x = a' + \varepsilon$, $x = a''$. Pour obtenir la première partie, il suffira évidemment de faire $x = a' + \xi$, et d'intégrer, par rapport à ξ, entre les limites $\xi = 0$, $\xi = \varepsilon$. Cette première partie sera donc égale à

$$\int_0^{\varepsilon} \varphi(a' + \xi, b' + \zeta)\,d\xi.$$

De plus, comme la fonction $\varphi(x, b' + \zeta)$ conservera toujours une valeur déterminée pour les diverses valeurs de x comprises entre les limites $x = a' + \varepsilon$, $x = a''$, l'intégrale

$$\int_{a'+\varepsilon}^{a''} \varphi(x, b' + \zeta)\,dx$$

aura toujours la même valeur, soit que l'on y suppose $\zeta = 0$ avant ou après l'intégration. Par suite, la seconde partie de l'intégrale $\int_{a'}^{a''} \varphi(x, b' + \zeta)\,dx$, prise entre les limites $x = a' + \varepsilon$, $x = a''$, sera égale à l'intégrale

$$\int_{a'+\varepsilon}^{a''} \varphi(x, b')\,dx;$$

et comme on peut rendre ε aussi petit que l'on voudra, on pourra, sans erreur sensible, la supposer égale à l'intégrale $\int_{a'}^{a''} \varphi(x, b')\,dx$. Cela posé, on aura

$$\int_{a'}^{a''} \varphi(x, b'+\zeta)\,dx = \int_0^{\varepsilon} \varphi(a'+\xi, b'+\zeta)\,d\xi + \int_{a'}^{a''} \varphi(x, b')\,dx,$$

ou, ce qui revient au même,

$$\int_{a'}^{a''} \varphi(x, b')\,dx - \int_{a'}^{a''} \varphi(x, b'+\zeta)\,dx = -\int_0^{\varepsilon} \varphi(a'+\xi, b'+\zeta)\,d\xi.$$

On aura donc, par suite,

$$A = -\int_0^{\varepsilon} \varphi(a'+\xi, b'+\zeta)\,d\xi,$$

ε étant très petit, et ζ devant être supposé nul après l'intégration.

En résumant ce qu'on vient de dire, on obtiendra la proposition suivante.

Soit $\int\int \frac{\partial K}{\partial z}\,dx\,dz$ une intégrale double qui doive être prise entre les limites $x = a'$, $x = a''$, $z = b'$, $z = b''$, et dans laquelle la fonction sous le signe $\int$, savoir, $K = \varphi(x, z)$, devienne indéterminée pour le système de valeurs des variables

$$x = X = a', \quad z = Z = b'.$$

Si de l'hypothèse où l'on substitue, dans tous les éléments à la fois, les valeurs de z avant celles de x, on veut passer à celle où l'on fait les substitutions en sens contraire, la valeur de l'intégrale double se trouvera augmentée de la quantité

$$A = -\int_0^{\varepsilon} \varphi(X+\xi, Z+\zeta)\,d\xi,$$

ζ devant être supposé nul après l'intégration.

Nous avons supposé, dans ce qui précède, $X = a'$, $Z = b'$; mais on pourrait supposer à volonté

$$X = a' \quad \text{ou} \quad a'',$$
$$Z = b' \quad \text{ou} \quad b'',$$

ce qui fournit quatre hypothèses différentes. Par des raisonnements semblables à ceux que nous venons de faire, on trouvera les valeurs suivantes de A, correspondantes aux quatre hypothèses dont il s'agit :

$$(12)\quad \begin{cases} \text{Pour } X = a',\ Z = b' \ldots\ldots & A = -\int_0^{\varepsilon} \varphi(X+\xi, Z+\zeta)\, d\xi, \\ \text{Pour } X = a',\ Z = b'' \ldots\ldots & A = +\int_0^{\varepsilon} \varphi(X+\xi, Z-\zeta)\, d\xi, \\ \text{Pour } X = a'',\ Z = b' \ldots\ldots & A = -\int_0^{\varepsilon} \varphi(X-\xi, Z+\zeta)\, d\xi, \\ \text{Pour } X = a'',\ Z = b'' \ldots\ldots & A = +\int_0^{\varepsilon} \varphi(X-\xi, Z-\zeta)\, d\xi. \end{cases}$$

Les quatre valeurs précédentes de A sont exprimées chacune par une intégrale relative à la variable ξ, et prise entre des limites infiniment rapprochées de cette même variable. Mais, comme on ne doit y supposer $\zeta = 0$ qu'après l'intégration, ces intégrales peuvent n'être pas nulles. Je désignerai les intégrales de cette espèce sous le nom d'*intégrales singulières*. Nous allons faire voir, par un exemple, comment on peut en déterminer la valeur.

Exemple. — Soit $K = \varphi(x, z) = \frac{z}{x^2+z^2}$, et concevons que l'intégrale

$$\int\int \frac{\partial K}{\partial z}\, dx\, dz$$

doive être prise entre les limites $z = 0$, $z = 1$, $x = 0$, $x = 1$. Si l'on suppose les valeurs de z substituées avant celles de x, on aura

$$\int_0^1 \frac{\partial K}{\partial z}\, dz = \frac{1}{1+x^2}, \quad \int_0^1\int_0^1 \frac{\partial K}{\partial z}\, dx\, dz = \int_0^1 \frac{dx}{1+x^2} = \frac{\pi}{4}.$$

Mais, si l'on veut renverser l'ordre des substitutions, l'intégrale changera de valeur; car la fonction $\frac{z}{x^2+z^2}$ devient indéterminée, lorsqu'on suppose à la fois $x=0$, $z=0$. On a donc, dans le cas présent,

$$X=a'=0, \quad Z=b'=0.$$

Par suite, la quantité qu'il faut ajouter à la première valeur de l'intégrale double pour obtenir la seconde sera

$$A=-\int_0^\varepsilon \varphi(\xi,\zeta)\,d\xi=-\int_0^\varepsilon \frac{\zeta}{\xi^2+\zeta^2}\,d\xi,$$

ζ devant être supposé nul après l'intégration relative à ξ. On a d'ailleurs, en général,

$$\int \frac{\zeta}{\xi^2+\zeta^2}\,d\xi = \textit{arc tang}\,\frac{\xi}{\zeta} + \text{const.},$$

arc tang $\frac{\xi}{\zeta}$ désignant le plus petit des arcs qui ont $\frac{\xi}{\zeta}$ pour tangente. On aura donc

$$\int_0^\varepsilon \frac{\zeta}{\xi^2+\zeta^2}\,d\xi = \textit{arc tang}\,\frac{\varepsilon}{\zeta}.$$

Si, dans cette dernière expression, on fait $\zeta=0$, elle deviendra égale à $\frac{\pi}{2}$. On a donc

$$A=-\int_0^\varepsilon \frac{\zeta}{\xi^2+\zeta^2}\,d\xi=-\frac{\pi}{2};$$

et, par suite,

$$\int_0^1\int_0^1 \frac{\partial K}{\partial z}\,dx\,dz=\frac{\pi}{4}+A=-\frac{\pi}{4},$$

lorsqu'on substitue les valeurs de x avant celles de z. Ce dernier résultat peut être aisément vérifié de la manière suivante.

K étant égal à $\frac{z}{a^2+z^2}$, on a $\frac{\partial K}{\partial z}=\frac{x^2-z^2}{(x^2+z^2)^2}$;

et, par suite,

$$\int_0^1\int_0^1 \frac{\partial K}{\partial z}\,dz\,dx=\int_0^1\int_0^1 \frac{x^2-z^2}{(x^2+z^2)^2}\,dz\,dx.$$

On a d'ailleurs, en général,

$$\int \frac{x^2 - z^2}{(x^2+z^2)^2}\,dx = -\frac{x}{x^2+z^2} + \text{const.}$$

Donc

$$\int_0^1 \frac{x^2 - z^2}{(x^2+z^2)^2}\,dx = -\frac{1}{1+z^2};$$

et, par suite,

$$\int_0^1 \int_0^1 \frac{\partial K}{\partial z}\,dz\,dx = -\int_0^1 \frac{dz}{1+z^2} = -\frac{\pi}{4},$$

comme ci-dessus.

La valeur de A resterait encore la même au signe près, si, la première limite de x étant négative, la seconde était égale à zéro, ou enfin si ces deux hypothèses avaient lieu toutes deux en même temps.

Je passe maintenant à l'hypothèse générale dans laquelle, X étant compris entre les limites a' et a'', sans être égal à aucune d'elles, Z est aussi compris entre les limites b' et b'', sans égaler aucune de ces dernières. Dans ce cas, la valeur de l'intégrale double $\int_{a'}^{a''}\int_{b'}^{b''} \frac{\partial K}{\partial z}\,dx\,dz$, lorsqu'on substitue, dans tous les éléments à la fois, les valeurs de z avant celles de x, est encore égale à

$$\int_{a'}^{a''} \varphi(x, b'')\,dx - \int_{a'}^{a''} \varphi(x, b')\,dx.$$

Mais, si l'on renverse l'ordre des substitutions, et que l'on suppose les valeurs de x substituées avant celles de z, la valeur de l'intégrale double se trouvera augmentée d'une certaine quantité A que l'on déterminera comme il suit.

Concevons que l'on partage l'intégrale donnée en quatre autres de même forme, prises, savoir,

La première, entre les limites

$$x = a', \quad x = X, \quad z = b', \quad z = Z;$$

la deuxième, entre les limites

$$x = a', \quad x = X, \quad z = Z, \quad z = b'';$$

la troisième, entre les limites

$$x = \mathrm{X}, \quad x = a'', \quad z = b', \quad z = \mathrm{Z};$$

la quatrième, entre les limites

$$x = \mathrm{X}, \quad x = a'', \quad z = \mathrm{Z}, \quad z = b''.$$

Comme, dans chacune de ces intégrales, l'une des limites relatives à x est égale à X, et l'une des limites relatives à z égale à Z, on obtiendra facilement, par ce qui précède, les quatre valeurs de A correspondantes aux quatre intégrales dont il s'agit. Ces quatre valeurs seront précisément celles que nous avons réunies sous le n° (12). Leur somme sera la valeur de A correspondante à l'intégrale $\int_{b'}^{b''}\int_{a'}^{a''}\frac{\partial \mathrm{K}}{\partial z}\,dz\,dx$, prise entre les limites $x = a'$, $x = a''$, $z = b'$, $z = b''$. On aura donc

$$(13)\quad \begin{cases} \text{Pour } a' < \mathrm{X} < a'', \quad b' < \mathrm{Z} < b'', \\ \mathrm{A} = \displaystyle\int_0^{\varepsilon} \begin{bmatrix} \varphi(\mathrm{X}-\xi, \mathrm{Z}-\zeta) + \varphi(\mathrm{X}+\xi, \mathrm{Z}-\zeta) \\ -\varphi(\mathrm{X}-\xi, \mathrm{Z}+\zeta) - \varphi(\mathrm{X}+\xi, \mathrm{Z}+\zeta) \end{bmatrix} d\xi. \end{cases}$$

Exemple I. — Soit

$$\mathrm{K} = \varphi(x, z) = \frac{1 + x^2 - z^2}{(1 + x^2 - z^2)^2 + 4x^2z^2},$$

et supposons que l'intégrale

$$\int\int \frac{\partial \mathrm{K}}{\partial z}\,dx\,dz$$

doive être prise entre les limites $x = -a$, $x = +a$, $z = 0$, $z = b$, b étant plus grand que l'unité. La fonction K se présentant sous une forme indéterminée lorsqu'on suppose $x = 0$, $z = 1$, on aura, dans le cas présent,

$$\mathrm{X} = 0, \quad \mathrm{Z} = 1;$$

et, par suite,

$$\varphi(\mathrm{X} + \xi, \mathrm{Z} + \zeta) = \frac{\xi^2 - 2\zeta - \zeta^2}{(\xi^2 - 2\zeta - \zeta^2)^2 + 4\xi^2(1 + \zeta)^2}.$$

Comme, dans la valeur de A, ζ doit être supposé nul après l'intégration relative à ξ, on peut, sans inconvénient, négliger, dans le second membre de l'équation précédente, ζ^2 relativement à ζ, et ζ relativement à l'unité : ce qui réduit ce second membre à $\frac{\xi^2 - 2\zeta}{(\xi^2 - 2\zeta)^2 + 4\xi^2}$, et même à $\frac{\xi^2 - 2\zeta}{\xi^4 + 4(\xi^2 + \zeta^2)}$. De plus, comme la variable ξ doit rester très petite dans toute l'étendue de l'intégration, on pourra négliger encore ξ^4 relativement à ξ^2, et supposer, par suite,

$$\varphi(X + \xi, Z + \zeta) = \frac{\xi^2 - 2\zeta}{4(\xi^2 + \zeta^2)}.$$

On ne peut plus rien négliger dans le second membre de cette équation, ni mettre la fraction $\frac{\xi^2 - 2\zeta}{4(\xi^2 + \zeta^2)}$ sous une forme plus simple. En effet, quoique chacune des quantités ξ, ζ, conserve toujours une très petite valeur, cependant le rapport de ces deux quantités varie depuis zéro jusqu'à l'infini; car, les intégrales relatives à ξ devant être prises entre les limites $\xi = 0$, $\xi = \varepsilon$, et ζ ne devant être supposé nul qu'après l'intégration, on aura, à la première limite,

$$\frac{\xi}{\zeta} = \frac{0}{\zeta} = 0,$$

et, à la seconde limite,

$$\frac{\xi}{\zeta} = \frac{\varepsilon}{\zeta} = \frac{\varepsilon}{0} = \infty.$$

Si, dans l'équation trouvée plus haut, on donne successivement à ξ et à ζ les signes $+$ et $-$, on aura

$$\varphi(X \pm \xi, Z + \zeta) = \frac{\xi^2 - 2\zeta}{4(\xi^2 + \zeta^2)},$$

$$\varphi(X \pm \xi, Z - \zeta) = \frac{\xi^2 + 2\zeta}{4(\xi^2 + \zeta^2)}.$$

Cela posé, l'équation (13) donnera la valeur suivante de A :

$$A = \int_0^\varepsilon \frac{2\zeta}{\xi^2 + \zeta^2} d\xi = \pi.$$

Exemple II. — Supposons que l'intégrale $\int\int \frac{\partial K}{\partial z} dx\,dz$ doive être prise entre les limites $x = -a$, $x = a$, $z = 0$, $z = b$, b étant un nombre positif plus grand que l'unité, et faisons

$$K = \varphi(x, z) = \frac{1 + x^2 - z^2}{(1 + x^2 - z^2)^2 + 4x^2 z^2} \psi(x, z),$$

$\psi(x, z)$ étant une fonction de x et de z qui ne puisse devenir indéterminée entre les limites dont il s'agit.

On aura, comme dans l'exemple précédent,

$$X = 0, \quad Z = 1;$$

et, par suite, si l'on néglige les quantités ξ, ζ, vis-à-vis d'autres quantités finies, et les puissances supérieures de chacune d'elles vis-à-vis des puissances inférieures, on trouvera

$$\varphi(X + \xi, Z + \zeta) = \frac{\xi^2 - 2\zeta}{4(\xi^2 + \zeta^2)} \psi(0, 1);$$

d'où l'on conclura

$$A = \pi \psi(0, 1).$$

On voit, par cet exemple, qu'il est souvent possible d'obtenir la valeur de A en termes finis, quoique, dans les intégrales doubles que l'on considère, on ne puisse effectuer les intégrations relatives aux deux variables. Les paragraphes suivants fourniront de nouvelles preuves de cette assertion.

Des quatre parties qui composent la valeur générale de A donnée ci-dessus (13),

La première disparaît quand on a.....	$X = a'$	ou	$Z = b'$;
La deuxième, quand on a......... ..	$X = a''$	ou	$Z = b'$;
La troisième, quand on a	$X = a'$	ou	$Z = b''$;
La quatrième, quand on a.....	$X = a''$	ou	$Z = b''$.

Par suite, si, l'une des quantités X et Z étant comprise entre les limites de l'intégration, l'autre égale une de ces limites, la valeur de A se trouvera réduite à deux termes. On trouvera de cette manière,

$$(14)\quad\left\{\begin{array}{l}
\text{Pour } X=a',\quad b'<Z<b'',\\
\qquad A=\int_0^{\varepsilon}[\ \ \varphi(X+\xi,Z-\zeta)-\varphi(X+\xi,Z+\zeta)]\,d\xi;\\
\text{Pour } X=a'',\quad b'<Z<b'',\\
\qquad A=\int_0^{\varepsilon}[\ \ \varphi(X-\xi,Z-\zeta)-\varphi(X-\xi,Z+\zeta)]\,d\xi;\\
\text{Pour } a'<X<a'',\quad Z=b',\\
\qquad A=\int_0^{\varepsilon}[-\varphi(X-\xi,Z+\zeta)-\varphi(X+\xi,Z+\zeta)]\,d\xi;\\
\text{Pour } a'<X<a'',\quad Z=b'',\\
\qquad A=\int_0^{\varepsilon}[\ \ \varphi(X-\xi,Z-\zeta)+\varphi(X+\xi,Z-\zeta)]\,d\xi.
\end{array}\right.$$

Exemple. — Supposons que l'intégrale

$$\int\int\frac{\partial K}{\partial z}\,dx\,dz$$

doive être prise entre les limites $x=0$, $x=a$, $z=0$, $z=b$, a et b étant deux nombres positifs dont le second surpasse l'unité; soit, de plus,

$$\varphi(x,z)=K=\frac{1+x^2-z^2}{(1+x^2-z^2)^2+4x^2z^2}\,\psi(x,z),$$

$\psi(x,z)$ étant une fonction qui ne devienne pas indéterminée entre les limites dont il s'agit. On aura

$$\varphi(X+\xi,Z\pm\zeta)=\frac{\xi^2\mp2\zeta}{4(\xi^2+\zeta^2)}\,\psi(0,1);$$

et, par suite, la première des équations (14) donnera

$$A=\frac{\pi}{2}\,\psi(0,1).$$

Les formules (12), (13) et (14) font connaître, dans tous les cas possibles, la valeur de A relative au système des valeurs

$$x = X, \quad z = Z,$$

pour lequel la fonction K se présente sous une forme indéterminée. S'il existait plusieurs systèmes semblables compris entre les limites de l'intégrale double $\int_{a'}^{a''}\int_{b'}^{b''}\frac{\partial K}{\partial z}dx\,dz$, il faudrait déterminer, pour chacun d'eux séparément, la valeur de A au moyen des formules précédentes; et la somme des valeurs obtenues serait la valeur complète de A relative à l'intégrale double que l'on considère. Quant aux systèmes de valeurs qui pourraient rendre la fonction K infinie, nous ne nous en occuperons pas, parce que cette circonstance ne se présente pas d'ordinaire dans la théorie des intégrales doubles que nous avons à considérer.

Il suit des principes établis ci-dessus que la valeur de l'intégrale double définie

$$\int_{a'}^{a''}\int_{b'}^{b''}\frac{\partial K}{\partial z}dx\,dz,$$

dans le cas où l'on y substitue, dans tous les éléments à la fois, la valeur de x avant celle de z, est composée de deux parties. La première partie est la valeur que reçoit cette intégrale lorsqu'on y substitue immédiatement les valeurs de z après la première intégration relative à z. La seconde partie, que nous avons désignée par A, est la somme de plusieurs intégrales singulières. La première partie peut être obtenue en termes finis, toutes les fois qu'après avoir effectué la première intégration relativement à z, on peut encore effectuer la seconde relativement à x; et les difficultés que cette détermination présente sont uniquement celles que peut offrir la conversion des intégrales indéfinies en intégrales définies. Nous ferons voir, dans le paragraphe suivant, que ces difficultés peuvent toujours être facilement surmontées. Quant à la valeur de A, nous avons déjà prouvé, par des exemples, qu'on pouvait quelquefois l'obtenir en termes finis, quoique les intégrations doubles ne pussent être complètement effectuées par rapport aux deux variables

x et z. Nous ferons voir, dans le § IV, que cette circonstance remarquable a toujours lieu relativement aux intégrales doubles que nous avons considérées dans la première Partie de ce Mémoire.

III.

SUR LA CONVERSION DES INTÉGRALES INDÉFINIES EN INTÉGRALES DÉFINIES (1).

L'opération que l'on considère ici est l'objet du problème suivant.

PROBLÈME II. — *La valeur générale de l'intégrale indéfinie*

$$\int \varphi'(z)\,dz$$

étant représentée par la fonction de z

$$\varphi(z)$$

augmentée d'une constante arbitraire, trouver la valeur de l'intégrale définie $\int_{b'}^{b''} \varphi'(z)\,dz$.

Solution. — Si la fonction $\varphi(z)$ croît ou décroît d'une manière continue entre les limites $z = b'$, $z = b''$, la valeur de l'intégrale sera re-

(1) La valeur que l'on détermine pour l'intégrale

$$\int_{b'}^{b''} \varphi'(z)\,dz,$$

en suivant la méthode indiquée dans ce paragraphe, n'est pas la valeur générale de cette même intégrale, mais celle que j'ai nommée *valeur principale* (*voir* le *Résumé des Leçons données à l'École royale polytechnique, sur le Calcul infinitésimal*). On pourrait, au reste, en raisonnant comme on le fait ici, obtenir la valeur générale, qui serait toujours représentée par une expression de la forme

$$\varphi(b'') - \varphi(b') - \Delta - \Delta' - \Delta'' - \ldots.$$

Seulement, au lieu de supposer $\Delta = \varphi(Z + \zeta) - \varphi(Z - \zeta)$, il faudrait prendre

$$\Delta = \varphi(Z + \zeta'') - \varphi(Z - \zeta'),$$

présentée, à l'ordinaire, par

$$\varphi(b'') - \varphi(b').$$

Mais, si, pour une certaine valeur de z représentée par Z et comprise entre les limites de l'intégration, la fonction $\varphi(z)$ passe subitement d'une valeur déterminée à une autre valeur sensiblement différente de la première, en sorte qu'en désignant par ζ une quantité très petite, on ait

$$\varphi(Z+\zeta) - \varphi(Z-\zeta) = \Delta,$$

alors la valeur ordinaire de l'intégrale définie, savoir,

$$\varphi(b'') - \varphi(b'),$$

devra être diminuée de la quantité Δ, comme on peut aisément s'en assurer.

En effet, dans le cas dont il s'agit, on peut diviser l'intégrale définie $\int \varphi'(z)\,dz$, prise entre les limites $z = b'$, $z = b''$, en deux autres intégrales de même forme, prises, l'une entre les limites

$$z = b', \quad z = Z - \zeta,$$

et l'autre entre les limites

$$z = Z + \zeta, \quad z = b'',$$

ζ', ζ'' désignant deux quantités positives infiniment petites, dont le rapport pourrait converger vers une limite finie quelconque k. En réduisant cette limite à l'unité, on reproduirait la valeur principale calculée dans ce paragraphe.

Si l'on considère en particulier l'intégrale

$$\int_{-2}^{+4} \frac{dz}{z},$$

alors, en opérant comme on vient de le dire, on trouvera, pour sa valeur générale, $l(4) - l(2) + \Delta$, la quantité Δ étant donnée par la formule

$$\Delta = l\left(\frac{\zeta''}{\zeta'}\right) = l(k),$$

dans laquelle k désigne une constante arbitraire. En réduisant cette constante à l'unité, on obtiendra la valeur principale $l(4) - l(2)$.

pourvu que, dans la somme de ces deux dernières intégrales, on suppose $\zeta = 0$. D'ailleurs celles-ci, déterminées par la méthode ordinaire, sont évidemment égales, la première à

$$\varphi(Z-\zeta)-\varphi(b'),$$

et la seconde à

$$\varphi(b'')-\varphi(Z+\zeta).$$

Leur somme sera donc

$$\varphi(b'')-\varphi(Z+\zeta)+\varphi(Z-\zeta)-\varphi(b'),$$

ou

$$\varphi(b'')-\varphi(b')-\Delta,$$

ainsi que nous l'avons annoncé.

Si la fonction $\varphi(z)$ changeait plusieurs fois de valeur d'une manière brusque entre les limites a et b, pour diverses valeurs de z représentées par Z, Z', Z'', ..., en désignant par Δ, Δ', Δ'', ... les variations subites dont il s'agit, on trouverait, par des raisonnements semblables à ceux qu'on vient de faire,

$$\varphi(b'')-\varphi(b')-\Delta-\Delta'-\Delta''-\ldots$$

pour l'intégrale définie cherchée.

Exemple I. — Soit

$$\varphi'(z)=\frac{1}{z}, \quad b'=-2, \quad b''=+4:$$

on aura

$$\varphi(z)=l(z).$$

De plus, si l'on désigne par ζ une quantité très petite, on aura, en général,

$$l(z+\zeta)-l(z-\zeta)=0:$$

on doit toutefois excepter le cas où z serait nul; car on a, dans cette hypothèse,

$$l(\zeta)-l(-\zeta)=-l(-1).$$

On aura donc, par suite,

$$\Delta = - l(-1);$$

et comme la valeur o de z est ici comprise entre les limites -2, $+4$, on aura

$$\int_{-2}^{4} \frac{dz}{z} = l(4) - l(-2) - \Delta = l(4) - l(2).$$

Ainsi l'intégrale $\int_{-2}^{4} \frac{dz}{z}$ a la même valeur que si elle était prise entre les limites $+2$, $+4$; et, par suite, la même intégrale s'évanouit entre les limites $z = -2$, $z = +2$; ce qui d'ailleurs est évident, puisque entre ces dernières limites tous les éléments sont deux à deux égaux et de signes contraires.

Exemple II. — Soit

$$\varphi'(z) = \frac{\sin z}{1 + (\cos z)^2}, \quad b' = 0, \quad b'' = \frac{3\pi}{4}.$$

Si l'on désigne par *arc tang* $\frac{1}{\cos z}$ le plus petit des arcs positifs ou négatifs qui ont $\frac{1}{\cos z}$ pour tangente, on aura

$$\varphi(z) = \text{arc tang} \frac{1}{\cos z}.$$

Cette fonction de z sera égale à $\frac{\pi}{4}$ pour $z = 0$; elle croîtra ensuite d'une manière continue depuis $z = 0$ jusqu'à $z = \frac{\pi}{2} - \zeta$, ζ étant une quantité très petite; passera brusquement de la valeur $\frac{\pi}{2}$, qui correspond à $z = \frac{\pi}{2} - \zeta$, à la valeur $-\frac{\pi}{2}$, qui correspond à $z = \frac{\pi}{2} + \zeta$; sera négative et décroissante depuis $z = \frac{\pi}{2} + \zeta$ jusqu'à $z = \frac{3\pi}{4}$, et deviendra, pour cette dernière limite, égale à

$$-\text{arc tang}\sqrt{2}.$$

On aura donc, dans le cas présent,

$$\varphi(b') = \frac{\pi}{4}, \quad \varphi(b'') = -\,arc\ tang\sqrt{2},$$

$$\Delta = \varphi\left(\frac{\pi}{2} + \zeta\right) - \varphi\left(\frac{\pi}{2} - \zeta\right) = -\frac{\pi}{2} - \frac{\pi}{2} = -\pi;$$

et par suite

$$\varphi(b') - \varphi(b'') - \Delta = \frac{3\pi}{4} - arc\ tang\sqrt{2}.$$

Ce sera la valeur de l'intégrale

$$\int_0^{\frac{3\pi}{4}} \frac{\sin z\, dz}{1 + (\cos z)^2}.$$

Cette valeur est toujours positive, car on a

$$arc\ tang\sqrt{2} < \frac{\pi}{2} < \frac{3\pi}{4}.$$

Dans le cas que l'on vient de considérer, l'intégrale

$$\int_0^{\frac{3\pi}{4}} \frac{\sin z}{1 + (\cos z)^2}\, dz,$$

prise à la manière ordinaire, serait simplement

$$\varphi(b'') - \varphi(b') = -\frac{\pi}{4} - arc\ tang\sqrt{2}.$$

Ainsi, en négligeant Δ, on trouverait, pour l'intégrale, une valeur négative; ce qui est absurde, puisque tous les éléments sont évidemment positifs.

IV.

SUR LA VALEUR, EN TERMES FINIS, DE LA QUANTITÉ REPRÉSENTÉE PAR A.

Soit $\int\int \frac{\partial K}{\partial z} dx\, dz$ une intégrale double qui doive être prise entre les limites $x = a'$, $x = a''$, $z = b'$, $z = b''$; et supposons que la fonction

$$K = \varphi(x, z)$$

devienne indéterminée pour le système de valeurs

$$x = \mathrm{X}, \quad z = \mathrm{Z},$$

compris entre les limites de l'intégration. La valeur de A correspondante à ce système sera, en vertu de la formule (13),

$$\mathrm{A} = \int_0^{\varepsilon} \begin{bmatrix} \varphi(\mathrm{X}-\xi, \mathrm{Z}-\zeta) + \varphi(\mathrm{X}+\xi, \mathrm{Z}+\zeta) \\ -\varphi(\mathrm{X}-\xi, \mathrm{Z}+\zeta) - \varphi(\mathrm{X}+\xi, \mathrm{Z}-\zeta) \end{bmatrix} d\xi.$$

Cette valeur est donc, en général, la somme de quatre intégrales singulières comprises dans la formule

$$\pm \int_0^{\varepsilon} \varphi(\mathrm{X} \pm \xi, \mathrm{Z} \pm \zeta)\, d\xi.$$

Mais, si X devient égal à l'une des limites de x, ou Z à l'une des limites de z, on ne devra conserver dans A qu'une ou deux de ces intégrales. Ainsi, par exemple, on devra supprimer,

Pour $\mathrm{X} = a'$.....	les deux intégrales qui renferment	$\mathrm{X} - \xi$;
Pour $\mathrm{X} = a''$....	les deux intégrales qui renferment	$\mathrm{X} + \xi$;
Pour $\mathrm{Z} = b'$.....	les deux intégrales qui renferment	$\mathrm{Z} - \zeta$;
Pour $\mathrm{Z} = b''$....	les deux intégrales qui renferment	$\mathrm{Z} + \zeta$.

Cette seule remarque conduit aux équations (12) et (14) trouvées dans le § II.

S'il existait, entre les limites de l'intégration, plusieurs systèmes de valeurs de x et de z qui rendissent la fonction K indéterminée, il faudrait calculer, pour chacun d'eux séparément, la valeur de A; et la valeur complète de cette quantité serait la somme des valeurs partielles relatives à chaque système.

Il ne reste plus maintenant qu'à déterminer les valeurs des intégrales singulières de la forme $\int_0^{\varepsilon} \varphi(\mathrm{X} \pm \xi, \mathrm{Z} \pm \zeta)\, d\xi$, et relatives aux diverses valeurs de K que nous avons considérées dans la première Partie de ce Mémoire.

On y parvient facilement à l'aide de cette seule considération, que, ξ et ζ devant toujours rester très petites, on peut négliger, sans inconvénient, chacune de ces quantités relativement à d'autres quantités finies, et les puissances supérieures de chacune d'elles relativement aux puissances inférieures. Entrons, à ce sujet, dans quelques détails.

Les deux premiers membres des équations (3) (§ I, Ire Partie) expriment les valeurs des intégrales doubles

$$\int_{a'}^{a''}\int_{b'}^{b''}\frac{\partial S}{\partial z}\,dx\,dz,\quad \int_{a'}^{a''}\int_{b'}^{b''}\frac{\partial T}{\partial z}\,dx\,dz,$$

prises entre des limites réelles. Dans ces intégrales, les valeurs de S et de T sont déterminées par les équations

$$S = P'\frac{\partial M}{\partial x} - P''\frac{\partial N}{\partial x},$$

$$T = P'\frac{\partial N}{\partial x} + P''\frac{\partial M}{\partial x},$$

$$f(M \pm N\sqrt{-1}) = P' \pm P''\sqrt{-1},$$

$f(x)$ désignant une fonction quelconque de x, et M, N, deux fonctions quelconques de x et de z. Supposons maintenant

$$f(x) = \frac{\mathfrak{F}(x)}{F(x)}.$$

On aura

$$P' = \frac{1}{2}\left[\frac{\mathfrak{F}(M+N\sqrt{-1})}{F(M+N\sqrt{-1})} + \frac{\mathfrak{F}(M-N\sqrt{-1})}{F(M-N\sqrt{-1})}\right],$$

$$P'' = \frac{1}{2\sqrt{-1}}\left[\frac{\mathfrak{F}(M+N\sqrt{-1})}{F(M+N\sqrt{-1})} - \frac{\mathfrak{F}(M-N\sqrt{-1})}{F(M-N\sqrt{-1})}\right].$$

Soit, de plus, $\alpha + 6\sqrt{-1}$ une des racines de l'équation $F(x) = 0$, et désignons par $x = X$, $z = Z$, un des systèmes de valeurs de x et de z qui satisfont à la fois aux deux équations

$$M = \alpha,\quad N = 6.$$

Ce système sera un de ceux qui rendent indéterminées les fonctions P′, P″, S et T. Si donc il se trouve compris entre les limites des intégrations, il existera, pour chacune des intégrales

$$\int_{a'}^{a''}\int_{b'}^{b''}\frac{\partial S}{\partial z}\,dx\,dz, \quad \int_{a'}^{a''}\int_{b'}^{b''}\frac{\partial T}{\partial z}\,dx\,dz,$$

une valeur de A correspondante au système dont il s'agit. Voyons quelle est cette valeur.

Désignons par

$$\frac{\partial M}{\partial X}, \frac{\partial N}{\partial X}, \frac{\partial M}{\partial Z}, \frac{\partial N}{\partial Z},$$

ce que deviennent les fonctions

$$\frac{\partial M}{\partial x}, \frac{\partial N}{\partial x}, \frac{\partial M}{\partial z}, \frac{\partial N}{\partial z},$$

quand on y suppose $x = X$, $z = Z$. Soient, de plus,

$$(15)\quad \begin{cases} \left(\dfrac{\partial M}{\partial X}\right)^2 + \left(\dfrac{\partial N}{\partial X}\right)^2 = B, & \dfrac{\partial M}{\partial X}\dfrac{\partial M}{\partial Z} + \dfrac{\partial N}{\partial X}\dfrac{\partial N}{\partial Z} = C, \\ \left(\dfrac{\partial M}{\partial Z}\right)^2 + \left(\dfrac{\partial N}{\partial Z}\right)^2 = D, & \dfrac{\partial M}{\partial X}\dfrac{\partial N}{\partial Z} - \dfrac{\partial M}{\partial Z}\dfrac{\partial N}{\partial X} = E. \end{cases}$$

$$(16)\quad \begin{cases} \dfrac{1}{2}\left[\dfrac{\mathcal{F}(\alpha-6\sqrt{-1})}{F'(\alpha-6\sqrt{-1})} + \dfrac{\mathcal{F}(\alpha+6\sqrt{-1})}{F'(\alpha+6\sqrt{-1})}\right] = \lambda, \\ \dfrac{1}{2\sqrt{-1}}\left[\dfrac{\mathcal{F}(\alpha-6\sqrt{-1})}{F'(\alpha-6\sqrt{-1})} - \dfrac{\mathcal{F}(\alpha+6\sqrt{-1})}{F'(\alpha+6\sqrt{-1})}\right] = \mu \quad (^1). \end{cases}$$

(1) Les équations (16) sont renfermées l'une et l'autre dans la formule

$$(A)\quad \frac{\mathcal{F}(\alpha+6\sqrt{-1})}{F'(\alpha+6\sqrt{-1})} = \lambda - \mu\sqrt{-1},$$

qui suffit pour déterminer les quantités λ et μ supposées réelles. Cette dernière formule peut encore s'écrire comme il suit :

$$(B)\quad \varepsilon f(\alpha + 6\sqrt{-1} + \varepsilon) = \lambda - \mu\sqrt{-1},$$

ε désignant une quantité infiniment petite.

Si, dans les fonctions M, N, P′, P″, S, T, on fait

$$x = X + \xi, \quad z = Z + \zeta,$$

on trouvera, en négligeant les puissances supérieures de ξ ou de ζ vis-à-vis des puissances inférieures, et ces quantités elles-mêmes vis-à-vis d'autres quantités finies,

$$(17)\quad \left\{\begin{aligned}
&M = \alpha + \frac{\partial M}{\partial X}\xi + \frac{\partial M}{\partial Z}\zeta, \quad N = 6 + \frac{\partial N}{\partial X}\xi + \frac{\partial N}{\partial Z}\zeta,\\
&F(M \pm N\sqrt{-1}) = \left[\left(\frac{\partial M}{\partial X}\xi + \frac{\partial M}{\partial Z}\zeta\right)\right.\\
&\qquad \left.\pm\left(\frac{\partial N}{\partial X}\xi + \frac{\partial N}{\partial Z}\zeta\right)\sqrt{-1}\right]F'(\alpha \pm 6\sqrt{-1}),\\
&\mathcal{F}(M \pm N\sqrt{-1}) = \mathcal{F}(\alpha \pm 6\sqrt{-1}),\\
&P' = \frac{\left(\lambda\frac{\partial M}{\partial X} - \mu\frac{\partial N}{\partial X}\right)\xi + \left(\lambda\frac{\partial M}{\partial Z} - \mu\frac{\partial N}{\partial Z}\right)\zeta}{B\xi^2 + 2C\xi\zeta + D\zeta^2},\\
&P'' = -\frac{\left(\lambda\frac{\partial N}{\partial X} + \mu\frac{\partial M}{\partial X}\right)\xi + \left(\lambda\frac{\partial N}{\partial Z} + \mu\frac{\partial M}{\partial Z}\right)\zeta}{B\xi^2 + 2C\xi\zeta + D\zeta^2},\\
&S = \frac{\lambda(B\xi + C\zeta) - \mu E\zeta}{B\xi^2 + 2C\xi\zeta + D\zeta^2},\\
&T = \frac{-\mu(B\xi + C\zeta) - \lambda E\zeta}{B\xi^2 + 2C\xi\zeta + D\zeta^2}.
\end{aligned}\right.$$

Cela posé, si l'on fait d'abord

$$S = \varphi(x, z),$$

on aura

$$(18)\qquad \varphi(X + \xi, Z + \zeta) = \frac{\lambda(B\xi + C\zeta) - \mu E\zeta}{B\xi^2 + 2C\xi\zeta + D\zeta^2}.$$

Si, après avoir multiplié par $d\xi$ les deux membres de l'équation précédente, on les intègre entre les limites $\xi = 0$, $\xi = \varepsilon$, en ayant égard à l'équation $E = \sqrt{BD - C^2}$, puis, que l'on change successivement ξ en $-\xi$ et ζ en $-\zeta$, on trouvera

$$(19)\quad \left\{\begin{aligned}
&\int_0^{\varepsilon} \varphi(X+\xi, Z+\zeta)\,d\xi \\
&\quad = \frac{\lambda}{2} l\left(\frac{B\varepsilon^2 + 2C\varepsilon\zeta + D\zeta^2}{D\zeta^2}\right) - \mu\left(arc\,tang\,\frac{B\varepsilon + C\zeta}{E\zeta} - arc\,tang\,\frac{C}{E}\right),\\
&\int_0^{\varepsilon} \varphi(X-\xi, Z+\zeta)\,d\xi \\
&\quad = -\frac{\lambda}{2} l\left(\frac{B\varepsilon^2 - 2C\varepsilon\zeta + D\zeta^2}{D\zeta^2}\right) - \mu\left(arc\,tang\,\frac{B\varepsilon - C\zeta}{E\zeta} + arc\,tang\,\frac{C}{E}\right),\\
&\int_0^{\varepsilon} \varphi(X+\xi, Z-\zeta)\,d\xi \\
&\quad = \frac{\lambda}{2} l\left(\frac{B\varepsilon^2 - 2C\varepsilon\zeta + D\zeta^2}{D\zeta^2}\right) + \mu\left(arc\,tang\,\frac{B\varepsilon - C\zeta}{E\zeta} + arc\,tang\,\frac{C}{E}\right),\\
&\int_0^{\varepsilon} \varphi(X-\xi, Z-\zeta)\,d\xi \\
&\quad = -\frac{\lambda}{2} l\left(\frac{B\varepsilon^2 + 2C\varepsilon\zeta + D\zeta^2}{D\zeta^2}\right) + \mu\left(arc\,tang\,\frac{B\varepsilon + C\zeta}{E\zeta} - arc\,tang\,\frac{C}{E}\right),
\end{aligned}\right.$$

$arc\,tang\,\frac{C}{E}$ désignant, à l'ordinaire, le plus petit arc positif ou négatif dont la tangente soit égale à $\frac{C}{E}$, et ainsi du reste.

Après que l'on aura réuni, en leur donnant un signe convenable, celles des intégrales précédentes qui doivent concourir à former la valeur de A, il faudra supposer, dans le résultat, $\zeta = 0$. En vertu de cette supposition, la partie logarithmique deviendra toujours nulle ou infinie; et si, comme nous l'admettrons dorénavant, le rapport $\frac{B}{E}$ est positif, chacun des arcs

$$arc\,tang\,\frac{B\varepsilon + C\zeta}{E\zeta},\quad arc\,tang\,\frac{B\varepsilon - C\zeta}{E\zeta},$$

se trouvera réduit à $\frac{\pi}{2}$.

Cela posé, si l'on parcourt successivement les diverses hypothèses qui nous ont conduit aux formules (12), (13) et (14) du § II, on trouvera

$$(20)\left\{\begin{array}{lll} \text{Pour } a'<X<a'', & b'<Z<b''\ldots\ldots & A=2\mu\pi, \\ \text{Pour } X=a' \text{ ou } a'', & b'<Z<b'' & \\ & & A=\mu\pi, \\ \text{Pour } a'<X<a'', & Z=b' \text{ ou } b'' & \\ \text{Pour } X=a' \text{ ou } a'', & Z=b' \text{ ou } b''\ldots & A=\mu\left(\frac{\pi}{2}\pm arc\,tang\frac{C}{E}\right)\pm\infty\,\lambda. \end{array}\right.$$

Telles sont les équations qui déterminent, suivant les différents cas qui se présentent, les valeurs de A relatives à l'intégrale double $\int_{a'}^{a''}\int_{b'}^{b''}\frac{\partial S}{\partial z}dx\,dz$. Pour avoir celles qui sont relatives à l'intégrale double $\int_{a'}^{a''}\int_{b'}^{b''}\frac{\partial T}{\partial z}dx\,dz$, il faudra faire

$$T=\varphi(x,z).$$

On aura, dans cette hypothèse,

$$\varphi(X+\xi,Z+\zeta)=\frac{-\mu(B\xi+C\zeta)-\lambda E\zeta}{B\xi^2+2C\xi\zeta+D\zeta^2}.$$

Pour obtenir cette dernière équation, il suffit de changer, dans l'équation (18), μ en λ, et λ en $-\mu$. Par suite, si l'on effectue le même changement dans les équations (20), on obtiendra immédiatement les valeurs de A relatives à la double intégrale $\int_{a'}^{a''}\int_{b'}^{b''}\frac{\partial T}{\partial z}dx\,dz$.

Il suit des calculs précédents que les valeurs de A relatives aux deux intégrales

$$\int_{a'}^{a''}\int_{b'}^{b''}\frac{\partial S}{\partial z}dx\,dz,\quad \int_{a'}^{a''}\int_{b'}^{b''}\frac{\partial T}{\partial z}dx\,dz \quad (^1),$$

(1) Si, à la place des intégrales dont il est ici question, l'on considère la somme

$$\int_{a'}^{a''}\int_{b'}^{b''}\frac{\partial S}{\partial z}dx\,dz+\sqrt{-1}\int_{a'}^{a''}\int_{b'}^{b''}\frac{\partial T}{\partial z}dx\,dz$$

équivalente au premier membre de l'équation (A) (Ire Partie), on trouvera, au lieu des formules (21),

$$(C)\qquad A=2\pi\sqrt{-1}(\lambda-\mu\sqrt{-1}),$$

restent finies, toutes les fois qu'on n'a pas en même temps X égal à l'une des limites de x, et Z égal à l'une des limites de z. Si aucune de ces égalités n'a lieu, les valeurs de A seront respectivement

$$(21)\quad \begin{cases} A = 2\mu\pi & \text{pour l'intégrale} \displaystyle\int_{a'}^{a''}\int_{b'}^{b''} \frac{\partial S}{\partial z}\,dx\,dz, \\ A = 2\lambda\pi & \text{pour l'intégrale} \displaystyle\int_{a'}^{a''}\int_{b'}^{b''} \frac{\partial T}{\partial z}\,dx\,dz. \end{cases}$$

Si une seule de ces égalités a lieu, on devra prendre seulement la moitié des valeurs précédentes, et l'on aura, en conséquence,

$$(22)\quad \begin{cases} A = \mu\pi & \text{pour l'intégrale} \displaystyle\int_{a'}^{a''}\int_{b'}^{b''} \frac{\partial S}{\partial z}\,dx\,dz, \\ A = \lambda\pi & \text{pour l'intégrale} \displaystyle\int_{a'}^{a''}\int_{b'}^{b''} \frac{\partial T}{\partial z}\,dx\,dz. \end{cases}$$

Les valeurs de λ et de μ sont toujours déterminées par les équations (16).

Les équations (21) et (22) deviendraient illusoires, si les valeurs de λ et de μ se présentaient sous une forme indéterminée; ce qui arriverait nécessairement, si $F'(\alpha + 6\sqrt{-1})$ devenait nul ou infini. On sait d'ailleurs que cette circonstance a lieu toutes les fois que $\alpha + 6\sqrt{-1}$ n'est pas une racine simple de l'équation

$$F(x) = 0.$$

C'est donc seulement dans le cas où cette racine est simple, qu'on peut employer les formules trouvées ci-dessus. Nous examinerons plus tard le cas où l'équation $F(x) = 0$ a des racines égales.

et au lieu des formules (22),

$$(D)\qquad A = \pi\sqrt{-1}\,(\lambda - \mu\sqrt{-1}).$$

Ajoutons que, dans tous les cas où il devient nécessaire d'employer la formule (D), l'équation (A) (Ire Partie) renferme des intégrales indéterminées qui doivent être réduites à leurs valeurs principales.

Il est fort remarquable que les valeurs de A, déterminées par les équations (21) et (22), dépendent uniquement de la forme de la fonction

$$p = f(x) = \frac{\mathfrak{F}(x)}{F(x)},$$

et des racines de l'équation $F(x) = 0$. On trouvera donc les mêmes valeurs de A, quelles que soient les valeurs de M et de N. C'est ce dont il est facile de s'assurer directement. Supposons, par exemple,

$$M = x, \quad N = z:$$

on aura (§ II, Ire Partie)

$$S = P', \quad T = P''.$$

Si maintenant on fait $x = X + \xi$, $z = Z + \zeta$; en s'arrêtant aux premières puissances de ξ et de ζ, on aura

$$S = \frac{\lambda\xi - \mu\zeta}{\xi^2 + \zeta^2}, \quad T = \frac{-\mu\xi - \lambda\zeta}{\xi^2 + \zeta^2}.$$

Par suite, si l'on suppose $a' < X < a''$, $b' < Z < b''$, la valeur de A relative à l'intégrale $\int_{a'}^{a''}\int_{b'}^{b''} \frac{\partial S}{\partial z}\, dx\, dz$ sera

$$A = 4\int_0^{\epsilon} \frac{\mu\zeta}{\xi^2 + \zeta^2}\, d\xi = 2\mu\pi;$$

et la valeur de A, relative à l'intégrale $\int_{a'}^{a''}\int_{b}^{b''} \frac{\partial T}{\partial z}\, dx\, dz$, sera

$$A = 4\int_0^{\epsilon} \frac{\lambda\zeta}{\xi^2 + \zeta^2}\, d\xi = 2\lambda\pi;$$

ce qui s'accorde avec les formules (21).

Lorsqu'on a, en même temps,

$$X = a' \text{ ou } a'', \quad Z = b' \text{ ou } b'',$$

la valeur de A est, en général, infinie, ainsi que nous l'avons déjà remarqué. Néanmoins celle qui correspond à l'intégrale

$$\int_{a'}^{a''}\int_{b'}^{b''}\frac{\partial S}{\partial z}\,dx\,dz$$

deviendrait finie, si λ était nul. En effet, dans ce cas, la partie logarithmique de chacune des intégrales (19) disparaît d'elle-même; et si, dans la partie restante, on suppose $\zeta = 0$, on trouvera

$$(23)\quad \left\{\begin{array}{l} \left.\begin{array}{l}\text{Pour } X = a',\ Z = b' \\ \text{Pour } X = a'',\ Z = b''\end{array}\right\}\ldots\ldots \quad A = \mu\left(\frac{\pi}{2} - arc\,tang\frac{C}{E}\right), \\ \left.\begin{array}{l}\text{Pour } X = a',\ Z = b'' \\ \text{Pour } X = a'',\ Z = b'\end{array}\right\}\ldots\ldots \quad A = \mu\left(\frac{\pi}{2} + arc\,tang\frac{C}{E}\right). \end{array}\right.$$

De même, si μ était nul, la valeur de A, correspondante à l'intégrale

$$\int_{a'}^{a''}\int_{b'}^{b''}\frac{\partial T}{\partial z}\,dx\,dz,$$

serait toujours finie, et l'on aurait,

$$(24)\quad \left\{\begin{array}{l} \left.\begin{array}{l}\text{Pour } X = a',\ Z = b' \\ \text{Pour } X = a'',\ Z = b''\end{array}\right\}\ldots\ldots \quad A = \lambda\left(\frac{\pi}{2} - arc\,tang\frac{C}{E}\right), \\ \left.\begin{array}{l}\text{Pour } X = a',\ Z = b'' \\ \text{Pour } X = a'',\ Z = b'\end{array}\right\}\ldots\ldots \quad A = \lambda\left(\frac{\pi}{2} + arc\,tang\frac{C}{E}\right). \end{array}\right.$$

Je passe maintenant aux équations (32) du § VI (Ire Partie). Les premiers membres de ces équations expriment les valeurs des intégrales doubles

$$\int\int\frac{\partial(S_2 e^{-R''})}{\partial z}\,dx\,dz, \quad \int\int\frac{\partial(T_2 e^{-R''})}{\partial z}\,dx\,dz$$

prises entre les limites o et x, o et z; limites que je désignerai, pour plus de généralité, par $x = a'$, $x = a''$, $z = b'$, $z = b''$. De plus, les valeurs des fonctions S_2, T_2, R'', qui entrent dans la composition de ces intégrales, sont déterminées par les équations

$$S_2 = \left(Q' \frac{\partial M}{\partial x} - Q'' \frac{\partial N}{\partial x}\right) \cos R' - \left(Q' \frac{\partial N}{\partial x} + Q'' \frac{\partial M}{\partial x}\right) \sin R',$$

$$T_2 = \left(Q' \frac{\partial N}{\partial x} + Q'' \frac{\partial M}{\partial x}\right) \cos R' + \left(Q' \frac{\partial M}{\partial x} - Q'' \frac{\partial N}{\partial x}\right) \sin R',$$

$$f(M \pm N\sqrt{-1}) = Q' \pm Q''\sqrt{-1},$$

$$\int(M \pm N\sqrt{-1}) = R' \pm R''\sqrt{-1},$$

$f(x)$, $\int(x)$ désignant deux fonctions quelconques de x, et M, N deux fonctions quelconques de x et de z.

Supposons maintenant, comme on l'a déjà fait,

$$f(x) = \frac{\mathcal{F}(x)}{F(x)}.$$

Soit encore $\alpha + 6\sqrt{1}$ une des racines de l'équation $F(x) = 0$; et désignons toujours par $x = X$, $z = Z$ un des systèmes de valeurs de x et de z qui satisfont à la fois aux deux équations

$$M = \alpha, \quad N = 6.$$

Ce système sera un de ceux qui rendent indéterminées les fonctions Q', Q'', S_2 et T_2. Si donc il se trouve compris entre les limites des intégrations, il existera, pour chacune des intégrales

$$\int_{a'}^{a''}\int_{b'}^{b''} \frac{\partial(S_2 e^{-R''})}{\partial z}\,dx\,dz, \quad \int_{a'}^{a''}\int_{b'}^{b''} \frac{\partial(T_2 e^{-R''})}{\partial z}\,dx\,dz,$$

une valeur de A correspondante au système dont il s'agit. On déterminera facilement cette valeur de la manière suivante.

Si l'on conserve la notation des n^{os} (15) et (16), et que l'on suppose toujours

$$x = X + \xi, \quad z = Z + \zeta,$$

ξ et ζ étant des quantités très petites, on obtiendra évidemment pour

$$Q', \ Q'', \ Q'\frac{\partial M}{\partial x} - Q''\frac{\partial N}{\partial x}, \ Q'\frac{\partial N}{\partial x} + Q''\frac{\partial M}{\partial x},$$

des valeurs égales à celles que nous avons trouvées ci-dessus n° (17) pour

$$P', \ P'', \ S \text{ et } T.$$

On aura donc

$$(25) \quad \begin{cases} Q'\dfrac{\partial M}{\partial x} - Q''\dfrac{\partial N}{\partial x} = \dfrac{\lambda(B\xi + C\zeta) - \mu E\zeta}{B\xi^2 + 2C\xi\zeta + D\zeta^2}, \\ Q'\dfrac{\partial N}{\partial x} + Q''\dfrac{\partial M}{\partial x} = \dfrac{-\mu(B\xi + C\zeta) - \lambda E\zeta}{B\xi^2 + 2C\xi\zeta + D\zeta^2}. \end{cases}$$

Concevons, de plus, qu'en vertu de la supposition

$$M = \alpha, \quad N = \text{6},$$

les deux fonctions $e^{-R''}\cos R'$, $e^{-R''}\sin R'$ reçoivent des valeurs déterminées γ et δ, en sorte qu'on ait, dans ce cas,

$$(26) \qquad e^{-R''}\cos R' = \gamma, \quad e^{-R''}\sin R' = \delta.$$

Les équations (26) subsisteront encore, si l'on suppose $x = X + \xi$, $z = Z + \zeta$. Par suite, on aura, dans cette dernière hypothèse,

$$(27) \quad \begin{cases} S_2 e^{-R''} = \dfrac{(\gamma\lambda + \delta\mu)(B\xi + C\zeta) - (\gamma\mu - \delta\lambda)E\zeta}{B\xi^2 + 2C\xi\zeta + D\zeta^2}, \\ T_2 e^{-R''} = \dfrac{-(\gamma\mu - \delta\lambda)(B\xi + C\zeta) - (\gamma\lambda + \delta\mu)E\zeta}{B\xi^2 + 2C\xi\zeta + D\zeta^2}. \end{cases}$$

Ces dernières équations sont entièrement semblables à celles qui déterminent les valeurs de S et T dans le n° (17); et, pour les en déduire, il suffit de remplacer

λ par .... $\gamma\lambda + \delta\mu$,

et μ par .... $\gamma\mu - \delta\lambda$.

Il suit de cette remarque, qu'en partant des formules (27), on doit arriver à des résultats semblables à ceux que présentent les n^{os} (21), (22), (23) et (24). Ainsi, par exemple, les valeurs de A, relatives aux deux intégrales

$$\int_{a'}^{a''}\int_{b'}^{b''}\frac{\partial(S_2 e^{-R''})}{\partial z}\,dx\,dz,\quad \int_{a'}^{a''}\int_{b'}^{b''}\frac{\partial(T_2 e^{-R''})}{\partial z}\,dx\,dz \quad (^1),$$

resteront finies, toutes les fois qu'on n'aura pas en même temps X égal à l'une des limites de x, et Z égal à l'une des limites de z. Si aucune de ces deux égalités n'a lieu, les valeurs de A seront respectivement

$$(28)\quad \begin{cases} A = 2(\gamma\mu - \delta\lambda)\pi \quad \text{pour l'intégrale} \displaystyle\int_{a'}^{a''}\int_{b'}^{b''}\frac{\partial(S_2 e^{-R''})}{\partial z}\,dx\,dz, \\ A = 2(\gamma\lambda + \delta\mu)\pi \quad \text{pour l'intégrale} \displaystyle\int_{a'}^{a''}\int_{b'}^{b''}\frac{\partial(T_2 e^{-R''})}{\partial z}\,dx\,dz. \end{cases}$$

Si une seule de ces égalités a lieu, on devra prendre la moitié des

(1) Si, à la place des deux intégrales dont il est ici question, l'on considère la somme

$$\int_{a'}^{a''}\int_{b'}^{b''}\frac{\partial(S_2 e^{-R''})}{\partial z}\,dx\,dz + \sqrt{-1}\int_{a'}^{a''}\int_{b'}^{b''}\frac{\partial(T_2 e^{-R''})}{\partial z}\,dx\,dz$$

équivalente au premier membre de l'équation (O) (Ire Partie), on trouvera, au lieu des formules (28),

$$(E)\qquad A = 2\pi\sqrt{-1}(\lambda - \mu\sqrt{-1})(\gamma + \delta\sqrt{-1}),$$

et, au lieu des formules (29),

$$(F)\qquad A = \pi\sqrt{-1}(\lambda - \mu\sqrt{-1})(\gamma + \delta\sqrt{-1}).$$

Il importe d'observer que, pour déduire les équations (E), (F) des équations (C), (D), il suffit de remplacer la fonction réelle $\frac{\mathfrak{F}(x)}{F(x)}$ par la fonction imaginaire

$$\frac{\mathfrak{F}(x)}{F(x)}e^{r\sqrt{-1}}.$$

Ajoutons que, dans tous les cas où il devient nécessaire d'employer l'équation (F), la formule (O) (Ire Partie) renferme des intégrales indéterminées, qui doivent être réduites à leurs valeurs principales.

valeurs précédentes, et l'on aura, en conséquence,

$$(29)\quad \begin{cases} A = (\gamma\mu - \delta\lambda)\pi \quad \text{pour l'intégrale} \displaystyle\int_{a'}^{a''}\int_{b'}^{b''} \frac{\partial(S_2 e^{-R''})}{\partial z}\,dx\,dz, \\ A = (\gamma\lambda + \delta\mu)\pi \quad \text{pour l'intégrale} \displaystyle\int_{a'}^{a''}\int_{b'}^{b''} \frac{\partial(T_2 e^{-R''})}{\partial z}\,dx\,dz. \end{cases}$$

Enfin, si l'on suppose

$$\gamma\lambda + \delta\mu = 0,$$

la valeur de A, relative à l'intégrale $\int_{a'}^{a''}\int_{b'}^{b''} \frac{\partial(S_2 e^{-R''})}{\partial z}\,dx\,dz$, sera déterminée comme il suit :

$$(30)\quad \begin{cases} \left.\begin{matrix}\text{Pour } X = a', & Z = b' \\ \text{Pour } X = a'', & Z = b''\end{matrix}\right\}\ldots\ldots & A = (\gamma\mu - \delta\lambda)\left(\frac{\pi}{2} - arc\,tang\frac{C}{E}\right), \\ \left.\begin{matrix}\text{Pour } X = a', & Z = b'' \\ \text{Pour } X = a'', & Z = b'\end{matrix}\right\}\ldots\ldots & A = (\gamma\mu - \delta\lambda)\left(\frac{\pi}{2} + arc\,tang\frac{C}{E}\right); \end{cases}$$

et si l'on a

$$\gamma\mu - \delta\lambda = 0,$$

la valeur de A, relative à l'intégrale $\int_{a'}^{a''}\int_{b'}^{b''} \frac{\partial(T_2 e^{-R''})}{\partial z}\,dx\,dz$, sera déterminée par les formules suivantes :

$$(31)\quad \begin{cases} \left.\begin{matrix}\text{Pour } X = a', & Z = b' \\ \text{Pour } X = a'', & Z = b''\end{matrix}\right\}\ldots\ldots & A = (\gamma\lambda + \delta\mu)\left(\frac{\pi}{2} - arc\,tang\frac{C}{E}\right), \\ \left.\begin{matrix}\text{Pour } X = a', & Z = b'' \\ \text{Pour } X = a'', & Z = b'\end{matrix}\right\}\ldots\ldots & A = (\gamma\lambda + \delta\mu)\left(\frac{\pi}{2} + arc\,tang\frac{C}{E}\right). \end{cases}$$

Si l'on supposait $f(x) = 0$, on aurait $R' = 0$, $R'' = 0$, $\gamma = 1$, $\delta = 0$; et, par suite, les formules (28), (29), (30) et (31) rentreraient dans les formules (21), (22), (23) et (24). Les valeurs de A, déterminées par ces diverses formules, indiquent les corrections que l'on peut être obligé de faire aux équations trouvées dans la première Partie de ce Mémoire. C'est ce que nous allons montrer plus clairement par quelques applications.

V.

PREMIÈRE APPLICATION, POUR FAIRE SUITE AU § II DE LA PREMIÈRE PARTIE DE CE MÉMOIRE.

Supposons, comme dans le § II de la première Partie,

$$M = x, \quad N = z.$$

Les équations (15) du paragraphe précédent donneront

$$B = 1, \quad C = 0, \quad D = 1, \quad E = 1.$$

Par suite, si l'on suppose

$$f(x) = \frac{\mathcal{F}(x)}{F(x)},$$

et que l'on désigne à l'ordinaire par $\alpha + \beta\sqrt{-1}$ une des racines de l'équation $F(x) = 0$, la valeur de A, qui correspond à la racine dont il s'agit, et qui se rapporte à l'intégrale $\int_0^a \int_0^b \frac{\partial S}{\partial z}\,dx\,dz$, sera, en vertu des équations (20), égale à

$$(32) \quad \begin{cases} 2\mu\pi & \text{si } \alpha \gtrless 0 \text{ et } a, \quad \beta \gtrless 0 \text{ et } b; \\ \mu\pi & \text{si } \begin{cases} \alpha \gtrless 0 \text{ et } a, & \beta = 0 \text{ ou } b; \\ \alpha = 0 \text{ ou } a, & \beta \gtrless 0 \text{ et } b; \end{cases} \\ \frac{1}{2}\mu\pi \pm \infty\lambda & \text{si } \alpha = 0 \text{ ou } a, \quad \beta = 0 \text{ ou } b. \end{cases}$$

Nous indiquons ici, par la notation

$$\alpha \gtrless 0 \text{ et } a,$$

que α est compris entre les deux limites o et a; c'est-à-dire, $>$ l'une et $<$ l'autre, sans égaler aucune d'elles.

Les formules (32) supposent que l'on a $0 < a$, $0 < b$, c'est-à-dire, que les quantités a et b sont positives. La valeur de A, déterminée par les mêmes formules, devrait être prise en signe contraire, si l'une des deux quantités a et b était positive, et l'autre négative. Mais ce changement de signe ne devrait plus avoir lieu si toutes deux étaient négatives en même temps.

Si l'équation $F(x) = 0$ a plusieurs racines comprises entre les limites de l'intégration, il faudra calculer la valeur de A séparément pour chacune d'elles, et la somme des résultats obtenus donnera la valeur complète de cette même quantité.

Concevons, pour plus de facilité, que a ne soit égal à aucune des valeurs de α, ni b à aucune des valeurs de 6. Alors les formules (30) présenteront seulement quatre hypothèses différentes, savoir, celle où l'on aura en même temps $\alpha = 0$, $6 = 0$, celle où α sera nul, celle où 6 sera nul, et celle où aucune des quantités α, 6 ne sera égale à zéro. Dans la première hypothèse, on aura, si $\lambda = 0$, $\mu = 0$, $A = 0$; et, si λ n'est pas nul, $A = \infty$. On aura, dans la seconde, $A = \mu\pi$; dans la troisième, $\mu = 0$, et, par suite, $A = 0$; dans la quatrième, $A = 2\mu\pi$. La première hypothèse fournit le cas où l'équation $F(x) = 0$ a une racine nulle; et la troisième hypothèse, dans laquelle $6 = 0$, celui où la racine $\alpha + 6\sqrt{-1}$ devient réelle sans être nulle. Comme on a, dans ce cas, $A = 0$, il faut en conclure qu'on pourra se dispenser d'avoir égard aux racines réelles de l'équation $F(x) = 0$, à moins qu'une de ces racines ne soit égale à zéro.

Supposons maintenant que l'équation $F(x) = 0$ n'ait pas de racines nulles, ou, ce qui revient au même, que $f(x) = \frac{\mathcal{F}(x)}{F(x)}$ ne devienne pas infinie par des valeurs nulles de x. Désignons par

$$S(\mu_{\alpha,6})$$

la somme des valeurs de μ qui correspondent à des valeurs de α comprises entre 0 et a, et à des valeurs de 6 comprises entre 0 et b. Soit encore

$$S(\mu_{0,6})$$

la somme des valeurs de μ qui correspondent à des valeurs nulles de α et à des valeurs de 6 comprises entre 0 et b. Enfin désignons par A′ la valeur complète de A relative à l'intégrale

$$\int_0^a \int_0^b \frac{\partial S}{\partial z}\, dx\, dz.$$

On aura, en vertu de ce qui précède,

$$(33) \qquad A' = [2S(\mu_{\alpha,\beta}) + S(\mu_{0,\beta})]\pi \quad (^1).$$

(¹) Les formules (33) et (34) sont renfermées l'une et l'autre dans la suivante :

$$(G) \qquad A' + A''\sqrt{-1} = 2\pi\sqrt{-1}\, S(\lambda - \mu\sqrt{-1}),$$

le signe S étant placé devant le terme $\lambda - \mu\sqrt{-1}$, pour indiquer une somme de termes semblables correspondants aux valeurs de $\alpha + \beta\sqrt{-1}$, dans lesquelles α demeure compris entre les limites o, a, et β entre les limites o, b. Si, pour quelque terme, la valeur de α se réduisait à l'une des quantités o, a, ou la valeur de β à l'une des limites o, b, il faudrait avoir soin de réduire ce terme à sa moitié. Cela posé, les équations (36) pourront être remplacées par la seule formule imaginaire

$$(H) \quad \begin{cases} \displaystyle\int_0^a f(x + b\sqrt{-1}) - \int_0^a f(x)\, dx \\ \displaystyle\quad = \sqrt{-1}\left[\int_0^b f(a + z\sqrt{-1})\, dz - \int_0^b f(z\sqrt{-1})\, dz\right] - 2\pi\sqrt{-1}\, S(\lambda - \mu\sqrt{-1}), \end{cases}$$

dans laquelle toute intégrale qui aura une valeur générale indéterminée devra être réduite à sa valeur principale.

Si maintenant on pose $a = \pm\infty$, $b = \infty$, et si l'on admet que $f(x + z\sqrt{-1})$ s'évanouisse, 1° pour $x = \pm\infty$, quel que soit z, 2° pour $z = \infty$, quel que soit x, on déduira de l'équation (H) deux autres équations de la forme

$$(I) \qquad \int_0^\infty f(x)\, dx = \sqrt{-1}\int_0^\infty f(z\sqrt{-1})\, dz + 2\pi\sqrt{-1}\, S(\lambda - \mu\sqrt{-1}),$$

$$(K) \quad \begin{cases} \displaystyle\int_{-\infty}^0 f(x)\, dx = -\int_0^{-\infty} f(x)\, dx \\ \displaystyle\quad = -\sqrt{-1}\int_0^\infty f(z\sqrt{-1})\, dz + 2\pi\sqrt{-1}\, S(\lambda - \mu\sqrt{-1}), \end{cases}$$

le signe S indiquant, dans l'équation (I), une somme de termes correspondants à des valeurs positives de α, et, dans l'équation (K), une somme de termes correspondants à des valeurs négatives de α. En ajoutant les formules (I) et (K), on obtiendra la suivante,

$$(L) \qquad \int_{-\infty}^\infty f(x)\, dx = 2\pi\sqrt{-1}\, S(\lambda - \mu\sqrt{-1}),$$

De même, si l'on désigne par

$$S(\lambda_{\alpha,6}) \quad \text{et} \quad S(\lambda_{\alpha,0})$$

la somme des valeurs de λ qui correspondent à des valeurs de α com-

dans laquelle le signe S indiquera une somme de termes relatifs à des valeurs positives ou négatives de α, mais à des valeurs positives de 6. Il est essentiel d'observer qu'on devra encore réduire à moitié chaque terme auquel correspondrait une valeur nulle de 6, et réduire, dans le même cas, l'intégrale définie $\int_{-\infty}^{\infty} f(x)\,dx$ à sa valeur principale.

Les équations (H) et (L) s'accordent avec celles que j'ai données dans le *Résumé des Leçons de Calcul infinitésimal* [*voir* les formules (6) et (14) de la XXXIVe Leçon].

Tant que la fonction $p = f(x)$ reste réelle, l'intégrale $\int_{-\infty}^{\infty} f(x)\,dx$ est pareillement réelle. et, par suite, le coefficient de $2\pi\sqrt{-1}$, dans le second membre de l'équation (L), doit s'évanouir. On a donc alors

$$\text{(M)} \qquad S(\lambda) = 0.$$

Alors aussi, en écrivant p au lieu de $f(x)$ dans l'équation (L), on obtient la suivante.

$$\text{(N)} \qquad \int_{-\infty}^{\infty} p\,dx = 2\pi S(\mu),$$

qui ne diffère pas de la formule (39).

Si, dans l'équation (M), on substitue à λ sa valeur tirée des formules (16), on trouvera

$$\text{(O)} \qquad S\frac{\mathcal{F}(\alpha+6\sqrt{-1})}{F'(\alpha+6\sqrt{-1})} + S\frac{\mathcal{F}(\alpha-6\sqrt{-1})}{F'(\alpha-6\sqrt{-1})} = 0,$$

le signe S devant être étendu, dans chacune des expressions

$$S\frac{\mathcal{F}(\alpha+6\sqrt{-1})}{F'(\alpha+6\sqrt{-1})}, \quad S\frac{\mathcal{F}(\alpha-6\sqrt{-1})}{F'(\alpha-6\sqrt{-1})},$$

à toutes les valeurs positives ou négatives de α, et à toutes les valeurs positives de 6. De plus, comme la fonction $p = \frac{\mathcal{F}(x)}{F(x)}$ est réelle par hypothèse, il en résulte que les racines de l'équation $\frac{1}{p} = 0$ sont deux à deux de la forme $\alpha + 6\sqrt{-1}$, $\alpha - 6\sqrt{-1}$. En conséquence. l'équation (O) peut s'écrire comme il suit :

$$\text{(P)} \qquad S\frac{\mathcal{F}(\alpha+6\sqrt{-1})}{F'(\alpha+6\sqrt{-1})} = 0,$$

le signe S embrassant toutes les valeurs réelles possibles des deux quantités α, 6.

prises entre o et a, et à des valeurs de β comprises entre o et b, ou nulles; par

$$S(\lambda_{0,\beta})$$

la somme des valeurs de λ qui correspondent à des valeurs nulles de α et à des valeurs de β comprises entre o et b; et par A'' la valeur complète de A relative à l'intégrale

$$\int_0^a \int_0^b \frac{\partial T}{\partial z} dx\, dz :$$

on aura

$$(34) \qquad A'' = [2S(\lambda_{\alpha,\beta}) + S(\lambda_{\alpha,0}) + S(\lambda_{0,\beta})]\pi.$$

Si l'équation $F(x) = 0$ avait une racine nulle, la valeur correspondante de μ serait toujours nulle, mais la valeur de λ pourrait être finie. Soit $\lambda_{0,0}$ cette valeur de λ. La valeur correspondante de A, relativement à l'intégrale $\int_0^a \int_0^b \frac{\partial T}{\partial z} dx\, dz$, serait $A = \frac{1}{2}\lambda_{0,0}\pi$. On aura donc, en admettant l'hypothèse d'une racine nulle,

$$(35) \qquad A'' = [2S(\lambda_{\alpha,\beta}) + S(\lambda_{\alpha,0}) + S(\lambda_{0,\beta}) + \tfrac{1}{2}\lambda_{0,0}]\pi.$$

Revenons au § II de la première Partie. Dans ce paragraphe, les premiers membres des équations (5) expriment les valeurs des intégrales

$$\int_0^a \int_0^b \frac{\partial S}{\partial z} dx\, dz, \quad \int_0^a \int_0^b \frac{\partial T}{\partial z} dx\, dz.$$

Mais ces équations ne sont vraies qu'autant que les fonctions

$$S = P', \quad T = P''$$

ne peuvent devenir indéterminées entre les limites des intégrations. Si, entre ces limites, les valeurs de P' et de P'' deviennent indéterminées, alors, pour corriger les équations que l'on considère, il suffira d'ajouter aux premiers membres les valeurs de $A_{,}$ qui correspondent aux intégrales dont il s'agit. On aura donc, en général,

$$(36)\qquad \left\{\begin{aligned} &\int_0^a \mathrm{P}'\,dx - \int_0^a p\,dx + \mathrm{A}' = \int_0^b p''\,dz - \int_0^b \mathrm{P}''\,dz,\\ &\int_0^a \mathrm{P}''\,dx + \mathrm{A}'' \qquad\qquad\ = \int_0^b \mathrm{P}'\,dz - \int_0^b p'\,dz, \end{aligned}\right.$$

la valeur de A′ étant déterminée par l'équation (33), et la valeur de A″ par l'équation (34) ou (35).

Dans les équations (36),

$$\int_0^a \mathrm{P}'\,dx - \int_0^a p\,dx \quad \text{et} \quad \int_0^a \mathrm{P}''\,dx$$

désignent respectivement les valeurs des intégrales

$$\int_0^a \int_0^b \frac{\partial \mathrm{P}'}{\partial z}\,dx\,dz, \quad \int_0^a \int_0^b \frac{\partial \mathrm{P}''}{\partial z}\,dx\,dz,$$

prises, par rapport à z, entre les limites o et b; ce qui suppose que les deux fonctions P′, P″ croissent ou décroissent d'une manière continue depuis $z = 0$ jusqu'à $z = b$. Si le contraire avait lieu, les équations (36) ne seraient plus vraies; mais il serait facile de les rectifier à l'aide des principes établis dans le § III.

Corollaire I. — Supposons que P′ et P″ s'évanouissent pour des valeurs infinies positives ou négatives de la variable x, et pour des valeurs infinies positives de la variable z. Si, dans ce cas, on suppose

$$a = \infty, \quad b = \infty,$$

la première des équations (36) deviendra

$$(37)\qquad \int_0^\infty p\,dx = \pi[2\,\mathrm{S}(\mu_{\alpha,6}) + \mathrm{S}(\mu_{0,6})] - \int_0^\infty p''\,dz,$$

le signe S s'étendant à toutes les valeurs positives de α et de 6.

Si, dans le même cas, on suppose

$$a = -\infty, \quad b = \infty,$$

et qu'au lieu de prendre les intégrales relatives à x entre les limites $x=0$, $x=-\infty$, on veuille qu'elles soient prises entre les limites $x=-\infty$, $x=0$, on devra changer les signes des premiers membres des équations (36); et, par suite, si l'on désigne par

$$S(\mu_{-\alpha,6})$$

la somme des valeurs de μ correspondantes à des valeurs négatives de α, mais à des valeurs positives de 6, on trouvera

$$(38) \qquad \int_{-\infty}^{0} p\,dx = \pi[2S(\mu_{-\alpha,6}) + S(\mu_{0,6})] + \int_{0}^{\infty} p''\,dz.$$

Si maintenant on ajoute entre elles les équations (37) et (38), et que l'on désigne par

$$S(\mu_{\pm\alpha,6})$$

la somme des valeurs de μ qui correspondent à des valeurs positives, nulles ou négatives de α, mais à des valeurs positives de 6, on aura simplement

$$(39) \qquad \int_{-\infty}^{\infty} p\,dx = 2\pi S(\mu_{\pm\alpha,6}) \quad (^1).$$

(1) Nous avons obtenu la formule (39) en supposant que $f(x)$ se réduisait à une fonction réelle désignée par p ou par $\frac{\mathfrak{F}(x)}{F(x)}$. Mais rien n'empêche d'appliquer la méthode que nous avons suivie pour établir cette formule à une fonction imaginaire, et de supposer, par exemple,

$$f(x) = q(\cos r + \sqrt{-1}\sin r),$$

q et r désignant deux fonctions réelles de x. Alors la formule (39) subsistera encore, pourvu que l'on fasse, comme dans le § VI (Ire Partie),

$$p = q\cos r,$$

et que l'on détermine toujours la quantité μ par le moyen de l'équation (B), c'est-à-dire, pourvu que l'on représente par p la partie réelle de la fonction $f(x)$, et par $-\mu$ le coefficient de $\sqrt{-1}$ dans le produit

$$\varepsilon f(\alpha + 6\sqrt{-1} + \varepsilon),$$

ε étant une quantité infiniment petite. L'équation (39), ainsi généralisée, fournit les valeurs de presque toutes les intégrales définies connues, et d'un grand nombre d'autres. On pour-

On pourra donc énoncer le théorème suivant :

THÉORÈME I. — *Soit*

$$\frac{\mathfrak{F}(x)}{F(x)} = p.$$

une fonction de x telle, que chacune des racines de l'équation $\frac{1}{p} = 0$ *corresponde à un facteur du premier degré dans la fonction* $\frac{1}{p}$. *Suppo-*

rait la remplacer par la formule (L), qui conduit précisément aux mêmes résultats. On peut aussi présenter l'équation (39) sous d'autres formes que nous allons indiquer.

Soit $\varphi(x) + \sqrt{-1}\,\chi(x)$ une fonction imaginaire qui ne devienne jamais infinie pour des valeurs réelles et finies de x, ni pour des valeurs imaginaires, dans lesquelles le coefficient de $\sqrt{-1}$ reste positif, et supposons

$$f(x) = [\varphi(x) + \sqrt{-1}\,\chi(x)]\frac{\mathfrak{F}(x)}{F(x)},$$

les fonctions $\mathfrak{F}(x)$ et $F(x)$ étant réelles, ainsi que $\varphi(x)$ et $\chi(x)$. Admettons, en outre, que le produit

$$[\varphi(x + z\sqrt{-1}) + \sqrt{-1}\,\chi(x + z\sqrt{-1})]\frac{\mathfrak{F}(x + z\sqrt{-1})}{F(x + z\sqrt{-1})}$$

s'évanouisse, 1° pour $x = \pm\infty$, quel que soit z, 2° pour $z = \infty$, quel que soit x. Enfin concevons que, les valeurs des quantités λ, μ, étant données par la formule (A) (p. 409), on désigne par γ et δ deux autres quantités réelles propres à vérifier l'équation

$$\text{(Q)} \qquad \varphi(\alpha + 6\sqrt{-1}) + \sqrt{-1}\,\chi(\alpha + 6\sqrt{-1}) = \gamma + \delta\sqrt{-1}.$$

On aura, dans cette hypothèse,

$$\text{(R)} \quad \varepsilon f(\alpha + 6\sqrt{-1} + \varepsilon) = (\lambda - \mu\sqrt{-1})(\gamma + \delta\sqrt{-1}) = \gamma\lambda + \delta\mu - (\gamma\mu - \delta\lambda)\sqrt{-1};$$

et, par suite, le coefficient de $\sqrt{-1}$, au lieu d'être représenté par $-\mu$, sera équivalent à $-(\gamma\mu - \delta\lambda)$. Donc, si, dans la formule (39) ou (N), on remplace p par la partie réelle du produit

$$[\varphi(x) + \sqrt{-1}\,\chi(x)]\frac{\mathfrak{F}(x)}{F(x)},$$

on devra y remplacer en même temps la quantité μ par $\gamma\mu - \delta\lambda$. On obtiendra ainsi l'équation

$$\text{(S)} \qquad \int_{-\infty}^{\infty} \varphi(x)\frac{\mathfrak{F}(x)}{F(x)}\,dx = 2\pi\,S(\gamma\mu - \delta\lambda).$$

Si l'on suppose, pour plus de simplicité,

$$\frac{\mathfrak{F}(x)}{F(x)} = q, \quad \varphi(x) = \cos r, \quad \chi(x) = \sin r,$$

sons, de plus, que chacune des parties réelle et imaginaire de l'expression

$$\frac{\mathfrak{F}(x+z\sqrt{-1})}{F(x+z\sqrt{-1})}$$

soit une fonction continue de z qui s'évanouisse pour des valeurs infinies, positives ou négatives, de x, et pour des valeurs infinies, positives, de z;

l'équation (S) deviendra

$$\text{(T)} \qquad \int_{-\infty}^{\infty} q\cos r\,dx = 2\pi\,S(\gamma\mu-\delta\lambda).$$

Cette dernière se déduit immédiatement des principes établis dans le § IV. Car, en vertu de ces principes, il suffira, pour déterminer la valeur de l'intégrale

$$\int_{-\infty}^{\infty} q\cos r\,dx,$$

de substituer, dans l'équation (39), à la quantité $2\mu\pi$, c'est-à-dire au second membre de la première des formules (21), la quantité $2(\gamma\mu-\delta\lambda)\pi$, c'est-à-dire le second membre de la première des formules (28).

L'équation (S) entraîne évidemment la suivante :

$$\text{(U)} \qquad \int_{-\infty}^{\infty} \chi(x)\frac{\mathfrak{F}(x)}{F(x)}\,dx = 2\pi(\gamma\lambda+\delta\mu).$$

Car on tire de l'équation (Q), multipliée par $-\sqrt{-1}$,

$$\chi(\alpha+6\sqrt{-1})-\sqrt{-1}\,\varphi(\alpha+6\sqrt{-1}) = \delta-\gamma\sqrt{-1};$$

et il en résulte que, si l'on remplace $\varphi(x)$ par $\chi(x)$, on devra remplacer en même temps $\gamma+\delta\sqrt{-1}$ par $\delta-\gamma\sqrt{-1}$, c'est-à-dire γ par δ, et δ par $-\gamma$. Ajoutons que les équations (S) et (U) sont renfermées l'une et l'autre dans la formule

$$\text{(V)} \quad \left\{\begin{aligned} &\int_{-\infty}^{\infty}\left[\varphi(x)+\sqrt{-1}\,\chi(x)\right]\frac{\mathfrak{F}(x)}{F(x)}\,dx \\ &\quad = 2\pi\sqrt{-1}\,S\left[(\lambda-\mu\sqrt{-1})(\gamma+\delta\sqrt{-1})\right] \\ &\quad = 2\pi\sqrt{-1}\,S\left\{\left[\varphi(\alpha+6\sqrt{-1})+\sqrt{-1}\,\chi(\alpha+6\sqrt{-1})\right]\frac{\mathfrak{F}(\alpha+6\sqrt{-1})}{F'(\alpha+6\sqrt{-1})}\right\}, \end{aligned}\right.$$

qui est précisément ce que devient l'équation (L), quand on attribue à la fonction $f(x)$ une valeur imaginaire.

Il est essentiel d'observer qu'on ne diminuera pas la généralité de la formule (S), si l'on suppose que $\frac{\mathfrak{F}(x)}{F(x)}$ désigne une fraction rationnelle, et que la fonction $\varphi(x)+\sqrt{-1}\,\chi(x)$ continue de remplir les conditions ci-dessus énoncées. En effet, si, la fonction $f(x)$ étant *enfin soit* $\alpha + \text{б}\sqrt{-1}$ *une des racines imaginaires de l'équation* $\frac{1}{p} = 0$; *et*

$$\mu = \frac{1}{2\sqrt{-1}}\left[\frac{\mathcal{F}(\alpha - \text{б}\sqrt{-1})}{F'(\alpha - \text{б}\sqrt{-1})} - \frac{\mathcal{F}(\alpha + \text{б}\sqrt{-1})}{F'(\alpha + \text{б}\sqrt{-1})}\right].$$

La valeur de l'intégrale $\int_{-\infty}^{\infty} p\,dx$ *sera le produit de la circonférence,*

imaginaire, on désigne par

$$x = a, \quad x = a', \quad \ldots$$

les racines réelles et finies de l'équation $\frac{1}{f(x)} = 0$, et par

$$x = \alpha + \text{б}\sqrt{-1}, \quad x = \alpha' + \text{б}'\sqrt{-1}, \quad \ldots$$

celles des racines imaginaires dans lesquelles le coefficient de $\sqrt{-1}$ est positif; si d'ailleurs on considère, pour plus de simplicité, le cas où toutes les racines sont inégales, il suffira de prendre

$$\frac{\mathcal{F}(x)}{F(x)} = \frac{1}{(x-a)(x-a')\ldots(x-\alpha-\text{б}\sqrt{-1})(x-\alpha+\text{б}\sqrt{-1})(x-\alpha'-\text{б}'\sqrt{-1})(x-\alpha'+\text{б}'\sqrt{-1})\ldots}$$
$$= \frac{1}{(x-a)(x-a')\ldots[(x-\alpha)^2+\text{б}^2][(x-\alpha')^2+\text{б}'^2]\ldots},$$

pour que l'équation

$$\varphi(x) + \sqrt{-1}\,\chi(x) = \pm\infty$$

n'ait pas de racines réelles et finies, ni de racines imaginaires dans lesquelles le coefficient de $\sqrt{-1}$ soit positif.

La formule (S) est du nombre de celles que j'avais établies dans des Leçons données, en 1817, au Collège de France. Dans l'une de ces Leçons, j'avais appliqué la même formule aux cas où l'on prend pour $\varphi(x) + \sqrt{-1}\,\chi(x)$ l'une des fonctions

$$e^{rx\sqrt{-1}}, \quad \frac{e^{rx\sqrt{-1}}}{\sqrt{-1}}, \quad l(1 - rx\sqrt{-1}), \quad \frac{l(1 - rx\sqrt{-1})}{\sqrt{-1}},$$

r étant une quantité positive, et j'avais ainsi obtenu les équations

$$\int_{-\infty}^{\infty} \frac{\mathcal{F}(x)}{F(x)} \cos rx\,dx = 2\pi\,\mathrm{S}[e^{-\text{б}r}(\mu\cos\alpha r - \lambda\sin\alpha r)],$$

$$\int_{-\infty}^{\infty} \frac{\mathcal{F}(x)}{F(x)} \sin rx\,dx = 2\pi\,\mathrm{S}[e^{-\text{б}r}(\mu\sin\alpha r + \lambda\cos\alpha r)],$$

$$\int_{-\infty}^{\infty} \frac{\mathcal{F}(x)}{F(x)} \frac{l(1+r^2x^2)}{2}\,dx = 2\pi\,\mathrm{S}\left\{\mu\frac{l[(1+\text{б}r)^2+\alpha^2r^2]}{2} + \lambda\,\mathrm{arc\,tang}\frac{\alpha r}{1+\text{б}r}\right\},$$

$$\int_{-\infty}^{\infty} \frac{\mathcal{F}(x)}{F(x)} \mathrm{arc\,tang}\,rx\,dx = 2\pi\,\mathrm{S}\left\{\mu\,\mathrm{arc\,tang}\frac{\alpha r}{1+\text{б}r} - \lambda\frac{l[(1+\text{б}r)^2+\alpha^2r^2]}{2}\right\},$$

qui a pour rayon l'unité, par la somme des valeurs de μ qui correspondent à des valeurs positives ou négatives de α, mais à des valeurs positives de $\mathfrak{G}$.

Lorsque p est une fonction paire de x, la moitié du produit qu'on vient de citer est la valeur de l'intégrale $\int_0^\infty p\,dx$.

Exemple I. — Soit

$$p = \frac{x^{2m}}{1 + x^{2n}},$$

dont les deux premières sont renfermées dans l'équation (Z) (*voir*, ci-après, § VII), et dont la dernière comprend la formule

$$\int_{-\infty}^{\infty} \text{arc tang}\,x \frac{dx}{x(1+x^2)} = 2\int_0^\infty \text{arc tang}\,x \frac{dx}{x(1+x^2)} = \pi\, l(2),$$

que l'intégration par parties réduit à

$$\int_0^\infty \text{arc tang}\,x \frac{dx}{x^2} = \int_0^\infty (\text{arc cos}\,x)^2\, dx = \frac{\pi}{2} l(2).$$

On déduirait avec la même facilité, de la formule (S) ou de la formule (L), les valeurs des intégrales définies

$$\int_{-\infty}^{\infty} l(r^2 - 2rx\cos\theta + x^2) \frac{\mathfrak{F}(x)}{F(x)}\, dx,$$

$$\int_{-\infty}^{\infty} \text{arc tang} \frac{r\cos\theta - x}{r\sin\theta} \frac{\mathfrak{F}(x)}{F(x)}\, dx,$$

$$\int_{-\infty}^{\infty} e^{a\cos bx} \cos(a\sin bx) \frac{\mathfrak{F}(x)}{F(x)}\, dx,$$

$$\int_{-\infty}^{\infty} e^{a\cos bx} \sin(a\sin bx) \frac{\mathfrak{F}(x)}{F(x)}\, dx,$$

$$\int_{-\infty}^{\infty} l(1 + 2r\cos bx + r^2) \frac{\mathfrak{F}(x)}{F(x)}\, dx,$$

$$\int_{-\infty}^{\infty} \text{arc tang} \frac{r\sin bx}{1 + r\cos bx} \frac{\mathfrak{F}(x)}{F(x)}\, dx,$$

. . . . ,

a, b, r étant des constantes positives, et θ un arc renfermé entre les limites 0, π; et, en général, les valeurs de toutes les intégrales que j'ai citées dans le XIXe Cahier du *Journal de l'École royale Polytechnique*, et dans l'Addition au *Mémoire sur les intégrales définies prises entre des limites imaginaires*.

m et n étant deux nombres entiers positifs, et m étant $< n$. On aura

$$\mathfrak{F}(x) = x^{2m},\quad \mathrm{F}(x) = 1 + x^{2n},\quad \frac{\mathfrak{F}(x)}{\mathrm{F}'(x)} = \frac{1}{2n} x^{2m+1-2n}.$$

De plus, $\alpha + \beta\sqrt{-1}$ désignant une racine quelconque de l'équation $1 + x^{2n} = 0$, on aura

$$\alpha = \cos(2k+1)\frac{\pi}{2n},\quad \beta = \sin(2k+1)\frac{\pi}{2n},$$

k étant un nombre entier pris à volonté. Cela posé, on trouvera

$$\mu = \frac{1}{2n}\sin\left[(2k+1)\frac{(2m+1)\pi}{2n}\right],$$

$$\mathrm{S}(\mu_{\pm\alpha,\beta}) = \frac{1}{2n}\left\{\sin\frac{(2m+1)\pi}{2n} + \sin\left[3\frac{(2m+1)\pi}{2n}\right] + \ldots + \sin\left[(2n-1)\frac{(2m+1)\pi}{2n}\right]\right\}$$
$$= \frac{1}{2n\sin\frac{(2m+1)\pi}{2n}}.$$

On aura donc

$$\int_{-\infty}^{\infty} \frac{x^{2m}}{1+x^{2n}}\,dx = \frac{\pi}{n\sin\frac{(2m+1)\pi}{2n}}.$$

Si l'on prend l'intégrale précédente entre les limites

$$x = 0,\quad x = \infty,$$

sa valeur sera de moitié moindre. On aura donc, entre ces dernières limites,

$$(a)\qquad \int_{0}^{\infty} \frac{x^{2m}}{1+x^{2n}}\,dx = \frac{\pi}{2n\sin\frac{(2m+1)\pi}{2n}}.$$

Cette équation étant vraie, quelles que soient les valeurs entières de m et de n, sera encore vraie, si l'on donne à m et à n des valeurs quelconques rationnelles ou irrationnelles. Si donc on fait

$$2m + 1 = a,\quad 2n = b,$$

on aura, en général,

$$(b)\qquad \int_0^\infty \frac{x^{a-1}\,dx}{1+x^b} = \frac{\pi}{b\sin\frac{a\pi}{b}}.$$

Euler a, le premier, donné cette formule (*voir* le *Calcul intégral d'Euler*, p. 254). Il l'a démontrée de deux manières. La première est fort compliquée. La seconde est plus simple; mais l'auteur lui-même la regarde comme peu naturelle : *Ne hanc quidem viam pro maxime naturali haberi velim.* On voit, par ce qui précède, que la formule dont il s'agit n'est qu'un cas particulier d'une autre beaucoup plus générale, relative aux intégrales qui doivent être prises entre les limites $-\infty$ et $+\infty$ de la variable.

Exemple II. — Soit

$$p = \frac{x^{2m}}{1-x^{2n}},$$

m et n étant des nombres entiers positifs, et m étant $< n$. On trouvera

$$S(\mu_{\pm\alpha,\beta}) = \frac{1}{2n}\left\{\sin\left[2\frac{(2m+1)\pi}{2n}\right] + \sin\left[4\frac{(2m+1)\pi}{2n}\right] + \ldots + \sin\left[(2n-2)\frac{(2m+1)\pi}{2n}\right]\right\}$$
$$= \frac{1}{2n\tang\frac{(2m+1)\pi}{2n}}.$$

On aura donc

$$\int_{-\infty}^{\infty} \frac{x^{2m}}{1-x^{2n}}\,dx = \frac{\pi}{n\tang\frac{(2m+1)\pi}{2n}};$$

et, par suite,

$$(c)\qquad \int_0^\infty \frac{x^{2m}}{1-x^{2n}}\,dx = \frac{\pi}{2n\tang\frac{(2m+1)\pi}{2n}} \quad (^1).$$

Cette dernière équation étant vraie, quels que soient les nombres

(1) Les équations (*c*) et (*d*) fournissent seulement les valeurs en termes finis des intégrales qu'elles renferment. Ajoutons que les équations (*b*) et (*d*), quand on y remplace x

entiers m et n, sera encore vraie si m et n deviennent irrationnels. Si donc on fait

$$2m+1=a, \quad 2n=b,$$

on aura, en général,

$$(d) \qquad \int_0^\infty \frac{x^{a-1}\,dx}{1-x^b} = \frac{\pi}{b\tang\frac{a\pi}{b}}.$$

L'équation précédente semble absurde au premier abord, attendu que la fonction sous le signe $\int$ passe par l'infini entre les limites de

par $x^{\frac{1}{b}}$, et a par ba, prennent les formes

$$(\mathrm{W}) \qquad \int_0^\infty \frac{x^{a-1}\,dx}{1+x} = \frac{\pi}{\sin a\pi}, \quad \int_0^\infty \frac{x^{a-1}\,dx}{1-x} = \frac{\pi}{\tang a\pi}.$$

Or, pour déduire immédiatement ces deux dernières de la formule (L), il suffit de poser

$$f(x) = \frac{(-x\sqrt{-1})^{a-1}}{1+x}:$$

on trouve alors

$$(-\sqrt{-1})^{a-1}\int_0^\infty x^{a-1}\frac{dx}{1+x} + (\sqrt{-1})^{a-1}\int_0^\infty x^{a-1}\frac{dx}{1-x} = \pi(\sqrt{-1})^a;$$

puis, en multipliant les deux membres par $(-\sqrt{-1})^a$, et ayant égard à l'équation

$$(-\sqrt{-1})^{2a-1} = \left(\cos\frac{\pi}{2} - \sqrt{-1}\sin\frac{\pi}{2}\right)^{2a-1} = \sin a\pi + \sqrt{-1}\cos a\pi,$$

on obtient la formule

$$(\sin a\pi + \sqrt{-1}\cos a\pi)\int_0^\infty x^{a-1}\frac{dx}{1+x} - \sqrt{-1}\int_0^\infty x^{a-1}\frac{dx}{1-x} = \pi,$$

qui comprend les deux équations (W).

Il est facile de transformer les valeurs principales des intégrales indéterminées en intégrales définies dans lesquelles les fonctions sous le signe $\int$ cessent de devenir infiniment grandes pour des valeurs particulières de la variable. C'est par une transformation de ce genre que l'on déduit de l'équation (c) la formule (e) dont le premier membre est une intégrale complètement déterminée.

l'intégration. Néanmoins on peut vérifier, dans plusieurs cas particuliers, le résultat qu'on vient de trouver. Ainsi, par exemple, si l'on fait $a = 1$, $b = 2$, l'équation (d) donnera

$$\int_0^\infty \frac{dx}{1 - x^2} = 0 :$$

ce qu'on peut vérifier de la manière suivante.

L'intégrale $\int_0^{1-\varepsilon} \frac{dx}{1 - x^2}$, ε étant une quantité très petite, est

$$\tfrac{1}{2} l \left(\frac{2 - \varepsilon}{\varepsilon} \right).$$

La même intégrale, prise entre les limites $x = 1 + \varepsilon$, $x = \infty$, a pour valeur

$$\tfrac{1}{2} l \left(\frac{\varepsilon}{2 + \varepsilon} \right).$$

La somme de ces deux résultats étant

$$\tfrac{1}{2} l \left(\frac{2 - \varepsilon}{2 + \varepsilon} \right),$$

si, dans cette somme, on fait $\varepsilon = 0$, on aura évidemment la valeur de l'intégrale $\int_0^\infty \frac{dx}{1 - x^2}$. Cette valeur sera donc

$$\tfrac{1}{2} l (\tfrac{2}{2}) = 0;$$

ce qui s'accorde avec l'équation (d).

Ce qui achève de prouver qu'on ne doit pas rejeter les intégrales dans lesquelles les fonctions sous le signe $\int$ passent par l'infini, c'est qu'étant donnée une intégrale de cette nature, on peut toujours la transformer en une autre qui n'offre plus le même inconvénient. Ainsi, par exemple, si dans l'équation (c) on fait

$$n - 2m = p + 1,$$

on aura

$$\int_0^\infty \frac{x^{-p}}{x^n - x^{-n}}\frac{dx}{x} = -\frac{\pi}{2n}\operatorname{tang}\frac{p\pi}{2n};$$

et, si l'on applique à cette dernière intégrale la transformation indiquée par M. Legendre (IVe Partie des *Exercices de Calcul intégral*, p. 126), on trouvera qu'elle est égale à la suivante

$$\int_0^1 \frac{x^{-p} - x^p}{x^n - x^{-n}}\,dx.$$

On aura donc, entre ces limites,

$$(e) \qquad \int_0^1 \frac{x^p - x^{-p}}{x^n - x^{-n}}\frac{dx}{x} = \frac{\pi}{2n}\operatorname{tang}\left(\frac{p\pi}{2n}\right),$$

ce qui s'accorde avec une formule trouvée par Euler. Il est aisé de voir que, dans cette dernière formule, la quantité sous le signe $\int$ ne devient plus infinie entre les limites de l'intégration.

Exemple III. — Soit

$$p = \frac{x^{2m}}{(1 + x^{2n})(1 + x^{2r})},$$

m, n, r étant des nombres entiers positifs; et supposons en outre, 1° que les deux équations $1 + x^{2n} = 0$, $1 + x^{2r} = 0$, n'aient pas de racines communes; 2° que m soit plus petit que $n + r$. Si l'on désigne d'abord par $\alpha + 6\sqrt{-1}$ une des racines imaginaires de l'équation

$$1 + x^{2n} = 0,$$

on pourra faire

$$\mathfrak{F}(x) = \frac{x^{2m}}{1 + x^{2r}}, \quad \mathrm{F}(x) = 1 + x^{2n}, \quad \mathrm{F}'(x) = 2nx^{2n-1},$$

et l'on aura par suite

$$\frac{\mathfrak{F}(x)}{\mathrm{F}'(x)} = \frac{1}{2n}\,\frac{1}{x^{2n-2m-1} + x^{2n+2r-2m-1}};$$

d'où l'on conclut

$$\mu = \frac{1}{4n}\left\{\frac{\sin\left[(2k+1)\frac{(2m+1)\pi}{2n}\right]+\sin\left[(2k+1)\frac{(2m-2r+1)\pi}{2n}\right]}{1+\cos\left[(2k+1)\frac{r\pi}{n}\right]}\right\},$$

k étant un nombre entier pris à volonté. De même, si l'on désigne par $\alpha + \beta\sqrt{-1}$ une racine imaginaire de l'équation

$$1 + x^{2r} = 0,$$

on trouvera

$$\mu = \frac{1}{4r}\left\{\frac{\sin\left[(2k'+1)\frac{(2m+1)\pi}{2r}\right]+\sin\left[(2k'+1)\frac{(2m-2n+1)\pi}{2r}\right]}{1+\cos\left[(2k'+1)\frac{n\pi}{r}\right]}\right\},$$

k' étant encore un nombre entier.

Cela posé, on aura

$$\int_{-\infty}^{\infty}\frac{x^{2m}\,dx}{(1+x^{2n})(1+x^{2r})} = \frac{4n}{\pi}\,S\left\{\frac{\sin\left[(2k+1)\frac{(2m+1)\pi}{2n}\right]+\sin\left[(2k+1)\frac{(2m-2r+1)\pi}{2n}\right]}{1+\cos\left[(2k+1)\frac{r\pi}{n}\right]}\right\}$$

$$+\frac{4r}{\pi}\,S\left\{\frac{\sin\left[(2k'+1)\frac{(2m+1)\pi}{2r}\right]+\sin\left[(2k'+1)\frac{(2m-2n+1)\pi}{2r}\right]}{1+\cos\left[(2k'+1)\frac{n\pi}{r}\right]}\right\},$$

le premier signe S étant relatif à toutes les valeurs de k plus petites que $\frac{2n-1}{2}$, et le second à toutes les valeurs de k' plus petites que $\frac{2r-1}{2}$.

La valeur de l'intégrale précédente serait de moitié moindre si elle était prise entre les limites $x = 0$, $x = \infty$. Ainsi, par exemple, si, n étant un nombre pair, on suppose $2r = 3n$, on trouvera que l'intégrale

$$\int_0^{\infty}\frac{x^{2m}\,dx}{(1+x^{2n})(1+x^{3n})}$$

a pour valeur la demi-somme des quatre séries ([1])

$$\frac{\pi}{2n}\left\{\begin{array}{l}(\sin\theta+\cos\theta)\\ +(\sin 3\theta+\cos 3\theta)+\ldots\\ +[\sin(2n-1)\theta+\cos(2n-1)\theta]\end{array}\right\}=\frac{\pi}{2n}\left(\frac{1}{\sin\theta}+\frac{1}{\cos\theta}\right),$$

$$\frac{1}{1+\cos\frac{2}{3}\pi}\,\frac{\pi}{3n}\left\{\begin{array}{l}\left[\sin\theta'+\sin\left(\theta'-\frac{2\pi}{3}\right)\right]\\ +\left[\sin 7\theta'+\sin 7\left(\theta'-\frac{2\pi}{3}\right)\right]+\ldots\\ +\left[\sin(3n-5)\theta'+\sin(3n-5)\left(\theta'-\frac{2\pi}{3}\right)\right]\end{array}\right\}=\frac{2\pi}{3n}\left[\frac{\cos 2\theta'+\cos\left(2\theta'-\frac{4\pi}{3}\right)}{\sin 3\theta'}\right],$$

$$\frac{1}{2}\,\frac{\pi}{3n}\left\{\begin{array}{l}\left[\sin 3\theta'+\sin 3\left(\theta'-\frac{2\pi}{3}\right)\right]\\ +\left[\sin 9\theta'+\sin 9\left(\theta'-\frac{2\pi}{3}\right)\right]+\ldots\\ +\left[\sin(3n-3)\theta'+\sin(3n-3)\left(\theta'-\frac{2\pi}{3}\right)\right]\end{array}\right\}=\frac{\pi}{3n}\,\frac{1}{\sin 3\theta'},$$

$$\frac{1}{1+\cos\frac{2}{3}\pi}\,\frac{\pi}{3n}\left\{\begin{array}{l}\left[\sin 5\theta'+\sin 5\left(\theta'-\frac{2\pi}{3}\right)\right]\\ +\left[\sin 11\theta'+\sin 11\left(\theta'-\frac{2\pi}{3}\right)\right]+\ldots\\ +\left[\sin(3n-1)\theta'+\sin(3n-1)\left(\theta'-\frac{2\pi}{3}\right)\right]\end{array}\right\}=\frac{2\pi}{3n}\left[\frac{\cos 2\theta'+\cos\left(2\theta'-\frac{4\pi}{3}\right)}{\sin 3\theta'}\right].$$

On aura donc

$$\int_0^\infty \frac{x^{2m}\,dx}{(1+x^{2n})(1+x^{3n})}=\frac{\pi}{4n}\left(\frac{1}{\sin\theta}+\frac{1}{\cos\theta}\right)+\frac{\pi}{6n}\left[\frac{1+4\cos 2\theta'+4\cos\left(2\theta'-\frac{4\pi}{3}\right)}{\sin 3\theta'}\right].$$

Cette équation devant subsister, quels que soient les nombres en-

([1]) On suppose ici

$$\frac{2m+1}{2n}\pi=\theta,\quad \frac{2m+1}{3n}\pi=\theta'.$$

tiers m et $\frac{n}{2}$, aura encore lieu si ces deux nombres deviennent irrationnels.

Si, dans la même équation, on suppose $m = 0$, $n = 2$, on trouvera $\theta = \frac{\pi}{4}$, $\theta' = \frac{\pi}{6}$, et par suite

$$\int_0^\infty \frac{dx}{(1+x^4)(1+x^6)} = \frac{\pi}{4}\left(\sqrt{2} - \frac{1}{3}\right).$$

En général, si l'on désigne par a et b deux nombres entiers quelconques, tels que les deux équations

$$1 + x^a = 0, \quad 1 + x^b = 0$$

n'aient pas de racines communes; si de plus n et $2m$ représentent deux nombres pairs, et que l'on fasse, pour abréger,

$$\frac{2m+1}{an}\pi = \theta, \quad \frac{2m+1}{bn}\pi = \theta',$$

on trouvera

$$\begin{aligned}\int_0^\infty & \frac{x^{2m}\,dx}{(1+x^{an})(1+x^{bn})} \\ &= \frac{\pi}{2an\,\sin a\theta}\left[\frac{\cos(1-a)\theta + \cos(1-a)\left(\theta - \frac{b}{a}\pi\right)}{1+\cos\left(\frac{b}{a}\pi\right)} + \frac{\cos(3-a)\theta + \cos(3-a)\left(\theta - \frac{b}{a}\pi\right)}{1+\cos\left(\frac{3b}{a}\pi\right)} + \ldots\right] \\ &+ \frac{\pi}{2bn\,\sin b\theta'}\left[\frac{\cos(1-b)\theta' + \cos(1-b)\left(\theta' - \frac{a}{b}\pi\right)}{1+\cos\left(\frac{a}{b}\pi\right)} + \frac{\cos(3-b)\theta' + \cos(3-b)\left(\theta' - \frac{a}{b}\pi\right)}{1+\cos\left(\frac{3a}{b}\pi\right)} + \ldots\right],\end{aligned}$$

la première série devant être continuée jusqu'au terme qui a pour dénominateur

$$1 + \cos(2a-1)\frac{b}{a}\pi,$$

et la seconde jusqu'au terme qui a pour dénominateur

$$1 + \cos(2b-1)\frac{a}{b}\pi.$$

L'équation précédente suppose $2m+1<(a+b)n$. Cette même équation, ayant lieu pour des valeurs entières quelconques de m et de $\frac{n}{2}$, sera encore vraie si ces deux nombres deviennent irrationnels. Si l'on fait, pour plus de simplicité, $n=1$, $2m+1=r$, la même équation deviendra

$$(f)\left\{\begin{aligned}&\int_0^\infty \frac{x^{r-1}\,dx}{(1+x^a)(1+x^b)}\\&=\frac{\pi}{2a\sin\pi r}\left[\frac{\cos\left(\frac{1-a}{a}\right)\pi r+\cos\left(\frac{1-a}{a}\right)\pi(r-b)}{1+\cos\left(\frac{b}{a}\pi\right)}+\frac{\cos\left(\frac{3-a}{a}\right)\pi r+\cos\left(\frac{3-a}{a}\right)\pi(r-b)}{1+\cos\left(\frac{3b}{a}\pi\right)}+\ldots\right]\\&+\frac{\pi}{2b\sin\pi r}\left[\frac{\cos\left(\frac{1-b}{b}\right)\pi r+\cos\left(\frac{1-b}{b}\right)\pi(r-a)}{1+\cos\left(\frac{a}{b}\pi\right)}+\frac{\cos\left(\frac{3-b}{b}\right)\pi r+\cos\left(\frac{3-b}{b}\right)\pi(r-b)}{1+\cos\left(\frac{3a}{b}\pi\right)}+\ldots\right].\end{aligned}\right.$$

Dans cette dernière formule, a et b sont deux nombres entiers quelconques, mais tels que les équations $1+x^a=0$, $1+x^b=0$, n'aient pas de racines communes; r est un nombre positif quelconque, rationnel ou irrationnel, mais plus petit que $a+b$: enfin, la première des deux séries qui entrent dans le second membre de l'équation doit être continuée jusqu'au terme qui a pour dénominateur

$$1+\cos(2a-1)\frac{b}{a}\pi,$$

et la seconde jusqu'au terme qui a pour dénominateur

$$1+\cos(2b-1)\frac{a}{b}\pi.$$

Si, dans l'équation (f), on supposait $b=0$, la seconde série devrait être supprimée, et la première se trouverait réduite à

$$\cos\left(\frac{1-a}{a}\right)\pi r+\cos\left(\frac{3-a}{a}\right)\pi r+\ldots+\cos\left(\frac{2a-1-a}{a}\right)\pi r=\frac{\sin\pi r}{\sin\frac{\pi r}{a}}.$$

On aurait, par suite,

$$\int_0^\infty \frac{x^{r-1}\,dx}{2(1+x^a)} = \frac{\pi}{2a \sin\frac{r\pi}{a}};$$

ce qui est l'équation d'Euler.

Exemple IV. — Soit, en général, $\frac{P}{Q}$ une fonction rationnelle quelconque de x; la méthode précédente fournira toujours la valeur de l'intégrale

$$\int_{-\infty}^{\infty} \frac{P}{Q}\,dx,$$

pourvu que l'équation $Q = 0$ n'ait pas de racines égales. Cette méthode exige seulement que l'on détermine les racines imaginaires de l'équation $Q = 0$; mais elle évite la détermination des racines réelles et la décomposition de la fraction $\frac{P}{Q}$ en fractions simples, décomposition à laquelle on est obligé d'avoir recours lorsqu'on veut obtenir la valeur de l'intégrale indéfinie $\int \frac{P}{Q}\,dx$ par les méthodes connues.

Corollaire II. — Les mêmes choses étant admises que dans le corollaire I, si l'on fait

$$F(x) = 1 + x^2,$$

en sorte qu'on ait

$$p = \frac{\mathcal{F}(x)}{1+x^2},$$

et si, de plus, l'équation

$$\frac{1}{\mathcal{F}(x)} = 0$$

n'a pas de racines imaginaires, μ n'aura qu'une seule valeur correspondante à la racine

$$x = +\sqrt{-1}$$

de l'équation $1 + x^2 = 0$: et comme on a, dans cette hypothèse, $\alpha = 0$, $\beta = 1$, la valeur dont il s'agit sera

$$\mu = \tfrac{1}{4}[\mathcal{F}(\sqrt{-1}) + \mathcal{F}(-\sqrt{-1})].$$

On aura, par suite,

$$\int_{-\infty}^{\infty} \frac{\mathcal{F}(x)}{1+x^2}\,dx = \frac{\pi}{2}\left[\mathcal{F}(\sqrt{-1}) + \mathcal{F}(-\sqrt{-1})\right].$$

On peut donc énoncer le théorème suivant :

Théorème II. — *Soit $\mathcal{F}(x)$ une fonction de x telle, que chaque racine de l'équation $\frac{1}{\mathcal{F}(x)} = 0$ soit réelle et corresponde à un facteur simple de la fonction $\frac{1}{\mathcal{F}(x)}$. Supposons, de plus, que chacune des parties réelle et imaginaire de l'expression*

$$\frac{\mathcal{F}(x + z\sqrt{-1})}{1 + (x + z\sqrt{-1})^2}$$

soit une fonction continue de z qui s'évanouisse pour des valeurs infinies positives de x, et pour des valeurs infinies positives de z. La valeur de l'intégrale

$$\int \frac{\mathcal{F}(x)}{1+x^2}\,dx,$$

prise entre les limites $x = -\infty$, $x = +\infty$, sera le produit de la moitié de la circonférence, qui a pour rayon l'unité, par

$$\tfrac{1}{2}\left[\mathcal{F}(\sqrt{-1}) + \mathcal{F}(-\sqrt{-1})\right].$$

Si $\mathcal{F}(x)$ est une fonction paire de x, on aura

$$\mathcal{F}(\sqrt{-1}) = \mathcal{F}(-\sqrt{-1});$$

et, par suite,

$$(41)\qquad \int_0^{\infty} \frac{\mathcal{F}(x)}{1+x^2}\,dx = \frac{\pi}{2}\,\mathcal{F}(\sqrt{-1}).$$

Exemples [1]. — Si, dans l'équation (41), on remplace successive-

[1] Les formules (g), (h), (k), fournissent seulement les valeurs principales des intégrales qu'elles renferment.

ment $\mathfrak{F}(x)$ par les fonctions

$$\frac{\sin ax}{\sin bx},\quad \frac{\cos ax}{\cos bx},\quad \frac{\sin ax}{x\cos bx},\quad \frac{x\cos ax}{\sin bx},$$

a étant $< b$, on trouvera

$$(g)\quad \left\{\begin{aligned}
&\int_0^\infty \frac{\sin ax}{\sin bx}\frac{dx}{1+x^2} = \frac{\pi}{2}\frac{e^a - e^{-a}}{e^b - e^{-b}},\\
&\int_0^\infty \frac{\cos ax}{\cos bx}\frac{dx}{1+x^2} = \frac{\pi}{2}\frac{e^a + e^{-a}}{e^b + e^{-b}},\\
&\int_0^\infty \frac{\sin ax}{x\cos bx}\frac{dx}{1+x^2} = \frac{\pi}{2}\frac{e^a - e^{-a}}{e^b + e^{-b}},\\
&\int_0^\infty \frac{x\cos ax}{\sin bx}\frac{dx}{1+x^2} = \frac{\pi}{2}\frac{e^a + e^{-a}}{e^b - e^{-b}}.
\end{aligned}\right.$$

Si, dans ces formules, on fait $a = 0$, on obtiendra les suivantes :

$$(h)\quad \left\{\begin{aligned}
&\int_0^\infty \frac{x}{\sin bx}\frac{dx}{1+x^2} = \frac{\pi}{e^b - e^{-b}},\\
&\int_0^\infty \frac{1}{\cos bx}\frac{dx}{1+x^2} = \frac{\pi}{e^b + e^{-b}}.
\end{aligned}\right.$$

La première de celles-ci était déjà connue (*voir* les *Exercices de Calcul intégral*, IVe Partie, p. 125).

Nous ferons voir, dans le § VII, comment on peut obtenir les valeurs des intégrales (g), dans le cas où l'on suppose $b < a$, et, par suite, dans le cas où l'on suppose $b = 0$.

Dans les diverses intégrales qu'on vient de considérer, les fonctions sous le signe $\int$ passent par l'infini entre les limites de l'intégration. Mais on ne doit pas pour cela les rejeter : car elles ont effectivement une valeur finie. C'est ce qu'il est facile de prouver par une simple transformation. Ainsi, par exemple, si l'on applique à l'intégrale

$$\int_0^\infty \frac{1}{\cos x}\frac{dx}{1+x^2}$$

la méthode de transformation indiquée par M. Legendre (p. 129,

IVe Partie des *Exercices*), et que l'on représente par R la série

$$\frac{1}{(1+x^2)[1+(\pi-x)^2]}-\frac{3}{[1+(\pi+x)^2][1+(2\pi-x)^2]}+\frac{5}{[1+(2\pi+x)^2][1+(3\pi-x)^2]}-\ldots,$$

on trouvera que cette intégrale équivaut à la suivante

$$\pi\int_0^{\frac{\pi}{2}}\frac{\pi-2x}{\cos x}\mathrm{R}\,dx.$$

D'ailleurs, entre ces dernières limites, le rapport $\frac{\pi-2x}{\cos x}$ ne surpasse jamais le nombre 2, et la fonction de x, représentée par R, conserve toujours une valeur finie qu'il est facile de calculer. Par suite, l'intégrale

$$\pi\int_0^{\frac{\pi}{2}}\frac{\pi-2x}{\cos x}\mathrm{R}\,dx$$

aura une valeur finie, ainsi que l'intégrale

$$\int_0^{\infty}\frac{1}{\cos x}\frac{dx}{1+x^2}.$$

Cette dernière étant, par ce qui précède, égale à

$$\frac{\pi}{e+\frac{1}{e}},$$

on aura

$$(i)\qquad\int_0^{\frac{\pi}{2}}\frac{\pi-2x}{\cos x}\mathrm{R}\,dx=\frac{\pi}{e+\frac{1}{e}}.$$

Corollaire III. — Les mêmes choses étant admises que dans le corollaire I, si l'on fait

$$\mathrm{F}(x)=1+x^4,$$

en sorte qu'on ait

$$p=\frac{\mathcal{F}(x)}{1+x^4},$$

et si, de plus, l'équation $\frac{1}{\mathfrak{F}(x)} = 0$ n'a pas de racines imaginaires, μ n'obtiendra que deux valeurs différentes, correspondantes aux deux racines imaginaires

$$x = +\frac{1}{\sqrt{2}} + \frac{1}{\sqrt{2}}\sqrt{-1}, \quad x = -\frac{1}{\sqrt{2}} + \frac{1}{\sqrt{2}}\sqrt{-1},$$

qui appartiennent à l'équation $1 + x^4 = 0$. On aura, d'ailleurs, en prenant pour x une de ces racines,

$$\frac{\mathfrak{F}(x)}{\mathrm{F}'(x)} = \frac{\mathfrak{F}(x)}{4x^3} = -\tfrac{1}{4}x\,\mathfrak{F}(x).$$

Cela posé, la première valeur de μ sera

$$\frac{1}{4\sqrt{2}}\left[\frac{\mathfrak{F}\left(\frac{1}{\sqrt{2}} + \frac{1}{\sqrt{2}}\sqrt{-1}\right) - \mathfrak{F}\left(\frac{1}{\sqrt{2}} - \frac{1}{\sqrt{2}}\sqrt{-1}\right)}{2\sqrt{-1}}\right]$$
$$+\frac{1}{4\sqrt{2}}\left[\frac{\mathfrak{F}\left(\frac{1}{\sqrt{2}} + \frac{1}{\sqrt{2}}\sqrt{-1}\right) + \mathfrak{F}\left(\frac{1}{\sqrt{2}} - \frac{1}{\sqrt{2}}\sqrt{-1}\right)}{2}\right].$$

Si $\mathfrak{F}(x)$ est une fonction paire de x, la seconde valeur de μ sera égale à la première, et l'on aura, par suite,

$$(42) \quad \int_0^\infty \frac{\mathfrak{F}(x)}{1+x^4}\,dx = \frac{\pi}{2\sqrt{2}}\left[\frac{(1-\sqrt{-1})\,\mathfrak{F}\left(\frac{1+\sqrt{-1}}{\sqrt{2}}\right) + (1+\sqrt{-1})\,\mathfrak{F}\left(\frac{1-\sqrt{-1}}{\sqrt{2}}\right)}{2}\right].$$

Exemples. — Si l'on remplace successivement la fonction $\mathfrak{F}(x)$ par $\frac{x}{\sin ax}$ et par $\frac{1}{\cos ax}$, on trouvera

$$(k) \quad \begin{cases} \displaystyle\int_0^\infty \frac{x}{\sin ax}\,\frac{dx}{1+x^4} = \pi\,\sin\frac{a}{\sqrt{2}}\,\frac{e^{\frac{a}{\sqrt{2}}} + e^{-\frac{a}{\sqrt{2}}}}{e^{a\sqrt{2}} + e^{-a\sqrt{2}} - 2\cos(a\sqrt{2})}, \\[2ex] \displaystyle\int_0^\infty \frac{1}{\cos ax}\,\frac{dx}{1+x^4} = \frac{\pi}{\sqrt{2}}\,\frac{\left(e^{\frac{a}{\sqrt{2}}} + e^{-\frac{a}{\sqrt{2}}}\right)\cos\frac{a}{\sqrt{2}} + \left(e^{\frac{a}{\sqrt{2}}} - e^{-\frac{a}{\sqrt{2}}}\right)\sin\frac{a}{\sqrt{2}}}{e^{a\sqrt{2}} + e^{-a\sqrt{2}} + 2\cos(a\sqrt{2})}. \end{cases}$$

Lorsque, dans la dernière équation, on fait $a = 0$, on trouve, comme cela doit être,

$$\int_0^\infty \frac{dx}{1+x^4} = \frac{\pi}{2\sqrt{2}},$$

ce qui vérifie l'exactitude de nos calculs.

On obtiendra de même, en général, les valeurs des intégrales

$$\int_0^\infty \frac{P}{Q}\frac{\cos ax}{\cos bx}dx,\quad \int_0^\infty \frac{P}{Q}\frac{\sin ax}{\sin bx}dx,$$

$\frac{P}{Q}$ étant une fonction rationnelle et paire de x, et a étant $< b$, ainsi que les valeurs des intégrales

$$\int_0^\infty \frac{P}{Q}\frac{\sin ax}{\cos bx}dx,\quad \int_0^\infty \frac{P}{Q}\frac{\cos ax}{\sin bx}dx,$$

$\frac{P}{Q}$ étant une fonction rationnelle et impaire de x, et a étant $< b$. Mais nous n'insisterons pas davantage sur cet objet.

Corollaire IV. — Si les valeurs de P′ et de P″ s'évanouissent, quelle que soit z, pour $x = \infty$, on aura, en supposant $a = \infty$ dans les équations (36), $\int P'dz = 0$, $\int P''dz = 0$; et, par suite, en prenant les intégrales relatives à x, entre les limites $x = 0$, $x = \infty$, on trouvera

$$(43)\quad \begin{cases} \int_0^\infty P'\,dx - \int_0^\infty p\,dx = \int_0^b p''dz - A', \\ \int_0^\infty P''dx \qquad\qquad = -\int_0^b p'\,dz - A''. \end{cases}$$

Si, dans une de ces dernières équations, on parvient à obtenir l'intégrale relative à z, quelle que soit la valeur de z, on pourra en déduire les valeurs de plusieurs intégrales définies relatives à x.

Exemple I. — Soit

$$p = \frac{x^m}{e^x - 1},$$

m étant un nombre entier positif, on aura

$$p' + p'' \sqrt{-1} = \frac{\left(z \sqrt{-1} \right)^m}{e^{z\sqrt{-1}} - 1} = \left(\sqrt{-1} \right)^m z^m \left(-\frac{1}{2} - \frac{\sqrt{-1}}{2} \frac{\sin z}{1 - \cos z} \right).$$

Par suite, l'une des deux quantités p', p'' sera toujours de la forme $\pm z^m$, savoir, p' si m est un nombre pair, et p'' dans le cas contraire. On pourra donc obtenir, dans la première hypothèse, la valeur de $\int p' dz$, et dans la seconde, celle de $\int p'' dz$.

Si l'on suppose d'abord m pair et égal à $2n$, on trouvera

$$-\int p' dz = (-1)^n \frac{z^{2n+1}}{2(2n+1)}.$$

Par suite, si l'on suppose les intégrations relatives à z faites entre les limites

$$z = 0, \quad z = 2k\pi + b,$$

b étant positif et $< 2\pi$, on aura

$$-\int_0^{2k\pi+b} p' dz = (-1)^n \frac{(2k\pi + b)^{2n+1}}{2(2n+1)}.$$

De plus, si l'on désigne par $\alpha + \beta \sqrt{-1}$ une quelconque des racines imaginaires de l'équation $e^x - 1 = 0$, on aura constamment $\alpha = 0$; et si l'on cherche les diverses valeurs de β comprises entre 0 et $2k\pi + b$, on trouvera successivement

$$\beta = 2\pi, \quad \beta = 4\pi, \quad \ldots, \quad \beta = 2k\pi.$$

Cela posé, la valeur de A'', déterminée par l'équation (34), sera

$$A'' = \pi \, S(\lambda_{0,\beta}) = (-1)^n 2^{2n} \pi^{2n+1} \left(1 + 2^{2n} + 3^{2n} + \ldots + k^{2n} \right)$$
$$= (-1)^n 2^{2n} \pi^{2n+1} \, S(k^{2n}).$$

Enfin, comme les valeurs de P' et de P'' sont déterminées par l'équation

$$P' \pm P''\sqrt{-1} = \frac{(x + z\sqrt{-1})^{2n}}{e^{x+z\sqrt{-1}} - 1}$$

$$= (x + z\sqrt{-1})^{2n}\left(\frac{e^x \cos z - 1 - \sqrt{-1}\, e^x \sin z}{e^{2x} - 2e^x \cos z + 1}\right),$$

si l'on suppose, dans cette dernière équation, $z = 2k\pi + b$, et que l'on fasse, pour abréger,

$$\frac{e^x \cos b - 1}{e^{2x} - 2e^x \cos b + 1} = R_1, \quad \frac{e^x \sin b}{e^{2x} - 2e^x \cos b + 1} = R_2,$$

on trouvera

$$P'' = -R_2\left[x^{2n} - \frac{2n(2n-1)}{1.2}x^{2n-2}(2k\pi + b)^2 + \ldots\right]$$
$$+ R_1\left[2nx^{2n-1}(2k\pi + b) - \frac{2n(2n-1)(2n-2)}{1.2.3}x^{2n-3}(2k\pi + b)^3 + \ldots\right].$$

Par suite, la seconde des équations (43) deviendra

$$(l)\begin{cases} \int_0^\infty x^{2n}R_2\,dx - 2n(2k\pi+b)\int_0^\infty x^{2n-1}R_1\,dx - \frac{2n(2n-1)}{1.2}(2k\pi+b)^2\int_0^\infty x^{2n-2}R_2\,dx + \ldots \\ = (-1)^{n+1}\left[\frac{(2k\pi+b)^{2n+1}}{2(2n+1)} - 2^{2n}\pi^{2n+1}\,S(k^{2n})\right] \end{cases}$$

De même, si l'on suppose m impair et égal à $2n+1$, la première des équations (43) donnera

$$(m)\begin{cases} \int_0^\infty x^{2n+1}R_1\,dx + (2n+1)(2k\pi+b)\int_0^\infty x^{2n}R_2\,dx - \frac{(2n+1)2n}{1.2}(2k\pi+b)^2\int_0^\infty x^{2n-1}R_1\,dx - \ldots \\ = (-1)^{n+1}\left[\frac{(2k\pi+b)^{2n+2}}{2(2n+2)} - 2^{2n+1}\pi^{2n+2}\,S(k^{2n+1})\right] \end{cases}$$

On peut déduire des équations (l) et (m) plusieurs conséquences remarquables.

Supposons d'abord, dans l'équation (l), $b = 0$, on aura

$$R_2 = 0, \quad R_1 = \frac{1}{e^x - 1};$$

et, par suite, si l'on divise les deux membres de l'équation par $2n(2k\pi)$, on trouvera

$$(n)\quad \left\{\begin{aligned} &\int_0^\infty x^{2n-1}\frac{dx}{e^x-1} - \frac{(2n-1)(2n-2)}{2.3}(2k\pi)^2\int_0^\infty x^{2n-3}\frac{dx}{e^x-1}+\ldots \\ &\quad = (-1)^{n+1}\left[\frac{2^{2n-2}\pi^{2n}}{n}\frac{S(k^{2n})}{k} - \frac{(2k\pi)^{2n}}{4n(2n+1)}\right].\end{aligned}\right.$$

Si, dans cette dernière équation, on fait $k=0$, en désignant par θ ce que devient alors

$$(-1)^{n+1}\frac{S(k^{2n})}{k},$$

on aura

$$\int_0^\infty \frac{x^{2n-1}\,dx}{e^x-1} = \frac{2^{2n-2}\pi^{2n}}{n}\theta.$$

D'ailleurs, si l'on fait successivement $n=1$, $n=2$, $n=3$, ..., on trouvera, pour les diverses valeurs de θ, les nombres de Bernoulli, $\frac{1}{6}, \frac{1}{30}, \frac{1}{42}, \ldots$. Cela posé, l'équation précédente deviendra successivement

$$(o)\quad \left\{\begin{aligned} &\int_0^\infty x\frac{dx}{e^x-1} = \frac{2^0}{1}\frac{1}{6}\pi^2, \\ &\int_0^\infty x^3\frac{dx}{e^x-1} = \frac{2^2}{2}\frac{1}{30}\pi^4, \\ &\int_0^\infty x^5\frac{dx}{e^x-1} = \frac{2^4}{3}\frac{1}{42}\pi^6, \\ &\ldots\ldots\ldots\ldots\ldots\ldots\ldots\ldots \end{aligned}\right.$$

Ces formules étaient déjà connues, et l'on sait qu'elles servent à déterminer les sommes des puissances paires réciproques des nombres naturels.

Les valeurs des intégrales de la forme

$$\int_0^\infty \frac{x^{2n-1}\,dx}{e^x-1}$$

étant données par les équations (o), si l'on substitue ces valeurs dans l'équation (n), et que l'on fasse $2n = m$, on obtiendra la formule bien connue

$$S(k^m) = \frac{1}{m+1}k^{m+1} + \frac{1}{2}k^m + \frac{m}{2}\frac{1}{6}k^{m-1} - \frac{m(m-1)(m-2)}{2.3.4}\frac{1}{30}k^{m-3} + \frac{m(m-1)(m-2)(m-3)(m-4)}{2.3.4.5.6}\frac{1}{42}k^{m-5} - \ldots.$$

On arriverait encore à la même formule en faisant, dans l'équation (m), $b = 0$, $2n+1 = m$, et substituant, dans le premier membre, les valeurs des intégrales relatives à x. Cette formule a donc également lieu lorsque m est un nombre pair et lorsque m est un nombre impair.

Supposons maintenant que, dans l'équation (l), on donne à b une valeur quelconque. Les coefficients des puissances semblables de k, dans les deux membres de cette équation, devront être respectivement égaux; et, si on les compare entre eux, on déduira de cette comparaison les valeurs des intégrales

$$\int x R_1\, dx, \quad \int x^3 R_1\, dx, \quad \ldots, \quad \int x^{2n+1} R_1\, dx,$$

prises entre les limites $x = 0$, $x = \infty$; et celles des intégrales

$$\int R_2\, dx, \quad \int x^2 R_2\, dx, \quad \ldots, \quad \int x^{2n} R_2\, dx,$$

prises entre les mêmes limites. On pourrait aussi déduire les valeurs dont il s'agit de la comparaison des coefficients des diverses puissances de k dans l'équation (m). On aura donc, en général, la valeur de l'intégrale

$$\int_0^\infty x^m \frac{e^x \cos b - 1}{e^{2x} - 2e^x \cos b + 1}\, dx,$$

dans le cas où m est un nombre impair, et celle de l'intégrale

$$\int_0^\infty x^m \frac{e^x \sin b}{e^{2x} - 2e^x \cos b + 1}\, dx,$$

dans le cas où m est un nombre pair. La seconde, qu'on peut aussi mettre sous la forme

$$\int_1^\infty \frac{dx(lx)^m}{1+2x\cos\theta+x^2},$$

en faisant $b=\pi-\theta$, et changeant x en $l(x)$, était déjà connue (*voir* les *Exercices de Calcul intégral*, IVe Partie, p. 102). Quant à la première, si on la divise par le produit $1.2.3\ldots m$, elle deviendra équivalente aux séries de la page 104, dans lesquelles entrent les cosinus de l'angle θ et de ses multiples. On peut, en effet, la déduire de l'analyse qui conduit à la sommation de ces séries.

Remarque. — Nous avons dit ci-dessus que, dans le cas où, m étant un nombre pair, on suppose

$$p=\frac{x^m}{e^x-1},$$

la valeur de A″ est déterminée par l'équation (34), en sorte qu'on a

$$A''=\pi\,S(\lambda_{0,\beta})=(-1)^n 2^{2n}\pi^{2n+1}\,S(k^{2n}).$$

Cette détermination suppose qu'on n'a aucun égard à la racine nulle de l'équation

$$e^x-1=0;$$

et, tant que m est un nombre entier positif différent de zéro, il est effectivement permis de négliger cette racine, attendu que le facteur x, qui lui correspond dans le dénominateur de p, se trouve détruit par un facteur égal du numérateur. D'ailleurs il est facile de s'assurer que, dans ce cas, les équations (34) et (35) donnent la même valeur de A″, attendu que $\lambda_{0,0}$, ou la valeur de λ qui correspond à la racine nulle, se réduit alors à zéro. Il n'en serait pas de même si l'on supposait $m=0$; car, dans ce cas, on a $\lambda_{0,0}=1$. Dans cette dernière hypothèse, il faut nécessairement déterminer la valeur de A″ par l'équation (35); on trouve ainsi

$$A''=(k+\tfrac{1}{2})\pi.$$

Par suite, la seconde des équations (43) se réduit à

$$\int_0^\infty \frac{e^x\sin b}{e^{2x}-2e^x\cos b+1}\,dx=\tfrac{1}{2}\pi-\tfrac{1}{2}b.$$

On peut aisément vérifier ce dernier résultat par les méthodes ordinaires d'intégration.

Exemple II. — Soit

$$p = \frac{x^m}{e^x + 1},$$

on obtiendra, par la méthode précédente, les valeurs des intégrales de la forme

$$\int_0^\infty x^{2n+1} \frac{dx}{e^x + 1},$$

et plus généralement celles des intégrales

$$\int_0^\infty x^{2n+1} \frac{e^x \cos b + 1}{e^{2x} + 2e^x \cos b + 1} dx, \quad \int_0^\infty x^{2n} \frac{e^x \sin b}{e^{2x} + 2e^x \cos b + 1} dx,$$

n étant un nombre entier quelconque. Mais il est facile de voir que ces dernières intégrales rentrent dans la classe de celles que nous avons considérées ci-dessus.

Remarque. — Jusqu'ici nous n'avons fait usage des équations (43) que dans le cas où l'on pouvait obtenir en termes finis les valeurs des intégrales relatives à z que renferment les seconds membres de ces équations. Mais ces équations conduisent quelquefois à des résultats dignes de remarque lors même que les intégrations relatives à z ne peuvent être effectuées. C'est ce que nous allons prouver par l'exemple suivant.

Exemple III. — Supposons, comme dans les deux exemples précédents,

$$p = \frac{x^m}{e^x \pm 1}.$$

Désignons, pour abréger, par

$$p_k, \; q_k, \; r_k \text{ et } s_k$$

les quatre intégrales

$$\int_0^\infty \frac{x^{k-1}\,dx}{e^x + 1}, \quad \int_0^\infty \frac{x^{k-1}\,dx}{e^x - 1}, \quad \int_0^\infty \frac{x^{k-1}\,dx}{e^{2x} + 1}, \quad \int_0^\infty \frac{x^{k-1}\,e^x\,dx}{e^{2x} + 1}.$$

Si l'on fait successivement $m = 1$, $m = 2$, $m = 3$, ...; que l'on emploie la première des équations (43) dans le cas où m est un nombre pair, et la seconde dans le cas où m est un nombre impair; enfin que l'on prenne les intégrales relatives à z entre les limites $z=0$, $z=\frac{\pi}{2}$, on aura, en adoptant le signe supérieur dans la valeur de p,

$$
(p)\left\{
\begin{aligned}
-r_1+p_1 &= \int_0^{\frac{\pi}{2}} \frac{\sin z}{2(1+\cos z)}\,dz,\\
s_2-\left(\frac{\pi}{2}\right) r_1 &= \int_0^{\frac{\pi}{2}} \frac{\sin z}{2(1+\cos z)}\,z\,dz,\\
r_3+2\left(\frac{\pi}{2}\right) s_2-\left(\frac{\pi}{2}\right)^2 r_1-p_3 &= \int_0^{\frac{\pi}{2}} \frac{\sin z}{2(1+\cos z)}\,z^2\,dz,\\
-s_4+3\left(\frac{\pi}{2}\right) r_3+3\left(\frac{\pi}{2}\right)^2 s_2-\left(\frac{\pi}{2}\right)^3 r_1 &= \int_0^{\frac{\pi}{2}} \frac{\sin z}{2(1+\cos z)}\,z^3\,dz,\\
-r_5-4\left(\frac{\pi}{2}\right)s_4+6\left(\frac{\pi}{2}\right)^2 r_3+4\left(\frac{\pi}{2}\right)^3 s_2-\left(\frac{\pi}{2}\right)^4 r_1+p_5 &= \int_0^{\frac{\pi}{2}} \frac{\sin z}{2(1+\cos z)}\,z^4\,dz,\\
&\ldots\ldots\ldots\ldots\ldots\ldots
\end{aligned}
\right.
$$

On aura, au contraire, en adoptant le signe inférieur,

$$
(q)\left\{
\begin{aligned}
r_1-q_1 &= \int_0^{\frac{\pi}{2}} \frac{\sin z}{2(1-\cos z)}\,dz,\\
s_2+\left(\frac{\pi}{2}\right) r_1 &= \int_0^{\frac{\pi}{2}} \frac{\sin z}{2(1-\cos z)}\,z\,dz,\\
-r_3+2\left(\frac{\pi}{2}\right) s_2+\left(\frac{\pi}{2}\right)^2 r_1+q_3 &= \int_0^{\frac{\pi}{2}} \frac{\sin z}{2(1-\cos z)}\,z^2\,dz,\\
-s_4-3\left(\frac{\pi}{2}\right) r_3+3\left(\frac{\pi}{2}\right)^2 s_2+\left(\frac{\pi}{2}\right)^3 r_1 &= \int_0^{\frac{\pi}{2}} \frac{\sin z}{2(1-\cos z)}\,z^3\,dz,\\
r_5-4\left(\frac{\pi}{2}\right)s_4-6\left(\frac{\pi}{2}\right)^2 r_3+4\left(\frac{\pi}{2}\right)^3 s_2+\left(\frac{\pi}{2}\right)^4 r_1-q_5 &= \int_0^{\frac{\pi}{2}} \frac{\sin z}{2(1-\cos z)}\,z^4\,dz,\\
&\ldots\ldots\ldots\ldots\ldots\ldots
\end{aligned}
\right.
$$

On a d'ailleurs, en général,

$$(r)\quad\left\{\begin{aligned}
p_k &= 1.2.3\ldots(k-1)\left(1-\frac{1}{2^k}+\frac{1}{3^k}-\frac{1}{4^k}+\ldots\right),\\
q_k &= \frac{2^{k-1}}{2^{k-1}-1}\,p_k,\\
r_k &= \frac{1}{2^k}\,p_k,\\
s_k &= 1.2.3\ldots(k-1)\left(1-\frac{1}{3^k}+\frac{1}{5^k}-\frac{1}{7^k}+\ldots\right).
\end{aligned}\right.$$

Ainsi les valeurs des intégrales de la forme

$$\int_0^{\frac{\pi}{2}} \frac{\sin z}{2(1\pm\cos z)}\,z^m\,dz$$

dépendent uniquement de la sommation des séries des puissances réciproques des nombres naturels et des nombres impairs prises alternativement avec les signes $+$ et $-$. Comme on obtient facilement des valeurs très rapprochées de ces dernières séries, on pourra en conclure les valeurs des intégrales relatives à z. On peut encore en déduire les valeurs des intégrales

$$\int z^m \operatorname{tang} z\,dz,\quad \int z^m \cot z\,dz,$$

prises entre les limites $z=0$, $z=\frac{\pi}{4}$, ou même entre les limites $z=0$, $z=\frac{\pi}{2}$.

Si, dans les équations (p), on remplace, en général,

$$p_k \quad \text{par} \quad 2^k r_k,$$

on pourra déduire de ces équations les valeurs successives de

$$r_1,\ s_2,\ r_3,\ s_4,\ \ldots,$$

qui seront ainsi exprimées au moyen des intégrales de la forme

$$\int z^m \frac{\sin z}{2(1+\cos z)} dz.$$

De même, si, dans les équations (q), on remplace

$$q_k \quad \text{par} \quad \frac{2^k}{1-\frac{1}{2^{k-1}}} r_k,$$

on pourra déduire de ces équations les valeurs de

$$r_1,\ s_2,\ r_3,\ s_4,\ \ldots,$$

qui seront alors exprimées au moyen des intégrales de la forme

$$\int z^m \frac{\sin z}{2(1-\cos z)} dz.$$

De plus, la valeur de r_1 peut être déterminée immédiatement par l'intégration. On a, en effet,

$$r_1 = \int_0^\infty \frac{dx}{e^{2x}+1} = \tfrac{1}{2} l(2).$$

On pourra donc obtenir plusieurs équations de condition entre les deux espèces d'intégrales relatives à z. Par exemple, si l'on retranche la seconde équation (p) de la seconde équation (q), on trouvera

$$\frac{\pi}{2} l(2) = \int_0^{\frac{\pi}{2}} z \cot z \, dz.$$

On trouvera encore

$$(s) \qquad \int_0^{\frac{\pi}{2}} \frac{4z^2 \cos z + (2\pi - z) z}{\sin z} dz = \pi^2 l(2),$$

....

La première des formules précédentes était déjà connue (*voir* M. Legendre, *Supplément à la première Partie du Calcul intégral*, p. 43). On peut aussi la mettre sous la forme

$$\int_0^{\frac{\pi}{2}} \frac{z^2}{(\sin z)^2} dz = \pi l(2),$$

et l'on peut encore en déduire l'équation suivante

$$\int_0^{\infty} (\operatorname{arc}\cot x)^2 \, dx = \pi l(2).$$

Corollaire V. — Si les fonctions

$$\mathrm{P}' \text{ et } \mathrm{P}''$$

s'évanouissent pour $z = \infty$, quel que soit x, en faisant $b = \infty$ dans les équations (36), on aura

$$\int_0^x \mathrm{P}' \, dx = 0, \quad \int_0^x \mathrm{P}'' \, dx = 0;$$

et, par suite, en prenant les intégrales relatives à z entre les limites $z = 0$, $z = \infty$, on trouvera

$$(44) \quad \left\{ \begin{aligned} \int_0^x p \, dx - \mathrm{A}' &= \int_0^\infty \mathrm{P}'' \, dz - \int_0^\infty p'' \, dz, \\ \mathrm{A}'' &= \int_0^\infty \mathrm{P}' \, dz - \int_0^\infty p' \, dz. \end{aligned} \right.$$

Si p est une fonction paire de x, on aura $p'' = 0$, et, par suite, la première des équations précédentes sera réduite à

$$(45) \quad \int_0^x p \, dx = \int_0^\infty \mathrm{P}'' \, dz + \mathrm{A}'.$$

Exemple. — Soit

$$p = \frac{x^2}{(\sin x)^2},$$

on aura

$$P' = 2\frac{2xz\sin x\dfrac{e^{2z}-e^{-2z}}{2} - (x^2-z^2)\left(\dfrac{e^{2z}+e^{-2z}}{2}\cos x - 1\right)}{\left(\dfrac{e^{2z}+e^{-2z}}{2} - \cos 2x\right)^2},$$

$$-P'' = 2\frac{2xz\left(\dfrac{e^{2z}+e^{-2z}}{2}\cos x - 1\right) + (x^2-z^2)\dfrac{e^{2z}-e^{-2z}}{2}\sin x}{\left(\dfrac{e^{2z}+e^{-2z}}{2} - \cos 2x\right)^2},$$

$$p' = \frac{4z^2}{(e^z - e^{-z})^2}, \quad p'' = 0.$$

Si d'ailleurs on suppose la seconde limite de x plus petite que π, on aura $A' = 0$, $A'' = 0$; et, par suite, en admettant les valeurs précédentes de P′ et de P″, on aura

$$(t) \qquad \begin{cases} \displaystyle\int_0^x P''\,dz = \int_0^x \frac{x^2}{(\sin x)^2}\,dx, \\ \displaystyle\int_0^\infty P'\,dz = 4\int_0^\infty \frac{z^2}{(e^z - e^{-z})^2}\,dz. \end{cases}$$

La dernière des équations précédentes s'accorde avec diverses formules trouvées par Euler. Quant à la première, si l'on y suppose l'intégrale relative à x prise entre les limites $x = 0$, $x = \frac{\pi}{2}$, on aura

$$P'' = 4\pi\frac{z}{(e^z + e^{-z})^2};$$

et, par suite,

$$(u) \qquad \int_0^\infty \frac{z}{(e^z + e^{-z})^2}\,dz = \frac{1}{4\pi}\int_0^{\frac{\pi}{2}} \frac{x^2}{(\sin x)^2}\,dx = \tfrac{1}{4}l(2).$$

On peut vérifier facilement ce dernier résultat au moyen d'une intégration par série.

Corollaire VI. — Si les valeurs de P′ et de P″ sont indéterminées pour certaines valeurs de x et de z comprises entre les limites des intégrations, les équations (11), (12), (13) et (14) du § II (Ire Partie) deviendront inexactes. Mais on trouvera facilement, par la méthode ci-dessus exposée, les corrections qu'il faudra, dans ce cas, leur faire subir.

Ces corrections sont déterminées par la règle suivante.

Soit $S_m + T_m \sqrt{-1}$ ce que devient la fonction de x,

$$p x^m,$$

quand on y remplace x par $x + z\sqrt{-1}$. Soit, de plus, A'_m la valeur de A' relative à l'intégrale

$$\int_{a'}^{a''}\int_{b'}^{b''} \frac{\partial S_m}{\partial z}\, dx\, dz,$$

et A''_m la valeur de A'' relative à l'intégrale

$$\int_{a'}^{a''}\int_{b'}^{b''} \frac{\partial T_m}{\partial z}\, dx\, dz.$$

On remplacera, dans les équations (11), (12), (13), (14) (Ire Partie), l'intégrale

$$\int_0^z p' z^m\, dz \quad \text{par} \quad \int_0^z p' z^m\, dz + A''_m,$$

et l'intégrale

$$\int_0^z p'' z^m\, dz \quad \text{par} \quad \int_0^z p'' z^m\, dz - A'_m.$$

Exemple I. — Soit

$$p = \frac{1}{e^x - 1}.$$

Supposons que l'on intègre, par rapport à x, entre les limites $x = 0$, $x = \infty$, et, par rapport à z, entre les limites $z = 0$, $z = b < 2\pi$. Enfin désignons comme ci-dessus par q_k l'intégrale

$$\int_0^\infty \frac{x^{k-1}\, dx}{e^x - 1}.$$

Si l'on fait successivement

$$m = 1, \quad m = 2, \quad m = 3, \quad \ldots, \quad m = 2n, \quad m = 2n + 1,$$

les équations (11) et (14), après avoir été corrigées, donneront

$$
(v)\left\{
\begin{aligned}
&\int_0^\infty \frac{e^x \sin b}{e^{2x} - 2e^x \cos b + 1}\,dx = \frac{\pi}{2} - \tfrac{1}{2}b,\\
&\int_0^\infty \frac{e^x \cos b - 1}{e^{2x} - 2e^x \cos b + 1}\,x\,dx = -\frac{\pi}{2}\,b + \tfrac{1}{4}b^2 + q_2,\\
&\int_0^\infty \frac{e^x \sin b}{e^{2x} - 2e^x \cos b + 1}\,x^2\,dx = -\frac{\pi}{2}\,b^2 + \tfrac{1}{6}b^3 + 2q_2 b,\\
&\int_0^\infty \frac{e^x \cos b - 1}{e^{2x} - 2e^x \cos b + 1}\,x^3\,dx = \frac{\pi}{2}\,b^3 - \tfrac{1}{8}b^4 - 3q_2 b^2 + q_4,\\
&\ldots\ldots\ldots\ldots\ldots\ldots\ldots\ldots\ldots\ldots\ldots\ldots\ldots\ldots;\\
&\text{et, en général,}\\
&\int_0^\infty \frac{e^x \sin b}{e^{2x} - 2e^x \cos b + 1}\,x^{2n}\,dx\\
&\quad = (-1)^n\left[\frac{\pi}{2}\,b^{2n} - \frac{1}{2(2n+1)}\,b^{2n+1} - 2nb^{2n-1}q_2\right.\\
&\qquad + \frac{2n(2n-1)(2n-2)}{1.2.3}\,b^{2n-3}q_4\\
&\qquad \left. - \frac{2n(2n-1)(2n-2)(2n-3)(2n-4)}{1.2.3.4.5}\,b^{2n-5}q_6 + \ldots\right],\\
&\int_0^\infty \frac{e^x \cos b - 1}{e^{2x} - 2e^x \cos b + 1}\,x^{2n+1}\,dx\\
&\quad = (-1)^{n+1}\left[\frac{\pi}{2}\,b^{2n+1} - \frac{1}{2(2n+2)}\,b^{2n+2} - (2n+1)b^{2n}q_2\right.\\
&\qquad + \frac{(2n+1)2n(2n-1)}{1.2.3}\,b^{2n-2}q_4\\
&\qquad \left. - \frac{(2n+1)2n(2n-1)(2n-2)(2n-3)}{1.2.3.4.5}\,b^{2n-4}q_6 + \ldots\right].
\end{aligned}
\right.
$$

Si, au lieu de supposer

$$p = \frac{1}{e^x - 1},$$

on eût supposé

$$p = \frac{1}{e^x + 1},$$

on aurait obtenu les formules données par M. Legendre (IVe Partie des *Exercices de Calcul intégral*, p. 104).

Les équations (v) déterminent les valeurs des intégrales

$$\int_0^\infty \frac{e^x \sin b}{e^{2x} - 2e^x \cos b + 1} x^{2n}\, dx, \quad \int_0^\infty \frac{e^x \cos b - 1}{e^{2x} - 2e^x \cos b + 1} x^{2n+1}\, dx,$$

en supposant connues les valeurs de q_2, q_4, ..., c'est-à-dire, des intégrales

$$\int_0^\infty \frac{x\, dx}{e^x - 1}, \quad \int_0^\infty \frac{x^3\, dx}{e^x - 1}, \quad \ldots.$$

Nous avons donné plus haut les valeurs de ces dernières. Mais on pourrait les déduire immédiatement des équations (v). En effet, si l'on suppose, dans ces dernières, $b = \pi$, on aura généralement

$$\int_0^\infty \frac{e^x \sin b}{e^{2x} - 2e^x \cos b + 1} x^{2n}\, dx = 0,$$

et, par suite,

$$0 = \frac{\pi}{2} - \frac{\pi}{2},$$

$$0 = -\frac{\pi^3}{2} + \frac{\pi^3}{6} + 2q_2\pi,$$

$$0 = \frac{\pi^5}{2} - \frac{\pi^5}{10} + 4q_2\pi^3 - 4q_4\pi,$$

$$\ldots\ldots\ldots\ldots\ldots\ldots\ldots\ldots;$$

d'où l'on conclut, comme ci-dessus,

$$q_2 = \frac{\pi^2}{6}, \quad q_4 = \frac{\pi^4}{15}, \quad \ldots.$$

Exemple II. — Soit

$$p = \frac{1}{e^x - e^{-x}};$$

on déterminera facilement, par les méthodes précédentes, les valeurs des intégrales

$$\int_0^\infty \frac{1}{e^x - e^{-x}} x\, dx, \quad \int_0^\infty \frac{1}{e^x - e^{-x}} x^3\, dx, \quad \int_0^\infty \frac{1}{e^x - e^{-x}} x^5\, dx, \quad \ldots$$

et celles des intégrales de la forme

$$\int_0^\infty x^{2n+1}\frac{(e^x-e^{-x})\cos b}{e^{2x}-2\cos 2b+e^{-2x}}dx,\quad \int_0^\infty x^{2n}\frac{(e^x+e^{-x})\sin b}{e^{2x}-2\cos 2b+e^{-2x}}dx,$$

b étant $<\pi$. On trouvera, par exemple,

$$\int_0^\infty \frac{x}{e^x-e^{-x}}dx=\frac{2^2-1}{4}\frac{1}{6}\pi^2,$$

$$\int_0^\infty \frac{x^3}{e^x-e^{-x}}dx=\frac{2^4-1}{8}\frac{1}{30}\pi^4,$$

$$\int_0^\infty \frac{x^5}{e^x-e^{-x}}dx=\frac{2^6-1}{12}\frac{1}{42}\pi^6,$$

$$\ldots\ldots\ldots\ldots\ldots\ldots\ldots\ldots\ldots;$$

et si l'on désigne, en général, $\int_0^\infty \frac{x^{k-1}}{e^x-e^{-x}}dx$ par t_k, on aura encore

$$\int_0^\infty \frac{(e^x-e^{-x})\cos b}{e^{2x}-2\cos 2b+e^{2x}}x^{2n+1}dx$$

$$=(-1)^{n+1}\left[\frac{\pi}{4}b^{2n+1}-(2n+1)b^{2n}t_2+\frac{(2n+1)2n(2n-1)}{1.2.3}b^{2n-2}t_4\right.$$

$$\left.-\frac{(2n+2)2n(2n-1)(2n-2)(2n-3)}{1.2.3.4.5}b^{2n-4}t_6+\ldots\right],$$

$$\int_0^\infty \frac{(e^x+e^{-x})\sin b}{e^{2x}-2\cos 2b+e^{2x}}x^{2n}dx$$

$$=(-1)^n\left[\frac{\pi}{4}b^{2n}-2nb^{2n-1}t_2+\frac{2n(2n-1)(2n-2)}{1.2.3}b^{2n-3}t_4\right.$$

$$\left.-\frac{2n(2n-1)(2n-2)(2n-3)(2n-4)}{1.2.3.4.5}b^{2n-5}t_6+\ldots\right].$$

Au reste, on déduit facilement les valeurs des intégrales précédentes de diverses formules trouvées par Euler.

Exemple III. — Soit

$$f(x)=ax+bx^3+cx^5+\ldots,$$

une fonction impaire et entière de x. Si l'on fait

$$p=\frac{1}{f(e^x)-f(e^{-x})}=\frac{1}{a(e^x-e^{-x})+b(e^{3x}-e^{-3x})+\ldots},$$

on aura

$$P'=\frac{a(e^x-e^{-x})\cos z+b(e^{3x}-e^{-3x})\cos 3z+\ldots}{[a(e^x-e^{-x})\cos z+b(e^{3x}-e^{-3x})\cos 3z+\ldots]^2+[a(e^x-e^{-x})\sin z+b(e^{3x}-e^{-3x})\sin 3z+\ldots]^2},$$

$$-P''=\frac{a(e^x-e^{-x})\sin z+b(e^{3x}-e^{-3x})\sin 3z+\ldots}{[a(e^x-e^{-x})\cos z+b(e^{3x}-e^{-3x})\cos 3z+\ldots]^2+[a(e^x-e^{-x})\sin z+b(e^{3x}-e^{-3x})\sin 3z+\ldots]^2},$$

$$p'=0,\quad p''=-\frac{1}{2(a\sin z+b\sin 3z+\ldots)}.$$

Si, de plus, on désigne par B′ et B″ les corrections à faire aux seconds membres des équations (11) et (14) (Ire Partie), on aura, en admettant les valeurs précédentes de p, P′ et P″,

$$(\alpha')\quad\left\{\begin{aligned}\int_0^x P'x^{2n-1}\,dx&=B'+\int_0^x px^{2n-1}\,dx-\frac{(2n-1)(2n-2)}{1.2}z^2\int_0^x px^{2n-3}\,dx+\ldots,\\ \int_0^x P''x^{2n}\,dx&=B''-2nz\int_0^x px^{2n-1}\,dx+\frac{2n(2n-1)(2n-2)}{1.2.3}z^3\int_0^x px^{2n-3}\,dx+\ldots.\end{aligned}\right.$$

Supposons maintenant que l'on doive intégrer, relativement à x, entre les limites $x=0$, $x=\infty$, et relativement à z, entre les limites $z=0$, $z=\frac{\pi}{2}$. On aura généralement

$$\int_0^\infty P'x^{2n-1}\,dx=0,$$

et, par suite, la première des deux équations précédentes se trouvera réduite à

$$0=B'+\int_0^\infty px^{2n-1}\,dx-\frac{(2n-1)(2n-2)}{1.2}\left(\frac{\pi}{2}\right)^2\int_0^\infty px^{2n-3}\,dx+\ldots.$$

Si, dans cette dernière, on fait successivement $n=1$, $n=2$, $n=3$, ..., on obtiendra une série d'équations qui détermineront les valeurs des intégrales

$$\int_0^\infty px\,dx,\quad\int_0^\infty px^3\,dx,\quad\int_0^\infty px^5\,dx,\quad\ldots.$$

Si, au lieu d'intégrer, relativement à z, entre les limites $z = 0$, $z = \frac{\pi}{2}$, on intégrait entre les limites $z = 0$, $z = \pi$, ou même entre les limites $z = 0$, $z = k\pi$, k étant un nombre entier quelconque, on aurait

$$\int_0^\infty \mathrm{P}'' x^{2n}\, dx = 0,$$

et, par suite, en faisant successivement $n = 1$, $n = 2$, $n = 3$, ..., dans la première des équations (w), on obtiendrait encore les valeurs des intégrales

$$\int_0^\infty px\, dx,\quad \int_0^\infty px^3\, dx,\quad \int_0^\infty px^5\, dx,\quad \ldots.$$

Pour que cette dernière méthode réussisse, il n'est pas nécessaire que $f(x)$ soit une fonction impaire de x; il suffit qu'elle soit entière ou même rationnelle. En général, cette méthode est applicable toutes les fois que, p' étant nul ou constant, P'' s'évanouit pour certaines valeurs de z. Il est aisé de s'assurer que ces deux dernières conditions seront remplies si l'on donne à p l'une des valeurs suivantes :

$$p = \frac{\alpha + 6(e^x + e^{-x}) + \gamma(e^{2x} + e^{-2x}) + \ldots}{a(e^x - e^{-x}) + b(e^{2x} - e^{-2x}) + \ldots},$$

$$p = \frac{\alpha(e^x - e^{-x}) + 6(e^{2x} - e^{-2x}) + \ldots}{a + b(e^x + e^{-x}) + c(e^{2x} + e^{-2x}) + \ldots},$$

$$p = \frac{a + be^{-x} + ce^{-2x} + \ldots}{2a + b(e^x + e^{-x}) + c(e^{2x} + e^{-2x}) + \ldots},$$

$$p = \frac{ae^{-x} + be^{-2x} + \ldots}{a(e^x - e^{-x}) + b(e^{2x} - e^{-2x}) + \ldots},$$

α, 6, γ, ..., a, b, c, ... étant des constantes arbitraires. Il est toutefois nécessaire de supposer que chacune de ces valeurs de p s'évanouit pour $x = \infty$.

Par des raisonnements semblables à ceux qu'on vient de faire, on prouverait que l'équation (13) (Ire Partie) fournira les valeurs des intégrales

$$\int_0^\infty p\, dx,\quad \int_0^\infty px^2\, dx,\quad \int_0^\infty px^4\, dx,\quad \ldots;$$

si l'on donne à p la valeur suivante :

$$p = \frac{\alpha + \beta(e^x + e^{-x}) + \gamma(e^{2x} + e^{-2x}) + \ldots}{a + b(e^x + e^{-x}) + c(e^{2x} + e^{-2x}) + \ldots}.$$

VI.

SECONDE APPLICATION, POUR FAIRE SUITE AU § III DE LA PREMIÈRE PARTIE (1).

Considérons d'abord les équations (15) du § III (Ire Partie). Si les quantités P′, P″, renfermées dans ces équations sous le signe $\int$, deviennent indéterminées pour certaines valeurs des variables comprises entre les limites des intégrations, ces mêmes équations seront inexactes. Pour les corriger, il suffira d'ajouter respectivement aux premiers membres les valeurs de A′ et de A″, déterminées par les formules (33), (34) et (35). Seulement, dans ces formules, le signe S ne devra s'étendre qu'aux valeurs de α et de β pour lesquelles les deux quantités

$$X = \frac{\alpha}{a}, \quad Z = \frac{a\beta}{\alpha},$$

se trouvent comprises, la première, entre les deux limites de x, et la seconde, entre les deux limites de z.

Les valeurs de A′ et de A″ étant déterminées, comme on vient de le

(1) Les équations (15) et (21) de la première Partie étant corrigées, comme il est dit dans ce paragraphe, pourront être renfermées dans les deux formules

$$(\mathrm{X})\quad \begin{cases} (a + z\sqrt{-1})\displaystyle\int_0^x f(ax + xz\sqrt{-1})\,dx - a\int_0^x f(ax)\,dx \\ \quad = x\sqrt{-1}\displaystyle\int_0^z f(ax + xz\sqrt{-1})\,dz - (\mathrm{A}' + \mathrm{A}''\sqrt{-1}), \end{cases}$$

$$(\mathrm{Y})\quad \begin{cases} \displaystyle\int_0^\infty x^{n-1} f[r(\cos k + \sqrt{-1}\sin k)x]\,dx \\ \quad = \dfrac{\cos nk - \sqrt{-1}\sin nk}{r^n}\left[\displaystyle\int_0^\infty x^{n-1} f(x)\,dx - \mathrm{A}' - \mathrm{A}''\sqrt{-1}\right]. \end{cases}$$

dire, il suffira, pour corriger les équations (16) (Ire Partie), d'ajouter respectivement aux seconds membres de ces équations les quantités

$$\frac{-A''z - A'a}{a^2+z^2}, \quad \frac{-A''a + A'z}{a^2+z^2}.$$

Enfin, pour corriger les deux équations (21) (Ire Partie), il suffira d'ajouter au second membre de la première

$$\frac{-A''\sin nk - A'\cos nk}{(a^2+b^2)^{\frac{n}{2}}},$$

et au second membre de l'autre

$$\frac{-A''\cos nk + A'\sin nk}{(a^2+b^2)^{\frac{n}{2}}},$$

k désignant toujours le plus petit des arcs qui ont pour tangente $\frac{b}{a}$.

Exemple. — Soit

$$p = \frac{1}{e^x \pm 1}.$$

Si l'on suppose $n > 1$, on aura $A' = 0$, $A'' = 0$; et, par suite, les équations (21) (Ire Partie) donneront immédiatement

$$(x) \quad \begin{cases} \displaystyle\int_0^\infty x^{n-1} \frac{e^x \cos bx - 1}{e^{2x} \pm 2e^x \cos bx + 1} dx = \frac{\cos nk}{(a^2+b^2)^{\frac{n}{2}}} \int_0^\infty \frac{x^{n-1}\,dx}{e^x \pm 1}, \\ \displaystyle\int_0^\infty x^{n-1} \frac{e^x \sin bx}{e^{2x} \pm 2e^x \cos bx + 1} dx = \frac{\sin nk}{(a^2+b^2)^{\frac{n}{2}}} \int_0^\infty \frac{x^{n-1}\,dx}{e^x \pm 1}, \end{cases}$$

k étant le plus petit arc dont la tangente soit égale à $\frac{b}{a}$.

Lorsque n est un nombre pair, les valeurs des intégrales

$$\int_0^\infty \frac{x^{n-1}\,dx}{e^x \pm 1}$$

sont connues. On pourra donc obtenir, dans le même cas, les valeurs des intégrales

$$\int_0^\infty x^{n-1}\frac{e^x\cos bx-1}{e^{2x}\pm 2e^x\cos bx+1}\,dx,\quad \int_0^\infty x^{n-1}\frac{e^x\sin bx}{e^{2x}\pm 2e^x\cos bx+1}\,dx.$$

VII.

TROISIÈME APPLICATION, POUR FAIRE SUITE AU § VI DE LA PREMIÈRE PARTIE (¹).

Supposons que les fonctions Q′, Q″, renfermées dans les équations (33) du § VI (Ire Partie), deviennent indéterminées pour certaines valeurs de x et de z comprises entre les limites des intégrations. Alors les équations (33) seront inexactes. Désignons à l'ordinaire par A′ et A″ les quantités qu'il sera nécessaire d'ajouter aux premiers membres de ces équations pour les rectifier. Concevons, pour plus de facilité, que l'équation $\frac{1}{q}=0$ n'ait pas de racines nulles ni égales entre elles; et soit $\alpha+6\sqrt{-1}$ une racine de cette même équation, 6 devant être nul, lorsque la racine est réelle. Si l'on détermine les valeurs de λ et

(¹) En corrigeant les formules (33), (34), (35), de la première Partie, comme il est dit dans ce paragraphe, et posant

$$f(x)=q\cos r+\sqrt{-1}\,q\sin r,$$

on obtiendra diverses équations, desquelles on déduira immédiatement la formule (L), étendue au cas où la fonction $f(x)$ devient imaginaire. On en déduirait également les formules (S) et (U), en prenant

$$q\cos r=\varphi(x)\frac{\mathcal{F}(x)}{\mathrm{F}(x)},\quad q\sin r=\chi(x)\frac{\mathcal{F}(x)}{\mathrm{F}(x)}.$$

Si l'on suppose en particulier $r=ax$, on verra la formule (S) coïncider avec l'équation (52), et la formule (U) avec l'équation (53). Dans la même hypothèse, si l'on fait $q=\frac{\mathcal{F}(x)}{\mathrm{F}(x)}$, la formule (L) deviendra

$$\text{(Z)}\qquad \int_{-\infty}^{\infty} e^{ax\sqrt{-1}}\frac{\mathcal{F}(x)}{\mathrm{F}(x)}\,dx=2\pi\sqrt{-1}\,\mathrm{S}\left[e^{-a6+a\alpha\sqrt{-1}}\frac{\mathcal{F}(\alpha+6\sqrt{-1})}{\mathrm{F}'(\alpha+6\sqrt{-1})}\right].$$

Cette dernière peut remplacer à elle seule les équations (52) et (53). Il est bon de rappeler que chacun des termes indiqués par le signe S doit être réduit à moitié quand la valeur de μ par les équations (16), ainsi que les valeurs de γ et δ par les équations (26); si, de plus, l'on désigne par

les valeurs de
$$\begin{matrix} \lambda_{\alpha,6}, & \mu_{\alpha,6}, & \gamma_{\alpha,6}, & \delta_{\alpha,6}, \\ & \lambda, & \mu, & \gamma, & \delta, \end{matrix}$$

qui correspondent à des valeurs positives de α et de 6, et que l'on remplace, dans cette notation, α par zéro, lorsque α devient nul, et 6 par zéro, lorsque 6 devient nul; enfin, que les valeurs extrêmes de x et de z soient positives, et ne rendent pas indéterminées les deux fonctions Q′ et Q″ : on aura toujours $\mu_{\alpha,0} = 0$, et, par suite,

$$(46)\quad A' = [2S(\gamma_{\alpha,6}\mu_{\alpha,6} - \delta_{\alpha,6}\lambda_{\alpha,6}) + S(\gamma_{0,6}\mu_{0,6} - \delta_{0,6}\lambda_{0,6}) - S(\delta_{\alpha,0}\lambda_{\alpha,0})]\pi,$$

$$(47)\quad A'' = [2S(\gamma_{\alpha,6}\lambda_{\alpha,6} + \delta_{\alpha,6}\mu_{\alpha,6}) + S(\gamma_{0,6}\lambda_{0,6} + \delta_{0,6}\mu_{0,6}) + S(\gamma_{\alpha,0}\lambda_{\alpha,0})]\pi,$$

le signe S se rapportant à toutes les valeurs positives de α qui se trouvent comprises entre les limites des intégrales relatives à x, et à toutes les valeurs de 6 qui sont comprises entre les limites des intégrales relatives à z.

Si l'équation $\frac{1}{q} = 0$ avait une racine nulle, la valeur de A′ serait en général infinie. Mais, dans ce cas, la valeur de A″ resterait finie, et

correspondante de 6 s'évanouit. Alors aussi l'intégrale définie qui compose le premier membre de la formule (Z) doit être réduite à sa valeur principale.

Si, dans l'équation (Z), on pose successivement

$$\frac{\mathcal{F}(x)}{F(x)} = \frac{r}{x^2 \pm r^2} \quad \text{et} \quad \frac{\mathcal{F}(x)}{F(x)} = \frac{x}{x^2 \pm r^2},$$

on en tirera les formules

$$\int_0^\infty \frac{r\cos ax}{x^2 + r^2}dx = \frac{\pi}{2}e^{-ar}, \qquad \int_0^\infty \frac{x\sin ax}{x^2 + r^2}dx = \frac{\pi}{2}e^{-ar},$$

$$\int_0^\infty \frac{r\cos ax}{x^2 - r^2}dx = -\frac{\pi}{2}\sin ar, \qquad \int_0^\infty \frac{x\sin ax}{x^2 - r^2}dx = \frac{\pi}{2}\cos ar,$$

dont les premières ont été données par M. Laplace, et les dernières par M. Bidone, géomètre italien.

serait donnée par l'équation

$$(48)\quad \begin{cases} A'' = [2S(\gamma_{\alpha,6}\lambda_{\alpha,6} + \delta_{\alpha,6}\mu_{\alpha,6}) \\ \qquad + S(\gamma_{0,6}\lambda_{0,6} + \delta_{0,6}\mu_{0,6}) + S(\gamma_{\alpha,0}\lambda_{\alpha,0}) + \tfrac{1}{2}\gamma_{0,0}\lambda_{0,0}]\pi. \end{cases}$$

Corollaire I. — Supposons, comme dans les équations (38) (Ire Partie),

$$r = F(x) = ax;$$

les équations (26) donneront,

$$(49)\quad \begin{cases} \text{si l'on a } \alpha > 0,\ 6 > 0, \\ \qquad \gamma_{\alpha,6} = e^{-a6}\cos a\alpha, \quad \delta_{\alpha,6} = e^{-a6}\sin a\alpha; \\ \text{si l'on a } \alpha > 0,\ 6 = 0, \\ \qquad \gamma_{\alpha,0} = \cos a\alpha, \quad \delta_{\alpha,0} = \sin a\alpha; \\ \text{si l'on a } \alpha = 0,\ 6 > 0, \\ \qquad \gamma_{0,6} = e^{-a6}, \quad \delta_{0,6} = 0. \end{cases}$$

Supposons, de plus, que Q' et Q'' s'évanouissent pour des valeurs infinies positives de la variable z. Si l'on intègre, relativement à x, entre les limites $x = 0$, $x = \infty$, et, relativement à z, entre les limites $z = 0$, $z = \infty$, la première des équations (38) (Ire Partie) deviendra

$$(50)\quad \begin{cases} \int_0^\infty q \cos ax\, dx = [2S(\gamma_{\alpha,6}\mu_{\alpha,6} - \delta_{\alpha,6}\lambda_{\alpha,6}) \\ \qquad + S(\gamma_{0,6}\mu_{0,6}) - S(\delta_{\alpha,0}\lambda_{\alpha,0})]\pi - \int_0^\infty q'' e^{-az}\, dz. \end{cases}$$

Si, au lieu d'intégrer, relativement à x, entre les limites $x = 0$, $x = \infty$, on voulait intégrer entre les limites $x = -\infty$, $x = 0$, on trouverait, en raisonnant comme on l'a fait ci-dessus (§ V),

$$(51)\quad \begin{cases} \int_{-\infty}^0 q \cos ax\, dx = [2S(\gamma_{-\alpha,6}\mu_{-\alpha,6} - \delta_{-\alpha,6}\lambda_{-\alpha,6}) \\ \qquad + S(\gamma_{0,6}\mu_{0,6}) - S(\delta_{-\alpha,0}\lambda_{-\alpha,0})]\pi + \int_0^\infty q'' e^{-az}\, dz. \end{cases}$$

En ajoutant ces deux équations, on trouvera

$$(52)\quad \int_{-\infty}^{\infty} q\cos ax\,dx = [2\,\mathrm{S}(\gamma_{\pm\alpha,\beta}\mu_{\pm\alpha,\beta} - \delta_{\pm\alpha,\beta}\lambda_{\pm\alpha,\beta}) - \mathrm{S}(\delta_{\pm\alpha,0}\lambda_{\pm\alpha,0})]\pi,$$

les valeurs des quantités γ, δ étant déterminées par les équations (48); et le signe S se rapportant à toutes les valeurs positives nulles ou négatives de α, mais seulement aux valeurs positives de β. Cette dernière équation est analogue à celles que nous avons trouvées ci-dessus, § V, n° (39).

On trouvera de même

$$(53)\quad \int_{-\infty}^{\infty} q\sin ax\,dx = [2\,\mathrm{S}(\gamma_{\pm\alpha,\beta}\lambda_{\pm\alpha,\beta} + \delta_{\pm\alpha,\beta}\mu_{\pm\alpha,\beta}) + \mathrm{S}(\gamma_{\pm\alpha,0}\lambda_{\pm\alpha,0})]\pi.$$

Si q est une fonction paire de x, l'intégrale $\int_0^{\infty} q\cos ax\,dx$ aura pour valeur la moitié du second membre de l'équation (52). De même, la moitié du second membre de l'équation (53) donnera, si q est une fonction impaire de x, la valeur de l'intégrale $\int_0^{\infty} q\sin ax\,dx$.

Exemple I. — Si l'on fait

$$q = \frac{1}{1+x^2},$$

l'équation (52) donnera

$$\int_0^{\infty} \frac{\cos ax}{1+x^2}\,dx = \frac{\pi}{2}e^{-a};$$

et si l'on suppose

$$q = \frac{x}{1+x^2},$$

l'équation (53) donnera

$$\int_0^{\infty} \frac{x\sin ax}{1+x^2}\,dx = \frac{\pi}{2}e^{-a}.$$

Ces formules sont bien connues.

En général, si $\frac{\mathrm{P}}{\mathrm{Q}}$ représente une fonction rationnelle quelconque de x, les formules (52) et (53) fourniront les valeurs des intégrales

$$\int_0^{\infty} \frac{\mathrm{P}}{\mathrm{Q}}\cos ax\,dx,\quad \int_0^{\infty} \frac{\mathrm{P}}{\mathrm{Q}}\sin ax\,dx,$$

sans que l'on soit obligé de décomposer la fraction $\frac{P}{Q}$ en fractions simples. La méthode précédente exige seulement que l'on détermine les racines de l'équation

$$Q = 0.$$

Exemple II. — Soit

$$q = \frac{1}{(1 + x^2)\sin bx}.$$

L'équation

$$(1 + x^2)\sin bx = 0$$

se décomposera en deux autres, savoir,

$$1 + x^2 = 0 \quad \text{et} \quad \sin bx = 0.$$

La première de celles-ci donnera

$$\alpha = 0, \quad \beta = 1,$$

$$\gamma = e^{-a}, \quad \lambda = \frac{-1}{e^b - e^{-b}}, \quad \delta = 0, \quad \mu = 0.$$

Par suite, la partie correspondante du second membre de l'équation (53) sera

$$-2\pi \frac{e^{-a}}{e^b - e^{-b}}.$$

Quant à l'équation $\sin bx = 0$, elle donnera

$$\alpha = \frac{k\pi}{b}, \quad \beta = 0,$$

k étant un nombre entier positif, nul ou négatif; et, par suite,

$$\gamma = \cos\left(k\frac{a}{b}\pi\right), \quad \lambda = (-1)^k \frac{1}{b\left(1 + \frac{1}{b^2}k^2\pi^2\right)}, \quad \mu = 0.$$

Ainsi la partie du second membre de l'équation (53), qui correspond aux racines de l'équation $\sin bx = 0$, sera

$$\frac{\pi}{b}\left[1 - \frac{2\cos\left(\frac{a}{b}\pi\right)}{1+\frac{\pi^2}{b^2}} + \frac{2\cos\left(\frac{2a}{b}\pi\right)}{1+4\frac{\pi^2}{b^2}} - \frac{2\cos\left(\frac{3a}{b}\pi\right)}{1+9\frac{\pi^2}{b^2}} + \ldots\right].$$

Si donc on fait, pour abréger,

$$\frac{\cos\left(\frac{a}{b}\pi\right)}{1+\frac{\pi^2}{b^2}} - \frac{\cos\left(\frac{2a}{b}\pi\right)}{1+4\frac{\pi^2}{b^2}} + \frac{\cos\left(\frac{3a}{b}\pi\right)}{1+9\frac{\pi^2}{b^2}} - \ldots = \mathrm{R},$$

on aura

$$\int_{-\infty}^{\infty} \frac{\sin ax}{\sin bx}\frac{dx}{1+x^2} = \frac{\pi}{b} - \frac{2\pi}{b}\mathrm{R} - \frac{2\pi e^{-a}}{e^b - e^{-b}};$$

ou, ce qui revient au même,

$$\int_0^{\infty} \frac{\sin ax}{\sin bx}\frac{dx}{1+x^2} = \frac{\pi}{2b} - \frac{\pi}{b}\mathrm{R} - \pi\frac{e^{-a}}{e^b - e^{-b}}.$$

On a d'ailleurs, en supposant $a < b$,

$$\int_0^{\infty} \frac{\sin ax}{\sin bx}\frac{dx}{1+x^2} = \frac{\pi}{2}\frac{e^a - e^{-a}}{e^b - e^{-b}};$$

on aura donc, dans la même hypothèse,

$$(\gamma) \qquad \mathrm{R} = \frac{1}{2}\left(1 - b\frac{e^a + e^{-a}}{e^b + e^{-b}}\right).$$

D'ailleurs il est facile de voir que la valeur de R restera la même, si, b ayant une valeur constante, le rapport $\frac{a}{b}$ se trouve augmenté ou diminué d'un nombre pair quelconque. Par suite, si, a étant $> b$, on désigne par $\frac{1}{2}r$ la différence absolue qui existe entre le rapport $\frac{a}{2b}$ et le nombre entier le plus voisin de ce rapport, on aura, en général,

$$\mathrm{R} = \frac{1}{2}\left(1 - b\frac{e^{rb} + e^{-rb}}{e^b - e^{-b}}\right),$$

d'où l'on conclut

$$\int_0^\infty \frac{\sin ax}{\sin bx}\frac{dx}{1+x^2}=\frac{\pi}{2}\frac{e^{rb}+e^{-rb}-2e^{-a}}{e^b-e^{-b}}.$$

On obtiendra de même les valeurs des quatre intégrales que nous avons considérées ci-dessus, § V, corollaire II, quel que soit le rapport des quantités a et b. Il est seulement nécessaire d'examiner si le nombre entier le plus voisin de la fraction $\frac{a}{2b}$ est pair ou impair, et si ce nombre est inférieur ou supérieur à la fraction dont il s'agit. Ainsi, par exemple, si l'on suppose que ce nombre soit pair et inférieur à la fraction $\frac{a}{2b}$, en représentant la différence par $\frac{1}{2}r$, on aura (¹)

$$(z)\quad\begin{cases}\displaystyle\int_0^\infty \frac{\cos ax}{\cos bx}\frac{dx}{1+x^2}=\frac{\pi}{2}\frac{e^{br}-e^{-br}+2e^{-a}}{e^b+e^{-b}},\\[2ex] \displaystyle\int_0^\infty \frac{\sin ax}{\sin bx}\frac{dx}{1+x^2}=\frac{\pi}{2}\frac{e^{br}+e^{-br}-2e^{-a}}{e^b-e^{-b}},\\[2ex] \displaystyle\int_0^\infty \frac{\sin ax}{x\cos bx}\frac{dx}{1+x^2}=\frac{\pi}{2}\frac{e^{br}+e^{-br}-2e^{-a}}{e^b+e^{-b}},\\[2ex] \displaystyle\int_0^\infty \frac{x\cos ax}{\sin bx}\frac{dx}{1+x^2}=\frac{\pi}{2}\frac{e^{br}-e^{-br}+2e^{-a}}{e^b-e^{-b}}.\end{cases}$$

Si, dans ces diverses équations, on suppose b très petit, on aura, à très peu près,

$$\sin bx=bx,\quad e^b-e^{-b}=2b,\quad e^{\pm b}=1,\quad e^{\pm br}=1,$$

et, par suite,

$$\int_0^\infty \cos ax\frac{dx}{1+x^2}=\frac{\pi}{2}e^{-a},$$

$$\int_0^\infty \frac{\sin ax}{x}\frac{dx}{1+x^2}=\frac{\pi}{2}(1-e^{-a}),$$

ce qui s'accorde avec les formules connues.

(¹) Les formules (z), ainsi que les équations (g), (h), ..., fournissent seulement les valeurs principales des intégrales qu'elles renferment.

Si le nombre entier le plus voisin de la fraction $\frac{a}{2b}$ était impair, au lieu d'être pair, il faudrait, dans la première et la troisième des équations (z), changer le signe de chacune des deux quantités e^{br}, e^{-br}; et si le même nombre entier, au lieu d'être inférieur à la fraction $\frac{a}{2b}$, lui devenait supérieur, il faudrait changer encore, dans la première et la quatrième équation, le signe de ces deux quantités. Par suite, il n'y aurait rien à changer dans la première, si les deux hypothèses précédentes avaient lieu en même temps.

L'analyse qui conduit aux équations (z) fournit aussi les valeurs des quatre séries suivantes (1) :

$$\frac{\sin\theta}{1+m^2} - \frac{\sin 3\theta}{9+m^2} + \frac{\sin 5\theta}{25+m^2} - \ldots = \frac{\pi}{4m} \frac{e^{\theta m} - e^{-\theta m}}{e^{\frac{1}{2}\pi m} + e^{-\frac{1}{2}\pi m}};$$

$$\frac{\cos\theta}{1+m^2} - \frac{\cos 2\theta}{4+m^2} + \frac{\cos 3\theta}{9+m^2} - \ldots = \frac{1}{2m^2} - \frac{\pi}{2m} \frac{e^{\theta m} + e^{-\theta m}}{e^{m\pi} - e^{-m\pi}};$$

$$\frac{\cos\theta}{1+m^2} - \frac{1}{3}\frac{\cos 3\theta}{9+m^2} + \frac{1}{5}\frac{\cos 5\theta}{25+m^2} - \ldots = \frac{\pi}{4m^2} - \frac{\pi}{4m^2} \frac{e^{\theta m} + e^{-\theta m}}{e^{\frac{1}{2}\pi m} + e^{-\frac{1}{2}\pi m}};$$

$$\frac{\sin\theta}{1+m^2} - \frac{2\sin 2\theta}{4+m^2} + \frac{3\sin 3\theta}{9+m^2} - \ldots = \frac{\pi}{2} \frac{e^{\theta m} - e^{-\theta m}}{e^{m\pi} - e^{-m\pi}}.$$

On déduit facilement de ces quatre séries tous les théorèmes connus

(1) Les séries dont il est ici question, et beaucoup d'autres, peuvent être données directement à l'aide de la formule (O). Ainsi, par exemple, si l'on pose

$$\frac{\mathcal{F}(x)}{F(x)} = \frac{\cos\theta x}{(m^2+x^2)\sin\pi x},$$

on tirera de la formule (O)

$$\frac{1}{\pi}\left(\frac{1}{2m^2} - \frac{\cos\theta}{1+m^2} + \frac{\cos 2\theta}{4+m^2} - \frac{\cos 3\theta}{9+m^2} + \ldots\right) - \frac{e^{\theta m} + e^{-\theta m}}{2m(e^{m\pi} - e^{-m\pi})} = 0,$$

ce qui s'accorde avec l'équation qu'on obtient en égalant les deux valeurs de R.

Au reste, il est facile de voir pourquoi l'analyse dont nous avons fait usage dans le § VII nous a conduits à la sommation des séries dont nous venons de parler. En effet, les formules (z) sont tirées des équations (52) et (53) comprises dans la formule (Z) ou (L). Au contraire, les formules (g) du § IV ont été tirées de la formule (39) ou (N); et comme, pour déduire les formules (L), (N) l'une de l'autre, il faut nécessairement avoir égard à l'équation (O), il est clair que la comparaison des formules (g) et (h) devait nous ramener à la considération des séries qui peuvent être sommées directement à l'aide de l'équation (O).

sur la sommation des puissances réciproques des nombres naturels et des nombres impairs.

Corollaire II. — Désignons toujours par A′ et A″ les corrections à faire aux seconds membres des équations (38) (Ire Partie), dans le cas où Q′ et Q″ deviennent indéterminées pour des valeurs des variables comprises entre les limites des intégrations. Concevons, de plus, qu'on intègre, par rapport à x, entre les limites $x = 0$, $x = \frac{\pi}{2}$, et, par rapport à z, entre les limites $z = 0$, $z = \infty$. Les équations (38) deviendront, si l'on suppose $a = 1$,

$$(54)\quad \begin{cases} \displaystyle\int_0^{\frac{\pi}{2}} q \cos x \, dx = \int_0^{\infty} Q' e^{-z} dz - \int_0^{\infty} q'' e^{-z} dz + A', \\ \displaystyle\int_0^{\frac{\pi}{2}} q \sin x \, dx = \int_0^{\infty} Q'' e^{-z} dz + \int_0^{\infty} q' e^{-z} dz + A'', \end{cases}$$

et, si l'on suppose $a = 2$,

$$(55)\quad \begin{cases} \displaystyle\int_0^{\frac{\pi}{2}} q \cos 2x \, dx = -\int_0^{\infty} Q'' e^{-2z} dz - \int_0^{\infty} q'' e^{-2z} dz + A', \\ \displaystyle\int_0^{\frac{\pi}{2}} q \sin 2x \, dx = \int_0^{\infty} Q' e^{-2z} dz + \int_0^{\infty} q' e^{-2z} dz + A''. \end{cases}$$

Dans ces équations, A′ se trouve toujours déterminé par la formule (46), et A″ par les formules (47) ou (48).

Si q est une fonction paire de x, on aura $q'' = 0$; par suite, la première des équations (54) se trouvera réduite à

$$(56)\qquad \int_0^{\frac{\pi}{2}} q \cos x \, dx = \int_0^{\infty} Q' e^{-z} dz + A',$$

et la première des équations (55) à

$$(57)\qquad \int_0^{\frac{\pi}{2}} q \cos 2x \, dx = -\int_0^{\infty} Q'' e^{-2z} dz + A'.$$

De même, si q est une fonction impaire de x, on aura $q' = 0$; par suite, la seconde des équations (54) se trouvera réduite à

$$(58)\qquad \int_0^{\frac{\pi}{2}} q \sin x \, dx = \int_0^{\infty} Q'' e^{-z} \, dz + A'',$$

et la seconde des équations (55) à

$$(59)\qquad \int_0^{\frac{\pi}{2}} q \sin 2x \, dx = \int_0^{\infty} Q' e^{-2z} \, dz + A''.$$

Si, dans ces quatre dernières équations, on parvient à obtenir les valeurs des intégrales relatives à z, on en conclura celles des intégrales relatives à x, et réciproquement.

Exemple I. — Soit

$$q = \frac{x}{\sin x}.$$

Comme les limites des intégrales relatives à x sont 0 et $\frac{\pi}{2}$, on devra supposer, dans Q' et Q'', $x = \frac{\pi}{2}$. Cela posé, on trouvera

$$Q' + Q'' \sqrt{-1} = \frac{\frac{\pi}{2} + z\sqrt{-1}}{\sin\left(\frac{\pi}{2} + z\sqrt{-1}\right)},$$

$$Q' = \frac{\pi}{e^z + e^{-z}}, \qquad \int_0^{\infty} Q' e^{-z} \, dz = \pi \int_0^{\infty} \frac{e^{-z} \, dz}{e^z + e^{-z}} = \tfrac{1}{2}\pi \, l(2).$$

On aura d'ailleurs $A' = 0$; et par suite l'intégrale (56) deviendra

$$\int_0^{\frac{\pi}{2}} x \frac{\cos x}{\sin x} \, dx = \tfrac{1}{2}\pi \, l(2).$$

Cette intégrale a été donnée par Euler. Nous l'avions déjà obtenue dans le § V, mais par une méthode moins directe. On obtiendra de même, en général, la valeur de l'intégrale

$$\int_0^{\frac{\pi}{2}} \frac{(\alpha + 6 \cos 2x + \gamma \cos 4x + \ldots) \cos x}{a \sin x + b \sin 3x + c \sin 5x + \ldots} \, x \, dx,$$

$\alpha, \beta, \gamma, \ldots, a, b, c, \ldots,$ étant des constantes arbitraires. On aura, en effet, en vertu de l'équation (56),

$$\int_0^{\frac{\pi}{2}} \frac{(\alpha + \beta \cos 2x + \gamma \cos 4x + \ldots) \cos x}{a + b \cos 2x + c \cos 4x + \ldots} x\, dx$$

$$= A' + \frac{\pi}{2} \int_0^{\infty} \frac{[2\alpha - \beta(e^{2z} + e^{-2z}) + \gamma(e^{4z} + e^{-4z}) - \ldots] e^{-z}\, dz}{a(e^{z} + e^{-z}) - b(e^{3z} + e^{-3z}) + c(e^{5z} + e^{-5z}) - \ldots}.$$

On peut d'ailleurs obtenir facilement la valeur de cette dernière par les méthodes d'intégration connues.

Exemple II. — M. Poisson est parvenu à déterminer la valeur de l'intégrale

$$\int_0^{\frac{\pi}{2}} \frac{\sin 2x}{a + \cos 2x} x\, dx.$$

On peut déduire immédiatement cette intégrale de l'équation (59).

On obtiendra, en général, par la même équation, la valeur de l'intégrale

$$\int_0^{\frac{\pi}{2}} \frac{(\alpha + \beta \cos 2x + \gamma \cos 4x + \ldots) \sin 2x}{a + b \cos 2x + c \cos 4x + \ldots} x\, dx;$$

$\alpha, \beta, \gamma, \ldots, a, b, c, \ldots,$ étant des constantes arbitraires.

Dans les deux exemples précédents, il est nécessaire de supposer que la fonction q ne devient pas infinie lorsqu'après avoir remplacé, dans cette fonction, x par $\frac{\pi}{2} \pm z\sqrt{-1}$, on suppose $z = \infty$. Néanmoins, si le contraire avait lieu, on pourrait encore obtenir les valeurs des intégrales relatives à x, en substituant aux équations (54) et (55) les équations semblables qu'on déduit des formules (38) (Ire Partie), en supposant successivement, dans ces dernières, $a = 3$, $a = 4$, $a = 5$, ...

PREMIER SUPPLÉMENT,

OU

DÉVELOPPEMENTS RELATIFS A LA SECONDE PARTIE

DU MÉMOIRE SUR LES INTÉGRALES DÉFINIES (1).

PREMIÈRE QUESTION.

Déduire des formules obtenues dans le Mémoire la valeur de l'intégrale

$$\int_0^{\frac{\pi}{2}} \frac{x \sin 2x \, dx}{a + \cos 2x}.$$

Solution. — q étant une fonction impaire de x, et

$$Q' + Q''\sqrt{-1}$$

étant ce que devient q lorsqu'on y substitue $\frac{\pi}{2} + z\sqrt{-1}$ au lieu de x, on a, par la formule (59) de la seconde Partie,

$$\int_0^{\frac{\pi}{2}} q \sin 2x \, dx = \int_0^{\infty} Q' e^{-2z} dz + A''.$$

Dans cette même formule, la valeur de A'' est déterminée par l'équa-

(1) Les deux Suppléments qu'on va lire sont ceux dont il est parlé dans le Rapport, et que l'auteur avait composés pour répondre aux observations faites par le rapporteur. Il est essentiel d'observer que plusieurs des formules établies dans ces Suppléments renferment des intégrales définies dont les valeurs générales seraient indéterminées, mais que l'on suppose réduites à leurs valeurs principales.

tion (47); et les valeurs de γ, δ, sont données par les équations (49), dans lesquelles on doit supposer $a = 2$.

Pour appliquer la formule (59) à la détermination de l'intégrale

$$\int_0^{\frac{\pi}{2}} \frac{x \cdot \sin 2x}{a + b\cos 2x}\, dx,$$

on fera

$$q = \frac{\mathfrak{F}(x)}{\mathrm{F}(x)} = \frac{x}{a + b\cos 2x};$$

et l'on aura par suite,

$$\mathrm{Q}' + \mathrm{Q}''\sqrt{-1} = \frac{\frac{1}{2}\pi + z\sqrt{-1}}{a + \cos(\pi + 2z\sqrt{-1})} = \frac{\frac{1}{2}\pi + z\sqrt{-1}}{a - \left(\frac{e^{2z} + e^{-2z}}{2}\right)},$$

$$\mathrm{Q}' = \frac{\pi}{2a - (e^{2z} + e^{-2z})}.$$

Cela posé, si l'on fait $e^{-2z} = u$, on trouvera

$$\int_0^{\infty} \mathrm{Q}' e^{-2z}\, dz = \frac{\pi}{2}\int_1^0 \frac{u\, du}{u^2 - 2au + 1}.$$

Si l'on veut que cette dernière soit prise entre les limites $u = 0$, $u = 1$, elle changera de signe, et l'on aura, en conséquence,

$$\int_0^{\infty} \mathrm{Q}' e^{-2z}\, dz = -\frac{\pi}{2}\int_0^1 \frac{u\, du}{u^2 - 2au + 1};$$

ce qui réduit l'équation (59) à

$$(\mathrm{A}) \qquad \int_0^{\frac{\pi}{2}} \frac{x \sin 2x}{a + \cos 2x}\, dx = \mathrm{A}'' - \frac{\pi}{2}\int_0^1 \frac{u\, du}{u^2 - 2au + 1}.$$

Pour achever le calcul, il est nécessaire de distinguer deux cas différents, suivant que la quantité désignée par a est inférieure ou supérieure à l'unité.

Premier cas. — Supposons d'abord $a < 1$: le système de valeurs de α et de 6, pour lequel la valeur de α se trouvera comprise entre les limites 0 et $\frac{1}{2}\pi$, sera, en vertu du § I (exemple VII), déterminé par les équations

$$\text{(B)} \qquad \alpha = \tfrac{1}{2} \operatorname{arc\,cos}(-a), \quad 6 = 0.$$

On aura, par suite,

$$\text{(C)} \quad \int_0^1 \frac{u\,du}{u^2 - 2au + 1} = \int_0^1 \frac{u\,du}{u^2 + 2u\cos 2\alpha + 1} = \tfrac{1}{2} l(2 - 2a) - \frac{\alpha \cos 2\alpha}{\sin 2\alpha}.$$

Dans le même cas, la valeur de A″ se trouvera réduite à

$$A'' = \pi \gamma_{\alpha, 0} \lambda_{\alpha, 0}.$$

On a d'ailleurs, en supposant $a = 2$ dans la troisième des équations (49),

$$\gamma_{\alpha, 0} = \cos 2\alpha.$$

Enfin, la valeur générale de λ, donnée par la première des formules (16), étant

$$\lambda = \frac{1}{2}\left[\frac{\mathfrak{F}(\alpha - 6\sqrt{-1})}{F'(\alpha - 6\sqrt{-1})} + \frac{\mathfrak{F}(\alpha + 6\sqrt{-1})}{F'(\alpha + 6\sqrt{-1})}\right],$$

si, dans cette formule, on suppose

$$6 = 0, \quad \frac{\mathfrak{F}(x)}{F(x)} = \frac{x}{a + \cos 2x},$$

et par conséquent,

$$\frac{\mathfrak{F}(x)}{F'(x)} = -\frac{x}{2 \sin 2x},$$

on trouvera

$$\lambda_{\alpha, 0} = \frac{\mathfrak{F}(\alpha)}{F'(\alpha)} = -\frac{\alpha}{2 \sin 2\alpha}.$$

On aura donc

$$\text{(D)} \qquad A'' = -\frac{\pi}{2} \frac{\alpha \cos 2\alpha}{\sin 2\alpha}.$$

Cela posé, si, dans la formule (A), on substitue pour A″ et $\int_0^1 \frac{u\,du}{u^2 - 2au + 1}$ leurs valeurs tirées des équations (C) et (D), on trouvera

$$\text{(E)} \qquad \int_0^{\frac{\pi}{2}} \frac{x \sin 2x}{a + \cos 2x}\,dx = -\frac{\pi}{4} l(2 - 2a).$$

Second cas. — Supposons maintenant $a > 1$. Le système de valeurs de α et de β, pour lequel la valeur de α restera comprise entre les limites o et $\frac{\pi}{2}$, sera, en vertu du § I (exemple VII), déterminé par les équations

$$(\text{F}) \qquad \alpha = \tfrac{1}{2}\pi, \quad \beta = \tfrac{1}{2}l(a + \sqrt{a^2 - 1});$$

et, si l'on fait, pour abréger,

$$a - \sqrt{a^2 - 1} = f, \quad a + \sqrt{a^2 - 1} = g,$$

on aura

$$(\text{G}) \qquad \int_0^1 \frac{u\,du}{u^2 - 2au + 1} = \int_0^1 \frac{u\,du}{(f - u)(g - u)} = \tfrac{1}{2}l(2a - 2) - \frac{g + f}{2(g - f)}l(g).$$

Quant à la valeur de A″ donnée par l'équation (47), il semble, au premier abord, qu'elle devrait être égale à

$$2\pi(\gamma_{\alpha,\beta}\lambda_{\alpha,\beta} + \delta_{\alpha,\beta}\mu_{\alpha,\beta}).$$

Mais, comme la valeur $\frac{1}{2}\pi$ de α est une des limites de l'intégration relative à x, on devra réduire à moitié l'expression précédente, et supposer, en conséquence,

$$\text{A}'' = \pi(\gamma_{\alpha,\beta}\lambda_{\alpha,\beta} + \delta_{\alpha,\beta}\mu_{\alpha,\beta}).$$

De plus, si, dans les équations (49), on remplace a par 2, α par $\frac{1}{2}\pi$, et β par

$$\tfrac{1}{2}l(a + \sqrt{a^2 - 1}) = \tfrac{1}{2}l(g) = -\tfrac{1}{2}l(f),$$

on trouvera

$$\gamma_{\alpha,\beta} = e^{-2\beta}\cos\pi = -f,$$
$$\delta_{\alpha,\beta} = e^{-2\beta}\sin\pi = 0.$$

Enfin, on aura aussi

$$\lambda_{\alpha,\beta} = \frac{-\beta\sqrt{-1}}{2\sin(2\alpha + 2\beta\sqrt{-1})} = \frac{\beta}{e^{2\beta} - e^{-2\beta}} = \frac{l(g)}{2(g - f)}.$$

Cela posé, la valeur de A″ se réduira simplement à

$$(\text{H}) \qquad \text{A}'' = -\pi\frac{f}{2(g - f)}l(g).$$

Si maintenant on substitue, dans la formule (A), pour A'' et $\int_0^1 \dfrac{u\,du}{u^2 - 2au + 1}$, leurs valeurs données par les équations (G) et (H), on aura

$$\int_0^{\frac{\pi}{2}} \frac{x\,\sin 2x}{a + \cos 2x}\,dx = -\frac{\pi}{4}\,l(2a - 2) + \frac{\pi}{4}\,l(g);$$

ou, parce que $g = a + \sqrt{a^2 - 1}$,

$$(1) \qquad \int_0^{\frac{\pi}{2}} \frac{x\,\sin 2x}{a + \cos 2x}\,dx = -\frac{\pi}{4}\,l(2a - 2) + \frac{\pi}{4}\,l\big(a + \sqrt{a^2 - 1}\big).$$

Corollaire I. — En faisant usage des valeurs de α et de β trouvées dans le § Iᵉʳ (exemple VI), on arriverait, par une analyse entièrement semblable à celle qui précède, à la détermination de l'intégrale

$$\int_0^{\frac{\pi}{2}} \frac{x\,\sin 2x}{a - \cos 2x}\,dx,$$

1° dans le cas où l'on suppose $a < 1$, 2° dans le cas où l'on suppose $a > 1$. En joignant les valeurs de cette dernière intégrale aux équations (E) et (I), on obtient les formules suivantes,

$$(K) \quad \begin{cases} \text{1° pour } a < 1, \\[4pt] \displaystyle\int_0^{\frac{\pi}{2}} \frac{\sin 2x}{a - \cos 2x}\,x\,dx = \frac{\pi}{4}\,l(2 + 2a), \\[12pt] \displaystyle\int_0^{\frac{\pi}{2}} \frac{\sin 2x}{a + \cos 2x}\,x\,dx = -\frac{\pi}{4}\,l(2 - 2a); \\[12pt] \text{2° pour } a > 1, \\[4pt] \displaystyle\int_0^{\frac{\pi}{2}} \frac{\sin 2x}{a - \cos 2x}\,x\,dx = \frac{\pi}{4}\,l(2a + 2) - \frac{\pi}{4}\,l\big(a + \sqrt{a^2 - 1}\big), \\[12pt] \displaystyle\int_0^{\frac{\pi}{2}} \frac{\sin 2x}{a + \cos 2x}\,x\,dx = -\frac{\pi}{4}\,l(2a - 2) + \frac{\pi}{4}\,l\big(a + \sqrt{a^2 - 1}\big). \end{cases}$$

On peut vérifier les deux dernières formules par les méthodes connues; et, en effet, si l'on suppose toujours

$$f = a - \sqrt{a^2 - 1},$$

on aura $f < 1$, et

$$(\mathrm{L})\quad \begin{cases} \dfrac{\sin 2x}{a - \cos 2x} = \dfrac{2f \sin 2x}{1 + f^2 - 2f \cos 2x} \\ \qquad = 2f \sin 2x + 2f^2 \sin 4x + 2f^3 \sin 6x + \ldots, \\ \dfrac{\sin 2x}{a + \cos 2x} = \dfrac{2f \sin 2x}{1 + f^2 + 2f \cos 2x} \\ \qquad = 2f \sin 2x - 2f^2 \sin 4x + 2f^3 \sin 6x - \ldots \end{cases}$$

On a d'ailleurs, en général, α étant un nombre entier n,

$$\int_0^{\frac{\pi}{2}} x \sin 2\alpha x \, dx = \pm \frac{\pi}{4\alpha},$$

le signe $+$ devant être admis dans le cas où n est un nombre pair, et le signe $-$ dans le cas contraire. Cela posé, les équations (L) conduiront aux suivantes :

$$(\mathrm{M})\quad \begin{cases} \displaystyle\int_0^{\frac{\pi}{2}} \frac{\sin 2x}{a - \cos 2x} x \, dx = \frac{\pi}{2}\left(\frac{f}{1} - \frac{f^2}{2} + \frac{f^3}{3} - \ldots\right) = \frac{\pi}{2} l(1+f), \\ \displaystyle\int_0^{\frac{\pi}{2}} \frac{\sin 2x}{a + \cos 2x} x \, dx = \frac{\pi}{2}\left(\frac{f}{1} + \frac{f^2}{2} + \frac{f^3}{3} + \ldots\right) = -\frac{\pi}{2} l(1-f); \end{cases}$$

et comme on a, de plus,

$$\tfrac{1}{2} l(2a + 2) - \tfrac{1}{2} l\left(a + \sqrt{a^2 - 1}\right) = \tfrac{1}{2} l\left(\frac{f + g + 2}{g}\right) = l(1+f),$$

$$\tfrac{1}{2} l(2a - 2) - \tfrac{1}{2} l\left(a + \sqrt{a^2 - 1}\right) = \tfrac{1}{2} l\left(\frac{f + g - 2}{g}\right) = l(1-f),$$

il en résulte que les équations (M) coïncident parfaitement avec les deux dernières équations (K), ainsi qu'on devait s'y attendre.

Corollaire II. — Lorsqu'on suppose $a < 1$, la fonction placée sous le signe $\int$, dans l'intégrale

$$\int_0^{\frac{\pi}{2}} \frac{\sin 2x}{a - \cos 2x} x\,dx,$$

devient infinie pour la valeur α de x déterminée par l'equation

$$a - \cos 2x = 0.$$

Mais alors l'intégrale dont il s'agit peut se décomposer en deux autres de la forme

$$\int \frac{\sin 2u}{a - \cos 2u} u\,du, \quad \int \frac{\sin 2v}{a + \cos 2v} \left(\frac{\pi}{2} - v\right) dv,$$

prises, la première, entre les limites $u = 0$, $u = \alpha$, et la seconde, entre les limites $v = 0$, $v = \frac{\pi}{2} - \alpha$. Cela posé, si l'on fait

$$u = \frac{2\alpha}{\pi} y, \quad v = \left(1 - \frac{2\alpha}{\pi}\right) y, \quad \frac{2\alpha}{\pi} = m,$$

on aura

$$\int_0^{\frac{\pi}{2}} \frac{\sin 2x}{a - \cos 2x} x\,dx$$
$$= m \int_0^{\frac{\pi}{2}} \frac{my \sin 2my}{a - \cos 2my} dy + (1 - m) \int_0^{\frac{\pi}{2}} \frac{\left(y - my - \frac{\pi}{2}\right) \sin 2(1 - m)y}{a + \cos 2(1 - m)y} dy,$$

les intégrales relatives à y étant prises, comme l'intégrale relative à x, entre les limites 0 et $\frac{\pi}{2}$. On a d'ailleurs

$$a = \cos 2\alpha = \cos m\pi, \quad \int_0^{\frac{\pi}{2}} \frac{\sin 2x}{a - \cos 2x} x\,dx = \frac{\pi}{4} l(2 + 2a).$$

Par suite, l'équation précédente deviendra

$$(\text{N}) \quad \left\{ \begin{aligned} &\int_0^{\frac{\pi}{2}} \left\{ \frac{m^2 y \sin 2my}{\cos m\pi - \cos 2my} + \frac{\left[(1 - m)^2 y - (1 - m)\frac{\pi}{2}\right] \sin 2(1 - m)y}{\cos m\pi + \cos 2(1 - m)y} \right\} dy \\ &= \frac{\pi}{4} l(2 + 2 \cos m\pi). \end{aligned} \right.$$

Si, dans cette dernière, on réduit au même dénominateur les fractions renfermées sous le signe $\int$, la somme de ces deux fractions ne sera plus infinie pour aucune valeur de y comprise entre les limites o et $\frac{\pi}{2}$. Ainsi, par exemple, si l'on suppose $m = \frac{1}{2}$, on trouvera, pour la somme en question,

$$\frac{1}{2}\left(\frac{\pi}{2} - y\right)\frac{\sin y}{\cos y};$$

et, par conséquent, l'équation (N) se trouvera réduite à

$$\int_0^{\frac{\pi}{2}} \left(\frac{\pi}{2} - y\right)\frac{\sin y}{\cos y}\, dy = \tfrac{1}{2}\pi\, l(2).$$

Cette dernière équation coïncide avec la formule connue

$$\int_0^{\frac{\pi}{2}} \frac{x \cos x}{\sin x}\, dx = \tfrac{1}{2}\pi\, l(2).$$

La transformation que l'on vient d'appliquer à l'intégrale

$$\int_0^{\frac{\pi}{2}} \frac{\sin 2x}{a - \cos 2x}\, x\, dx$$

est également applicable à la suivante

$$\int_0^{\frac{\pi}{2}} \frac{\sin 2x}{a + \cos 2x}\, x\, dx,$$

dans laquelle la fonction sous le signe $\int$ passe aussi par l'infini, lorsqu'on suppose $a < 1$.

Corollaire III. — L'analyse qui nous a conduits aux formules (K) peut s'étendre à toutes les intégrales de la forme

$$\text{(O)} \qquad \int_0^{\frac{\pi}{2}} \frac{\alpha + 6 \cos 2x + \gamma \cos 4x + \ldots}{a + b \cos 2x + c \cos 4x + \ldots}\, x \sin 2x\, dx.$$

Supposons toujours, à l'ordinaire,

$$\frac{\alpha + \mathcal{E} \cos 2x + \gamma \cos 4x + \ldots}{a + b \cos 2x + c \cos 4x + \ldots} = q.$$

Si l'on fait $2x = z$, q pourra représenter une fonction rationnelle quelconque de $\cos z$, et la formule (O) deviendra

$$\frac{1}{4}\int_0^\pi qz \sin z\, dz.$$

Ainsi, $\mathcal{F}(x)$ et $\mathrm{F}(x)$ désignant deux fonctions entières de x, on pourra toujours obtenir les intégrales de la forme

$$\text{(P)} \qquad \int_0^\pi \frac{\mathcal{F}(\cos z)}{\mathrm{F}(\cos z)} z \sin z\, dz,$$

et, par suite, celles de la forme

$$\text{(Q)} \qquad \int_0^\pi \frac{\mathcal{F}(\cos z)}{\mathrm{F}(\cos z)} \frac{z}{\sin z}\, dz.$$

En effet, pour déduire la formule (Q) de la formule (P), il suffit de changer $\mathrm{F}(\cos z)$ en $(1 - \cos^2 z)\mathrm{F}(\cos z)$.

SECONDE QUESTION.

Comment l'analyse qui conduit aux formules (g) indique-t-elle qu'on doit supposer, dans ces formules, $a < b$?

Solution. — Les équations (g) sont déduites de la formule plus générale

$$(41) \qquad \int_0^\infty \frac{\mathcal{F}(x)}{1 + x^2} dx = \frac{\pi}{2}\mathcal{F}(\sqrt{-1}).$$

Mais, en vertu du théorème II, cette formule ne doit être employée que dans le cas où chacune des parties réelle et imaginaire de la fonction

$$\frac{\mathfrak{F}(x + z\sqrt{-1})}{1 + (x + z\sqrt{-1})^2}$$

s'évanouit pour des valeurs infinies positives de z. D'ailleurs, si l'on fait, pour abréger,

$$\frac{\mathfrak{F}(x + z\sqrt{-1})}{1 + (x + z\sqrt{-1})^2} = P' + P''\sqrt{-1},$$

$$\mathfrak{F}(x + z\sqrt{-1}) = Q' + Q''\sqrt{-1},$$

$$\frac{1}{1 + (x + z\sqrt{-1})^2} = R' + R''\sqrt{-1},$$

on trouvera

$$R' = \frac{1 + x^2 - z^2}{(1 + x^2 - z^2)^2 + 4x^2z^2}, \quad R'' = \frac{-2xz}{(1 + x^2 - z^2)^2 + 4x^2z^2},$$

$$P' = Q'R' - Q''R'', \quad P'' = Q''R' + Q'R''.$$

Enfin, si l'on donne à z de très grandes valeurs, les équations précédentes se réduiront sensiblement à

$$R' = -\frac{1}{z^2}, \quad R'' = \frac{-2x}{z^3},$$

$$P' = -\frac{Q'}{z^2} + \frac{2xQ''}{z^3}, \quad P'' = \frac{-2xQ'}{z^3} - \frac{Q''}{z^2}.$$

Ainsi, pour que l'équation (41) ait lieu, il sera nécessaire qu'on ait à la fois pour des valeurs infinies de z

$$\frac{Q'}{z^2} = 0, \quad \frac{Q''}{z^2} = 0.$$

Si, pour obtenir la première des formules (g), on suppose

$$\mathfrak{F}(x) = \frac{\sin ax}{\sin bx},$$

on trouvera

$$Q' + Q''\sqrt{-1} = \frac{\sin(ax + az\sqrt{-1})}{\sin(bx + bz\sqrt{-1})} = \frac{(e^{az} + e^{-az})\sin ax + \sqrt{-1}(e^{az} - e^{-az})\cos ax}{(e^{bz} + e^{-bz})\sin bx + \sqrt{-1}(e^{bz} - e^{-bz})\cos bx},$$

$$Q' = \frac{(e^{az} + e^{-az})(e^{bz} + e^{-bz})\sin ax \sin bx + (e^{az} - e^{-az})(e^{bz} - e^{-bz})\cos ax \cos bx}{[(e^{bz} + e^{-bz})\sin bx]^2 + [(e^{bz} - e^{-bz})\cos bx]^2},$$

$$Q'' = \frac{(e^{az} + e^{-az})(e^{bz} - e^{-bz})\sin ax \cos bx - (e^{az} - e^{-az})(e^{bz} + e^{-bz})\cos ax \sin bx}{[(e^{bz} + e^{-bz})\sin bx]^2 + [(e^{bz} - e^{-bz})\cos bx]^2}.$$

Lorsque z devient très considérable, on peut, dans les valeurs précédentes de Q' et de Q'', négliger les exponentielles e^{-az}, e^{-bz}, vis-à-vis des exponentielles e^{az}, e^{bz}, ce qui réduit les valeurs de Q' et de Q'' à

$$Q' = e^{(a-b)z}(\cos ax \cos bx + \sin ax \sin bx),$$
$$Q'' = e^{(a-b)z}(\sin ax \cos bx - \cos ax \sin bx).$$

On a donc, par suite,

$$\frac{Q'}{z^2} = \frac{e^{(a-b)z}}{z^2}\cos(a-b)x,$$
$$\frac{Q''}{z^2} = \frac{e^{(a-b)z}}{z^2}\sin(a-b)x.$$

Les seconds membres de ces dernières équations s'évanouissent évidemment pour des valeurs infinies de z, lorsqu'on suppose $a < b$. On peut donc alors faire usage de la formule (41). Mais, si l'on suppose $a > b$, alors, $a - b$ étant positif, l'exponentielle $e^{(a-b)z}$ croîtra beaucoup plus rapidement que z^2; et, par suite, les valeurs de $\frac{Q'}{z^2}$, $\frac{Q''}{z^2}$, devenant infinies avec la variable z, la formule (41) sera illusoire.

Corollaire I. — Si la formule (41) ne peut plus être employée dans le cas où l'on suppose $a > b$, cela tient à ce que, dans cette hypothèse, l'exponentielle e^{az}, qu'introduit dans les valeurs de Q' et de Q'' le numérateur de la fraction

$$\frac{\sin ax}{\sin bx},$$

est d'un ordre plus élevé que l'exponentielle e^{bz}, introduite par le dénominateur de la même fraction; en sorte que, pour de très grandes valeurs de z, Q′ et Q″ sont de l'ordre de

$$e^{(a-b)z}.$$

On remédie à cet inconvénient en appliquant à l'intégrale

$$\int_0^\infty \frac{\sin ax}{\sin bx}\frac{dx}{1+x^2}$$

le principe de la séparation des exponentielles, comme nous l'avons fait dans le § VII (exemple II). En effet, la séparation dont il s'agit fait disparaître entièrement du calcul l'exponentielle e^{az}, pour ne conserver à sa place que l'exponentielle e^{-az}; et, par suite, les fonctions de x et de z, qui remplacent alors Q′ et Q″, sont, pour de très grandes valeurs de z, de l'ordre de

$$e^{-(a+b)z}.$$

Il est aisé d'en conclure que ces fonctions, divisées par z^2, ou même par une puissance quelconque de z, s'évanouissent non seulement dans le cas où l'on a $a<b$, mais encore dans celui où l'on suppose $a>b$. Ainsi la méthode fondée sur la séparation des exponentielles est également applicable à toutes les hypothèses. Cette remarque conduit facilement à la valeur de l'intégrale

$$\int_0^\infty \frac{\sin ax}{\sin bx}\frac{dx}{1+x^2},$$

dans le cas où l'on suppose $a>b$. Cette valeur est donnée par l'équation

(R) $$\int_0^\infty \frac{\sin ax}{\sin bx}\frac{dx}{1+x^2}=\frac{\pi}{2}\frac{e^{br}+e^{-br}-2e^{-a}}{e^b-e^{-b}},$$

dans laquelle $\frac{1}{2}r$ désigne la différence absolue qui existe entre le rapport $\frac{a}{2b}$ et le nombre entier le plus voisin de ce rapport.

Quoique la fonction renfermée sous le signe $\int$, dans le premier membre de l'équation (R), passe en général par l'infini, néanmoins cette circonstance cesse d'avoir lieu dans le cas où $\frac{a}{b}$ est un nombre entier. Alors, si l'on suppose $a = kb$, on aura $r = 0$ ou $r = 1$, suivant que le nombre entier k sera pair ou impair. Par suite, si l'on fait successivement

$$k = 2m,$$

$$k = 2m + 1,$$

m étant un nombre entier quelconque, l'équation (R) donnera les deux suivantes :

$$(\mathrm{S})\quad \begin{cases} \displaystyle\int_0^\infty \frac{\sin 2mbx}{\sin bx} \frac{dx}{1+x^2} = \pi \frac{1-e^{-2mb}}{e^b - e^{-b}}, \\ \displaystyle\int_0^\infty \frac{\sin(2m+1)bx}{\sin bx} \frac{dx}{1+x^2} = \frac{\pi}{2} + \pi e^{-b} \frac{1-e^{-2mb}}{e^b - e^{-b}}. \end{cases}$$

On vérifie aisément ces dernières équations, à l'aide des formules connues. Ainsi, par exemple, si l'on fait $m = 1$, on aura

$$\frac{\sin 2mbx}{\sin bx} = \frac{\sin 2bx}{\sin bx} = 2\cos bx,$$

$$\frac{\sin(2m+1)bx}{\sin bx} = \frac{\sin 3bx}{\sin bx} = 1 + 2\cos 2bx;$$

et, par suite, les équations (S) deviendront

$$2\int_0^\infty \cos bx \frac{dx}{1+x^2} = \pi e^{-b},$$

$$\int_0^\infty \frac{dx}{1+x^2} + 2\int_0^\infty \cos 2bx \frac{dx}{1+x^2} = \frac{\pi}{2} + \pi e^{-b}.$$

On déduit aisément des mêmes équations la suivante :

$$(\mathrm{T})\quad \int_0^\infty \frac{\sin(2m+1)bx - e^{-b}\sin 2mbx}{\sin bx} \frac{dx}{1+x^2} = \frac{\pi}{2}.$$

En général, quelle que soit la valeur entière ou fractionnaire du rapport $\frac{a}{b}$, on aura

$$\text{(U)} \qquad \int^{\infty} \frac{\sin(a+b)x - e^{-b}\sin ax}{\sin bx}\,\frac{dr}{1+x^2} = \frac{\pi}{2}e^{-rb}.$$

Corollaire II. — La même analyse qui sert à déterminer la valeur de l'intégrale

$$\int_0^{\infty} \frac{\sin ax}{\sin bx}\,\frac{dr}{1+x^2}$$

donne la valeur de l'intégrale

$$\text{(V)} \qquad \int_0^{\infty} \frac{\sin ax}{\sin bx}\,\frac{\mathcal{F}(x^2)}{F(x^2)}\,dx,$$

$\mathcal{F}(x^2)$ et $F(x^2)$ désignant deux fonctions entières quelconques de x^2, quelle que soit d'ailleurs la valeur du rapport $\frac{a}{b}$: et d'abord, si l'on applique à l'intégrale (V) la méthode du § V, on obtiendra sa valeur en termes finis pour tous les cas où

$$\frac{a}{b} < 1.$$

De plus, si l'on fait usage de la méthode exposée dans le § VII, on obtiendra la valeur de cette intégrale dans tous les cas possibles; mais cette dernière valeur sera composée de deux parties, dont l'une, correspondant aux racines de l'équation

$$F(x^2) = 0,$$

renfermera toujours un nombre fini de termes; et dont l'autre, correspondant aux racines de l'équation

$$\sin bx = 0,$$

sera équivalente au produit de $\frac{2\pi}{b}$ par la série

$$\text{(W)} \quad \frac{1}{2} - \frac{\mathcal{F}\left(\frac{\pi^2}{b^2}\right)}{F\left(\frac{\pi^2}{b^2}\right)}\cos\left(\frac{a\pi}{b}\right) + \frac{\mathcal{F}\left(\frac{4\pi^2}{b^2}\right)}{F\left(\frac{4\pi^2}{b^2}\right)}\cos\left(\frac{2a\pi}{b}\right) - \frac{\mathcal{F}\left(\frac{9\pi^2}{b^2}\right)}{F\left(\frac{9\pi^2}{b^2}\right)}\cos\left(\frac{3a\pi}{b}\right) + \ldots$$

La comparaison des valeurs de l'intégrale (V), obtenues par les deux méthodes qu'on vient de citer, fera connaître la valeur de la série (W) dans le cas où l'on suppose $a < b$. Il est aisé d'en conclure la valeur de la même série dans tous les cas possibles, attendu qu'on peut toujours, sans altérer cette valeur, diminuer le rapport $\frac{a}{b}$ d'un nombre pair pris à volonté. Ainsi, quel que soit le rapport $\frac{a}{b}$, on pourra obtenir en termes finis l'expression de la série (W) et de l'intégrale (V) qui en dépend.

En général, on peut déterminer par les méthodes précédentes les valeurs des intégrales

$$\int_0^\infty \frac{\mathcal{F}(x^2)}{F(x^2)} \frac{\sin a x}{\sin b x} dx,$$

$$\int_0^\infty \frac{\mathcal{F}(x^2)}{F(x^2)} \frac{\cos a x}{\cos b x} dx,$$

$$\int_0^\infty \frac{\mathcal{F}(x^2)}{F(x^2)} \frac{\sin a x}{x \cos b x} dx,$$

$$\int_0^\infty \frac{\mathcal{F}(x^2)}{F(x^2)} \frac{x \cos a x}{\sin b x} dx;$$

et les valeurs des séries qui ont pour termes généraux

$$(-1)^n \frac{\mathcal{F}\left(\frac{n^2\pi^2}{b^2}\right)}{F\left(\frac{n^2\pi^2}{b^2}\right)} \cos\left(\frac{na\pi}{b}\right),$$

$$(-1)^n \frac{\mathcal{F}\left[\frac{(2n+1)^2\pi^2}{4b^2}\right]}{F\left[\frac{(2n+1)^2\pi^2}{4b^2}\right]} \sin\left[\frac{(2n+1)a\pi}{2b}\right],$$

$$(-1)^n \frac{\mathcal{F}\left[\frac{(2n+1)^2\pi^2}{4b^2}\right]}{F\left[\frac{(2n+1)^2\pi^2}{4b^2}\right]} \frac{\cos\left[\frac{(2n+1)a\pi}{2b}\right]}{2n+1},$$

$$(-1)^n \frac{\mathcal{F}\left(\frac{n^2\pi^2}{b^2}\right)}{F\left(\frac{n^2\pi^2}{b^2}\right)} n \sin\left(\frac{na\pi}{b}\right);$$

ou, ce qui revient au même, celles des séries qui ont pour termes généraux,

$$(-1)^n \varphi(nA)\cos n\theta,$$

$$(-1)^n \varphi[(2n+1)A]\sin(2n+1)\theta,$$

$$(-1)^n \varphi[(2n+1)A]\frac{\cos(2n+1)\theta}{2n+1},$$

$$(-1)^n \varphi(nA)n\sin n\theta;$$

$\varphi(x)$ désignant une fonction rationnelle et paire de la variable x; et les deux quantités A, θ, étant des constantes arbitraires. Ces méthodes exigent seulement qu'on détermine les racines de l'équation

$$\frac{1}{\varphi(x)} = 0.$$

SECOND SUPPLÉMENT,

OU

EXAMEN DES DIFFICULTÉS QUE PRÉSENTE LA VÉRIFICATION,

PAR LES MÉTHODES CONNUES,

DES FORMULES DÉSIGNÉES PAR (g) DANS LE MÉMOIRE SUR LES INTÉGRALES DÉFINIES.

OBSERVATIONS

SUR LES FORMULES DÉSIGNÉES PAR (g) DANS LE MÉMOIRE.

Première observation. — Il est facile de voir que ces formules coïncident avec celles qu'on obtient par les méthodes connues, dans le cas où l'on suppose $a = 0$. De plus, comme, dans les équations (g), le rapport $\frac{a}{b}$ peut être un nombre positif quelconque plus petit que l'unité, il est naturel de penser que ces équations doivent subsister encore dans le cas où a devient égal à b. On peut aisément vérifier cette induction à l'égard des trois premières formules; et d'abord les deux premières se réduisent, dans cette hypothèse, à

$$(\alpha) \qquad \int_0^\infty \frac{dx}{1+x^2} = \frac{\pi}{2},$$

ce qui est évidemment exact. Quant à la troisième, lorsqu'on y suppose $a = b$, elle devient

$$(\beta) \qquad \int_0^\infty \frac{\operatorname{tang} bx}{x} \frac{dx}{1+x^2} = \frac{\pi}{2} \frac{e^b - e^{-b}}{e^b + e^{-b}}.$$

On peut obtenir cette dernière formule par les méthodes connues, ainsi qu'il suit.

Considérons d'abord l'intégrale

$$\int_0^\infty \frac{\sin 2bx}{1+2r\cos 2bx+r^2}\,\frac{dx}{x(1+x^2)},$$

r étant <1. On aura généralement

$$\frac{\sin 2bx}{1+2r\cos 2bx+r^2} = \sin 2bx - r\sin 4bx + r^2\sin 6bx - \ldots,$$

et

$$\int_0^\infty \frac{dx}{x(1+x^2)}\sin kx = \frac{\pi}{2}(1-e^{-k}).$$

Par suite, la valeur de l'intégrale proposée sera représentée par la série

$$\frac{\pi}{2}[(1-e^{-2b}) - r(1-e^{-4b}) + r^2(1-e^{-6b}) - \ldots]$$

$$= \frac{\pi}{2}(1-r+r^2-\ldots) - \frac{\pi}{2}(e^{-2b} - re^{-4b} + r^2e^{-6b} - \ldots)$$

$$= \frac{\pi}{2}\left(\frac{1}{1+r} - \frac{1}{e^{2b}+r}\right) = \frac{\pi}{2(1+r)}\,\frac{e^{2b}-1}{e^{2b}+r}.$$

On aura donc enfin

$$(\gamma)\qquad \int_0^\infty \frac{dx}{x(1+x^2)}\,\frac{\sin 2bx}{1+2r\cos 2bx+r^2} = \frac{\pi}{2(1+r)}\,\frac{e^b-e^{-b}}{e^b+re^{-b}}.$$

Si, dans cette dernière équation, on fait $r=1$, on retrouvera la formule ($\mathfrak{C}$).

Il nous reste à considérer la dernière des formules (g). Si, dans cette formule, a devient égal à b, on aura

$$(\delta)\qquad \int_0^\infty \frac{x\cos ax}{\sin bx}\,\frac{dx}{1+x^2} = \frac{\pi}{2}\,\frac{e^b+e^{-b}}{e^b-e^{-b}}.$$

Pour comparer l'équation (δ) avec une formule déjà connue, faisons $m=1$ dans la formule (c) des *Exercices de Calcul intégral* (IVe Partie,

p. 124). Cette formule deviendra

$$\int_0^\infty z \cot a z \frac{dz}{1+z^2} = \frac{\pi}{e^{2a}-1},$$

ou, si l'on change z en x, et a en b,

$$(\varepsilon) \qquad \int_0^\infty \frac{x \cos b x}{\sin b x} \frac{dx}{1+x^2} = \frac{\pi}{2} \frac{2e^{-b}}{e^b - e^{-b}}.$$

Cette dernière équation ne paraît nullement d'accord avec la formule (δ), et ces deux formules semblent s'exclure réciproquement. Mais la contradiction dont il s'agit n'est qu'apparente, et l'on peut même déduire la formule (δ) de l'équation (ε), ainsi qu'on va le faire voir.

Les équations (g) étant démontrées seulement dans le cas où l'on a $a < b$, pour déduire de ces équations la formule (δ), on est obligé de supposer que $b - a$ est une quantité positive très petite. Soit α la quantité dont il s'agit. On aura

$$a = b - \alpha,$$

et par suite l'équation (δ) deviendra

$$(\zeta) \qquad \int_0^\infty \frac{x \cos(b-\alpha)x}{\sin b x} \frac{dx}{1+x^2} = \frac{\pi}{2} \frac{e^b + e^{-b}}{e^b - e^{-b}}.$$

Il s'agit maintenant de vérifier cette dernière équation.

Comme on a en général

$$\frac{\cos(b-\alpha)x}{\sin b x} = \cos \alpha x \frac{\cos b x}{\sin b x} + \sin \alpha x,$$

et

$$\int_0^\infty \sin \alpha x \frac{x\,dx}{1+x^2} = \frac{\pi}{2} e^{-\alpha},$$

l'intégrale, qui forme le premier membre de l'équation (ζ), pourra être remplacée, quelle que soit la valeur de α, par

$$\frac{\pi}{2} e^{-\alpha} + \int_0^\infty \cos \alpha x \frac{x \cos b x}{\sin b x} \frac{dx}{1+x^2}.$$

Si, dans cette dernière expression, on suppose α très petit, elle deviendra à très peu près

$$\frac{\pi}{2}+\int_0^\infty \frac{x\cos bx}{\sin bx}\,\frac{dx}{1+x^2}.$$

On aura donc, en supposant α très petit,

$$\int_0^\infty \frac{x\cos(b-\alpha)x}{\sin bx}\,\frac{dx}{1+x^2}=\frac{\pi}{2}+\int_0^\infty \frac{x\cos bx}{\sin bx}\,\frac{dx}{1+x^2}.$$

Si, dans cette dernière équation, on substitue à l'intégrale

$$\int_0^\infty \frac{x\cos bx}{\sin bx}\,\frac{dx}{1+x^2}$$

sa valeur donnée par la formule (ε), on retrouvera l'équation (ζ).

En résumé, l'intégrale

$$\int_0^\infty \frac{x\cos(b-\alpha)x}{\sin bx}\,\frac{dx}{1+x^2}$$

obtient deux valeurs essentiellement différentes l'une de l'autre, suivant que l'on y suppose α nul ou très petit. La première de ces valeurs est égale à

$$\frac{\pi}{2}\,\frac{2e^{-b}}{e^b-e^{-b}},$$

et la seconde à

$$\frac{\pi}{2}+\frac{\pi}{2}\,\frac{2e^{-b}}{e^b-e^{-b}}=\frac{\pi}{2}\,\frac{e^b+e^{-b}}{e^b-e^{-b}}.$$

Deuxième observation. — La remarque qu'on vient de faire relativement à l'intégrale

$$\int_0^\infty \frac{x\cos(b-\alpha)x}{\sin bx}\,\frac{dx}{1+x^2}$$

s'applique également à l'intégrale

$$(\eta)\qquad \int_0^\infty \frac{\sin(b-\alpha)x}{\cos bx}\,\frac{dx}{x}.$$

Cette dernière intégrale, lorsqu'on y suppose $\alpha = 0$, se réduit à

$$\int_0^\infty \tang b x \frac{dx}{x};$$

et sa valeur, en vertu de la formule (c) déjà citée, est égale à

$$\frac{\pi}{2}.$$

Mais, comme on a en général

$$\frac{\sin(b-\alpha)x}{\cos bx} = \cos\alpha x \tang bx - \sin\alpha x,$$

et

$$\int_0^\infty \frac{\sin\alpha x}{x} dx = \frac{\pi}{2},$$

si l'on se contente de supposer α très petit, l'intégrale (η) aura pour valeur

$$\frac{\pi}{2} - \frac{\pi}{2} = 0,$$

ainsi qu'on peut le conclure directement du premier théorème énoncé dans la seconde Partie du Mémoire.

Troisième observation. — La propriété qu'ont les deux intégrales

$$\int_0^\infty \frac{x\cos(b-\alpha)x}{\sin bx}\frac{dx}{1+x^2}, \quad \int_0^\infty \frac{\sin(b-\alpha)x}{\cos bx}\frac{dx}{x}.$$

d'acquérir des valeurs différentes, suivant que l'on suppose α nul ou très petit, ne tient nullement à cette circonstance particulière que la fonction sous le signe $\int$, dans chacune des intégrales dont il s'agit, passe par l'infini entre les limites de l'intégration. En effet, la même propriété appartient aussi à d'autres intégrales définies pour lesquelles cette circonstance n'a plus lieu. Telles sont, par exemple, les deux suivantes,

$$\int_0^\infty \frac{\sin\alpha x}{x} dx,$$

$$\int_0^\infty \frac{x \sin\alpha x}{1+x^2} dx,$$

qui, pour de très petites valeurs de α, se réduisent, en vertu des méthodes connues, à $\frac{\pi}{2}$, et qui néanmoins s'évanouissent, lorsqu'on y suppose $\alpha = 0$. Telle est encore l'intégrale

$$\int_0^\infty \frac{\sin(a+\alpha)x \cos(a-\alpha)x}{1+x^2} x\,dx,$$

qui, pour de très petites valeurs de α, se réduit à

$$\int_0^\infty \frac{\sin 2ax + \sin 2\alpha x}{2} \frac{x\,dx}{1+x^2} = \frac{\pi}{4}(e^{-2a} + e^{-2\alpha}) = \frac{\pi}{4}(e^{-2a} + 1),$$

et qui, pour une valeur nulle de α, est simplement égale à

$$\int_0^\infty \frac{\sin ax \cos ax}{1+x^2} x\,dx = \frac{1}{2}\int_0^\infty \sin 2ax \frac{x\,dx}{1+x^2} = \frac{\pi e^{-2a}}{4}.$$

Quatrième observation. — Il suit de ce qui précède, que la quatrième des équations (g) se trouve vérifiée par les méthodes connues, 1° quand $a = 0$; 2° quand, a étant inférieur à b, la différence $b - a$ est une quantité infiniment petite. On peut encore vérifier la même équation dans le cas où l'on suppose $b = 2a$. En effet, dans cette hypothèse, on a

$$\frac{\cos ax}{\sin bx} = \frac{1}{2} \frac{1}{\sin ax},$$

$$\frac{e^a + e^{-a}}{e^b - e^{-b}} = \frac{1}{e^a - e^{-a}};$$

et par suite la quatrième des formules (g) devient

$$\int_0^\infty \frac{x}{\sin ax} \frac{dx}{1+x^2} = \frac{\pi}{e^a - e^{-a}},$$

ce qui s'accorde avec l'équation (f) des *Exercices de Calcul intégral* (IVe Partie, p. 125).

Cinquième observation. — L'analyse qui conduit aux formules (g) suppose que l'on a $a < b$; et c'est pour cette raison que la quatrième des formules dont il s'agit cesse d'être exacte, lorsque $a-b=0$, quoiqu'elle soit vraie lorsque $a-b$ est une quantité très petite. Pour obtenir des résultats indépendants du rapport des deux constantes a et b, il faut, comme nous l'avons déjà dit, avoir recours au principe de la séparation des exponentielles. En appliquant ce principe à la détermination de l'intégrale

$$(\theta)\qquad \int_0^\infty \frac{x\cos ax}{\sin bx}\frac{dx}{1+x^2},$$

on trouve

$$(\lambda)\qquad \int_0^\infty \frac{x\cos ax}{\sin bx}\frac{dx}{1+x^2}=\pi\left(\frac{e^{-a}}{e^b-e^{-b}}+C\right),$$

la valeur de C étant déterminée par l'équation

$$(\mu)\qquad C=\frac{\pi}{b^2}\left(\frac{\sin\frac{\pi a}{b}}{1+\frac{\pi^2}{b^2}}-2\frac{\sin\frac{2\pi a}{b}}{1+\frac{4\pi^2}{b^2}}+3\frac{\sin\frac{3\pi a}{b}}{1+\frac{9\pi^2}{b^2}}-\ldots\right).$$

Enfin, lorsque r est plus petit que l'unité, on a

$$(\nu)\qquad \frac{\pi}{b^2}\left(\frac{\sin\pi r}{1+\frac{\pi^2}{b^2}}-2\frac{\sin 2\pi r}{1+\frac{4\pi^2}{b^2}}+3\frac{\sin 3\pi r}{1+\frac{9\pi^2}{b^2}}-\ldots\right)=\frac{1}{2}\frac{e^{br}-e^{-br}}{e^b-e^{-b}}.$$

Les trois équations (λ), (μ), (ν) suffisent pour déterminer la valeur de l'intégrale (θ), dans tous les cas possibles, ainsi qu'on va le faire voir.

Premier cas. — Supposons d'abord $a<b$; en faisant

$$r=\frac{a}{b}$$

dans l'équation (ν), on trouvera

$$C=\frac{1}{2}\frac{e^a-e^{-a}}{e^b-e^{-b}},$$

et, par suite, l'équation (λ) deviendra

$$(\pi)\qquad \int_0^\infty \frac{x\cos ax}{\sin bx}\frac{dx}{1+x^2}=\frac{\pi}{2}\frac{e^a+e^{-a}}{e^b-e^{-b}};$$

ce qui s'accorde avec la quatrième équation (g).

Second cas. — Supposons, en second lieu, $a = b$, on aura

$$\sin\frac{\pi a}{b} = 0, \quad \sin\frac{2\pi a}{b} = 0, \quad \ldots;$$

et, par suite, l'équation (μ) donnera

$$C = 0.$$

Cela posé, l'équation (λ) deviendra

$$(\rho) \qquad \int_0^\infty x \cot bx \frac{dx}{1+x^2} = \frac{\pi e^{-b}}{e^b - e^{-b}};$$

ce qui s'accorde avec l'équation (c) des *Exercices de Calcul intégral*. En général, si le rapport $\frac{a}{b}$ équivaut à un nombre entier quelconque, on aura

$$(\sigma) \qquad \int_0^\infty x \frac{\cos ax}{\sin bx} \frac{dx}{1+x^2} = \frac{\pi e^{-a}}{e^b - e^{-b}}.$$

Troisième cas. — Soit $a > b$, $\frac{a}{b}$ n'étant pas un nombre entier. On pourra supposer

$$\frac{a}{b} = 2q \pm r,$$

q étant un nombre entier, et r une fraction plus petite que l'unité. Cela posé, si l'on a

$$\frac{a}{b} = 2q + r,$$

on aura aussi

$$\sin\frac{\pi a}{b} = \sin\pi r, \quad \sin\frac{2\pi a}{b} = \sin 2\pi r, \quad \ldots,$$

et, par suite, l'équation (ν) donnera

$$C = \frac{1}{2} \frac{e^{br} - e^{-br}}{e^b - e^{-b}}.$$

Au contraire, si l'on a

$$\frac{a}{b} = 2q - r,$$

on aura, par suite,

$$\sin\frac{\pi a}{b} = -\sin\pi r, \quad \sin\frac{2\pi a}{b} = -\sin 2\pi r, \quad \ldots,$$

et l'équation (v) donnera

$$C = -\frac{1}{2}\frac{e^{br} - e^{-br}}{e^b - e^{-b}}.$$

On aura donc, dans le premier cas,

$$(\tau) \qquad \int_0^\infty \frac{x\cos ax}{\sin bx}\frac{dx}{1+x^2} = \frac{\pi}{2}\frac{2e^{-a} + e^{br} - e^{-br}}{e^b - e^{-b}},$$

et dans le second,

$$(\upsilon) \qquad \int_0^\infty \frac{x\cos ax}{\sin bx}\frac{dx}{1+x^2} = \frac{\pi}{2}\frac{2e^{-a} - e^{br} + e^{-br}}{e^b - e^{-b}}.$$

La formule (τ) est la dernière de celles que nous avons désignées, dans le Mémoire, par la lettre (z). Il nous reste à montrer, par quelques exemples, que les formules (τ) et (υ) s'accordent avec celles qu'on peut trouver par les méthodes connues.

Exemple I. — Soit $a = b + \alpha$, α étant une quantité très petite. On trouvera

$$\frac{a}{b} = 1 + \frac{\alpha}{a} = 2 - \left(1 - \frac{\alpha}{a}\right),$$

$$r = 1 - \frac{\alpha}{a}.$$

On aura donc, à très peu près,

$$\frac{2e^{-a} - e^{br} + e^{-br}}{e^b - e^{-b}} = \frac{2e^{-b}}{e^b - e^{-b}} - 1.$$

Cela posé, l'équation (υ) deviendra

$$(\varphi) \qquad \int_0^\infty \frac{x\cos(b+\alpha)x}{\sin bx}\frac{dx}{1+x^2} = \frac{\pi e^{-b}}{e^b - e^{-b}} - \frac{\pi}{2}.$$

On obtient la même formule en retranchant l'une de l'autre les deux équations connues

$$\int_0^\infty \cot bx \frac{x\,dx}{1+x^2} = \frac{\pi e^{-b}}{e^b - e^{-b}},$$

$$\int_0^\infty \sin \alpha x \frac{x\,dx}{1+x^2} = \frac{\pi}{2},$$

et observant que, pour de très petites valeurs de α, on a, à fort peu près,

$$\cot bx - \sin \alpha x = \frac{\cos(b+\alpha)x}{\sin bx}.$$

Exemple II. — Soit $a = 2b + \alpha$, α étant toujours une quantité très petite, on trouvera

$$\frac{a}{b} = 2 + \frac{\alpha}{a},$$

$$r = \frac{\alpha}{a}.$$

On aura donc, à très peu près, $r = 0$. Cela posé, l'équation (τ) deviendra

$$(\chi) \qquad \int_0^\infty \frac{x \cos(2b+\alpha)x}{\sin bx} \frac{dx}{1+x^2} = \frac{\pi e^{-2b}}{e^b - e^{-b}}.$$

On a, d'ailleurs, pour de très petites valeurs de α,

$$\frac{\cos(2b+\alpha)x}{\sin bx} = \frac{1}{\sin bx} - 2 \sin bx - 2 \sin \alpha x \cos bx,$$

$$\int_0^\infty 2 \sin \alpha x \cos bx \frac{x\,dx}{1+x^2} = \frac{\pi}{2}\left(e^{-(b+\alpha)} - e^{-(b-\alpha)}\right) = 0.$$

Par suite, l'équation (χ) deviendra

$$\int_0^\infty \left(\frac{1}{\sin bx} - 2 \sin bx\right) \frac{x\,dx}{1+x^2} = \frac{\pi e^{-2b}}{e^b - e^{-b}}.$$

On vérifie aisément cette dernière au moyen des formules connues

$$\int_0^\infty \frac{x}{\sin bx} \frac{dx}{1+x^2} = \frac{\pi}{e^b - e^{-b}},$$

$$\int_0^\infty \frac{x \sin bx}{1+x^2} dx = \frac{\pi}{2} e^{-b}.$$

RÉSUMÉ.

Pour obtenir la valeur de l'intégrale

$$(\theta) \qquad \int_0^\infty \frac{x \cos ax}{\sin bx} \frac{dx}{1+x^2},$$

considérée comme une fonction de a, il faut d'abord examiner si $\frac{a}{b}$ est un nombre entier ou fractionnaire. Si $\frac{a}{b}$ est un nombre entier, l'intégrale (θ) aura pour valeur

$$\frac{\pi e^{-a}}{e^b - e^{-b}}.$$

Mais si $\frac{a}{b}$ est un nombre fractionnaire, alors, pour déterminer la valeur de la même intégrale, on sera obligé de distinguer diverses périodes, suivant les diverses valeurs de a. Ainsi, par exemple, si l'on suppose

$\frac{a}{b} > 0$ et < 1, l'intégrale (θ) aura pour valeur $\frac{\pi}{2} \frac{e^a - e^{-a}}{e^b - e^{-b}}$,

$\frac{a}{b} > 1$ et < 2, » $\frac{\pi}{2} \frac{2e^{-a} - e^{2b-a} + e^{-2b+a}}{e^b - e^{-b}}$,

$\frac{a}{b} > 2$ et < 3, » $\frac{\pi}{2} \frac{2e^{-a} - e^{2b-a} + e^{-2b+a}}{e^b - e^{-b}}$,

$\frac{a}{b} > 3$ et < 4, » $\frac{\pi}{2} \frac{2e^{-a} - e^{4b-a} + e^{-4b+a}}{e^b - e^{-b}}$,

$\frac{a}{b} > 4$ et < 5, » $\frac{\pi}{2} \frac{2e^{-a} - e^{4b-a} + e^{-4b+a}}{e^b - e^{-b}}$,

. . . .

On peut remarquer ici que la valeur de l'intégrale est donnée par la même formule dans les seconde et troisième périodes, dans la quatrième et la cinquième, dans la sixième et la septième, etc.; et l'on voit en même temps que, si $2n$ représente un nombre entier pair quelconque, on obtiendra pour l'intégrale (θ) la même valeur, soit que l'on suppose

$$\frac{a}{b} = 2n,$$

soit que l'on suppose

$$\frac{a}{b} = 2n \pm \alpha,$$

α étant une quantité très petite. Au contraire, si l'on désigne par $2n+1$ un nombre impair quelconque, les trois valeurs de l'intégrale (θ), correspondantes à

$$\frac{a}{b} = 2n+1-\alpha, \quad \frac{a}{b} = 2n+1, \quad \frac{a}{b} = 2n+1+\alpha,$$

seront différentes l'une de l'autre, et respectivement égales à

$$\frac{\pi e^{-a}}{e^b - e^{-b}} + \frac{\pi}{2}, \quad \frac{\pi e^{-a}}{e^b - e^{-b}}, \quad \frac{\pi e^{-a}}{e^b - e^{-b}} - \frac{\pi}{2}.$$

On peut vérifier directement cette dernière conclusion, ainsi qu'il suit.

Si l'on désigne toujours par α une quantité fort petite, on aura, à très peu près,

$$\cos \alpha x = 1,$$

et par suite,

$$\int \frac{x \cos(a \pm \alpha)x}{\sin bx} \frac{dx}{1+x^2} = \int \frac{x \cos ax}{\sin bx} \frac{dx}{1+x^2} \pm \int \sin \alpha x \frac{\sin ax}{\sin bx} \frac{x\,dx}{1+x^2}.$$

Si, dans cette dernière équation, on suppose

$$a = (2n+1)b,$$

n étant un nombre entier, on aura

$$\int_0^\infty \frac{x \cos ax}{\sin bx} \frac{dx}{1+x^2} = \frac{\pi e^{-a}}{e^b - e^{-b}}.$$

Cela posé, pour vérifier les résultats trouvés ci-dessus, il suffira de faire voir qu'on a

$$\int_0^\infty \sin \alpha x \frac{\sin(2n+1)bx}{\sin bx} \frac{x\,dx}{1+x^2} = \frac{\pi}{2},$$

et, en effet, soit $2n+1=k$, on aura

$$\frac{\sin(2n+1)bx}{\sin bx}=\frac{\sin kbx}{\sin bx}$$
$$=k-\frac{k(k^2-1)}{1.2.3}(\sin bx)^2+\frac{k(k^2-1)(k^2-9)}{1.2.3.4.5}(\sin bx)^4-\ldots.$$

De plus, on a, en général,

$$(\sin bx)^{2m}=\pm\frac{1}{2^{2m-1}}\left[\cos mbx-\frac{m}{1}\cos(m-1)bx+\ldots\right.$$
$$\left.\pm\frac{1}{2}\,\frac{2m(2m-1)\ldots(m+1)}{1.2.3\ldots m}\right];$$

on a aussi (α étant très petit),

$$\int_0^\infty \sin\alpha x\,\cos mbx\frac{x\,dx}{1+x^2}=0,$$
$$\int_0^\infty \sin\alpha x\,\cos(m-1)bx\frac{x\,dx}{1+x^2}=0,$$
$$\ldots\ldots\ldots\ldots\ldots\ldots\ldots\ldots\ldots\ldots,$$
$$\int_0^\infty \sin\alpha x\frac{x\,dx}{1+x^2}=\frac{\pi}{2}.$$

Donc

$$\int_0^\infty \sin\alpha x(\sin bx)^{2m}\frac{x\,dx}{1+x^2}=\frac{\pi}{2^{2m+1}}\,\frac{2m(2m-1)\ldots(m+1)}{1.2.3\ldots m},$$

et par suite

$$(\psi)\quad\left\{\begin{aligned}&\int_0^\infty \sin\alpha x\,\frac{\sin(2n+1)bx}{\sin bx}\,\frac{x\,dx}{1+x^2}\\&=\frac{\pi}{2}\left[k-\frac{2}{1}\,\frac{k(k^2-1)}{1.2.3}\,\frac{1}{2^2}+\frac{4.3}{1.2}\,\frac{k(k^2-1)(k^2-9)}{1.2.3.4.5}\,\frac{1}{2^4}-\ldots\right].\end{aligned}\right.$$

Si, dans le second membre de l'équation (ψ), on fait successivement $k=1$, $k=2$, $k=3$, ..., on trouvera qu'il se réduit toujours, comme cela doit être, à

$$\frac{\pi}{2}.$$

On a donc, en général, k étant un nombre impair,

$$(\omega)\quad \begin{cases} k - \frac{2}{1}\frac{k(k^2-1)}{1.2.3}\frac{1}{2^2} + \frac{4.3}{1.2}\frac{k(k^2-1)(k^2-9)}{1.2.3.4.5}\frac{1}{2^4} \\ \quad - \frac{6.5.4}{1.2.3}\frac{k(k^2-1)(k^2-9)(k^2-25)}{1.2.3.4.5.6.7}\frac{1}{2^6} + \ldots = 1. \end{cases}$$

Cette dernière équation, à laquelle on est nécessairement conduit par l'analyse précédente, peut être facilement vérifiée dans les divers cas particuliers; mais il serait peut-être difficile de la démontrer directement.

On peut remarquer que le dernier terme de la série qui forme le premier membre de l'équation (ω) est égal au terme moyen du coefficient de la puissance $k-1$ du binôme. De plus, si k est un nombre premier, tous les termes de la série en question, à l'exception du dernier, seront divisibles par k. Cela posé, il suit de l'équation (ω) que, si l'on désigne par k un nombre premier supérieur à 2, le coefficient du terme moyen, dans la puissance $k-1$ du binôme, étant divisé par k, donnera pour reste $+1$ ou -1, suivant que le nombre donné k sera de la forme $4n+1$, ou $4n-1$. Au surplus, il est facile de démontrer directement cette proposition, et de faire voir que, si k est un nombre premier, les divers coefficients de la puissance $k-1$ du binôme, divisés par k, donneront alternativement pour reste $+1$ et -1.

Ce qui précède suffit pour montrer comment on peut vérifier les formules (g) et (z) du Mémoire par les méthodes connues. C'est pourquoi je n'insisterai pas davantage sur cet objet.

FIN DU TOME PREMIER DE LA PREMIÈRE SÉRIE.

TABLE DES MATIÈRES

DU TOME PREMIER.

PREMIÈRE SÉRIE.

MÉMOIRES EXTRAITS DES RECUEILS DE L'ACADÉMIE DES SCIENCES DE L'INSTITUT DE FRANCE.

THÉORIE DE LA PROPAGATION DES ONDES A LA SURFACE D'UN FLUIDE PESANT D'UNE PROFONDEUR INDÉFINIE.

(Extrait des Mémoires présentés par divers savants à l'Académie royale des Sciences de l'Institut de France et imprimés par son ordre. Sciences mathématiques et physiques. Tome I, 1827.)

IIIe PARTIE. — **Lois générales du mouvement des ondes.**

Notes.

MÉMOIRE SUR LES INTÉGRALES DÉFINIES.

(Lu à l'Institut le 22 août 1814. — Extrait des Mémoires présentés par divers savants à l'Académie royale des Sciences de l'Institut de France et imprimés par son ordre. Sciences mathématiques et physiques. Tome I, 1827.)

Ire PARTIE. — **Des équations qui autorisent le passage du réel à l'imaginaire.**

IIe PARTIE. — **Sur les difficultés que peut offrir l'intégration des équations différentielles.**

FIN DE LA TABLE DES MATIÈRES DU TOME PREMIER DE LA PREMIÈRE SÉRIE.

5050 Paris. — Imprimerie de GAUTHIER-VILLARS, quai des Augustins, 55.

Printed in the United States
By Bookmasters